出 版 说 明

近年来，农业标准编辑部陆续出版了《中国农业标准经典收藏系列·最新中国农业行业标准》，将 2004—2011 年由我社出版的 2 300 多项标准汇编成册，共出版了八辑，得到了广大读者的一致好评。无论从阅读方式还是从参考使用上，都给读者带来了很大方便。为了加大农业标准的宣贯力度，扩大标准汇编本的影响，满足和方便读者的需要，我们在总结以往出版经验的基础上策划了《最新中国农业行业标准·第九辑》。

本次汇编对 2012 年出版的 336 项农业标准进行了专业细分与组合，根据专业不同分为种植业、畜牧兽医、植保、农机、水产和综合 6 个分册。

本书包括三个部分：第一部分为农产品加工及食品类标准，收录了绿色食品、农产品加工和辐照食品等方面的农业行业标准 17 项；第二部分为农业工程及技能培训类标准，收录了农业行业标准 32 项；第三部分为转基因植物及其产品成分检测类标准，收录了农业部公告标准 18 项。并在书后附有 2012 年发布的 11 个标准公告供参考。

特别声明：

1. 汇编本着尊重原著的原则，除明显差错外，对标准中所涉及的有关量、符号、单位和编写体例均未做统一改动。

2. 从印制工艺的角度考虑，原标准中的彩色部分在此只给出黑白图片。

3. 本辑所收录的个别标准，由于专业交叉特性，故同时归于不同分册当中。

本书可供农业生产人员、标准管理干部和科研人员使用，也可供有关农业院校师生参考。

农业标准编辑部

2013 年 11 月

目 录

出版说明

第一部分 农产品加工及食品类标准

NY/T 273—2012 绿色食品 啤酒 ……………………………………………………… 3

NY/T 437—2012 绿色食品 酱腌菜 …………………………………………………… 21

NY/T 735—2012 天然生胶 子午线轮胎橡胶加工技术规程 ………………………… 29

NY/T 875—2012 食用木薯淀粉 ……………………………………………………… 37

NY/T 924—2012 浓缩天然胶乳 氨保存离心胶乳加工技术规程 ………………… 43

NY/T 1040—2012 绿色食品 食用盐 ………………………………………………… 51

NY/T 2116—2012 虫草制品中虫草素和腺苷的测定 高效液相色谱法 …………… 57

NY/T 2185—2012 天然生胶 胶清橡胶加工技术规程 …………………………… 63

NY/T 2209—2012 食品电子束辐照通用技术规范 …………………………………… 67

NY/T 2210—2012 马铃薯辐照抑制发芽技术规范 …………………………………… 73

NY/T 2211—2012 含纤维素辐照食品鉴定 电子自旋共振法 ……………………… 77

NY/T 2212—2012 含脂辐照食品鉴定 气相色谱分析碳氢化合物法 …………… 83

NY/T 2213—2012 辐照食用菌鉴定 热释光法 ……………………………………… 91

NY/T 2214—2012 辐照食品鉴定 光释光法 ………………………………………… 95

NY/T 2215—2012 含脂辐照食品鉴定 气相色谱质谱分析2-烷基环丁酮法 …… 101

NY/T 2265—2012 香蕉纤维清洁脱胶技术规范 …………………………………… 111

NY/T 2278—2012 灵芝产品中灵芝酸含量的测定 高效液相色谱法 …………… 117

第二部分 农业工程及技能培训类标准

NY/T 2136—2012 标准果园建设规范 苹果 ………………………………………… 125

NY/T 2137—2012 农产品市场信息分类与计算机编码 …………………………… 129

NY/T 2138—2012 农产品全息市场信息采集规范 ………………………………… 155

NY/T 2141—2012 秸秆沼气工程施工操作规程 …………………………………… 161

NY/T 2142—2012 秸秆沼气工程工艺设计规范 …………………………………… 169

NY/T 2143—2012 宠物美容师 ……………………………………………………… 179

NY/T 2144—2012 农机轮胎修理工 ………………………………………………… 187

NY/T 2145—2012 设施农业装备操作工 …………………………………………… 195

NY/T 2146—2012 兽医化学药品检验员 …………………………………………… 207

NY/T 2147—2012 兽用中药制剂工 ………………………………………………… 219

NY/T 2148—2012 高标准农田建设标准 …………………………………………… 233

NY/T 2149—2012 农产品产地安全质量适宜性评价技术规范 …………………… 261

NY/T 2150—2012 农产品产地禁止生产区划分技术指南 ………………………… 267

NY/T 2164—2012 马铃薯脱毒种薯繁育基地建设标准 …………………………… 273

NY/T 2165—2012　鱼、虾遗传育种中心建设标准 ……………………………………………… 283

NY/T 2166—2012　橡胶树苗木繁育基地建设标准 ……………………………………………… 293

NY/T 2167—2012　橡胶树种植基地建设标准 …………………………………………………… 307

NY/T 2168—2012　草原防火物资储备库建设标准 ……………………………………………… 325

NY/T 2169—2012　种羊场建设标准 ……………………………………………………………… 333

NY/T 2170—2012　水产良种场建设标准 ………………………………………………………… 341

NY/T 2171—2012　蔬菜标准园建设规范 ………………………………………………………… 349

NY/T 2172—2012　标准茶园建设规范 …………………………………………………………… 355

NY/T 2216—2012　农业野生植物原生境保护点　监测预警技术规程 ………………………… 361

NY/T 2217.1—2012　农业野生植物异位保存技术规程　第1部分：总则 …………………… 371

NY/T 2240—2012　国家农作物品种试验站建设标准 …………………………………………… 381

NY/T 2241—2012　种猪性能测定中心建设标准 ………………………………………………… 393

NY/T 2242—2012　农业部农产品质量安全监督检验检测中心建设标准 ……………………… 401

NY/T 2243—2012　省级农产品质量安全监督检验检测中心建设标准 ………………………… 415

NY/T 2244—2012　地市级农产品质量安全监督检验检测机构建设标准 ……………………… 427

NY/T 2245—2012　县级农产品质量安全监督检测机构建设标准 ……………………………… 439

NY/T 2246—2012　农作物生产基地建设标准　油菜 …………………………………………… 451

NY/T 2247—2012　农田建设规划编制规程 ……………………………………………………… 461

第三部分　转基因植物及其产品成分检测类标准

农业部1861号公告—1—2012　转基因植物及其产品成分检测　水稻内标准基因
定性PCR方法 ………………………………………………………………………………………… 477

农业部1861号公告—2—2012　转基因植物及其产品成分检测　耐除草剂大豆
GTS 40-3-2及其衍生品种定性PCR方法 ………………………………………………………… 487

农业部1861号公告—3—2012　转基因植物及其产品成分检测　玉米内标准基因
定性PCR方法 ………………………………………………………………………………………… 495

农业部1861号公告—4—2012　转基因植物及其产品成分检测　抗虫玉米MON89034
及其衍生品种定性PCR方法 ……………………………………………………………………… 503

农业部1861号公告—5—2012　转基因植物及其产品成分检测　CP4-epsps基因
定性PCR方法 ………………………………………………………………………………………… 511

农业部1861号公告—6—2012　转基因植物及其产品成分检测　耐除草剂棉花GHB614
及其衍生品种定性PCR方法 ……………………………………………………………………… 519

农业部1782号公告—1—2012　转基因植物及其产品成分检测　耐除草剂大豆356043
及其衍生品种定性PCR方法 ……………………………………………………………………… 527

农业部1782号公告—2—2012　转基因植物及其产品成分检测　标记基因NPTII、HPT
和PMI定性PCR方法 ……………………………………………………………………………… 535

农业部1782号公告—3—2012　转基因植物及其产品成分检测　调控元件CaMV 35S
启动子、FMV 35S启动子、NOS启动子、NOS终止子和
CaMV 35S终止子定性PCR方法 …………………………………………………………………… 547

农业部1782号公告—4—2012　转基因植物及其产品成分检测　高油酸大豆305423
及其衍生品种定性PCR方法 ……………………………………………………………………… 559

农业部1782号公告—5—2012　转基因植物及其产品成分检测　耐除草剂大豆CV127
及其衍生品种定性PCR方法 ……………………………………………………………………… 567

农业部 1782 号公告—6—2012　　转基因植物及其产品成分检测　bar 或 pat 基因定性 PCR
　　　　　　　　　　　　　　　方法 …………………………………………………………… 575

农业部 1782 号公告—7—2012　　转基因植物及其产品成分检测　CpTI 基因定性 PCR
　　　　　　　　　　　　　　　方法 …………………………………………………………… 583

农业部 1782 号公告—8—2012　　转基因植物及其产品成分检测　基体标准物质制备
　　　　　　　　　　　　　　　技术规范 ……………………………………………………… 591

农业部 1782 号公告—9—2012　　转基因植物及其产品成分检测　标准物质试用评价
　　　　　　　　　　　　　　　技术规范 ……………………………………………………… 601

农业部 1782 号公告—10—2012　转基因植物及其产品成分检测　转植酸酶基因玉米
　　　　　　　　　　　　　　　BVLA430101 构建特异性定性 PCR 方法 ………………… 607

农业部 1782 号公告—11—2012　转基因植物及其产品成分检测　转植酸酶基因玉米
　　　　　　　　　　　　　　　BVLA430101 及其衍生品种定性 PCR 方法 …………… 617

农业部 1782 号公告—12—2012　转基因生物及其产品食用安全检测　蛋白质氨基酸
　　　　　　　　　　　　　　　序列飞行时间质谱分析方法 ………………………………… 627

附录

中华人民共和国农业部公告　第 1723 号 ………………………………………………… 634
中华人民共和国农业部公告　第 1729 号 ………………………………………………… 636
中华人民共和国农业部公告　第 1730 号 ………………………………………………… 638
中华人民共和国农业部公告　第 1782 号 ………………………………………………… 640
中华人民共和国农业部公告　第 1783 号 ………………………………………………… 642
中华人民共和国农业部公告　第 1861 号 ………………………………………………… 645
中华人民共和国农业部公告　第 1862 号 ………………………………………………… 647
中华人民共和国农业部公告　第 1869 号 ………………………………………………… 649
中华人民共和国农业部公告　第 1878 号 ………………………………………………… 653
中华人民共和国农业部公告　第 1879 号 ………………………………………………… 656
中华人民共和国卫生部　中华人民共和国农业部公告　2012 年　第 22 号 …………… 658

第一部分
农产品加工及食品类标准

ICS 67.160.10
X 62

中华人民共和国农业行业标准

NY/T 273—2012
代替 NY/T 273—2002

绿色食品　啤酒

Green food—Beer

2012-12-07 发布

2013-03-01 实施

中华人民共和国农业部 发布

前　言

本标准按照 GB/T 1.1 给出的规则起草。

本标准代替 NY/T 273—2002《绿色食品　啤酒》。与 NY/T 273—2002 相比，除编辑性修改外，主要技术变化如下：

——增加了产品分类；

——酒精度的计量单位改用体积分数表示；

——取消质量等级；

——对淡色啤酒的泡持性、酒精度、原麦汁浓度、总酸、二氧化碳指标进行了调整；

——对浓色啤酒和黑色啤酒的泡持性、酒精度、原麦汁浓度、二氧化碳指标进行了调整，另增加了蔗糖转化酶活性要求；

——将标准中的游离二氧化硫指标改为总二氧化硫；更换了总二氧化硫的检测方法，并将指标值改为 10 mg/L；

——改进了甲醛的检测方法，增加了高效液相色谱法作为测定的第二法，并将指标值改为 0.9 mg/L；

——改进了硝酸盐的检测方法；

——产品的检验规则、包装、运输和贮存要求均改为按绿色食品的相关标准执行。

本标准由农业部农产品质量安全监管局提出。

本标准由中国绿色食品发展中心归口。

本标准起草单位：江南大学、北京燕京啤酒股份有限公司、青岛啤酒股份有限公司。

本标准主要起草人：陆健、孙军勇、林智平、董建军、王莉娜、尹花、王安平。

本标准所代替标准的历次版本发布情况为：

——NY/T 273—1995；

——NY/T 273—2002。

绿色食品　啤酒

1 范围

本标准规定了绿色食品啤酒的产品分类、要求、检验规则、标志和标签、包装、运输和贮存。

本标准适用于绿色食品啤酒。

2 规范性引用文件

下列文件对于本文件的应用是必不可少的。凡是注日期的引用文件，仅注日期的版本适用于本文件。凡是不注日期的引用文件，其最新版本（包括所有的修改单）适用于本文件。

GB/T 191　包装储运图示标志

GB 4544　啤酒瓶

GB/T 4789.2　食品卫生微生物学检验　菌落总数测定

GB/T 4789.3　食品卫生微生物学检验　大肠菌群测定

GB/T 4789.4　食品卫生微生物学检验　沙门氏菌检验

GB/T 4789.5　食品卫生微生物学检验　志贺氏菌检验

GB/T 4789.10　食品卫生微生物学检验　金黄色葡萄球菌检验

GB/T 4789.25　食品卫生微生物学检验　酒类检验

GB 4927　啤酒

GB/T 4928　啤酒分析方法

GB/T 5009.11　食品中总砷及无机砷的测定

GB/T 5009.12　食品中铅的测定

GB/T 5009.22　食品中黄曲霉毒素 B_1 的测定

GB/T 5738　瓶装酒、饮料塑料周转箱

GB/T 6543　瓦楞纸箱

GB 6682　分析实验室用水规格和试验方法

GB 7718　食品安全国家标准　预包装食品标签通则

GB/T 9106　包装容器　铝易开盖两片罐

GB/T 10111　随机数的产生及其在产品抽样检验中的应用程序

GB 10344　预包装饮料酒标签通则

GB/T 13521　冠形瓶盖

GB/T 17714　啤酒桶

JJF 1070　定量包装商品净含量计量检验规则

NY/T 391　绿色食品　产地环境技术条件

NY/T 392　绿色食品　食品添加剂使用准则

NY/T 658　绿色食品　包装通用准则

NY/T 896　绿色食品　产品抽样准则

NY/T 1056　绿色食品　贮藏运输准则

国家质量监督检验检疫总局令 2005 年第 75 号　定量包装商品计量监督管理办法

中国绿色食品商标标志设计使用规定手册

3 术语和定义

GB 4927 界定的以及下列术语和定义适用于本文件。

4 产品分类

4.1 淡色啤酒:色度 2 EBC～14 EBC 的啤酒。

4.2 浓色啤酒:色度 15 EBC～40 EBC 的啤酒。

4.3 黑色啤酒:色度大于等于 41 EBC 的啤酒。

4.4 特种啤酒。

5 要求

5.1 产地环境

原料产地环境要求应符合 NY/T 391 的规定。

5.2 原料要求

生产原料应符合绿色食品的规定。所使用的食品添加剂应符合 NY/T 392 的规定。

5.3 感官要求

应符合表 1 的规定。

表 1 啤酒的感官要求

项 目		指 标		检验方法
		淡色啤酒	浓色、黑色啤酒	
外观[a]	透明度	清亮	酒体有光泽	GB/T 4928
		允许有肉眼可见的微细悬浮物和沉淀物(非外来异物)		
	浊度,EBC	≤0.9	—	
泡沫	形态	泡沫洁白细腻,持久挂杯	泡沫细腻挂杯	
	泡持性[b],s 瓶装	≥180		
	听装	≥150		
香气和口味		有明显的酒花香气,口味纯正,爽口,酒体协调,柔和,无异香、异味	具有明显的麦芽香气,口味纯正,爽口,酒体醇厚,杀口,柔和,无异味	

[a] 不适用于非瓶装的鲜啤酒。
[b] 不适用于桶装啤酒。

5.4 理化指标

应符合表 2 的规定。特种啤酒除特征性指标外,其他要求应符合相应啤酒的规定。

表 2 啤酒理化指标要求

项 目		指 标		检验方法
		淡色啤酒	浓色、黑色啤酒	
酒精度[a],mL/100mL	≥14.1°P	≥5.2		GB/T 4928
	12.1°P～14.0°P	≥4.5		
	11.1°P～12.0°P	≥4.1		
	10.1°P～11.0°P	≥3.7		
	8.1°P～10.0°P	≥3.3		
	≤8.0°P	≥2.5		
原麦汁浓度[b],°P		X		

表 2（续）

项　　目		指　　标		检验方法
		淡色啤酒	浓色、黑色啤酒	
总酸，mL/100 mL	≥14.1°P	≤3.0	≤4.0	GB/T 4928
	10.1°P～14.0°P	≤2.6		
	≤10.0°P	≤2.2		
二氧化碳[c]，g/100 g		0.35～0.65		
双乙酰，mg/L		≤0.10	—	
蔗糖转化酶活性[d]		阳性		

> [a]　不适用于低醇啤酒、脱醇啤酒。
> [b]　X 为标签上标注的原麦汁浓度，≥10.0°P 允许的负偏差为−0.3°P；<10.0°P 允许的负偏差为−0.2°P。
> [c]　桶装啤酒二氧化碳不得小于 0.25 g/100 g。
> [d]　仅适用于生啤酒和鲜啤酒。

5.5　污染物限量和食品添加剂限量

应符合相关食品安全国家标准及 NY/T 392 的规定，同时符合表 3 的规定。

表 3　啤酒中污染物限量

项　　目	指　　标	检验方法
铅（以 Pb 计），mg/L	≤0.1	GB/T 5009.12
甲醛，mg/L	≤0.9	附录 B
总二氧化硫，mg/L	≤10	附录 C
硝酸盐（以 NO_3^- 计），mg/L	≤25	附录 D
黄曲霉毒素 B_1，μg/L	≤5	GB/T 5009.22

5.6　微生物限量

应符合表 4 的规定。

表 4　绿色食品啤酒中微生物的限量

项　　目	指　　标		检测方法
	鲜啤酒	生啤酒、熟啤酒	
菌落总数，CFU/mL	—	≤50	GB 4789.2
大肠菌群，MPN/mL	≤3	≤3	GB 4789.3
肠道致病菌（沙门氏菌、志贺氏菌、金黄色葡萄球菌）	0/25 mL		GB 4789.4 GB 4789.5 GB 4789.10 GB/T 4789.25

5.7　净含量

应符合国家质量监督检验检疫总局令 2005 第 75 号的规定，检验方法按 JJF 1070 执行。

6　检验规则

6.1　组批

发酵成熟的啤酒经过滤后，同一清酒罐、同一包装线、连续生产的同一包装形式的产品为一组批。

6.2　抽样

6.2.1　样品抽样应按照 NY/T 896 规定执行，并按表 5 抽取样本。桶装啤酒应使用灭菌的器具，在无菌条件下抽样。箱装（瓶、听）啤酒先按表 5 规定随机抽取样本，再随机从中抽取样品。当样品总量不足4.0 L 时，应适当按比例增加取样量。

随机抽样方法按 GB/T 10111 的规定执行。

表5 绿色食品啤酒检验抽样表

样品总体数,箱或桶	样本数,箱或桶	样品数,瓶或听
50 以下	3	3
51～1 200	5	2
1 201～35 000	8	1
≥35 001	13	1

6.2.2 采样后应立即贴上标签,注明样品名称、品种规格、数量、制造者名称、采样时间与地点、采样人。将其中三分之一样品封存,于5℃～25℃保留10 d备查。其余样品立即送化验室。

6.3 检验分类

6.3.1 出厂检验

6.3.1.1 产品出厂前,应由生产厂的质量监督检验部门按本标准规定逐批进行检验,检验合格,方可出厂。产品质量检验合格证明(合格证)可放在包装箱内,也可在标签上或在包装箱外打印"合格"二字。

6.3.1.2 检验项目

净含量、感官要求、理化指标和微生物限量中的菌落总数和大肠菌群。

6.3.2 型式检验

型式检验是对产品进行全面考核,即对产品标准规定的全部指标进行检验,至少每半年进行一次。有下列情况之一者,亦应进行:

a) 原辅材料有较大变化时;

b) 更换设备或停产后,重新恢复生产时;

c) 出厂检验与上次型式检验结果有较大差异时;

d) 国家质量监督检验机构提出抽检要求时。

6.3.3 认证检验

申请绿色食品认证的产品应按照本标准5.3～5.7及附录A所确定的项目进行检验。

6.4 判定规则

6.4.1 受检样品的检验项目全部合格,则判定为合格产品。受检样品如有两项以下(含两项)指标不合格,应重新自同批产品中抽取两倍量样品进行复检,以复检结果为准。

6.4.2 微生物指标不得复检。

7 标志和标签

7.1 标志

7.1.1 产品包装上应标注绿色食品标志,其标注办法应符合《中国绿色食品商标标志设计使用规定手册》的规定。

7.1.2 贮运图示按 GB/T 191 的规定执行。

7.2 标签

外包装纸箱上除标明产品名称、制造者名称和地址、生产日期外,还应标明单位包装的净含量和总数量。产品标签应按 GB 7718 的规定执行。另外,销售包装标签还应符合 GB 10344 的有关规定。应标明产品名称、原料、酒精度、原麦汁浓度、净含量、制造者名称和地址、灌装(生产)日期、保质期、产品标准号。用玻璃瓶包装的啤酒,还应在标签、附标或外包装上印有警示语——"切勿撞击,防止爆瓶"。

8 包装、运输和贮存

8.1 包装

产品包装应按 NY/T 658 的规定执行,还应符合以下规定:

a)　瓶装啤酒应使用符合 GB 4544 有关要求的玻璃瓶和符合 GB/T 13521 有关要求的瓶盖;

b)　听装啤酒应使用有足够耐受压力的包装容器包装,如:铝易开盖两片罐,并应符合 GB/T 9106 的有关要求;

c)　桶装啤酒应使用符合 GB/T 17714 有关要求的啤酒桶;

d)　产品应封装严密,不应有漏气、漏酒现象;

e)　瓶装啤酒外包装应使用符合 GB/T 6543 要求的瓦楞纸箱、符合 GB/T 5738 要求的塑料周转箱,或者使用软塑整体包装。瓶装啤酒不应只用绳捆扎出售。

注:当使用自动包装机打包时,瓦楞纸箱内允许无间隔材料。

8.2　运输和贮存

产品运输和贮存按 NY/T 1056 的规定执行,还应符合以下规定:

a)　搬运啤酒时,应轻拿轻放,不应扔摔,应避免撞击和挤压;

b)　啤酒不应与有毒、有害、有腐蚀性、易挥发或有异味的物品混装、混贮、混运;

c)　啤酒宜在 5 ℃~25 ℃下运输和贮存;低于或高于此温度范围,宜采取相应的防冻或防热措施;

d)　啤酒应贮存于阴凉、干燥、通风的库房中;不应露天堆放,严防日晒、雨淋;不得与潮湿地面直接接触。

附　录　A
（规范性附录）
绿色食品啤酒产品认证检验项目

A.1　表 A.1 规定了除 5.3～5.7 所列项目外，依据食品安全国家标准和绿色食品生产实际情况，绿色食品申报检验还应检验的项目。

表 A.1　依据食品安全国家标准绿色食品啤酒产品认证检验必检项目

序号	检验项目	限量值	检验方法
1	无机砷（以 As 计），mg/kg	≤0.05	GB/T 5009.11

A.2　如食品安全国家标准及相关国家规定中上述项目和指标有调整，且严于本标准规定，按最新国家标准及规定执行。

附　录　B
（规范性附录）
啤酒中甲醛的测定

B.1　AHMT 比色法

B.1.1　原理

甲醛与4-氨基-3-联氨-5-巯基-1,2,4-三氮杂茂(4-Amino-3-hydrazino-5-mercapto-1,2,4-triazole,简称 AHMT)在碱性条件下缩合,经过高碘酸钾氧化成紫红色三唑缩合物,在550 nm 处测定吸光度,与标准系列比较定量。

B.1.2　试剂

除非另有说明,在分析中仅使用确认为分析纯的试剂,实验用水应符合 GB 6682 中二级水要求。

B.1.2.1　0.5 mol/L 盐酸溶液

量取4.45 mL 浓盐酸定容至100 mL。

B.1.2.2　5 g/L AHMT 溶液

称取0.25 g AHMT 溶于0.5 mol/L 盐酸并稀释至50 mL,于棕色瓶中室温下可保存半年。

B.1.2.3　0.2 mol/L 氢氧化钾溶液

称取1.18 g KOH 溶于水中,定容至100 mL。

B.1.2.4　15 g/L 高碘酸钾溶液

称取0.75 g KIO_4 溶于0.2 mol/L KOH 中,于水浴加温使之溶解,并用0.2 mol/L KOH 溶液稀释至50 mL。

B.1.2.5　5 mol/L 氢氧化钾溶液

称取73.75 g KOH 溶于水中,冷却后定容至250 mL。

B.1.2.6　5 mol/L 氢氧化钾-乙二胺四乙酸二钠溶液

称取25.0 g 乙二胺四乙酸二钠溶于5 mol/L KOH 溶液中,并用5 mol/L KOH 溶液稀释至250 mL。

B.1.2.7　100 g/L 乙酸锌溶液

称取10.0 g 乙酸锌用水溶解并定容至100 mL。

B.1.2.8　10% 硫酸溶液

量取12 mL 浓硫酸,缓缓注入适量水中,边加边搅拌,冷却至室温后用水稀释至200 mL,摇匀。

　　警告——禁止将水加入浓硫酸,否则会引起爆炸,伤及人身。

B.1.2.9　3% 硫酸溶液

量取30 mL 浓硫酸,缓缓注入适量水中,边加边搅拌,冷却至室温后用水稀释至1 000 mL,摇匀。

　　警告——禁止将水加入浓硫酸,否则会引起爆炸,伤及人身。

B.1.2.10　硫酸溶液(1+8)

量取10 mL 浓硫酸,缓缓注入80 mL 水中,边加边搅拌。

　　警告——禁止将水加入浓硫酸,否则会引起爆炸,伤及人身。

B.1.2.11　5 g/L 淀粉指示液

称取0.5 g 可溶性淀粉,加入5 mL 水,搅匀后缓缓倾入100 mL 沸水中,随加随搅拌,煮沸2 min,放冷。临用时现配。

B.1.2.12　0.1 mol/L 碘溶液

称取 13.0 g 碘及 35.0 g 碘化钾,溶于 100 mL 水中,定容至 1 000 mL,摇匀,贮于棕色试剂瓶中。

B.1.2.13　4%氢氧化钠溶液

吸取 5.6 mL 澄清的氢氧化钠饱和溶液,加适量新煮沸过的冷水至 1 000 mL,摇匀。

B.1.2.14　硫代硫酸钠标准溶液[C(Na₂S₂O₃·5H₂O)＝0.100 mol/L]

B.1.2.14.1　配制

称取 26 g 硫代硫酸钠及 0.2 g 碳酸钠,加入适量新煮沸过的冷水使之溶解,并稀释至 1 000 mL,混匀,放置一个月后过滤备用。

B.1.2.14.2　标定

准确称取约 0.15 g 在120℃ 干燥至恒量的基准重铬酸钾,置于 500 mL 碘量瓶中,加入 50 mL 水使之溶解。加入 2 g 碘化钾,轻轻振摇使之溶解。再加入 20 mL 硫酸溶液(B.1.2.10),密塞,摇匀,放置暗处 10 min 后用 250 mL 水稀释。用硫代硫酸钠标准溶液(B.1.2.14.1)滴至溶液呈浅黄绿色,再加入 3 mL 5 g/L 淀粉指示液(B.1.2.11),继续滴定至蓝色消失而显亮绿色。反应液及稀释用水的温度不应高于20℃。同时做试剂空白试验。

B.1.2.14.3　计算

硫代硫酸钠标准溶液的浓度以物质的量浓度 C 计,数值以摩尔每升(mol/L)表示,按(B.1)式计算:

$$C=\frac{m}{(V_1-V_2)\times 0.04903}$$ ·······································(B.1)

式中:

m　　　——基准重铬酸钾的质量,单位为克(g);

V_1　　　——硫代硫酸钠标准溶液用量,单位为毫升(mL);

V_2　　　——试剂空白试验中硫代硫酸钠标准溶液用量,单位为毫升(mL);

0.04903——与 1.00 mL 硫代硫酸钠标准溶液[C(Na₂S₂O₃·5H₂O)＝1.000 mol/L]相当的重铬酸钾的质量,单位为 g。

B.1.2.15　甲醛标准溶液(1 000 mg/L)

B.1.2.15.1　配制

量取 2.8 mL 甲醛溶液(含甲醛 36%～38%)于 1 L 容量瓶中,加 0.5 mL 3%硫酸(B.1.2.9)并用水稀释至刻度,摇匀。

B.1.2.15.2　标定

吸取 20.0 mL 甲醛标准溶液(B.1.2.15.1)于 250 mL 碘量瓶中,加入 20 mL 0.100 mol/L 碘液(B.1.2.12),15 mL 4%氢氧化钠溶液(B.1.2.13),加塞,混匀放置 15 min。加 20 mL 3%硫酸,混匀,再放置 15 min。用 0.1 mol/L 的硫代硫酸钠标准溶液(B.1.2.14)滴定至溶液呈淡黄色时,加 1 mL 5 g/L 淀粉指示液,继续滴定至蓝色刚好褪去。同时用水代替甲醛溶液,以相同步骤做空白试验。

B.1.2.15.3　计算

甲醛标准溶液的浓度以质量浓度 C 计,数值以毫克每升(mg/L)表示,按(B.2)式计算:

$$C=\frac{(V_1-V_2)\times M\times 15\times 1000}{20.0}$$ ·······································(B.2)

式中:

V_1——空白消耗硫代硫酸钠溶液的体积,单位为毫升(mL);

V_2——标定甲醛消耗的硫代硫酸钠溶液体积,单位为毫升(mL);

M——硫代硫酸钠溶液的标准浓度,单位为摩尔每升(mol/L);

15——甲醛的换算值。

B.1.3 仪器

B.1.3.1 15 mL 具塞比色管数支;

B.1.3.2 分光光度计:具 550 nm 波长,并配有 10 mm 光程的比色皿。

B.1.4 分析步骤

B.1.4.1 试样制备

取经过除气的啤酒 50 mL,置于 500 mL 烧瓶中,加入 25 mL 水,5 mL 10％硫酸溶液(B.1.2.8),2 mL 100 g/L 乙酸锌溶液(B.1.2.7)以及数粒玻璃珠。以 6 mL/min～10 mL/min 馏速蒸馏,用 50 mL 容量瓶收集馏出液约 45 mL,待容量瓶恢复至室温后用水定容。

B.1.4.2 标准曲线绘制

将甲醛标准液(B.1.2.15)稀释 20 倍,分别吸取 0 mL,0.25 mL,0.5 mL,0.75 mL,1.0 mL,1.25 mL,1.5 mL 于 50 mL 容量瓶,用水定容至 50 mL 并转入 500 mL 蒸馏烧瓶中,用 25 mL 水分三次洗涤 50 mL 容量瓶并转入烧瓶内,向烧瓶中加入 5 mL 10％硫酸溶液,2 mL 100 g/L 乙酸锌溶液以及数粒玻璃珠。以 6 mL/min～10 mL/min 馏速蒸馏,用 50 mL 容量瓶收集馏出液约 45 mL,待容量瓶恢复至室温后用蒸馏水定容。

取馏出液 2.5 mL 于 15 mL 比色管中,加水定容至 5 mL(相当于 0 mg/L,0.14 mg/L,0.28 mg/L,0.42 mg/L,0.56 mg/L,0.70 mg/L,0.84 mg/L 左右甲醛),再加入 2.0 mL 5 mol/L 氢氧化钾—乙二胺四乙酸二钠溶液(B.1.2.6),1.5 mL 5 g/L AHMT 溶液(B.1.2.2),加塞上下颠倒 5 次混匀,于室温下放置 20 min。加入 0.5 mL 15 g/L 高碘酸钾溶液(B.1.2.4),振荡混匀,准确放置 5 min 使显色反应完全。用 10 mm 比色皿,以试剂空白为参比,调零,于波长 550 nm 处测量吸光度,以甲醛浓度为横坐标,吸光度为纵坐标绘制标准曲线。

B.1.4.3 试样测定

取馏出液 2.5 mL(视试样中甲醛含量而定)于 15 mL 比色管中,加水定容至 5 mL,加入 2.0 mL 5 mol/L 氢氧化钾—乙二胺四乙酸二钠溶液,1.5 mL 5 g/L AHMT 溶液,加塞上下颠倒 5 次混匀,于室温下放置 20 min。加入 0.5 mL 15 g/L KIO_4 溶液,振荡混匀,准确放置 5 min 使显色反应完全。用 10 mm 比色皿,以零管为参比,调零,于波长 550 nm 处测定吸光度。

B.1.5 结果计算

根据试样的吸光度从标准曲线中查出甲醛含量,再乘以稀释倍数。

B.1.6 干扰因素

乙醛、丙醛、正丁醛、丙烯醛、丁烯醛、乙二醛、苯(甲)醛、甲醇、乙醇、正丙醇、正丁醇、仲丁醇、异丁醇、异戊醇、乙酸乙酯对本法无影响。

B.1.7 检出限

检出限为 0.04 mg/L。

B.1.8 加标回收率

含量 0.1 mg/L～1 mg/L 时,加标回收率为 80％～110％。

B.1.9 精密度

在重复性条件下获得的两次独立测定结果的绝对差值不得超过算术平均值的 10％。

B.2 高效液相色谱法

B.2.1 范围

本方法适用于啤酒中甲醛的测定。

B.2.2 原理

Nash 试剂可与甲醛反应生成黄色化合物,啤酒样品中的甲醛与 Nash 试剂衍生后,可用高效液相色谱 UV 检测器测定,并利用外标法定量。

B.2.3 仪器

B.2.3.1 高效液相色谱仪(真空脱气器、四元泵、自动进样器、柱温箱、UV 检测器);分析柱 4.6 mm×250 mm,5 μm,Zorbax sb - c18,并带有 5 μm octyldecylsilyl(ODS)预柱。

B.2.3.2 针筒式微孔滤膜过滤器;1~5 μL 的移液枪;容量瓶 10 mL、100 mL、500 mL、1 000 mL;刻度移液管 2 mL、10 mL;具塞试管 10 mL;刻度量筒 100 mL、1 000 mL;分析天平,精度 0.1 mg;恒温水浴锅,(50±1)℃。

B.2.4 试剂

除非另有说明,在分析中仅使用确认为分析纯的试剂,实验用水应符合 GB 6682 中二级水要求。

B.2.4.1 Nash 试剂

将 15.0 g 乙酸铵、0.3 mL 乙酸、0.2 mL 乙酰丙酮溶于水,混均,定容至 100 mL,低温保存。

B.2.4.2 1 mol/L 硫酸溶液

量取 5.326 mL 浓硫酸,缓缓注入适量水中,边加边搅拌,冷却至室温后用水稀释至 100 mL,摇匀。

警告——禁止将水加入浓硫酸,否则会引起爆炸,伤及人身。

B.2.4.3 1 mol/L 氢氧化钠溶液

溶 40 g 氢氧化钠于水中,并稀释至 1 L。

B.2.4.4 甲醛标准储备液的配制和标定

吸取 36%~38%甲醛溶液 7.0 mL,加入 0.5 mL 1 mol/L 硫酸(B.2.4.3),用水稀释至 250 mL,吸此溶液 10.0 mL 于 100 mL 容量瓶中,加水稀释定容。从中吸取 10.0 mL 置于 250 mL 碘量瓶中,加 90 mL 水;20 mL 0.1 mol/L 碘溶液(B.1.2.12)和 15 mL 1 mol/L 氢氧化钠溶液(B.2.4.3),摇匀,放置 15 min。再加入 20 mL 1 mol/L 硫酸酸化,用 0.100 mol/L 硫代硫酸钠标准溶液(B.1.2.14)滴定至淡黄色,然后加约 1 mL 5 g/L 淀粉指示剂(B.1.2.11),继续滴定至蓝色褪去即为终点。同时做试剂空白试验。

甲醛标准储备液的浓度以质量浓度 C 计,数值以毫克每升(mg/L)表示,按(B.3)式计算:

$$C=(V_1-V_2)\times c_1\times 15\times 1\ 000 \quad\cdots\cdots\cdots\cdots\cdots\cdots\cdots\cdots\cdots\cdots\cdots\cdots\cdots\cdots \text{(B.3)}$$

式中:

V_1——空白试验所消耗的硫代硫酸钠标准溶液的体积,单位为毫升(mL);

V_2——滴定甲醛溶液所消耗的硫代硫酸钠标准溶液的体积,单位为毫升(mL);

c_1——硫代硫酸钠标准溶液的浓度,单位为摩尔每升(mol/L);

15——与 1.0 mL 碘标准溶液(1.000 mol/L)相当的甲醛的质量,单位为毫克(mg)。

B.2.4.5 甲醛标准工作液的配制

用上述已标定的甲醛标准储备液(B.2.4.4),稀释成 100.0 mg/L 的浓度的标准工作液,临用时现配。

B.2.5 分析步骤

B.2.5.1 高效液相色谱参考条件

流动相的准备:配制乙腈+水(20+80),通过 0.45 μm 膜过滤备用。流速 1.2 mL/min,进样体积 20 μL,柱温 30℃。检测器波长 412 nm。

B.2.5.2 试样制备

啤酒样品经折叠滤纸过滤脱气,吸取 2 mL 脱气啤酒于 10 mL 比色管中(具塞),加入 2 mL NaSh 试剂(B.2.4.1),混匀,在 50℃恒温水浴锅中衍生 20 min(期间用手按着盖,以免跑气),将溶液冷却至室温,经 0.45 μm 微孔滤膜过滤后,进样 HPLC 分析。

B.2.5.3　测定

将空白啤酒样品与加标啤酒样品同时于液相色谱仪上进行分析,使用增量法在工作站中建立外标回归方程。

B.2.6　结果计算

甲醛的浓度以质量浓度C计,数值以毫克每升(mg/L)表示,按式(B.4)计算:

$$C = \frac{m}{(A_1 - A_0) \times V} \times A_0 \quad\quad\quad (B.4)$$

式中:

m——加入的甲醛标准使用液所含的甲醛量,单位为微克(μg);

A_1——啤酒加标后的甲醛衍生物的色谱峰面积;

A_0——啤酒本底的甲醛衍生物的色谱峰面积;

V——所取啤酒样品的体积,单位为毫升(mL)。

B.2.7　精密度

在重复性条件下获得的两次独立测定结果的绝对差值不得超过算术平均值的10%。

附 录 C
（规范性附录）
啤酒中二氧化硫的测定——盐酸副玫瑰苯胺法

C.1 原理

啤酒中以气态和水合态形式存在的游离二氧化硫与以亚硫酸盐形式存在的结合态二氧化硫的总和，即为总二氧化硫。亚硫酸盐与四氯汞钠反应生成稳定的络合物，再与甲醛及盐酸副玫瑰苯胺作用生成紫红色络合物，与标准系列比较定量。

C.2 试剂

除非另有说明，在分析中仅使用确认为分析纯的试剂，实验用水应符合 GB 6682 中二级水要求。

C.2.1 稀盐酸溶液（1+1）

取 50 mL 浓盐酸，慢慢加入到 50 mL 水中。

C.2.2 0.1 mol/L 硫酸溶液

量取 1.5 mL 浓硫酸，缓缓注入适量水中，边加边搅拌，冷却至室温后用水稀释至 500 mL，摇匀。

警告——禁止将水加入浓硫酸，否则会引起爆炸，伤及人身。

C.2.3 0.1 mol/L 氢氧化钠溶液

称取 100 g 氢氧化钠，溶于 100 mL 水中，摇匀，注入聚乙烯容器中。密闭放置至溶液清亮。吸取 2.5 mL 上层清液，注入 500 mL 无二氧化碳的水中混匀。

C.2.4 0.05 mol/L 碘溶液

吸取 50 mL 0.1 mol/L 碘溶液（B.1.2.12），用水稀释至 100 mL，混匀。保存于棕色具塞瓶中。

C.2.5 汞稳定剂溶液

称取 2.72 g 氯化汞及 1.17 g 氯化钠，用水溶解，并稀释至 100 mL，混匀。保存于棕色具塞瓶中。

C.2.6 0.4 g/L 盐酸副玫瑰苯胺溶液

称取 0.100 g 盐酸副玫瑰苯胺，用水溶解并转移至 250 mL 容量瓶中，加入 40 mL 稀盐酸溶液（C.2.1），旋转混合，用水稀释至刻度，混匀。用具塞的棕色瓶贮于冰箱中保存。使用前，需恢复至室温。

C.2.7 10 g/L 淀粉指示液

称取 1 g 可溶性淀粉，用少许水调成糊状，缓缓倾入 60 mL 左右沸水中，边加边搅拌，微沸 2 min，冷却稀释至 100 mL 备用。临用时现配。

C.2.8 稀甲醛溶液

吸取 5 mL 36%～38%甲醛溶液，用水稀释至 1 000 mL，混匀。用具塞的棕色瓶贮于冰箱中保存。

C.2.9 5 mg/mL 二氧化硫标准储备液

C.2.9.1 配制

称取 2.15 g 偏重亚硫酸钠（$Na_2S_2O_5$），用新煮沸的水溶解，定容至 250 mL，混匀。此溶液二氧化硫含量约为 5 mg/mL，并需每周标定。

C.2.9.2 标定

吸取 10.0 mL 二氧化硫储备液（C.2.9.1）于 250 mL 碘量瓶中，加入 100 mL 水，准确加入 20.00 mL 0.1 mol/L 碘溶液（B.1.2.12），5 mL 冰乙酸，摇匀放置暗处 2 min 后迅速以硫代硫酸钠标准溶液

(B.1.2.14)滴定至淡黄色,加 0.5 mL10 g/L 淀粉指示液(C.2.7),继续滴至无色。并做试剂空白试验。

C.2.9.3 计算

二氧化硫标准储备液的浓度以质量浓度 C 计,数值以毫克每升(mg/L)表示,按式(C.1)计算:

$$C=\frac{(V_2-V_1)\times c_1\times 32.03}{10} \quad\cdots\cdots\cdots\cdots\cdots\cdots\cdots\cdots\cdots\cdots\cdots\cdots\cdots (C.1)$$

式中

V_2 ——试剂空白消耗硫代硫酸钠标准溶液的体积,单位为毫升(mL);

V_1 ——消耗硫代硫酸钠标准溶液的体积,单位为毫升(mL);

c_1 ——硫代硫酸钠标准溶液的浓度,单位为摩尔每升(mol/L);

32.03——与每毫升硫代硫酸钠$[c(Na_2S_2O_3\cdot 5H_2O)=1.000\ mol/L]$标准溶液相当的二氧化硫的质量,单位为毫克(mg)。

C.2.10 50 μg/mL 二氧化硫标准使用液

吸取 1 mL 二氧化硫标准储备液(C.2.9)于加有 20 mL 汞稳定剂溶液(C.2.5)的 100 mL 容量瓶中,用水稀释至刻度,混匀。临用时现制。

C.3 仪器

C.3.1 分光光度计;

C.3.2 恒温水浴,(25±1)℃;

C.3.3 分析天平,感量 0.1 mg;

C.4 分析步骤

C.4.1 试样制备

吸取 2 mL 汞稳定剂溶液及 5 mL 0.1 mol/L 硫酸溶液(C.2.2)于 100 mL 容量瓶中。用加有 1 滴正己醇消泡剂的量筒仔细量取 10 mL 冷的未脱气啤酒至容量瓶中,旋转混合,加入 15 mL 0.1 mol/L 氢氧化钠溶液(C.2.3),旋转混合并保持 15 s,再加入 10 mL 0.1 mol/L 硫酸溶液,加水至刻度,混匀。吸取 25 mL 上述溶液于 50 mL 容量瓶中。

C.4.2 空白制备

用加有 1 滴正己醇消泡剂的量筒仔细量取 10 mL 冷的未脱气的啤酒至 100 mL 容量瓶中,加入 0.5 mL 10 g/L 淀粉指示剂溶液(C.2.7),然后用滴管小心滴加 0.1 mol/L 碘溶液至蓝色不褪,再加入 1 滴 0.1 mol/L 碘溶液,使碘稍微过量(碘液滴加量为 4 滴～7 滴),加水至刻度,充分混匀,当蓝色消失后,吸取 25 mL 上述溶液于 50 mL 容量瓶中。

C.4.3 标准曲线

C.4.3.1 二氧化硫标准系列溶液配制

用加有 1 滴正己醇消泡剂的 10 mL 量筒分别量取 6 份 10 mL 冷的未脱气的啤酒至 6 个 100 mL 容量瓶中,依次加入 0 mL、0.5 mL、1.0 mL、2.0 mL、3.0 mL、5.0 mL 二氧化硫标准使用液(C.2.10),相应的二氧化硫含量为 0 μg、25 μg、50 μg、100 μg、150 μg、250 μg,用水定容,混匀。分别吸取 25 mL 上述溶液于 50 mL 容量瓶中。

C.4.3.2 标准曲线绘制

在上述 6 个 25 mL 溶液中加入 5 mL 0.4 g/L 盐酸副玫瑰苯胺溶液(C.2.6),旋转混合,再加入 5 mL 稀甲醛溶液(C.2.8),用水稀释至刻度,混匀于 25℃ 水浴保温 30 min。取出后用 1 cm 吸收皿,以未加标样的显色液作参比,在分光光度计上于波长 550 nm 处测定吸光值,以吸光值为纵坐标,以二氧化硫含量为横坐标,绘制标准曲线。

C.4.4 试样测定

以试样空白作参比,按 C.4.3.2 操作测定试样的吸光度。

C.4.5 结果计算

根据试样的吸光值从标准曲线中查出二氧化硫含量。

C.5 检出限

最低检出浓度为 0.46 mg/L。

C.6 加标回收率

含量 1 mg/L~100 mg/L 时,加标回收率为 90%~110%;含量 0.1 mg/L~1 mg/L 时,加标回收率为 80%~110%。

C.7 精密度

在重复性条件下获得的两次独立测定结果的绝对差值不得超过算术平均值的 5%。

附 录 D
（规范性附录）
啤酒中硝酸盐含量的测定——离子色谱法

D.1 原理

啤酒样品经脱气、适当稀释后，以氢氧化钾溶液为淋洗液，阴离子交换柱分离，电导检测器检测。以保留时间定性，外标法定量。

D.2 试剂

除非另有说明，在分析中仅使用确认为分析纯的试剂，实验用水应符合 GB 6682 中二级水要求。

D.2.1 超纯水：电阻率＞18.2MΩ·cm。

D.2.2 氢氧化钾（KOH）：分析纯。

D.2.3 硝酸根离子标准储备液（1 000 mg/L，水基体）。

D.2.4 硝酸根离子标准工作液

准确移取硝酸根离子（NO_3^-）标准储备液 1 mL 于 100 mL 容量瓶中，用水稀释至刻度，此溶液每 1 L 含硝酸根离子 10.0 mg。

D.3 仪器

D.3.1 离子色谱仪：配电导检测器，配有抑制器，高容量阴离子交换柱，50 μL 定量环。

D.3.2 离心机：转速≥10 000 r/min，配 5 mL 或 10 mL 离心管。

D.3.3 0.45 μm 微孔滤膜过滤器

D.3.4 注射器：1.0 mL 或 2.5 mL 的注射器。

D.4 分析步骤

D.4.1 试样制备

样品脱气后，10 000 r/min 离心，吸取上清液用超纯水稀释 10 倍，经 0.45 μm 微孔滤膜过滤器过滤，待测。

D.4.2 参考色谱条件

D.4.2.1 色谱柱：氢氧化物选择性，可兼容梯度洗脱的高容量阴离子交换柱，如 Dionex IonPac AS11-HC 4 mm×250 mm（带 IonPac AS11-HC 型保护柱 4 mm×50 mm），或性能相当的离子色谱柱。

D.4.2.2 梯度淋洗参考程序：氢氧化钾溶液，浓度为 6 mmol/L～70 mmol/L；梯度淋洗参考程序见表 D.1。

表 D.1 淋洗液浓度梯度程序

时间，min	KOH 浓度，mmol/L
0.0	0.8
16.0	0.8
29.0	16.5
35.0	20.0
39.0	35.0
47.0	35.0
47.1	0.8
59.0	0.8

NY/T 273—2012

D.4.2.3 抑制器:连续再生膜阴离子抑制器或等效抑制装置。

D.4.2.4 检测器:电导检测器,检测池温度为30℃。

D.4.2.5 进样体积:进样体积为50 μL(可根据试样中被测离子含量调整)。

D.4.3 分析步骤

D.4.3.1 标准曲线绘制

移取硝酸根离子标准工作液(D.2.4),分别稀释成浓度 0.0 mg/L、0.2 mg/L、0.4 mg/L、0.6 mg/L、0.8 mg/L、1.0 mg/L、1.5 mg/L、2.0 mg/L,从低到高浓度依次进样。以硝酸根离子的浓度为横坐标,以峰高或峰面积为纵坐标,绘制标准曲线或计算线性回归方程。

D.4.3.2 试样测定

分别吸取空白和试样溶液 50 μL,在相同工作条件下,依次注入离子色谱仪中,记录色谱图。根据保留时间定性,峰高或峰面积定量。

D.4.4 结果计算

试样中硝酸盐含量,可以直接在校正曲线上查得。

D.5 回收率

含量 1 mg/L～100 mg/L 时,加标回收率为 90%～110%;含量 0.1 mg/L～1 mg/L 时,加标回收率为 80%～110%。

D.6 精密度

在重复性条件下获得的两次独立测定结果的绝对差值不得超过算术平均值的 5%。

ICS 67.080.20
X 26

中华人民共和国农业行业标准

NY/T 437—2012
代替 NY/T 437—2000

绿色食品 酱腌菜

Green food—Pickled vegetables

2012-12-07 发布

2013-03-01 实施

中华人民共和国农业部 发布

前　言

本标准按照 GB/T 1.1 给出的规则起草。

本标准代替 NY/T 437—2000《绿色食品　酱腌菜》。与 NY/T 437—2000 相比,除编辑性修改外,主要技术变化如下:

——修改了术语和定义、产品分类、感官、理化指标;

——把砷修改为无机砷;

——部分推荐性的检测方法修改为强制性的检测方法;

——规定了马拉硫磷、对硫磷、甲拌磷、苯甲酸、糖精钠指标的检出限;

——规定了致病菌为沙门氏菌、志贺氏菌、金黄色葡萄球菌、溶血性链球菌;

——增加了新红、赤藓红、环己基氨基磺酸钠、乙酰磺胺酸钾、脱氢乙酸指标;

——增加了附录 A。

本标准由农业部农产品质量安全监管局提出。

本标准由中国绿色食品发展中心归口。

本标准起草单位:农业部食品质量监督检验测试中心(上海)。

本标准主要起草人:朱建新、孟瑾、韩奕奕。

本标准所代替标准的历次版本发布情况为:

——NY/T 437—2000。

绿色食品 酱腌菜

1 范围

本标准规定了绿色食品酱腌菜的术语和定义、要求、检验规则、标志和标签、包装、运输和贮存。

本标准适用于绿色食品预包装的酱腌菜产品。不适用于散装的酱腌菜产品。

2 规范性引用文件

下列文件对于本文件的应用是必不可少的。凡是注日期的引用文件,仅注日期的版本适用于本文件。凡是不注日期的引用文件,其最新版本(包括所有的修改单)适用于本文件。

GB 4789.3 食品安全国家标准 食品微生物学检验 大肠菌群计数

GB 4789.4 食品安全国家标准 食品微生物学检验 沙门氏菌检验

GB 4789.5 食品安全国家标准 食品微生物学检验 志贺氏菌检验

GB 4789.10 食品安全国家标准 食品微生物学检验 金黄色葡萄球菌检验

GB/T 4789.11 食品卫生微生物学检验 溶血性链球菌检验

GB/T 4789.26 食品卫生微生物学检验 罐头食品商业无菌的检验

GB 5009.3 食品安全国家标准 食品中水分的测定

GB/T 5009.7 食品中还原糖的测定

GB/T 5009.11 食品中总砷及无机砷的测定

GB 5009.12 食品安全国家标准 食品中铅的测定

GB/T 5009.15 食品中镉的测定

GB/T 5009.17 食品中总汞及有机汞的测定

GB/T 5009.18 食品中氟的测定

GB/T 5009.19 食品中有机氯农药多组分残留量的测定

GB/T 5009.20 食品中有机磷农药残留量的测定

GB/T 5009.22 食品中黄曲霉毒素 B_1 的测定

GB/T 5009.28 食品中糖精钠的测定

GB/T 5009.29 食品中山梨酸、苯甲酸的测定

GB 5009.33 食品安全国家标准 食品中硝酸盐与亚硝酸盐的测定

GB/T 5009.35 食品中合成着色剂的测定

GB/T 5009.54 酱腌菜卫生标准的分析方法

GB/T 5009.97 食品中环己基氨基磺酸钠的测定

GB/T 5009.121 食品中脱氢乙酸的测定

GB/T 5009.140 饮料中乙酰磺胺酸钾的测定

GB 5749 生活饮用水卫生标准

GB 7718 食品安全国家标准 预包装食品标签通则

GB/T 12456 食品中总酸的测定

GB/T 12457 食品中氯化钠的测定

JJF 1070 定量包装商品净含量计量检验规则

NY/T 391 绿色食品 产地环境技术条件

NY/T 392 绿色食品 食品添加剂使用准则

NY/T 422　绿色食品　食用糖

NY/T 658　绿色食品　包装通用准则

NY/T 1040　绿色食品　食用盐

NY/T 1055　绿色食品　产品检验规则

NY/T 1056　绿色食品　贮藏运输准则

国家质量监督检验检疫总局令 2005 年第 75 号　定量包装商品计量监督管理办法

中国绿色食品商标标志设计使用规范手册

3　术语和定义

下列术语和定义适用于本文件。

3.1

酱腌菜　pickled vegetable

以新鲜蔬菜为主要原料,采用不同腌渍工艺制作而成的各种蔬菜制品的总称。

3.2

酱渍菜　pickled vegetable with soy paste

蔬菜咸坯经脱盐脱水后,再经甜酱、黄酱渍而成的制品。如扬州酱菜、镇江酱菜等。

3.3

糖醋渍菜　sugared and vinegared vegetable

蔬菜咸坯经脱盐脱水后,再用糖渍、醋渍或糖醋渍制作而成的制品。如白糖蒜、蜂蜜蒜米、甜酸藠头、糖醋萝卜等。

3.4

酱油渍菜　pickled vegetable with soy sauce

蔬菜咸坯经脱盐脱水后,用酱油与调味料、香辛料混合浸渍而成的制品。如五香大头菜、榨菜萝卜、辣油萝卜丝、酱海带丝等。

3.5

虾油渍菜　pickled vegetable with shrimp oil

新鲜蔬菜先经盐渍或不经盐渍,再用新鲜虾油浸渍而成的制品。如锦州虾油小菜、虾油小黄瓜等。

3.6

盐水渍菜　salt solution vegetable

以新鲜蔬菜为原料,用盐水及香辛料混合腌制,经发酵或非发酵而成的制品。如泡菜、酸黄瓜、盐水笋等。

3.7

盐渍菜　salted vegetable

以新鲜蔬菜为原料,用食盐腌渍而成的湿态、半干态、干态制品。如咸大头菜、榨菜、萝卜干等。

3.8

糟渍菜　pickled vegetable with lees

蔬菜咸坯用酒糟或醪糟糟渍而成的制品。如糟瓜等。

3.9

其他类　compound flavoring paste

除了以上分类以外,其他以蔬菜为原料制作而成的制品。如糖冰姜、藕脯、酸甘蓝、米糠萝卜等。

4　要求

4.1　原料要求

应为新鲜洁净、成熟适度,无病虫害及霉变的非叶菜类蔬菜。产地环境应符合 NY/T 391 的规定。

4.2 辅料要求

4.2.1 白砂糖

应符合 NY/T 422 的规定。

4.2.2 食用盐

应符合 NY/T 1040 的规定。

4.2.3 加工用水

应符合 GB 5749 的规定。

4.2.4 其他原料

应符合绿色食品的有关要求。

4.3 食品添加剂

食品添加剂的使用应符合 NY/T 392 的规定。

4.4 感官要求

应符合表 1 的规定。

表 1 酱腌菜的感官要求

项 目	要 求								检验方法
	酱渍菜	糖醋渍菜	酱油渍菜	虾油渍菜	盐水渍菜	盐渍菜	糟渍菜	其他类	
色泽	红褐色,有光泽	乳白、金黄或红褐色,有光泽	红褐色,有光泽	具有该产品应有的色泽					取适量试样置于洁净的白色容器中,在自然光下观察色泽、形态和杂质。闻其气味,用温开水漱口,品尝滋味
滋味和气味	具有该产品应有的滋、气味,无异味								
形态	具有该产品应有的形态								
杂质	无正常视力可见异物								

4.5 理化指标

4.5.1 酱渍菜、糖醋渍菜、酱油渍菜、糟渍菜

应符合表 2 的规定。

表 2 酱渍菜、糖醋渍菜、酱油渍菜、糟渍菜的理化指标

单位为克每百克

项 目	指 标				检测方法
	酱渍菜	糖醋渍菜	酱油渍菜	糟渍菜	
水分	≤85.0	≤80.0	≤85.0	≤75.0	GB 5009.3
食盐(以 NaCl 计)	≥3.0	≤4.0	≥3.0		GB/T 12457
还原糖(以葡萄糖计)	≥1.0	—	—	≥10.0	GB/T 5009.7
总酸(以乳酸计)	≤2.0	≤3.0	≤2.0		GB/T 12456
氨基酸态氮(以 N 计)	≥0.15	—	≥0.15		GB/T 5009.54

4.5.2 虾油渍菜、盐水渍菜、盐渍菜、其他类

应符合表 3 的规定。

表 3　虾油渍菜、盐水渍菜、盐渍菜、其他类的理化指标

单位为克每百克

项　目	指　标				检测方法
	虾油渍菜	盐水渍菜	盐渍菜	其他类	
水分	≤75.0	≤90.0		≤75.0	GB 5009.3
食盐(以 NaCl 计)	≤20.0	≤6.0	≤15.0	≥3.0	GB/T 12457
总酸(以乳酸计)	≤2.0				GB/T 12456
氨基酸态氮(以 N 计)	≥0.15	—			GB/T 5009.54

4.6　污染物、农药残留、食品添加剂和真菌毒素限量

应符合相关食品安全国家标准的规定,同时符合表 4 的规定。

表 4　污染物、农药残留、食品添加剂和真菌毒素限量

项　目	指　标	检测方法
无机砷(以 As 计),mg/kg	≤0.05	GB/T 5009.11
铅(Pb),mg/kg	≤0.2	GB 5009.12
镉(Cd),mg/kg	≤0.05	GB/T 5009.15
总汞(Hg),mg/kg	≤0.01	GB/T 5009.17
氟(F),mg/kg	≤1.0	GB/T 5009.18
亚硝酸盐(以 $NaNO_2$ 计),mg/kg	≤4	GB 5009.33
六六六,mg/kg	≤0.05	GB/T 5009.19
滴滴涕,mg/kg	≤0.05	GB/T 5009.19
乐果,mg/kg	≤0.02	GB/T 5009.20
倍硫磷,mg/kg	≤0.02	GB/T 5009.20
杀螟硫磷,mg/kg	≤0.02	GB/T 5009.20
敌敌畏,mg/kg	≤0.02	GB/T 5009.20
马拉硫磷,mg/kg	不得检出(<0.03)	GB/T 5009.20
对硫磷,mg/kg	不得检出(<0.02)	GB/T 5009.20
甲拌磷,mg/kg	不得检出(<0.02)	GB/T 5009.20
苯甲酸,g/kg	不得检出(<0.001)	GB/T 5009.29
山梨酸,g/kg	≤0.25	GB/T 5009.29
糖精钠,g/kg	不得检出(<0.00015)	GB/T 5009.28
环己基氨基磺酸钠,g/kg	不得检出(<0.0002)	GB/T 5009.97
新红,g/kg	不得检出(<0.0002)	GB/T 5009.35
赤藓红,g/kg	不得检出(<0.00072)	GB/T 5009.35
黄曲霉毒素 B_1,μg/kg	≤5.0	GB/T 5009.22

4.7　微生物要求

4.7.1　罐装食品

应符合商业无菌的规定。检验方法按 GB/T 4789.26 的规定执行。

4.7.2 非罐装食品

应符合表5的规定。

表5 微生物限量

项 目	指 标	检测方法
大肠菌群,MPN/g	≤0.3	GB 4789.3
致病菌(沙门氏菌、志贺氏菌、金黄色葡萄球菌、溶血性链球菌)	0/25 g	GB 4789.4 GB 4789.5 GB 4789.10 GB/T 4789.11

4.8 净含量

应符合国家质量监督检验检疫总局令2005第75号的规定,检验方法按JJF 1070规定执行。

5 检验规则

申请绿色食品认证的产品应按照本标准中4.4~4.8以及表A.1所确定的项目进行检验。其他要求应符合NY/T 1055的规定。

6 标志和标签

6.1 标志使用应符合《中国绿色食品商标标志设计使用规范手册》的规定。

6.2 标签应符合GB 7718的规定。

7 包装、运输和贮存

7.1 包装应符合NY/T 658的规定;

7.2 运输和贮存应符合NY/T 1056的规定。

附　录　A

（规范性附录）

绿色食品酱腌菜产品认证检验规定

A.1　表 A.1 规定了除 4.4～4.8 所列项目外，依据食品安全国家标准和绿色食品生产实际情况，绿色食品申报检验还应检验的项目。

表 A.1　依据食品安全国家标准绿色食品酱腌菜产品认证检验必检项目

单位为克每千克

项　目	指　标	检测方法
乙酰磺胺酸钾	≤0.3	GB/T 5009.140
脱氢乙酸	≤0.3	GB/T 5009.121

A.2　如食品安全国家标准酱腌菜产品及相关国家规定中上述项目和指标有调整，且严于本标准规定，按最新国家标准及规定执行。

ICS 83.060
B 72

中华人民共和国农业行业标准

NY/T 735—2012
代替 NY/T 735—2003

天然生胶 子午线轮胎橡胶加工技术规程

Raw natural rubber—Radial tire rubber—Technical rules for processing

2012-06-06 发布

2012-09-01 实施

中华人民共和国农业部 发布

前　言

本标准按 GB/T 1.1—2009 给出的规则起草。

本标准代替 NY/T 735—2003《天然生胶　子午线轮胎橡胶生产工艺规程》。

本标准与 NY/T 735—2003 的主要差异如下：

——标准名称改为《天然生胶　子午线轮胎橡胶加工规程》；

——增加了引用标准：NY/T 1038　天然生胶初加工原料　凝胶　验收方法；

——第 4 章的标题改为："子午线轮胎橡胶的加工工艺流程及设备"，并增加："4.4 设备"；

——5.1.1.1 中不锈钢过滤筛的孔径由"250 μm(60 目)"改为"355 μm(40 目)"；

——5.1.3 中的内容改为 5.1.3.1，增设"5.1.3.2 条'经除杂处理的胶园凝胶和胶片，放入浸泡池浸泡，使其软化'"；

——5.1.2.2 的内容改为："鲜胶乳在工厂进行微生物凝固时，宜提前一天制备微生物凝固液。其方法是，在第一次制备微生物凝固液时，将糖蜜配制成 5%(质量分数)的溶液，再加 0.5%(质量分数)的活性干菌种搅拌均匀；在第二次及以后制备的微生物凝固液则采用含有菌种的清洁循环乳清，加入 5%(质量分数)糖蜜搅拌均匀即可。微生凝固剂用量为胶乳量的 1/10 左右。"；

——5.2.1.1 中的"0.03%"改为"0.05%"；

——5.2.1.2 中的"50%"改为"40%"；

——5.2.2 中的内容增加了"化学增黏或恒黏"；

——5.3.2 中的"按附录 D 的规定进行"改为"按 NY/T 459 的规定执行"；

——删去了附录 C；

——删去了附录 D；

——标准中的部分章条作了一些编辑性修改。

本标准由中华人民共和国农业部提出。

本标准由农业部热带作物及制品标准化技术委员会归口。

本标准由中国热带农业科学院农产品加工研究所负责起草，海南农垦总局、云南农垦总局参加起草。

本标准主要起草人：张北龙、邓维用、林泽川、缪桂兰、黄红海、袁瑞全。

本标准所代替标准的历次版本发布情况为：

——NY/T 735—2003。

天然生胶 子午线轮胎橡胶加工技术规程

1 范围

本标准规定了天然生胶 子午线轮胎橡胶生产过程中的加工工艺及技术要求。

本标准适用于以鲜胶乳、胶园凝胶及胶片为原料生产子午线轮胎橡胶。

2 规范性引用文件

下列文件对于本文件的应用是必不可少的。凡是注日期的引用文件,仅注日期的版本适用于本文件。凡是不注日期的引用文件,其最新版本(包括所有的修改单)适用于本文件。

GB/T 601—2002 化学试剂 标准滴定溶液的制备

NY/T 459 天然生胶 子午线轮胎橡胶

NY/T 1038 天然生胶初加工原料 凝胶 验收方法

3 原料的收集

3.1 鲜胶乳的收集

3.1.1 流程

鲜胶乳 → 测定干胶含量 → 过滤 → 称量 → 存放

3.1.2 基本要求

3.1.2.1 收胶站开始收胶时,应预先在收胶池内加入一定量的氨水。收胶完毕,按鲜胶乳实际数量补加氨水。氨含量应控制在 0.05％(质量分数)以内。如条件允许,应尽量不加氨或少加氨。在收胶站或林段凝固的鲜胶乳应尽量不加氨。

3.1.2.2 收胶时,应严格检查鲜胶乳的质量。先捞除鲜胶乳中的凝块和杂物,然后用孔径 355 μm(40目)不锈钢筛网过滤,过滤后称重并放入贮胶池中。

3.2 胶园凝胶和胶片的收集

3.2.1 胶园凝胶应及时从林段收回,送收胶站分类放置。

3.2.2 收集到的胶园凝胶宜及时送往加工厂。

3.2.3 因特殊情况不能及时送往加工厂的胶园凝胶,必须置于阴凉处停放,防止太阳暴晒而氧化变质。氧化变质的胶园凝胶不宜用来生产子午线轮胎橡胶。

3.2.4 在收胶站的凝胶团应及时送往加工厂。

3.2.5 胶片应按不同的干湿度进行分类,除去杂物后送往工厂加工。不能及时加工的的胶片,应置于阴凉、干燥处存放。

4 子午线轮胎橡胶的加工工艺流程及设备

4.1 方法一

鲜胶乳 → 过滤 → 混合 → 微生物凝固 → 熟化 → 压薄 → 压绉 → 造粒 → 装料 → 干燥 → 称量 → 压包 → 复称 → 包装、标志 → 子午线轮胎橡胶

取样 → 检验 → 定级

4.2 方法二

胶园凝胶或胶片 → 浸泡 → 二级破碎洗涤 → 多级压绉、造粒、漂洗、混合 → 装料 → 干燥 → 称量
→ 压包 → 复称 → 包装、标志 → 子午线轮胎橡胶

取样 → 检验 → 定级

4.3 方法三

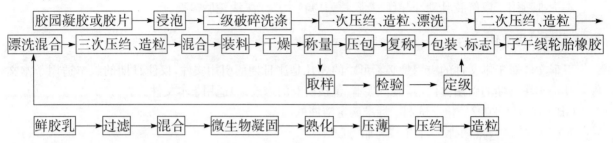

胶园凝胶或胶片 → 浸泡 → 二级破碎洗涤 → 一次压绉、造粒、漂洗 → 二次压绉、造粒 →
漂洗混合 → 三次压绉、造粒 → 混合 → 装料 → 干燥 → 称量 → 压包 → 复称 → 包装、标志 → 子午线轮胎橡胶

取样 → 检验 → 定级

鲜胶乳 → 过滤 → 混合 → 微生物凝固 → 熟化 → 压薄 → 压绉 → 造粒

4.4 设备

鲜胶乳收集池、微生物凝固液培养罐(池)、酸池、凝固槽、过渡槽、压薄机、乳清回收池、耐酸泵、凝胶料贮存间、输送带、破碎机、振动清洗装置、清洗池、清洗搅拌器、斗升机、双螺杆切胶机(破碎机)、绉片机、造粒设备、胶粒泵、振动下料筛、干燥车、渡车、推进器、干燥设备、打包机、产品检验设备及贮存仓库。

5 生产操作及质量控制要求

5.1 生产操作要求

5.1.1 鲜胶乳的处理

5.1.1.1 进厂的鲜胶乳应经离心过滤器或用孔径 $355~\mu m$(40 目)不锈钢筛网过滤,除去泥沙等杂质。

5.1.1.2 经过过滤的鲜胶乳流入混合池混合,应搅拌均匀。取搅拌均匀的胶乳按附录 A 的方法测定(也可用微波法测定)干胶含量,然后加入清水或乳清将胶乳稀释。要求凝固浓度一般不低于 22%(质量分数)。在不影响后续工序的前提下,宜尽量采用原鲜胶乳浓度凝固。

5.1.2 凝固

5.1.2.1 鲜胶乳可在林段或收胶站进行原浓度自然凝固或微生物凝固。

5.1.2.2 鲜胶乳在工厂进行微生物凝固时,宜提前一天制备微生物凝固液。其方法是,在第一次制备微生物凝固液时,将糖蜜配制成 5%(质量分数)的溶液,再加 0.5%(质量分数)的活性干菌种搅拌均匀;在第二次及以后制备的微生物凝固液则采用含有菌种的清洁乳清,加入 5%(质量分数)糖蜜搅拌均匀即可。微生凝固液用量为胶乳量的 1/10 左右。

5.1.2.3 凝固熟化时间一般为 16 h~24 h。

5.1.2.4 完成凝固操作后,应及时将混合池、流胶槽、其他用具及场地清洗干净。

5.1.3 胶园凝胶和胶片的处理

5.1.3.1 胶园凝胶和胶片进厂后,按种类分开贮放,并清除胶园凝胶中的石块、金属碎屑、塑料袋、树皮、木屑等杂物。泥胶、胶线等胶料不应用于生产子午线轮胎橡胶。

5.1.3.2 经除杂处理的胶园凝胶和胶片放入浸泡池浸泡,使其软化。

5.1.4 湿胶料的压绉、混合和造粒

5.1.4.1 投料前,应认真检查和调试好各种设备,以保证所有设备处于良好状态。

5.1.4.2 采用 4.1 生产时,调节好绉片机组与造粒机的同步配合,造粒后湿胶粒的含水量不应超过 35%(质量分数,干基)。

5.1.4.3 采用4.2生产时,混合胶料经两次破碎及两次混合洗涤后,再进行绉片机组多次混合压绉、造粒、漂洗的循环工序。根据漂洗池水质情况及时更换洗涤用水。

5.1.4.4 采用4.3生产时,混合胶料按5.1.4.3处理,并在3#绉片机组将鲜胶乳凝胶绉片或胶粒与胶园凝胶绉片或胶粒按3:1比例掺合(以干胶计)。掺合过程应控制每批产品的一致。

5.1.4.5 采用4.2、4.3生产时,最后一次造粒前的绉片厚度不应超过6 mm。造粒后,湿胶粒含水量不应超过40%(质量分数,干基)。

5.1.4.6 生产过程中应经常检查绉片机组辊筒辊距。一般情况下,1#绉片机辊筒辊距为0.1 mm左右,2#绉片机和3#绉片机辊筒辊距应根据同步生产的原则调节。

5.1.4.7 装载湿胶粒的干燥车在每次使用前,应认真清除残留胶粒、杂物,并用水冲洗干净。

5.1.4.8 造粒完毕,应继续用清水冲洗干净设备,然后停机,并清洗场地。对散落地面的胶粒,应清洗干净后一并装入待干燥的胶粒中。

5.1.5 干燥

5.1.5.1 干燥温度及时间控制:干燥房或洞道式干燥柜的进口热风温度不应超过120℃,干燥时间不应超过4 h;浅层连续干燥机的进口热风温度不应超过125℃,干燥时间不应超过3 h。

5.1.5.2 干透的胶粒要及时移出干燥柜,抽风冷却至胶粒的温度在60℃以下。

5.2 质量控制要求

5.2.1 原料及半成品检验

5.2.1.1 鲜胶乳凝固前氨含量(测定方法见附录B)应控制在0.05%(质量分数)以内。

5.2.1.2 胶园凝胶含胶量不应少于40%(质量分数,测定方法按NY/T 1038的规定执行),杂质含量太高的胶园凝胶不宜用于生产子午线轮胎橡胶。

5.2.1.3 生产企业应根据所生产子午线橡胶的规格,制定内控指标,做好杂质含量的控制。

5.2.2 门尼黏度的调控

生产过程中应根据产品质量指标或用户要求采取如下调控措施:

——调整鲜胶乳微生物凝固凝块与胶园凝胶掺合比例;

——调整微生物的凝固辅料;

——化学增黏或恒黏。

采用化学增黏或恒黏的措施一般用盐酸氨基脲或苯胺作橡胶门尼黏度的调节剂,盐酸氨基脲或苯胺的用量应控制在质量分数为0.03%~0.05%。可以在胶乳凝固前配成2.5%(质量分数)的溶液加入。

5.3 成品检验

5.3.1 质量指标

按NY/T 459的规定执行。

5.3.2 抽样

按NY/T 459的规定执行。

5.3.3 检验

按NY/T 459规定的检验方法进行。

6 包装、标志、贮存和运输

按NY/T 459的规定执行。

附 录 A
（规范性附录）
鲜胶乳干胶含量的测定—快速测定法

A.1 原理

鲜胶乳干胶含量的测定—快速测定法是将试样置于铝盘加热,使鲜胶乳的水分和挥发物逸出;然后,通过计算加热前后试样的质量变化,再乘以比例常数 0.93 来快速测定鲜胶乳的干胶含量。

A.2 试剂

A.2.1 仅使用确认的分析纯试剂。

A.2.2 蒸馏水或纯度与之相等的水。

A.2.3 醋酸:配制成质量分数为5%的溶液使用。

A.3 仪器

A.3.1 普通的实验室仪器。

A.3.2 内径约为 7 cm 的铝盘。

A.4 操作程序

将内径约为 7 cm 的铝盘洗净、烘干,并将其称重,精确至 0.01 g。往铝盘中倒入 2.0 g±0.5 g 的鲜胶乳,精确至 0.01 g。加入5%(质量分数)的醋酸溶液 3 滴,转动铝盘,使试样与醋酸溶液混合均匀。将铝盘置于酒精灯或电炉的石棉网上加热,同时用平头玻璃棒按压以助干燥,直至试样呈黄色透明为止（注意控制温度,防止烧焦胶膜）。用镊子将铝盘取下,冷却 5 min,然后小心将铝盘中的所有胶膜卷取剥离。将剥下的胶膜称重,精确至 0.01 g。

A.5 结果表示

用式（A.1）计算鲜胶乳的干胶含量,以质量分数表示。

$$DRC = \frac{m_1}{m_0} \times 0.93 \times 100 \quad \cdots\cdots\cdots\cdots\cdots\cdots\cdots\cdots\cdots\cdots\cdots \text{(A.1)}$$

式中:

DRC ——鲜胶乳的干胶含量,单位为百分率（%）;

m_0 ——试样的质量,单位为克（g）;

m_1 ——干燥后的质量,单位为克（g）。

进行双份测定,双份测定结果之差不应大于质量分数 0.5%,然后取算术平均值,计算结果精确到 0.01。

附　录　B
（规范性附录）
鲜胶乳氨含量的测定

B.1　原理

利用酸碱中和反应原理,可测定鲜胶乳中氨的含量。氨与盐酸的反应式如下:

$$NH_3 \cdot H_2O + HCl = NH_4Cl + H_2O$$

B.2　试剂

仅使用确认的分析纯试剂,蒸馏水或纯度与之相等的水。

B.2.1　盐酸标准溶液

B.2.1.1　盐酸标准贮备溶液,$c(HCl)=0.1mol/L$

按 GB/T 601—2002 中 4.2 制备。

B.2.1.2　盐酸标准溶液,$c(HCl)=0.02\ mol/L$

用 50 mL 移液管吸取 50.00 mL $c(HCl)=0.1\ mol/L$ 的盐酸标准贮备溶液(B.2.1.1)放于 250 mL 容量瓶中,用蒸馏水稀释至刻度,摇匀。

B.2.2　1‰(g/L)的甲基红乙醇指示溶液

称取 0.1 g 甲基红,溶于 100 mL 体积分数为 95%乙醇的滴瓶中,摇匀即可。

B.3　仪器

普通的实验室仪器。

B.4　操作程序

用 1 mL 的吸管准确吸取 1 mL 鲜胶乳(用滤纸把吸管口外的胶乳擦干净)放入已装有约 50 mL 蒸馏水的锥形瓶中,吸管中黏附着的胶乳用蒸馏水洗入锥形瓶。然后,加入 2 滴~3 滴 1‰(g/L)甲基红乙醇指示溶液(B.2.2),用 0.02mol/L 盐酸标准溶液(B.2.1.2)进行滴定。当颜色由淡黄变成粉红色时即为终点,记下消耗盐酸标准溶液的毫升数。

B.5　结果表示

以 100 mL 胶乳中含氨(NH_3)的克数表示胶乳的氨含量,按式(B.1)计算。

$$A = \frac{1.7cV}{V_0} \quad\quad\quad\quad\quad\quad\quad\quad\quad\quad\quad\quad\text{(B.1)}$$

式中:

A ——氨含量,单位为克(g);

c ——盐酸标准溶液的摩尔浓度,单位为摩尔每升(mol/L);

V ——消耗盐酸标准溶液的量,单位为毫升(mL);

V_0 ——胶乳样品的量,单位为毫升(mL)。

进行双份测定,双份测定结果之差不应大于质量分数 0.5%,然后取算术平均值,计算结果精确到 0.01。

ICS 67.180
X 11

中华人民共和国农业行业标准

NY/T 875—2012
代替 NY/T 875—2004

食用木薯淀粉

Edible cassava starch

2012-06-06 发布

2012-09-01 实施

中华人民共和国农业部 发布

前　言

本标准按照 GB/T 1.1—2009 给出的规则起草。

本标准代替 NY/T 875—2004《食用木薯淀粉》。

本标准与 NY/T 875—2004 相比主要变化如下：

——删掉基本要求；

——将二级品改为合格品；

——增加蛋白质、脂肪、黏度等 3 项指标；

——水分修订为：优级品≤13.5%，一级品≤14.0%，合格品≤14.5%；

——白度修订为：优级品≥90%，一级品≤88.0%，合格品≤84.0%；

——为综合体现酸碱度，将原有"酸度"删除，改用国际通用的"pH"；

——卫生指标均引用参照相关国家食品安全标准。

本标准由中华人民共和国农业部农垦局提出。

本标准由农业部热带作物及制品标准化技术委员会归口。

本标准起草单位：中国热带农业科学院分析测试中心、中国淀粉工业协会木薯淀粉专业委员会、海南洋浦椰岛淀粉工业有限公司、广西农垦明阳生化集团股份有限公司、广西荟力淀粉有限公司等。

本标准主要起草人：尹桂豪、李建国、彭宝生、文玉萍、江俊、陈雪华。

本标准所代替标准的历次版本发布情况为：

——NY/T 875—2004。

食 用 木 薯 淀 粉

1 范围

本标准规定了食用木薯淀粉的要求、试验方法、检验规则、标签、标志、包装、运输和贮存。

本标准适用于以木薯为原料制成的可食用淀粉。

2 规范性引用文件

下列文件对于本文件的应用是必不可少的。凡是注日期的引用文件,仅注日期的版本适用于本文件。凡是不注日期的引用文件,其最新版本(包括所有的修改单)适用于本文件。

GB/T 191　包装储运图示标志

GB 2760　食品安全国家标准　食品添加剂使用标准

GB 2762　食品中污染物限量

GB 5009.12　食品安全国家标准　食品中铅的测定

GB/T 5009.34　食品中亚硫酸盐的测定

GB/T 5009.36　粮食卫生标准的分析方法

GB 7718　预包装食品标签通用标准

GB/T 8884—2007　马铃薯淀粉

GB/T 12087　淀粉水分测定　烘箱法

GB/T 22427.1　淀粉灰分测定

GB/T 22427.3　淀粉总脂肪测定

GB/T 22427.4　淀粉斑点测定

GB/T 22427.5　淀粉细度测定

GB/T 22427.6　淀粉白度测定

GB/T 22427.7　淀粉粘度测定

GB/T 22427.10　淀粉及其衍生物氮含量测定

GB/T 22427.13　淀粉及其衍生物二氧化硫含量的测定

3 要求

3.1 感官要求

应符合表 1 的规定。

表 1　感官要求

项　　目	指　　标		
	优级	一级	合格
色泽	白色粉末,具有光泽	白色粉末	白色或微带浅黄色阴影的粉末
气味	具有木薯淀粉固有的特殊气味,无异味		

3.2 理化指标

应符合表 2 的规定。

表 2 理化指标

项 目	指 标		
	优级	一级	合格
水分,%	≤13.5	≤14.0	≤14.5
灰分(干基),%	≤0.20	≤0.30	≤0.40
蛋白质(干基),%	≤0.25	≤0.30	≤0.40
脂肪(干基),%	≤0.20		
pH	5.0～8.0		
斑点,个/cm²	≤3.0	≤6.0	≤8.0
细度,150 μm 筛通过率质量分数,%	≥99.8	≥99.5	≥99.0
白度(457 nm),%	≥90.0	≥88.0	≥84.0
黏度,6%淀粉(干物质计)700 cmg/BU	≥600		
黏度(25℃),恩氏度	≥1.60		
注:两种黏度选择一种使用,5年后恩氏度作废。			

3.3 卫生指标

铅应符合 GB 2762 的规定,二氧化硫应符合 GB 2760 的规定,氢氰酸≤10 mg/kg。

4 试验方法

4.1 感官

4.1.1 色泽

在明暗适度的光线下,用肉眼观察样品的颜色,然后在较强烈光线下观察其光泽。

4.1.2 气味

取淀粉样品 20 g,放入 100 mL 磨口瓶中,加入 50 ℃的温水 50 mL,加盖,振摇 30 s,倾出上清液,嗅其气味。

4.2 理化指标

4.2.1 水分

按照 GB/T 12087 的规定执行。

4.2.2 灰分

按照 GB/T 22427.1 的规定执行。

4.2.3 蛋白质

按照 GB/T 22427.10 的规定执行。

4.2.4 脂肪

按照 GB/T 22427.3 的规定执行。

4.2.5 pH

按照 GB/T 8884—2007 附录 A 的规定执行。

4.2.6 斑点

按照 GB/T 22427.4 的规定执行。

4.2.7 细度

按照 GB/T 22427.5 的规定执行。

4.2.8 白度

按照 GB/T 22427.6 的规定执行。

4.2.9 黏度

按照 GB/T 22427.7 的规定执行。

4.3 卫生指标

4.3.1 铅

按照 GB 5009.12 的规定执行。

4.3.2 二氧化硫

按照 GB/T 22427.13 或 GB/T 5009.34 的规定执行。

4.3.3 氢氰酸

按照 GB/T 5009.36 的规定执行。

5 检验规则

5.1 批

同一生产线,同一生产班次的产品为一批。

5.2 抽样

每一批次抽样方案按式(1)计算:

$$n = \sqrt{N/2} \quad \cdots\cdots\cdots\cdots\cdots\cdots\cdots\cdots\cdots\cdots\cdots\cdots\cdots\cdots\cdots\cdots\cdots\cdots\cdots \quad (1)$$

式中:

n——抽取的包装单位数,单位为袋;

N——批量的总包装单位数,单位为袋。

5.3 出厂检验

5.3.1 每批产品出厂前应由生产厂的技术检验部门按本标准检验合格,签发合格证,方可出厂。

5.3.2 出厂检验项目包括感官要求、理化指标。

5.4 型式检验

5.4.1 型式检验的项目应包括本标准规定的全部项目。

5.4.2 出现下列情况之一时,应进行型式检验。

    a) 新产品定型鉴定时;

    b) 原材料、设备或工艺有较大改变,可能影响产品质量时;

    c) 停产半年以上,重新开始生产时;

    d) 一定周期内进行一次检验;

    e) 出厂检验结果与上次型式检验有较大差异时;

    f) 国家质量监督机构或主管部门提出型式检验要求时。

5.5 判定及复验规则

5.5.1 出厂检验项目全部符合本标准规定,判为相应的等级品。出厂检验项目中有 1 项不符合本标准规定,可以加倍随机抽样进行该项目的复检,复检后仍不符合本标准要求,则判该批产品为不合格产品。

5.5.2 型式检验项目全部符合本标准规定,判为合格品;型式检验项目不超过两项(含两项)不符合本标准,可以加倍抽样复检,复检后仍有 1 项不符合本标准规定,判该产品为不合格产品。

6 标签、标志、包装、运输、贮存

6.1 标签

预包装产品应按 GB 7718 的规定执行,明确标出淀粉产品标准的等级代号。

6.2 标志

应符合 GB/T 191 规定的要求。

6.3 包装

同一规格的包装要求应大小一致,包装材料干燥、清洁、牢固,符合食品的卫生要求,包装应严密结实、防潮防湿、防污染。

6.4 运输

运输设备应清洁卫生,无异味;运输过程要保持干燥、清洁,不得与有毒、有害、有腐蚀性物品混装、混运,避免日晒和雨淋。装卸时应轻拿轻放,严禁直接钩扎包装袋。

6.5 贮存

产品应贮存在阴凉、干燥、清洁、卫生的场所,不得与有毒、有害、有异味、易挥发、易腐蚀的物品同贮。

ICS 83.060
B 72

中华人民共和国农业行业标准

NY/T 924—2012
代替 NY/T 924—2004

浓缩天然胶乳 氨保存离心胶乳 加工技术规程

Natural rubber concentrate—Technical code for processing of centrifuged ammonia−preserved latex

2012-06-06 发布

2012-09-01 实施

中华人民共和国农业部 发布

前　言

本标准按照 GB/T 1.1—2009 给出的规则起草。

本标准代替 NY/T 924—2004《浓缩天然胶乳　氨保存离心胶乳生产工艺规程》。

本标准与 NY/T 924—2004 相比，主要变化如下：

——将标准名称由《浓缩天然胶乳　氨保存离心胶乳生产工艺规程》改为《浓缩天然胶乳　氨保存
离心胶乳加工规程》；

——对规范性引用文件的说明作了修改，并增加了"NY/T 1389 天然胶乳　游离钙镁含量的测
定"；相应地在附录中删去了"附录 C"；

——根据 GB/T 8289—2008《浓缩天然胶乳　氨保存离心或膏化胶乳　规格》要求，将高氨保存的
浓缩天然胶乳凝块含量（质量分数）的限值由 0.05% 改为 0.03%，挥发脂肪酸值的限值由 0.1
改为 0.08（见 4.3.2）；

——加工流程的第一个环节（"收集鲜胶乳"）中，除了必须加氨以外，还增加了"必要时另加复合保
存剂"（见 3.1）；

——加工流程中，在"离心浓缩"工序与"积聚"工序之间，增加"混合补氨"环节（见 3.1）；

——作了编辑性的修改。

本标准由中华人民共和国农业部提出。

本标准由农业部热带作物及制品标准化技术委员会归口。

本标准起草单位：中国热带农业科学院农产品加工研究所、广东省广垦橡胶集团有限公司、海南农
垦中心测试站、云南天然橡胶产业股份有限公司。

本标准主要起草人：陈鹰、彭海方、黄红海、谭杰、缪桂兰、吕明哲、杨春亮。

本标准所代替标准的历次版本发布情况为：

——NY/T 924—2004。

浓缩天然胶乳 氨保存离心胶乳加工技术规程

1 范围

本标准规定了离心法氨保存浓缩天然胶乳生产的基本工艺、技术要求和生产设备及设施。

本标准适用于以鲜胶乳为原料采用离心法生产的氨保存的浓缩天然胶乳；不适用于以鲜胶乳为原料采用膏化法生产的氨保存的浓缩天然胶乳。

2 规范性引用文件

下列文件对本文件的应用是必不可少的。凡是注日期的引用文件，仅注明日期的版本适用于本文件。凡是不注日期的引用文件，其最新版本（包括所有的修改单）适用于本文件。

GB/T 601—2002 化学试剂 标准滴定溶液的制备

GB/T 8289—2008 浓缩天然胶乳 氨保存离心或膏化胶乳规格

GB/T 8290 浓缩天然胶乳 取样

GB/T 8291 浓缩天然胶乳 凝块含量的测定

GB/T 8292 浓缩天然胶乳 挥发脂肪酸值的测定

GB/T 8293 浓缩天然胶乳 残渣含量的测定

GB/T 8294 浓缩天然胶乳 硼酸含量的测定

GB/T 8295 天然胶乳 铜含量的测定

GB/T 8296 天然胶乳 锰含量的测定

GB/T 8297 浓缩天然胶乳 氢氧化钾值（KOH）的测定

GB/T 8298 浓缩天然胶乳 总固体含量的测定

GB/T 8299 浓缩天然胶乳 干胶含量的测定

GB/T 8300 浓缩天然胶乳 碱度的测定

GB/T 8301 浓缩天然胶乳 机械稳定度的测定

NY/T 1389 天然胶乳 游离钙镁含量的测定

3 加工工艺流程及设备

3.1 加工工艺流程

离心法浓缩天然胶乳加工工艺流程如图1所示。

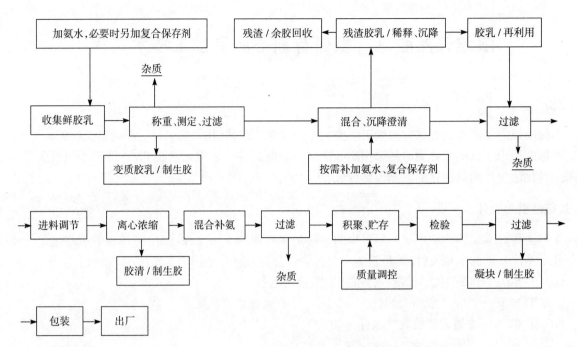

注:制备复合保存剂 TT/ZnO 分散体的推荐配方:促进剂 TT(二硫化四甲基秋兰姆)15.0 份、ZnO(氧化锌)15.0
份、分散剂 NF(甲撑二奈磺酸钠)1.0 份、NaOH(氢氧化钠)0.1 份、H₂O(软水)68.9 份,合计 100.0 份。

图 1　离心法浓缩天然胶乳加工工艺流程

3.2　设备

胶乳运输罐、胶乳过滤筛/网、胶乳输送装置(抽胶泵或胶乳压送罐与空气压缩机)、胶乳过滤缓冲
池、胶乳澄清池、胶乳进料调节池、调节池浮子及滤网、胶乳输送管道、胶乳离心分离机及备用转鼓、转鼓
拆架、洗碟盘、浓缩胶乳与胶清管道、中控池、积聚罐/池、搅拌机、贮氨罐/瓶、加氨管道及计量仪表等。

4　加工操作要求及质量控制

4.1　鲜胶乳的收集、保存和运输

4.1.1　鲜胶乳的收集

鲜胶乳通常由割胶工从橡胶园收集,再送到收胶站或直接送到加工厂。

割胶工要做好树身、胶刀、胶杯、胶舌、胶刮和胶桶的清洁。

4.1.2　鲜胶乳的保存和运输

鲜胶乳通常以割胶工携带的浓度为 10% 的氨水作保存剂。从橡胶园收集的鲜胶乳通常氨含量应
在 0.1% 左右(按鲜胶乳计),并应及时运至收胶站。必要时,可另加适量的复合保存剂(如 TT/ZnO)。
鲜胶乳不应放在阳光下暴晒,以免变质。

胶乳运到收胶站后,应采用孔径为 355 μm(40 目)的不锈钢筛网过滤,除去树皮、杂质和凝块;然后,
按附录 A 规定的方法测定鲜胶乳的干胶含量(也可用微波法测定),同时登记、称重;混合后再进行补加
氨,按附录 B 规定的方法测定氨含量。氨含量应控制在 0.20%~0.35%,必要时可补加复合保存剂,如
0.02% TT/ZnO(按鲜胶乳计);补氨后要充分搅拌均匀并盖好,减少氨挥发。最后,装入胶乳运输桶/
罐内运往工厂,当天的鲜胶乳应当天运至工厂加工、处理。

胶池、胶桶、管道、运输车及胶罐等工具与设施应及时用清水清洗,以备次日使用。胶池应每天收胶
前用氨水严格消毒,运输罐至少每周用氨水消毒一次。

4.2　鲜胶乳的处理

由割胶工或收胶站送来的鲜胶乳经过混合及过滤,进一步除去杂质和凝块[可采用孔径为 355 μm

(40目)不锈钢筛或合适的冲孔网],然后流入澄清沉降池,澄清沉降时间不应少于4 h。

澄清沉降池内的鲜胶乳应按附录A或微波法测定干胶含量、按附录B规定的方法测定氨含量,参照GB/T 8292规定的方法测定鲜胶乳的挥发脂肪酸值。

鲜胶乳在这一工序中的质量控制指标一般为:

氨含量:0.20%~0.35%　　　　　　　TT/ZnO含量(对胶乳重):0.02%

干胶含量:≥22%　　　　　　　　　　挥发脂肪酸值:≤0.10

必要时,还应按NY/T 1389规定的方法测定鲜胶乳的游离钙镁含量。当鲜胶乳的游离钙镁含量大于15 mmol/kg时,应采取措施使之降低至15 mmol/kg以下。为此,可在鲜胶乳中加入适量可溶性磷酸盐溶液(如20%磷酸氢二铵水溶液),并让其静置反应4 h以上,除去沉淀物后再进行离心加工。

加工完毕后,所有用具、设施等应彻底清洗干净,供下次使用,并且每周至少用氨水消毒一次。

4.3 离心浓缩、质量控制与要求

4.3.1 离心浓缩

经处理澄清后的鲜胶乳,应采用250 μm(60目)筛网过滤,通过管道引入调节池,再从调节池通过管道引至离心机进行离心分离。经离心分离出来的浓缩胶乳和胶清分别经管道引至中控池(或积聚罐)和胶清收集池。

根据鲜胶乳的处理量和浓缩胶乳的浓度要求选择调节管和调节螺丝。通常可采用较大的调节管与较短的调节螺丝配合或较小的调节管和较长的调节螺丝配合。

每台离心机的连续加工运转时间通常不应超过4 h。如鲜胶乳的杂质含量高,稳定性较差,运转2 h~3 h就应停机拆洗,以保证产品的质量。

离心机停机后,应按离心机的拆洗方法及时将离心机的转鼓、碟片拆洗干净,再按装合要求装好。不应将不同转鼓各部件对调装错,同一转鼓的部件也应按顺序装全装妥,以免影响转鼓的动平衡,保证安全运转及分离效果。

4.3.2 质量控制与要求

经离心浓缩的胶乳直接引至积聚罐/池或进入中控池混合,并测定氨含量及补氨后引至积聚罐/池。在正常生产中,每罐/池应检验3次~4次,即在浓缩胶乳装至1/3罐/池、1/2罐/池、2/3罐/池及满罐/池时,都应搅拌均匀,按GB/T 8298、GB/T 8299、GB/T 8300和GB/T 8292规定的方法测定总固体含量、干胶含量、氨含量和挥发脂肪酸值。其质量要求一般控制为:干胶含量60.7%~61.2%;总固体含量(最大)63.0%;凝块含量(质量分数)≤0.03%;氨含量(最小)0.65%(高氨)、0.35%(中氨)和0.20%(低氨);挥发脂肪酸值(最大)≤0.05(高氨),以便贸易时使其质量符合GB/T 8289—2008中表1的要求(其中,凝块含量的限值为0.03%,挥发脂肪酸值的限值为0.08),否则应及时采取补救措施。

4.4 积聚、检验

4.4.1 积聚

离心浓缩胶乳经过混合补氨后输送到积聚罐/池(输送装置应保持干净,积聚罐/池在使用前应用浓氨水消毒一次),并补加液氨,使氨保存的浓缩胶乳的氨含量达到GB/T 8289的要求后进行积聚。浓缩胶乳一般规定在积聚罐/池内贮存15 d以上。如机械稳定度达不到要求,可适当加入浓度为10%的月桂酸铵溶液提高其机械稳定性。通常月桂酸铵用量应不超过0.05%(按浓缩胶乳计)。

对积聚罐/池中的浓缩胶乳应进行除泡,以减少凝块含量和结皮现象;积聚罐/池应保持密封;应定期取样检查浓缩胶乳,注意质量变化,及时调整质量指标和补足氨含量;按防止上层结皮的需要,每隔7 d至少应搅拌一次。

4.4.2 检验

每罐/池浓缩胶乳作为一批产品,每批浓缩胶乳都应搅拌均匀,按GB/T 8290规定的方法取样,按GB/T 8300、GB/T 8298、GB/T 8299和GB/T 8292、GB/T 8301规定的方法测定氨含量、总固体含

量、干胶含量、挥发脂肪酸值和机械稳定度;必要时,还应按 GB/T 8297、GB/T 8293、GB/T 8295、GB/T 8296 和 GB/T 8291 规定的方法测定浓缩胶乳的氢氧化钾值以及残渣、铜、锰和凝块含量。包装前,浓缩胶乳的各项质量指标必须达到 GB/T 8289—2008 中表 1 的要求才能出厂。

5 包装、标志、贮存和运输

5.1 包装

采用容量为 205 L 的全新胶乳专用包装桶或胶乳专用集装箱包装,也可用罐车装。包装容器必须清洗干净(必要时,应用氨水消毒一次)。包装前,积聚罐/池内的浓缩胶乳应搅拌均匀;包装时,应小心操作,避免污染。浓缩胶乳应采用孔径为 710 μm(20 目)不锈钢筛网过滤,不应带入任何杂物,并注意防止胶乳溢出容器外。外溢胶乳应收集重新加工。

5.2 标志

采用容量为 205 L 的钢桶时,每个包装上应标志注明下列项目:
——产品名称、执行标准、商标;
——产品产地;
——生产企业名称、详细地址、邮政编码及电话;
——批号;
——净含量、毛重;
——生产日期;
——生产国(对出口产品);
——到岸港/城镇(对出口产品)。
采用专用集装箱或罐车包装时,车箱/罐体外应做标志,并提供书面文件。

5.3 贮存和运输

在积聚罐中贮存的浓缩胶乳按 4.4.1 的规定贮存;包装后的浓缩胶乳应保持在 2℃～35℃ 的温度中贮存,注意防晒并经常检查。如产品用钢桶包装,搬运时应轻放慢滚,避免碰撞。
待运和运输途中应保持在 2℃～35℃ 的范围,有遮盖,避免暴晒。

附 录 A
（规范性附录）
鲜胶乳干胶含量的测定—快速测定法

A.1 原理

鲜胶乳干胶含量的测定—快速测定法是将试样置于铝盘加热，使鲜胶乳的水分和挥发物逸出，然后通过计算加热前后试样的质量变化，再乘以比例常数0.93来快速测定鲜胶乳的干胶含量。

A.2 试剂

A.2.1 仅使用确认的分析纯试剂。

A.2.2 蒸馏水或纯度与之相等的水。

A.2.3 醋酸：配制成质量分数为5％的溶液使用。

A.3 仪器

A.3.1 普通的实验室仪器。

A.3.2 内径约为7 cm的铝盘。

A.4 操作程序

将内径约为7 cm的铝盘洗净、烘干，并将其称重，精确至0.01 g。往铝盘中倒入2.0 g±0.5 g的鲜胶乳，精确至0.01 g，加入5％（质量分数）的醋酸溶液3滴，转动铝盘使试样与醋酸溶液混合均匀。将铝盘置于酒精灯或电炉的石棉网上加热，同时用平头玻璃棒按压以助干燥，直至试样呈黄色透明为止（注意控制温度，防止烧焦胶膜）。用镊子将铝盘取下，冷却5 min，然后小心将铝盘中的所有胶膜卷取剥离。将剥下的胶膜称重，精确至0.01 g。

A.5 结果表示

用式（A.1）计算鲜胶乳的干胶含量（DRC），单位为质量分数（％）。

$$DRC = \frac{m_1}{m_0} \times 0.93 \times 100 \quad\cdots\cdots\cdots\cdots\cdots\cdots\cdots\cdots\cdots\cdots\cdots (A.1)$$

式中：

m_0——试样的质量，单位为克（g）；

m_1——干燥后的质量，单位为克（g）。

进行双份测定，双份测定结果之差不应大于质量分数0.5％，然后取算术平均值，计算结果精确到0.01。

附　录　B
（规范性附录）
鲜胶乳氨含量的测定

B.1　原理

利用酸碱中和反应原理,可测定鲜胶乳中氨的含量。氨与盐酸的反应式如下：
$$NH_3 \cdot H_2O + HCl = NH_4Cl + H_2O$$

B.2　试剂

仅使用确认的分析纯试剂,蒸馏水或纯度与之相等的水。

B.2.1　盐酸标准溶液

B.2.1.1　盐酸标准贮备溶液,$c(HCl) = 0.1$ mol/L

按 GB/T 601—2002 中 4.2 的要求制备。

B.2.1.2　盐酸标准溶液,$c(HCl) = 0.02$ mol/L

用 50 mL 移液管吸取 50.00 mL $c(HCl) = 0.1$ mol/L 的盐酸标准贮备溶液(B.2.1.1)放于 250 mL 容量瓶中,用蒸馏水稀释至刻度,摇匀。

B.2.2　1‰(g/L)的甲基红乙醇指示溶液

称取 0.1 g 甲基红,溶于 100 mL 体积分数为 95% 乙醇的滴瓶中,摇匀即可。

B.3　仪器

普通的实验室仪器。

B.4　操作程序

用 1 mL 的吸管准确吸取 1 mL 鲜胶乳(用滤纸把吸管口外的胶乳擦干净)放入已装有约 50 mL 蒸馏水的锥形瓶中,吸管中黏附的胶乳用蒸馏水洗入锥形瓶。然后,加入 2 滴~3 滴 1‰(g/L)甲基红乙醇指示溶液(B.2.2),用 0.02 mol/L 盐酸标准溶液(B.2.1.2)进行滴定,当颜色由淡黄变成粉红色时即为终点,记下消耗盐酸标准溶液的毫升数。

B.5　结果表示

以 100 mL 胶乳中含氨(NH_3)的克数表示胶乳的氨含量,按式(B.1)计算。

$$氨含量 = \frac{1.7cV}{V_0} \quad\cdots\cdots\cdots\cdots\cdots\cdots\cdots\cdots\cdots\cdots\cdots\cdots\cdots \text{(B.1)}$$

式中：

c ——盐酸标准溶液的摩尔浓度,单位为摩尔每升(mol/L)；

V ——消耗盐酸标准溶液的量,单位为毫升(mL)；

V_0——胶乳样品的量,单位为毫升(mL)。

进行双份测定,双份测定结果之差不应大于质量分数 0.5%,然后取算术平均值,计算结果精确到 0.01。

ICS 67.220.20
X 38

中华人民共和国农业行业标准

NY/T 1040—2012
代替 NY/T 1040—2006

绿色食品 食用盐

Green food—Edible salt

2012-12-07 发布

2013-03-01 实施

中华人民共和国农业部 发布

前　言

本标准按照 GB/T 1.1 给出的规则起草。

本标准代替 NY/T 1040—2006《绿色食品　食用盐》。与 NY/T 1040—2006 相比,除编辑性修改外,主要技术变化如下:

——修改了标准适用范围;

——增加了低钠盐的术语和定义;

——删除了普通盐的理化指标要求,修改了理化指标中的粒度和碘指标,增加了低钠盐氯化钠和氯化钾的指标;

——删除了卫生指标中镁、氟、亚硝酸盐、铜的限制,修改了铅的限量指标。

本标准由农业部农产品质量安全监管局提出。

本标准由中国绿色食品发展中心归口。

本标准起草单位:农业部蔬菜水果质量监督检验测试中心(广州)、广东省农业科学院农产品质量安全与标准研究中心。

本标准主要起草人:王富华、何舞、杨慧、赵沛华、陆平波、黄永东。

本标准所代替标准的历次版本发布情况为:

——NY/T 1040—2006。

绿色食品 食用盐

1 范围

本标准规定了绿色食品食用盐的术语和定义、要求、检验规则、标志和标签、包装、运输和贮存。

本标准适用于绿色食品食用盐,包括精制盐、粉碎洗涤盐、日晒盐和低钠盐。

2 规范性引用文件

下列文件对于本文件的应用是必不可少的。凡是注日期的引用文件,仅注日期的版本适用于本文件。凡是不注日期的引用文件,其最新版本(包括所有的修改单)适用于本文件。

GB/T 191 包装储运图示标志

GB/T 5009.11 食品中总砷及无机砷的测定

GB 5009.12 食品安全国家标准 食品中铅的测定

GB/T 5009.15 食品中镉的测定

GB/T 5009.17 食品中总汞及有机汞的测定

GB/T 5009.42 食盐卫生标准的分析方法

GB 7718 食品安全国家标准 预包装食品标签通则

GB/T 13025.1 制盐工业通用试验方法 粒度的测定

GB/T 13025.2 制盐工业通用试验方法 白度的测定

GB/T 13025.3 制盐工业通用试验方法 水分的测定

GB/T 13025.10 制盐工业通用试验方法 亚铁氰化钾的测定

GB/T 19420 制盐工业术语

JJF 1070 定量包装商品净含量计量检验规则

NY/T 391 绿色食品 产地环境技术条件

NY/T 658 绿色食品 包装通用准则

NY/T 1055 绿色食品 产品检验规则

NY/T 1056 绿色食品 贮藏运输准则

QB 2019 低钠盐

国家质量监督检验检疫总局令 2005 年第 75 号 定量包装商品计量监督管理办法

中国绿色食品商标标志设计使用规范手册

3 术语和定义

GB/T 19420 界定的以及下列术语和定义适用于本文件。

3.1

低钠盐 low sodium salt

天然低钠的食盐或以食盐为主体,配比一定量的钾盐的食盐。

4 要求

4.1 加工环境

生产加工环境应符合 NY/T 391 的规定。

4.2 原料

原盐应符合 4.3 和附录 A 中所列项目的要求。

4.3 感官要求

白色、无可见外来杂物、味咸、无苦涩味、无异味,检验方法按 GB/T 5009.42 的规定执行。

4.4 理化指标

应符合表 1 的规定。

表 1 理化指标

项 目	指 标				检测方法
	精制盐	粉碎洗涤盐	日晒盐	低钠盐[a]	
白度,度	≥75	≥60	—	≥60	GB/T 13025.2
粒度,%	≥80 (0.15 mm~0.85 mm)		—		GB/T 13025.1
氯化钠(以湿基计),%	≥99.1	≥96.5	≥93.0	≥88.0	GB/T 5009.42
水分(以湿基计),%	≤0.3	≤2.6	≤5.2	≤8.0	GB/T 13025.3
水不溶物(以湿基计),%	≤0.05	≤0.1	≤0.1	≤0.1	GB/T 5009.42
[a] 低钠盐仅指天然低钠的食盐,如雪花盐。非天然低钠盐的氯化钠和氯化钾要求见附录 A。					

4.5 污染物、食品添加剂限量

应符合相关食品安全国家标准的规定,同时符合表 2 的规定。

表 2 食品添加剂限量

项 目	指 标	检测方法
亚铁氰化钾/亚铁氰化钠(以$[Fe(CN)_6]^{4-}$计),mg/kg	不得检出(<0.3)	GB/T 13025.10

4.6 净含量

净含量应符合国家质量监督检验检疫总局 2005 年第 75 号令的规定,检验方法按 JJF 1070 的规定执行。

5 检验规则

申请绿色食品认证的产品应按照本标准 4.3~4.6 以及表 A.1 所确定的项目进行检验。其他要求应符合 NY/T 1055 的规定。

6 标志和标签

6.1 标志

标志使用应符合《中国绿色食品商标标志设计使用规范手册》的规定。

6.2 标签

产品标签应符合 GB 7718 的规定。

7 包装、运输和贮存

7.1 包装

按 NY/T 658 的规定执行。不应使用接触过亚硝酸盐等有毒、有害物质的材料和容器包装或盛放食用盐。包装好的食用盐应附有质量合格证,标明生产厂名、产品名称、净含量和商标等。储运图示按 GB/T 191 的规定执行。

7.2 运输

按 NY/T 1056 的规定执行。运输工具应清洁、干燥、无污染、运输途中应防雨、防潮、防暴晒,不应与亚硝酸盐等有毒、有害、有异味或影响产品质量的物品混装运输。

7.3 贮存

存放仓库应清洁、干燥,不应与亚硝酸盐等有毒、有害、有异味、易挥发、易腐蚀的物品同处贮存。防止雨淋、受潮,产品存放应距墙壁、水管、暖气管等 1 m 以上,地面要有 10 cm 以上的防潮隔板。

附 录 A

（规范性附录）

绿色食品食用盐产品认证检验项目

A.1 表 A.1 规定了除 4.3~4.6 所列项目外，依据食品安全国家标准和绿色食品食用盐生产实际情况，绿色食品申报检验还应检验的项目。

表 A.1 依据食品安全国家标准绿色食品食用盐产品认证检验必检项目

序 号	项 目	指 标	检验方法
1	总砷（以 As 计），mg/kg	≤0.5	GB/T 5009.11
2	铅（以 Pb 计），mg/kg	≤2.0	GB 5009.12
3	镉（以 Cd 计），mg/kg	≤0.5	GB/T 5009.15
4	总汞（以 Hg 计），mg/kg	≤0.1	GB/T 5009.17
5	钡[a]（以 Ba 计），mg/kg	≤15.0	GB/T 5009.42
6	氯化钠[b]（以 NaCl 计），g/100g	70.00±10.00	QB 2019
7	氯化钾[b]（以 KCl 计），g/100g	24.00±10.00	QB 2019
8	碘[c]（以 I⁻ 计）	按照 GB 26878 的规定	GB/T 5009.42
[a]　仅适用于以天然含钡卤水为原料制得的食用盐；			
[b]　仅适用于以食盐为主体，配比一定量的钾盐的低钠盐；			
[c]　仅适用于加碘盐。			

A.2 如食品安全国家标准及相关国家规定中上述项目和指标有调整，且严于本标准规定，则按最新国家标准及规定执行。

ICS 67.050
X 04

中华人民共和国农业行业标准

NY/T 2116—2012

虫草制品中虫草素和腺苷的测定
高效液相色谱法

Determination of cordycepin and adenosine in cordyceps products
by high performance liquid chromatography method

2012-02-21 发布   2012-05-01 实施

中华人民共和国农业部 发布

前　言

本标准按照 GB/T 1.1—2009 给出的规则起草。

本标准由中华人民共和国农业部种植业司提出并归口。

本标准起草单位：农业部食用菌产品质量监督检验测试中心（上海）、上海市农业科学院农产品质量标准与检测技术研究所。

本标准主要起草人：邢增涛、饶钦雄、黄志英、赵晓燕、白冰、邵毅。

虫草制品中虫草素和腺苷的测定
高效液相色谱法

1 范围

本标准规定了虫草原料、虫草产品中虫草素和腺苷高效液相色谱的测定方法。

本标准适用于虫草原料、虫草产品中虫草素和腺苷的测定。

本标准中虫草素和腺苷的定量测定范围均为 30 mg/kg~1 000 mg/kg。

本标准中虫草素和腺苷的检测限均为 10 mg/kg。

2 规范性引用文件

下列文件对于本文件的应用是必不可少的。凡是注日期的引用文件，仅注日期的版本适用于本文件。凡是不注日期的引用文件，其最新版本（包括所有的修改单）适用于本文件。

GB/T 6682 分析实验室用水规格和试验方法

3 原理

试样中虫草素和腺苷经水超声提取后，用高效液相色谱进行测定，外标法定量。

4 试剂

除非另有规定，仅使用分析纯试剂和符合 GB/T 6682 中规定的一级水。

4.1 乙腈(C_2H_3N)，色谱纯。

4.2 虫草素和腺苷标准物质（色谱级，纯度≥95%）。

4.3 虫草素和腺苷标准溶液，准确称取虫草素(4.2)和腺苷(4.2)标准品各 10 mg（按实际含量折算），用流动相溶解定容至 100 mL，摇匀。该混合标准储备液中虫草素和腺苷的质量浓度均为 100 μg/mL，4℃冰箱保存，有效期 1 个月。

5 仪器和设备

5.1 高效液相色谱仪，配有紫外检测器或者二极管阵列检测器。

5.2 超声波清洗器，功率大于 450 W，频率 50 Hz~100 Hz。

5.3 分析天平，感量 0.000 1 g。

5.4 微孔滤膜，0.45 μm，水相。

5.5 离心机。

5.6 实验室样品粉碎机。

6 测定步骤

6.1 试样制备

固体试样：称取粉碎均匀的样品 0.5 g（精确至 0.000 1 g）于 100 mL 容量瓶中，加水约 80 mL，置于超声波仪中超声提取 3 h，取出后用水定容，摇匀。取 1 mL 样液离心后，将上清液过 0.45 μm 微孔滤膜(5.4)，滤液供高效液相色谱法分析。

液体试样:准确吸取 5 g 样品于 50 mL 容量瓶中,加水约 40 mL,置于超声波仪中超声提取 30 min,取出用水定容摇匀。取样液过 0.45 μm 微孔滤膜(5.4),滤液供高效液相色谱法测定。

6.2 液相色谱测定

6.2.1 液相色谱条件

色谱柱:C$_{18}$柱,250 mm×4.6 mm(i.d.),5 μm,或相当规格色谱柱。

流动相:乙腈+水=5+95,用前过 0.45 μm 滤膜,脱气。

流速:1.0 mL/min。

柱温:35℃。

波长:260 nm。

进样量:10 μL。

6.2.2 标准曲线的绘制

准确吸取 0.1 mL、0.2 mL、0.5 mL、1.0 mL、2.0 mL 和 5.0 mL 混合标准溶液(4.3)于 10 mL 容量瓶中,用水定容、摇匀,该标准曲线浓度为 1.00 μg/mL、2.00 μg/mL、5.00 μg/mL、10.0 μg/mL、20.0 μg/mL 和 50.0 μg/mL,按参考色谱条件测定,以虫草素和腺苷质量浓度为横坐标,相应的峰面积为纵坐标,计算标准曲线,求线性回归方程。标准品色谱图参见附录 A。

6.2.3 测定

按照保留时间进行定性,样品与标准品保留时间的相对偏差不大于 2%,多点校正外标法定量。待测样液中虫草素和腺苷的响应值应在标准曲线范围内,超过线性范围则应稀释后再进样分析。

6.2.4 结果计算

试料中虫草素或腺苷的量以质量分数 w 计,单位以毫克每千克(mg/kg)表示,按式(1)计算。

$$w = \frac{A \times \rho s \times V}{As \times m} \times f \quad\cdots\cdots\cdots (1)$$

式中:

A ——试样中虫草素或腺苷的峰面积;

As ——标准工作液中虫草素或腺苷的峰面积;

ρs ——标准工作液中虫草素或腺苷的质量浓度,单位为微克每毫升(μg/mL);

V ——试样液最终定容体积,单位为毫升(mL);

m ——试料的质量,单位为克(g);

f ——样品稀释倍数。

计算结果保留三位有效数字。

7 精密度

7.1 重复性

在重复性条件下,获得的两次独立测试结果的绝对差值不超过算术平均值的 5%。

7.2 再现性

在再现性条件下,获得的两次独立测试结果的绝对差值不超过算术平均值的 5%。

附　录　A

（资料性附录）

腺苷和虫草素标准品色谱图

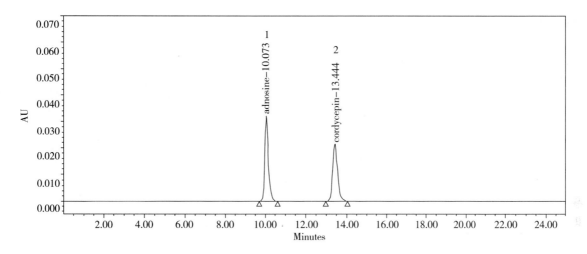

注：1 为腺苷，2 为虫草素。

ICS 83.040.10
B 72

中华人民共和国农业行业标准

NY/T 2185—2012

天然生胶 胶清橡胶加工技术规程

Raw natural rubber—Skim rubber—Technical rules for processing

2012-06-06 发布

2012-09-01 实施

中华人民共和国农业部 发布

NY/T 2185—2012

前　言

本标准按照 GB/T 1.1—2009 给出的规则起草。

本标准由中华人民共和国农业部提出。

本标准由农业部热带作物及制品标准化技术委员会归口。

本标准由中国热带农业科学院农产品加工研究所负责起草、广东省广垦橡胶集团有限公司参加起草。

本标准主要起草人:邓维用、张北龙、彭海方、陆衡湘、陈成海。

天然生胶　胶清橡胶加工技术规程

1　范围

本标准规定了胶清橡胶生产过程中的基本工艺及技术要求。

本标准适用于以天然鲜胶乳离心浓缩过程中分离出来的胶清为原料生产胶清橡胶。

2　规范性引用文件

下列文件对于本文件的应用是必不可少的。凡是注日期的引用文件,仅注日期的版本适用于本文件。凡是不注日期的引用文件,其最新版本(包括所有的修改单)适用于本文件。

GB/T 3510　未硫化胶　塑性的测定　快速塑性计法

GB/T 3517　天然生胶　塑性保持率(PRI)的测定

GB/T 4498　橡胶　灰分的测定

GB/T 8082　天然生胶　标准橡胶包装、标志、贮存和运输

GB/T 8086　天然生胶　杂质含量的测定

GB/T 8088　天然生胶和天然胶乳　氮含量的测定

GB/T 8300　浓缩天然胶乳　碱度的测定

GB/T 24131　生橡胶　挥发分含量的测定

NY/T 229—2009　天然生胶　胶清橡胶

3　生产工艺流程及生产设备

3.1　生产工艺流程

胶清 → 收集 → 除氨 → 加酸凝固 → 压薄 → 压绉 → 绉片停放 → 造粒 → 干燥 → 称量 →

压包 → 金属检测 → 包装、标志 → 胶清橡胶

取样 ——→ 检验定级

3.2　生产设备

胶清收集池、除氨设备、配酸池、凝固槽、过渡池、压薄机、绉片机、造粒机、输送机、胶粒泵、干燥车、干燥设备、金属检测仪和打包机。

4　生产工艺控制及技术要求

4.1　胶清收集

离心机分离出来的胶清应通过流槽或管道统一收集。收集容器应保持清洁、干净,防止外来杂质。

4.2　除氨的基本要求

4.2.1　胶清在凝固前,应进行除氨处理,使氨含量降至0.1%以下。

4.2.2　除氨可使用自然通风、机械鼓风或离心雾化的方法,建议机械鼓风和离心雾化2种方法并用。

4.2.3　氨含量按GB/T 8300的规定进行检测。

4.3　凝固

4.3.1　胶清可采用硫酸凝固,或硫酸与乙酸、硫酸与甲酸混合凝固。

4.3.2 凝固用硫酸的浓度应稀释至 10%～15%(质量分数)，乙酸或甲酸的浓度应稀释至 15%～20%(质量分数)。用酸量应根据季节、气候、氨含量的变化进行适当调整。可使用溴甲酚绿或甲基红等指示剂控制，也可使用 pH 计或 pH 试纸控制。

4.4 压薄、压绉、造粒

4.4.1 压薄、压绉、造粒前应认真检查和调试好各种设备，保证所有设备处于良好状态。

4.4.2 设备运转正常后，调节好设备的喷水量，将与凝块接触的机器部位冲洗干净，然后进料压薄、压绉和造粒。

4.4.3 凝块应熟化 12 h 以上，压薄前应踩压或滚压凝块。压薄、压绉后，如绉片过软，可适当延长停放时间，便于绉片自然脱水，有利于提高胶粒硬度。

4.4.4 经压薄机脱水后的凝块厚度不应超过 40 mm，经绉片机压绉后的绉片厚度不应超过 6 mm，经造粒机造出的胶粒应均匀。如用泵输送胶粒，可在水中加入适量的隔离剂，以防胶粒结团。

4.4.5 干燥车每次使用前应用清水冲洗，已干燥过的残留胶粒及杂物应清除干净。

4.4.6 造粒完毕，应继续用水冲洗设备 2 min～3 min，然后停机清洗场地。对散落地面的胶粒，清洗干净后装入干燥车。

4.5 干燥

4.5.1 湿胶料应滴水 20 min 以上，然后进入干燥柜进行干燥。

4.5.2 干燥柜的进风口热风温度不应超过 115℃，干燥时间不应超过 4.5 h。

4.5.3 设备停止供热后，应继续抽风 20 min 以上，使干燥柜的进风口温度降至 90℃ 以下。

4.5.4 干燥后的胶清橡胶应及时冷却，冷却后胶清橡胶的温度不应超过 60℃。

4.5.5 干燥工段应建立干燥时间、干燥温度、出胶情况、进出车号等生产记录，以利于干燥情况的监控和产品质量追溯。

4.6 称量

按 NY/T 229—2009 规定的胶包净含量进行称量，也可按用户要求进行称量。

4.7 压包与金属检测

4.7.1 干燥后的胶清橡胶应及时压包及包装，以防受潮而导致橡胶变质。

4.7.2 压包前应检查胶清胶块是否存在夹生胶。夹生胶过多时，不应压包，应重新处理。

4.7.3 压包后的胶清胶块应通过金属检测仪检测，发现有金属物质应及时除去。

5 产品质量控制

5.1 组批、抽样及样品制备

按 NY/T 229—2009 中 5.2 的规定进行产品的组批、抽样及样品制备。

5.2 检验

按 GB/T 3510、GB/T 3517、GB/T 4498、GB/T 24131、GB/T 8086、GB/T 8088 的规定进行样品检验。

5.3 定级

按 NY/T 229 的规定进行产品定级。

6 包装、标志

按 NY/T 229 规定的方法进行包装和标志。

ICS 67.060
X 11

中华人民共和国农业行业标准

NY/T 2209—2012

食品电子束辐照通用技术规范

General technical specification for food irradiation by electron beam

2012-12-07 发布

2013-03-01 实施

中华人民共和国农业部 发布

前　言

本标准按照 GB/T1.1 给出的规则起草。

本标准由农业部农产品加工局提出并归口。

本标准起草单位：中国农业科学院农产品加工研究所、宁波超能科技股份有限公司、农业部辐照产品质量监督检验测试中心、江苏省农业科学院原子能所、清华同方威视股份有限公司。

本标准主要起草人：王锋、哈益明、施惠栋、周洪杰、戚增国、朱佳廷、彭林、覃怀莉、徐丽娜、李伟明、李庆鹏、范蓓。

食品电子束辐照通用技术规范

1 范围

本标准规定了食品电子束辐照的通用要求、质量控制、包装、重复辐照和标识。

本标准适用于食品的电子束辐照处理。

2 规范性引用文件

下列文件对于本文件的应用是必不可少的。凡是注日期的引用文件,仅注日期的版本适用于本文件。凡是不注日期的引用文件,其最新版本(包括所有的修改单)适用于本文件。

GB 7718 食品安全国家标准 预包装食品标签通则

GB 14881 食品企业通用卫生规范

GB 18871 电离辐射防护与辐射源安全基本标准

GB/T 15446 辐射加工剂量学术语

GB/T 16841 能量为 300 keV～25 MeV 电子束辐射加工装置剂量学导则

GB/T 18524 食品辐照通用技术要求

GB/T 19538 危害分析与关键控制点(HACCP)体系及其应用指南

GB/T 25306 辐射加工用电子加速器工程通用规范

3 术语和定义

下列术语和定义适用于本文件。

3.1

加速器 accelerator

一种使带电粒子增加动能的装置。

3.2

电子束 electron beam

在电磁场中被加速到一定动能的基本上是单向的电子流。

3.3

辐照工艺剂量 irradiation processing dose

在食品辐照中,为了达到预期的工艺目的所需的吸收剂量范围,其下限值应大于最低有效剂量,上限值应小于最高耐受剂量。

3.4

最低有效剂量 minimum effective dose

在食品辐照时,为达到某种辐照目的所需的最低剂量,即工艺剂量的下限值。

3.5

最高耐受剂量 maximum tolerance dose

在食品辐照时,不会对食品的品质和功能特性产生危害的最高剂量,即工艺剂量的上限值。

3.6

剂量不均匀度 dose uniformity

同批产品中,最大与最小吸收剂量之比。

3.7

危害分析和关键控制点 hazard analysis and critical control point

危害分析指收集和确定有关的危害以及导致这些危害产生和存在的条件,评估危害的严重性和危险性,判断危害的性质、程度和对人体健康的潜在性影响,已确定哪些危害对食品安全是重要的。

关键控制点指针对一个或多个因素采取某项控制措施(操作、工艺或流程等),以消除、避免或降低危害。

4 通用要求

4.1 辐照源

加速器产生的能量不高于 10 MeV 的电子束。

4.2 辐照装置

4.2.1 新建、改建和扩建的电子加速器辐照装置应符合 GB/T 25306 的要求。

4.2.2 电子加速器辐照装置的设计应考虑到食品辐照所需的辐照方式、剂量范围以及产品包装形式。

4.2.3 束下装置必须符合电子加速器的技术要求,其运行参数必须与加速器的运行参数相匹配。

4.2.4 电子加速器辐照装置的辐射防护应符合 GB 18871 的要求。

4.3 工艺剂量与剂量测量

4.3.1 电子束辐照的工艺剂量应设定在最低有效剂量与最高耐受剂量之间。吸收剂量的不均匀度≤1.5。

4.3.2 电子束辐照装置的剂量测量按 GB/T 16841 的规定执行,电子束深度剂量分布参见附录 A。

4.4 辐照管理

4.4.1 辐照方式

电子束辐照预包装食品可分为单面辐照和双面辐照,产品换面可通过人工换面或机械自动换面完成。电子束辐照散装食品或原料,可采用流动通过辐照区域的方式完成。

4.4.2 管理

4.4.2.1 辐照与未辐照产品应分区堆放。为防止漏照、重照,辐照食品外包装上应有辐照指示标记。

4.4.2.2 辐照设备的检查和维修应按 GB/T 25306 的要求执行。

4.4.2.3 操作人员应具备专业及防护知识,符合国家规定的健康条件,并取得上岗资格。

4.4.2.4 记录与存档

a) 辐照装置记录包括辐照装置的建设、验收、许可登记及维修有关的全部资料;

b) 辐照工艺参数记录包括启用及日常运行中有关辐照加工控制、剂量监测以及电子加速器日常运行参数;

c) 辐照产品记录包括产品种类、辐照目的、辐照剂量、辐照日期、辐照后产品质量检验(包括辐照后取样、留样和库存管理);

d) 记录应有责任人员签名,存档备查。

4.5 重复辐照

根据 GB/T 18524 的要求,除下列情况外食品不得进行重复照射,重复照射的食品其总累积吸收剂量不得大于 10 kGy:

a) 对含水量低的产品进行辐照杀虫处理;

b) 用小于 1 kGy 的剂量辐照过的原料制成的产品;

c) 为达到预期效果,可将所需的全部吸收剂量分多次进行辐照的食品;

d) 辐照配料含量小于 5% 的食品。

5 质量控制

5.1 电子束辐照前食品应无腐烂、霉变、无异味；食品包装尺寸和形式应满足辐照的工艺要求，包装应完整、无破损。

5.2 电子束辐照后食品的各项技术指标均应符合相应的国家食品安全产品标准的规定。

5.3 食品电子束辐照只用于达到某种特定工艺要求和卫生目的。为达到食品辐照加工的目的和确保食品质量，待辐照的食品应按 GB 14881 的规定生产。不得用辐照加工手段处理劣质不合格的食品。

5.4 危害分析和关键控制点（HACCP）。

食品电子束辐照过程的 HACCP 质量控制应按 GB/T 19538 的规定执行。

应对食品电子束辐照整个过程中的各种危害进行分析和控制，保证辐照食品达到安全水平。

在食品电子束辐照过程中，吸收剂量是关键控制点，工艺剂量的设定应建立在辐照前对食品的检查或检验、D_{10}值的确定、辐照实施和辐照后产品的检验基础上。

6 包装

包装应采用食品级、耐辐照材料。产品应具有外包装，产品包装尺寸和形式应满足电子束辐照工艺的要求，包装材料或容器经辐照后仍应具有对产品的保护功能。

7 标识

电子束辐照处理的食品标识要求应符合 GB 7718 的要求。

附 录 A

（资料性附录）

电子束深度剂量分布曲线

电子束在均匀材料中的深度剂量分布曲线如图 A.1 所示，从入射表面开始，剂量随着深度的增加而增大，剂量值达到最大值后逐渐下降，一定距离后下降加速，再变得缓慢并与横轴相交。

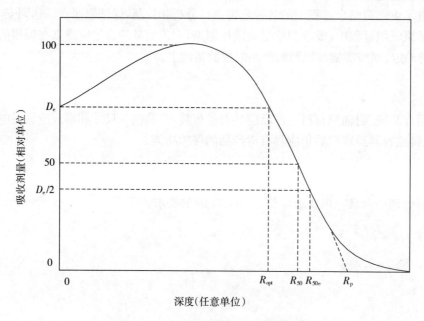

图 A.1 电子束深度剂量分布曲线

图 A.1 中标明了几种射程，分别表示几种深度剂量分布的品质：

a) 实际射程 R_p 为深度剂量分布曲线上几乎直线下降拐点处的切线与韧致辐射本底外推线的交点所对应的深度；

b) 半值深度 R_{50} 为深度剂量分布曲线中吸收剂量减少到最大值的 50% 的深度；

c) 半入射值深度 R_{50e} 为深度剂量分布曲线中吸收剂量减少到表面入射剂量值的 50% 的深度；

d) 最佳厚度 R_{opt} 为吸收剂量与入射剂量相等时所对应的深度。

ICS 67.060
B 23

中华人民共和国农业行业标准

NY/T 2210—2012

马铃薯辐照抑制发芽技术规范

Irradiation practice for sprout inhibition of potato

2012-12-07 发布   2013-03-01 实施

中华人民共和国农业部 发布

前　言

本标准按照 GB/T 1.1 给出的规则起草。

本标准由农业部农产品加工局提出并归口。

本标准起草单位：中国农业科学院农产品加工研究所、农业部辐照产品质量监督检验测试中心、江苏省农业科学院原子能所、清华大学。

本标准主要起草人：哈益明、朱佳廷、王锋、冯敏、周洪杰、覃怀莉、李庆鹏、林家彬、范蓓、李伟明、唐玉新、杨萍。

马铃薯辐照抑制发芽技术规范

1 范围

本标准规定了马铃薯块茎辐照抑制发芽的辐照前要求、辐照、辐照后质量要求、辐照标识和运输、贮存要求。

本标准适用于马铃薯块茎辐照抑制发芽。

2 规范性引用文件

下列文件对于本文件的应用是必不可少的。凡是注日期的引用文件，仅注日期的版本适用于本文件。凡是不注日期的引用文件，其最新版本(包括所有的修改单)适用于本文件。

GB/T 18524 食品辐照通用技术要求

NY/T 1066 马铃薯等级规格

3 术语和定义

下列术语和定义适用于本文件。

3.1

吸收剂量 D absorbed dose D

任何电离辐射，授予质量为 dm 的物质的平均能量 dE 除以 dm 的商值，即：$D=dE/dm$，单位名称为戈瑞，符号为 Gy，$1Gy=1J \cdot kg^{-1}$。

3.2

辐照工艺剂量 irradiation processing dose

为了达到预期的工艺目的所需的吸收剂量范围，其下限值应大于最低有效剂量，上限值应小于最高耐受剂量。

3.3

最低有效剂量 minimum effective dose

达到马铃薯辐照抑制发芽目的的最低吸收剂量，即工艺剂量的下限值。

3.4

最高耐受剂量 maximum tolerance dose

不影响马铃薯食用品质和功能特性的最高吸收剂量，即工艺剂量的上限值。

3.5

剂量不均匀度 dose uniformity

同批产品中，最大与最小吸收剂量之比。

4 辐照前要求

4.1 产品要求

马铃薯应形状完整，无虫蛀、腐烂、霉变、冻伤、机械伤、发芽等。

4.2 包装

4.2.1 包装材料

马铃薯的包装应选用耐辐照、保护性材料，包装材料应清洁、干燥、牢固、透气、无污染、无异味。

4.2.2 规格要求

以马铃薯块茎质量为划分规格的指标,分为大(L)、中(M)、小(S)三个规格。规格的划分应符合表1的规定。

表 1 马铃薯规格

规 格	小(S)	中(M)	大(L)
单薯质量,g	<100	100~300	>300

5 辐照

5.1 辐照源

适用于马铃薯辐照的电离辐射有:

——^{60}Co、^{137}Cs 放射性核素产生的 γ 射线;

——加速器产生的不高于 5 MeV 的 X 射线;

——加速器产生的不高于 10 MeV 的电子束。

5.2 辐照装置和辐照管理

辐照装置和管理按 GB/T 18524 的规定执行。

5.3 工艺剂量

马铃薯辐照抑制发芽的总体平均吸收剂量为 0.1 kGy,最低有效剂量为 0.075 kGy,最高耐受剂量为 0.15 kGy。产品辐照的剂量不均匀度≤2.0,若用加速器辐照则要求产品辐照的剂量不均匀度≤1.5。

5.4 重复辐照

按 GB/T 18524 的规定,本产品不允许重复辐照。

6 辐照后质量要求

辐照后马铃薯应保持原有的质量品质,符合 NY/T 1066 的要求。

7 辐照标识

产品标识应符合 GB/T 18524 的规定。

8 运输、贮存

8.1 贮存

辐照后马铃薯应贮存在干燥、通风、清洁、卫生的仓库中,产品码放高度适宜,应防潮、防高温。

8.2 运输

辐照后马铃薯在装卸和运输过程中,应防止机械碰伤,防雨、防热、防冻,不应与有毒有害或影响产品质量的物品混装运输,包装不得破损。

ICS 67.050
X 04

中华人民共和国农业行业标准

NY/T 2211—2012

含纤维素辐照食品鉴定
电子自旋共振法

Determination of irradiated food containing cellulose—Electron
spin resonance spectroscopy

(EN 1787:2000, NEQ)

2012-12-07 发布

2013-03-01 实施

中华人民共和国农业部 发布

前　言

本标准按照 GB/T 1.1 给出的规则起草。

本标准非等效采用欧盟标准 EN 1787:2000 Foodstuffs—Detection of irradiated food containing cellulose by ESR spectroscopy。

本标准由农业部农产品加工局提出并归口。

本标准起草单位:中国农业科学院农产品加工研究所、农业部辐照产品质量监督检验测试中心、中国计量科学研究院、江苏瑞迪生科技有限公司。

本标准主要起草人:哈益明、张彦立、王锋、周洪杰、李伟明、赵永富、范蓓、李庆鹏。

含纤维素辐照食品鉴定　电子自旋共振法

1　范围

本标准规定了辐照含纤维素类食品的鉴定方法。

本标准适用于含纤维素类干果、香料及水果类食品辐照与否的鉴定。

2　术语和定义

下列术语和定义适用于本文件。

2.1

电子自旋共振(ESR)　electron spin resonance

电子自旋磁矩在磁场中受相应频率的电磁波作用时,在它们的磁能级之间发生的共振跃迁现象。

3　原理

辐照能使含纤维素食品产生长寿命自由基。通过电子自旋共振(ESR)波谱技术可检测出辐照后纤维素中的自由基,反映在 ESR 图谱上会出现相距 6.05 mT±0.05 mT 的典型不对称信号(分裂峰),由此作为食品辐照与否的判定依据。

4　仪器和设备

4.1　ESR 波谱仪:包括磁铁系统,微波系统,场调制和信号检测系统,矩形或圆柱形谐振腔。

4.2　ESR 样品管,内径为 4 mm 的石英管。

4.3　分析天平,感量 1 mg。

4.4　真空干燥箱或冷冻干燥机。

4.5　电动搅拌器。

5　分析步骤

5.1　试样制备

5.1.1　干果类

用解剖刀从样品的壳或者核中取出质量 150 mg～200 mg、直径 3 mm～5 mm 的试样,待测。

5.1.2　香料

取 150 mg～200 mg 香料样品。待测样品应在冷冻干燥机或 40℃真空干燥箱中保存。

5.1.3　水果类

5.1.3.1　浆果类水果

从浆果果肉中初步分离出籽粒,用电动搅拌器将分离部分搅拌成糊状。加 500 mL 水到果浆里,再进行搅拌。最终使得籽粒下沉,倒出果浆和多余的水分。重复上面步骤 2 次以去除剩余的果浆。

取完整的籽粒平铺到吸附滤纸上,过滤掉吸附的水分。将籽粒放到冷冻干燥机中干燥或 40℃放到真空干燥箱里干燥 2 h。称取 150 mg～200 mg 的籽粒,待测。

注:浆果籽应保持完整,因为研磨会使信号强度淹没到信噪比中并引起 ESR 光谱形状的改变。

5.1.3.2　其他类水果

按 5.1.1 方法取出果仁或果核,干燥使其水分含量不大于 10%,待测。

5.2 波谱仪参数设置

ESR 信号峰—峰间宽度设置为 0.8 mT；

微波频率：9.78 GHz，功率 0.4 mW~0.8 mW；

磁场：中心磁场 348 mT，扫描宽度 20 mT；

信号通道：调制频率 50 kHz~100 kHz，调制幅度 0.4 mT~1 mT，扫描时间 0.1 s~0.2 s，扫场速率 5 mT/min~10 mT/min；

增益：1.0×10^4 倍~1.0×10^6 倍。

6 ESR 图谱分析

在未辐照样品的 ESR 图谱中（见图 A.1 和图 A.3），仅出现中心信号 C；在辐照样品的 ESR 图谱中（见图 A.2 和图 A.4），中心信号 C 的强度增大，并且在信号 C 左右两侧出现分裂峰 C_1 和 C_2，两峰之间的距离为 6.05 mT±0.05 mT。

7 结果判定

中心信号 C 左右两侧有距离为 (6.05 ± 0.05) mT 的分裂峰出现，即可判定样品经过辐照处理；反之无法判定样品是否经过辐照处理。

附 录 A

（规范性附录）

未辐照与辐照样品的 ESR 波谱图

A.1 未辐照开心果壳的 ESR 波谱见图 A.1。

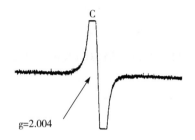

图 A.1 未辐照开心果壳的 ESR 波谱

A.2 经 4 kGy 辐照的开心果壳 ESR 波谱见图 A.2。

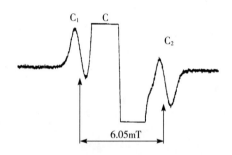

图 A.2 经 4 kGy 辐照的开心果壳 ESR 波谱

A.3 未辐照草莓籽的 ESR 波谱见图 A.3。

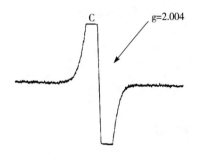

图 A.3 未辐照草莓籽的 ESR 波谱

A.4 经 3.5 kGy 辐照的草莓籽的 ESR 波谱见图 A.4。

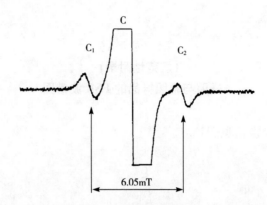

图 A.4 经 3.5 kGy 辐照的草莓籽的 ESR 波谱

ICS 67.050
X 04

NY/T 2212—2012

中华人民共和国农业行业标准

含脂辐照食品鉴定 气相色谱分析 碳氢化合物法

Determination of irradiated food containing fat—Gas chromatographic
analysis of hydrocarbons
(EN 1784:2003, NEQ)

2012-12-07 发布

2013-03-01 实施

中华人民共和国农业部 发布

前　言

本标准按照 GB/T 1.1 给出的规则起草。

本标准非等效采用 EN 1784:2003 Foodstuffs—Detection of irradiated food containing fat—Gas chromatographic analysis of hydrocarbons。

本标准由农业部农产品加工局提出并归口。

本标准起草单位:中国农业科学院农产品加工研究所、农业部辐照产品质量监督检验测试中心。

本标准主要起草人:哈益明、王锋、周洪杰、李庆鹏、张海伟、李安。

含脂辐照食品鉴定 气相色谱分析碳氢化合物法

1 范围

本标准规定了含脂辐照食品的气相色谱分析鉴定方法。

本标准适用于生鲜肉类、水果类、干果类、谷物类等含脂食品辐照与否鉴定,其他含脂食品辐照鉴定可参照执行。

2 原理

辐照能使食品中甘油三酯的脂肪酸链在 α 和 β 位置的羰基发生断裂,并产生相应的碳氢化合物 C_{n-1}(比母体脂肪酸少一个碳原子的碳氢化合物)和 $C_{n-2:1}$(比母体脂肪酸少两个碳原子且多一个双键的碳氢化合物)。通过气相色谱氢火焰离子化检测器(GC - FID)分析检测含脂食品中是否含有预期产生的碳氢化合物,判定含脂食品是否经过辐照处理。

3 试剂

除另有说明,在分析中仅使用确认的分析纯试剂和蒸馏水或去离子水。

3.1 无水硫酸钠。

3.2 硅镁型吸附剂(Florisil 硅土),150 μm~250 μm(60 目~100 目)。

3.2.1 活化

在 550℃下烘烤 5 h。如放置时间超过 3 d,应在 130℃加热 5 h。

3.2.2 去活化

向 Florisil 硅土中加入 3%(质量比)的水去活化,摇晃使吸附剂没有结块。在干燥器中平衡 12 h,一周内可使用。

3.3 正戊烷。

3.4 正己烷。

3.5 2-丙醇。

3.6 异辛烷。

3.7 氮气,纯度 99.999%。

3.8 氦气,纯度 99.999%。

3.9 氢气,纯度 99.999%。

3.10 碳氢化合物标准品,内标物二十烷用正戊烷、正己烷或异辛烷溶解,配制浓度为 1 μg/mL~4 μg/mL。供使用的标准品有:1-十二烯、正十三烷、1-十四烯、正十五烷、1-十六烯、正十七烷、1,7-十六二烯、8-十七烯、1,7,10-十六三烯、6,9-十七二烯。

4 仪器和设备

4.1 气相色谱仪,带有 FID 检测器和适当规格的毛细管柱(25 m×0.32 mm,0.25 μm)。

4.2 电动搅拌器。

4.3 水浴装置。

4.4 索氏提取装置。

4.5　具塞量筒。

4.6　具塞玻璃管。

4.7　马弗炉。

4.8　玻璃层析柱,长度在 200 mm~300 mm 之间,内径为 20 mm。

4.9　容量瓶或气相色谱细颈瓶。

4.10　旋转蒸发仪。

4.11　氮气浓缩装置。

4.12　烘箱。

5　试样制备

选取样品中脂肪含量比较多的部位,将样品置于密闭玻璃管中或不含脂肪的金属箔内。

5.1　脂肪提取

称取 20 g 无水硫酸钠和 20 g 样品(液体样品应干燥至半固体状)放入纤维材质抽提套管中,混合后用棉絮塞住管口。向索氏提取器中加入 100 mL 正己烷,将抽提套管放入提取器中,再加入 40 mL 正己烷,加热回流萃取 6 h。

将脂肪提取液转移到 100 mL 具塞量筒,定容,加入 5 g~10 g 无水硫酸钠混合,静置 12 h。将脂肪提取液旋转蒸发浓缩至 2 mL~3 mL(45℃水浴,约 25 kPa)。将浓缩后的脂肪转移至已恒重的具塞玻璃管中,氮吹浓缩至恒重。

5.2　Florisil 柱层析

将 20 g 去活化的 Florisil 硅土填充层析柱。将 1 g±0.01 g 脂肪溶于 1 mL 正二十烷标准品溶液后上样。用 60 mL 正己烷以 3 mL/min 的速率淋洗,收集淋洗液。在 25 kPa、40℃下,旋转蒸发淋洗液,浓缩至 3 mL。将浓缩后的溶液转移至容量瓶或气相色谱细颈瓶中,氮吹浓缩至 1 mL,待测。

6　分离和检测

6.1　碳氢化合物分离

采用 GC 毛细管柱分离碳氢化合物,FID 检测器检测,以保留时间定性。参数设置如下:

进样口温度:230℃;

程序升温:初始温度 40℃ 保持 2 min,以 10℃/min 升温至 70℃,再以 2.5℃/min 升温至 170℃,再以 10℃/min 升温至 280℃,保持 5 min。

进样量:1 μL;

进样方式:无分流;

载气:氮气;

检测温度:280℃。

6.2　谱图分析

根据样品中预期产生的碳氢化合物种类(参见表 A.1 和表 A.2)进行谱图分析;图 B.1~图 B.3 分别是辐照鸡肉、猪肉、牛肉、奶酪、木瓜、芒果、鳄梨的碳氢化合物色谱图。

7　结果分析与判定

7.1　碳氢化合物含量的计算

碳氢化合物组分在每克脂肪中的含量 w_{HC} 按式(1)计算。

$$w_{HC} = \frac{A_{HC} \times w_{20:0}}{A_{20:0}} \times F_i \quad \cdots\cdots\cdots\cdots\cdots\cdots\cdots\cdots\cdots \quad (1)$$

式中：

w_{HC} ——碳氢化合物在每克脂肪中的含量，单位为微克每克（μg/g）；

A_{HC} ——样品中碳氢化合物的峰面积；

$w_{20:0}$ ——样品中每克脂肪中的内标物含量，单位为微克每克（μg/g）；

$A_{20:0}$ ——样品中内标物的峰面积；

F_i ——与内标物相关的各碳氢化合物的响应因子。

7.2 结果判定

同时出现以下情况时可判定食品被辐照：

a) 同时检测出预期的碳氢化合物；

b) 各碳氢化合物的检测浓度信噪比大于3。

附　录　A
（资料性附录）
辐射诱导产生的碳氢化合物种类

A.1　鸡肉、猪肉和牛肉中主要脂肪酸及其辐射诱导产生的 C_{n-1} 和 $C_{n-2:1}$ 碳氢化合物见表 A.1。

表 A.1　鸡肉、猪肉和牛肉中主要脂肪酸及其辐射诱导产生的 C_{n-1} 和 $C_{n-2:1}$ 碳氢化合物

脂肪酸	占总脂肪的大约浓度，%			辐射诱导产生的碳氢化合物	
	鸡肉	猪肉	牛肉	C_{n-1}	$C_{n-2:1}$
棕榈酸（C16：0）	21	25	23	15：0	1～14：1
硬脂酸（C18：0）	6	11	10	17：0	1～16：1
亚油酸（C18：1）	32	35	43	8～17：1	1,7～16：2
亚麻酸（C18：2）	25	10	2	6,9～17：2	1,7,10～16：3

A.2　奶酪、鳄梨、木瓜和芒果及其辐射诱导产生的 C_{n-1} 和 $C_{n-2:1}$ 碳氢化合物见表 A.2。

表 A.2　奶酪、鳄梨、木瓜和芒果及其辐射诱导产生的 C_{n-1} 和 $C_{n-2:1}$ 碳氢化合物

脂肪酸	占总脂肪的大约浓度，%				辐射诱导产生的碳氢化合物	
	奶酪	鳄梨	木瓜	芒果	C_{n-1}	$C_{n-2:1}$
肉豆蔻酸（C14：0）	10～15	—	—	—	13：0	1～12：1
棕榈酸（C16：0）	30～40	10～15	15～20	5～10	15：0	1～14：1
硬脂酸（C18：0）	10～15	—	2～6	30～45	17：0	1～16：1
亚油酸（C18：1）	20～25	55～65	60～80	40～50	8～17：1	1,7～16：2
亚麻酸（C18：2）	—	10～15	2～6	5～10	6,9～17：2	1,7,10～16：3

附 录 B
（资料性附录）
辐照样品的碳氢化合物色谱图

B.1 3 kGy 辐照肉样品中的碳氢化合物色谱图见图 B.1。

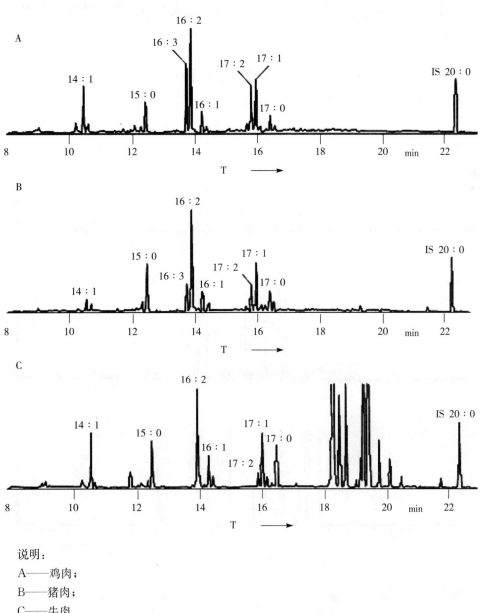

说明：

A——鸡肉；

B——猪肉；

C——牛肉。

图 B.1 3 kGy 辐照肉样品中的碳氢化合物色谱图

B.2 1 kGy 辐照奶酪中的碳氢化合物色谱图见图 B.2。

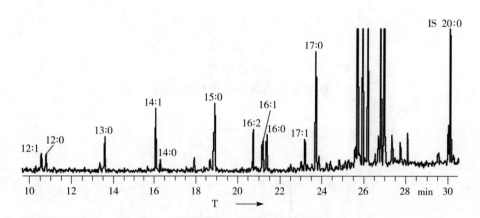

图 B.2 1kGy 辐照奶酪中的碳氢化合物色谱图

B.3 1 kGy 辐照鳄梨、木瓜和芒果样品中的碳氢化合物色谱图见图 B.3。

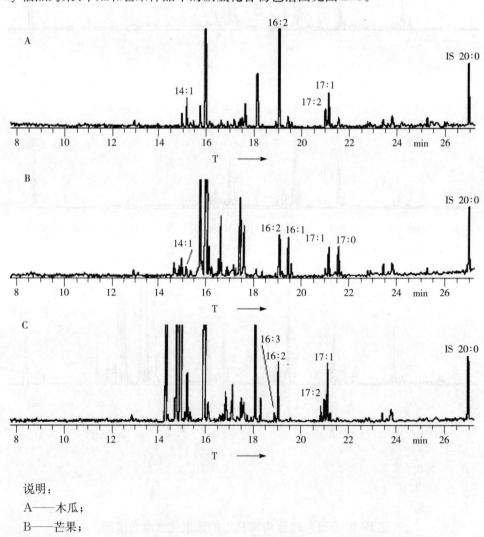

说明：

A——木瓜；

B——芒果；

C——鳄梨。

图 B.3 1 kGy 辐照鳄梨、木瓜和芒果样品中的碳氢化合物色谱图

ICS 67.050
X 04

中华人民共和国农业行业标准

NY/T 2213—2012

辐照食用菌鉴定 热释光法

Determination of irradiated edible fungi—Thermoluminescence

2012-12-07 发布

2013-03-01 实施

中华人民共和国农业部 发布

前　言

本标准按照 GB/T 1.1 给出的规则起草。

本标准由农业部农产品加工局提出并归口。

本标准起草单位：中国农业科学院农产品加工研究所、农业部辐照产品质量监督检验测试中心。

本标准主要起草人：周洪杰、哈益明、王锋、王志东、范蓓、李庆鹏、李伟明、杨静。

辐照食用菌鉴定 热释光法

1 范围

本标准规定了辐照食用菌热释光的鉴定方法和判定依据。

本标准适用于食用菌类产品的辐照与否鉴定。

2 术语和定义

下列术语和定义适用于本文件。

2.1

热释光 thermoluminescence

样品中俘获的辐射能量经热激发后以光的形式释放出来的现象。

2.2

G值 G value

热释光发光曲线的面积积分值。

3 原理

黏着在食用菌表面上的无机矿物质(如硅酸盐、石英、黏土等)接受电离辐射后产生的热释光强度与辐射剂量大小成正相关关系。热释光强度通过热释光仪记录的发光曲线的面积积分值来表示,以 G_1 表示被检样品中无机矿物质的热释光发光曲线面积积分值;无机矿物质再以 1.0 kGy 参比剂量辐照,以 G_2 表示参比剂量辐照后无机矿物质的热释光发光曲线的面积积分值;以 G_1/G_2 值的大小判断样品是否经过辐照。

4 试剂

除另有说明,在分析中仅使用确认的分析纯试剂。

4.1 盐酸。

4.2 30%过氧化氢。

4.3 丙酮。

4.4 1.7 g/mL 多钨酸钠水溶液。

4.5 蒸馏水或去离子水。

5 仪器与设备

5.1 热释光仪。

5.2 超声波发生器。

5.3 低速离心机。

5.4 干燥箱。

5.5 电离辐射源。

6 热释光仪参数设置

6.1 升温速率:15℃/s。

6.2 加热温度范围:35℃~350℃。

6.3 保持时间:升温至 135℃保持 8 s,再升温到 350℃保持 12 s。

6.4 热释光发光曲线面积积分温度区间:150℃上升至 350℃再下降至 260℃的区间范围。

7 方法步骤

7.1 试样制备

称取食用菌类样品 100 g~500 g,样品剪碎并置于烧杯中,添加蒸馏水至 3 000 mL,超声波处理 30 min~60 min,静置 4 h,收集洗脱的沉淀物并置于 20 mL 多钨酸钠溶液中,以 3 000 r/min 离心 10 min,弃上清液,收集沉淀物。

7.2 矿物质提取

把收集的沉淀物用 10 mL 去离子水,分 4 次~5 次转移到 150 mL 烧杯中,加 10 mL 盐酸,搅拌 10 min 后加入 20 mL 过氧化氢,再搅拌 5 min~10 min,静置反应 24 h,用去离子水洗至上清液 pH=7。用丙酮把沉淀物转移到 50 mL 烧杯中,静置沉淀,弃去丙酮溶液,将沉淀物连同烧杯放入 50℃~60℃干燥箱内烘干或自然干燥,收集沉淀物待测。

7.3 样品测定

7.3.1 G_1 的测量

将待测样品沉淀物 0.1 mg~1 mg 均匀倒入仪器的测量小盘中,按 6.1、6.2、6.3 的条件进行测量,记录发光曲线,积分取值区间按 6.4 计算积分值,以 G_1 表示。

7.3.2 G_2 的测量

将上述测量过的样品和托盘一起置于避光盒中,用电离辐射源辐照 1.0 kGy。按 5.1、5.2、6.3 的条件进行第二次测量,记录发光曲线,计算发光曲线面积的积分值,以 G_2 表示。

8 结果计算

积分面积比值按式(1)计算:

$$f = G_1/G_2 \quad\cdots\cdots\cdots\cdots\cdots\cdots\cdots\cdots\cdots\cdots\cdots\cdots\cdots\cdots\cdots\cdots\cdots\cdots\cdots\cdots (1)$$

式中:

f ——积分面积比值;

G_1——第一次测量的发光曲线面积积分值;

G_2——第二次测量的发光曲线面积积分值。

计算结果保留到小数点后两位。

9 判定阈值

辐照与否的判定阈值为 0.10。

10 结果判定

若 $f \geqslant 0.10$,则判定样品已经过辐照处理。

若 $f < 0.10$,则判定样品未经过辐照处理。

ICS 67.050
X 04

中华人民共和国农业行业标准

NY/T 2214—2012

辐照食品鉴定 光释光法

Determination of irradiated food—Photostimulated luminescence
(EN 13751:2009, NEQ)

2012-12-07 发布　　　　　　　　　　　　　　2013-03-01 实施

中华人民共和国农业部 发布

前　言

本标准按照 GB/T 1.1 给出的规则起草。

本标准非等效采用 EN 13751:2009 Foodstuffs—Detection of irradiated food using photostimulated luminescence。

本标准由农业部农产品加工局提出并归口。

本标准起草单位:中国农业科学院农产品加工研究所、农业部辐照产品质量监督检验测试中心。

本标准主要起草人:王锋、哈益明、周洪杰、李庆鹏、范蓓、李安。

辐照食品鉴定　光释光法

1　范围

本标准规定了食品辐照与否的光释光快速筛查方法。

本标准适用于贝类、中草药、香辛料和调味品类产品。

2　术语和定义

下列术语和定义适用于本文件。

2.1

光释光（PSL）　photostimulated luminescence

样品中俘获的辐射能量经光激发后以光的形式释放出来的现象。

2.2

PSL 强度　PSL intensity

样品经光激发后检测到的发光量，以光子计数率表示。

2.3

筛查 PSL　screening PSL

样品初次测量的 PSL 强度。

2.4

校正 PSL　calibrated PSL

初始 PSL 测量后，同一样品用已知剂量辐照后测量的 PSL 强度。

2.5

阈值　thresholds

在筛查模式下，用于样品辐照与否判定的 PSL 强度，包括一个低阈值（T_1）和一个高阈值（T_2）。

2.6

阴性 PSL 结果　negative PSL result

PSL 强度低于低阈值。

2.7

中间 PSL 结果　intermediate PSL result

PSL 强度在低阈值和高阈值之间。

2.8

阳性 PSL 结果　positive PSL result

PSL 强度高于高阈值。

2.9

黑暗计数　dark count

无光刺激时，对空样品容器获得的光子计数率。

2.10

光计数　light count

将参考光源（比如装有 ^{14}C 的闪烁体，或者等效物）置于样品容器中得到的光子计数率。

2.11

空容器运行　empty chamber run

从空样品容器测得的 PSL 强度,从而保证容器无样品污染。

3 原理

3.1 概述

中草药、香辛料和调味品中的硅酸盐,贝壳或者甲壳类动物外壳中的方解石以及骨或牙齿中的羟磷灰石经电离辐射后能储存能量。通过光刺激将储存的能量释放,激发出光谱产生 PSL 信号,利用光释光仪记录的光子数反应 PSL 信号强度。采用比较光子数阈值的方法进行样品辐照与否的判定。

3.2 PSL 筛查

筛查 PSL 信号大小与两个阈值相比较。信号若高于高阈值水平则表明样品经过辐照处理,信号若低于低阈值表明样品未经辐照。信号介于两个阈值之间的中间信号表明它们需要进行 PSL 校正。

3.3 PSL 校正

PSL 筛查后,被检样品经已知辐射剂量照射,再次测量 PSL 信号。若 PSL 信号没有显著增强则表明样品经过辐照处理;若 PSL 信号显著增强则表明样品未经辐照。

4 试剂

蒸馏水或去离子水。

5 仪器

5.1 PSL 测量系统

由样品容器、光激发源、脉冲刺激仪和同步光子计数系统组成。

5.2 测量盘

应配有多个可替换的直径 5 cm 的测量盘。

5.3 辐射源

在校正 PSL 强度时,应能对样品照射给定的剂量。对贝类和草药、香料和其他混合物,电离辐射的照射剂量为 1 kGy,通常为 ^{60}Co 辐射源或 X 射线装置。

6 样品保存

在分析测量前,样品应避光保存。

7 分析步骤

样品的加样和处理应在柔和的灯光下进行。样品放入一次性测量盘,置于光释光测量系统中。

7.1 中草药、香辛料和调味品的样品准备

将样品置于测量盘,备双样,分别检测。如果两次检测结果与判定阈值相比不一致,则将样品按 4 等分法重新进行检测,取其中最高的两个检测值作为结果判定依据,以此类推。

7.2 甲壳类动物的样品准备

将带壳样品或去壳样品放入测量盘中,并将肠子部位朝上放置。如个体较大则应适当切割以适合测量盘的大小;也可直接取甲壳类动物的肠子(不少于 6 根)放入测量盘中进行测量。

7.3 仪器设置

7.3.1 辐照食品筛查系统设定个体测量参数(循环时间,阈值和数据记录条件)来记录光子计数。仪器的设置包括检查黑暗计数和光计数,确定测量参数和检查辐照与未辐照标准材料。

7.3.2 草药和香料的阈值设定:$T_1 = 700$ 计数/min 和 $T_2 = 5\,000$ 计数/min。而甲壳类动物,阈值设定

在 $T_1 = 1\,000$ 计数/min 和 $T_2 = 4\,000$ 计数/min。

7.3.3 应进行空容器运行检测,以保证容器未受污染。此步骤至少每测量 10 个样品和发现阳性结果样品之后要重复一次。

7.4 筛查测量

进行样品检测并记录特定测量时间得到的结果。筛查测量的结果根据预先设定的阈值进行判定,测量应在弱光下进行。

7.5 校正测量

筛查检测后的样品,测量盘应加盖保存以防止样品损失或污染。且应避免剧烈晃动。用电离辐射源再经 1 kGy 辐射剂量辐照后,样品在室温避光保存 12 h(甲壳类动物和其他易腐烂样品应冷藏)再进行校正测量,测量应在弱光下进行。

8 结果判定

8.1 阴性结果

8.1.1 筛查 PSL

阴性筛查结果($<T_1$)表示样品很可能未经辐照,但如果辐照样品没有足够的 PSL 强度也会可能出现阴性结果。

8.1.2 校正 PSL

阴性校正结果($<T_1$)伴随阴性筛查结果表示 PSL 强度不足,表明该样品不能被判定。

阴性校正结果伴随非阴性筛查结果($\geqslant T_1$)表示检测有误,应通过初始样品进行再次测量。

8.2 中间结果

8.2.1 筛查 PSL

中间分析结果($\geqslant T_1, \leqslant T_2$)不能直接得出样品辐照与否的判定。

8.2.2 校正 PSL

校正中间结果伴随筛查中间结果,表示样品有可能是辐照样品。

校正中间结果伴随阴性筛查结果,表示样品很可能是低敏感性未辐照样品。

校正中间结果伴随高度阳性筛查结果($\gg T_2$)表示检测有误。

校正中间结果伴随接近 T_2 的阳性筛查结果,表示样品可能经过高于校正剂量的辐照。

8.3 阳性结果

8.3.1 筛查 PSL

阳性筛查结果($>T_2$)表示样品很可能经过辐照处理,但对于高 PSL 敏感性(高残留信号)的未辐照样品偶尔也会出现阳性筛查结果。

8.3.2 校正 PSL

阳性校正结果($>T_2$)与筛查结果同数量级表示很可能为辐照样品,但阳性校正结果与筛查结果同时略大于 T_2 阈值,则不能直接得出样品辐照与否的判定。

阳性校正结果远高于阴性或中间筛查结果则很可能是未经辐照的样品。

阳性校正结果远小于筛查结果(相差 1 个到 2 个数量级)表示检测可能有误,应再次检测。

ICS 67.050
X 04

中华人民共和国农业行业标准

NY/T 2215—2012

含脂辐照食品鉴定 气相色谱质谱分析 2-烷基环丁酮法

Determination of irradiated food containing fat—Gas chromatographic/
Mass spectrometric analysis of 2–Alkylcyclobutanones
(EN 1785:2003, NEQ)

2012-12-07 发布

2013-03-01 实施

中华人民共和国农业部 发布

NY/T 2215—2012

前　言

本标准按照GB/T 1.1给出的规则起草。

本标准非等效采用欧盟标准 EN 1785:2003 Foodstuffs—Detection of irradiated food containing fat—Gas chromatographic/ Mass spectrometric analysis of 2-Alkylcyclobutanones。

本标准由农业部农产品加工局提出并归口。

本标准起草单位:中国农业科学院农产品加工研究所、农业部辐照产品质量监督检验测试中心。

本标准主要起草人:哈益明、王锋、周洪杰、李安、范蓓、李庆鹏、李伟明、杨静。

含脂辐照食品鉴定 气相色谱质谱分析
2-烷基环丁酮法

1 范围

本标准规定了含脂类辐照食品的鉴定方法和判定依据。

本标准适用于脂肪含量大于1%的食品。

2 原理

辐照能使食品中甘油三酯的酰—氧键断裂,形成与母体脂肪酸有相同碳原子数的辐照标识物2-烷基环丁酮。通过GC-MS分析检测含脂食品中是否含有2-十二烷基环丁酮(DCB)和2-十四烷基环丁酮(TCB)标识物,判定含脂食品是否经过辐照处理。

3 试剂

除另有说明,在分析中仅使用确认的分析纯试剂和蒸馏水或去离子水。

3.1 正己烷。

3.2 无水硫酸钠。

3.3 乙醚。

3.4 标准溶液:用正己烷或异辛烷配置 5 μg/mL 的 2-环己烷基环己酮与 100 μg/mL 的 DCB、TCB 制备储存标准溶液;用正己烷或异辛烷将储存标准溶液稀释 10 倍,制备工作标准溶液。标准溶液应置于 −18℃以下的环境中保存。

3.5 硅镁型吸附剂(Florisil硅土),150 μm~250 μm(60 目~100 目)。

3.5.1 活化。在 550℃下烘烤 5 h。如放置时间超过 3 d,应在 130℃加热 5 h。

3.5.2 去活化。向 Florisil 硅土中加入 20%(质量比)的水去活化,摇晃使吸附剂没有结块。在干燥器中平衡 12 h,一周内可使用。

3.6 氮气,纯度 99.999%。

3.7 氦气,纯度 99.999%。

4 仪器和设备

4.1 气相色谱质谱联用仪(GC-MS),适当规格的毛细管柱(12 m×0.22 mm,0.33 μm)。

4.2 索氏提取器。

4.3 氮吹仪。

4.4 电动搅拌器和均质机。

4.5 烘箱。

4.6 马弗炉。

4.7 电加热套或水浴装置。

4.8 旋转蒸发仪。

4.9 分析天平,感量 0.1 mg。

4.10 玻璃层析柱,长度为 200 mm~300 mm,内径为 20 mm。

4.11 分液漏斗或滴液漏斗。

4.12 鸡心瓶。

5 试验方法

5.1 试样制备

选取样品中脂肪含量比较多的部位,将样品置于密闭玻璃管中或不含脂肪的金属箔内。搅碎样品并在电动搅拌器中均质。

5.2 脂肪提取

称取 20 g 无水硫酸钠和 20 g 样品(液体样品应干燥至半固体状)放入纤维材质抽提套管中,混合后用棉絮塞住管口。向索氏提取器中加入 100 mL 正己烷,将抽提套管放入提取器中,再加入 40 mL 正己烷,加热回流萃取 6 h。

将脂肪提取液转移到 100 mL 具塞量筒,定容,加入 5 g~10 g 无水硫酸钠混合,静置 12 h。将脂肪提取液旋转蒸发浓缩至 2 mL~3 mL(45℃水浴,约 25 kPa)。将浓缩后的脂肪转移到已恒重的具塞玻璃管中,氮吹浓缩至恒重。

5.3 Florisil 柱层析

用玻璃层析柱充填 30 g Florisil 硅土制备 Florisil 硅土柱,去活化。加入正己烷预淋洗,控制正己烷恰好高于 Florisil 硅土层。

称取 5.2 中制备的(200±1) mg 脂肪,体积不要超过 5 mL。准确定量后,用 150 mL 正己烷以 2 mL/min~5 mL/min 的速度淋洗,淋洗液弃之。再用 150 mL 含有 1% 无水乙醚的正己烷溶液洗脱,收集洗脱液。将洗脱液转入鸡心瓶中,在 40℃旋转蒸发浓缩至 5 mL~10 mL,转移到试管中,40℃氮吹浓缩。将浓缩后的样品重新溶解在含 2-环己烷基环己酮(0.5 μg/mL)的 200 μL 的溶液中,并于玻璃小瓶中存放,待测。

5.4 分离和检测

5.4.1 分离

采用 GC 毛细管柱分离 2-烷基环丁酮,MS 检测器检测,以保留时间及离子荷质比 m/z 98、m/z 112 定性。参数设置如下:

进样口温度:250℃;

接口温度:280℃;

程序升温:初始温度 55℃保持 1 min,以 15℃/min 升温到 300℃,保持 5 min;

进样量:1 μL;

进样方式:无分流;

溶剂延迟:6 min;

电压倍增器:自动调节;

载气:氦气,1 mL/min;

MSD:选择离子监测 m/z 98 和 m/z 112;

电离能量:70 eV;

停留时间:50 ms/ion。

5.4.2 谱图分析

图 A.1 和图 A.2 分别是 DCB 和 TCB 的质谱图,图 A.3~图 A.7 分别是辐照后鸡肉、猪肉、液态鸡蛋、大马哈鱼和奶酪的色谱图。

6 结果分析与判定

6.1 2-烷基环丁酮的鉴定

DCB质谱图中的离子荷质比m/z 98和m/z 112的比率为4.0~4.5：1,TCB的m/z 98和m/z 112的比率约为3.8~4.2：1。每一个离子的信噪比应大于3：1,离子峰的强度应与相似浓度2-烷基环丁酮标准品的离子峰强度差别应不大于20%。

6.2 2-烷基环丁酮含量的计算

测定含DCB、TCB的标准溶液。

6.2.1 相对校正因子F按照式(1)计算。

$$F = \frac{A_{cy}}{A_{is} \times \rho_{cy}} \quad \cdots\cdots\cdots\cdots\cdots\cdots\cdots\cdots\cdots\cdots\cdots\cdots\cdots\cdots\cdots\cdots\cdots\cdots \quad (1)$$

式中：

F ——相对校正因子,求系列浓度的平均值,获得任一种2-烷基环丁酮的F_{av};

A_{cy}——标准品中2-烷基环丁酮m/z 98的峰面积;

A_{is}——内标溶液中m/z 98的峰面积;

ρ_{cy}——标准品中2-烷基环丁酮的含量,单位为微克每毫升(μg/mL)。

6.2.2 样品中2-烷基环丁酮的质量浓度按照式(2)计算。

$$\rho_{cy/s} = \frac{A_{cy/s}}{A_{is/s} \times F_{av}} \quad \cdots\cdots\cdots\cdots\cdots\cdots\cdots\cdots\cdots\cdots\cdots\cdots\cdots\cdots\cdots\cdots \quad (2)$$

式中：

$\rho_{cy/s}$——样品中2-烷基环丁酮的质量浓度,单位为微克每毫升(μg/mL);

$A_{cy/s}$——样品中2-烷基环丁酮的m/z 98峰面积;

F_{av} ——按式(1)计算方法得到的检测响应值F的平均数;

$A_{is/s}$——样品中内标溶液的m/z 98峰面积。

6.2.3 脂肪中2-烷基环丁酮的含量按照式(3)计算。

$$\omega_{cy} = \frac{\rho_{cy/s}}{m_0} \times 200 \quad \cdots\cdots\cdots\cdots\cdots\cdots\cdots\cdots\cdots\cdots\cdots\cdots\cdots\cdots \quad (3)$$

式中：

ω_{cy} ——脂肪中2-烷基环丁酮的质量分数,单位为微克每克(μg/g);

m_0 ——用于过柱子的脂肪质量,单位为毫克(mg)。

6.3 结果判定

同时出现以下情况时可判定食品被辐照：

a) 至少检测出一种2-烷基环丁酮;

b) 最不敏感离子的检测浓度信噪比大于3。

附　录　A
（资料性附录）
标准品质谱图和样品色谱图

A.1 2 - DCB 标准品质谱图见图 A.1。

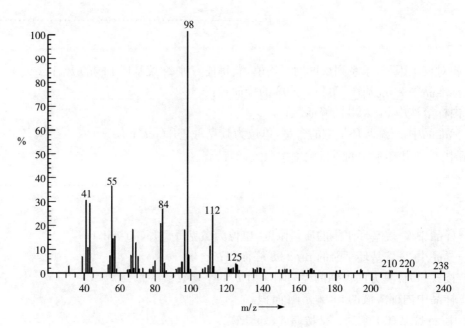

图 A.1　2 - DCB 标准品质谱图

A.2 2 - TCB 标准品质谱图见图 A.2。

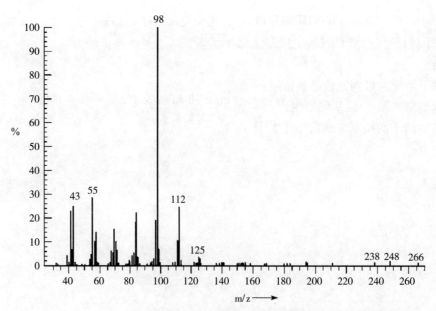

图 A.2　2 - TCB 标准品质谱图

A.3 经 4 kGy 辐照的鸡肉的 m/z 98 和 m/z 112 离子的色谱图见图 A.3。

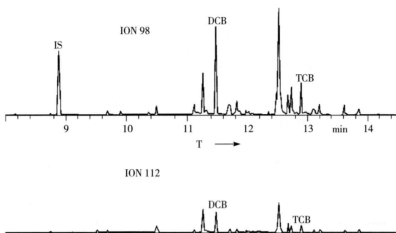

图 A.3 经 4 kGy 辐照的鸡肉的 m/z 98 和 m/z 112 离子的色谱图

A.4 经 4 kGy 辐照的猪肉的 m/z 98 和 m/z 112 离子的色谱图见图 A.4。

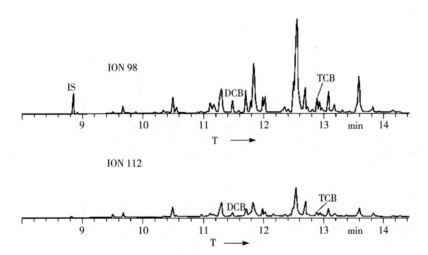

图 A.4 经 4 kGy 辐照的猪肉的 m/z 98 和 m/z 112 离子的色谱图

A.5 经 3 kGy 辐照的液态鸡蛋的 m/z 98 和 m/z 112 离子的色谱图见图 A.5。

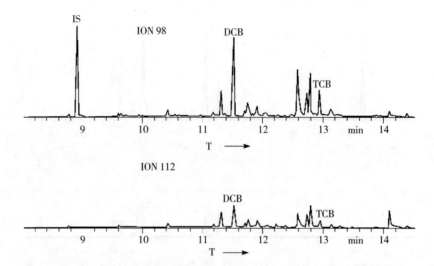

图 A.5 经 3 kGy 辐照的液态鸡蛋的 m/z 98 和 m/z 112 离子的色谱图

A.6 经 3 kGy 辐照的大马哈鱼的 m/z 98 和 m/z 112 离子的色谱图见图 A.6。

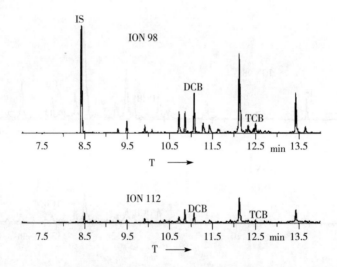

图 A.6 经 3 kGy 辐照的大马哈鱼的 m/z 98 和 m/z 112 离子的色谱图

A.7 经 3 kGy 辐照的软质奶酪的 m/z 98 和 m/z 112 离子的色谱图见图 A.7。

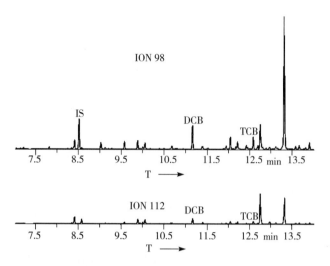

图 A.7 经 3 kGy 辐照的软质奶酪的 m/z 98 和 m/z 112 离子的色谱图

ICS 65.020
B 39

中华人民共和国农业行业标准

NY/T 2265—2012

香蕉纤维清洁脱胶技术规范

Technical specification for banana raw fiber pollution–free degumming

2012-12-07 发布

2013-03-01 实施

中华人民共和国农业部 发布

NY/T 2265—2012

前　言

本标准按照 GB/T 1.1 给出的规则起草。

本标准由农业部农垦局提出。

本标准由农业部热带作物及制品标准化技术委员会归口。

本标准起草单位：中国热带农业科学院海口实验站。

本标准主要起草人：曾会才、盛占武、郭刚、郑丽丽、高锦合、金志强、马慰红、蔡胜忠、明建鸿。

香蕉纤维清洁脱胶技术规范

1 范围

本标准规定了香蕉纤维原料清洁脱胶的术语和定义、工艺流程和工艺要求。

本标准适用于香蕉纤维原料的脱胶。

2 规范性引用文件

下列文件对于本文件的应用是必不可少的。凡是注日期的引用文件,仅注日期的版本适用于本文件。凡是不注日期的引用文件,其最新版本(包括所有的修改单)适用于本文件。

GB/T 6682 分析实验室用水规格和试验方法

3 术语和定义

下列术语和定义适用于本文件。

3.1

香蕉纤维原料 banana raw fiber

采用机械、手工等方式从香蕉茎杆和叶片中剥离得到的粗纤维,供给清洁脱胶工艺段的加工原料。

3.2

香蕉纤维精干麻 banana refined fiber

采用适当方法部分除去香蕉纤维原料中非纤维素物质而获得的纤维素纤维。

3.3

香蕉纤维原料清洁脱胶 banana raw fiber pollution-free degumming

以微生物、酶、汽爆等方法为主,辅以少许化学处理,除去部分非纤维素物质而获得精干麻的加工过程。清洁脱胶工艺分为生物法和汽爆法两种。

3.4

香蕉纤维原料生物法脱胶 banana raw fiber bio-degumming

将活化态菌种直接接种到香蕉纤维原料上,在适宜生长条件下,利用原料中非纤维素物质为培养基进行发酵,通过产生大量复合酶系催化降解非纤维素物质而获得香蕉纤维精干麻的加工过程。

3.5

香蕉纤维原料汽爆法脱胶 banana raw fiber degumming with steam explosion

将未经化学处理或少量化学处理的纤维原料置于汽爆罐中,在一定的温度和压强下短时间处理后,瞬间释放,使纤维原料中的非纤维素物质降解获得香蕉纤维精干麻的加工过程。

3.6

精炼 refining

采用稀碱液蒸煮,进一步降解脱胶后残余的非纤维素类物质的加工工序。

3.7

拷麻 beating

采用机械捶打富含水分的香蕉纤维精干麻,并适度翻动,除去部分附着于香蕉纤维精干麻中非纤维素物质的加工工序。

3.8

给油 grease-feeding

将脱胶后的香蕉纤维精干麻浸泡于乳化油中,使纤维表面附着油脂膜的加工工序。

4 工艺流程

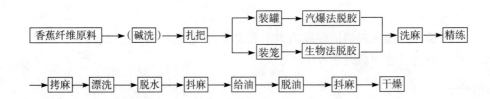

5 工艺要求

5.1 原料要求

5.1.1 含杂率

香蕉纤维原料含杂率≤3.5%。

5.1.2 霉变情况

原料不应有霉变,霉变的原料应采用太阳光暴晒等措施处理至无霉变气味,方可用于后续清洁脱胶工艺。

5.1.3 酸碱度

浴比=1∶10时,将原料置于符合GB/T 6682规定的三级水中浸泡30 min后,浸泡液的pH控制在5.0~8.5范围内。

5.1.4 金属离子

浴比=1∶10时,将原料置于符合GB/T 6682规定的三级水中浸泡30 min后,浸泡液二价及以上金属离子总量控制在100 μmol/L以下。

5.1.5 杀菌剂

原料不应含有杀菌剂。为防止霉变采用杀菌剂处理的原料,应置于通风、干燥条件下存放至该杀菌剂半衰期之后,方可作为清洁脱胶工艺原料。

5.2 原料脱胶前处理

5.2.1 扎把

解捆、抖松、剔除病斑和霉变的原料,扎成0.4 kg~0.7 kg的麻把。

5.2.2 装笼

生物法脱胶工艺中,宜采用悬挂式圆柱形麻笼,将麻把近似对折后均匀悬挂于麻笼中。

5.2.3 装罐

汽爆法脱胶工艺中,将麻把直接装入汽爆罐体内。

5.3 清洁脱胶

5.3.1 生物法脱胶

5.3.1.1 菌种采用经活化的枯草芽孢杆菌(B. subtilis)IBMRU菌株,菌悬液终浓度在6×10^7 cfu/mL以上。按料液比1∶20~1∶30的比例投料,脱胶锅内水温控制在(28±1)℃。

5.3.1.2 将麻笼浸泡于5.3.1.1中的脱胶锅内,浸泡时间20 min~30 min,浸泡温度(28±2)℃,净化压缩空气流量(V)对发酵物(V)比例为0.5∶1~1.0∶1,发酵时间30 h~60 h,然后直接用蒸汽加热至80℃~90℃终止发酵,再通入压缩空气排出废液。

5.3.1.3 如采用其他菌种,所需的压力、时间、温度等可参照上述要求适当调整。

5.3.2 汽爆法脱胶

装有香蕉纤维原料的汽爆罐压力 1.2 MPa～2.0 MPa,处理 1 min～15 min,瞬间释放,通过水洗可使纤维相互分离。

5.4 原料脱胶后处理

5.4.1 洗麻

经脱胶的纤维原料置于洗麻池中,用热水循环洗涤两次、每次循环洗涤时间 15 min～25 min、水温控制在 65℃～85℃,排出废液。用冷水循环洗涤两次,每次循环洗涤时间 5 min～10 min。

5.4.2 拷麻

采用圆盘式拷麻机,敲击麻把 2 圈～3 圈。

5.4.3 漂洗

将拷麻后的纤维原料,用含有 1.1%～1.3% Na_2SiO_3、2.1%～2.3% $NaOH$ 和 2.1%～2.49% H_2O_2 漂洗液,在 55℃～62℃、料液比 1:14～1:18 条件下,浸泡处理 2 h～3 h 后,洗涤至中性。

5.4.4 脱水

采用脱水机对处理后的原料进行脱水,含水率控制在 55% 以下。

5.4.5 抖麻

采用抖麻机抖松。

5.4.6 给油

采用锅炉用软水、浴比 1:8、乳化油 1.0%～1.5%,在温度 80℃～90℃条件下,抖松后给油 1.0 h～2.0 h。

5.4.7 脱油水

采用脱水机对处理原料脱油水,含水率控制在 50% 以下。

5.4.8 干燥

采用烘干机干燥原料,温度 80℃～110℃、时间 14 min～20 min。亦可晒干或阴干。

———————

ICS 65.020.01
B 30

中华人民共和国农业行业标准

NY/T 2278—2012

灵芝产品中灵芝酸含量的测定
高效液相色谱法

Determination of ganoderic acid in ganoderma products by HPLC

2012-12-24 发布

2013-03-01 实施

中华人民共和国农业部 发布

NY/T 2278—2012

前　言

本标准按照 GB/T 1.1 给出的规则起草。

本标准由农业部种植业管理司提出并归口。

本标准起草单位:农业部食用菌产品质量监督检验测试中心(上海)、上海市农业科学院农产品质量标准与检测技术研究所。

本标准主要起草人:饶钦雄、邢增涛、周苏、赵晓燕、白冰、刘海燕。

灵芝产品中灵芝酸含量的测定
高效液相色谱法

1 范围

本标准规定了灵芝及其制品中灵芝酸 A 和灵芝酸 B 的高效液相色谱测定方法。

本标准适用于灵芝及其制品灵芝酸 A 和灵芝酸 B 的测定。

本标准灵芝酸 A 和灵芝酸 B 的定量测定范围均为 30 mg/kg～500 mg/kg。

本标准灵芝酸 A 和灵芝酸 B 的检测限均为 10 mg/kg。

2 规范性引用文件

下列文件对于本文件的应用是必不可少的。凡是注日期的引用文件,仅注日期的版本适用于本文件。凡是不注日期的引用文件,其最新版本(包括所有的修改单)适用于本文件。

GB/T 6682 分析实验室用水规格和试验方法

3 原理

试样中灵芝酸 A 和灵芝酸 B 用甲醇超声提取,提取液经氮气吹干后甲醇溶解,高效液相色谱法测定,以保留时间进行定性,外标法定量。

4 试剂

除非另有规定,仅使用色谱纯试剂和符合 GB/T 6682 中规定的一级水。

4.1 甲醇(CH_3OH)。

4.2 甲酸(CH_2O_2)。

4.3 乙腈(CH_3CN)。

4.4 0.1%甲酸水溶液:取 1 mL 甲酸(4.2)定容至 1 L。

4.5 灵芝酸 A(CAS 号 81907-62-2)和灵芝酸 B(CAS 号 81907-61-1):纯度≥96%。

4.6 标准溶液:准确称取灵芝酸 A(4.5)和灵芝酸 B(4.5)标准品各 10 mg(精确至 0.1 mg),用甲醇定容至 10 mL。该混合标准液中灵芝酸 A 和灵芝酸 B 的质量浓度均为 1 000 μg/mL,−18℃冰箱保存,有效期 3 个月。

5 仪器和设备

5.1 高效液相色谱仪,配紫外检测器或二极管阵列检测器。

5.2 超声波清洗器,功率大于 450 W,频率 50 Hz～100 Hz。

5.3 分析天平,感量 0.01 g 和感量 0.000 1 g。

5.4 有机系滤膜,0.45 μm。

5.5 样品粉碎机。

5.6 氮气吹干仪。

6 分析步骤

6.1 试样制备

取不少于200 g具代表性灵芝子实体,用样品粉碎机(5.5)粉碎(超细粉等无需粉碎),将样品装于密封容器中,制成待测样,0℃~20℃保存备用。

6.2 试样提取

称取粉碎均匀的试样0.5 g(精确至0.001 g)于50 mL离心管中,加甲醇(4.1)25 mL摇匀,置于超声波清洗器(5.2)中超声提取30 min,提取液经滤纸过滤,取滤液5 mL置于10 mL刻度试管中,于50℃左右氮气吹干,残留物用1.0 mL甲醇(4.1)溶解,过滤膜(5.4),供高效液相色谱仪分析。

6.3 测定

6.3.1 色谱参考条件

色谱柱:C18柱,250 mm×4.6 mm(i.d.),5 μm,或相当规格色谱柱。

流动相:乙腈(4.3)+0.1%甲酸水溶液(4.4)=30+70。

流速:1.0 mL/min。

柱温:40℃。

波长:258 nm。

进样量:20 μL。

6.3.2 标准曲线

准确吸取适量混合标准溶液(4.6)用甲醇稀释,配制质量浓度为1.00 μg/mL、2.00 μg/mL、5.00 μg/mL、10.0 μg/mL、20.0 μg/mL和50.0 μg/mL的标准工作液,按参考色谱条件测定,以灵芝酸A和灵芝酸B的质量浓度为横坐标,相应的峰面积为纵坐标,绘制标准曲线或计算线性回归方程。标准品色谱图参见图A.1。

6.3.3 测定

按照保留时间进行定性,样品与标准品保留时间的相对偏差不大于2%,单点或多点校正外标法定量。待测样液中灵芝酸A和灵芝酸B的响应值应在标准曲线范围内,超过线性范围则应稀释后再进样分析。同时做空白试验。

7 结果计算

试样中灵芝酸A和灵芝酸B的量以质量分数ω计,单位以毫克每千克(mg/kg)表示,按式(1)计算。

$$\omega = \frac{A \times \rho \times V}{As \times m} \times f \quad\cdots\cdots\cdots\cdots (1)$$

式中:

A ——试样中灵芝酸A或灵芝酸B的峰面积;

As ——标准工作液中灵芝酸A或灵芝酸B的峰面积;

ρ ——标准工作液中灵芝酸A或灵芝酸B的质量浓度,单位为微克每毫升(μg/mL);

V ——试样液最终定容体积,单位为毫升(mL);

m ——试样的质量,单位为克(g);

f ——样品稀释倍数。

以两次平行测定值得算数平均值作为测定结果,计算结果保留三位有效数字。

8 精密度

8.1 重复性

在重复性条件下获得的两次独立测试结果的绝对差值不大于这两个测定值的算术平均值的5%。

8.2 再现性

在再现性条件下获得的两次独立性测试结果的绝对差值不大于这两个测定值的算术平均值的10%。

附　录　A
（资料性附录）
参考色谱图

灵芝酸 A 和灵芝酸 B 标准品色谱图见图 A.1。

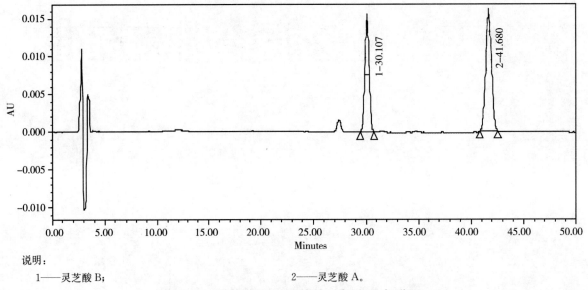

说明：
1——灵芝酸 B；   2——灵芝酸 A。
图 A.1　灵芝酸 A 和灵芝酸 B 标准品色谱图

第二部分
农业工程及技能培训类标准

ICS 65.020
B 04

中华人民共和国农业行业标准

NY/T 2136—2012

标准果园建设规范　苹果

Technical regulation for construction of apple standard orchard

2012-02-21 发布

2012-05-01 实施

中华人民共和国农业部 发布

前　言

本标准按照 GB/T 1.1—2009 给出的规则起草。

本标准由中华人民共和国农业部种植业管理司提出。

本标准由全国果品标准化技术委员会(SAC/TC 510)归口。

本标准起草单位:全国农业技术推广服务中心。

本标准主要起草人:李莉、梁桂梅、冷杨、王娟娟。

标准果园建设规范　苹果

1　范围

本标准规定了苹果园地要求、栽培管理、采后处理、质量控制等内容。
本标准适用于苹果标准园建设。

2　规范性引用文件

下列文件对于本文件的应用是必不可少的。凡是注日期的引用文件，仅注日期的版本适用于本文件。凡是不注日期的引用文件，其最新版本（包括所有的修改单）适用于本文件。
GB 2762　食品中污染物限量
GB 2763　食品中农药最大残留限量
GB/T 8321　（所有部分）　农药合理使用准则
GB 25193　食品中百菌清等12种农药最大残留限量
GB 26130　食品中百草枯等54种农药最大残留限量
NY/T 496　肥料合理使用准则通则
NY/T 856　苹果产地环境技术条件
NY/T 1086　苹果采摘技术规范
NY/T 1778　新鲜水果包装标识　通则
NY/T 1793　苹果等级规格
NY/T 5012　无公害食品　苹果生产技术规程

3　术语和定义

下列术语和定义适用于本文件。

3.1

覆盖率　rate of coverage
果园树冠投影面积与其所占土地面积之比。

4　园地要求

4.1　环境条件

标准园的土壤、空气、灌溉水质量应符合NY/T 856的规定。

4.2　园地选择

应符合NY/T 5012的规定。

4.3　标准园规模

集中连片面积66 hm² 以上。

4.4　果园基础设施

园内道路系统完整，水、电设施基本配套。

5　栽培管理

5.1　品种和砧木

在当地条件下品种优良性状表现突出,砧木适应性及砧穗组合性状优良。授粉品种或专用授粉树配置合理。

5.2 土壤管理

适宜生草或种植绿肥的果园,草和绿肥应选择浅根、矮秆、非蔓生草种,并与果树无共生性病虫害。适宜土壤覆盖的果园,提倡旱季或冬季树盘覆盖或全园覆盖。保持树盘及周边表土疏松。

5.3 肥水管理

实施配方施肥。施肥原则以有机肥为主、化肥为辅。所施肥料符合 NY/T 496 的要求。有灌溉条件地方采用节水灌溉,没有灌溉条件地方采取旱作保墒。

5.4 花果管理

综合应用花期授粉、疏花疏果、果实套袋、地面铺反光膜措施。

5.5 树体管理

栽植密度合理,通风透光良好,果园覆盖率不高于80%。植株生长整齐,树形规范。

5.6 病虫防控

采用农业、物理、生物、机械措施为主,合理使用化学防治,病虫为害控制在经济阈值以下。农药使用按 GB/T 8321 的规定执行,禁止使用高毒、高残留农药或其他禁限用农药。实行病虫害专业化统防统治。

5.7 采收

按 NY/T 1086 的规定执行。适期采收。

6 采后处理

6.1 设施要求

配置必要的预贮间、分级、包装等采后商品化处理场地及配套的处理设施。

6.2 分级

按 NY/T 1793 的规定执行。

6.3 包装与标识

按 NY/T 1778 的规定执行。

7 质量控制

7.1 安全质量

产品符合 GB 2762、GB 2763、GB 25193、GB 26130 的规定。

7.2 化学投入品管理

投入品购买、存放、使用及包装容器回收管理,实行专人负责,建立进出库档案。

7.3 产品检测

配备必要的常规品质检查设备和农药残留速测设备,对果实可溶性固形物含量和农药残留进行检测,不合格产品不上市销售。

7.4 质量追溯

建立完整的生产管理档案,包括使用的农业投入品的名称、来源、用法、用量和使用日期,病、虫、草害及重要农业灾害发生与防控情况,主要管理技术措施,产品收获日期。档案记录保存两年以上。对标准园内产品进行统一编号,统一包装和标识,条件成熟时应用信息化手段实现产品全程质量追溯。

ICS 65.020.01
B 02

中华人民共和国农业行业标准

NY/T 2137—2012

农产品市场信息分类与计算机编码

Classification and computer coding of agri-product market information

2012-02-21 发布

2012-05-01 实施

中华人民共和国农业部 发布

NY/T 2137—2012

前　言

本标准按照 GB/T 1.1—2009 给出的规则起草。

本标准由中华人民共和国农业部提出并归口。

本标准起草单位：中国农业科学院农业信息研究所、农业部智能化农业预警技术重点开放实验室。

本标准主要起草人：许世卫、李哲敏、李志强、孔繁涛、张永恩、喻闻、李干琼。

农产品市场信息分类与计算机编码

1 范围

本标准规定了农产品市场信息采集与分析的产品分类和计算机编码。

本标准适用于以农产品市场信息监测、分析、预警为目的的农产品市场信息的采集和分析；不适用于生物学分类工作。

2 规范性引用文件

下列文件对于本文件的应用是必不可少的。凡是注日期的引用文件，仅注日期的版本适用于本文件。凡是不注日期的引用文件，其最新版本（包括所有的修改单）适用于本文件。

GB/T 7027—2002 信息分类和编码的基本原则与方法

GB/T 10113 分类与编码通用术语

3 术语和定义

GB/T 10113中确立的术语和定义适用于本文件。

4 农产品市场信息分类与计算机编码结构

本分类将农产品按一级分类（大类）、二级分类（中类）、三级分类（小类）、四级分类（细类）、五级分类（品类）、六级分类（品名）分为6级，产品名称编码采用6级代码，前五级分类每级用2位代码表示，第六级分类用3位代码表示。代码主要采用约定顺序码，形成产品分类的逻辑树。分类编码代码结构如图1。

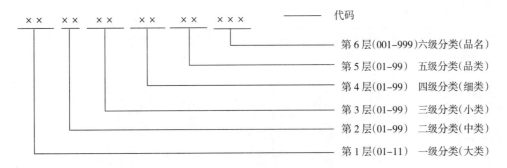

图1 分类编码代码结构图

5 农产品市场信息分类与计算机编码表

见表1。

表1 农产品市场信息分类与计算机编码表

品种名称	编码						常用别称	英文名称
粮食	01	00	00	00	00	000		Grain
谷物	01	01	00	00	00	000		Cereals
水稻	01	01	01	00	00	000		Rice
稻谷	01	01	01	01	00	000		Paddy
籼稻	01	01	01	01	01	000		Indica paddy
早籼稻	01	01	01	01	01	001		Early indica paddy
晚籼稻	01	01	01	01	01	002		Late indica paddy
粳稻	01	01	01	01	02	000		Japonica paddy
糯稻	01	01	01	01	03	000		Glutinous paddy
籼糯稻	01	01	01	01	03	001		Indica glutinous paddy
粳糯稻	01	01	01	01	03	002		Japonica glutinous paddy
大米	01	01	01	02	00	000		Rice，milled
籼米	01	01	01	02	01	000		Indica rice，milled
早籼米	01	01	01	02	01	001		Early indica rice，milled
晚籼米	01	01	01	02	01	002		Late indica rice，milled
粳米	01	01	01	02	02	000		Japonica rice，milled
糯米	01	01	01	02	03	000	江米	Glutinous rice，milled
籼糯米	01	01	01	02	03	001		Indica glutinous rice，milled
粳糯米	01	01	01	02	03	002		Japonica glutinous rice，milled
特种大米	01	01	01	02	04	000		Special rice，milled
香米	01	01	01	02	04	001	香禾米	Scented rice，milled
黑米	01	01	01	02	04	002	乌米	Black rice，milled
紫米	01	01	01	02	04	003		Purple rice，milled
糙米	01	01	01	03	00	000		Brown rice
籼糙米	01	01	01	03	01	000		Indica brown rice
早籼糙米	01	01	01	03	01	001		Early indica brown rice
晚籼糙米	01	01	01	03	01	002		Late brown rice
粳糙米	01	01	01	03	02	000		Japonica brown rice
糯糙米	01	01	01	03	03	000		Glutinous brown rice
籼糯糙米	01	01	01	03	03	001		Indica glutinous brown rice
粳糯糙米	01	01	01	03	03	002		Japonica glutinous brown rice
营养强化米	01	01	01	04	00	000		Fortified rice
蒸谷米	01	01	01	05	00	000	半熟米、半煮米	Parboiled rice
小麦	01	01	02	00	00	000		Wheat
小麦(籽粒)	01	01	02	01	00	000		Wheat(kernel)
白小麦	01	01	02	01	01	000		White wheat
硬质白小麦	01	01	02	01	01	001		Hard white wheat
软质白小麦	01	01	02	01	01	002		Soft white wheat
强筋白小麦	01	01	02	01	01	003		White strong gluten wheat
弱筋白小麦	01	01	02	01	01	004		White weak gluten wheat
红小麦	01	01	02	01	02	000		Red wheat
硬质红小麦	01	01	02	01	02	001		Hard red wheat
软质红小麦	01	01	02	01	02	002		Soft red wheat
强筋红小麦	01	01	02	01	02	003		Red strong gluten wheat
弱筋红小麦	01	01	02	01	02	004		Red weak gluten wheat
混合麦	01	01	02	01	03	000		Mixed wheat
其他小麦	01	01	02	01	99	000		Other wheat
陈化粮小麦	01	01	02	01	99	001		Stale wheat

表 1（续）

品种名称	编码						常用别称	英文名称
等外小麦	01	01	02	01	99	002		Substandard wheat
小麦面粉	01	01	02	02	00	000		Wheat flour
通用小麦粉	01	01	02	02	01	000		General-purpose flour
专用小麦粉	01	01	02	02	02	000		Special-wheat flour
面包用小麦粉	01	01	02	02	02	001		Bread flour
饼干用小麦粉	01	01	02	02	02	002		Biscuit flour
面条用小麦粉	01	01	02	02	02	003		Noodles flour
馒头用小麦粉	01	01	02	02	02	004		Steamed bread flour
饺子用小麦粉	01	01	02	02	02	005		Dumplings flour
蛋糕用小麦粉	01	01	02	02	02	006		Cake flour
糕点用小麦粉	01	01	02	02	02	007		Pastry flour
营养强化粉	01	01	02	02	03	000		Fortified flour
全麦粉	01	01	02	02	04	000		Whole wheat flour
谷朊粉	01	01	02	03	00	000	活性面筋粉	Wheat gluten
小麦淀粉	01	01	02	04	00	000		Wheat starch
玉米	01	01	03	00	00	000		Maize
玉米（子粒）	01	01	03	01	00	000		Maize(kernel)
黄玉米	01	01	03	01	01	000		Yellow maize
马齿型黄玉米	01	01	03	01	01	001		Yellow-dent maize
硬粒型黄玉米	01	01	03	01	01	002		Yellow-maize,durum
白玉米	01	01	03	01	02	000		White maize
马齿型白玉米	01	01	03	01	02	001		Dent type of white maize
硬粒型白玉米	01	01	03	01	02	002		Durum type of white maize
混合玉米	01	01	03	01	03	000		Mixed maize
专用玉米	01	01	03	01	04	000		Special maize
爆裂玉米	01	01	03	01	04	001		Popcorn
高淀粉玉米	01	01	03	01	04	002		High-starch maize
糯玉米	01	01	03	01	04	003		Waxy maize
高赖氨酸玉米	01	01	03	01	04	004		High lysine maize
鲜食玉米	01	01	03	02	00	000		Fresh edible maize
糯玉米	01	01	03	02	01	000		Fresh edible glutinous maize
甜玉米	01	01	03	02	02	000		Fresh edible sweet maize
玉米面	01	01	03	03	00	000		Maize flour
玉米淀粉	01	01	03	04	00	000		Maize starch
玉米糁	01	01	03	05	00	000		Maize grits
大麦	01	01	04	00	00	000	元麦、饭麦	Barley
大麦（子粒）	01	01	04	01	00	000		Barley(kernel)
皮大麦	01	01	04	01	01	000		Husky barley
饲料大麦	01	01	04	01	01	001		Feed barley
啤酒大麦	01	01	04	01	01	002		Malting barley
裸大麦	01	01	04	01	02	000	青稞	Naked hulless barley
大麦米	01	01	04	02	00	000		Barley groats
大麦面	01	01	04	03	00	000		Barley flour
燕麦	01	01	05	00	00	000	雀麦、野麦	Oat
燕麦（子粒）	01	01	05	01	00	000		Oat(kernel)
皮燕麦	01	01	05	01	01	000		Husky oat
裸燕麦	01	01	05	01	02	000	莜麦	Hulless oat
燕麦米	01	01	05	02	00	000		Oat groats

表 1（续）

品种名称	编码						常用别称	英文名称
燕麦片	01	01	05	03	00	000		Oat meal
燕麦面	01	01	05	04	00	000		Oat flour
荞麦	01	01	06	00	00	000	乌麦、花麦、三角麦	Buckwheat
荞麦（子粒）	01	01	06	01	00	000		Buckwheat(kernel)
甜荞麦	01	01	06	01	01	000		Sweet buckwheat
苦荞麦	01	01	06	01	02	000		Tartary buckwheat
翅荞麦	01	01	06	01	03	000		Winged buckwheat
荞麦米	01	01	06	02	00	000		Buckwheat groats
荞麦面	01	01	06	03	00	000		Buckwheat flour
荞麦糁	01	01	06	04	00	000		Buckwheat grits
粟	01	01	07	00	00	000	谷子	Millet
粟（子粒）	01	01	07	01	00	000		Millet(kernel)
粳粟	01	01	07	01	01	000		Japonica millet
大粒粳粟	01	01	07	01	01	001		Great grain japonica millet
小粒粳粟	01	01	07	01	01	002		Small grain japonica millet
糯粟	01	01	07	01	02	000	黏谷子	Glutinous millet
大粒糯粟	01	01	07	01	02	001		Large grain glutinous millet
小粒糯粟	01	01	07	01	02	002		Small grain glutinous millet
小米	01	01	07	02	00	000	粟米	Millet,milled
粳小米	01	01	07	02	01	000		Japonica millet
糯小米	01	01	07	02	02	000		Glutinous millet
小米面	01	01	07	03	00	000		Millet flour
高粱	01	01	08	00	00	000		Sorghum
高粱（子粒）	01	01	08	01	00	000		Sorghum(kernel)
硬质高粱	01	01	08	01	01	000		Hard sorghum
软质高粱	01	01	08	01	02	000		Soft sorghum
高粱米	01	01	08	02	00	000		Sorghum groats
高粱面	01	01	08	03	00	000		Sorghum flour
其他谷物	01	01	99	00	00	000		Other cereals
薏苡（籽粒）	01	01	99	01	00	000		Coix Lachryma Jobi(kernel)
薏苡仁	01	01	99	02	00	000	苡米、苡仁	Semen coicis
豆类	01	02	00	00	00	000		Beans
大豆	01	02	01	00	00	000		Soybean
大豆（籽粒）	01	02	01	01	00	000		Soybean(kernel)
黄大豆	01	02	01	01	01	000	黄豆	Yellow soybean
普通黄大豆	01	02	01	01	01	001		Common yellow soybean
高油黄大豆	01	02	01	01	01	002		High-oil yellow soybean
高蛋白黄豆	01	02	01	01	01	003		High-protein yellow soybean
青大豆	01	02	01	01	02	000	青豆	Green soybean
黑大豆	01	02	01	01	03	000	黑豆	Black soybean
混合大豆	01	02	01	01	04	000		Mixed soybean
其他色大豆	01	02	01	01	99	000		Other colorful soybean
豆粉	01	02	01	02	00	000		Soybean flour
豆粕	01	02	01	03	00	000		Soybean meal
绿豆	01	02	02	00	00	000		Mung bean
绿豆（籽粒）	01	02	02	01	00	000		Mung bean(kernel)
绿豆粉	01	02	02	02	00	000		Mung bean flour
赤豆	01	02	03	00	00	000	红豆、小豆	Red bean

表1（续）

品种名称	编 码						常用别称	英文名称
蚕豆	01	02	04	00	00	000	胡豆、倭豆、罗汉豆	Broad bean
其他豆类	01	02	99	00	00	000		Other beans
豇豆（籽粒）	01	02	99	01	00	000	豇豆米	Cowpea(kernel)
豌豆（籽粒）	01	02	99	02	00	000		Pea(kernel)
芸豆（籽粒）	01	02	99	03	00	000		Kidney bean(kernel)
饭豆（籽粒）	01	02	99	04	00	000		Rice bean(kernel)
木豆（籽粒）	01	02	99	05	00	000		Pigeon pea(kernel)
小扁豆（籽粒）	01	02	99	06	00	000		Lentils(kernel)
利马豆（籽粒）	01	02	99	07	00	000		Lima bean(kernel)
藕豆（籽粒）	01	02	99	08	00	000		Bian bean(kernel)
多花菜豆（籽粒）	01	02	99	09	00	000		Spend string bean(kernel)
薯类	01	03	00	00	00	000		Yams
马铃薯	01	03	01	00	00	000	土豆、洋芋、山药蛋	Potato
鲜马铃薯	01	03	01	01	00	000		Fresh potato
马铃薯淀粉	01	03	01	02	00	000	土豆淀粉	Potato starch
马铃薯粉条	01	03	01	03	00	000		Potato starch noodles
甘薯	01	03	02	00	00	000	番薯、地瓜、甜薯	Sweet potato
鲜甘薯	01	03	02	01	00	000		Fresh sweet potato
甘薯淀粉	01	03	02	02	00	000		Sweet potato starch
甘薯粉条	01	03	02	03	00	000		Sweet potato starch noodles
甘薯干	01	03	02	04	00	000		Sweet potato chips
木薯	01	03	03	00	00	000	木番薯、树薯	Cassava
鲜木薯	01	03	03	01	00	000		Fresh cassava
木薯粉	01	03	03	02	00	000		Cassava flour
木薯淀粉	01	03	03	03	00	000		Cassava starch
木薯干	01	03	03	04	00	000		Cassava chips
其他薯类	01	03	99	00	00	000		Other yams
油料	02	00	00	00	00	000		Oil crops
油菜	02	01	00	00	00	000		Rape
油菜子	02	01	01	00	00	000		Rapeseed
油菜子毛油	02	01	02	00	00	000		Rapeseed crude oil
油菜子色拉油	02	01	03	00	00	000		Rapeseed salad oil
油菜子调和油	02	01	04	00	00	000		Rapeseed blend oil
花生	02	02	00	00	00	000	落生、落花生	Peanut
带壳花生（干）	02	02	01	00	00	000		Peanuts,shelled,dry
带壳花生（鲜）	02	02	02	00	00	000		Peanuts,shelled,fresh
花生仁	02	02	03	00	00	000	花生米	Peanuts kernel
花生毛油	02	02	04	00	00	000		Peanut crude oil
花生色拉油	02	02	05	00	00	000		Peanut salad oil
花生调和油	02	02	06	00	00	000		Peanut blend oil
芝麻	02	03	00	00	00	000		Sesame
芝麻子	02	03	01	00	00	000		Sesame seeds
小磨香油	02	03	02	00	00	000		Mill-processed sesame oil
机制香油	02	03	03	00	00	000		Machine-processed sesame oil
大豆	02	04	00	00	00	000		Soybean
大豆子粒	02	04	01	00	00	000		Soybean grain
大豆毛油	02	04	02	00	00	000		Soybean crude oil
大豆色拉油	02	04	03	00	00	000		Soybean salad oil

表 1（续）

品种名称	编　码	常用别称	英文名称
大豆调和油	02 04 04 00 00 000		Soybean blend oil
其他油料	02 99 00 00 00 000		Other oil crops
向日葵	02 99 01 00 00 000		Sunflower
葵花子	02 99 01 01 00 000		Sunflower seeds
葵花子油	02 99 01 02 00 000		Sunflower oil
胡麻	02 99 02 00 00 000		Lin
胡麻子	02 99 02 01 00 000		Linseed
胡麻子油	02 99 02 02 00 000		Linseed oil
棉子	02 99 03 00 00 000		Cottonseed
棉子粒	02 99 03 01 00 000		Cotton seed
棉子油	02 99 03 02 00 000		Cottonseed oil
棕榈	02 99 04 00 00 000		Palm
棕榈果	02 99 04 01 00 000		Palm fruit
棕榈油	02 99 04 02 00 000		Palm oil
油橄榄	02 99 05 00 00 000		Olive
油橄榄果	02 99 05 01 00 000	齐墩果	Olive fruit
橄榄油	02 99 05 02 00 000		Olive oil
油茶	02 99 06 00 00 000		Oil camellia
油茶子	02 99 06 01 00 000		Oil camellia seed
油茶子油	02 99 06 02 00 000		Camellia seed oil
糖料	03 00 00 00 00 000		Sugar crops
甘蔗	03 01 00 00 00 000	糖蔗、薯蔗	Sugarcane
甜菜	03 02 00 00 00 000	菾菜	Beet
其他糖料	03 99 00 00 00 000		Other sugar crops
甜叶菊	03 99 01 00 00 000		Stevia
甜高粱	03 99 02 00 00 000		Sweet sorghum
蔬菜	04 00 00 00 00 000		Vegetables
根菜类	04 01 00 00 00 000		Root vegetables
萝卜	04 01 01 00 00 000		Radish
鲜萝卜	04 01 01 01 00 000		Fresh radish
大萝卜	04 01 01 01 01 000	莱菔、萝卜	Large radish
樱桃萝卜	04 01 01 01 02 000	小萝卜	Cherry radish
干制萝卜	04 01 01 02 00 000		Dried radish
腌制萝卜	04 01 01 03 00 000		Pickled radish
胡萝卜	04 01 02 00 00 000	红萝卜、黄萝卜	Carrot
牛蒡	04 01 03 00 00 000	东洋萝卜	Edible burdock
桔梗	04 01 04 00 00 000		Radix platycodi
根芹菜	04 01 05 00 00 000	根芹、根洋芹	Root celery
根菾菜	04 01 06 00 00 000	红菜头、紫菜头、火焰菜	Table beet
其他根菜类	04 01 99 00 00 000		Other root vegetables
白菜类	04 02 00 00 00 000		Cabbage group
大白菜	04 02 01 00 00 000	结球白菜、黄芽菜	Chinese cabbage
鲜大白菜	04 02 01 01 00 000		Fresh cabbage
腌制大白菜	04 02 01 02 00 000		Pickled cabbage
普通白菜	04 02 02 00 00 000	青菜、小油菜	Pak-choi
乌塌菜	04 02 03 00 00 000	黑菜、乌菜	Wuta-cai
菜薹	04 02 04 00 00 000	菜心、绿菜薹	Flowering Chinese cabbage

表 1（续）

品种名称	编　码						常用别称	英文名称
薹菜	04	02	05	00	00	000		Tai-cai
其他白菜类	04	02	99	00	00	000		Other Chinese cabbage
甘蓝类	04	03	00	00	00	000		Cole crops
结球甘蓝	04	03	01	00	00	000	洋白菜、包菜、圆白菜、卷心菜	Cabbage
抱子甘蓝	04	03	02	00	00	000	芽甘蓝、子持甘蓝	Brussels sprouts
球茎甘蓝	04	03	03	00	00	000	苤蓝、擘蓝、芥蓝头	Kohlrabi
花椰菜	04	03	04	00	00	000	花菜、菜花	Cauliflower
青花菜	04	03	05	00	00	000	绿菜花、西兰花	Broccoli
芥蓝	04	03	06	00	00	000	白花芥蓝	Chinese kale
其他甘蓝类	04	03	99	00	00	000		Other cole crops
芥菜类	04	04	00	00	00	000		Mustard group
根芥菜	04	04	01	00	00	000	大头菜、疙瘩菜	Root mustard
鲜根芥菜	04	04	01	01	00	000		Fresh mustard root
腌制根芥菜	04	04	01	02	00	000		Pickled mustard root
叶芥菜	04	04	02	00	00	000	辣菜、春菜、雪里蕻	Leaf mustard
鲜叶芥菜	04	04	02	01	00	000		Fresh leaf mustard
腌制叶芥菜	04	04	02	02	00	000		Pickled leaf mustard
茎芥菜	04	04	03	00	00	000	榨菜	Stem mustard
鲜茎芥菜	04	04	03	01	00	000		Fresh stem mustard
腌制茎芥菜	04	04	03	02	00	000		Pickled stem mustard
其他芥菜类	04	04	99	00	00	000		Other stem mustards
茄果类	04	05	00	00	00	000		Solanaceous fruits
番茄	04	05	01	00	00	000		Tomato
普通番茄	04	05	01	01	00	000	西红柿	Common tomato
樱桃番茄	04	05	01	02	00	000	圣女果、小西红柿	Cherry tomato
茄子	04	05	02	00	00	000	落苏	Eggplant
辣椒	04	05	03	00	00	000		Pepper
鲜辣椒	04	05	03	01	00	000		Fresh chili
甜椒	04	05	03	01	01	000	青椒、菜椒	Sweet pepper
长辣椒	04	05	03	01	02	000	番椒、海椒	Long pepper
簇生椒	04	05	03	01	03	000		Clustered pepper
干辣椒	04	05	03	02	00	000		Chili
其他茄果类	04	05	99	00	00	000		Other solanaceous fruits
豆类	04	06	00	00	00	000		Beans
菜豆	04	06	01	00	00	000	四季豆、芸豆、芸扁豆	Kidney bean
豌豆	04	06	02	00	00	000		Vegetable pea
荚用豌豆	04	06	02	01	00	000	荷兰豆	Sugar pod garden pea
粒用豌豆	04	06	02	02	00	000	青小豆、荷兰豆	Grain pea
豇豆	04	06	03	00	00	000	长豆角	Cowpea
扁豆	04	06	04	00	00	000	峨嵋豆、眉豆	Lablab
菜用大豆	04	06	05	00	00	000	毛豆	Soya bean
蚕豆	04	06	06	00	00	000	胡豆、罗汉豆、佛豆	Broad bean
其他豆类	04	06	99	00	00	000		Other legumes
瓜类	04	07	00	00	00	000		Gourd
黄瓜	04	07	01	00	00	000		Cucumber
鲜黄瓜	04	07	01	01	00	000		Fresh cucumber

表 1（续）

品种名称	编 码						常用别称	英文名称
普通黄瓜	04	07	01	01	01	000	胡瓜、青瓜	Common cucumber
水果黄瓜	04	07	01	01	02	000		Cucumber fruit
腌制黄瓜	04	07	01	02	00	000		Pickled cucumber
冬瓜	04	07	02	00	00	000	枕瓜、东瓜	Wax gourd
南瓜	04	07	03	00	00	000	倭瓜、番瓜、饭瓜	Pumpkin
西葫芦	04	07	04	00	00	000	角瓜、美洲南瓜	Marrow
苦瓜	04	07	05	00	00	000	凉瓜	Balsam pear
丝瓜	04	07	06	00	00	000		Luffa
普通丝瓜	04	07	06	01	00	000	蛮瓜	Common luffa
有棱丝瓜	04	07	06	02	00	000	棱角丝瓜	Strainer vine
其他瓜类	04	07	99	00	00	000		Other gourd vegetable
葱蒜类	04	08	00	00	00	000		Allium vegetable
韭菜	04	08	01	00	00	000	起阳草、懒人菜	Chinese chives
大葱	04	08	02	00	00	000	青葱、汉葱	Welsh onion
洋葱	04	08	03	00	00	000	葱头、圆葱	Onion
大蒜	04	08	04	00	00	000	蒜、胡蒜	Garlic
蒜薹	04	08	05	00	00	000		Garlic bolt
蒜苗	04	08	06	00	00	000		Garlic sprouts
蒜黄	04	08	07	00	00	000		Suanhuang
韭黄	04	08	08	00	00	000		Chives
其他葱蒜类	04	08	99	00	00	000		Other onion and garlic
叶菜	04	09	00	00	00	000		Leafy vegetables
菠菜	04	09	01	00	00	000	波斯草、赤根菜	Spinach
芹菜	04	09	02	00	00	000	芹	Celery
莴苣	04	09	03	00	00	000	千斤菜、生菜	Lettuce
莴笋	04	09	04	00	00	000		Asparagus lettuce
苋菜	04	09	05	00	00	000	米苋	Edible amaranth
茴香	04	09	06	00	00	000	小茴香、香丝菜	Fennel
茼蒿	04	09	07	00	00	000	蒿子秆、蓬蒿、春菊	Garland chrysanthemum
芫荽	04	09	08	00	00	000	香菜	Coriander
空心菜	04	09	09	00	00	000	藤菜、蕹菜	Water spinach
油麦菜	04	09	10	00	00	000		Youmai lettuce
落葵	04	09	11	00	00	000	木耳菜	Malabar spinach
叶菾菜	04	09	12	00	00	000	莙荙菜、厚皮菜、牛皮菜	Sugar beet leaf vegetables
苦苣	04	09	13	00	00	000		Endive
紫背天葵	04	09	14	00	00	000		Gynura
其他叶菜	04	09	99	00	00	000		Other leaf vegetables
薯芋类	04	10	00	00	00	000		Starchy underground vegetable
马铃薯	04	10	01	00	00	000	土豆、山药蛋	Potato
山药	04	10	02	00	00	000	大薯、白苕、脚板苕	Chinese yam
姜	04	10	03	00	00	000	生姜、黄姜	Ginger
芋	04	10	04	00	00	000	芋头、芋艿、毛芋	Taro
甘薯	04	10	05	00	00	000	红薯、白薯、山芋、地瓜	Sweet potato
菊芋	04	10	06	00	00	000	洋姜	Jerusalem artichoke
其他薯芋类	04	10	99	00	00	000		Other starchy underground vegetable
水生类	04	11	00	00	00	000		Aquatic vegetables

表1（续）

品种名称	编　码						常用别称	英文名称
莲藕	04	11	01	00	00	000	藕	Lotus root
茭白	04	11	02	00	00	000	茭瓜、茭笋	Wildrice stem,Water bamboo
慈姑	04	11	03	00	00	000	茨菰、慈菰、剪刀草	Chinese arrowhead
荸荠	04	11	04	00	00	000	地栗、马蹄、乌芋	Chinese water chestnuts
芡实	04	11	05	00	00	000	鸡头、鸡头米	Gorgon euryale
莼菜	04	11	06	00	00	000	蓴菜、马蹄草、水荷叶、水葵	Water shield
水芹	04	11	07	00	00	000	刀芹、楚葵、蜀芹	Water dropwort
菱角	04	11	08	00	00	000		Water chestnut
其他水生类	04	11	99	00	00	000		Other aquatic vegetable
芽苗菜类	04	12	00	00	00	000		Sprouting vegetables
绿豆芽	04	12	01	00	00	000		Mung bean sprouts
黄豆芽	04	12	02	00	00	000		Soybean sprouts
黑豆芽	04	12	03	00	00	000		Wild soybean sprouts
萝卜苗	04	12	04	00	00	000		Radish sprouts
豌豆苗	04	12	05	00	00	000		Garden pea seedlings
花椒芽	04	12	06	00	00	000		Prickly ash sprouts
姜芽	04	12	07	00	00	000		Ginger sprouts
种芽香椿	04	12	08	00	00	000		Chinese toon seeding
芽球菊苣	04	12	09	00	00	000		Chicory
其他芽苗菜类	04	12	99	00	00	000		Other sprouts vegetable
多年生及杂类	04	13	00	00	00	000		Perennial and other vegetable
竹笋	04	13	01	00	00	000		Bamboo shoots
香椿	04	13	02	00	00	000	红椿	Chinese toon
黄花菜	04	13	03	00	00	000	萱草	Day lily
百合	04	13	04	00	00	000	中蓬花、夜合	Edible lily
石刁柏	04	13	05	00	00	000	芦笋、龙须菜	Asparagus
辣根	04	13	06	00	00	000	西洋山葪菜、山葵萝卜	Horse-radish
仙人掌	04	13	07	00	00	000	食用仙人掌	Cactus pad
秋葵	04	13	08	00	00	000	羊角豆、黄秋葵	Okra
菜用玉米	04	13	09	00	00	000		Sweet maize
食用花卉	04	13	10	00	00	000		Edible flowers
其他多年生类	04	13	99	00	00	000		Other perennial vegetable
食用菌类	04	14	00	00	00	000		Edible fungi
平菇	04	14	01	00	00	000	糙皮侧耳、北风菌、青蘑、桐子菌	Oyster mushroom
鲜平菇	04	14	01	01	00	000		Fresh oyster mushroom
干平菇	04	14	01	02	00	000		Dried oyster mushroom
香菇	04	14	02	00	00	000	香蕈、冬菇	Shiitake
鲜香菇	04	14	02	01	00	000		Fresh shiitake
干香菇	04	14	02	02	00	000		Dried shiitake
金针菇	04	14	03	00	00	000	冬菇、毛柄金钱菇、朴菰	Winter mushroom
鲜金针菇	04	14	03	01	00	000		Fresh winter mushroom
干金针菇	04	14	03	02	00	000		Dried winter mushroom
凤尾菇	04	14	04	00	00	000		Pleurotus
鲜凤尾菇	04	14	04	01	00	000		Fresh pleurotus

表 1（续）

品种名称	编　　码						常用别称	英文名称
干凤尾菇	04	14	04	02	00	000		Dried pleurotus
杏鲍菇	04	14	05	00	00	000	刺芹侧耳、干贝菇	Mushroom
鲜杏鲍菇	04	14	05	01	00	000		Fresh mushroom
干杏鲍菇	04	14	05	02	00	000		Dried mushroom
草菇	04	14	06	00	00	000	兰花菇、美味苞脚菇	Straw mushroom
鲜草菇	04	14	06	01	00	000		Fresh stan mushroom
干草菇	04	14	06	02	00	000		Dried stan mushroom
茶树菇	04	14	07	00	00	000		Agrocybe aegerita
鲜茶树菇	04	14	07	01	00	000		Fresh agrocybe aegerita
干茶树菇	04	14	07	02	00	000		Dried agrocybe aegerita
黑木耳	04	14	08	00	00	000	光木耳、云耳、木耳	Jews-ear
鲜黑木耳	04	14	08	01	00	000		Fresh jews-ear
干黑木耳	04	14	08	02	00	000		Dried jews-ear
银耳	04	14	09	00	00	000	白木耳	Jelly fungi
竹荪	04	14	10	00	00	000	僧竺蕈、竹笙、竹参、网纱菌	Verled lady
其他食用菌类	04	14	99	00	00	000		Other edible fungi
其他类蔬菜	04	99	00	00	00	000		Other vegetables
豆制品	04	99	01	00	00	000		Bean products
豆腐	04	99	01	01	00	000		Tofu
豆皮	04	99	01	02	00	000		Soybean hulls
豆豉	04	99	01	03	00	000		Tempeh
腐竹	04	99	01	04	00	000		Yuba
水果	05	00	00	00	00	000		Fruit
仁果类	05	01	00	00	00	000		Pome
苹果	05	01	01	00	00	000		Apple
鲜苹果	05	01	01	01	00	000		Fresh apple
富士苹果	05	01	01	01	01	000	红富士	Fuji apple
国光苹果	05	01	01	01	02	000		Guoguang apple
嘎拉苹果	05	01	01	01	03	000		Gala apple
秦冠苹果	05	01	01	01	04	000		Qinguan apple
金冠苹果	05	01	01	01	05	000		Golden delicious apples
红元帅苹果	05	01	01	01	06	000		Red apple marshal
新红星类苹果	05	01	01	01	07	000	蛇果	New red star category apple
寒富苹果	05	01	01	01	08	000		Hanfu apple
乔纳金苹果	05	01	01	01	09	000		Jonathan apple
其他苹果	05	01	01	01	99	000		Other apple
苹果果汁	05	01	01	02	00	000		Apple juice
苹果果脯	05	01	01	03	00	000		Preserved apple
苹果果干	05	01	01	04	00	000		Apple dry
苹果蜜饯	05	01	01	05	00	000		Candied apple
梨	05	01	02	00	00	000		Pear
鲜梨	05	01	02	01	00	000		Fresh pear
酥梨	05	01	02	01	01	000		Crisp pear
鸭梨	05	01	02	01	02	000		Yali pear
丰水梨	05	01	02	01	03	000		Fengshui pear
翠冠梨	05	01	02	01	04	000		Green pear
黄花梨	05	01	02	01	05	000		Huanghua pear

表 1（续）

品种名称	编　　码						常用别称	英文名称
南果梨	05	01	02	01	06	000		South pear
黄金梨	05	01	02	01	07	000		Gold pear
库尔勒香梨	05	01	02	01	08	000		Korla pear
雪花梨	05	01	02	01	09	000		Xuehua pear
金花梨	05	01	02	01	10	000		Golden pear
早酥梨	05	01	02	01	11	000		Zaosu pear
其他梨	05	01	02	01	99	000		Other pears
梨果干	05	01	02	02	00	000		Pear dry
梨果汁	05	01	02	03	00	000		Pear juice
梨果脯	05	01	02	04	00	000		Preserved pear
梨蜜饯	05	01	02	05	00	000		Candied pear
梨罐头	05	01	02	06	00	000		Canned pear
山楂	05	01	03	00	00	000	山里红、酸里红、红果	Hawthorn
鲜山楂	05	01	03	01	00	000		Fresh hawthorn
山楂果干	05	01	03	02	00	000		Hawthorn dry
山楂果汁	05	01	03	03	00	000		Hawthorn juice
山楂糕	05	01	03	04	00	000		Hawthorn cake
枇杷	05	01	04	00	00	000		Loquat
海棠	05	01	05	00	00	000		Begonia
其他仁果	05	01	99	00	00	000		Other pome
柑橘类	05	02	00	00	00	000		Citrus
橘类	05	02	01	00	00	000		Citrus
鲜橘	05	02	01	01	00	000		Fresh orange
蜜橘	05	02	01	01	01	000		Tangerine
砂糖橘	05	02	01	01	02	000		Shatangju(citrus)
其他橘	05	02	01	01	99	000		Other oranges
橘果干	05	02	01	02	00	000		Orange dry
橘果汁	05	02	01	03	00	000		Orange juice
柑类	05	02	02	00	00	000		Citrus
鲜柑	05	02	02	01	00	000		Fresh orange
柑果干	05	02	02	02	00	000		Citrus dry
柑果汁	05	02	02	03	00	000		Orange juice
橙类	05	02	03	00	00	000		Orange
鲜橙	05	02	03	01	00	000	橙子	Fresh orange
锦橙	05	02	03	01	01	000		Jincheng orange
脐橙	05	02	03	01	02	000		Navel orange
其他橙	05	02	03	01	99	000		Other orange
橙果干	05	02	03	02	00	000		Orange dry
橙果汁	05	02	03	03	00	000		Orange juice
柚子	05	02	04	00	00	000		Pomelo
鲜柚子	05	02	04	01	00	000		Fresh pomelo
沙田柚	05	02	04	01	01	000	金柚	Chinese pomelo
蜜柚	05	02	04	01	02	000		Honey pomelo
西柚	05	02	04	01	03	000	葡萄柚	Grapefruit
其他柚	05	02	04	01	99	000		Other pomelo
柚子果干	05	02	04	02	00	000		Pomelo dry
柚子果汁	05	02	04	03	00	000		Pomelo juice

表 1（续）

品种名称	编 码						常用别称	英文名称
柠檬	05	02	05	00	00	000		Lemon
鲜柠檬	05	02	05	01	00	000		Fresh lemon
柠檬果干	05	02	05	02	00	000		Lemon dry
柠檬果汁	05	02	05	03	00	000		Lemon juice
其他柑橘	05	02	99	00	00	000		Other citrus
浆果类	05	03	00	00	00	000		Berries
葡萄	05	03	01	00	00	000		Grapes
鲜葡萄	05	03	01	01	00	000		Fresh grape
巨峰葡萄	05	03	01	01	01	000		Kyoho grape
晚红葡萄	05	03	01	01	02	000		Late-red grape
马奶葡萄	05	03	01	01	03	000		Mare's milk grape
龙眼葡萄	05	03	01	01	04	000	秋紫、老虎眼、狮子眼	Longan grape
藤稔葡萄	05	03	01	01	05	000		Fujiminori grape
黑提葡萄	05	03	01	01	06	000		Heiti grape
红提葡萄	05	03	01	01	07	000	红地球、红提子	Red grape
玫瑰香葡萄	05	03	01	01	08	000		Muscat grape
其他葡萄	05	03	01	01	99	000		Other grape
葡萄干	05	03	01	02	00	000		Raisins
葡萄果酒	05	03	01	03	00	000		Grape wine
葡萄果汁	05	03	01	04	00	000		Grape juice
樱桃	05	03	02	00	00	000	车厘子、含桃	Cherry
柿子	05	03	03	00	00	000		Persimmon
鲜柿子	05	03	03	01	00	000		Fresh persimmon
柿子饼	05	03	03	02	00	000		Dried persimmon
石榴	05	03	04	00	00	000		Pomegranate
猕猴桃	05	03	05	00	00	000	藤梨、猕猴梨、羊桃	Kiwi
鲜猕猴桃	05	03	05	01	00	000		Fresh kiwi
猕猴桃果脯	05	03	05	02	00	000		Preserved kiwi
猕猴桃干	05	03	05	03	00	000		Kiwi dry
草莓	05	03	06	00	00	000	地莓、红莓	Strawberry
蓝莓	05	03	07	00	00	000		Blueberry
桑葚	05	03	08	00	00	000		Mulberry
树莓	05	03	09	00	00	000		Raspberry
黑莓	05	03	10	00	00	000		Blackberry
人参果	05	03	11	00	00	000		Ginseng
无花果	05	03	12	00	00	000		Figs
鲜无花果	05	03	12	01	00	000		Fresh figs
无花果干	05	03	12	02	00	000		Figs dry
其他浆果	05	03	99	00	00	000		Other berries
核果类	05	04	00	00	00	000		Drupe
桃	05	04	01	00	00	000		Peach
鲜桃	05	04	01	01	00	000		Fresh peach
硬肉桃	05	04	01	01	01	000		Hard flesh peach
水蜜桃	05	04	01	01	02	000		Juice peach
蟠桃	05	04	01	01	03	000		Flat peach
油桃	05	04	01	01	04	000	李光桃	Nectarine
其他桃	05	04	01	01	99	000		Other peach

表 1（续）

品种名称	编　码	常用别称	英文名称
桃果脯	05 04 01 02 00 000		Preserved peach
桃果汁	05 04 01 03 00 000		Peach juice
桃罐头	05 04 01 04 00 000		Canned peach
杏	05 04 02 00 00 000		Apricot
鲜杏	05 04 02 01 00 000		Fresh apricot
杏果干	05 04 02 02 00 000		Apricot dry
杏果脯	05 04 02 03 00 000		Preserved apricot
李	05 04 03 00 00 000	李子	Plum
枣	05 04 04 00 00 000		Date
鲜枣	05 04 04 01 00 000		Fresh date
冬枣	05 04 04 01 01 000	冻枣、雁过红、果子枣	Jujube
梨枣	05 04 04 01 02 000	大铃枣	Lizao
其他鲜枣	05 04 04 01 99 000		Other fresh date
干枣	05 04 04 02 00 000		Dried date
小枣	05 04 04 02 01 000		Small jujube
大枣	05 04 04 02 02 000		Big jujube
蜜枣	05 04 04 03 00 000		Candied date
枣汁	05 04 04 04 00 000		Jujube juice
其他核果	05 04 99 00 00 000		Other drupe
坚果类	05 05 00 00 00 000		Nuts
核桃	05 05 01 00 00 000	胡桃	Walnut
带壳核桃	05 05 01 01 00 000		Shelled walnut
核桃仁	05 05 01 02 00 000		Walnut kernel
核桃粉	05 05 01 03 00 000		Walnut powder
板栗	05 05 02 00 00 000	栗子	Chestnut
带壳板栗	05 05 02 01 00 000		Shelled chestnut
板栗仁	05 05 02 02 00 000		Chestnut kernel
板栗粉	05 05 02 03 00 000		Chestnut flour
其他坚果	05 05 99 00 00 000		Other nut
瓜果类	05 06 00 00 00 000		Melons
西瓜	05 06 01 00 00 000	夏瓜、寒瓜	Watermelon
有籽西瓜	05 06 01 01 00 000		Watermelon with seed
无籽西瓜	05 06 01 02 00 000		Seedless watermelon
甜瓜	05 06 02 00 00 000		Muskmelon
鲜甜瓜	05 06 02 01 00 000		Fresh melon
哈密瓜	05 06 02 01 01 000	网纹瓜	Hami melon
黄金瓜	05 06 02 01 02 000	伊丽莎白厚皮甜瓜	Gold melon
白兰瓜	05 06 02 01 03 000	兰州蜜瓜	White melon
香瓜	05 06 02 01 04 000		Muskmelon
其他甜瓜	05 06 02 01 99 000		Other muskmelons
甜瓜果干	05 06 02 02 00 000		Sweet dry
甜瓜果汁	05 06 02 03 00 000		Melon juice
其他瓜果	05 06 99 00 00 000		Other melons
热带水果	05 07 00 00 00 000		Tropical fruits
香蕉	05 07 01 00 00 000		Banana
鲜香蕉	05 07 01 01 00 000		Fresh banana
香牙蕉	05 07 01 01 01 000		Hong teeth banana

表1（续）

品种名称	编　　码						常用别称	英文名称
大蕉	05	07	01	01	02	000		Big banana
粉蕉	05	07	01	01	03	000		Dwarf banana
龙牙蕉	05	07	01	01	04	000		Aralia banana
芝麻蕉	05	07	01	01	05	000		Sesame Banana
其他香蕉	05	07	01	01	99	000		Other bananas
香蕉果干	05	07	01	02	00	000		Bananas dry
菠萝	05	07	02	00	00	000		Pineapple
鲜菠萝	05	07	02	01	00	000	凤梨	Fresh pineapple
菠萝果干	05	07	02	02	00	000		Pineapple dry
芒果	05	07	03	00	00	000		Mango
鲜芒果	05	07	03	01	00	000	檬果、蜜望、望果	Fresh mango
鸡蛋芒	05	07	03	01	01	000		Egg mango
台农芒	05	07	03	01	02	000		Tainong mango
象牙芒	05	07	03	01	03	000		Ivory mango
红皮芒	05	07	03	01	04	000		Red mango
腰芒	05	07	03	01	05	000		Back mango
其他芒果	05	07	03	01	99	000		Other mangoes
芒果果干	05	07	03	02	00	000		Mango dry
芒果果脯	05	07	03	03	00	000		Preserved mango
荔枝	05	07	04	00	00	000		Litchi
鲜荔枝	05	07	04	01	00	000	丹荔、丽枝、勒荔	Fresh litchi
桂味	05	07	04	01	01	000	桂枝、带绿	Guiwei litchi
糯米糍	05	07	04	01	02	000	水晶丸	Nuomici litchi
妃子笑	05	07	04	01	03	000	落塘蒲、玉荷包	Feizixiao litchi
黑叶	05	07	04	01	04	000	乌叶荔枝	Black leaf litchi
白蜡	05	07	04	01	05	000		White wax litchi
其他荔枝	05	07	04	01	99	000		Other litchis
荔枝果干	05	07	04	02	00	000		Litchi dry
荔枝罐头	05	07	04	03	00	000		Canned litchi
桂圆	05	07	05	00	00	000	龙眼	Longan
鲜桂圆	05	07	05	01	00	000		Fresh longan
桂圆果干	05	07	05	02	00	000		Longan dry
桂圆罐头	05	07	05	03	00	000		Canned longan
椰子	05	07	06	00	00	000		Coconut
火龙果	05	07	07	00	00	000	红龙果、青龙果	Pitaya
榴莲	05	07	08	00	00	000		Durian
菠萝蜜	05	07	09	00	00	000	波罗蜜、木菠萝、树菠萝	Jackfruit
杨梅	05	07	10	00	00	000		Bayberry
红毛丹	05	07	11	00	00	000	韶子、毛龙眼、毛荔枝	Rambutan
杨桃	05	07	12	00	00	000	五敛子	Carambola
山竹	05	07	13	00	00	000	山竺、莽吉柿	Mangosteen
其他热带水果	05	07	99	00	00	000		Other tropical fruits
其他类水果	05	99	00	00	00	000		Other fruits
畜禽及肉类	06	00	00	00	00	000		Livestock and meat
猪	06	01	00	00	00	000		Pig

表 1（续）

品种名称	编 码						常用别称	英文名称
活猪	06	01	01	00	00	000	生猪	Live pig
能繁母猪	06	01	01	01	00	000		Reproducible sow
仔猪(20 kg 以下)	06	01	01	02	00	000		Piglets(＜20 kg)
中猪(20 kg～60 kg)	06	01	01	03	00	000		Pig(20 kg～60 kg)
大猪(60kg 以上)	06	01	01	04	00	000		Pig(＞60kg)
鲜、冷藏猪肉	06	01	02	00	00	000		Fresh,chilled pork
白条猪	06	01	02	01	00	000		Pig carcass
猪颈背肌肉	06	01	02	02	00	000		Pork boneless boston shoulder
猪前腿肌肉	06	01	02	03	00	000		Pork boneless picnic shoulder
猪大排肌肉	06	01	02	04	00	000		Pork loin
猪后腿肌肉	06	01	02	05	00	000		Pork leg
猪前膀肉	06	01	02	06	00	000		Shoulder pork
猪五花肉	06	01	02	07	00	000		Pork belly
猪后座肉	06	01	02	08	00	000		Pork hips
猪里脊肉	06	01	02	09	00	000		Griskin
猪大排骨	06	01	02	10	00	000		Pork loin bone
猪前排骨	06	01	02	11	00	000		Pork front ribs
猪肋排骨	06	01	02	12	00	000		Pork ribs
猪前肘肉	06	01	02	13	00	000		Pork fore cubital
猪后肘肉	06	01	02	14	00	000		Pork hind cubital
冻猪肉	06	01	03	00	00	000		Frozen pork
腌制肉	06	01	04	00	00	000	腌肉、渍肉、咸肉	Cured meat
酱制肉	06	01	05	00	00	000		Sauce pork
牛	06	02	00	00	00	000		Cattle
活牛	06	02	01	00	00	000		Live cattle
肉牛	06	02	01	01	00	000		Beef cattle
能繁母牛	06	02	01	01	01	000		Breeding cattle
牛犊	06	02	01	01	02	000		Yong cattle
架子牛	06	02	01	01	03	000		Feeder cattle
成牛	06	02	01	01	04	000		Adult cattle
奶牛	06	02	01	02	00	000		Cow
成母牛	06	02	01	02	01	000		Adult cow
母牛犊	06	02	01	02	02	000		Heifer
鲜、冷藏牛肉	06	02	02	00	00	000		Fresh,chilled beef
二分体牛肉	06	02	02	01	00	000		Beef side
四分体牛肉	06	02	02	02	00	000		Beef quarters
里脊	06	02	02	03	00	000		Tender loin
外脊	06	02	02	04	00	000		Strip loin
胸肉	06	02	02	05	00	000		Brisket
嫩肩肉	06	02	02	06	00	000		Chuck tender
臀腰肉	06	02	02	07	00	000		Rump
臀肉	06	02	02	08	00	000		Topside
腹肉	06	02	02	09	00	000		Belly beef
腱子肉	06	02	02	10	00	000		Skin shank
冻牛肉	06	02	03	00	00	000		Frozen beef
羊	06	03	00	00	00	000		Sheep / goat
活羊	06	03	01	00	00	000		Sheep / goat(live)
绵羊(活)	06	03	01	01	00	000		Sheep(live)

表1（续）

品种名称	编 码						常用别称	英文名称
山羊（活）	06	03	01	02	00	000		Goat(live)
鲜、冷藏羊肉	06	03	02	00	00	000		Fresh,chilled mutton
绵羊肉	06	03	02	01	00	000		Sheep meat
胴体绵羊肉	06	03	02	01	01	000		Sheep carcass
带骨分割绵羊肉	06	03	02	01	02	000		Split sheep meat
去骨分割绵羊肉	06	03	02	01	03	000		Split boneless sheep meat
山羊肉	06	03	02	02	00	000		Goat meat
胴体山羊肉	06	03	02	02	01	000		Goat carcass
带骨分割山羊肉	06	03	02	02	02	000		Split goat meat
去骨分割山羊肉	06	03	02	02	03	000		Split boneless goat meat
冻羊肉	06	03	03	00	00	000		Frozen mutton
鸡	06	04	00	00	00	000		Chicken
活鸡	06	04	01	00	00	000		Chicken(live)
雉鸡	06	04	01	01	00	000		Pheasant chicken
蛋鸡	06	04	01	02	00	000		Layer
肉鸡	06	04	01	03	00	000		Broiler
淘汰鸡	06	04	01	04	00	000		Chicken out
土鸡	06	04	01	05	00	000	本地鸡、草鸡	Native chicken
乌鸡	06	04	01	06	00	000	乌骨鸡	Black-bone chicken
鲜、冷藏鸡肉	06	04	02	00	00	000		Fresh,chilled chicken
肉鸡肉	06	04	02	01	00	000		Broiler chicken
白条鸡	06	04	02	01	01	000		Chicken carcass
带皮鸡胸肉	06	04	02	01	02	000		Chicken breast with skin
鸡小胸	06	04	02	01	03	000		Chicken breast
鸡腿	06	04	02	01	04	000		Drumstick
鸡全翅	06	04	02	01	05	000		Chicken wing
鸡二节翅	06	04	02	01	06	000		Second part of chicken wing
鸡翅根	06	04	02	01	07	000		Root of Chicken wing
鸡脖	06	04	02	01	08	000		Chicken neck
鸡爪	06	04	02	01	09	000		Chicken feet
土鸡肉	06	04	02	02	00	000		Native chicken meat
乌鸡肉	06	04	02	03	00	000		Black-bone chicken meat
冷冻鸡肉	06	04	03	00	00	000		Frozen chicken
鸭	06	05	00	00	00	000		Duck
活鸭	06	05	01	00	00	000		Duck(live)
雉鸭	06	05	01	01	00	000		Pheasant duck
成鸭	06	05	01	02	00	000		Adult duck
鲜、冷藏鸭肉	06	05	02	00	00	000		Fresh,chilled duck
白条鸭	06	05	02	01	00	000		Duck carcass
半片鸭	06	05	02	02	00	000		Half duck
带皮鸭胸肉	06	05	02	03	00	000		Duck breast with skin
鸭小胸	06	05	02	04	00	000		Duck breast
鸭腿	06	05	02	05	00	000		Duck leg
鸭全翅	06	05	02	06	00	000		Duck wing
鸭二节翅	06	05	02	07	00	000		Second part of duck wing
鸭翅根	06	05	02	08	00	000		Root of duck wing
鸭脖	06	05	02	09	00	000		Duck neck
鸭头	06	05	02	10	00	000		Duck head

表 1（续）

品种名称	编 码	常用别称	英文名称
鸭掌	06 05 02 11 00 000		Duck web
冷冻鸭肉	06 05 03 00 00 000		Frozen duck meat
鹅	06 06 00 00 00 000		Goose
活鹅	06 06 01 00 00 000		Goose(live)
雏鹅	06 06 01 01 00 000		Pheasant goose
成鹅	06 06 01 02 00 000		Adult goose
鲜、冷藏鹅肉	06 06 02 00 00 000		Fresh,chilled goose meat
冷冻鹅肉	06 06 03 00 00 000		Frozen goose meat
其他畜禽肉类	06 99 00 00 00 000		Other meat
驴	06 99 01 00 00 000		Donkey
驴(活)	06 99 01 01 00 000		Donkey(live)
驴肉	06 99 01 02 00 000		Donkey meat
马	06 99 02 00 00 000		Horse
马(活)	06 99 02 01 00 000		Horse(live)
马肉	06 99 02 02 00 000		Horse meat
兔	06 99 03 00 00 000		Rabbit
兔(活)	06 99 03 01 00 000		Rabbit(live)
家兔	06 99 03 01 01 000		House rabbit
野兔	06 99 03 01 02 000		Hare
兔肉	06 99 03 02 00 000		Rabbit meat
家兔肉	06 99 03 02 01 000		House rabbit meat
野兔肉	06 99 03 02 02 000		Hare meat
鸽子	06 99 04 00 00 000		Pigeon
肉鸽(活)	06 99 04 01 00 000		Pigeon(live)
鸽子肉	06 99 04 02 00 000		Pigeon meat
火鸡	06 99 05 00 00 000		Turkey
活火鸡	06 99 05 01 00 000		Turkey(live)
雏火鸡	06 99 05 01 01 000		Pheasant turkey
成火鸡	06 99 05 01 02 000		Adult turkey
火鸡肉	06 99 05 02 00 000		Turkey meat
鹌鹑	06 99 06 00 00 000		Quail
鹌鹑(活)	06 99 06 01 00 000		Quail(live)
鹌鹑肉	06 99 06 02 00 000		Quail meat
蛋类	07 00 00 00 00 000		Eggs
鸡蛋	07 01 00 00 00 000		Egg
鲜鸡蛋	07 01 01 00 00 000		Fresh egg
蛋鸡蛋	07 01 01 01 00 000		Chai-hens egg
柴鸡蛋	07 01 01 02 00 000		Backyard egg
咸鸡蛋	07 01 02 00 00 000		Salted egg
松花鸡蛋	07 01 03 00 00 000	皮蛋、变蛋	Songhua egg(preserved egg)
鸭蛋	07 02 00 00 00 000		Duck's egg
鲜鸭蛋	07 02 01 00 00 000		Fresh duck egg
咸鸭蛋	07 02 02 00 00 000		Salted duck egg
松花鸭蛋	07 02 03 00 00 000	皮蛋、变蛋	Songhua duck egg(preserved egg)
鹅蛋	07 03 00 00 00 000		Goose egg
鲜鹅蛋	07 03 01 00 00 000		Fresh goose egg
咸鹅蛋	07 03 02 00 00 000		Salted goose egg
鹌鹑蛋	07 04 00 00 00 000		Quail egg

表 1（续）

品种名称	编码	常用别称	英文名称
鲜鹌鹑蛋	07 04 01 00 00 000		Fresh quail eggs
奶类	08 00 00 00 00 000		Milks
牛奶	08 01 00 00 00 000		Milk
生乳	08 01 01 00 00 000		Raw milk
加工液体乳类	08 01 02 00 00 000		Processing liquid milk category
杀菌乳	08 01 02 01 00 000		Pasteurized milk
灭菌乳	08 01 02 02 00 000		Sterilized milk
酸牛乳	08 01 02 03 00 000		Yoghurt
配方乳	08 01 02 04 00 000		Formula milk
乳粉类	08 01 03 00 00 000		Milk type
全脂乳粉	08 01 03 01 00 000		Whole milk powder
脱脂乳粉	08 01 03 02 00 000		Skim milk powder
全脂加糖乳粉	08 01 03 03 00 000		Sweetened whole milk powder
调味乳粉	08 01 03 04 00 000		Flavored milk powder
婴幼儿配方乳粉	08 01 03 05 00 000		Infant formula milk powder
其他配方乳粉	08 01 03 99 00 000		Other formula milk powder
其他乳制品	08 01 99 00 00 000		Other dairy products
炼乳类	08 01 99 01 00 000		Condensed milk
乳脂肪类	08 01 99 02 00 000		Milk fat
乳冰淇淋类	08 01 99 03 00 000		Milk ice cream category
羊奶	08 02 00 00 00 000		Goat's milk
其他奶类	08 99 00 00 00 000		Other milks
马奶	08 99 01 00 00 000		Mare's milk
骆驼乳	08 99 02 00 00 000		Camel milk
水产品	09 00 00 00 00 000		Aquatic
淡水产品	09 01 00 00 00 000		Freshwater products
淡水鱼类	09 01 01 00 00 000		Freshwater fish
青鱼	09 01 01 01 00 000		Herring
草鱼	09 01 01 02 00 000	鲩鱼、混子、草鲩	Grass carp
鲢鱼	09 01 01 03 00 000	白鲢	Silver carp
鳙鱼	09 01 01 04 00 000	花鲢、胖头鱼、大头鱼	Bighead carp
鲤鱼	09 01 01 05 00 000		Carp
鲫鱼	09 01 01 06 00 000		Crucian carp
鲶鱼	09 01 01 07 00 000		Catfish
罗非鱼	09 01 01 08 00 000	非洲鲫鱼、南鲫	Tilapia
鳜鱼	09 01 01 09 00 000	桂鱼、鳌花鱼	Mandarin fish
武昌鱼	09 01 01 10 00 000	鳊鱼、鲂鱼、团头鳊	Wuchang fish
面条鱼	09 01 01 11 00 000		Sand lance
白鳝鱼	09 01 01 12 00 000		White eel
黄鳝	09 01 01 13 00 000		Rice field eel
泥鳅	09 01 01 14 00 000		Loach
黑鱼	09 01 01 15 00 000	乌鱼	Snakehead
虹鳟	09 01 01 16 00 000		Rainbow trout
加州鲈鱼	09 01 01 17 00 000		California bass
三角鳊	09 01 01 18 00 000		Triangular bream
长春鳊	09 01 01 19 00 000		Changchun bream
鲮鱼	09 01 01 20 00 000		Cirrhina molitorella

表 1（续）

品种名称	编 码						常用别称	英文名称
淡水白鲳	09	01	01	21	00	000		Freshwater spadefish
鲟鱼	09	01	01	22	00	000		Sturgeon
其他淡水鱼	09	01	01	99	00	000		Other freshwater fishes
淡水虾类	09	01	02	00	00	000		Freshwater shrimp
草虾	09	01	02	01	00	000		Shrimp
河虾	09	01	02	02	00	000		River shrimp
米虾	09	01	02	03	00	000		M shrimp
罗氏沼虾	09	01	02	04	00	000		Giant freshwater shrimp
其他淡水虾	09	01	02	99	00	000		Other freshwater shrimp
淡水蟹类	09	01	03	00	00	000		Freshwater crabs
河蟹	09	01	03	01	00	000		Crab
其他淡水蟹	09	01	03	99	00	000		Other freshwater crabs
其他淡水动物	09	01	99	00	00	000		Other freshwater products
甲鱼	09	01	99	01	00	000	鳖、团鱼、王八	Turtle
乌龟	09	01	99	02	00	000		Tortoise
牛蛙	09	01	99	03	00	000		Bullfrog
海水产品	09	02	00	00	00	000		Marine products
海水鱼类	09	02	01	00	00	000		Marine fish
大黄鱼	09	02	01	01	00	000		Large yellow croaker
小黄鱼	09	02	01	02	00	000		Small yellow croaker
黄姑鱼	09	02	01	03	00	000		Spotted maigre
白姑鱼	09	02	01	04	00	000		White croaker
带鱼	09	02	01	05	00	000	刀鱼、牙带鱼	Hairtail
鲷鱼	09	02	01	06	00	000		snapper
美国红鱼	09	02	01	07	00	000		Sciaenops ocellatus
鲳鱼	09	02	01	08	00	000		Pampus argenteus
鲈鱼	09	02	01	09	00	000	花鲈、鲈板	Perch
石斑鱼	09	02	01	10	00	000	石斑、鲙鱼	Grouper
鲆鱼	09	02	01	11	00	000		Olivaceus
鲽鱼	09	02	01	12	00	000		Plaice
舌鳎	09	02	01	13	00	000		Cymoglossus robustus
鳕鱼	09	02	01	14	00	000		Cod
鲅鱼	09	02	01	15	00	000		Spanish mackerel
金枪鱼	09	02	01	16	00	000		Tuna
马面鲀	09	02	01	17	00	000		Monacanthus modestus
海鳗	09	02	01	18	00	000		Eel
梭鱼	09	02	01	19	00	000		Barracuda
鲻鱼	09	02	01	20	00	000		Mullet
鲑鱼	09	02	01	21	00	000		Salmon
其他海水鱼	09	02	01	99	00	000		Other marine fish
海水虾类	09	02	02	00	00	000		Seawater prawn
东方对虾	09	02	02	01	00	000		Oriental shrimp
南美白对虾	09	02	02	02	00	000		White shrimp
斑节对虾	09	02	02	03	00	000		Tiger shrimp
日本对虾	09	02	02	04	00	000	花虾、竹节虾	Penaeus japonicus
基围虾	09	02	02	05	00	000		Shrimp
龙虾	09	02	02	06	00	000		Lobster
其他海水虾	09	02	02	99	00	000		Other marine shrimp

表 1（续）

品种名称	编 码						常用别称	英文名称
海水蟹类	09	02	03	00	00	000		Sea crab
梭子蟹	09	02	03	01	00	000	白蟹	Swimming crab
青蟹	09	02	03	02	00	000		Green crab
其他海水蟹	09	02	03	99	00	000		Other sea crab
海水贝类	09	02	04	00	00	000		Sea shellfish
泥蚶	09	02	04	01	00	000		Blood clam
毛蚶	09	02	04	02	00	000	毛蛤、麻蛤	Ark clam
魁蚶	09	02	04	03	00	000	焦边毛蚶、大毛蛤	Bloody clam
文蛤	09	02	04	04	00	000	花蛤	Meretrix
杂色蛤	09	02	04	05	00	000		Mottled clam
青柳蛤	09	02	04	06	00	000		Aoyagi clam
大竹蛏	09	02	04	07	00	000		Shell razor
缢蛏	09	02	04	08	00	000		Razor clam
贻贝	09	02	04	09	00	000		Mussel
扇贝	09	02	04	10	00	000		Scallops
牡蛎	09	02	04	11	00	000		Oyster
鲍鱼	09	02	04	12	00	000		Abalone
红螺	09	02	04	13	00	000		Venosa
香螺	09	02	04	14	00	000		Conch
玉螺	09	02	04	15	00	000		Natica
泥螺	09	02	04	16	00	000		Bullacta exarata
其他海水贝	09	02	04	99	00	000		Other sea shellfish
头足类	09	02	05	00	00	000		Cephalopod
墨鱼	09	02	05	01	00	000	墨斗鱼、墨鱼	Cuttlefish
章鱼	09	02	05	02	00	000	石居、八爪鱼	Octopus
鱿鱼	09	02	05	03	00	000		Squid
其他头足类	09	02	05	99	00	000		Other cephalopod
海藻类	09	02	06	00	00	000		Seaweed
海带	09	02	06	01	00	000		Kelp
鲜海带	09	02	06	01	01	000		Fresh kelp
干海带	09	02	06	01	02	000		Dried kelp
裙带菜	09	02	06	02	00	000		Undaria
紫菜	09	02	06	03	00	000		Laver
石花菜	09	02	06	04	00	000		Gelidium amansii
江蓠	09	02	06	05	00	000	龙须菜、海面线	Gracilaria
麒麟菜	09	02	06	06	00	000		Eucheuma
其他海藻	09	02	06	99	00	000		Other seaweed
其他海水动物	09	02	99	00	00	000		Other sea animal
海参	09	02	99	01	00	000		Sea cucumber
海胆	09	02	99	02	00	000	海刺猬	Sea urchin
海蜇	09	02	99	03	00	000		Jellyfish
棉麻类	10	00	00	00	00	000		Cotton and hemp
棉花	10	01	00	00	00	000		Cotton
皮棉	10	01	01	00	00	000		Lint cotton
长绒棉	10	01	01	01	00	000		Long-staple cotton
细绒棉	10	01	01	02	00	000		Fine-staple cotton
粗绒棉	10	01	01	03	00	000		Short-staple cotton
籽棉	10	01	02	00	00	000		Seed cotton

表 1（续）

品种名称	编　码						常用别称	英文名称
长绒棉	10	01	02	01	00	000		Long-staple seed cotton
细绒棉	10	01	02	02	00	000		Fine-staple seed cotton
粗绒棉	10	01	02	03	00	000		Short-staple seed cotton
麻类	10	02	00	00	00	000		Hemp
黄红麻	10	02	01	00	00	000		Yellow kenaf
苎麻	10	02	02	00	00	000		Ramie
大麻	10	02	03	00	00	000		Marijuana
亚麻	10	02	04	00	00	000		Flax
其他麻类	10	02	99	00	00	000		Other hemp
其他农产品	11	00	00	00	00	000		Other agricultural products
植物类	11	01	00	00	00	000		Plant
烟草	11	01	01	00	00	000		Tobacco
茶叶	11	01	02	00	00	000		Tea
绿茶	11	01	02	01	00	000		Green tea
龙井茶	11	01	02	01	01	000		Longjing tea
黄山毛峰	11	01	02	01	02	000		Huangshan mao feng
碧螺春	11	01	02	01	03	000		Biluochun tea
六安瓜片	11	01	02	01	04	000		Liuanguapian tea
蒙洱茶	11	01	02	01	05	000		Meng-er tea
信阳毛尖	11	01	02	01	06	000		Xinyangmaojian
其他绿茶	11	01	02	01	99	000		Other green tea
黄茶	11	01	02	02	00	000		Yellow tea
白茶	11	01	02	03	00	000		White tea
青茶	11	01	02	04	00	000	乌龙茶	Green tea(oolong tea)
铁观音	11	01	02	04	01	000		Tie guanyin tea
大红袍	11	01	02	04	02	000		Dahongpao tea
冻顶乌龙茶	11	01	02	04	03	000		Oolong tea
其他青茶	11	01	02	04	99	000		Other green tea
红茶	11	01	02	05	00	000		Black tea
祁门红茶	11	01	02	05	01	000		Keemun black tea
荔枝红茶	11	01	02	05	02	000		Lychee Black Tea
其他红茶	11	01	02	05	03	000		Other black tea
黑茶	11	01	02	06	00	000		Black tea
普洱茶	11	01	02	06	01	000		Puer tea
六堡茶	11	01	02	06	02	000		Six fort tea
湖南黑茶	11	01	02	06	03	000		Hunan black tea
其他黑茶	11	01	02	06	99	000		Other black tea
花茶	11	01	02	07	00	000		Flower tea
苦丁茶	11	01	02	08	00	000		Ilex
饲料	11	01	03	00	00	000		Feed
配合饲料	11	01	03	01	00	000		Formula feed
浓缩饲料	11	01	03	02	00	000		Concentrated feed
预混合饲料	11	01	03	03	00	000		Premix feed
混合饲料	11	01	03	04	00	000		Mixed feed
其他饲料	11	01	03	05	00	000		Other feeds
橡胶	11	01	04	00	00	000		Rubber
花卉	11	01	05	00	00	000		Flowers
中草药	11	01	06	00	00	000		Chinese herbal medicine

表 1（续）

品种名称	编 码						常用别称	英文名称
甘草	11	01	06	01	00	000		Liquorice root
人参	11	01	06	02	00	000		Ginseng
古柯叶	11	01	06	03	00	000		Coca leaves
罂粟秆	11	01	06	04	00	000		Poppy stem
当归	11	01	06	05	00	000		Angelica sinensis
田七	11	01	06	06	00	000		Panpax notoginseng
党参	11	01	06	07	00	000		Lanceolata
黄连	11	01	06	08	00	000		Chinese coptis
菊花	11	01	06	09	00	000		Chrysanthemum
冬虫夏草	11	01	06	10	00	000		Chinese caterpillar fungus
贝母	11	01	06	11	00	000		Fritillaria
川芎	11	01	06	12	00	000		Rhizome of Chuanxiong
半夏	11	01	06	13	00	000		Pinellia ternate
白芍	11	01	06	14	00	000		White peony root
天麻	11	01	06	15	00	000		Gastrodia elata
黄芪	11	01	06	16	00	000		Astragalus
大黄	11	01	06	17	00	000		Chinese rhubarb
白术	11	01	06	18	00	000		Atractylodes
地黄	11	01	06	19	00	000		Radix rehmanniae
槐米	11	01	06	20	00	000		Flos sophora
杜仲	11	01	06	21	00	000		Eucommia ulmoides
茯苓	11	01	06	22	00	000		Poria cocos
枸杞	11	01	06	23	00	000		Medlar
大海子	11	01	06	24	00	000		Big Hai Zi
沉香	11	01	06	25	00	000		Egalwood
沙参	11	01	06	26	00	000		Adenophora
青蒿	11	01	06	27	00	000		Artemisia
鱼藤根	11	01	06	28	00	000		Derris root
除虫菊	11	01	06	29	00	000		Pyrethrum
林芝	11	01	06	30	00	000		Ganoderma lucidum
五味子	11	01	06	31	00	000		Schisandra
刺五加	11	01	06	32	00	000		Medofenoxate
生地	11	01	06	33	00	000		Shengdi
麦冬	11	01	06	34	00	000		Liriope
云木香	11	01	06	35	00	000		Aucklandia lappa
白芷	11	01	06	36	00	000		Angelica dahurica
元胡	11	01	06	37	00	000		Rhizoma corydalis
山茱萸	11	01	06	38	00	000		Cornus
连翘	11	01	06	39	00	000		Forsythia suspensa
辛荑	11	01	06	40	00	000		Xinyi
厚朴	11	01	06	41	00	000		Magnolia officinalis
黄芩	11	01	06	42	00	000		Scutellaria baicalensis
葛根	11	01	06	43	00	000		Gegen
柴胡	11	01	06	44	00	000		Radix Bupleuri
麻黄	11	01	06	45	00	000		Ephedra
列当	11	01	06	46	00	000		Broomrape
肉苁蓉	11	01	06	47	00	000		Cistanche
锁阳	11	01	06	48	00	000		Cynomorium songaricum

表 1（续）

品种名称	编 码						常用别称	英文名称
罗布麻	11	01	06	49	00	000		Apocynum venetum
其他中草药	11	01	06	99	00	000		Other Chinese herbal medicine
调味品	11	01	07	00	00	000		Seasoning
味精	11	01	07	01	00	000		Monosodium glutamate
酱油	11	01	07	02	00	000		Soya sauce
食醋	11	01	07	03	00	000		Vinegar
其他调味品	11	01	07	99	00	000		Other seasoning
香料	11	01	08	00	00	000		Spices
花椒	11	01	08	01	00	000		Chinese prickly ash
胡椒	11	01	08	02	00	000		Pepper
八角	11	01	08	03	00	000		Aniseed
桂皮	11	01	08	04	00	000		Bark of Japanese Cinnamon，Cassia
丁香	11	01	08	05	00	000		Clove
豆蔻	11	01	08	06	00	000		Cardamom
小茴香	11	01	08	07	00	000		Foeniculum vulgare
其他香料	11	01	08	99	00	000		Other spices
动物类	11	02	00	00	00	000		Animal products
蜂产品	11	02	01	00	00	000		Bee products
蜂蜜	11	02	01	01	00	000		Honey
蜂胶	11	02	01	02	00	000		Propolis
蜂王浆	11	02	01	03	00	000		Royal jelly
蜂花粉	11	02	01	04	00	000		Bee pollen
其他蜂产品	11	02	01	99	00	000		Other bee products
蚕茧	11	02	02	00	00	000		Silkworm cocoon
鹿茸	11	02	03	00	00	000		Pilos antler
骨粉	11	02	04	00	00	000		Bone meal
皮毛	11	02	05	00	00	000		Fur
其他类	11	99	00	00	00	000		Others

ICS 65.020.01
B 02

中华人民共和国农业行业标准

NY/T 2138—2012

农产品全息市场信息采集规范

Standards of agri-product holographic-market-information collection

2012-02-21 发布

2012-05-01 实施

中华人民共和国农业部 发布

前　言

本标准按照 GB/T 1.1—2009 给出的规则起草。

本标准由中华人民共和国农业部提出并归口。

本标准起草单位:中国农业科学院农业信息研究所、农业部智能化农业预警技术重点开放实验室。

本标准主要起草人:许世卫、李志强、李哲敏、孔繁涛、张永恩、吴建寨、于海鹏。

农产品全息市场信息采集规范

1 范围

本标准规定了农产品全息市场信息的采集内容、采集方法和表达方法。

本标准适用于以农产品市场信息监测、分析、预警为目的的农产品市场信息的采集。

2 规范性引用文件

下列文件对于本文件的应用是必不可少的。凡是注日期的引用文件,仅注日期的版本适用于本文件。凡是不注日期的引用文件,其最新版本(包括修订版)适用于本文件。

GB/T 2260 中华人民共和国行政区划代码

GB/T 10114 县级以下行政区划代码编制规则

GB/T 17710—1999 数据处理 校验码系统

GB/T 18521—2001 地名分类与类别代码编制规则

GB/T 2659 世界各国和地区名称代码

NY/T 2137 农产品市场信息分类与计算机编码

3 术语和定义

下列术语和定义适用于本文件。

3.1

农产品产地 producing area of agricultural products

农产品(包括植物、动物、微生物及其产品)生产的相关区域。

3.2

必选项 required options

在信息采集中必不可少的内容,是农产品市场信息的核心。

3.3

可选项 selective options

在信息采集中,可根据用户需求和实际情况进行取舍的部分,是农产品市场信息的必要补充。

3.4

校验码 checker character

可通过数学关系来验证代码正确性的附加字符。

4 农产品全息市场信息的采集内容

农产品全息市场信息采集的内容(表1)包括以下11项,按照信息内容在市场信息中的重要性,又分为必选项和可选项。必选项是信息采集中必须采集的科目,可选项可根据实际情况决定是否采集。

表 1 农产品市场信息内容简表

序号	信息内容	要素类型	简要说明
1	交易时间	必选	农产品市场交易发生的时间
2	交易地点	必选	农产品市场交易所在的地点或所在的市场
3	产品名称	必选	交易的农产品品种名称

表1（续）

序号	信息内容	要素类型	简要说明
4	认证类型	必选	产品的认证类型
5	产品等级	可选	产品的质量等级规格
6	产品产地	可选	产品的产地或来源地
7	上市日期	可选	产品从生产环节进入流通环节的日期
8	产品价格	必选	产品交易的价格,单位为元/计量单位
9	交易量	必选	产品交易量
10	供应量	可选	产品供应量
11	计量单位	必选	产品的计量单位

4.1 必选项

4.1.1 交易时间

交易时间是指市场交易发生的时间。一般也是信息采集的时间,表达的格式为 YYYY-MM-DD-HH-MM。其精度根据信息内容而定:针对某一时刻的特定交易,其交易时间应精确到分;针对一段时期内的交易,交易时间根据时间段的长短可以精确到时或天。

4.1.2 交易地点

交易地点是指农产品市场交易发生的地点。一般来说,交易地点就是交易市场,类型有田头市场、收购市场、批发市场、零售市场和期货市场等。交易地点应该包括交易市场所在的地区和交易市场的名称。

4.1.3 产品名称

产品名称包括农产品的种类和品种名称。一般要求产品名称至少精确到品种,建议根据产品分类目录进一步细分。产品的分类和名称见 NY/T 2137。

4.1.4 认证类型

认证类型包括普通农产品、无公害农产品、绿色农产品、有机农产品等质量安全认证类型。

4.1.5 产品价格

产品价格是指市场成交价格,是得到了买卖双方的认可和接受的实际交易价格。价格单位以元/计量单位表示。

4.1.6 交易量

交易量和成交量意义相同,指单次或一个时间段内以同一价格完成交易的同一规格产品的数量。

4.1.7 计量单位

计量单位为开放的可选择式计量单位,按照农产品的市场形态和出售方式,分为重量单位和数量单位。其中,重量计量单位为克、500克(斤)、千克、吨等,数量计量单位为个、头、条、只、支、箱等。

4.2 可选项

4.2.1 产品等级

产品等级是综合农产品外观、质地等质量相关要素,按照分级标准对产品的综合评级。分级依据为各种产品的等级规格标准和规范中的感官分级部分。

4.2.2 产品产地

产品产地以行政区划表示,原则上必须精确到县级,推荐细化到乡村一级。考虑到部分产品产地难以明确,此部分项目可表示为产品的上级来源地,但表示方式为上一级市场的名称。

4.2.3 上市日期

上市日期是指产品收获或初步加工后从生产环节进入市场环节的日期。一般要求时间精确到天,表达的格式为 YYYY-MM-DD。

4.2.4 供应量

供应量是在当前或未来一个时间点或时间段内,产品提供方在当前价格水平下或某一价格水平下,有能力并且愿意提供的产品的数量。供应量既可以是销售单位的供应量,也可以是生产单位的预计产量。

5 农产品全息市场信息的采集方法

5.1 采集点的确定

为提高信息的准确性和时效性,农产品市场信息的采集应采用定点抽样的实地调查。在全部农产品中选取一部分具有代表性的地区、市场、品种,定期开展信息采集。选择在当地有较大影响力的市场作为信息采集基点,按照不同品种市场占有量的大小抽选有代表性的商户作为调查点。调查点和采集基点可根据市场交易量变化情况进行样本轮换和适度调整。

5.2 信息采集方式

信息采集方式采用现场询问买卖双方的方式进行,采集的信息只包括处于正常市场状态下的市场交易形式。除特殊情况外,不采集一些短期促销和甩卖形式、不能代表正常市场交易状态的交易信息。信息采集时间为交易量最大的时间点或时间段。考虑到信息的时效性,一般数据采集后 12 h 内需上报汇总,超过时限的数据视为过期无效数据。

5.3 信息的审核

采集完成后,要再次核对信息的完整性、准确性和计量单位的一致性。如数据明显偏离正常值,需要作出特别说明。

6 农产品全息市场信息的表达方法

6.1 信息编码方法

为方便农产品市场信息的数字化传输和智能化处理,应对采集的市场信息进行编码表示。

按照农产品市场信息内容的不同以及在信息采集中的信息获取的先后顺序,农产品市场信息编码由 12 层 76 位代码组成。其中,第 1 层～第 12 层代码分别为交易时间、交易地点、产品名称、认证类型、产品等级、产品产地、上市日期、产品价格、交易量、供应量、计量单位和校验码,其代码顺序、代码格式和编码方法如表 2 所示。

表 2 农产品全息市场信息编码表

标识符	要素	格式	说　明
1	交易时间	N12	YYYYMMDDHHMM,具体到分
2	交易地点	N6+N4	6 位县区代码(参照 GB/T 2260)+1 位市场类型+3 位所在市场代码(由行业部门规定)
3	产品名称	N13	参照 NY/T 2137
4	认证类型	N1	产品的认证类型(1-普通、2-无公害、3-绿色、4-有机)
5	产品等级	N1	产品的质量等级(1-一级、2-二级、3-三级)
6	产品产地	N6+N4	6 位县区代码(参照 GB/T 2260)+4 位乡村代码(参照 GB/T 10114),表示来源地时后四位为9+(3 位市场代码),产地为企业时后四位为8+(3 位企业代码);进口产品编码为999+3 位国家代码(参照 GB/T 2659)+4 位地区、市场或企业代码
7	上市日期	N8	YYYYMMDD,具体到日
8	产品价格	N4+N1	单位:元/计量单位;采用科学计数法,前四位为有效数字(含小数点后两位),后一位为以 10 为底的指数
9	交易量	N4+N2	采用科学计数法,前四位为有效数字(含小数点后两位)。后两位为以 10 为底的指数,其中,前一位表示正负(1 表示正,2 表示负),后一位表示数值

表 2（续）

标识符	要素	格式	说　明
10	供应量	N4+N2	采用科学计数法,前四位为有效数字(含小数点后两位)。后两位为以10为底的指数,其中前一位表示正负(1表示正、2表示负),后一位表示数值
11	计量单位	N2	克(01)、斤(02)、千克(03)、吨(04),数量计量单位为个(21)、头(22)、条(23)、只(24)、支(25)、箱(26)
12	校验码	N2	计算方法参照 GB/T 17710

6.2　信息编码代码结构

农产品全息市场信息编码代码结构如图 1 所示。

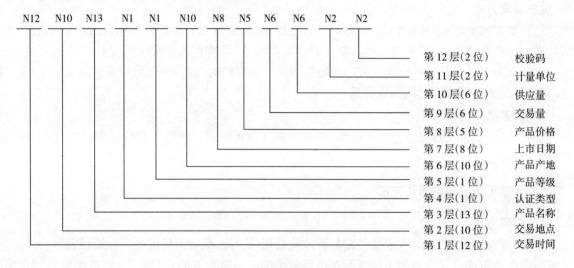

图 1　信息编码代码结构

ICS 27.010
F 13

中华人民共和国农业行业标准

NY/T 2141—2012

秸秆沼气工程施工操作规程

Construction operational regulation of
crop straw anaerobic digestion engineering

2012-03-01 发布

2012-06-01 实施

中华人民共和国农业部 发布

前　言

本标准按照 GB/T 1.1—2009 给出的规则起草。

本标准由全国沼气标准化技术委员会(SAC/TC 5157)提出并归口。

本标准起草单位：农业部规划设计研究院、农业部沼气科学研究所、中国农业大学、北京化工大学、北京合百意生态能源科技开发有限公司、河北省新能源办公室、四川省农村能源办公室。

本标准主要起草人员：赵立欣、颜丽、林聪、李秀金、颜开、李惠斌、向欣、尹勇、周磊、周玮、尹建锋、董保成、万小春、齐岳、杜立英。

秸秆沼气工程施工操作规程

1 范围

本标准规定了秸秆沼气工程施工操作的一般原则,以及主要建(构)筑物的施工、电气设备及仪表设备的安装、给排水及供热工程的施工、消防设施的施工、附属建筑物的施工及安全施工要求的基本操作规程。

本标准适用于以农作物秸秆为主要原料的沼气工程施工,不适用于农村户用秸秆沼气。

2 规范性引用文件

下列文件对于本文件的应用是必不可少的。凡是注日期的引用文件,仅注日期的版本适用于本文件。凡是不注日期的引用文件,其最新版本(包括所有的修改单)适用于本文件。

GB 175　通用硅酸盐水泥

GB 1499.1　钢筋混凝土用钢　第1部分:热轧光圆钢筋

GB 8958　缺氧危险作业安全规程

GB 50126　工业设备及管道绝热工程施工规范

GB 50141　给水排水构筑物施工及验收规范

GB 50204　混凝土结构工程施工质量验收规范

GB 50242　建筑给水排水及采暖工程施工质量验收规范

GB 50275　压缩机、风机、泵安装工程施工及验收规范

GB 50300　建筑工程施工质量验收统一标准

GB 50348　安全防范工程技术规范

CJJ 94　城镇燃气室内工程施工与质量验收规范

D 501—1　建筑物防雷设施安装

JB/T 7949　钢结构焊缝外型尺寸

JGJ 59　建筑施工安全检查标准

JGJ 104　建筑工程冬期施工规程

JGJ 130　建筑施工扣件式钢管脚手架安全技术规范

NY/T 1220.3—2006　沼气工程技术规范　第3部分:施工及验收

NY/T 1223　沼气发电机组

NY/T 2142　秸秆沼气工程工艺设计规范

TSG R 3001　压力容器安装改造维修许可规则

3 总则

3.1 秸秆沼气工程的施工,应遵守国家和地方有关抗震、安全、消防、劳动保护及环境保护等规定,并应符合国家现行的有关强制性标准及规范的规定。

3.2 秸秆沼气工程的建(构)筑物施工及设备、管道的安装,应按照施工设计图纸进行。变更设计应由设计单位出具设计变更通知书,重大变更应履行报批手续。

3.3 秸秆沼气工程的施工应符合 NY/T 2142 的规定。

3.4 施工前应明确各单项施工顺序,做好施工记录及质量检验。

3.5 施工过程中,各专业应协调配合,做好衔接及互验监督,防止漏项或衔接失误。

3.6 应建立行之有效的安全施工制度和保障措施,按照建筑施工安全检查标准 JGJ 59 执行。

4 建(构)筑的施工

4.1 一般规定

4.1.1 砖混结构、钢混结构的建(构)筑物的施工应符合 NY/T 1220.3 的规定。

4.1.2 构筑物的施工顺序应按照先地下后地上、先深后浅作业。建(构)筑物之间的施工距离应符合 GB 50300 的有关规定。

4.1.3 施工地点的地下水位较高时,地下式、半地下式构筑物宜在枯水期进行或在采取降水措施后进行施工。

4.1.4 抗渗混凝土的施工不宜在低温及高温季节进行,冬期施工时应符合 JGJ 104 的规定。

4.1.5 建筑工程施工中应有中间验收和竣工验收,分项或分部工程先进行中间验收,合格后进行下道工序。

4.2 施工准备

4.2.1 秸秆沼气工程施工前,应由建设单位组织施工单位、监理单位及设计单位进行技术交底及图纸会审。

4.2.2 施工单位在施工前应进行现场考察,并获取下列资料:

——工程现场地形和周边的建(构)筑物情况;

——工程的地质、水文及气象资料;

——已有供水、供电及交通运输条件;

——现场避让设施情况;

——施工场区内的三通一平情况;

——结合工程特点所需的其他资料。

4.2.3 施工前,施工单位应编制施工组织设计,主要包括:工程概况、施工部署、施工方法、材料及主要机械设备的供应、质量保证、安全、工期、降低成本和提高效益的技术组织措施。施工计划、施工总平面图及保护周围环境的措施,主要的施工方法的设计等。

4.2.4 施工测量应进行现场交桩,设置复核临时水准点和管道轴线控制桩。

4.3 建筑材料

4.3.1 所使用的建筑材料均应符合设计要求,施工前应核实材料出厂质量合格证书和质量检验报告,并按进场批次和数量进行抽样和送检。

4.3.2 砖石砌体所用材料应符合下列规定:

——普通砖的强度等级采用 MU7.5 或 MU10,宜采用加气混凝土砌块、粉煤灰空心砖;

——石料应选用质地坚硬,无裂纹和无风化的料石,强度等级应高于 MU20;

——砖砌砂浆应采用水泥砂浆,其强度等级不应低于 MU7.5。

4.3.3 配制混凝土所用材料应符合下列规定:

——水泥优先选用硅酸盐水泥,强度等级不低于 42.5 MPa,其性能指标符合 GB 175 的规定;

——混凝土用砂宜选用中砂;

——粗骨料的最大颗粒粒径不应超过结构截面最小尺寸的 1/4,不应超过钢筋间距最小净距的 3/4,且不宜大于 40 mm,其技术指标符合 GB 50204 的规定;

——混凝土施工配合比,应满足结构设计所规定的强度、抗渗、抗冻等级及施工和易性要求;

——混凝土的抗渗等级应满足设计要求。

4.3.4 所用钢筋等钢材的施工应按 GB 1499.1 的规定执行。

4.4 原料贮存及预处理设施的施工

4.4.1 秸秆堆放场、青贮池(窖)、集料池和调节池的施工质量应符合 GB 50300 的规定。且集料池和调节池应做好防渗漏和试水检验。

4.4.2 秸秆粉碎机、揉丝机等设备应按照设备说明安装。

4.4.3 上料泵、提升机及搅拌设备应按照设备说明安装,并符合 GB 50275 的规定。

4.5 厌氧消化器的施工

4.5.1 厌氧消化器各部位的施工,应与工艺、设备、管道等专业协调配合。

4.5.2 钢筋混凝土结构的厌氧器施工应符合下列规定:
——罐体施工应符合 NY/T 1220.3—2006 中 5.5 的规定;
——厌氧消化器采用槽体结构时,槽体侧壁顶部预埋轨道凹槽与嵌体应严密吻合。施工完毕应做气密性检验。

4.5.3 厌氧消化器所用预制件、设备在运输、贮存及吊装过程中,应防止破损失效。出现破损的应修复或更换。

4.5.4 钢结构厌氧消化器的施工应符合下列规定:
——钢结构强度应符合设计要求;
——厌氧消化器的安装应做好密封和防腐处理。

4.5.5 厌氧消化器安装完毕后应做试水和气密性检验。

4.5.6 厌氧消化器等大型设备建筑安装过程的避雷接地,应符合 D 501—1 的规定。

4.5.7 厌氧消化器内的加热盘管,宜采用多管路平行布置。加热管路固定支架和罐壁连接时,不应破坏厌氧消化器的防腐层。

4.5.8 室外管道施工应按 GB 50126 的规定执行。

4.6 脱水和脱硫装置的施工

脱水和脱硫装置施工应符合 NY/T 1220.3 的规定。

4.7 贮气装置的施工

4.7.1 通用规定

4.7.1.1 施工时应核实建设地点实际情况,确保贮气柜和周围建(构)筑物的防火间距。

4.7.1.2 贮气柜的施工应按照设计文件进行。

4.7.1.3 贮气柜附属设施的施工,应与工艺、设备、管道及电气等专业协调配合。

4.7.1.4 贮气柜制作与安装的允许偏差和质量检验,应符合 NY/T 1220.3—2006 中 6 的规定。

4.7.2 湿式贮气柜

湿式贮气柜的施工应符合 NY/T 1220.3—2006 中 5.7 的规定。

4.7.3 高压贮气柜

4.7.3.1 高压贮气柜的施工应按照 TSG R 3001 执行。

4.7.3.2 高压贮气柜在运输、安装时应采取防止铁离子污染及设备表面损伤的有效措施。

4.7.3.3 高压贮气柜在安装完毕后应检查压力表、安全阀等管件的时效性。

4.7.3.4 高压贮气柜在安装完毕后应检验其耐压性和气密性。

4.7.4 膜式贮气柜

膜式贮气柜封口处的连接及密封应按照相关技术文件要求进行施工,施工完成后应进行气密性检验。

4.8 管道与管件的安装

所有工艺管道(进料管线、排料管线及沼气管线)和管件的安装应符合 NY/T 1220.3 的规定。

4.9 沼气、沼液及沼渣利用工程的施工

4.9.1 沼气利用工程

4.9.1.1 室内沼气的输配气管道及管件安装应按 CJJ 94 的规定执行。

4.9.1.2 沼气发电机组的安装应按照 NY/T 1223 的规定执行。

4.9.2 沼液和沼渣利用工程

4.9.2.1 场区内沼液中转池和场区外沼液贮存池的施工应符合 GB 50300 的规定,并做好防渗处理。

4.9.2.2 固液分离机的安装应按 NY/T 1220.3 的规定执行。

4.10 试水及保温要求

4.10.1 所有要求防渗漏的设施、设备,试水应符合下列规定:

——满水试验应在主体结构施工质量已达到设计强度,并在基础回填土后及保温层施工前进行;

——满水试验及检验方法按照 GB 50141 的规定执行。

4.10.2 所有密闭设施和设备,在试水合格后,应进行气密性检验。检验方法按照 GB 50141 的规定执行。

4.10.3 保温层的施工应符合下列规定:

——保温层施工前,应对拟保温的设施或设备的外壁及锥顶表面进行清洁,并保证干燥;

——选用的保温材料应符合设计要求。施工时应做到平整、均匀且牢固;

——锥顶保温层上的防水层,应紧贴在保温层上,且封闭良好。防水层应由锥顶下端向上端进行铺装,环向搭接缝口朝向下端。防水层表面平面度的允许偏差应控制在 2 mm 以下,锥顶两端的保温层应作封闭处理;

——保温层的施工严禁在雨天进行;

——保温材料的安装应在主体完成及试水、试压后进行。

5 电气设备及仪表设备的安装

5.1 气体流量计、增压风机、沼气应急燃烧器及鼓风机等设备的安装应符合 GB 50275 的规定。

5.2 压力传感器、温度传感器、液位计、压力表等仪表的安装应按照 NY/T 1220.3 的规定执行。

5.3 电气、电缆敷设时应按照 NY/T 1220.3 的规定执行。

6 给排水及供热工程的施工

场区内给水、排水及供热工程按照设计图纸进行施工,并符合 GB 50141 的有关规定。

7 消防设施的施工

消防栓等消防设施的施工质量应符合 GB 50242 的规定。

8 附属建筑物的施工

场区内办公室、预处理间、净化车间、发电车间及锅炉房等附属建筑物的施工质量应符合 GB 50300 的规定。

9 安全施工要求

9.1 施工过程应符合 GB 50348 的规定。

9.2 建筑材料堆放场应做好防火、避雷、防爆。

9.3 高处作业均应先搭建脚手架或采取防止坠落措施，脚手架的施工应符合 JGJ 130 的规定。

9.4 密闭空间作业，应设有强制通风设施，防止施工人员窒息。并应符合 GB 8958 的规定。

9.5 现场焊接等作业时，施工人员应注意防火、防爆、防毒、防烫、防触电，并了解有关救护知识。施工前应穿戴好劳动护具。

ICS 27.010
F 13

中华人民共和国农业行业标准

NY/T 2142—2012

秸秆沼气工程工艺设计规范

Process design code of crop straw anaerobic digestion engineering

2012-03-01 发布
2012-06-01 实施

中华人民共和国农业部 发布

前　言

本标准按照 GB/T 1.1—2009 给出的规则起草。

本标准由全国沼气标准化技术委员会(SAC/TC 5157)提出并归口。

本标准起草单位:农业部规划设计研究院、农业部沼气科学研究所、中国农业大学、北京化工大学、北京合百意生态能源科技开发有限公司、河北省新能源办公室、四川省农村能源办公室。

本标准主要起草人员:赵立欣、董保成、颜丽、林聪、李秀金、颜开、李惠斌、万小春、向欣、尹勇、陈羚、高新星。

秸秆沼气工程工艺设计规范

1 范围

本标准规定了秸秆沼气工程工艺设计的一般规定、设计内容、主要技术参数和工程设计参数。

本标准适用于以农作物秸秆为主要原料（发酵原料中秸秆干物质含量大于50%）沼气工程的工艺设计，不适用于农村户用秸秆沼气。

2 规范性引用文件

下列文件对于本文件的应用是必不可少的。凡是注日期的引用文件，仅注日期的版本适用于本文件。凡是不注日期的引用文件，其最新版本（包括所有的修改单）适用于本文件。

GB 14554 恶臭污染物排放标准

GB 15577 粉尘防爆安全规程

GB/T 15605 粉尘爆炸泄压指南

GB/T 17919 粉尘爆炸危险场所用收尘器防爆导则

GB 50016 建筑设计防火规范

GB 50057—94 建筑物防雷设计规范

GB 50058 爆炸和火灾危险环境电力装置设计规范

GB 50191 构筑物抗震设计规范

GB 50444 建筑灭火器配置验收及检查规范

JBT 7679 螺旋输送机

NY/T 509 秸秆揉丝机

NY/T 1220.1 沼气工程技术规范 第一部分：工艺设计

NY/T 1220.2 沼气工程技术规范 第二部分：供气设计

NY/T 1704 沼气电站技术规范

NY/T 2141 秸秆沼气工程施工操作规程

国家环境保护部第2号令（2008） 建设项目环境保护分类管理目录

3 一般规定

3.1 总则

3.1.1 秸秆沼气工程的工艺设计和工程建设，应遵守国家有关法律、法规，执行国家现行的资源利用、环境保护、土地节约、安全与消防等有关规定。

3.1.2 秸秆沼气工程的工艺设计和工程建设，应根据当地秸秆资源统筹规划，与城乡发展相协调，做到近远期结合，以近期为主，兼顾远期发展。

3.1.3 秸秆沼气工程的工艺设计，应根据所选用的原料特性、沼气用途，选择投资与运行成本低、占地少、运行稳定可靠、操作简便的工艺技术，并积极稳妥地采用新工艺、新技术、新设备、新材料。对于需要引进的先进技术和关键设备，应以提高沼气工程综合效益，推动技术进步为原则。

3.1.4 秸秆沼气工程的设计使用年限不低于25年。

3.1.5 秸秆沼气工程的工艺设计，除执行本规范外，还应符合国家现行有关经济和技术标准的规定。

3.1.6 秸秆沼气工程相关施工操作，按NY/T 2141的规定执行。

3.2 工程选址

3.2.1 应对拟建秸秆沼气工程场址进行实地考察,选定的场址应符合当地有关能源和土地的规划。

3.2.2 选址应考虑秸秆原料的可获得量和收集半径,便于就近、就地利用沼气、沼液、沼渣,综合评估秸秆沼气工程的经济性。

3.2.3 秸秆沼气工程应满足安全生产要求,其场址在符合国家有关防尘、防爆、防火的规定外,还应与生产或贮存易燃易爆及其他危险物品的场所、居民生活区、铁路、高速公路以及重要公共建筑保持大于50 m的距离。

3.2.4 场址应有较好的地质,具备供电和给排水的基础条件,交通方便。

4 工艺设计

4.1 设计依据及基础资料

4.1.1 秸秆沼气工程项目可行性研究报告、设计合同书、相关管理部门的要求、委托单位提供的技术基础资料。

4.1.2 秸秆原料的种类、可利用的秸秆资源量以及收集、运输、贮存方式,秸秆资源供应的可持续年限。

4.1.3 沼气、沼液、沼渣的用途。

4.1.4 项目建设点的气象、地质、水文等资料。

4.2 设计内容

4.2.1 应包括秸秆贮存,预处理,沼气生产,沼气的净化、贮存、输配和利用,沼气、沼液、沼渣综合利用,安全消防、给排水、供电等系统工艺设计及单元工艺设计。

4.2.2 工艺设计文件包括设计总说明、总平面布置图、工艺流程图、工艺管道总图等。

4.2.3 单元工艺设计文件包括各处理单元的工艺设计及说明、设备选型、设备布置图、各单元的工艺管道布置图等。

4.3 原料贮存

4.3.1 秸秆贮存设施的容积应根据原料特性、收获次数、消耗量等因素确定,通常以秸秆收获周期内需要消耗的原料量设计和贮存,以保证原料的供应量。

4.3.2 秸秆沼气工程场区内或附近应设置短期堆放秸秆的场所,秸秆贮存量应与秸秆沼气工程的秸秆消耗能力相匹配,并能满足工程连续运行的原料需求。

4.3.3 秸秆长期堆放场所应选择四荒地或田间等空地,远离电线、变电站等设施,并应有防霉变,防雨、雪渗漏和防火措施;秸秆堆放场地面宜采用防潮混凝土地面,场地标高应高于周边地面,且有排水设施。

4.3.4 青贮池(窖)宜采用耐腐蚀砖混结构或预制混凝土结构;青贮秸秆的含水率应≥65%,密度大于500 kg/m³。

4.3.5 执行秸秆原料的贮存记录制度。

4.4 原料预处理

4.4.1 秸秆原料的预处理有物理、化学和生物等方法。

4.4.2 秸秆预处理设施包括集料池、匀浆池、粉碎车间等,每个工程可根据实际需求合理选用。

4.4.3 集料池和匀浆池底部应有坡度,并设排泥设施,同时须设有护栏等安全防护措施。

4.4.4 液体发酵工艺的进料池容积一般按一次进料量设计,按式(1)计算。

$$v = qt \quad\cdots\cdots (1)$$

式中:

v——进料池有效容积,单位为立方米(m³);

172

q——进料量,单位为立方米每天（m³/d）;

t——原料滞留时间,单位为天（d）,以发酵原料量变化一个周期的时间设计为宜。

4.4.5 秸秆预处理设备包括粉碎机、切碎机、揉丝机、输送机等。易损机电设备应有备用。

4.4.6 秸秆揉丝机、粉碎机按 NY/T 509 的规定执行。

4.4.7 秸秆原料输送机按 JBT 7679 的规定执行。

4.4.8 泵按 NY/T 1222 的规定执行。

4.4.9 秸秆粉碎场所除执行 GB 15577 的规定外,还应设置阻爆和泄爆设备或设施。除尘器的防爆要求按 GB/T 17919 的规定执行;粉碎机和风机的防爆要求按 GB/T 15605 的规定执行。

4.5 沼气生产

4.5.1 一般规定

4.5.1.1 应根据秸秆原料的特性和工程建设目标选择适合的厌氧消化工艺。

4.5.1.2 所选择的厌氧消化工艺应能适应两种或两种以上秸秆的物料特性及其发酵要求。

4.5.1.3 厌氧消化器应采用抗渗钢筋混凝土或抗腐蚀钢结构,应设置增温保温措施;宜采用太阳能、风能、生物质能等多能互补的方式增温保温。

4.5.1.4 厌氧消化器内的加热盘管,宜采用多管路平行布置。加热管路固定支架和罐壁连接时,不应破坏厌氧消化器的防腐层。

4.5.1.5 用于集中供气的大型工程,厌氧消化器的个数不宜少于 2 个。

4.5.1.6 厌氧消化器应密闭、耐腐蚀。

4.5.1.7 厌氧消化器上部应设置正负压保护装置,底部应设置排泥装置和检修观察口。

4.5.1.8 厌氧消化器应设有 2 个以上取样口和测温点。

4.5.1.9 内部物料高度随时间变化的厌氧消化器,须设置物料高度检测装置。

4.5.1.10 厌氧消化器的有效容积计算见式（2）。

$$V = W \cdot Ts \cdot k \cdot p / y \quad\quad\quad\quad (2)$$

式中:

V——厌氧消化器的有效容积,单位为立方米（m³）;

W——物料消耗量,单位为千克每天（kg/d）;

Ts——进料干物质浓度,单位为百分率（%）;

k——总固体消化率,单位为百分率（%）;

p——单位质量产气量（常用原料的秸秆产气量参数参见附录 A）,单位为立方米每千克（干物质）[m³/kg(TS)];

y——设计容积产气率,单位为立方米每立方米·天[m³/(m³·d)]。

4.5.2 主要工艺技术参数

4.5.2.1 秸秆沼气工程工艺的主要技术参数见表1。

表 1 秸秆沼气工程工艺主要技术参数

参 数	温度范围 ℃	单位质量产气量 m³/kg(TS)	容积产气率 m³/(m³·d)
中温发酵	35～45	0.3～0.35	≥0.8
高温发酵	50～60	0.3～0.35	≥1.0
注:集中供气工程推荐使用中温或高温发酵。			

4.5.2.2 不同规模秸秆沼气工程各类秸秆消耗量折算见表2。

表 2 不同规模秸秆沼气工程各类秸秆日消耗量折算表

秸秆种类	原料日消耗量,W[kg(TS)]				单位干物质产气量,m³/kg(TS)
	小型沼气工程	中型沼气工程	大型沼气工程	特大型沼气工程	
玉米秆	450>W≥15	1 500>W≥450	3 800>W≥1 500	≥3 800	0.33~0.35
稻 草	500>W≥18	1 700>W≥500	4 200>W≥1 700	≥4 200	0.30~0.31
麦 秆	475>W≥15	1 600>W≥475	3 950>W≥1 600	≥3 950	0.32~0.33

注:该数据为35℃±2℃条件下的实验数据。

4.5.2.3 典型秸秆沼气工艺类型及工程设计参数参见附录B。

4.6 沼气的净化、贮存、输配和利用

4.6.1 沼气用于集中供气工程按照 NY/T 1220.2 的规定执行。

4.6.2 沼气用于发电工程按照 NY/T 1704 的规定执行。

4.7 沼渣沼液处理与利用

4.7.1 大中型秸秆沼气工程的发酵剩余物宜先固液分离,沼液回流利用,沼渣做固体肥料。场区内发酵残余物贮存调节设施的有效容积应不小于 5 d 平均出料量。

4.7.2 沼液沼渣利用按照 NY/T 1220.1 的规定执行。

4.7.3 应制定紧急排空情况下沼液贮存的应急预案。

5 附属设施

5.1 一般规定

5.1.1 秸秆沼气工程场区内附属设施应与工艺要求相适应,改建、扩建工程应充分利用原有的设施。

5.1.2 电力装置应符合 GB 50058 的规定。

5.1.3 须有可靠的供水设施。生产用水、消防用水及生活用水应符合国家现行有关标准的规定。

5.1.4 须有防雷装置,其防雷接地装置的冲击接地电阻应小于 10 Ω。秸秆堆放场和粉碎间、沼气贮气柜分别属于 10 区和 0 区爆炸危险环境,其防雷要求应符合 GB 50057—94 中第一类防雷建筑物的规定;进料间、发电机房、锅炉房、厌氧消化器、沼气净化间分别属于 11 区和 1 区爆炸危险环境,其防雷要求应符合 GB 50057—94 中第二类防雷建筑物的要求;其他建(构)筑物应符合 GB 50057—94 中第三类防雷建筑物的要求。

5.1.5 厌氧消化器罐体、贮气柜等构筑物的抗震应符合 GB 50191 的规定。

5.1.6 通信设施应充分考虑所在地区现有的通信条件,并满足各生产岗位之间的通信联系和外部通信的需要。

5.1.7 控制室、化验室、锅炉房、值班室、泵房、沼气发电机房、沼气净化间、秸秆粉碎间、进料间等应设置通风装置。根据 GB 50016 中相关规定,发电机房、锅炉房、沼气净化间、秸秆粉碎间、进料间等易燃易爆场所的换气次数不小于每小时 12 次,其他不小于每小时 3 次。

5.1.8 应设置可燃气体监测报警装置和沼气应急燃烧器。

5.1.9 应配备常规维修和紧急故障抢修的设备设施。

5.1.10 应设置围墙(围栏),其高度不得低于 2 m,高压贮气柜和秸秆堆放场的周边围墙高度不宜低于2.5 m。

5.1.11 厌氧消化器和各类贮气装置距围墙的安全距离不宜小于 5 m。

5.2 监测与数据采集

5.2.1 每天应对厌氧消化器的物料 pH、沼气压力、温度、液位、沼气产量和成分等参数进行检测,对进

料量和料液浓度进行记录,对各项设施及设备的运行状况进行观测。

5.2.2 自动化控制程度较高的秸秆沼气工程,宜设置远程在线监控系统,通过数据实时采集,实现对沼气泄漏、过压、温度异常等情况进行监控和及时报警。

5.2.3 采用自动控制时,应同时设置手动控制系统。

6 消防

6.1 秸秆沼气工程内的消防设施的设置应符合国家现行有关标准的要求。

6.2 秸秆沼气工程场区内建(构)筑物间距应符合 GB 50016 的规定。

6.3 秸秆沼气工程占地面积大于 3 000 m² 时,宜设置环形消防车道,消防车道应符合 GB 50016 的规定。

6.4 秸秆沼气工程场区内供水管网的水量和压力不能满足消防要求时,须设置消防水池,消防水池设计应符合 GB 50045 的规定。

6.5 秸秆堆放场、粉碎间、发电机房、锅炉房、沼气净化间、进料间、贮气柜等爆炸危险环境应设置消防器材,消防要求应符合 GB 50016 的规定。

6.6 秸秆沼气工程场区与环境敏感点之间的安全距离按《建设项目环境保护分类管理目录》和 GB 14554 的规定执行。

6.7 厌氧消化器和贮气柜应设置安全阀。

6.8 其他应按 GB 50444 的规定执行。

附 录 A

（资料性附录）

几种常见原料的秸秆产气量参数

原料种类	消化温度,℃	产气量,L/kg(TS)	消化时间,d
玉米秆	35	442	90
稻 草	35	409	90
麦 秆	35	425	90
青 草	35	455	90
数据来源:《沼气技术手册》(四川科学技术出版社,1990年9月第一版。ISBN 7-5364-1763-2/S·270)。			

附　录　B
（资料性附录）
典型秸秆沼气工艺类型及工程设计参数

B.1　全混合厌氧消化工艺（CSTR）

a)　采用立式筒形或卧式厌氧消化器,内设搅拌装置,附有循环回流接种系统;

b)　立式厌氧消化器宜设置为上部进料、下部出料;

c)　干秸秆粒径不大于 10 mm,青贮秸秆粒径 20 mm～30 mm,进料浓度 4%～6%。消化温度宜为 38℃±2℃,消化时间 40 d～50 d,容积产气率≥0.8 m³/(m³·d);

d)　中温发酵条件下,每生产 1 m³ 沼气消耗干秸秆(以含水率 10%计)3.0 kg～3.5 kg。

B.2　全混合自载体生物膜厌氧消化工艺（CSBF）

a)　采用立式圆筒型或卧式长方型反应器,内设强化搅拌装置,配有环境友好的固态化学预处理工序;

b)　采用秸秆与调节水分路进料的方式,秸秆通过可自密封的绞龙进料,调节水通过普通的离心泵进水,进料含水率通过调节池调节;

c)　秸秆粒径小于 20 mm,进料浓度 7%～8%,消化温度 35℃～38℃,消化时间小于 45 d,容积产气率大于 0.8 m³/(m³·d);

d)　中温条件下,每生产 1 m³ 沼气消耗干秸秆 2.8 kg～3.0 kg。

B.3　竖向推流式厌氧消化工艺（VPF）

a)　采用立式圆筒形厌氧消化器,内设沼液回流喷淋装置和回流接种系统;

b)　立式厌氧消化器设置为上部进料、下部出料;

c)　本工艺适用于干秸秆原料,秸秆粒径不大于 10 mm,进料浓度 3%～5%,消化温度宜为 40℃±2℃,消化时间小于 90 d,容积产气率≥0.8 m³/(m³·d);

d)　中温发酵条件下,每生产 1 m³ 沼气消耗干秸秆(以含水率 10%计)2.8 kg～3.5 kg。

B.4　一体化两相厌氧消化工艺（CTP）

a)　采用立式厌氧消化器,内部的顶部设置布料和消化液喷淋装置,底部设置渗滤液收集设施,反应器内部产酸相和产甲烷相的相对分区;

b)　立式厌氧消化器采用顶部进料、中下部出料,不外排沼液;

c)　秸秆粒径为 5 mm～15 mm,消化温度宜为 40℃±2℃,消化时间 90 d,容积产气率≥0.8 m³/(m³·d);

d)　中温发酵条件下,每生产 1 m³ 沼气消耗干秸秆(以含水率 10%计)2.5 kg～3.5 kg。

B.5　覆膜槽厌氧消化工艺（MCT）

a)　采用顶部及至少一侧面由密封膜密封的矩形槽厌氧消化器,密封膜可方便地开闭,消化器内部可带有循环回流接种系统;

b)　采用批量式投料发酵,宜采用装载机作为进出料工具;

c)　一般采用秸秆和粪便混合原料发酵,其中秸秆粒径不大于 60 mm,进料 TS 浓度为 15%～

40%,消化温度宜为 37℃～42℃,消化时间 20 d～40 d,容积产气率≥0.8 m³/(m³·d);

d) 中温条件下,每生产 1 m³ 沼气消耗干秸秆(以含水率 10%计)9.0 kg～11 kg,厌氧消化后的剩余物可全部转化为有机肥。

ICS 03.100.30
A 18

中华人民共和国农业行业标准

NY/T 2143—2012

宠 物 美 容 师

2012-03-01 发布

2012-06-01 实施

中华人民共和国农业部 发布

前　言

本标准按照 GB/T 1.1—2009 给出的规则起草。

本标准由农业部人事劳动司提出并归口。

本标准起草单位:农业部畜牧行业职业技能鉴定指导站。

本标准主要起草人:马燕、陈强、崔娜、云鹏、王瑜、张江、张建伟、刘朗、李志、赵栩、邓小琴、莱丽、康沂、景晓萍、蒋翔。

宠 物 美 容 师

1 职业概况

1.1 职业名称
宠物美容师

1.2 职业定义
使用安全科学的方法,完成宠物的清洁、毛发护理、修剪造型的从业人员。

1.3 职业等级
本职业共设五个等级:分别为初级(国家职业资格五级)、中级(国家职业资格四级)、高级(国家职业资格三级)、技师(国家职业资格二级)、高级技师(国家职业资格一级)。

1.4 职业环境条件
室内、常温。

1.5 职业能力特征
有良好的形体感、空间感,手指、手臂灵活,手眼动作协调,有一定的颜色辨别能力和语言表达能力。

1.6 基本文化程度
初中毕业。

1.7 培训要求

1.7.1 培训期限
晋级培训期限:

初级:不少于120标准学时;

中级:不少于200标准学时;

高级:不少于150标准学时;

技师:不少于150标准学时;

高级技师:不少于150标准学时。

1.7.2 培训及评审人员
培训初级人员的教师应具有本职业中级及以上职业资格,或相关专业中级及以上职业资格,并取得职业资格证书2年以上者;

培训中级人员的教师应具有本职业技师及以上职业资格,或相关专业高级及以上职业资格;

培训高级人员的教师应具有本职业高级技师及以上职业资格,或相关专业高级技术职称;

培训技师的教师应具有本职业或相关专业高级技师及以上职业资格,并任职4年以上者;

评审高级技师的人员应具有相关专业高级技术职称。

1.7.3 培训场地设备
能满足教学需要的标准教室和实操教室,备有宠物洗浴、风干设备、美容台等专业设备。教学工具品种齐全,具备教学所需的投影、音响等播放设施。

1.8 鉴定要求

1.8.1 适用对象
从事或准备从事本职业的人员。

1.8.2 申报条件
a) 初级(具备以下条件之一者):

1) 经本职业初级正规培训达到规定标准学时数,并取得结业证书;

2) 连续从事本职业工作 2 年以上。

b) 中级(具备以下条件之一者):

1) 取得本职业初级宠物美容师职业资格证书后,连续从事本职业工作 1 年以上,经本职业中级正规培训达规定标准学时数,并取得结业证书;

2) 取得本职业初级宠物美容师职业资格证书后,连续从事本职业工作 3 年以上;

3) 取得经人力资源和社会保障部门审核认定的,以中级技能为培训目标的中等以上职业学校本职业(或相关专业)毕业证书。

c) 高级(具备以下条件之一者):

1) 取得本职业中级职业资格证书后,连续从事本职业工作 2 年以上,经本职业高级正规培训达规定标准学时数,并取得结业证书;

2) 取得本职业中级职业资格证书后,连续从事本职业工作 4 年以上;

3) 取得高等职业院校或经人力资源和社会保障部门审核认定的,以高级技能为培训目标的职业学校本职业(或相关专业)毕业证书。

d) 技师(取得国家承认专科学历并具备以下条件之一者):

1) 取得本职业高级职业资格证书后,连续从事本职业工作 4 年以上,经本职业技师正规培训达规定标准学时数,并取得结业证书;

2) 取得本职业高级职业资格证书后,连续从事本职业工作 6 年以上。

e) 高级技师(取得国家承认的本科学历并具备以下条件者):

1) 取得本职业技师职业资格证书后,经本职业高级技师正规培训达规定标准学时数,并取得结业证书;

2) 取得本职业技师职业资格证书后,从事教学管理、专业技能培训工作 6 年以上者。

1.8.3 鉴定方式

分为理论知识考试和技能操作考试,理论知识考试采用闭卷笔试方式,技能操作考试采用现场实际操作方式进行。理论知识考试和技能操作考试均实行百分制,成绩皆达 60 分以上者为合格。技师和高级技师还须进行综合评审。

1.8.4 考评人员与考生配比

理论知识考试考评员与考生的比例为 1:20,每个标准教室不少于 2 名考评人员;技能操作考试考评员与考生的比例为 1:5,且不少于 3 名考评员;综合评审委员不少于 5 人。

1.8.5 鉴定时间

理论知识考试时间为 120 min;技能操作考试时间为初级不少于 30 min,中级以上不少于 60 min,综合评审时间不少于 30 min。

1.8.6 鉴定场所设备

理论知识考试在标准教室进行。技能操作考试在具有必备的设备、工具,通风条件良好,光线充足和安全措施完善的场所进行。综合评审在具备相应条件的小会议室进行,室内卫生,光线、通风良好。

2 基本要求

2.1 职业守则

遵纪守法,诚实守信;

爱岗敬业,热情服务;

勤勉好学,追求卓越;

规范操作,安全环保;

关爱动物,福利保障。

2.2 基础知识

2.2.1 宠物基础知识

a) 宠物的概念及分类;

b) 宠物的品种与标准;

c) 动物解剖学基础知识;

d) 宠物的生物学特性;

e) 宠物常见病基础知识;

f) 动物行为学基础知识。

2.2.2 宠物美容专业知识

a) 宠物毛发的分类;

b) 宠物的日常保养与护理:剪指甲、梳毛;

c) 宠物的清洁方法:洗澡,清眼睛、耳朵;

d) 宠物浴液及护毛产品的类别及作用;

e) 宠物 SPA 的手法及用品的分类;

f) 宠物美容的修剪方法;

g) 造型设计及染色方法;

h) 参赛犬美容方法;

i) 宠物形象设计的基本知识;

j) 美容工具的使用与保养;

k) 宠物形象基础绘画;

l) 宠物美容培训技巧知识。

2.2.3 服务业务技术管理知识

a) 服务接待的程序和方法;

b) 岗位责任、服务规范要求及各项规章制度、服务质量标准和技术管理制度。

2.2.4 宠物美容行业安全、卫生知识

a) 店容店貌,室内、外环境卫生知识;

b) 个人卫生要求,仪容、仪表、着装要求;

c) 美容工具及用品的消毒知识;

d) 从业人员自我保护方法。

2.2.5 相关法律知识

a) 动物卫生检疫法;

b) 宠物管理的法律法规。

3 工作要求

本标准对五级宠物美容师、四级宠物美容师、三级宠物美容师、二级宠物美容师和一级宠物美容师的技能要求依次递进,高级别涵盖低级别的要求。

3.1 初级宠物美容师

职业功能	工作内容	技能要求	相关知识
一、宠物美容基础护理	1. 宠物健康评估	通过观察、触摸辨别宠物健康状况	1. 健康宠物标准
	2. 宠物品种认知	识别宠物品种,认知不少于 30 个犬种	2. 宠物品种知识

（续）

职业功能	工作内容	技能要求	相关知识
一、宠物美容基础护理	3. 宠物安全保定	妥善保定美容宠物	3. 宠物美容工具使用 4. 从业人员自我保护方法 5. 动物行为学基础知识
	4. 修剪指(趾)甲	修剪宠物的指(趾)甲至恰当长度	
	5. 清洁耳部	用专业用品、用具将宠物的耳毛拔除，并清洁耳道	
	6. 清洁眼睛	清除宠物眼部严重的分泌物及洗澡时浴液的残留物	
二、毛发护理、清洁	1. 梳理宠物的毛发	将宠物毛发梳理顺畅，没有毛结	宠物清洁方法、用品选择
	2. 洗澡(湿洗)	恰当选用洗浴用品，按标准洗澡步骤，将宠物清洗干净	
	3. 烘干	使用吹水机、吹风机，将宠物的毛发烘干	
三、修剪	1. 剃脚底毛	安全使用电剪，将宠物的脚底毛剃干净。位置准确、无外伤	宠物美容基础修剪方法
	2. 剃腹底毛	安全使用电剪，将宠物的腹底毛剃干净。位置准确、无外伤	
	3. 剃肛门位	安全使用电剪，将宠物的肛门附近的毛剃干净。位置准确、无外伤	

3.2 中级宠物美容师

职业功能	工作内容	技能要求	相关知识
一、毛发护理、清洁	1. 梳理宠物的毛发	根据宠物不同的毛质特点，选择梳理工具，将宠物毛发梳理顺畅，没有毛结	宠物毛发分类
	2. 洗澡(湿洗)	根据宠物不同的毛质特点，恰当选用洗浴用品，按标准洗澡步骤，将宠物清洗干净	
	3. 烘干	使用吹水机、吹风机，将宠物毛发烘干、拉直	
二、修剪	修剪被毛	1. 根据宠物的品种标准修剪，使被毛平顺，没有明显断层 2. 可以为不少于6个犬种的宠物修剪被毛	宠物美容修剪方法
三、造型设计	1. 修剪造型	1. 根据宠物自身特点进行简单设计、修剪 2. 能够为至少2个犬种，分别修剪出不少于两款造型	宠物造型设计及染色方法
	2. 染色造型	使用专业的染色产品，对宠物进行小面积的平面染色，色彩均匀	
	3. 束发造型	能为宠物简单束发，使之毛发不凌乱、好打理	

3.3 高级宠物美容师

职业功能	工作内容	技能要求	相关知识
一、毛发护理、清洁	1. 梳理宠物的毛发	选用适当的工具，梳理参赛犬只的毛发	1. 宠物美容专业用品的实用知识 2. 宠物SPA的方法
	2. 保养宠物的毛发	使用包毛纸等专业用品，对长毛犬的毛发按规定区域包扎，进行保护	
	3. 洗澡(湿洗)	能够针对不同的毛发需求，选用适当的洗护产品，改善宠物的毛发质量水平	
	4. 洗澡(干洗)	按规定配比、使用干洗产品，对宠物的毛发起到清洁的作用	
	5. SPA	有针对性的使用专业产品，结合泡、湿敷等方法，使宠物的毛发、皮肤得到健康的清洁护理	

（续）

职业功能	工作内容	技能要求	相关知识
一、毛发护理、清洁	6. 烘干	使用吹水机、吹风机，配合适当的工具，用标准的手法，将宠物的毛发烘干、拉直，并降低干发过程中毛发受损的程度	1. 宠物美容专业用品的实用知识 2. 宠物SPA的方法
二、修剪	1. 标准修剪	1. 根据宠物的品种标准修剪，达到修正宠物体型且美观的效果 2. 掌握不少于12个犬种的被毛修剪方法	犬展美容基础知识
	2. 犬展修剪	按照犬展的美容要求，对犬只进行修剪或拔毛美容	
三、造型设计	1. 修剪	1. 根据宠物的自身特点，设计整体方案 2. 完成设计造型 3. 能够为至少3个犬种，分别修剪出不少于3款造型	宠物形象设计的基本知识
	2. 染色	1. 用立体雕花染色法、同色系渐变染色法对宠物进行局部修饰 2. 图案边缘整齐，渐变均匀	
四、培训管理	1. 培训初级宠物美容师	能够编写初级宠物美容师讲义，并实施教学工作	宠物美容培训技巧知识
	2. 管理	能够撰写工作总结报告	

3.4 宠物美容技师

职业功能	工作内容	技能要求	相关知识
一、毛发护理、清洁	1. 梳理宠物的毛发	选用恰当的工具，以标准动作，梳理参赛犬只的毛发，在梳理的过程中较少因方法不当而产生对毛发的损伤	宠物SPA的手法及用品分类
	2. 保养	使用专业用品，保养参赛犬只的毛发	
	3. 洗澡（湿洗）	针对不同的毛发需求，选用适当的洗护宠物毛发的产品，配合恰当的手法将宠物的毛发质量水平提升	
	4. 洗澡（干洗）	能够根据具体条件，配比干洗产品，用适当的手法，清洁宠物的毛发	
	5. SPA	能够在清洁宠物毛发、皮肤的同时，配合按摩手法，对宠物起到舒缓、放松的作用	
	6. 烘干	使用吹风机，根据犬种或造型要求，调整出风的温度，配合适当的工具，用标准手法，将宠物的毛发烘干，降低干发过程中毛发受损的程度	
二、修剪	1. 标准修剪	能够修剪大多数犬种	参赛犬的美容方法
	2. 犬展修剪	能够按照犬展的美容要求，独立完成犬展前的全部美容工作	
三、造型设计	1. 修剪	1. 能够通过绘画等形式表述创意说明 2. 及时把握流行趋势，进行原创设计并修剪	宠物形象基础绘画
	2. 染色	1. 对宠物进行整体设计，使用立体雕花染色法、多色渐变染色法，完成造型 2. 线条刻画清晰，造型与创意吻合	
四、培训管理	1. 培训中、高级宠物美容师	能够编写中、高级宠物美容师讲义，并实施教学工作	宠物美容师培训技能知识
	2. 管理	能够总结工作经验，改进培训方法	

3.5 宠物美容高级技师

职业功能	工作内容	技能要求	相关知识
一、毛发护理、清洁	1. 清洁毛发效果评估	能够根据宠物清洁毛发后的效果,综合评估洗、护产品的效用	宠物SPA评定标准
	2. SPA方法创新	能够创新宠物SPA的方法、手法	
二、修剪	1. 灵活变换修剪	为配合教学,可以用一只模特犬修剪出不同造型	宠物美容师技术标准
	2. 修剪技术评估	能够按标准评估宠物美容师的技术水平	
三、造型设计	1. 造型设计方向引导	能够综合国内外行业信息,自主创新,定期研发适合市场推广的宠物造型	市场经济学知识
	2. 多品种造型设计	对不同种类的毛皮宠物,进行造型设计并实施	
四、培训管理	1. 培训二、三级宠物美容师	能够编写技师级宠物美容师讲义,并实施教学工作	1. 职业教育相关知识 2. 宠物美容师的培训标准 3. 宠物美容师比赛相关知识
	2. 管理	1. 能够搜集国内外市场信息,并分析 2. 能够对宠物美容发展趋势进行预测 3. 能够策划、实施某项目的活动	

4 比重表

4.1 理论知识

项 目		初级 %	中级 %	高级 %	技师 %	高级技师 %
基本要求	职业道德	5	5	5	5	5
	基础知识	30	25	20	15	10
相关知识	宠物美容前期准备	15	—	—	—	—
	毛发护理、清洁	35	20	15	15	5
	修剪	15	30	20	15	15
	造型设计	—	20	30	30	30
	培训管理	—	—	10	20	35
合 计		100	100	100	100	100

4.2 技能操作

项 目		初级 %	中级 %	高级 %	技师 %	高级技师 %
技能要求	宠物美容前期准备	30	—	—	—	—
	毛发护理、清洁	50	20	20	10	5
	修剪	20	50	30	20	10
	造型设计	—	30	40	50	40
	培训管理	—	—	10	20	45
合 计		100	100	100	100	100

ICS 03.100.30
A 18

中华人民共和国农业行业标准

NY/T 2144—2012

农机轮胎修理工

Tyre repairing operator of agricultural machinery

2012-03-01 发布

2012-06-01 实施

中华人民共和国农业部 发布

前　言

本标准按照 GB/T 1.1—2009 给出的规则起草。

本标准由农业部人事劳动司提出并归口。

本标准起草单位:农业部农机行业职业技能鉴定指导站。

本标准主要起草人:温芳、王世杰、叶宗照、朱常功、王立成、李翔、刘军霞。

农机轮胎修理工

1 范围

本标准规定了农机轮胎修理工职业的术语和定义、基本要求、工作要求。

本标准适用于农机轮胎修理工的职业技能鉴定。

2 术语和定义

下列术语和定义适用于本文件。

2.1

农机轮胎修理工 tyre repairing operator of agricultural machinery

使用工具、量具及专用修理设备,对农业机械轮胎进行修补和翻修,使其恢复到规定的技术状态和性能的人员。

3 职业概况

3.1 职业等级

本职业共设三个等级,分别为:初级(国家职业资格五级)、中级(国家职业资格四级)、高级(国家职业资格三级)。

3.2 职业环境条件

室内、外,常温,有毒有害(部分)。

3.3 职业能力特征

具有一定观察、判断能力;手指、手臂灵活,动作协调。

3.4 基本文化程度

初中毕业。

3.5 培训要求

3.5.1 培训期限

全日制职业学校教育,根据其培养目标和教学计划确定。晋级培训期限:初级不少于180标准学时,中级不少于150标准学时,高级不少于120标准学时。

3.5.2 培训教师

培训初级的教师应具有本职业高级以上职业资格证书或相关专业初级以上专业技术职务任职资格;培训中、高级的教师应具有本职业高级职业资格证书3年以上或相关专业中级以上专业技术职务任职资格。

3.5.3 培训场地与设备

满足教学需要的标准教室和具备必要的工具设备仪器的实际操作场所。

3.6 鉴定要求

3.6.1 适用对象

从事或准备从事本职业的人员。

3.6.2 申报条件

3.6.2.1 初级(具备下列条件之一者)

    a) 经本职业初级正规培训达规定标准学时数,并取得结业证书;

b) 在本职业连续见习工作 2 年以上。

3.6.2.2 中级(具备下列条件之一者)

a) 取得本职业初级职业资格证书后,连续从事本职业工作 1 年以上,经本职业中级正规培训达规定标准学时数,并取得结业证书;

b) 取得本职业初级职业资格证书后,连续从事本职业工作 3 年以上;

c) 连续从事本职业工作 4 年以上,经本职业中级正规培训达规定标准学时数,并取得结业证书;

d) 连续从事本职业工作 6 年以上;

e) 取得经劳动保障行政部门审核认定的、以中级技能为培养目标的中等以上职业学校本职业(专业)毕业证书。

3.6.2.3 高级(具备下列条件之一者)

a) 取得本职业中级职业资格证书后,连续从事本职业工作 2 年以上,经本职业高级正规培训达规定标准学时数,并取得结业证书;

b) 取得本职业中级职业资格证书后,连续从事本职业工作 4 年以上;

c) 连续从事本职业工作 9 年以上,经本职业高级正规培训达规定标准学时数,并取得结业证书;

d) 取得经劳动保障行政部门审核认定的、以高级技能为培养目标的高等职业学校本职业(专业)毕业证书;

e) 取得本专业或相关专业大专以上毕业证书,经本职业高级正规培训达规定标准学时数,并取得结业证书;

f) 取得本专业或相关专业大专以上毕业证书后,连续从事本职业工作 2 年以上。

3.6.3 鉴定方式

分为理论知识考试和技能操作考核。理论知识考试采用闭卷笔试方式,技能操作考核采用现场实际操作方式。理论知识考试和技能操作考核均实行百分制,成绩皆达到 60 分以上者为合格。

3.6.4 考评人员与考生配比

理论知识考试考评人员与考生配比为 1∶25,每个标准教室不少于 2 名考评人员;技能操作考核考评员与考生配比为 1∶8,且不少于 3 名考评员。职业资格考评组成员不少于 5 人。

3.6.5 鉴定时间

理论知识考试为 120 min;技能操作考核时间,根据考核项目而定,但不少于 90 min。

3.6.6 鉴定场所设备

理论知识考试在标准教室进行;技能操作考核在具备必要考核设备的实践场所进行。

4 基本要求

4.1 职业道德

4.1.1 职业道德基本知识

4.1.2 职业守则

遵纪守法,爱岗敬业;

诚实守信,公平竞争;

文明待客,优质服务;

遵守规程,保证质量;

安全生产,注重环保。

4.2 基础知识

4.2.1 机械及机械加工基本知识

a) 机械工程常用法定计量单位及换算关系;

b) 公差与配合的基础知识及标注方法；

c) 农业机械常用金属和橡胶等非金属材料的种类、牌号、基本性能及用途；

d) 轴承、油封、螺栓等标准件的种类、规格与用途；

e) 钳工基本操作（钻、锯、锉、錾、砂轮磨削等）知识；

f) 常用工、量具的使用知识。

4.2.2 电工常识

a) 电路的基本知识；

b) 工厂配电用电基本知识；

c) 安全用电知识。

4.2.3 农机轮胎维修基本知识

a) 农机车轮的类型与组成；

b) 轮胎的组成、分类规格；

c) 轮胎使用性能基本知识；

d) 轮胎维护的基本要求；

e) 胶粘技术基本知识。

4.2.4 安全环保知识

a) 农机轮胎维修作业安全操作规程；

b) 安全防火知识；

c) 劳动保护知识；

d) 轮胎修理环保知识。

4.2.5 相关法律、法规知识

a) 《中华人民共和国环境保护法》的相关知识；

b) 《农业机械安全监督管理条例》的相关知识；

c) 《农业机械维修管理规定》的相关知识；

d) 农业机械产品修理、更换、退货责任规定。

5 工作要求

本标准对初级、中级、高级的技能要求依次递进，高级别涵盖低级别的要求。

5.1 初级

职业功能	工作内容	技能要求	相关知识
一、拆卸与鉴定	（一）轮胎拆卸与分解	1. 能从机车上拆下车轮 2. 能分解中小型农机轮胎	1. 千斤顶、撬棒的使用方法 2. 轮胎拆装机的使用方法 3. 轮胎拆卸与分解安全注意事项
	（二）轮胎鉴定	1. 能识别胎体侧面的基本标识 2. 能测量轮胎胎面花纹沟槽深度 3. 能进行轮胎洞伤、钉孔、裂口及疤伤缺陷的鉴别与评定	1. 轮胎的通用技术要求 2. 轮胎鉴定的基础知识 3. 轮胎胎面花纹沟槽深度的测量方法 4. 轮胎洞伤、钉孔、裂口及疤伤的鉴定方法
二、修补与翻修	（一）内胎修补	1. 能对破损部位周围进行锉净打毛处理 2. 能对 25 mm 以下洞伤的内胎进行修补	1. 锉刀和磨胎机的使用方法 2. 内胎洞伤修补材料的种类、性能和使用特点 3. 内胎洞伤的修补工艺及质量要求

（续）

职业功能	工作内容	技能要求	相关知识
二、修补与翻修	(二)外胎修补	1. 能对钉孔及 25 mm 内的穿孔进行切割处理 2. 能对未伤及帘布层伤痕进行切割处理，使修补处切割成合理的形状 3. 能使用磨锉工具或软轴磨胎机磨胎，使修补处的线层上没有旧胶，并形成新鲜、粗糙表面 4. 能对钉孔及 25 mm 内的洞伤进行修补 5. 能对未伤及帘布层伤痕进行修补	1. 轮胎切割工具的选用知识 2. 外胎修补一般工艺过程 3. 钉孔、25 mm 内的洞伤以及未伤及帘布层伤痕的切割处理方法 4. 钉孔、25 mm 内的洞伤以及未伤及帘布层伤痕的修补硫化要求 5. 软轴磨胎机的使用方法
三、检验与安装	(一)轮胎组装	1. 能用撬棒组装中小型农机轮胎 2. 能用轮胎拆装机等专用设备组装中小型农机轮胎	1. 撬棒组装中小型农机轮胎要领 2. 轮胎拆装机等专用设备使用操作要领
	(二)轮胎修复质量检验	1. 能对修补后的内胎进行密封性检验 2 能进行轮胎几何尺寸的检测	1. 内胎密封性的检验方法 2. 轮胎几何尺寸的检测方法
	(三)车轮安装与调整	1. 能将车轮安装到机车上 2. 能对不同型号的中小农机轮胎充气至标定压力值 3. 能对车轮轴承间隙进行检查和调整	1. 车轮安装方法 2. 空气压缩机的使用注意事项 3. 轮胎压力标准及检测方法 4. 车轮轴承间隙的检查调整要求和方法
四、设备维护	(一)轮胎拆装设备维护	1. 能维护千斤顶 2. 能维护轮胎拆装机	1. 千斤顶的维护方法 2. 轮胎拆装机的维护方法
	(二)轮胎修理设备维护	1. 能维护空气压缩机 2. 能维护磨胎机	1. 空气压缩机的维护方法 2. 磨胎机的维护方法

5.2　中级

职业功能	工作内容	技能要求	相关知识
一、拆卸与鉴定	(一)轮胎拆卸与分解	能分解大中型农机轮胎	大中型农机轮胎分解要求
	(二)轮胎鉴定	1. 能检出胎里表层帘线松散、跳线和腐朽部位 2. 能检测胎圈是否变形、磨损、钢丝松散、包布脱落 3. 能进行胎体的低压检验，检出胎侧钢丝拉链式断裂、闭合裂口及隐形损伤窜气鼓包部位	1. 胎里表层帘线松散、跳线和腐朽部位的检查鉴定常识 2. 胎体检验的综合判断知识 3. 胎体的低压检验方法
二、修补与翻修	(一)内胎修补	1. 能对 25 mm 以上孔洞进行切割、磨削及填充处理 2. 能对 25 mm 以上孔洞的内胎进行修补 3. 能修补或更换气门嘴	1. 内胎大孔洞修补前的处理方法 2. 内胎 25 mm 以上孔洞的修补要求 3. 气门嘴修补或更换要领
	(二)外胎修补	1. 能对 25 mm~60 mm 的洞伤和伤及帘布层伤痕进行切割处理 2. 能对胎体的洞伤、凹坑、钉孔、裂口等损伤部位进行磨锉 3. 能对 25 mm~60 mm 的穿孔和伤及帘布层的伤痕进行修补 4. 能根据轮胎类型及洞伤形状采用适宜的方法填胶、排气、压实 5. 能给胎体预硫化胎面及衬垫的已打磨面涂刷胶浆 6. 能贴合缓冲胶和胎面胶 7. 能在局部硫化机上进行轮胎的局部硫化操作	1. 扩胎机、磨胎机的操作方法 2. 外胎 25 mm~60 mm 的洞伤和伤及帘布层伤痕的切割处理方法，修补工艺要领及注意事项 3. 胎体洞伤、凹坑、钉孔、裂口等损伤部位磨锉工艺要领及操作方法 4. 洞伤填胶、排气、压实的操作要领 5. 涂刷胶浆基本知识及操作要领 6. 缓冲胶和胎面胶冷贴工艺要求及质量要求 7. 局部硫化的技术要求 8. 轮胎局部硫化机的操作方法

（续）

职业功能	工作内容	技能要求	相关知识
三、检验与安装	（一）轮胎组装	1. 能对修补后的轮胎进行静平衡检查和处理 2. 能组装大型农机轮胎	1. 修补后轮胎静平衡检查和处理方法 2. 使用撬棒和轮胎拆装机等专用设备组装大型农机轮胎的方法
	（二）轮胎修复质量检验	1. 能对衬垫及其粘合面较大脱空（长径大于 20 mm）、胎体帘线层间及胎面粘合面明显脱层、脱空（长径大于 25 mm）等胎内隐蔽质量缺陷进行鉴别测定 2. 能对外胎修补部位的硫化硬度和宽度、弧度进行检验	1. 修复轮胎内在隐蔽质量缺陷的检测方法及要领 2. 轮胎硫化后的硬度和形状的技术要求及其检测方法 3. 邵氏硬度计的使用方法
	（三）安装与调整	1. 能对大型农机轮胎充气至标定压力值 2. 能对拖拉机前轮前束进行检查和调整	1. 大型农机轮胎安全充气装置的使用知识 2. 拖拉机前轮前束检查和调整的方法
四、设备维护	（一）轮胎拆装设备维护	1. 能维护扩胎机 2. 能维护平衡设备	1. 扩胎机的维护方法 2. 平衡设备的维护方法
	（二）轮胎修理设备维护	1. 能对轮胎局部硫化机进行维护 2. 能对邵氏硬度计进行维护	1. 轮胎局部硫化机的维护要点 2. 邵氏硬度计的维护方法

5.3 高级

职业功能	工作内容	技能要求	相关知识
一、拆卸与鉴定	轮胎鉴定	1. 能检出胎里内层帘线松散、跳线和腐朽部位 2. 能检出胎侧机械损伤裂口，判断伤及钢丝帘线断股部位 3. 能用验胎锤敲听的方法检出胎体帘线脱层、脱空部位（长径大于 15 mm） 4. 能检出胎体表面胶层老化部位，判断出伤及布层程度	1. 胎里内层帘线松散、跳线和腐朽部位的鉴定方法 2. 胎侧机械损伤裂口探查方法，伤及钢丝帘线断股部位的判断方法 3. 胎体脱层、脱空部位敲听检验规则，敲听声响的鉴别方法 4. 胎体表面胶层老化特征，细微裂纹伤及帘布层的判断方法
二、修补与翻修	（一）外胎修补	1. 能将"一"形、"○"形、"X"形、"Y"形洞口切割成适当形状 2. 能对 60 mm～100 mm 的洞伤进行切割处理 3. 能用钢丝或丝线缝补漏洞，使内外缝合紧密 4. 能根据不同类型与规格的胎体，配用合适的补强衬垫 5. 能对 60 mm～100 mm 的洞伤和伤及帘布层的伤痕进行修补	1. "一"形、"○"形、"X"形、"Y"形洞口的切割要求及注意事项 2. 60 mm～100 mm 洞伤的切割处理方法 3. 用钢丝或丝线缝补漏洞的方法 4. 各种补强衬垫的适用范围、选配规则及方法 5. 60 mm～100 mm 洞伤和伤及帘布层伤痕的修补工艺要领及注意事项
	（二）外胎翻修	1. 能根据不同类型的胎体，调整适当的打磨速度和进给量，打磨出不同磨纹粗糙度的磨面 2. 能通过打磨修正失圆轮胎 3. 能制备胶浆 4. 能按原轮胎的花纹情况选择并布好压合机内的胎面成形模具，进行压合 5. 能根据轮胎类型和规格，贴合相应规格的预硫化胎面胶 6. 能进行轮胎的模硫化操作 7. 能进行轮胎的罐硫化操作	1. 轮胎翻修常用材料的种类、作用及技术要求 2. 轮胎模硫化的基本知识 3. 一次模硫化法翻修和胎面预硫化法翻修工艺要求和操作要领 4. 打磨速度和进给量与打磨粗糙度的关系，进给量的控制方法和要点 5. 打磨修正失圆轮胎的方法及要领 6. 胶浆制备及调配的基本知识、技术要求及操作注意事项 7. 轮胎类型与轮胎花纹的匹配知识 8. 预硫化胎面胶贴合的操作要领及注意事项 9. 压合机、整圆硫化机及硫化罐的操作要求 10. 轮胎罐硫化的基本知识及操作要领

（续）

职业功能	工作内容	技能要求	相关知识
三、检验与安装	（一）轮胎修复质量检验	1. 能检测花纹周向错位程度 2. 能检测出胎侧和胎冠杂质印痕及其深度 3. 能检测胎圈损伤和变形程度 4. 能检测出衬垫及衬垫黏合面小面积脱空（长径大于 10 mm） 5. 能检测出胎面和胎肩与胎体黏合面小面积脱空（长径大于 15 mm） 6. 能对修补后的轮胎进行动平衡检查和处理	1. 花纹周向错位的检测方法 2. 胎侧和胎冠杂质印痕缺陷形成的原因、检测方法和预防措施 3. 胎圈损伤和变形的检查方法 4. 衬垫及衬垫黏合面脱空的检验方法 5. 胎面和胎肩与胎体黏合面小面积脱空的检验方法 6. 修补后轮胎静平衡检查和处理方法
	（二）车轮安装与调整	1. 能根据轮胎的磨损或修理情况进行轮胎换位安装 2. 能对车轮的定位和偏摆进行检查与调整	1. 轮胎更换和换位的技术要求 2. 车轮定位的检查与调整方法 3. 车轮偏摆的原因及调整方法
四、设备维护	轮胎修理设备维护	1. 能维护压合机 2. 能维护整圆硫化机 3. 能维护硫化罐	1. 压合机维护方法 2. 整圆硫化机维护方法 3. 硫化罐维护方法
五、管理与培训	（一）培训与指导	1. 能编写技能培训计划和教案 2. 能对本职业低级别人员进行技术指导	1. 培训计划和教案的编写要求 2. 技能培训的特点和方法
	（二）技术管理	1. 能进行轮胎修补、轮胎翻修成本核算和定额管理 2. 能制订轮胎修理安全操作规范	1. 成本核算和定额管理知识 2. 轮胎修理操作规范的制订方法

6 比重表

6.1 理论知识

项　　目		初级 %	中级 %	高级 %
基本要求	职业道德	5	5	5
	基础知识	25	20	15
相关知识	拆卸与鉴定	10	10	5
	修补与翻修	35	40	40
	检验与安装	15	15	15
	设备维护	10	10	10
	培训与管理	—	—	10
合计		100	100	100

6.2 技能操作

项　　目		初级 %	中级 %	高级 %
技能要求	拆卸与鉴定	15	15	8
	修补与翻修	50	50	50
	安装与检验	20	20	18
	设备维护	15	15	12
	管理与培训	—	—	12
合计		100	100	100

ICS 03.100.30
A 18

中华人民共和国农业行业标准

NY/T 2145—2012

设施农业装备操作工

Facility agriculture equipment operators

2012-03-01 发布

2012-06-01 实施

中华人民共和国农业部 发布

前　言

本标准按照 GB/T 1.1—2009 给出的规则起草。

本标准由农业部人事劳动司提出并归口。

本标准起草单位：农业部农机行业职业技能鉴定指导站。

本标准主要起草人：熊波、温芳、田金明、叶宗照、孙彦玲、张文艳、陈兰。

设施农业装备操作工

1 范围

本标准规定了设施农业装备操作工职业的基本要求和工作要求。

本标准适用于设施农业装备操作工的职业技能鉴定。

2 术语和定义

下列术语和定义适用于本文件。

2.1

设施农业装备操作工 facility agriculture equipment operators

操作设施农业装备进行设施农业生产活动的人员。

2.2

设施农业装备 facility agriculture equipment

在设施农业生产中所使用的农业机械与装备。

3 职业概况

3.1 职业等级

本职业共设三个等级,分别为:初级(国家职业资格五级)、中级(国家职业资格四级)、高级(国家职业资格三级)。

3.2 职业环境条件

室内,常温,潮湿。

3.3 职业能力特征

具有一定的观察、判断、应变能力;四肢灵活,动作协调。

3.4 基本文化程度

初中毕业。

3.5 培训要求

3.5.1 培训期限

全日制职业学校教育,根据其培养目标和教学计划确定。晋级培训期限:初级不少于180标准学时,中级不少于150标准学时,高级不少于120标准学时。

3.5.2 培训教师

培训初级的教师应具有本职业高级职业资格证书或相关专业初级以上专业技术职务任职资格;培训中、高级的教师应具有本职业高级职业资格证书3年以上或相关专业中级以上专业技术职务任职资格。

3.5.3 培训场地与设备

满足教学需要的标准教室和实践场所,以及必要的教具和设备。

3.6 鉴定要求

3.6.1 适用对象

从事或准备从事本职业的人员。

3.6.2 申报条件

3.6.2.1 初级(具备下列条件之一者)

a) 经本职业初级正规培训达规定标准学时数,并取得结业证书;

b) 在本职业连续见习工作 2 年以上。

3.6.2.2 中级(具备下列条件之一者)

a) 取得本职业初级职业资格证书后,连续从事本职业工作 1 年,经本职业中级正规培训达规定标准学时数,并取得结业证书;

b) 取得本职业初级职业资格证书后,连续从事本职业工作 3 年以上;

c) 连续从事本职业工作 4 年以上,经本职业中级正规培训达规定标准学时数,并取得结业证书;

d) 连续从事本职业工作 6 年以上;

e) 取得经人力资源和社会保障部门审核认定的、以中级技能为培养目标的中等以上职业学校相关专业的毕业证书。

3.6.2.3 高级(具备下列条件之一者)

a) 取得本职业中级职业资格证书后,连续从事本职业工作 2 年以上,经本职业高级正规培训达规定标准学时数,并取得结业证书;

b) 取得本职业中级职业资格证书后,连续从事本职业工作 4 年以上;

c) 连续从事本职业工作 9 年以上,经本职业高级正规培训达规定标准学时数,并取得结业证书;

d) 取得人力资源和社会保障部门审核认定的、以高级技能为培养目标的高级技工学校或高等职业学校相关专业的毕业证书;

e) 取得本专业或相关专业大专以上毕业证书,经本职业高级正规培训达规定标准学时数,并取得结业证书;

f) 取得本专业或相关专业大专以上毕业证书,连续从事本职业工作 2 年以上。

3.6.3 鉴定方式

分为理论知识考试和技能操作考核。理论知识考试采用闭卷笔试方式,技能操作考核采用现场实际操作方式。理论知识考试和技能操作考核均实行百分制,成绩皆达到 60 分以上者为合格。

3.6.4 考评人员与考生配比

理论知识考试考评人员与考生配比为 1∶20,每个标准教室不少于 2 名考评人员;技能操作考核考评员与考生配比为 1∶5,且不少于 3 名考评人员。职业资格考评组成员不少于 5 人。

3.6.5 鉴定时间

理论知识考试为 120 min;技能操作考核时间,根据考核项目而定,但不少于 90 min。

3.6.6 鉴定场所设备

理论知识考试在标准教室进行;技能操作考核在具备必要考核设备的实践场所进行。

4 基本要求

4.1 职业道德

4.1.1 职业道德基本知识

4.1.2 职业守则

遵章守法,爱岗敬业;

规范操作,安全生产;

钻研技术,节能降耗;

诚实守信,优质服务。

4.2 基础知识

4.2.1 机电常识

a) 农机常用油料的名称、牌号、性能、用途;

b) 机械传动常识；

c) 电工常识。

4.2.2 设施农业常识

a) 设施农业的类型和功能；

b) 设施园艺种植基础知识；

c) 设施畜禽养殖基础知识；

d) 设施水产养殖基础知识。

4.2.3 设施农业装备基础知识

a) 设施园艺装备的种类及用途；

b) 设施畜禽养殖装备的种类及用途；

c) 设施水产养殖装备的种类及用途。

4.2.4 安全及环境保护知识

a) 农业机械运行安全技术条件的相关知识；

b) 环境保护法规的相关知识；

c) 设施农业装备安全使用知识。

5 工作要求

本标准对初级、中级、高级的技能要求依次递进,高级别涵盖低级别的要求。

由于本职业包括设施园艺种植、设施畜禽养殖、设施水产养殖三个相对独立的工作内容,职业技能培训和鉴定考核时,可根据申报人的情况,从中选择某一工作内容进行,其管理与培训的工作内容为共用。

5.1 初级

职业功能	工作内容	技能要求	相关知识
一、作业准备	(一)设施园艺种植	1. 能做好设施园艺机械与设备作业前的劳动防护 2. 能进行微型耕整地机械、植保机械、排灌机械等设施园艺机械与设备的技术状态检查 3. 能进行卷帘机、拉幕机等机械与设备的技术状态检查 4. 能根据设施园艺要求准备作业物料	1. 设施园艺机械与设备作业劳动保护知识及安全作业技术要求 2. 微型耕整地机械、植保机械、排灌机械等设施园艺机械与设备技术状态检查的内容和方法 3. 卷帘机、拉幕机等机械与设备技术状态检查的内容和方法 4. 设施园艺作业物料常识
	(二)设施畜禽养殖	1. 能做好设施畜禽养殖机械与设备作业前的劳动防护 2. 能进行畜禽饮水设备、饲喂机等养殖机械的技术状态检查 3. 能进行设施畜禽养殖的简单调温、通风等机械与设备的技术状态检查 4. 能根据设施畜禽养殖要求准备作业物料	1. 设施畜禽养殖机械与设备作业劳动保护知识及安全作业技术要求 2. 畜禽饮水设备、饲喂机等养殖机械技术状态检查的内容和方法 3. 设施畜禽养殖的简单调温、通风等机械与设备技术状态检查的内容和方法 4. 畜禽养殖物料常识
	(三)设施水产养殖	1. 能做好设施水产养殖机械作业前的劳动防护 2. 能进行水产增氧机、投饲机等水产养殖机械的技术状态检查 3. 能根据设施水产养殖要求准备作业物料	1. 设施水产养殖机械作业劳动保护知识及安全作业技术要求 2. 水产增氧机、投饲机等水产养殖机械技术状态检查的内容和方法 3. 水产养殖物料常识

（续）

职业功能	工作内容	技能要求	相关知识
二、作业实施	（一）设施园艺种植	1. 能操作微型耕整地机械、植保机械、排灌机械等设施园艺机械与设备进行作业 2. 能操作卷帘机、拉幕机等机械与设备进行作业	1. 微型耕整地机械、植保机械、排灌机械等设施园艺机械与设备的类型及组成和使用方法 2. 卷帘机、拉幕机等机械与设备的类型及组成和使用方法
	（二）设施畜禽养殖	1. 能操作畜禽饮水设备、饲喂机等进行作业 2. 能操作简单调温、通风等设施畜禽养殖机械与设备进行作业	1. 畜禽饮水设备、饲喂机等机械与设备的类型及组成和使用方法 2. 简单调温、通风等设施畜禽养殖机械与设备的类型及组成和使用方法
	（三）设施水产养殖	1. 能操作增氧机进行作业 2. 能操作投饲机等水产养殖机械进行作业	1. 增氧机的种类及组成和使用方法 2. 投饲机等水产养殖机械的种类及组成和使用方法
三、故障诊断与排除	（一）设施园艺种植	1. 能判断和排除微型耕整地机械、植保机械、排灌机械等设施园艺机械与设备的故障 2. 能判断和排除卷帘机、拉膜机等机械与设备的故障	1. 微型耕整地机械、植保机械、排灌机械等设施园艺机械与设备的主要部件、结构及工作过程 2. 微型耕整地机械、植保机械、排灌机械等设施园艺机械与设备故障的原因和排除方法 3. 卷帘机、拉膜机等设施园艺机械与设备的主要部件、结构及工作过程 4. 卷帘机、拉膜机等设施园艺机械与设备故障的原因和排除方法
	（二）设施畜禽养殖	1. 能判断和排除畜禽饮水设备、饲喂机等设施畜禽养殖机械设备的故障 2. 能判断和排除简单调温、通风等设施畜禽养殖机械与设备的故障	1. 畜禽饮水机械、饲喂机等畜禽养殖机械的主要部件、结构及工作过程 2. 畜禽饮水设备、饲喂机等设施养殖机械设备故障的原因和排除方法 3. 简单调温、通风等设施畜禽养殖机械与设备的主要部件、结构及工作过程 4. 简单调温、通风等设施畜禽养殖机械与设备故障的原因和排除方法
	（三）设施水产养殖	1. 能判断和排除增氧机的故障 2. 能判断和排除投饲机等水产养殖机械的故障	1. 增氧机的主要部件、结构及工作过程 2. 投饲机等水产养殖机械的主要部件、结构及工作过程 3. 增氧机、投饲机等水产养殖机械故障的原因和排除方法
四、装备技术维护	（一）设施园艺种植	1. 能进行微型耕整地机械、植保机械、排灌机械等设施园艺机械与设备的技术维护 2. 能进行卷帘机、拉膜机等机械与设备的技术维护	1. 微型耕整地机械、植保机械、排灌机械等设施园艺机械与设备的技术维护内容、方法及注意事项 2. 卷帘机、拉膜机等机械与设备的技术维护内容、方法及注意事项
	（二）设施畜禽养殖	1. 能进行畜禽饮水设备、饲喂机等机械设备的技术维护 2. 能进行简单调温、通风等设施畜禽养殖机械与设备的技术维护	1. 畜禽饮水设备、饲喂机等机械设备的技术维护内容、方法及注意事项 2. 简单调温、通风等设施畜禽养殖机械与设备的技术维护内容、方法及注意事项
	（三）设施水产养殖	1. 能进行增氧机的技术维护 2. 能进行投饲机等水产养殖机械的技术维护	1. 增氧机的技术维护内容、方法及注意事项 2. 投饲机等水产养殖机械技术维护内容、方法及注意事项

5.2 中级

职业功能	工作内容	技能要求	相关知识
一、作业准备	(一)设施园艺种植	1. 能进行小型耕整机、起垄机、播种施肥机等设施园艺机械的技术状态检查 2. 能进行小型温室通风、调温、调湿、调光和二氧化碳浓度调节等环境检测和调节仪器及设备的技术状态检查	1. 小型耕整机、起垄机、播种施肥机等设施园艺机械技术状态检查的内容与方法 2. 小型温室通风、调温、调湿、调光和二氧化碳浓度调节等环境检测和调节仪器及设备技术状态检查的内容与方法
	(二)设施畜禽养殖	1. 能进行挤奶机、家禽孵化设备等畜禽养殖机械与设备的技术状态检查 2. 能进行设施畜禽养殖场舍通风、调温、调湿等环境检测和调节仪器及设备的技术状态检查	1. 挤奶机、家禽孵化设备等畜禽养殖机械与设备技术状态检查的内容与方法 2. 设施畜禽养殖场舍通风、调温、调湿等环境检测和调节仪器及设备技术状态检查的内容和方法
	(三)设施水产养殖	1. 能进行潜水泵、排灌机组等水产养殖用排灌机械的技术状态检查 2. 能进行清塘机械设备的技术状态检查 3. 能进行小型温室水产养殖场地调温等环境检测和调节仪器及设备的技术状态检查	1. 潜水泵、排灌机组等排灌机械技术状态检查的内容与方法 2. 清塘机械设备技术状态检查的内容与方法 3. 小型温室水产养殖场地调温等环境检测和调节仪器及设备技术状态检查的内容与方法
二、作业实施	(一)设施园艺种植	1. 能操作小型耕整机、起垄机、播种施肥机等设施园艺机械进行作业 2. 能操作小型温室通风、调温、调湿、调光和二氧化碳浓度调节等环境检测和调节仪器及设备进行作业	1. 小型耕整机、起垄机、播种施肥机等设施园艺机械的种类、组成及使用方法 2. 小型温室通风、调温、调湿、调光和二氧化碳浓度调节等环境检测和调节仪器及设备的种类、组成及使用方法
	(二)设施畜禽养殖	1. 能操作挤奶机、家禽孵化设备等畜禽养殖机械与设备进行作业 2. 能操作设施畜禽养殖场舍通风、调温、调湿等环境检测和调节仪器及设备进行作业	1. 挤奶机、家禽孵化设备等畜禽养殖机械与设备的种类、组成及使用方法 2. 设施畜禽养殖场舍通风、调温、调湿等环境检测和调节仪器及设备的种类、组成及使用方法
	(三)设施水产养殖	1. 能操作潜水泵、排灌机组等机械进行排灌作业 2. 能操作清塘机械设备进行清塘作业 3. 能操作小型温室水产养殖场地调温等环境检测和调节仪器及设备进行作业	1. 潜水泵、排灌机组等排灌机械的种类、组成及使用方法 2. 清塘机械设备的种类、组成及使用方法 3. 小型温室水产养殖场地调温等环境检测和调节仪器及设备的种类、组成及使用方法
三、故障诊断与排除	(一)设施园艺种植	1. 能判断和排除小型耕整机、起垄机、播种施肥机等设施园艺机械的故障 2. 能判断和排除小型温室通风、调温、调湿、调光和二氧化碳浓度调节等环境检测和调节仪器及设备的故障	1. 小型耕整机、起垄机、播种施肥机等设施园艺机械的主要部件、结构和工作过程 2. 小型耕整机、起垄机、播种施肥机等设施园艺机械故障的原因及排除方法 3. 小型温室通风、调温、调湿、调光和二氧化碳浓度调节等环境检测和调节仪器及设备的主要部件、结构和工作过程 4. 小型温室通风、调温、调湿、调光和二氧化碳浓度调节等环境检测和调节仪器及设备故障的原因及排除方法

（续）

职业功能	工作内容	技能要求	相关知识
三、故障诊断与排除	（二）设施畜禽养殖	1. 能判断和排除挤奶机、家禽孵化设备等畜禽养殖机械与设备的故障 2. 能判断和排除设施畜禽养殖场舍通风、调温、调湿等环境检测和调节仪器及设备的故障	1. 挤奶机、家禽孵化设备等畜禽养殖机械与设备的主要部件、结构及工作过程 2. 挤奶机、家禽孵化设备等畜禽养殖机械与设备的故障原因及排除方法 3. 设施畜禽养殖场舍通风、调温、调湿等环境检测和调节仪器及设备的主要部件、结构及工作过程 4. 设施畜禽养殖场舍通风、调温、调湿等环境检测和调节仪器及设备的故障原因及排除方法
	（三）设施水产养殖	1. 能判断和排除潜水泵、排灌机组等排灌机械的故障 2. 能判断和排除清塘机械设备的故障 3. 能判断和排除小型温室水产养殖场地调温等环境检测和调节仪器及设备的故障	1. 潜水泵、排灌机组等排灌机械的主要部件、结构及工作过程 2. 潜水泵、排灌机组等排灌机械故障的原因及排除方法 3. 清塘机械设备的主要部件、结构及工作过程 4. 清塘机械设备故障的原因及排除方法 5. 小型温室水产养殖场地调温等环境检测和调节仪器及设备主要部件、结构及工作过程 6. 小型温室水产养殖场地调温等环境检测和调节仪器及设备故障的原因及排除方法
四、装备技术维护	（一）设施园艺种植	1. 能进行小型耕整机、起垄机、播种施肥机等机械的技术维护 2. 能进行小型温室通风、调温、调湿、调光和二氧化碳浓度调节等环境检测和调节仪器及设备的技术维护	1. 小型耕整机、起垄机、播种施肥机等机械的技术维护内容、方法和注意事项 2. 小型温室通风、调温、调湿、调光和二氧化碳浓度调节等环境检测和调节仪器及设备的技术维护内容、方法和注意事项
	（二）设施畜禽养殖	1. 能进行挤奶机、家禽孵化设备等畜禽养殖机械与设备的技术维护 2. 能进行设施畜禽养殖场舍通风、调温、调湿等环境检测和调节仪器及设备的技术维护	1. 挤奶机、家禽孵化设备等畜禽养殖机械与设备的技术维护内容、方法及注意事项 2. 设施畜禽养殖场舍通风、调温、调湿等环境检测和调节仪器及设备的技术维护内容、方法及注意事项
	（三）设施水产养殖	1. 能进行潜水泵、排灌机组等排灌机械的技术维护 2. 能进行清塘机械设备的技术维护 3. 小型温室水产养殖场地调温等环境检测和调节仪器及设备的技术维护	1. 潜水泵、排灌机组等排灌机械的技术维护内容、方法及注意事项 2. 清塘机械设备的技术维护内容、方法及注意事项 3. 小型温室水产养殖场地调温等环境检测和调节仪器及设备的技术维护内容、方法及注意事项

5.3 高级

职业功能	工作内容	技能要求	相关知识
一、作业准备	(一)设施园艺种植	1. 能进行土壤消毒机、工厂化育苗设备、栽植机、移苗机、作物收获机等设施园艺机械的技术状态检查 2. 能进行嫁接机等设施园艺智能化作业机械的技术状态检查 3. 能进行土壤水分测量仪、土壤 pH 测量仪、土壤电导率测量仪等土壤检测仪器及调控设备的技术状态检查 4. 能进行连栋温室环境自动检测和调控仪器及设备的技术状态检查	1. 土壤消毒机、工厂化育苗设备、栽植机、移苗机、作物收获机等设施园艺机械技术状态检查的内容与方法 2. 嫁接机等设施园艺智能化作业机械技术状态检查的内容与方法 3. 土壤水分测量仪、土壤 pH 测量仪、土壤电导率测量仪等土壤检测仪器及调控设备技术状态检查的内容与方法 4. 连栋温室环境自动检测和调控仪器及设备技术状态检查的内容与方法
	(二)设施畜禽养殖	1. 能进行畜禽粪便收集和处理机械与设备的技术状态检查 2. 能进行畜禽消毒和防疫机械与设备的技术状态检查 3. 能进行畜禽养殖场舍环境自动检测和调控仪器及设备的技术状态检查	1. 畜禽粪便收集和处理机械与设备技术状态检查的内容与方法 2. 畜禽消毒和防疫机械与设备技术状态检查的内容与方法 3. 畜禽养殖场舍环境自动检测和调控仪器及设备技术状态检查的内容与方法
	(三)设施水产养殖	1. 能进行鱼苗等水产品育苗机械与设备的技术状态检查 2. 能进行水质净化机械设备的技术状态检查 3. 能进行水质监测仪器设备的技术状态检查 4. 能进行水产温室养殖场地环境自动检测和调控仪器及设备的技术状态检查	1. 鱼苗等水产品育苗机械与设备技术状态检查的内容与方法 2. 水质净化机械设备技术状态检查的内容与方法 3. 水质监测仪器设备技术状态检查的内容与方法 4. 水产温室养殖场地环境自动检测和调控仪器及设备技术状态检查的内容与方法
二、作业实施	(一)设施园艺种植	1. 能操作土壤消毒机、工厂化育苗设备、栽植机、移苗机、作物收获机等设施园艺机械进行作业 2. 能操作嫁接机等设施园艺智能化作业机械进行作业 3. 能操作土壤水分测量仪、土壤 pH 测量仪、土壤电导率测量仪等土壤检测仪器与调节设备进行土壤理化检验及调控作业 4. 能操作连栋温室环境自动检测和调控仪器及设备进行作业	1. 土壤消毒机、工厂化育苗设备、栽植机、移苗机、作物收获机等设施园艺作业机械的种类、组成及使用方法 2. 嫁接机等设施园艺智能化作业机械的种类、组成及使用方法 3. 土壤水分测量仪、土壤 pH 测量仪、土壤电导率测量仪等土壤检测仪器与调控设备的种类、组成及使用方法 4. 连栋温室环境自动检测和调控仪器及设备的种类、组成及使用方法
	(二)设施畜禽养殖	1. 能操作畜禽粪便收集和处理机械与设备等进行作业 2. 能操作畜禽消毒和防疫机械设备进行消毒和防疫作业 3. 能操作畜禽养殖场舍环境自动检测和调控仪器及设备进行作业	1. 畜禽粪便收集和处理机械与设备的种类、组成及使用方法 2. 畜禽消毒和防疫机械设备的种类、组成及使用方法 3. 畜禽养殖场舍环境自动检测和调控仪器及设备的种类、组成及使用方法
	(三)设施水产养殖	1. 能操作鱼苗等水产品育苗机械设备进行作业 2. 能操作水质净化机械设备进行水质处理作业 3. 能操作水质监测仪器设备对水产养殖的水质进行检验 4. 能操作水产温室养殖场地环境自动检测和调控仪器及设备进行作业	1. 鱼苗等水产品育苗机械设备的种类、组成及使用方法 2. 水质净化机械设备的种类、组成及使用方法 3. 水质监测仪器设备的种类、组成及使用方法 4. 水产温室养殖场地环境自动检测和调控仪器及设备的种类、组成及使用方法

（续）

职业功能	工作内容	技能要求	相关知识
三、故障诊断与排除	（一）设施园艺种植	1. 能判断和排除土壤消毒机、工厂化育苗设备、栽植机、移苗机、作物收获机等设施园艺作业机械的故障 2. 能判断和排除嫁接机等设施园艺智能化作业机械的故障 3. 能判断和排除土壤水分测量仪、土壤pH测量仪、土壤电导率测量仪等土壤检测仪器与调控设备的故障 4. 能判断和排除连栋温室环境自动检测和调控仪器及设备的故障	1. 土壤消毒机、工厂化育苗设备、栽植机、移苗机、作物收获机等设施园艺作业机械的主要部件、结构和工作过程 2. 土壤消毒机、工厂化育苗设备、栽植机、移苗机、作物收获机等设施园艺作业机械故障的原因及排除方法 3. 嫁接机等设施园艺智能化作业机械的主要部件、结构和工作过程 4. 嫁接机等设施园艺智能化作业机械故障的原因及排除方法 5. 土壤水分测量仪、土壤pH测量仪、土壤电导率测量仪等土壤检测仪器与调控设备的主要部件、结构和工作过程 6. 土壤水分测量仪、土壤pH测量仪、土壤电导率测量仪等土壤检测仪器与调控设备故障的原因及排除方法 7. 连栋温室环境自动检测和调控仪器及设备的主要部件、结构和工作过程 8. 连栋温室环境自动检测和调控仪器及设备故障的原因及排除方法
	（二）设施畜禽养殖	1. 能判断和排除畜禽粪便收集和处理机械与设备的故障 2. 能判断和排除畜禽消毒和防疫机械设备的故障 3. 能判断和排除畜禽养殖场舍环境自动检测和调控仪器及设备的故障	1. 畜禽粪便收集和处理机械与设备的主要部件、结构和工作过程 2. 畜禽粪便收集和处理机械与设备故障的原因及排除方法 3. 畜禽消毒和防疫机械设备的主要部件、结构和工作过程 4. 畜禽消毒和防疫机械设备故障的原因及排除方法 5. 畜禽养殖场舍环境自动检测和调控仪器及设备的主要部件、结构和工作过程 6. 畜禽养殖场舍环境自动检测和调控仪器及设备故障的原因及排除方法
	（三）设施水产养殖	1. 能判断和排除鱼苗等水产品育苗机械与设备的故障 2. 能判断和排除水质净化机械设备的故障 3. 能判断和排除水质监测仪器设备的故障 4. 能判断和排除水产温室养殖场地环境自动检测和调控仪器及设备的故障	1. 鱼苗等水产品育苗机械与设备的主要部件、结构和工作过程 2. 鱼苗等水产品育苗机械与设备故障的原因及排除方法 3. 水质监测仪器设备的主要部件、结构和工作过程 4. 水质监测仪器设备故障的原因及排除方法 5. 水质净化机械设备的主要部件、结构和工作过程 6. 水质净化机械设备故障的原因及排除方法 7. 水产温室养殖场地环境自动检测和调控仪器及设备的主要部件、结构和工作过程 8. 水产温室养殖场地环境自动检测和调控仪器及设备故障的原因及排除方法

（续）

职业功能	工作内容	技能要求	相关知识
四、装备技术维护	（一）设施园艺种植	1. 能进行土壤消毒机、工厂化育苗设备、栽植机、移苗机、作物收获机等设施园艺作业机械的技术维护 2. 能进行嫁接机等设施园艺智能化作业机械的技术维护 3. 能进行土壤水分测量仪、土壤 pH 测量仪、土壤电导率测量仪等土壤检测仪器与调控设备的技术维护 4. 能进行连栋温室环境自动检测和调控仪器及设备的技术维护	1. 土壤消毒机、工厂化育苗设备、栽植机、移苗机、作物收获机等设施园艺作业机械的技术维护内容、方法及注意事项 2. 嫁接机等设施园艺智能化作业机械的技术维护内容、方法及注意事项 3. 土壤水分测量仪、土壤 pH 测量仪、土壤电导率测量仪等土壤检测仪器与调控设备的技术维护内容、方法及注意事项 4. 连栋温室环境自动检测和调控仪器及设备的技术维护内容、方法及注意事项
	（二）设施畜禽养殖	1. 能进行畜禽粪便收集和处理机械与设备的技术维护 2. 能进行畜禽消毒和防疫机械设备的技术维护 3. 能进行畜禽养殖场舍环境自动检测和调控仪器及设备的技术维护	1. 畜禽粪便收集和处理机械与设备的技术维护内容、方法及注意事项 2. 畜禽消毒和防疫机械设备的技术维护内容、方法及注意事项 3. 畜禽养殖场舍环境自动检测和调控仪器及设备的技术维护内容、方法及注意事项
	（三）设施水产养殖	1. 能进行鱼苗等水产品育苗机械与设备的技术维护 2. 能进行水质净化机械设备的技术维护 3. 能进行水质监测仪器设备的技术维护 4. 能进行水产温室养殖场地环境自动检测和调控仪器及设备的技术维护	1. 鱼苗等水产品育苗机械与设备的技术维护内容、方法及注意事项 2. 水质净化机械设备的技术维护内容、方法及注意事项 3. 水质监测仪器设备的技术维护内容、方法及注意事项 4. 水产温室养殖场地环境自动检测和调控仪器及设备的技术维护内容、方法及注意事项
五、管理与培训	（一）技术管理	1. 能根据设施农业的作业要求和机械与装备性能合理选择、匹配及组织其进行农业作业 2. 能制定设施农业装备作业计划 3. 能进行设施农业装备作业成本核算	1. 设施农业装备运用知识 2. 设施农业作业计划的内容和制定方法 3. 设施农业装备作业成本的内容及核算方法
	（二）培训与指导	1. 能指导本职业初、中级人员进行作业 2. 能对初级人员进行技术培训	1. 培训教育的基本方法 2. 设施农业装备操作工培训的基本要求

6 比重表

6.1 理论知识

项 目		初级,%	中级,%	高级,%
基本要求		30	25	20
相关知识	作业准备	10	10	10
	作业实施	30	30	30
	故障诊断与排除	20	25	20
	装备技术维护	10	10	10
	管理与培训	—	—	10
合 计		100	100	100

6.2 技能操作

项 目		初级,%	中级,%	高级,%
技能要求	作业准备	15	15	15
	作业实施	40	40	40
	故障诊断与排除	25	25	20
	装备技术维护	20	20	15
	管理与培训	—	—	10
合 计		100	100	100

ICS 03.100.30
A 18

中华人民共和国农业行业标准

NY/T 2146—2012

兽用化学药品检验员

Veterinary chemical pharmaceutical tester

2012-03-01 发布

2012-06-01 实施

中华人民共和国农业部 发布

前　言

本标准按照 GB/T 1.1—2009 给出的规则起草。

本标准由农业部人事劳动司提出。

本标准起草单位:农业部兽药行业职业技能鉴定指导站。

本标准起草人:万仁玲、高迎春、王蓓、顾进华、郭晔、王峰。

兽用化学药品检验员

1 职业概况

1.1 职业名称

兽用化学药品检验员。

1.2 职业定义

对兽用化学药品成品、半成品、原辅料、包装材料进行质量检验的人员。

1.3 职业等级

本职业共设 4 个等级,分别为:中级(国家职业资格四级)、高级(国家职业资格三级)、技师(国家职业资格二级)、高级技师(国家职业资格一级)。

1.4 职业环境

室内、常温。

1.5 职业能力特征

具有一定的学习和计算能力;具有较好的分析判断能力;有良好的视觉、色觉、嗅觉。

1.6 基本文化程度

高中毕业(或同等学历)。

1.7 培训要求

1.7.1 培训期限

全日制职业学校教育,根据其培养目标和教学计划确定。晋级培训期限:中级不少于 160 标准学时;高级不少于 160 标准学时;技师不少于 120 标准学时;高级技师不少于 120 标准学时。

1.7.2 培训教师

培训中级应具有本职业高级及以上职业资格证书或相关专业中级及以上专业技术职务任职资格;培训高级的教师应具有本职业技师职业资格证书或相关专业中级及以上专业技术职务任职资格;培训技师的教师应具有本职业高级技师职业资格证书或相关专业高级专业技术职务任职资格;培训高级技师的教师应具有本职业高级技师职业资格证书 3 年以上或相关专业高级专业技术职务任职资格。

1.7.3 培训场地设备

满足教学需要的标准教室;具有常规玻璃仪器、天平、烘箱、崩解仪、溶出度仪、pH 计、紫外—可见分光光度仪、气相色谱仪、高效液相色谱仪等检测用仪器设备;有适应兽药检验基本条件的实验室。

1.8 鉴定要求

1.8.1 适用对象

从事或准备从事本职业的人员。

1.8.2 申报条件

1.8.2.1 中级(具备以下条件之一者)

a) 连续从事本职业工作 9 年以上;

b) 连续从事本职业工作 3 年以上,经本职业中级正规培训达规定标准学时数,并取得结业证书;

c) 取得经人力资源和社会保障行政部门审核认定的、以中级技能为培养目标的中等以上职业学校本职业(专业)毕业证书。

1.8.2.2 高级(具备以下条件之一者)

NY/T 2146—2012

a) 连续从事本职业工作 6 年以上,取得本职业中级职业资格证书后;
b) 取得本职业中级职业资格证书后,连续从事本职业工作 4 年以上,经本职业高级正规培训达规定标准学时数,并取得结业证书;
c) 取得高级技工学校或经人力资源和社会保障行政部门审核认定的、以高级技能为培养目标的高等职业学校本职业(专业)毕业证书;
d) 取得本职业中级职业资格证书的大专以上本专业或相关专业毕业生,连续从事本职业工作 2 年以上。

1.8.2.3 技师(具备以下条件之一者)

a) 取得本职业高级职业资格证书后,连续从事本职业工作 7 年以上;
b) 取得本职业高级职业资格证书后,连续从事本职业工作 5 年以上,经本职业技师正规培训达规定标准学时数,并取得结业证书;
c) 取得本职业高级职业资格证书的高级技工学校本职业(专业)毕业生,连续从事本职业工作 3 年以上;
d) 取得本职业高级职业资格证书的大专以上本专业或相关专业的毕业生,连续从事本职业工作 3 年以上。

1.8.2.4 高级技师(具备以下条件之一者)

取得本职业技师职业资格证书的大学本科以上专业或相关专业毕业生,连续从事本职业工作 3 年以上。

1.8.3 鉴定方式

分为理论知识考试和技能操作考核。理论知识考试采用闭卷笔试方式,技能操作考核采用现场实际操作、模拟操作等方式。理论知识考试和技能操作考核均实行百分制,成绩皆达 60 分及以上者为合格。技师、高级技师还须进行综合评审。

1.8.4 考评人员与考生配比

理论知识考试考评人员与考生配比为 1:20,每个标准教室不少于 2 名考评人员;技能操作考核考评员与考生配比为 1:5,且不少于 3 名考评员;综合评审委员不少于 3 人。

1.8.5 鉴定时间

理论知识考试时间不少于 90 min;技能操作考核时间:中级不少于 60 min,高级、技师不少于 90 min,高级技师不少于 120 min;综合评审时间不少于 20 min。

1.8.6 鉴定场所设备

理论知识考试在标准教室进行;技能操作考核在具有常规玻璃仪器、分析天平、烘箱、pH 计、紫外—可见分光光度计、抑菌圈测量仪、崩解仪、溶出度仪、高效液相色谱仪等基本检验条件的实验室进行。

2 基本要求

2.1 职业道德

2.1.1 职业道德基本知识

2.1.2 职业守则

遵纪守法,爱岗敬业;
质量为本,精益求精;
有法必依,坚持原则。

2.2 基础知识

2.2.1 兽用化学药品检验的依据和程序

210

a) 兽用化学药品检验的依据；
b) 兽用化学药品检验的程序。

2.2.2 基本知识
a) 玻璃仪器的分类、保管及洗涤知识；
b) 天平的分类、工作原理、使用及维护方法；
c) 误差及数据处理知识；
d) 检验记录及检验报告书书写规定；
e) 化学分析实验室通用要求；
f) 微生物实验室通用要求。

2.2.3 兽用药品制剂通则
a) 片剂；
b) 注射剂；
c) 酊剂；
d) 栓剂；
e) 胶囊剂；
f) 软膏剂、乳膏剂、糊剂；
g) 眼用制剂；
h) 粉剂；
i) 预混剂；
j) 颗粒剂；
k) 内服溶液剂、内服混悬剂、内服乳剂；
l) 可溶性粉剂；
m) 外用液体制剂；
n) 子宫注入剂；
o) 乳房注入剂；
p) 阴道用制剂。

2.2.4 实验室安全与环境保护知识
a) 安全用水、用电知识；
b) 防火防爆等消防知识；
c) 危险化学品的分类与管理知识；
d) 气瓶管理知识；
e) 生物安全实验室管理知识；
f) 三废处理的知识。

2.2.5 相关法律、法规知识
a)《中华人民共和国劳动法》的相关知识；
b)《中华人民共和国合同法》的相关知识；
c)《兽药管理条例》的相关知识；
d)《兽药生产质量管理规范》的相关知识；
e)《中华人民共和国计量法》的相关知识。

3 工作要求

本标准对中级、高级、技师和高级技师的技能要求依次递进，高级别涵盖低级别的要求。

3.1 中级

职业功能	工作内容	技能要求	相关知识
一、天平与称量	(一)普通天平使用	能使用普通天平称量物品质量	天平称量原理、普通天平的操作方法及日常维护保护规程
	(二)分析天平使用	能使用分析天平精密称定物品质量	精密称定的有关要求、分析天平的操作方法及日常维护保护规程
二、容量仪器使用	(一)滴定管使用	1. 能使用滴定管进行滴定	滴定管使用的注意事项
		2. 能正确读取滴定体积	
	(二)容量瓶使用	能用容量瓶定量稀释或配制溶液	容量瓶使用的注意事项
	(三)移液管、刻度吸管、量筒使用	1. 能用刻度吸管定量吸取溶液	Y 刻度吸管、移液管、量筒使用的注意事项
		2. 能用移液管定量移取溶液	
		3. 能用量筒量取溶液	
三、取样与留样	(一)抽取样品	1. 能在普通环境下进行固体样品的取样	1. 样品取样基本原则和取样规定 2. 取样证和取样记录的书写要求
		2. 能在普通环境下进行液体样品的取样	
	(二)留样	1. 能进行样品的留样保管	1. 样品留样管理规定 2. 留样记录的书写要求
		2. 能进行常规留样的留样观察	常规留样观察试验要求
四、理化检测	(一)性状检测	1. 能进行相对密度测定	相对密度测定的原理及注意事项
		2. 能进行熔点测定	熔点测定的原理及熔点仪的工作原理与使用注意事项
		3. 能进行成品外观性状的检验	兽药制剂通则
	(二)鉴别	1. 能依照兽药典附录进行一般鉴别试验	一般鉴别试验的原理及注意事项
		2. 能依照标准正文方法运用颜色变化、沉淀产生等化学方法进行样品的鉴别	化学鉴别试验的原理及注意事项
	(三)检查	1. 能进行氯化物等盐类检查	氯化物等盐类检查的方法及注意事项
		2. 能进行干燥失重检查	1. 烘箱的工作原理 2. 干燥失重检查的方法及注意事项
		3. 能进行溶液的澄清度检查	溶液的澄清度检查的方法及注意事项
		4. 能进行溶液的颜色检查	溶液的颜色检查的方法及注意事项
		5. 能进行炽灼残渣检查	1. 马福炉的工作原理 2. 炽灼残渣检查的方法及使用注意事项
		6. 能进行酸碱度、pH测定	1. pH计工作原理 2. 酸碱度、pH测定方法与使用注意事项
	(四)制剂通则检查	1. 能进行粉剂、散剂、预混剂、溶液剂最低装量检查	最低装量检查操作规程及要求
		2. 能进行片剂、胶囊剂崩解时限检查	1. 崩解仪工作原理 2. 崩解时限检查方法与使用注意事项
		3. 能进行片剂等重量差异检查	片剂等重量差异检查方法及注意事项
		Y 4. 能进行胶囊剂装量差异检查	胶囊剂装量差异检查方法及注意事项

（续）

职业功能	工作内容	技能要求	相关知识
四、理化检测	（四）制剂通则检查	5. 能进行注射液装量检查	注射液装量检查方法及注意事项
		6. 能进行金属性异物检查	金属性异物检查方法及注意事项
		7. 能进行外观均匀度检查	外观均匀度检查方法及注意事项
		8. 能进行溶化性检查	溶化性检查方法及注意事项
		9. 能进行溶解性检查	溶解性检查方法及注意事项
	（五）含量测定	1. 能采用中和法（酸碱滴定法）测定兽药含量	酸碱滴定法的基本原理、操作规程及注意事项、结果计算与偏差处理
		2. 能采用氧化还原法测定兽药含量	氧化还原法的基本原理、操作规程及注意事项、结果计算与偏差处理
五、微生物检测	（一）微生物限度检查	1. 能进行细菌计数	细菌限度检查的方法及注意事项
		2. 能进行霉菌、酵母菌的计数	霉菌、酵母菌的限度检查的方法及注意事项
	（二）实验用品处理	1. 能运用湿热灭菌方法进行器具、培养物的灭菌	1. 湿热灭菌器的工作原理 2. 湿热灭菌法原理及注意事项
		2. 能运用干热灭菌法进行器具的灭菌	1. 干热灭菌箱的工作原理 2. 干热灭菌法原理及注意事项
六、检验记录与检验报告	（一）检验记录	能准确记录检测过程中观察到的现象，测得的数据	检验记录的要求及注意事项
	（二）检验报告	能编写检验报告	编写检验报告的注意事项
七、实验室管理	（一）仪器设备管理	1. 能进行玻璃仪器的洗涤与保管	玻璃仪器的分类、洗涤方法、洗涤效果与保管要求知识及注意事项
		2. 能进行烘箱、马福炉、崩解仪熔点测定仪和比重瓶的日常维护保养	烘箱、马福炉、崩解仪、熔点测定仪日常维护保养规程
		3. 能进行pH计校正和日常维护保养	pH计校正规程和维护保养规程
	（二）天平维护保养	1. 能维护保养天平，确保其清洁	天平维护保养规程
		2. 能简单识别检查天平的异常情况	天平的异常情况检查知识
	（三）检测环境管理	能对普通检测环境进行管理	检测环境的基本要求
	（四）试剂管理	能对检测用的化学试剂进行管理	不同化学试剂的基础知识及管理要求
	（五）溶液管理	1. 能进行试液、缓冲液、指示剂、指示液的配制	试液、缓冲液、指示剂、指示液的配制及注意事项
		2. 能进行试液、缓冲液、指示剂、指示液的管理	试液、缓冲液、指示剂、指示液的管理及注意事项
	（六）培养基准备	1. 能进行培养基的配制	1. 培养基的基础知识和要求 2. 培养基的配制、灭菌方法及操作注意事项
		2. 能进行培养基的灭菌	

3.2 高级

职业功能	工作内容	技能要求	相关知识
一、取样与留样	（一）抽取样品	1. 能按照兽药GMP的要求对人员、环境进行抽样前清洁	兽药GMP清洁管理的相关规定、清洁操作规程和注意事项
		2. 能进行有洁净度要求的样品取样	兽药GMP清洁管理的相关规定、有洁净度要求的样品取样原则及取样注意事项
		3. 能进行有洁净度要求的取样环境的清场	兽药GMP关于环境清场的有关规定
	（二）留样	能进行稳定性试验中一般留样的管理	1. 兽药稳定性实验指导原则 2. 样品留样管理规定

（续）

职业功能	工作内容	技能要求	相关知识
二、理化检测	（一）性状检测	1. 能进行馏程测定	馏程测定原理、操作方法及注意事项
		2. 能进行旋光度测定	旋光仪工作原理、操作方法及注意事项
		3. 能进行折光率测定	阿贝折射仪工作原理、操作方法及注意事项
	（二）鉴别	能运用薄层层析法进行鉴别试验	薄层层析法原理、操作方法及注意事项
	（三）检查	1. 能进行重金属检查	1. 重金属检查法的原理 2. 重金属检查方法及注意事项
		2. 能运用卡氏法测定兽药水分	1. 卡氏水分测定法的原理 2. 卡氏水分测定法的操作方法和注意事项
		3. 能进行易炭化物检查	易炭化物检查方法及箱式电阻炉的工作原理与使用注意事项
	（四）制剂通则检查	1. 能进行注射用无菌粉末装量差异检查	注射用无菌粉末装量差异检查法、装量差异要求及测定注意事项
		2. 能进行粒度检查	粒度检查方法及操作注意事项
		3. 能进行可见异物检查	可见异物检查方法及操作注意事项
		4. 能进行不溶性微粒检查	不溶性微粒检查方法及不溶性微粒测定仪工作原理与使用注意事项
		5. 能进行融变时限检查	1. 融变时限仪工作原理 2. 融变时限检查方法及注意事项
		6. 能进行沉降体积比检查	沉降体积比检查方法及注意事项
	（五）含量测定	1. 能采用络合滴定法测定兽药含量	络合滴定法原理、操作规程及注意事项、结果计算和偏差计算
		2. 能采用永停滴定仪（重氮化法）测定兽药含量	1. 永停滴定仪工作原理 2. 重氮化法原理、操作规程及注意事项、结果计算与偏差处理
		3. 能采用非水滴定法测定兽药含量	非水溶液滴定法原理、操作规程及注意事项、结果计算与偏差计算
		4. 能采用氮测定法测定兽药含量	氮测定法原理、操作规程及注意事项、结果计算与偏差处理
		5. 能采用紫外—可见分光光度法测定兽药含量	1. 紫外—可见分光光度计的工作原理 2. 紫外—可见分光光度法原理、操作规程及注意事项、结果计算与偏差处理
三、微生物检测	微生物限度检查	1. 能进行细菌计数验证试验	1. 微生物基本知识 2. 细菌计数验证试验有关规定及操作注意事项
		2. 能进行霉菌、酵母菌计数验证试验	霉菌、酵母菌计数验证试验有关规定及操作注意事项
		3. 能进行控制菌检查	控制菌检查的原理及控制菌识别知识
四、生物检测	细菌内毒素检查	能进行细菌内毒素检查以及鲎试剂灵敏度复核	1. 细菌内毒素检查原理 2. 细菌内毒素检查以及鲎试剂灵敏度复核注意事项

（续）

职业功能	工作内容	技能要求	相关知识
五、实验室管理	（一）仪器设备管理	能进行旋光仪、折光仪、紫外—可见分光光度计、水分测定仪、微粒测定仪、融变时限仪的日常维护	旋光仪、折光仪、紫外—可见分光光度计、水分测定仪、微粒测定仪、融变时限仪等的维护规程
	（二）检测环境管理	能对仪器室和分析天平室环境进行管理	仪器室和分析天平室环境管理的有关要求
	（三）标准物质管理	1. 能配制与标定滴定液	1. 滴定液的配制、标定方法 2. 滴定液浓度及相对偏差的计算
		2. 能配制标准氯化钠、铅等溶液	标准氯化钠、铅等溶液配制相关知识
		3. 能进行标准物质贮存、期间核查与管理	标准物质分类贮存、期间核查及管理的相关知识与要求

3.3 技师

职业功能	工作内容	技能要求	相关知识
一、取样与留样	（一）抽取样品	能进行剧毒药物等特殊管理兽药的取样	1. 剧毒药物等特殊管理兽药的取样要求 2. 留样记录的书写要求
	（二）留样	能进行剧毒药物等特殊管理兽药的留样观察和稳定性试验留样管理	特殊管理兽药的留样管理要求
二、理化检测	（一）性状检测	1. 能进行凝点测定	凝点测定法及凝点测定仪工作原理与使用注意事项
		2. 能进行黏度测定	黏度测定法及黏度计工作原理与使用注意事项
	（二）鉴别	能运用红外分光光度法进行鉴别试验	1. 红外分光光度计的工作原理 2. 红外分光光度法原理、操作规程及注意事项、结果计算与偏差处理
	（三）检查	1. 能进行砷盐检查	砷盐检查方法及操作注意事项
		2. 能进行有机溶剂残留量测定	有机溶剂残留量测定方法及操作注意事项
	（四）制剂通则检查	1. 能进行含量均匀度检查	含量均匀度检查方法及操作注意事项
		2. 能进行酊剂甲醇量测定	酊剂甲醇量测定方法及操作注意事项
		3. 能进行乳化稳定性检查	乳化稳定性检查方法及操作注意事项
		4. 能进行可湿性检查	可湿性检查方法及操作注意事项
		5. 能进行溶出度、释放度测定	1. 溶出度仪的工作原理 2. 溶出度、释放度测定原理、操作规程及注意事项、结果计算
	（五）含量测定	1. 能采用沉淀滴定法测定兽药含量	沉淀滴定法基本原理、操作规程及注意事项、结果计算与偏差处理
		2. 能采用重量法测定兽药含量	重量法基本原理、操作规程及注意事项、结果计算与偏差处理
		3. 能采用氧瓶燃烧法测定兽药含量	氧瓶燃烧法基本原理、操作规程及注意事项、结果计算与偏差处理
		4. 能采用高效液相色谱法测定兽药含量	1. 高效液相色谱仪的工作原理 2. 高效液相色谱法原理、操作规程及注意事项、结果计算与偏差处理
		5. 能采用气相色谱法测定兽药含量	1. 气相色谱仪的工作原理 2. 气相色谱法原理、操作规程及注意事项、结果计算与偏差处理

（续）

职业功能	工作内容	技能要求	相关知识
三、生物检测	（一）热原检查	能进行热原检查	热原检查原理、操作规程及注意事项
	（二）异常毒性检查	能进行异常毒性检查试验	异常毒性检查原理、操作规程及注意事项
	（三）细菌内毒素检查	能进行细菌内毒素干扰试验	细菌内毒素干扰试验原理及注意事项
四、微生物检测	（一）微生物限度检查	能进行控制菌验证试验	1. 微生物基本知识 2. 控制菌验证原理及注意事项
	（二）无菌检查	1. 能进行无菌检查试验	1. 无菌的基本知识 2. 无菌检查方法、验证试验方法及注意事项
		2. 能进行无菌验证试验	
	（三）抗生素效价测定	能采用抗生素微生物检定法（第一法　管碟法）测定兽药含量	抗生素微生物检定法（第一法　管碟法）的原理、操作规程及注意事项、结果计算与偏差处理
五、实验室管理	（一）容量仪器管理	滴定管、移液管、刻度吸管、容量瓶、量筒校正	1. 滴定管、移液管、刻度吸管、容量瓶、量筒等的校正相关知识 2. 常用玻璃量器检定规程
	（二）仪器设备管理	1. 能进行凝点测定仪、黏度计、显微镜、抑菌圈测定仪、红外分光光度仪、溶出度仪的日常维护保养	凝点测定仪、黏度计、显微镜、抑菌圈测定仪、红外分光光度仪、溶出度仪的日常维护保养规程
		2. 能进行高效液相色谱仪、气相色谱仪的日常维护保养	液相色谱仪的日常维护保养规程、气相色谱仪的日常维护保养规程
	（三）检测环境管理	能对无菌环境和抗生素微生物检定测定环境进行管理	抗生素生物检定测定、无菌检测环境管理要求
	（四）特殊试剂及兽药管理	能对检测用剧毒试剂和剧毒兽药进行保管与贮藏	剧毒品等特殊管理试剂、兽药的管理规定
	（五）动物管理	1. 能进行小鼠与家兔的饲养与筛选	小鼠与家兔等实验动物的饲养与筛选使用要求
		2. 能对实验动物舍房进行管理	实验动物房管理要求
	（六）培养基准备	能进行无菌检查用培养基适用性检验	1. 培养基的基本知识 2. 无菌检查用培养基适用性检验要求、操作规程及注意事项
	（七）菌种管理	1. 能进行菌种的保管	1. 菌种分类的相关知识 2. 菌种传代、菌种保管的规定、操作规程及注意事项
		2. 能进行菌种的传代	
	（八）安全管理	1. 能进行浓酸、浓碱及有毒试剂泄露处理	1. 危险化学品和剧毒品的相关知识 2. 腐蚀性试剂及有毒试剂安全管理规范、泄露处理规定
		2. 能进行检测所涉及微生物污染处理	1. 生物安全相关知识 2. 微生物污染处理规定及注意事项
六、培训与指导	（一）培训	1. 能对中级、高级工进行检验操作规程知识培训	1. 培训讲义的编写要求 2. 教学法基本知识
		2. 能对中级、高级工进行操作技能培训	
		3. 能编写培训讲义	
	（二）指导	能对中级、高级工进行现场操作示范与指导	

3.4 高级技师

职业功能	工作内容	技术要求	相关知识
一、理化检测	(一)检查	1. 能进行内酰胺类抗生素高分子杂质测定	内酰胺类抗生素高分子杂质测定原理、操作规程与注意事项
		2. 能进行青霉素聚合物的测定	青霉素聚合物的测定方法与操作注意事项
	(二)制剂通则检查	能进行注射剂渗透压摩尔浓度检查	注射剂渗透压摩尔浓度检查方法与操作注意事项
二、生物检测	(一)过敏反应检查	能进行过敏反应检查试验	过敏反应检查试验方法原理、操作规程与注意事项
	(二)绒出性素生物测定	能进行绒出性素生物测定试验	绒出性素生物测定试验方法原理、操作规程与注意事项
三、微生物检测	抗生素效价测定	能采用抗生素微生物检定法(第二法 浊度法)测定兽药含量	抗生素微生物检定法(第二法 浊度法)的原理、操作规程及注意事项、结果计算与偏差处理
四、实验室管理	(一)仪器设备管理	1. 能进行分析天平的期间核查和自校准	1. 分析天平的期间核查要求 2. 分析天平期间核查内容及操作规程
		2. 能进行紫外—可见分光光度计、高效液相色谱仪、气相色谱仪等的期间核查	1. 分析仪器的期间核查要求 2. 紫外—可见分光光度计、高效液相色谱仪、气相色谱仪等期间核查内容及操作规程
		3. 能进行pH计校准	pH计校准方法及要求
	(二)检测环境管理	能进行洁净区域空气洁净度测定(尘埃粒子数、浮游菌或沉降菌数)	1. 洁净区的分级与要求 2. 洁净度(尘埃粒子数、浮游菌或沉降菌)测定原理、操作规程及注意事项、结果计算与判定
	(三)培养基准备	能进行无菌检查用培养基灵敏度检查	无菌检查用培养基灵敏度检查原理及注意事项
	(四)菌种管理	能进行菌种纯化	菌种纯化要求及操作规程
	(五)安全管理	能进行不同类型火灾处理	1. 消防安全的基本知识 2. 不同类型火灾扑灭的方法及注意事项
五、培训与指导	(一)培训	1. 能对中级、高级工、技师进行检验操作规程知识培训	1. 培训讲义的编写要求 2. 教学法基本知识
		2. 能对中级、高级工、技师进行操作技能培训	
		3. 能编写培训讲义	
	(二)指导	能对中级、高级工、技师进行现场操作示范与指导	
六、质量标准分析方法验证	(一)理化检测	能进行准确度、精密度、专属性、检测限、定量限、线性、范围、耐用性等分析方法验证试验	准确度、精密度、专属性、检测限、定量限、线性、范围、耐用性等分析方法验证试验要求及结果计算
	(二)生物检测	能进行细菌内毒素检查方法学试验	细菌内毒素检查方法学试验原理及注意事项
七、稳定性试验	稳定性加速试验	能进行稳定性加速试验	1. 兽药稳定性试验技术规范 2. 稳定性试验方法、结果计算与判定、注意事项
	稳定性长期试验	能进行稳定性长期试验	
	稳定性影响因素试验	能进行稳定性影响因素试验	

4 比重表

4.1 理论知识

项目		中级 %	高级 %	技师 %	高级技师 %
基本 要求	职业道德	5	5	5	5
	基础知识	14	12	10	8
相关 知识	天平与称量	3	—	—	—
	容量仪器使用与洗涤	4	—	5	—
	取样与留样	3	2	5	—
	理化检测	45	50	35	14
	微生物检测	5	8	12	10
	生物检测	—	5	8	8
	检验记录与检验报告	6	—	—	—
	实验室管理	15	18	12	15
	培训与指导	—	—	8	15
	质量标准分析方法验证	—	—	—	15
	兽药稳定性试验	—	—	—	10
合计		100	100	100	100

4.2 技能操作

项目		中级 %	高级 %	技师 %	高级技师 %
相关 知识	天平与称量	10	—	—	—
	容量仪器使用与洗涤	10	—	10	—
	取样与留样	5	5	10	—
	理化检测	50	55	35	30
	微生物检测	5	10	10	15
	生物检测	—	15	10	—
	检验记录与检验报告	10	—	—	—
	实验室管理	10	15	10	15
	培训与指导	—	—	15	20
	质量标准分析方法验证	—	—	—	10
	兽药稳定性试验	—	—	—	10
合计		100	100	100	100
注：比重表中不配分的地方，请划"—"。					

ICS 03.100.30
A 18

中华人民共和国农业行业标准

NY/T 2147—2012

兽用中药制剂工

Veterinary traditional Chinese medicine preparation maker

2012-03-01 发布
2012-06-01 实施

中华人民共和国农业部 发布

NY/T 2147—2012

前　言

本标准按照 GB/T 1.1—2009 给出的规则起草。

本标准由农业部人事劳动司提出。

本标准起草单位:农业部兽药行业职业技能鉴定指导站。

本标准起草人:段文龙、徐晓曦、王秀峰、顾进华、郭晔、王峰。

兽用中药制剂工

1 职业概况

1.1 职业名称

兽用中药制剂工。

1.2 职业定义

系指直接从事兽用中药散剂、片剂、颗粒剂、口服液（合剂）、注射剂、灌注剂等制剂生产制造的人员。

1.3 职业等级

本职业共设四个等级，分别为：中级、高级、技师、高级技师。

1.4 职业环境

室内、常温。

1.5 职业能力特征

具有一定的空间感和形体知觉；手指、手臂灵活，动作协调；色、味、嗅、听等感官正常，具有一定的观察、判断、理解、计算和表达能力。

1.6 基本文化程度

初中毕业。

1.7 培训要求

1.7.1 培训期限

全日制职业学校教育，根据其培养目标和教学计划确定。晋级培训期限：中级不少于 300 标准学时；高级不少于 200 标准学时；技师不少于 200 标准学时；高级技师不少于 160 标准学时。

1.7.2 培训教师

培训中级的教师应具有本职业高级及以上职业资格证书或相关专业中级及以上专业技术职务任职资格；培训高级的教师应具有本职业技师及以上职业资格证书或相关专业高级及以上专业技术职务任职资格；培训技师的教师应具有本职业高级技师或相关专业高级专业技术职务任职资格；培训高级技师的教师应具有本职业高级技师职业资格证书 2 年以上或相关专业高级专业技术职务任职资格。

1.7.3 培训场地设备

满足教学需要的标准教室，具有相应制剂设备及必要的工具、计量器具等及制剂辅助设施设备的场地。

1.8 鉴定要求

1.8.1 适用对象

从事或准备从事本职业的人员。

1.8.2 申报条件

1.8.2.1 中级（具备以下条件之一者）

a) 连续从事本职业工作 3 年以上，经本职业中级正规培训达规定标准学时数，并取得结业证书；

b) 连续从事本职业工作 5 年以上；

c) 取得经人力资源和社会保障行政部门审核认定的、以中级技能为培养目标的中等以上职业学校本职业（专业）毕业证书。

1.8.2.2 高级（具备以下条件之一者）

a) 取得本职业中级职业资格证书后，连续从事本职业工作 4 年以上，经本职业高级正规培训达规

定标准学时数,并取得结业证书;

b) 取得本职业中级职业资格证书后,连续从事本职业工作 6 年以上;

c) 取得高级技工学校或经人力资源和社会保障行政部门审核认定的、以高级技能为培养目标的高等职业学校本职业(专业)毕业证书;

d) 取得本职业中级职业资格证书的大专以上本专业或相关专业毕业生,连续从事本职业工作 2 年以上。

1.8.2.3 技师(具备以下条件之一者)

a) 取得本职业高级职业资格证书后,连续从事本职业工作 5 年以上,经本职业技师正规培训达规定标准学时数,并取得结业证书;

b) 取得本职业高级职业资格证书后,连续从事本职业工作 7 年以上;

c) 取得本职业高级职业资格证书的高级技工学校本职业(专业)或大专以上本专业或相关专业的毕业生,连续从事本职业工作 2 年以上。

1.8.2.4 高级技师(具备以下条件之一者)

a) 取得本职业技师职业资格证书后,连续从事本职业工作 3 年以上,经本职业高级技师正规培训达规定标准学时数,并取得结业证书;

b) 取得本职业技师职业资格证书后,连续从事本职业工作 5 年以上。

1.8.3 鉴定方式

分为理论知识考试和技能操作考核。理论知识考试采用闭卷笔试方式,技能操作考核采用现场实际操作、模拟操作和口试等方式。理论知识考试和技能操作考核均实行百分制,成绩皆达 60 分及以上者为合格。技师、高级技师还须进行综合评审。

1.8.4 考评人员与考生配比

理论知识考试考评人员与考生配比为 1:25,每个标准教室不少于 2 名考评人员;技能操作考核考评员与考生配比为 1:5,且不少于 3 名考评员;综合评审委员不少于 5 人。

1.8.5 鉴定时间

理论知识考试时间不少于 90 min;技能操作考核时间:中级不少于 40 min,高级不少于 60 min,技师不少于 80 min;高级技师不少于 100 min;综合评审时间不少于 20 min。

1.8.6 鉴定场所设备

理论知识考试在标准教室进行;技能操作考核在配备必要的制剂设备、工具、计量器具等及制剂辅助设施设备的场所进行。

2 基本要求

2.1 职业道德

2.1.1 职业道德基本知识

2.1.2 职业守则

遵守法律、法规和有关规定;

爱岗敬业,自觉履行各项职责;

遵守企业各项管理制度;

钻研业务,努力提高思想和科学文化素质;

团结协作,主动配合;

严格执行工艺文件,保证质量;

具有安全生产、环保意识。

2.2 基础知识

2.2.1 中药学基础知识。

2.2.2 兽用中药制剂生产用原料、辅料及包装材料基础知识。

2.2.3 兽用中药制剂基础知识。

    a) 兽用中药制剂分类；

    b) 常用兽用中药制剂生产工艺；

    c) 兽用中药制剂生产人员卫生要求；

    d) 兽用中药制剂生产环境要求；

    e) 兽用中药制剂生产工艺用水要求；

    f) 兽用中药制剂无菌生产及消毒灭菌方法；

    g) 影响兽用中药制剂稳定性的因素及解决措施。

2.2.4 兽用中药制剂生产设备设施基础知识。

2.2.5 安全生产与环境保护知识。

    a) 防火防爆等消防知识；

    b) 安全用电常识；

    c) 安全操作规程；

    d) 溶剂及废弃物的处理；

    e) 急救知识。

2.3 相关法律、法规知识

    a) 《中华人民共和国劳动法》的相关知识；

    b) 《中华人民共和国产品质量法》的相关知识；

    c) 《兽药管理条例》的相关知识；

    d) 《兽药生产质量管理规范》的相关知识；

    e) 《兽药标签和说明书管理办法》的相关知识。

3 工作要求

本标准对中级、高级、技师和高级技师的技能要求依次递进，高级别涵盖低级别的要求。

3.1 中级

职业功能	工作内容	技能要求	相关知识
一、口服固体制剂生产（散剂/颗粒剂/片剂）	（一）配料	1. 能够检查备料、配料岗位生产环境卫生、温湿度及设备的状态标识 2. 能够按照生产指令领取所需物料 3. 能按本岗位操作规程称量物料 4. 能填写称量、配料等原始记录 5. 能够填写配料岗位的生产原始记录	1. 计量单位相关知识 2. 有效数字修约相关知识 3. 台秤、天平及电子天平等称量器具的使用方法 4. 固体的称量方法和液体的量取方法 5. 熟悉各种称量器具的称量范围及量具的量取范围，并能正确选择合适量程和精度的称量器具 6. 物料的有关概念
	（二）粉碎与过筛	1. 能够检查粉碎与过筛生产环境、设施与设备 2. 能够按照生产指令领取已备好的物料，做好粉碎与过筛前的准备 3. 能够按照粉碎与过筛岗位操作规程进行粉碎与过筛操作 4. 能够正确填写粉碎与过筛操作的生产原始记录	1. 粉碎、过筛的定义及目的 2. 药筛的种类及规格 3. 粉碎的基本原理 4. 粉碎应遵循的原则 5. 粉碎、过筛的温湿度要求 6. 生产设备状态标识相关知识

（续）

职业功能	工作内容	技能要求	相关知识
一、口服固体制剂生产（散剂/颗粒剂/片剂）	（三）混合物料	1. 能够检查混合岗位的生产环境、设施与设备 2. 能够按照生产指令领取粉碎过筛好物料，做好混合前的准备 3. 能够按照混合岗位标准操作规程进行物料混合 4. 能够正确填写物料混合的生产原始记录	1. 物料混合的基本概念 2. 物料混合的目的 3. 物料混合的注意事项等相关知识
	（四）制粒与整粒	1. 能够检查制粒、整粒岗位的生产环境、设施与设备 2. 能够按照生产指令领取混合好的物料，做好制粒、整粒前的准备 3. 能够按照制粒与整粒岗位标准操作规程进行制粒与整粒 4. 能够正确填写制粒与整粒的生产原始记录	1. 制粒常用辅料 2. 制粒、整粒的目的 3. 制粒、整粒的筛网目数 4. 制粒、整粒的注意事项等相关知识
	（五）干燥物料	1. 能够检查干燥岗位的生产环境、设施与设备 2. 能够按照生产指令领取干燥工序的物料，做好干燥前的准备 3. 能够按照干燥岗位标准操作规程对物料进行干燥 4. 能正确填写物料干燥的生产原始记录	1. 物料干燥的定义、目的 2. 影响物料干燥的因素 3. 物料干燥的注意事项等相关知识
	（六）压片	1. 能够独立进行压片前生产环境、场地、设施设备、原辅料的准备工作 2. 能够按照压片岗位生产操作规程完成压片工作 3. 能正确填写压片工序各项原始记录	1. 片剂的（概念、分类、生产工艺流程等）相关知识 2. 片重的计算 3. 物料平衡的计算
	（七）分装	1. 能够进行分装前生产环境、场地、设施设备、物料的准备 2. 能够按照散剂、颗粒剂、片剂等分装岗位操作程序进行半成品的分装 3. 能正确填写分装工序各项原始记录	1. 内包装的概念 2. 常用的内包材、容器及性能的要求 3. 批及批号的概念与划分 4. 装量检查等相关知识
	（八）包装	1. 能够进行外包装的生产环境、设备、设施、产品和包装材料的准备工作 2. 能够按照外包装岗位操作程序对产品进行包装并及时填写原始记录 3. 能够按照产品外包装设备操作要求进行设备调试操作清洁维护保养 4. 能够完成包装工序各项工作的复核与确认工作	1. 包装材料有关概念 2. 合箱有关知识 3. 外包装过程的生产管理与质量控制要点 4. 包装材料的物料平衡计算知识 5. 清场的基本要求等相关知识
二、口服液体剂生产	（一）洗瓶与烘干	1. 能够进行洗瓶与烘干前生产环境、场地、设备与用具、所用物料的准备工作 2. 能按照洗瓶与烘干岗位操作规程，完成洗瓶与烘干 3. 能正确填写洗瓶与烘干各项原始记录	1. 药用包装瓶的种类、规格等相关知识 2. 口服液体剂常用包装瓶的清洁方法 3. 洗瓶与烘干生产管理与质量控制要点

（续）

职业功能	工作内容	技能要求	相关知识
二、口服液体剂生产	（二）贴签与包装	1. 能够进行贴签与包装前生产环境、场地、设备与用具、所用物料的准备 2. 能够按照操作规程进行包装 3. 能够按照岗位操作程序进行贴标机与打包机的操作 4. 能够正确填写包装工序各项原始记录	1. 标签的基础知识及管理 2. 口服液体制剂贴签、包装的生产管理与质量控制要点 3. 包装记录填写规定
三、最终灭菌注射剂生产（小容量注射剂/大容量注射剂）、灌注剂	（一）清洗瓶、胶塞、铝盖	1. 能够进行大、小容量注射剂、灌注剂包装瓶、胶塞、铝盖清洗处理前的生产环境、场地、设备与用具、所用物料的准备 2. 能够按照注射剂、灌注剂包装瓶的清洗与烘干岗位操作规程进行操作 3. 能够进行胶塞、铝盖的清洗、烘干处理 4. 能够填写瓶子、胶塞、铝盖清洗、烘干等各项原始记录	1. 注射剂、灌注剂包装瓶的规格、种类及适用范围 2. 胶塞、铝盖的型号、种类及适用范围 3. 瓶、胶塞、铝盖清洗处理方法 4. 本岗位生产管理与质量控制要点
	（二）印字包装	1. 能够进行包装前生产环境、场地、设备与用具、所用物料的准备 2. 能够按照操作规程进行印字包装 3. 能够正确填写包装工序各项原始记录	1. 标签的基础知识及管理 2. 注射剂印字、贴签、包装的生产管理与质量控制要点 3. 包装记录填写规定 4. 包装材料的物料平衡计算知识
四、非最终灭菌无菌注射剂生产（无菌粉针剂/冻干粉针剂）	（一）洗瓶与灭菌	1. 能够进行洗瓶与灭菌工序前的生产环境、场地、设备与用具、所用物料的准备工作 2. 能按照洗瓶与灭菌岗位操作规程，进行洗瓶与灭菌 3. 能正确填写洗瓶与灭菌工序各项原始记录	1. 非最终灭菌制剂常用包装瓶的种类 2. 灭菌的常用方法 3. 西林瓶的质量要求
	（二）处理胶塞与灭菌	1. 能按照胶塞处理与灭菌岗位操作规程，进行胶塞的清洗与灭菌 2. 能正确填写胶塞处理与灭菌工序各项原始记录	1. 胶塞和铝盖的灭菌方法 2. 干燥灭菌及紫外照射灭菌的要求 3. 不同胶塞的质量要求
	（三）包装	1. 能够进行包装前生产环境、场地、设备与用具、所用物料的准备 2. 能够按照操作规程进行印字包装 3. 能够正确填写包装工序各项原始记录	1. 标签的基础知识及管理 2. 非最终灭菌无菌注射剂印字、贴签、包装的生产管理与质量控制要点 3. 包装记录填写规定 4. 包装材料的物料平衡计算知识

3.2 高级

职业功能	工作内容	技能要求	相关知识
一、口服固体制剂生产（散剂/颗粒剂/片剂）	（一）配料	1. 能够对称量器具进行校正、操作、清洁和维护保养 2. 能够正确使用备料岗位仪器 3. 能够备料岗位的生产记录进行复核	1. 生产部门物料管理的相关知识 2. 常用药用辅料的相关知识 3. 物料管理的温湿度及环境要求

（续）

职业功能	工作内容	技能要求	相关知识
一、口服固体制剂生产（散剂/颗粒剂/片剂）	（二）粉碎与过筛	1. 能够按照粉碎与过筛设备操作规程正确进行设备的调试、操作、清洁、维护与保养 2. 能够根据物料的特点及生产工艺要求，对特定物料进行干燥 3. 能够发现粉碎、过筛生产过程中出现的异常情况 4. 能够正确使用粉碎与过筛岗位设备 5. 能够对粉碎与过筛岗位的生产记录进行复核	1. 物料粉碎、过筛的常用设备 2. 物料粉碎的常用方法 3. 粉碎机维护与保养的相关知识 4. 粉碎、过筛岗位生产管理与质量监控要点
	（三）混合物料	1. 能够按照混合设备操作规程进行设备的调试、操作、清洁、维护与保养 2. 能够对混合岗位的生产记录进行复核	1. 常用混合设备与方法 2. 不同混合机的装量要点 3. 混合机维护与保养的相关知识 4. 混合岗位生产管理与质量监控要点
	（四）制粒、干燥、整粒	1. 能够按岗位操作规程的要求生产 2. 能够按照设备操作规程进行设备的调试、操作、清洁、维护与保养 3. 能够检查颗粒的粒度、外观性状及干燥程度等，并能够发现制粒、整粒过程中出现的异常情况 4. 能够对生产记录进行复核	1. 制粒、干燥、整粒的常用方法 2. 掌握常用的制粒、干燥与整粒设备 3. 制粒机、干燥与整理机的维护与保养的相关知识 4. 制粒、干燥与整粒岗位生产管理与质量监控要点
	（五）压片	1. 能够按照压片机操作规程进行设备的调试、操作、清洁、维护与保养 2. 能够根据片剂的要求及时调整片重、崩解度及脆碎度 3. 能够对压片岗位的生产记录进行复核	1. 压片机的种类及特点 2. 常用的压片方法 3. 压片岗位生产管理与质量监控要点
	（六）分装	1. 能够按照分装机操作规程进行设备的调试、操作、清洁、维护与保养 2. 能够对分装岗位的生产记录进行复核	1. 散剂、颗粒剂及片剂分装的生产管理与质量控制要点 2. 物料平衡管理规程相关知识 3. 固体分装机的种类及特点
二、口服液体剂生产	（一）制备工艺用水	1. 能够按照纯化水、注射用水制备的标准操作规程进行生产任务 2. 能够按照纯化水、注射用水储罐、管道清洗灭菌的标准操作规程，完成设备、环境、容器的清洁 3. 能够对工艺用水制备岗位的记录进行复核	1. 工艺用水的分类与制备方法 2. 工艺用水的用途与要求等相关知识 3. 制水工艺生产管理与质量控制要点相关知识
	（二）洗瓶与干燥	1. 能够对口服液体制剂的洗瓶与干燥设备进行调试、操作、清洁、维护与保养 2. 能够发现并解决洗瓶过程中出现的异常情况 3. 能够口服液体制剂洗瓶与干燥岗位生产记录进行复核	1. 洗瓶的目的、意义及要求 2. 洗瓶岗位生产管理与质量控制要点相关知识

（续）

职业功能	工作内容	技能要求	相关知识
二、口服液体剂生产	（三）配液与过滤	1. 能够进行口服液体制剂配液、过滤前生产环境、场地、设施设备、原辅料准备 2. 能够按照配液岗位标准操作规程进行配液、过滤、清洁 3. 能正确填写配液过滤工序各项原始记录 4. 能够对配液岗位的各项工作进行复核与确认	1.《中国兽药典》中收载的口服液体制剂的种类 2. 配液所用称量器具、pH 计等相关知识 3. 配制药液的常用方法、投料量的计算等相关知识 4. 配液、过滤岗位生产管理与质量控制要点相关知识
	（四）灌装与压盖	1. 能够进行灌装与压盖前的生产环境、场地、设备与用具、所用物料准备 2. 能够按照灌装与压盖岗位操作规程进行操作 3. 能够对灌装与压盖设备进行调试、操作、清洁、维护与保养 4. 能够正确填写灌装与压盖岗位的生产原始记录 5. 能够对灌装与压盖岗位的各项工作进行复核与确认	1. 不同口服液体制剂的装量要求 2. 灌装与压盖岗位生产管理与质量控制点相关知识 3. 灌装与压盖过程中常出现问题及解决方法
	（五）灭菌	1. 能够进行灭菌前的生产环境、场地、设备与用具、所用物料准备 2. 能够按照灭菌岗位操作规程与灭菌设备操作规程进行物料灭菌 3. 能够正确填写灭菌岗位的生产原始记录 4. 能够对灭菌岗位各项工作进行复核与确认	1. 灭菌、防腐、消毒的定义 2. 灭菌方法的种类 3. 不同的灭菌方法的注意事项 4. 灭菌岗位生产管理与质量监控要点相关知识
	（六）灯检	1. 能够进行口服液体制剂灯检前环境、场地、设备与用具、所用物料准备 2. 能够按照灯检操作规程进行灯检并填写应的生产记录 3. 能够对灯检岗位的各项工作进行复核与确认	1. 口服液体制剂可见异物检查方法 2. 口服液体制剂的生产管理及质量控制要点相关知识
	（七）贴签与包装	1. 能够进行贴签与包装设备的调试、维护与保养 2. 能够发现并解决理洗贴标过程中出现的异常情况 3. 能够对帖签、包装岗位的各项工作进行复核与确认	1. 贴签机的相关知识 2. 标签材质相关知识
三、最终灭菌注射剂生产（小容量注射剂/大容量注射剂），灌注剂	（一）洗瓶与灭菌	1. 能够进行洗瓶设备的调试、操作、清洁、维护与保养 2. 能够对洗瓶、胶塞、铝盖等的清洗与灭菌各项工作进行复核与确认	1. 小容量安瓿瓶、大容量模制瓶种类、材质相关知识 2. 大、小容量注射剂，灌注剂的环境要求，包括洁净度级别、温度、相对湿度、压差等方面相关知识
	（二）配制与过滤药液	1. 能够按照最终灭菌注射剂药液配制与过滤岗位标准操作进行过滤 2. 能够填写药液配制与过滤岗位的各项原始记录 3. 能够对药液配制与过滤岗位各项工作进行复核与确认	1. 最终灭菌注射剂、灌注剂药液过滤工序的生产管理与质量控制要点 2. 不同材质的滤器种类、适用范围及其储存条件 3. 不同材质滤膜的适用范围及使用方法

（续）

职业功能	工作内容	技能要求	相关知识
三、最终灭菌注射剂生产（小容量注射剂/大容量注射剂），灌注剂	（三）灌封/灌装、加塞、轧盖	1. 能够进行灌封/灌装、加塞、轧盖前对生产环境、场地、设备与用具、所用物料准备 2. 能够按照灌封/灌装、加塞、轧盖岗位操作规程完成生产 3. 能够对灌封机/灌装机/轧盖机进行调试操作清洁保养维护 4. 能够填写灌封/灌装、加塞、轧盖工作的各项原始记录 5. 能够完成灌封/灌装、加塞、轧盖各项工作的复核与确认	1. 灌封/灌装、加塞、轧盖工作生产管理与质量控制点相关知识 2. 灌装速度、装量、封口质量相关知识
	（四）灯检	1. 能够按照最终灭菌注射剂灯检标准操作规程进行灯检 2. 能够填写灯检岗位的各项原始记录 3. 能够对灯检岗位的各项工作进行复核与确认	1. 可见异物相关概念 2. 标准比色液相关知识
四、非最终灭菌无菌注射剂生产（无菌粉针剂/冻干粉针剂）	（一）洗瓶与灭菌	1. 能够对洗瓶与灭菌设备进行调试、操作、清洁、维护与保养 2. 能够发现并解决洗瓶与灭菌过程中出现的异常情况 3. 能够对非最终灭菌注射剂洗瓶与灭菌岗位的各项工作进行复核与确认	1. 非最终灭菌注射剂洗瓶与灭菌岗位的生产管理与质量控制要点相关知识 2. 非最终灭菌注射剂生产环境要求，包括洁净度级别、温度、相对湿度、压差等相关知识
	（二）处理胶塞与灭菌	1. 能够对非最终灭菌注射剂的胶塞处理与灭菌设备进行调试、操作、清洁、维护与保养 2. 能够对胶塞处理与灭菌岗位各项工作进行复核与确认	1. 非最终灭菌注射剂胶塞处理与灭菌的生产管理与质量控制要点 2. 非最终灭菌注射剂生产环境要求，包括洁净度级别、温度、相对湿度、压差等相关知识
	（三）分装/灌装	1. 能够进行无菌粉针分装与冻干粉针灌装前的生产环境、场地、设备与用具、所用物料准备 2. 能够按照无菌粉针剂分装岗位操作规程与冻干粉针灌装岗位操作规程进行分装/灌装 3. 能够正确填写无菌粉针分装与冻干粉针灌装岗位的生产原始记录 4. 能够对分装与灌装工序的各项工作进行复核与确认	1. 无菌分装/灌装的注意事项等相关知识 2. 无菌灌装/分装岗位生产管理与质量控制要点相关知识
	（四）冷冻干燥	1. 能够按照冷冻干燥岗位标准操作规程进行操作 2. 能够根据冷冻机标准操作程序进行冻干机的调试、参数设置、操作、清洁、维护与保养 3. 能够正确填写冷冻干燥岗位的生产原始记录 4. 能够对冷冻干燥岗位的各项工作进行复核确认	1. 非最终灭菌的无菌冻干粉针、冷冻干燥岗位生产管理与质量控制要点相关知识 2. 无菌冻干粉针剂的特点
	（五）灯检	1. 能够按照非最终灭菌无菌注射剂的灯检操作规程进行灯检 2. 能够填写灯检岗位的各项原始记录 3. 能够完成灯检功能岗位各项工作的复核与确认	非最终灭菌无菌注射剂灯检相关知识

3.3 技师

职业功能	工作内容	技能要求	相关知识
一、口服固体制剂生产（散剂/颗粒剂/片剂）	（一）混合物料	1. 能够根据物料的外观性状、混合均匀度等判断混合的物料是否符合要求 2. 能够发现物料混合过程中出现的异常情况 3. 能够进行混合工艺与混合设备的验证	1. 混合均匀度相关知识 2. 混合岗位工艺参数验证相关知识
	（二）制粒、干燥与整粒	1. 能够配制各种黏合剂，并能解决黏合剂配制过程中出现的异常情况 2. 能够处理并解决制粒、干燥与整粒过程中出现的异常情况	1. 黏合剂的种类及作用 2. 不同黏合剂的配制技术相关知识 3. 不同药用辅料的作用 4. 制粒、干燥与整粒设备的工作原理 5. 制粒、干燥与整粒过程中常见的异常情况及解决方法
	（三）压片	1. 能够处理解决压片过程中的片重、压片机压力异常等相关问题 2. 能够处理解决片剂脆碎度、崩解度等异常情况 3. 能够处理并解决片剂外观异常等技术问题	1. 压片机的工作原理、压片机一般故障的分析 2. 压片过程中常出现的问题及其解决方法
	（四）验证工艺	1. 能够按照口服固体制剂的生产工艺、设备和清洁验证方案进行相关的验证 2. 能够对验证的工艺参数进行整理并进行初步分析	1. 口服固体制剂生产工艺、设备、清洁等验证的内容和方法 2. 各验证数据的处理、记录、规定等相关知识
二、口服液体剂生产	（一）工艺用水制备	1. 能够按照标准操作规程要求调试纯化水、注射用水制备机器的压力、流量等工艺参数 2. 能够发现并解决工艺用水制备过程中出现的异常情况	工艺用水制备设备维护保养要点相关知识
	（二）配液与过滤	1. 能够按照生产处方进行计算投料量、复核批生产指令单，并能发现有无异常情况 2. 能够发现并解决配液过程中出现的异常情况 3. 能够控制和调节配液参数指标 4. 能够按照生产工艺要求对配液进行过滤	1. 口服液体制剂配液常用辅料及作用等相关知识 2. 不同材质滤器、滤膜的使用、要求及储存条件等相关知识
	（三）灭菌	1. 能够根据中药的性质设定其灭菌参数，并能解决灭菌中过程中出现的异常情况 2. 能够协助制订灭菌工艺参数	1. 常用灭菌设备相关知识 2. 常用的灭菌方法原理及适用范围等相关知识
	（四）验证工艺	1. 能够按照口服液体制剂生产工艺、设备和清洁等验证草案进行验证操作 2. 能够对验证的工艺参数进行整理并进行初步分析	1. 口服液体制剂生产工艺、设备和清洁等验证的内容和方法 2. 口服液体制剂各验证数据的处理、记录、规定等相关知识
三、最终灭菌注射剂生产（小容量注射剂/大容量注射剂）、灌注剂	验证工艺	1. 能够按照最终灭菌注射剂、灌注剂生产工艺、设备和清洁验证草案进行操作 2. 能够对验证的工艺参数进行整理并进行初步分析	1. 最终灭菌注射剂、灌注剂生产工艺、设备和清洁等验证的内容和方法 2. 最终灭菌注射剂、灌注剂各验证数据处理记录规定等相关知识

（续）

职业功能	工作内容	技能要求	相关知识
四、非最终灭菌无菌注射剂生产（无菌粉针剂/冻干粉针剂）	（一）配液、除菌、过滤	1. 能够按照生产处方进行计算投料量、复核批生产指令单，并能发现有无异常情况 2. 能够根据岗位标准操作规程的要求进行配液，并能解决配液过程中出现的异常情况 3. 能够根据中间成品的检测结果进行控制和调节配液技术参数 4. 能够对各种规格、材质滤芯的完整性进行测试，并能解决测试过程中的异常情况 5. 会使用各种不同材质的滤芯，并能对其进行维护 6. 能够根据配液后的料液可见异物检查判断滤液质量，并能解决一般性技术问题	1.《兽药生产质量管理规范》对过滤除菌要求的相关知识 2. 配液过程中易出现的常见技术问题及解决方法等相关知识
	（二）无菌分装/灌装	1. 能够按照无菌分装/灌装的各项要求进行操作，并能解决分装/灌装过程中出现的技术问题 2. 能够按照各无菌产品的装量要求和分装/灌装要点控制和调整其装量 3. 能够根据在线控制情况及时调整分装/灌装机	1. 非最终灭菌无菌分装注射剂生产质量控制要点等相关知识 2. 分装/灌装机的调试、维护与保养等相关知识
	（三）冷冻干燥	1. 能够及时发现并正确处理冻干机工作时出现的异常情况 2. 能够按冻干工艺要求制定与调整冻干曲线、冻干工艺参数等 3. 能够分析并解决冻干过程中出现的质量问题	1. 不同型号冻干机的工作原理及性能 2. 冻干曲线、冻干工艺及参数等相关知识 3. 冻干的基本原理 4. 冻干过程中常见的异常情况及处理方法等相关知识
	（四）验证	1. 能够按照非最终灭菌无菌注射剂生产工艺、设备和清洁等验证草案进行相关操作 2. 能够对验证的工艺参数进行整理并进行初步分析	1. 非最终灭菌无菌注射剂生产工艺、设备和清洁等验证的内容和方法 2. 非最终灭菌无菌注射剂验证数据处理记录规定等相关知识
培训与指导	（一）培训	1. 能培训本职业的中级和高级操作工 2. 能编制培训方案，编写培训讲义	1. 培训方案、讲义编制方法 2. 教学法的有关知识 3. 案例教学法等相关知识
	（二）指导	能对本职业中级和高级操作工进行业务指导	中级和高级晋级指导要求

3.4 高级技师

职业功能	工作内容	技能要求	相关知识
一、口服固体制剂生产（散剂/颗粒剂/片剂）	（一）制粒、干燥与整粒	1. 能够对处方调整和工艺改进等提出建议 2. 能够指导新产品、新工艺等试生产 3. 能够修订制粒工艺规程和制粒、干燥与整粒岗位标准操作规程	1. 颗粒剂生产工艺相关知识 2. 生产工艺规程编写等相关知识
	（二）压片	1. 能够对处方调整和工艺改进等提出建议 2. 能够指导新产品、新工艺等试生产 3. 能够修订压片工艺规程和压片岗位标准操作规程	1. 片剂生产工艺相关知识 2. 生产工艺规程编写等相关知识

（续）

职业功能	工作内容	技能要求	相关知识
一、口服固体制剂生产（散剂/颗粒剂/片剂）	（三）验证	1. 能够编写口服固体制剂的生产工艺、设备和清洁等验证方案 2. 能够对口服固体制剂生产工艺验证提供技术指导 3. 能够编写口服固体制剂生产工艺等验证报告	1.《兽药生产质量管理规范》中工艺验证相关知识 2. 口服固体制剂生产工艺、设备和清洁等验证方案编制相关知识 3. 数据统计分析相关知识
二、口服液体剂生产	（一）配液与过滤	1. 能够指导新产品、新工艺配液岗位试生产 2. 能够修订配液与过滤工艺规程和配液岗位标准操作法 3. 能够对口服液体制剂的配液与过滤操作进行指导	1. 口服液体剂配液生产工艺验证相关知识 2. 配液工艺研究相关知识
	（二）验证	1. 能够编写口服液体制剂的生产工艺、设备和清洁等验证方案 2. 能够对口服液体制剂生产工艺验证提供技术指导 3. 能够编写口服液体制剂生产工艺等验证报告 4. 能够根据工艺验证结果改进口服液体制剂生产工艺相关参数	口服液体制剂生产工艺、设备和清洁等验证方案编制相关知识
三、最终灭菌注射剂生产（小容量注射剂/大容量注射剂）、灌注剂	验证	1. 能够编写最终灭菌注射剂、灌注剂生产工艺、设备和清洁等验证方案 2. 能够对最终灭菌注射剂、灌注剂工艺验证提供技术指导 3. 能够编写最终灭菌注射剂、灌注剂生产工艺等验证报告 4. 能够根据工艺验证结果改进最终灭菌注射剂、灌注剂生产工艺相关参数	1. 兽药生产质量管理规范最终灭菌注射剂工艺验证相关知识 2. 最终灭菌注射剂、灌注剂生产工艺、设备和清洁等验证方案编制相关知识
四、非最终灭菌无菌注射剂生产（无菌粉针剂/冻干粉针剂）	（一）配液	1. 能够解决无菌配液过程中出现的异常情况及质量问题 2. 能够进行无菌制剂生产工艺改进 3. 能够修订无菌配液工艺规程和岗位标准操作法	1. 无菌配液的注意事项等相关知识 2. 无菌生产工艺等相关知识 3. 无菌配液新工艺开发等相关知识
	（二）除菌过滤	1. 能够及时解决无菌配液过程中出现的异常情况及质量问题 2. 能够进行无菌制剂生产工艺改进 3. 能够指导非最终灭菌无菌注射剂新产品、新工艺的配液试生产	1. 非最终灭菌无菌注射剂无菌生产的具体要求相关知识 2. 非最终灭菌无菌注射剂无菌验证相关知识
	（三）冷冻干燥	1. 能够解决冻干过程中出现的异常情况及质量问题 2. 能够对冻干参数的调整提供技术指导 3. 能够对制订合理冻干曲线提供技术指导 4. 能够指导非最终灭菌冻干制剂新产品、新工艺的试生产 5. 能够制定、修订非最终灭菌冻干制剂生产工艺规程	1. 中药药剂学相关知识 2. 冻干制剂辅料相关知识 3. 冻干原理与冻干技术 4. 冻干工艺验证相关知识

（续）

职业功能	工作内容	技能要求	相关知识
四、非最终灭菌无菌注射剂生产（无菌粉针剂/冻干粉针剂）	（四）验证	1. 能够编写非最终灭菌无菌注射剂的生产工艺、设备和清洁等验证方案 2. 能够对本岗位的各项验证提供技术指导 3. 能够编写非最终灭菌无菌注射剂验证报告	非最终灭菌无菌注射剂生产工艺、设备和清洁等验证方案编制相关知识
五、培训与指导	（一）培训	能培训本职业高级工、技师操作工	高级工、技师晋级培训要求
	（二）指导	能指导本职业高级工、技师操作工	高级工、技师晋级指导要求

4 比重表

4.1 理论知识

项　　目		中级，%	高级，%	技师，%	高级技师，%
基本要求	职业道德	5	5	5	5
	基础知识	15	15	25	25
相关知识	备料、粉碎与过筛、分装包装	30	10	—	—
	混合制粒、干燥、压片	40	20	15	10
	清洗瓶子、胶塞、铝盖	10	10	—	—
	配液、灌装、压盖灭菌	—	15	15	10
	灯检	—	5	—	—
	过滤除菌、无菌分装/灌装、冷冻干燥	—	20	20	20
	验证	—	—	10	15
	培训指导	—	—	10	15
合　　计		100	100	100	100

4.2 技能操作

项　　目			中级，%	高级，%	技师，%	高级技师，%
技能要求	更衣程序与卫生		10	10	5	5
	生产前准备		15	15	5	5
	操作技能	备料、粉碎过筛、分装包装	45	—	—	—
		清洗瓶子、胶塞、铝盖		—	—	—
		混合制粒、干燥、压片		45	—	—
		配液、灌装、压盖灭菌、灯检	—		45	45
		过滤除菌、无菌分装/灌装、冷冻干燥	—	—		
	设备清洁与清场		15	15	10	5
	状态标识管理与记录填写		15	15	10	5
	验证		—	—	15	20
	培训指导		—	—	10	15
合　　计			100	100	100	100
注1：比重表中不配分的地方划"—"为不考核项。 注2：操作技能考核应在其相应级别"操作技能"项目栏中任选一栏进行考核。						

ICS 65.040
B 91

中华人民共和国农业行业标准

NY/T 2148—2012

高标准农田建设标准

Criterion of high standard farmland

2012-03-01 发布

2012-03-01 实施

中华人民共和国农业部 发布

NY/T 2148—2012

目　次

前言

1　范围

2　规范性引用文件

3　术语和定义

4　区域划分

5　农田综合生产能力

　　5.1　农田综合生产能力

　　5.2　农业先进科技配套

6　高标准农田建设内容

　　6.1　建设内容

　　6.2　田间工程

　　6.3　田间定位监测点

7　田间工程

　　7.1　土地平整

　　7.2　土壤培肥

　　7.3　灌溉水源

　　7.4　灌溉渠道

　　7.5　排水沟

　　7.6　田间灌溉

　　7.7　渠系建筑物

　　7.8　泵站

　　7.9　农用输配电

　　7.10　田间道路

　　7.11　农田防护林网

8　建设区选择

　　8.1　选址原则

　　8.2　灌区项目选址

　　8.3　旱作区项目选址

　　8.4　其他基础条件

9　投资估算

　　9.1　田间工程主要内容及估算

　　9.2　田间定位监测点主要内容及估算

　　9.3　工程建设其他费用和预备费

附录A（规范性附录）　全国高标准农田建设区域划分

附录B（规范性附录）　高标准农田综合生产能力

附录C（规范性附录）　高标准农田农业机械作业水平

附录D（规范性附录）　高标准农田田块和连片规模

附录E（规范性附录）　高标准农田田面平整度

附录 F（规范性附录） 高标准农田土体和耕作层厚度

附录 G（规范性附录） 高标准农田耕作层土壤有机质和酸碱度

附录 H（规范性附录） 高标准农田灌溉工程

附录 I（规范性附录） 高标准农田排水工程

附录 J（规范性附录） 高标准农田排水沟深度和间距

附录 K（规范性附录） 高标准农田防护林网

附录 L（规范性附录） 高标准农田主要农机具配置

前 言

本标准按照 GB/T 1.1—2009 给出的规则起草。

本标准由中华人民共和国农业部农产品质量安全监管局提出。

本标准由中华人民共和国农业部发展计划司归口。

本标准起草单位:农业部工程建设服务中心。

本标准起草协作单位:全国农业技术推广服务中心、中国农业科学院农业环境与可持续发展研究所、农业部农业机械化技术开发推广总站、中国农业大学。

本标准主要起草人:李书民、彭世琪、黄洁、崔勇、李光永、严昌荣、张树阁、张铁军、王海鹏、赵秉强、王蕾、洪俊君。

高标准农田建设标准

1 范围

本标准规定了高标准农田建设术语、区域划分、农田综合生产能力、高标准农田建设内容、田间工程、选址条件和投资估算等方面的内容。

本标准适用于高标准农田项目的规划、建议书、可行性研究报告和初步设计等文件编制以及项目的评估、建设、检查和验收。

2 规范性引用文件

下列文件对于本文件的应用是必不可少的。凡是注日期的引用文件,仅注日期的版本适用于本文件。凡是不注日期的引用文件,其最新版本(包括所有的修改单)适用于本文件。

GB 5084 农田灌溉水质标准

GB 15618 土壤环境质量标准

GB 50265 泵站设计规范

GB/T 50363 节水灌溉工程技术规范

NY 525 有机肥料

NY/T 1716 农业建设项目投资估算内容与方法

3 术语和定义

下列术语和定义适用于本文件。

3.1

高标准农田 high standard farmland

指土地平整,集中连片,耕作层深厚,土壤肥沃无明显障碍因素,田间灌排设施完善,灌排保障较高,路、林、电等配套,能够满足农作物高产栽培、节能节水、机械化作业等现代化生产要求,达到持续高产稳产、优质高效和安全环保的农田。

3.2

农田综合生产能力 integrate grain productivity

指一定时期和一定经济技术条件下,由于生产要素综合投入,农田可以稳定达到较高水平的粮食产出能力。生产要素包括农田基础设施、土壤肥力以及优良品种、灌溉、施肥、植保和机械作业等农业技术。

3.3

工程质量保证年限 period of project quality guaranteed

指项目建成后,保证工程正常发挥效益的使用年限。

3.4

田块 plot

田间末级固定设施所控制(不包括水田的田埂)的最小范围。

3.5

田面平整度 field level

在一定的地表范围内两点间相对水平面的垂直坐标值之差的最大绝对值。

3.6

田间道路通达度 plot accessibility

集中连片田块中,田间道路直接通达的田块数占田块总数的比率。田间道路通达度用十分法表示,最大值为1.0。

4 区域划分

根据全国行政区划,结合不同区域的气候条件、地形地貌、障碍因素和水源条件等,将全国高标准农田建设区域划分为东北区、华北区、东南区、西南区和西北区5大区、15个类型区。全国高标准农田建设区域划分见附录A。

5 农田综合生产能力

5.1 农田综合生产能力

农田综合生产能力以粮食产量为衡量标准,以不同区域高产农田水稻、小麦或玉米等粮食作物应达到的产量标准为依据,其他作物可折算成粮食作物产量。不同区域高标准农田综合生产能力见附录B。

5.2 农业先进科技配套

5.2.1 农业机械作业水平

农业机械作业水平包括耕、种、收单项作业机械化水平和综合作业机械化水平两类指标。高标准农田的农机综合作业水平在东北区、华北区应达到85%以上,在西北区、东南区应达到65%以上,在西南区应达到40%以上。不同区域高标准农田农业机械作业水平见附录C。

5.2.2 农艺技术配套

高标准农田的优良品种覆盖率应达到95%以上,测土配方施肥覆盖率应达到90%以上,病虫害统防统治覆盖率应达到50%以上,实行保护性耕作技术和节水农业技术。以县为单位开展的墒情监测和土壤肥力监测服务应覆盖到高标准农田。

6 高标准农田建设内容

6.1 建设内容

主要由田间工程和田间定位监测点构成。

6.2 田间工程

高标准农田田间工程主要包括土地平整、土壤培肥、灌溉水源、灌溉渠道、排水沟、田间灌溉、渠系建筑物、泵站、农用输配电、田间道路及农田防护林网等内容,以便于农业机械作业和农业科技应用,全面提高农田综合生产水平,保持持续增产能力。

6.3 田间定位监测点

包括土壤肥力、墒情和虫情定位监测点的配套设施和设备,主要服务于土壤肥力、土壤墒情和虫害的动态监测与自动测报。

7 田间工程

7.1 土地平整

土地平整包括田块调整与田面平整。田块调整是将大小或形状不符合标准要求的田块进行合并或调整,以满足标准化种植、规模化经营、机械化作业、节水节能等农业科技的应用。田面平整主要是控制田块内田面高差保持在一定范围内,尽可能满足精耕细作、灌溉与排水的技术要求。

7.1.1 田块大小与连片规模

田块的大小依据地形进行调整,原则上小弯取直、大弯随弯。田块方向应满足在耕作长度方向上光照时间最长、受光热量最大要求;丘陵山区田块应沿等高线调整;风蚀区田块应按当地主风向垂直或与主风向垂直线的交角小于30°的方向调整。田块建设应尽可能集中连片,连片田块的大小和朝向应基本一致。高标准农田连片与田块规模见附录D。

7.1.2 田块形状

田块形状选择依次为长方形、正方形、梯形或其他形状,长宽比一般应控制在4～20:1。田块长度和宽度应根据地形地貌、作物种类、机械作业效率、灌排效率和防止风害等因素确定。

7.1.3 田面平整

田面平整以田面平整度指标控制,包含地表平整度、横向地表坡降和纵向地表坡降3个指标。水稻种植田块以格田为平整单元,其横向地表坡降和纵向地表坡降应尽可能小;地面灌溉田块应减小横向地表坡降,喷灌微灌田块可适当放大坡降,纵向坡降根据不同区域的土壤和灌溉排水要求确定。高标准农田田面平整度见附录E。

7.1.4 田坎

平整土地形成的田坎应有配套工程措施进行保护。应因地制宜地采用砖、石、混凝土、土体夯实或植物坎等保护方式。

7.1.5 土体及耕作层

土体及耕作层建设是使农田土体厚度与耕作层土壤疏松程度满足作物生长及施肥、蓄水保墒等需求。

一般耕地的土体厚度应在100 cm以上。山丘区及滩地的土体厚度应大于50 cm,且土体中无明显黏盘层、砂砾层等障碍因素。

一般耕作层深度应大于25 cm。旱作农田应保持每隔3年～5年深松一次,使耕作层深度达到35 cm以上。水稻种植田块耕作层应保持在15 cm～20 cm,并留犁底层。高标准农田土体和耕作层厚度见附录F。

7.2 土壤培肥

高标准农田应实施土壤有机质提升和科学施肥等技术措施,耕作层土壤养分常规指标应达到当地中等以上水平。

7.2.1 土壤有机质提升。主要包括秸秆还田、绿肥翻压还田和增施有机肥等。每年作物秸秆还田量不小于4 500 kg/hm²(干重)。南方冬闲田和北方一季有余两季不足的夏闲田应推广种植绿肥,或通过作物绿肥间作种植绿肥。有机肥包括农家肥和商品有机肥。农家肥按22 500 kg/hm²～30 000 kg/hm²标准施用,商品有机肥按3 000 kg/hm²～4 500 kg/hm²标准施用。土壤有机质提升措施至少应连续实施3年以上。商品有机肥应符合NY 525的要求。

7.2.2 推广科学施肥技术。应根据土壤养分状况确定各种肥料施用量,对土壤氮、磷、钾及中微量元素、有机质含量、土壤酸化和盐碱等状况进行定期监测,并根据实际情况不断调整施肥配方。高标准农田耕作层土壤有机质和酸碱度见附录G。

7.2.3 坡耕地修成梯田时,应将熟化的表土层先行移出,待梯田完成后,将表土层回覆到梯田表层。新修梯田和农田基础设施建设中应尽可能避免打乱表土层与底层生土层,并应连续实施土壤培肥5年以上。

7.2.4 耕作层土壤重金属含量指标应符合GB 15618的要求,影响作物生长的障碍因素应降到最低限度。

7.3 灌溉水源

7.3.1 应按不同作物及灌溉需求实现相应的水源保障。水源工程质量保证年限不少于20年。

7.3.2 井灌工程的井、泵、动力、输变电设备和井房等配套率应达到100%。

7.3.3 塘堰容量应小于100 000 m³,坝高不超过10 m,挡水、泄水和放水建筑物等应配套齐全。

7.3.4 蓄水池容量控制在2 000 m³以下。蓄水池边墙应高于蓄水池最高水位0.3 m～0.5 m,四周应修建1.2 m高度的防护栏,以保证人畜等的安全。南方和北方地区亩均耕地配置蓄水池的容积应分别

不小于 8 m³和 30 m³。

7.3.5 小型蓄水窖(池)容量不小于30 m³。集雨场、引水沟、沉沙池、防护围栏、泵管等附属设施应配套完备。当利用坡面或公路等做集雨场时,每 50 m³蓄水容积应有不少于 667 m²的集雨面积,以保证足够的径流来源。

7.3.6 灌溉水源应符合 GB 5084,禁止用未经处理过的污水进行灌溉。

7.4 灌溉渠道

7.4.1 渠灌区田间明渠输配水工程包括斗、农渠。工程质量保证年限不少于 15 年。

7.4.2 渠系水利用系数、田间水利用系数和灌溉水利用系数应符合 GB/T 50363 的要求:渠灌区斗渠以下渠系水利用系数应不小于 0.80;井灌区采用渠道防渗的渠系水利用系数应不小于 0.85,采用管道输水的水利用系数不应小于 0.90;水稻灌区田间水利用系数不应小于 0.95,旱作物灌区田间水利用系数不应小于 0.90;井灌区灌溉水利用系数应不小于 0.80,渠灌区灌溉水利用系数不应小于 0.70,喷灌、微喷灌区灌溉水利用系数不应小于 0.85,滴灌区不应小于 0.90。高标准农田灌溉工程水平见附录 H。

7.4.3 平原地区斗渠斗沟以下各级渠沟宜相互垂直,斗渠长度宜为 1 000 m～3 000 m,间距宜为 400 m～800 m;末级固定渠道(农渠)长度宜为 400 m～800 m,间距宜为 100 m～200 m,并应与农机具宽度相适应。河谷冲积平原区、低山丘陵区的斗渠、农渠长度可适当缩短。

7.4.4 斗渠和农渠等固定渠道宜进行防渗处理,防渗率不低于 70%。井灌区固定渠道应全部进行防渗处理。

7.4.5 固定渠道和临时渠道(毛渠)应配套完备。渠道的分水、控水、量水、联接和桥涵等建筑物应完好齐全;末级固定渠道(农渠)以下应设临时灌水渠道。不允许在固定输水渠道上开口浇地。

7.4.6 井灌区采用管道输水,包括干管和支管两级固定输水管道及配套设施。干管和支管在灌区内的长度宜为 90 m/hm²～150 m/hm²;支管间距宜采用 50 m～150 m。各用水单位应设置独立的配水口,单口灌溉面积宜在 0.250 hm²～0.60 hm²,出水口或给水栓间距宜为 50 m～100 m。单个出水口或给水栓的流量应满足本标准 7.6.1 中灌水沟畦与格田对入沟或单宽流量的要求。

7.4.7 固定输水管道埋深应在冻土层以下,且不少于 0.6 m。输水管道及其配套设施工程质量保证年限不少于 15 年。井灌区采用明渠输水的斗渠、斗沟设置参见 7.4.3。

7.5 排水沟

7.5.1 排水沟要满足农田防洪、排涝、防渍和防治土壤盐渍化的要求。

7.5.2 排水沟布置应与田间其他工程(灌渠、道路、林网)相协调。在平原、平坝地区一般与灌溉渠分离;在丘陵山区,排水沟可选用灌排兼用或灌排分离的形式。高标准农田排水工程水平见附录 I。

7.5.3 根据作物的生长需要,无盐碱防治需求的农田地下水埋深不少于 0.8 m。有防治盐碱要求的区域返盐季节地下水临界深度应满足表 1 的规定。

表 1 盐碱化防治需求地区地下水临界深度

单位为米

土 质	地下水矿化度,g/L			
	<2	2～5	>5～10	>10
沙壤土、轻壤土	1.8～2.1	2.1～2.3	2.3～2.5	2.5～2.8
中壤土	1.5～1.7	1.7～1.9	1.8～2.0	2.0～2.2
重壤土、黏土	1.0～1.2	1.1～1.3	1.2～1.4	1.3～1.5

7.5.4 排涝农沟采用排灌结合的末级固定排灌沟、截流沟和防洪沟,应采用砖、石、混凝土衬砌,长度宜

在 200 m～1 000 m 之间。斗沟长度宜为 800 m～2 000 m,间距宜为 200 m～1 000 m。山地丘陵区防洪斗沟、农沟的长度可适当缩短。斗沟的间距应与农沟的长度相适应,宜为 200 m～1 000 m。高标准农田排水沟深度和间距见附录 J。

7.5.5 田间排水沟(管)工程质量保证年限应不少于 10 年。

7.6 田间灌溉

根据水源、作物、经济和生产管理水平,田间灌溉应采用地面灌溉、喷灌和微灌等形式。

7.6.1 地面灌溉。旱作农田灌水沟的长度、比降和入沟流量可按表 2 确定。灌水沟间距应与采取沟灌作物的行距一致,沟灌作物行距一般为 0.6 m～1.2 m。旱作农田灌水畦长度、比降和单宽流量可按表 3 确定,畦田不应有横坡,宽度应为农业机具作业幅宽的整倍数,且不宜大于 4 m。

表 2 灌水沟要素

土壤透水性,m/h	沟长,m	沟底比降	入沟流量,L/s
强(>0.15)	50～100	>1/200	0.7～1.0
	40～60	1/200～1/500	0.7～1.0
	30～40	<1/500	1.0～1.5
中(0.10～0.15)	70～100	>1/200	0.4～0.6
	60～90	1/200～1/500	0.6～0.8
	40～80	<1/500	0.6～1.0
弱(<0.10)	90～150	>1/200	0.2～0.4
	80～100	1/200～1/500	0.3～0.5
	60～80	<1/500	0.4～0.6

表 3 灌水畦要素

土壤透水性,m/h	畦长,m	畦田比降	单宽流量,L/(s·m)
强(>0.15)	60～100	>1/200	3～6
	50～70	1/200～1/500	5～6
	40～60	<1/500	5～8
中(0.10～0.15)	80～120	>1/200	3～5
	70～100	1/200～1/500	3～6
	50～70	<1/500	5～7
弱(<0.10)	100～150	>1/200	3～4
	80～100	1/200～1/500	3～4
	60～90	<1/500	4～5

平原水田的格田长度宜为 60 m～120 m,宽度宜为 20 m～40 m,山地丘陵区应根据地形适当调整。在渠沟上,应为每块格田设置进排水口。受地形条件限制必须布置串灌串排格田时,串联数量不得超过 3 块。

7.6.2 喷灌。喷灌工程包括输配水管道、电力、喷灌设备及附属设施等。喷灌工程固定设施使用年限不少于 15 年。在北方蒸发量较大的区域,不宜选择喷口距离作物大于 0.8 m 的喷灌设施。

7.6.3 微灌。微灌包括微喷、滴灌和小管出流(或涌泉灌)等形式,由首部枢纽、输配水管道及滴灌管(带)或灌水器等构成。微灌系统以蓄水池为水源时,应具备过滤装置;从河道或渠道中取水时,取水口处应设置拦污栅和集水池;采用水肥一体化时,首部系统中应增设施肥设备。微灌工程固定设施使用年限不少于 15 年。

7.7 渠系建筑物

渠系建筑物指斗渠(含)以下渠道的建筑物,主要包括农桥、涵洞、闸门、跌水与陡坡、量水设施等。渠系建筑物应配套完整,其使用年限应与灌排系统总体工程一致,总体建设工程质量保证年限应不少于15年。

7.7.1 农桥。农桥应采用标准化跨径。桥长应与所跨沟渠宽度相适应,不超过15 m。桥宽宜与所连接道路的宽度相适应,不超过8 m。三级农桥的人群荷载标准不应低于3.5 kN/m²。

7.7.2 涵洞。渠道跨越排水沟或穿越道路时,宜在渠下或路下设置涵洞。涵洞根据无压或有压要求确定拱形、圆形或矩形等横断面形式。承压较大的涵洞应使用管涵或拱涵,管涵应设混凝土或砌石管座。涵洞洞顶填土厚度应不小于1 m,对于衬砌渠道则不应小于0.5 m。

7.7.3 水闸。斗、农渠系上的水闸可分为节制闸、进水闸、分水闸和退水闸等类型。在灌溉渠道轮灌组分界处或渠道断面变化较大的地点应设节制闸;在分水渠道的进口处宜设置分水闸;在斗渠末端的位置要设退水闸;从水源引水进入渠道时,宜设置进水闸控制入渠流量。

7.7.4 跌水与陡坡。沟渠水流跌差小于5 m时,宜采用单级跌水;跌差大于5 m时,应采用陡坡或多级跌水。跌水和陡坡应采用砌石、混凝土等抗冲耐磨材料建造。

7.7.5 量水设施。渠灌区在渠道的引水、分水、泄水、退水及排水沟末端处应根据需要设置量水堰、量水槽、量水器、流速仪等量水设施;井灌区应根据需要设置水表。

7.8 泵站

7.8.1 泵站分为灌溉泵站和排水泵站。泵站的建设内容包括水泵、泵房、进出水建筑物和变配电设备等。各项标准的设定应符合GB 50265的要求。

7.8.2 灌溉泵站以万亩作为基本建设单元,支渠(含)以下引水和提水工程装机设计流量应根据设计灌溉保证率、设计灌水率、灌溉面积、灌溉水利用系数及灌区内调蓄容积等综合分析计算确定,宜控制在1.0 m³/s以下。

7.8.3 排水泵站以万亩作为基本建设单元,排涝设计流量及其过程线应根据排涝标准、排涝方式、排涝面积及调蓄容积等综合分析计算确定,宜控制在2.0 m³/s以下。

7.8.4 泵站净装置效率不宜低于60%。

7.9 农用输配电

7.9.1 农用输配电。主要为满足抽水站、机井等供电。农用供电建设包括高压线路、低压线路和变配电设备。

7.9.2 输电线路。低压线路宜采用低压电缆,应有标志。地埋线应敷设在冻土层以下,且深度不小于0.7 m。

7.9.3 变配电设施。宜采用地上变台或杆上变台,变压器外壳距地面建筑物的净距离不应小于0.8 m;变压器装设在杆上时,无遮拦导电部分距地面应不小于3.5 m。变压器的绝缘子最低瓷裙距地面高度小于2.5 m时,应设置固定围栏,其高度宜大于1.5 m。

7.10 田间道路

田间道路包括机耕路和生产路。

7.10.1 机耕路。机耕路包括机耕干道和机耕支道。机耕路建设应能满足当地机械化作业的通行要求,通达度应尽可能接近1。

机耕干道应满足农业机械双向通行要求。路面宽度在平原区为6 m~8 m,山地丘陵区为4 m~6 m。机耕干道宜设在连片田块单元的短边,与支、斗沟渠协调一致。

机耕支道应满足农业机械单向通行要求。路面宽度平原区为3 m~4 m,北方山地丘陵区为2 m~3 m,南方山地丘陵区为1.5 m~2 m。机耕支道宜设在连片田块单元的长边,与斗、农沟渠协调一致,并设置必要的错车点和末端掉头点。

机耕路的路面层可选用砂石、混凝土、沥青等类型路面。北方宜用砂石路面或混凝土路面,南方多雨宜采用混凝土路面或沥青混凝土路面。

7.10.2 生产路。生产路应能到达机耕路不通达的地块,生产路的通达度一般在 0.1~0.2 之间。

生产路主要用于生产人员及人畜力车辆、小微型农业机械通行,路面宽度为 1 m~3 m。生产路可沿沟渠或田埂灵活设置。生产路的路面层在不同区域可有所差异,北方宜采用砂石路,南方宜采用混凝土、泥结石或石板路。

7.10.3 机耕道与生产路布设。机耕支道与生产道是机耕干道的补充,以保证田间路网布设密度合理。在平原区,每两条机耕道间设一条生产路;在山地丘陵区可按梳式结构,在机耕道一侧或两侧设置多条生产路。机耕道及生产路的间隔可根据地块连片单元的大小和走向等确定。

7.11 农田防护林网

在东北、西北的风沙区和华北、西北的干热风等危害严重的地区须设置农田防护林网。

7.11.1 林网密度。风沙区农田防护林网密度一般占耕地面积的 5%~8%,干热风等危害地区为3%~6%,其他地区为 3%。一般农田防护林网格面积应不小于 20 hm²。农田防护林网占耕地比例见附录 K。

7.11.2 林带方向。主防护林带应垂直于当地主风向,沿田块长边布设;副林带垂直于主防护林带,沿田块短边布设。林带应结合农田沟渠配置。

7.11.3 林带间距。一般林带间距约为防护林高度的 20 倍~25 倍,主林带宽 3 m~6 m,西北地区主林带宽度按 4 m~8 m 设置,栽 3 行~5 行乔木,1 行~2 行灌木;副林带宽 2 m~3 m,栽 1 行~2 行乔木,1行灌木。防护林应尽可能作到与护路林、生态林和环村林等相结合,减少耕地占用面积。

8 建设区选择

高标准农田建设项目应严格选择建设地点。除不可抗力影响外,项目建成后能够保证工程设施至少 15 年发挥设计效益,建成后的农田综合生产能力达到高产水平。

8.1 选址原则

高标准农田建设区应选择在集中连片、现有条件较好、增产潜力大的耕地,优先选择现有基本农田。建成后,应保持 30 年内不被转为非农业用地。高标准农田建设区选址分为灌区项目选址和旱作区项目选址。

8.2 灌区项目选址

灌区的高标准农田建设区项目应具备可利用水资源条件,干、支骨干渠系及相关外部水利设施完善,水质符合灌溉水质标准,能够满足农田灌溉需求。高标准农田建设后能显著提高水资源利用效率,达到排涝防洪标准。

8.3 旱作区项目选址

旱作区的高标准农田建设区应土地平坦或已完成坡改梯,土层深厚,便于实施集雨工程和机械化作业等规模化生产,能提高土壤蓄水保墒能力,显著提高降水利用率和利用效率,增强农田抗旱能力。

8.4 其他基础条件

建设区应水土资源条件较好,耕地相对集中连片,连片规模应不小于附录 D 的规定;交通方便,具备 10 kV 农业电网及其他动力配备;农机具配套应满足附录 L 的规定。

9 投资估算

高标准农田建设投资应以田间工程建设为重点,配套土壤肥力、墒情和虫情监测设施。本标准投资估算指标以建设工程质量保证年限标准为基础,以编制期市场价格为测算依据。项目区工程及材料价格与本估算指标不一致时,可按当地实际价格进行调整。

9.1 田间工程主要内容及估算

田间工程包括土地平整、土壤培肥、灌溉水源、灌溉渠道、排水沟、渠系建筑物、田间灌溉、泵站、农用输配电、田间道路和农田防护林网等内容。按高标准农田建设要求,工程建设投资主要内容及估算指标见表4。

表4 田间工程建设投资主要内容及估算指标

序号	工程名称	计量单位	估算指标元	主要内容及标准
1	土地平整			
1.1	土地平整	hm²	2 250~4 500	平整厚度在30 cm以内,采用机械平整方式。主要包括破土开挖、推土、回填和平整等土方工程
1.2	土体及耕作层改造	hm²	3 000~5 250	主要包括深耕作业。坡改梯耕层改造主要包括土体厚度达到50 cm,表土回填。按每间隔3年~5年深松一次计算,使耕作层深度达到35 cm以上
1.3	田坎(埂)	m	30~150	主要包括砖、石、混凝土或植物坎
2	土壤培肥	hm²	2 250~3 000	主要包括秸秆还田、绿肥翻压还田、土壤酸化治理、增施有机肥等,应连续实施3年以上
3	灌溉水源			
3.1	塘堰	m³	300~350	主要包括水泥板、条石等护坡,混凝土溢洪道,土(石)坝。塘堰坝高不宜超过10 m。主要包括溢洪道、土(石)坝和泄水口等
3.2	蓄水池	m³	250~450	分为砖、砌石、钢筋混凝土等不同标准。主要包括蓄水池、沉沙池、进出水口和围栏等
3.3	小型蓄水窖(池)	m³	200~250	采用砖、砌石、钢筋混凝土形式。主要内容包括旱窖、集水场、沉沙池、引水沟、拦污栅与进水管等附属设施。水窖底部要有消力水泥板或石板
3.4	机井	眼	30 000~100 000	主要包括机井、水泵、配电设施和机井房等
4	灌溉渠道			
4.1	灌溉渠系	m	60~250	防渗渠或U形槽输水渠等。主要包括土方、渠道(砌体或浇筑)等
4.2	管道灌溉	hm²	9 000~12 000	包括首部、管道、控制阀门和出水口
5	排水沟			
5.1	防洪沟	m	180~300	包括截流沟和防洪沟。主要包括土方、条石或块石等
5.2	田间排水沟	m	100~250	防渗沟渠或U形槽等排水沟。主要内容包括土方和排水沟砌筑(或浇筑)等
5.3	暗管排水	m	200~350	包括土方、管道及安装等
6	田间灌溉技术			
6.1	喷灌	hm²	22 500~33 000	包括首部、管道、末端。采用UPVC主管道(地下)和PE管(地面)
6.2	微灌(滴灌和微喷)	hm²	30 000~45 000	包括首部、管道、末端。采用UPVC主管道(地下)和PE管(地面)
7	泵站	kW	15 000~20 000	主要包括泵房、进、出水建筑物、水泵和变配电设备等
8	农用输配电			

表4（续）

序号	工程名称	计量单位	估算指标元	主要内容及标准
8.1	高压线	m	150～250	架空电力线路中导线可采用钢芯铝绞线或铝绞线,地线可采用镀锌铜绞线。间距宜采用 50 m～100 m。10 kV 线路架空敷设。包括电杆和供电线路敷设等全部工程内容
8.2	低压线	m	70～120	380 V 线路架空敷设。包括电杆和供电线路敷设等全部工程内容
8.3	变配电设施	座（台）	20 000～60 000	主要包括变配电设备费、安装费及相关配套设施的费用
9	道路			
9.1	砂石路	m²	30～50	砂石路面和路基一般按汽-10、垦区按汽-20 设计。包括土方挖填、垫层、结构层、面层和砌块砌筑等工作内容
9.2	混凝土（沥青混凝土）道路	m²	100～200	混凝土路面厚和路基一般按汽-10、垦区按汽-20 设计。包括土方挖填、垫层、结构层、面层等工作内容
9.3	泥结石路	m²	80～120	泥结石路面和路基一般按汽-10 设计。包括土方挖填、垫层、结构层、面层和砌块砌筑等工作内容
10	防护林网			
10.1	防护林	株	4～6	主要包括乔木和灌木,树龄不超过 3 年

9.2 田间定位监测点主要内容及估算

根据高标准农田科技应用指标,按照监测技术规范要求,可在高标准农田中配套建设若干土壤肥力、墒情和虫情监测点,以提高现代农业科技应用和自动化水平。监测点配套设施和设备建设投资主要内容及估算指标见表5。

表5 田间定位监测点建设投资主要内容及指标

序号	设施名称	计量单位	数量	估算指标元	主要内容及标准
1	土壤肥力监测点				
1.1	监测小区隔离	个	1	8 000	监测小区核心面积不小于 667 m²,用水泥板隔离,划分为不少于 8 个的无肥区、缺素区、保护区等,隔板(深)高度 0.8 m～1.2 m,厚度不小于 5 cm
1.2	小区设置和农田整治	个	1	4 000	监测小区与对区规模为 1 300 m²～2 000 m²,主要进行土地平整和沟渠配套建设
1.3	标志牌	个	1	3 000	规格不小于 120 cm×60 cm,长期使用
2	墒情监测点				
2.1	全自动土壤水分速测仪	套	1	20 000	便携式监测设备,包括 5 cm、10 cm 和 20 cm 三种规格的探头
2.2	土壤水分、温度定点监测及远程传输系统	套	1	60 000	田间定点监测设备,包括 5 个水分探头、5 个地温探头、数据采集器、无线数据发射器和太阳能板
2.3	简易田间小气候气象站	套	1	45 000	田间定点监测设备,包括测空气温度、降水量、风速、风向相关部件、数据采集器、无线数据发射器和太阳能板
2.4	数据接收服务器及配套设备	套	1	10 000	包括数据接受服务器、台式计算机和打印机等

表5（续）

序号	设施名称	计量单位	数量	估算指标元	主要内容及标准
2.5	标志牌	个	1	1 000	规格为80 cm×60 cm,可长期使用
2.6	防护栏	个	1	6 000～10 000	用于定点监测设备的防护,围栏内面积不小于9 m²
3	虫情监测点可选设备				
3.1	自动虫情测报灯	台	1	30 000	成型设备,具有自动诱杀、分离、烘干、贮存扑灯昆虫功能,接虫器自动转换将虫体按天存放。可连续7 d不间断诱虫、储虫
3.2	自动杀虫灯(太阳能)	台	1	5 000	成型设备,利用太阳能板提供电源,全天候对扑灯昆虫进行自动诱杀
3.3	自动杀虫灯(农电)	台	1	500	成型设备,接入农电,晚上自动开灯,白天自动关灯,自动诱杀扑灯昆虫

9.3 工程建设其他费用和预备费

9.3.1 工程建设其他费用

主要包括建设单位管理费、前期工作咨询费、勘察设计费、工程监理费、招标代理费和招标管理费等。

9.3.2 预备费

预备费包括基本预备费和涨价预备费。具体估算方法见NY/T 1716。

附　录　A
（规范性附录）
全国高标准农田建设区域划分

区域	类型区	包含省（自治区、直辖市）及部分地区
东北区	平原低地类型区 漫岗台地类型区 风蚀沙化类型区	黑龙江、吉林、辽宁和内蒙古东部地区
华北区	平原灌溉类型区 山地丘陵类型区 低洼盐碱类型区	北京、天津、河北、山西、河南、山东、江苏和安徽北部、内蒙古中部地区
西北区	黄土高原类型区 内陆灌溉类型区 风蚀沙化类型区	陕西、甘肃、宁夏、青海、新疆、内蒙古西部和山西西部地区
西南区	平原河谷类型区 山地丘陵类型区 高山高原类型区	云南、贵州、四川、重庆、西藏、湖南和湖北西部地区
东南区	平原河湖类型区 丘岗冲垄类型区 山坡旱地类型区	上海、浙江、江西、福建、广东、广西、海南，安徽、江苏、湖南和湖北部分地区

附　录　B

（规范性附录）

高标准农田综合生产能力

单位为千克每亩

区域	类型区	评价参数	代表作物	产量标准
东北区	平原低地类型区	熟制		一年一熟
		产出水平	水稻	＞550
			玉米	＞600
	漫岗台地类型区	熟制		一年一熟
		产出水平	玉米	＞600
	风蚀沙化类型区	熟制		一年一熟
		产出水平	玉米	＞500
华北区	平原灌溉类型区	熟制		一年两熟
		产出水平	小麦	＞450
			玉米	＞500
	山地丘陵类型区	熟制		一年一熟或一年两熟
		产出水平	玉米	＞500
	低洼盐碱类型区	熟制		一年两熟
		产出水平	小麦	＞400
			玉米	＞450
西北区	黄土高原类型区	熟制		一年一熟
		产出水平	玉米	＞450
	内陆灌溉类型区	熟制		一年一熟或一年两熟
		产出水平	小麦	＞400
			玉米	＞500
	风蚀沙化类型区	熟制		一年一熟
		产出水平	玉米	＞350
西南区	平原河谷类型区	熟制		一年两熟
		产出水平	小麦	＞350
			水稻	＞450
	山地丘陵类型区	熟制		一年两熟
		产出水平	水稻	＞800
	高山高原类型区	熟制		一年两熟或一年一熟
		产出水平	小麦	＞250
			玉米	＞400
东南区	平原河湖类型区	熟制		一年两熟或一年三熟
		产出水平	水稻	＞900
	丘岗冲垄类型区	熟制		一年两熟或一年三熟
		产出水平	水稻	＞800
	山坡旱地类型区	熟制		一年两熟
		产出水平	小麦	＞250
			玉米	＞400

附 录 C

（规范性附录）

高标准农田农业机械作业水平

单位为百分率

区域	类型区	作物	机耕率	机（栽植）播率	机收率	综合
东北区	平原低地类型	水稻	＞99	＞90	＞92	＞94
		玉米	＞99	＞98	＞45	＞80
	漫岗台地类型区	玉米	＞98	＞98	＞30	＞77
	风蚀沙化类型区	玉米	＞98	＞98	＞70	＞88
华北区	平原灌溉类型区	小麦	＞99	＞98	＞98	＞98
		玉米	＞99	＞98	＞60	＞86
	山地丘陵类型区	玉米	＞90	＞85	＞45	＞73
	低洼盐碱类型区	棉花	＞98	＞98	＞15	＞70
		小麦	＞98	＞98	＞95	＞97
西北区	黄土高原类型区	玉米	＞90	＞80	＞15	＞61
	内陆灌溉类型区	小麦	＞98	＞90	＞90	＞93
		玉米	＞98	＞98	＞35	＞79
	风蚀沙化类型区	小麦	＞98	＞98	＞98	＞98
		玉米	＞98	＞98	＞70	＞88
西南区	平原河谷类型区	水稻	＞85	＞60	＞80	＞75
	山地丘陵类型区	水稻	＞80	＞30	＞40	＞50
		小麦	＞80	＞50	＞35	＞55
		玉米	＞80	＞35	＞15	＞43
	高山高原类型区	青稞	＞80	＞75	＞65	＞73
		小麦	＞80	＞80	＞65	＞75
		豌豆	＞80	＞15	＞15	＞36
东南区	平原河湖类型区	水稻	＞95	＞55	＞95	＞82
	丘岗冲垄类型区	水稻	＞80	＞40	＞90	＞70
		小麦	＞80	＞75	＞80	＞78
		小麦	＞80	＞55	＞15	＞53
	山坡旱地类型区	小麦	＞95	＞90	＞95	＞93
		玉米	＞80	＞55	＞25	＞53

附 录 D
（规范性附录）
高标准农田田块和连片规模

单位为亩

区域	类型区	连片面积	田块面积
东北区	平原低地类型区	≥5 000	旱作 300～750
			稻作 75～150
	漫岗台地类型区	≥5 000	旱作≥500
	风蚀沙化类型区	≥5 000	旱作 150～450
			稻作 75～150
华北区	平原灌溉类型区	≥5 000	≥150
	山地丘陵类型区	≥300	≥45
	低洼盐碱类型区	≥5 000	≥120
西北区	黄土高原类型区	≥1 500	≥150
	内陆灌溉类型区	≥5 000	≥300
	风蚀沙化类型区	≥3 000	≥300
西南区	平原河谷类型区	≥300	≥75
	山地丘陵类型区	≥50	≥10
	高山高原类型区	≥25	≥5
东南区	平原河湖类型区	≥5 000	≥90
	丘岗冲垄类型区	≥300	≥5
	山坡旱地类型区	≥300	≥10

附 录 E
（规范性附录）
高标准农田田面平整度

耕地类型	项　目	指　标
稻作淹灌农田	地表平整度(100 m×100 m)	≤2.5 cm
	横向坡降(500 m)	<1/2 000
	纵向坡降(500 m)	<1/1 500
旱作地面和自流灌农田	地表平整度(100 m×100 m)	≤10 cm
	横向坡降(500 m)	1/800～1/500
	纵向坡降(500 m)	1/800～1/500
喷滴灌农田	地表平整度(100 m×100 m)	≤10 cm
	坡降(500 m)	≤1/30

附　录　F
（规范性附录）
高标准农田土体和耕作层厚度

区　域	类型区	指　标
东北区	平原低地类型区	土体深厚，黑土层大于 15 cm，潜育层 30 cm 以下，耕作层大于 25 cm
	漫岗台地类型区	土体深厚，黑土层 40 cm～60 cm，无障碍层次，耕作层 20 cm
	风蚀沙化类型区	土体深厚，耕作层厚度 18 cm～20 cm
华北区	平原灌溉类型区	土体深厚，通体均质壤土或蒙金型(50 cm 以内较上层稍黏)，耕作层 20 cm 以上
	山地丘陵类型区	土体 100 cm 以上均质，无障碍层次，耕作层大于 20 cm
	低洼盐碱类型区	土体深厚，耕作层 20 cm～30 cm
西北区	黄土高原类型区	土体深厚，耕作层大于 18 cm。熟化层厚度大于 30 cm
	内陆灌溉类型区	土体深厚，耕作层大于 25 cm
	风蚀沙化类型区	土体深厚，耕作层 20 cm～25 cm
西南区	平原河谷类型区	土体深厚，耕作层 18 cm～20 cm
	山地丘陵类型区	土体深厚，耕作层 14 cm～16 cm
	高山高原类型区	土体厚度大于 50 cm，耕作层 15 cm～20 cm
东南区	平原河湖类型区	土体深厚，耕作层 16 cm～20 cm，100 cm 土体内无沙漏或黏盘
	丘岗冲垄类型区	土体厚度大于 50 cm，耕作层 14 cm～16 cm
	山坡旱地类型区	土体厚度大于 50 cm，耕作层 15 cm～20 cm

附　录　G
（规范性附录）
高标准农田耕作层土壤有机质和酸碱度

区　域	类型区	指　标
东北区	漫岗台地类型区	有机质 22 g/kg～35 g/kg；pH：6.5～7.5
	平原低地类型区	有机质 25 g/kg～40 g/kg；pH：6.5～7.5
	风蚀沙化类型区	有机质 10 g/kg～20 g/kg；pH：7～8
华北区	平原灌溉类型区	有机质 15 g/kg～18 g/kg；pH：7～7.5
	山地丘陵类型区	有机质 12 g/kg～15 g/kg；pH：7～7.5
	低洼盐碱类型区	有机质 10 g/kg～20 g/kg；pH：7.5～8.5，100 cm 土体内盐分含量，硫酸盐为主 3 g/kg～6 g/kg，氯化物为主 2 g/kg～4 g/kg
西北区	黄土高原类型区	有机质 12 g/kg～15 g/kg；pH：7～7.5
	内陆灌溉类型区	有机质 15 g/kg～20 g/kg；pH：7～7.5，100 cm 土体内盐分含量，硫酸盐为主 3 g/kg～6 g/kg，氯化物为主 2 g/kg～4 g/kg
	风蚀沙化类型区	有机质 6 g/kg～15 g/kg；pH：7.5～8.5
西南区	平原河谷类型区	有机质 25 g/kg～40 g/kg；pH：5.5～5.0
	高山高原类型区	有机质 10 g/kg～35 g/kg；pH：5.5～7.0
	山地丘陵类型区	有机质 15 g/kg～35 g/kg；pH：5.5～7.5
东南区	平原河湖类型区	有机质 30 g/kg～40 g/kg；pH：5.5～7.0
	丘岗冲垄类型区	有机质 15 g/kg～35 g/kg；pH：5.5～7.0
	山坡旱地类型区	有机质 15 g/kg～30 g/kg；pH：5.5～7.0

附 录 H
（规范性附录）
高标准农田灌溉工程

区 域	类型区	指 标
东北区	平原低地类型区	灌溉保证率：水田区80%，水浇地75%；喷灌、微灌灌溉保证率不低于90%；田间渠系及建筑物配套完好率大于95%
	漫岗台地类型区	灌溉保证率75%；喷灌、微灌灌溉保证率90%；田间渠系及建筑物配套完好率大于95%
	风蚀沙化类型区	灌溉保证率75%；喷灌、微灌灌溉保证率90%；田间渠系及建筑物配套完好率大于95%
华北区	平原灌溉类型区	灌溉保证率80%；喷灌、微灌灌溉保证率90%；田间渠系及建筑物配套完好率大于95%
	山地丘陵类型区	灌溉保证率80%；喷灌、微灌灌溉保证率90%；雨水集蓄灌溉工程的集流面积的供水保证率75%。田间渠系及建筑物配套完好率大于95%
	低洼盐碱类型区	灌溉保证率80%；喷灌、微灌灌溉保证率90%；田间渠系及建筑物配套完好率大于95%
西北区	黄土高原类型区	灌溉保证率75%；喷灌、微灌灌溉保证率90%；雨水集蓄灌溉工程的集流面积的供水保证率75%。田间渠系及建筑物配套完好率大于90%
	内陆灌溉类型区	灌溉保证率：水田区80%，水浇地75%；喷灌、微灌灌溉保证率90%；田间渠系及建筑物配套完好率大于95%
	风蚀沙化类型区	灌溉保证率75%；喷灌、微灌灌溉保证率90%；田间渠系及建筑物配套完好率大于90%
西南区	平原河谷类型区	灌溉保证率：水田区95%，水浇地85%。喷灌、微灌灌溉保证率90%。田间渠系及建筑物配套完好率大于95%
	高原山地类型区	灌溉保证率：水田区95%，水浇地85%。喷灌、微灌灌溉保证率90%。雨水集蓄灌溉工程的集流面积的供水保证率75%。田间渠系及建筑物配套完好率大于95%
	山地丘陵类型区	灌溉保证率：水田区95%，水浇地85%。喷灌、微灌灌溉保证率90%。雨水集蓄灌溉工程的集流面积的供水保证率应为75%。田间渠系及建筑物配套完好率大于95%
东南区	平原河湖类型区	灌溉保证率：水田区95%，水浇地85%。喷灌、微灌灌溉保证率90%。田间渠系及建筑物配套完好率大于95%
	丘岗冲垄类型区	灌溉保证率：水田区95%，水浇地85%。喷灌、微灌灌溉保证率90%。雨水集蓄灌溉工程的集流面积的供水保证率75%。田间渠系及建筑物配套完好率大于95%
	山坡旱地类型区	灌溉保证率：水田区95%，水浇地85%。喷灌、微灌灌溉保证率90%。雨水集蓄灌溉工程的集流面积的供水保证率75%。田间渠系及建筑物配套完好率大于95%

附　录　I
（规范性附录）
高标准农田排水工程

区　域	类型区	指　　标
东北区	平原低地类型区	排水标准 5 年一遇；旱田区 1 d～3 d 暴雨，1 d～3 d 排除；水田区 1 d～3 d 暴雨，3 d～5 d 排除；堤防防洪标准达到 10 年一遇；田间排水沟系及建筑物配套完好率大于 95%
	漫岗台地类型区	排水标准 5 年一遇；旱田区 1 d～3 d 暴雨，1 d～3 d 排除；水田区 1 d～3 d 暴雨，3 d～5 d 排除；田间排水沟系及建筑物配套完好率大于 90%
	风蚀沙化类型区	排水标准 5 年一遇；旱田区 1 d～3 d 暴雨，1 d～3 d 排除；田间排水沟系及建筑物配套完好率大于 90%
华北区	平原灌溉类型区	旱田区，排水标准 5 年一遇；1 d 暴雨，2 d 排除；水浇地、水田区、排涝治碱区：排水标准 10 年一遇；3 d 暴雨，5 d 排除；田间排水沟系及建筑物配套完好率大于 95%
	山地丘陵类型区	旱田区，排水标准 5 年一遇；1 d 暴雨，2 d 排除；水浇地：排水标准 10 年一遇；3 d 暴雨，5 d 排除；田间排水沟系及建筑物配套完好率大于 90%
	低洼盐碱类型区	旱田区，排水标准 5 年一遇；1 d 暴雨，2 d 排除；水浇地：排水标准 10 年一遇；3 d 暴雨，5 d 排除；田间排水沟系及建筑物配套完好率大于 90%
西北区	黄土高原类型区	旱塬区，排水标准 10 年一遇；其他区 5 年一遇；1 d～3 d 暴雨，1 d～3 d 排除。田间泄洪沟系及建筑物配套完好率大于 90%
	内陆灌溉类型区	排水标准 10 年一遇；水浇地 1 d～3 d 暴雨，1 d～3 d 排除。水田区 1 d～3 d 暴雨，3 d～5 d 排除；田间排水沟系及建筑物配套完好率大于 90%
	风蚀沙化类型区	排水标准 5 年一遇；田间排水沟系及建筑物配套完好率大于 90%
西南区	平原河谷类型区	排水标准 10 年一遇；水田 1 d 暴雨，3 d 排除。田间排水沟系及建筑物配套完好率大于 95%
	高原山地类型区	排水标准 10 年一遇；旱田 1 d 暴雨，2 d 排除；田间排水沟系及建筑物配套完好率大于 90%
	山地丘陵类型区	排水标准 10 年一遇；旱田 1 d 暴雨，2 d 排除；水田 1 d 暴雨，3 d 排除。田间排水沟系及建筑物配套完好率大于 90%
东南区	平原河湖类型区	排水标准 20 年一遇；1 d 暴雨，1 d～2 d 排除；田间排水沟系及建筑物配套完好率大于 95%
	丘岗冲垄类型区	排水标准 10 年一遇；1 d 暴雨，1 d～2 d 排除；田间排水沟系及建筑物配套完好率大于 90%
	山坡旱地类型区	排水标准 10 年一遇；旱田 1 d 暴雨，2 d 排除；田间排水沟系及建筑物配套完好率大于 90%

附 录 J
（规范性附录）
高标准农田排水沟深度和间距

单位为米

排水沟深度	排水沟间距		
	黏土、重壤土	中壤土	轻壤土、沙壤土
0.8～1.3	15～30	30～50	50～70
1.3～1.5	30～50	50～70	70～100
1.5～1.8	50～70	70～100	100～150
1.8～2.3	70～100	100～150	—

附　录　K
（规范性附录）
高标准农田防护林网

单位为百分率

区　域	类型区	占耕地率
东北区	平原低地类型区	3～6
	漫岗台地类型区	4～5
	风蚀沙化类型区	6～8
华北区	平原灌溉类型区	1～4
	山地丘陵类型区	7～8
	低洼盐碱类型区	6～8
西北区	黄土高原类型区	4～6
	内陆灌溉类型区	6～8
	风蚀沙化类型区	6～8
西南区	平原河谷类型区	1～3
	山地丘陵类型区	2～3
	高山高原类型区	4～6
东南区	平原河湖类型区	1～3
	丘岗冲垄类型区	2～3
	山坡旱地类型区	4～6

附　录　L
（规范性附录）
高标准农田主要农机具配置

L.1　东北区、华北区、西北区主要农机具配置见表L.1。

表L.1　东北区、华北区、西北区主要农机具配置

序号	主要农机具	计量单位	作业指标
1	100 HP以上轮式拖拉机	台	发动机功率73.5 kW以上，最大提升力≥24 kN，最大牵引力≥36 kN。为动力机械，配套激光平地机、深松机等机具
2	50 HP～70 HP轮式拖拉机	台	发动机功率46 kW，牵引力12.5 kN。为动力机械，配套播种机、秸秆粉碎还田机、植保机械、节水灌溉机具等
3	履带式推土机	台	发动机功率73.5 kW，主要用于土地平整
4	激光平地机	台	挂接机具。作业幅宽2.5 m，需66.2 kW～73.5 kW动力机械，用于土地平整
5	大型深耕深松犁	台	大型挂接机具。工作幅宽2.5 m，深松深度≥25 cm，需≥89 kW动力机械（柴油机）
6	育秧播种机组	套	挂接机具。生产效率≥350盘/h，需0.18 kW动力机械
7	大型免耕施肥精量播种机	台	挂接机具。工作幅宽3.2 m，施肥播种一体化，需44.1 kW～58.8 kW动力机械
8	乘坐式高速插秧机	台	发动机功率14.7 kW，8行，作业效率0.8 hm²/h
9	收获机械	台	小麦、水稻收获机，发动机功率66 kW，工作幅宽2.9 m
			玉米收获机械，需61 kW动力机械；3行（割道）；生产率≥0.33 hm²/h
10	喷灌机	台	圆形结构，跨距长度：50 m～500 m，控制面积0.8 hm²～78.0 hm²，电动机减速器功率0.75 kW
11	秸秆粉碎还田机	台	挂接机具。工作幅宽1.8 m；需配套58.9 kW～73.5 kW动力机械
12	中型免耕播种机	台	挂接机具。需44.1 kW～51.5 kW动力机械，用于小麦、玉米、大豆免耕播种，作业效率0.27 hm²/h～1 hm²/h
13	施肥机械	套	挂接机具。工作幅宽12 m～28 m，需48 kW动力机械
14	悬挂式植保机械	台	挂接机具。工作幅宽18 m，需50 kW以上动力机械

L.2 西南区、东南区主要农机具配置见表 L.2。

表 L.2 西南区、东南区主要农机具配置

序号	主要农机具	计量单位	作业指标
1	70 HP 以上轮式拖拉机	台	发动机功率 51.5 kW 以上,旱田犁耕牵引力≥21 kN。为动力机械,配套激光平地机、深松机、秸秆旋埋机等机具
2	中马力四轮驱动拖拉机	台	发动机功率 25.4 kW,旱田犁耕牵引力≥10.3 kN,为动力机械,配套植保机具等
3	30 HP～40 HP 轮式拖拉机	台	发动机功率 25.4 kW,旱田犁耕牵引力≥10.3 kN。为动力机械,配套播种机、秸秆粉碎还田机、植保机械、节水灌溉机具等
4	履带式推土机	台	发动机功率 51.5 kW,悬挂轴最大提升力 14 kN,推土铲入土深度≥29 cm。主要用于土地平整
5	激光平地机	台	旱田激光平地挂接机具。工作幅宽 2.6 m,作业半径≤400 m,需 58.8 kW～66.2 kW 动力机械,用于土地平整
			水田激光平地机。13.4 kW 动力机械,作业半径 180 m,最小转弯半径 2.6 m,用于土地平整
6	中型深耕深松犁	台	挂接机具。深松深度 35 cm～40 cm,工作幅宽 2 m,需 51.5 kW 以上动力机械
7	大型免耕施肥精量播种机	台	挂接机具。工作幅宽 2.2 m,需 51 kW～66 kW 动力机械
8	收获机械	台	全喂入式水稻/小麦收获机械,收割行数 4 行,收割宽度 1.45 m,需 42.7 kW 动力机械,作业效率 0.27 hm²/h～0.47 hm²/h
			半喂入式水稻收获机械,发动机功率 48 kW,作业效率 0.2 hm²/h～0.4 hm²/h
9	乘坐式高速插秧机	台	平原区乘坐式高速插秧机,发动机功率 7.7 kW,工作幅宽 6 行,作业效率 0.27 hm²/h～0.6 hm²/h
			丘陵山区乘坐式高速插秧机,发动机功率 3.4 kW,工作幅宽 2 行,作业效率 0.13 hm²/h～0.27 hm²/h
10	手扶式插秧机	台	发动机功率 2.6 kW,作业效率 0.09 hm²/h～0.21 hm²/h
11	喷灌机	台	悬臂系统长度 26 m,调整范围 0 m/h～113 m/h
12	悬挂式植保机械	台	挂接机具。工作幅宽 18 m,需≥47.8 kW 动力机械
13	秸秆粉碎还田机	台	挂接机具。工作幅宽 1.8 m;需 58.9 kW～73.5 kW 动力机械,作业效率 0.53 hm²/h～0.6 hm²/h
14	秸秆旋埋机	台	挂接机具。工作幅宽 90 cm;切碎机构总安装刀数 6 把;作业效率 0.13 hm²/h～0.33 hm²/h,需 11 kW～14.7 kW 动力机械
15	中型免耕播种机	台	挂接机具。需 20.6 kW～25.7 kW 动力机械,作业效率 0.23 hm²/h 以上
16	育秧播种机组	套	总功率 0.18 kW,作业效率≥350 盘/h

ICS 67.040
X 09

中华人民共和国农业行业标准

NY/T 2149—2012

农产品产地安全质量适宜性评价技术规范

Technology code of suitability assessment for safe quality of
agro-product area

2012-06-06 发布
2012-09-01 实施

中华人民共和国农业部 发布

NY/T 2149—2012

前　言

本标准按照 GB/T 1.1—2009 给出的规则起草。

本标准由中华人民共和国农业部提出并归口。

本标准起草单位：农业部环境保护科研监测所。

本标准主要起草人：刘凤枝、李玉浸、曹仁林、师荣光、郑向群、姚秀荣、战新华、刘传娟、王玲、王晓男。

农产品产地安全质量适宜性评价技术规范

1 范围

本标准规定了农产品产地安全质量适宜性评价的方法、程序及农产品产地安全质量等级划分技术等。

本标准适用于种植业农产品产地安全质量适宜性评价；畜禽养殖业、水产养殖业的产地安全质量适宜性评价可参照执行。

2 规范性引用文件

下列文件对于本文件的应用是必不可少的。凡是注日期的引用文件，仅注日期的版本适用于本文件。凡是不注日期的引用文件，其最新版本（包括所有的修改单）适用于本文件。

GB 2762　食品中污染物限量

GB 3095　环境空气质量标准

GB 5084　农田灌溉水质标准

GB 9137　保护农作物的大气污染物最高允许浓度

NY/T 395　农田土壤环境质量监测技术规范

NY/T 396　农用水源环境质量监测技术规范

NY/T 397　农区环境空气质量监测技术规范

NY/T 398　农、畜、水产品污染监测技术规范

耕地土壤重金属污染评价技术规程

3 术语和定义

下列术语和定义适用于本文件。

3.1

农产品产地安全质量适宜性评价 suitability assessment for safe guality of agro-product area

指农产品产地环境对农作物生长和农产品安全质量适宜程度的评价，包括农产品产地土壤、农用水和农区环境空气等。

3.2

农产品产地土壤适宜性评价 suitability assessment for soil of agro-product area

指土壤环境质量对农作物生长和农产品安全适合程度的评价，即用拟种植农作物土壤中污染物测定值与同一种类土壤环境质量适宜性评价指标值比较，以反映产地土壤环境质量对种植作物的适宜程度。

3.3

土壤适宜性评价指标值 soil index value suitability assessment

指保证农作物正常生长和农产品质量安全的土壤中污染物有效态含量的最大值（临界值）。即用同一种土壤类型、同一作物种类、同一污染物有效态安全临界值作为适宜性评价指标值。

3.4

土壤适宜性指数 index of suitability for soil

用土壤中污染物的实测值与适宜性评价指标值之比，即为适宜性指数。

4 农产品产地监测

4.1 填写农产品产地基本情况表

见表1。

表1 农产品产地基本情况表

<table>
<tr><td rowspan="9">产地基本状况</td><td colspan="2">位置</td><td colspan="2">省(自治区、直辖市)　市县(区)　乡(镇)　村(组)</td></tr>
<tr><td rowspan="4">区域范围及边界</td><td>北(经度_____;纬度_____)</td><td rowspan="4">草图</td></tr>
<tr><td>西(经度_____;纬度_____)</td></tr>
<tr><td>东(经度_____;纬度_____)</td></tr>
<tr><td>南(经度_____;纬度_____)</td></tr>
<tr><td>产地面积(hm²)</td><td></td><td>土地利用情况</td><td></td></tr>
<tr><td>主要农作物类型及种植模式</td><td colspan="3">农作物一:_____种植面积(hm²),主要种植模式_____
农作物二:_____种植面积(hm²),主要种植模式_____
农作物三:_____种植面积(hm²),主要种植模式_____</td></tr>
<tr><td>灌溉水源状况</td><td></td><td>化肥施用状况</td><td></td></tr>
<tr><td>农作物受污染情况</td><td colspan="3"></td></tr>
</table>

4.2 农产品产地土壤监测

按 NY/T 395 的规定执行。

4.3 农产品产地灌溉水监测

按 NY/T 396 的规定执行。

4.4 农产品产地环境空气监测

按 NY/T 397 的规定执行。

4.5 农产品产地农产品监测

按 NY/T 398 的规定执行。

5 农产品产地安全质量适宜性评价指标值的确定

5.1 土壤适宜性评价指标值的确定

5.1.1 土壤重金属适宜性评价指标值的确定

按《农田土壤重金属有效态安全临界值制定技术规范》执行。

5.1.2 土壤其他污染物适宜性评价指标值的确定

参照《农田土壤重金属有效态安全临界值制定技术规范》执行。

5.2 灌溉水适宜性评价指标值的确定

按照 GB 5084 的规定执行。

5.3 环境空气适宜性评价指标值的确定

按照 GB 9137 和 GB 3095 的规定执行。

6 农产品产地安全质量适宜性评价

6.1 农产品产地土壤适宜性评价

农产品产地土壤中重金属污染物的适宜性评价,按照《耕地土壤重金属污染评价技术规程》3.2.3 进行;其他污染物按照 6.4 的规定执行。

6.2 农产品产地灌溉水适宜性评价

按照 GB 5084 的评价方法执行。

6.3 农产品产地环境空气适宜性评价

按照 GB 9137 和 GB 3095 的评价方法执行。

6.4 农产品产地各环境要素中尚无适宜性评价指标值的污染物做适宜性评价

参照《耕地土壤重金属污染评价技术规程》3.2.4 的规定执行。

6.5 统计农产品产地适宜性评价结果

如表 2 所示。

表 2　农产品产地安全质量适宜性评价结果统计表

污染物	土壤	空气	灌溉水	农产品

7　农产品产地安全质量适宜性判定

7.1 农产品产地各环境要素及其种植的农产品均不超标,为该种农产品生产的适宜区。

7.2 农产品产地环境要素中某项或某几项污染物超标,并导致所生产的农产品超过 GB 2762 规定的污染物限量标准,且超标率>10%时,为该种农产品的不适宜区,即重点调查区。

7.3 对比分析产地污染与农产品超标情况,如表 3 所示。

表 3　产地污染与农产品超标对比分析表

点位编号		监测结果					评价结果				
	要素	Cd	Pb	F	酚	…	Cd	Pb	F	酚	…
1	土壤										
	灌溉水										
	空气										
	农产品										
2	土壤										
	灌溉水										
	空气										
	农产品										

7.4 填写农产品产地重点调查区登记表,如表 4 所示。

表 4　农产品产地重点调查区登记表

农产品产地重点调查区登记表	位置	省(自治区、直辖市)　　市县(区)　　乡(镇)　　村(组)	
	区域范围及边界	北(经度_____;纬度_____) 西(经度_____;纬度_____) 东(经度_____;纬度_____) 南(经度_____;纬度_____)	草图
	区域面积(hm²)		土地利用情况
	污染特征及主要超标污染物		
	超标农产品种类		农产品超标率
	不适宜生产的农产品		建议种植的农产品

8 农产品产地安全质量适宜性等级划分

8.1 Ⅰ级地

农产品产地各环境要素良好,各类农作物评价适宜指数均小于1,且未出现因污染减产或超标现象的农产品产地。该类产地适宜种植各类农作物。

8.2 Ⅱ级地

农产品产地环境要素有超标现象,且对生长环境条件敏感的农作物(如叶菜类蔬菜)已经构成威胁,使其适宜指数大于1,或有明显的减产或超标现象的农产品产地。该类产地适宜种植具有一定抗性的农作物。

8.3 Ⅲ级地

农产品产地环境要素超标较严重,且对具有一般抗性的农作物(如水稻等粮食作物)生产已构成威胁,使其适宜指数大于1,或有明显的减产或超标现象的农产品产地。该类产地适宜种植具有较强抗性的农作物(如果树或一些高秆农作物)。

8.4 Ⅳ级地

农产品产地环境要素中污染物超标严重,使得各类食用农产品适宜指数均大于1,或有明显的减产或超标现象的农产品产地。该类产地只能种植抗性强的非食用农作物(如棉花、苎麻等)。

8.5 农产品产地安全质量适宜性等级划分结果统计

如表5所示。

表5 农产品产地安全质量等级划分结果统计表

农产品产地等级划分结果统计表	位置	省(自治区、直辖市)		市县(区)	乡(镇)
	区域范围及边界	北(经度_____;纬度_____)		草图	
		西(经度_____;纬度_____)			
		东(经度_____;纬度_____)			
		南(经度_____;纬度_____)			
	产地面积(hm²)	Ⅰ级地			
		Ⅱ级地			
		Ⅲ级地			
		Ⅳ级地			

ICS 67.040
X 09

中华人民共和国农业行业标准

NY/T 2150—2012

农产品产地禁止生产区划分技术指南

Technology code of dividing for non-producing area of agro-product

2012-06-06 发布

2012-09-01 实施

中华人民共和国农业部 发布

前　言

本标准按照 GB/T 1.1—2009 给出的规则起草。

本标准由中华人民共和国农业部提出并归口。

本标准起草单位：农业部环境保护科研监测所。

本标准主要起草人：李玉浸、刘凤枝、郑向群、师荣光、王跃华、姚秀荣。

农产品产地禁止生产区划分技术指南

1 范围

本标准规定了农产品产地适宜生产区和禁止生产区区域划分的程序及划分技术方法。

本标准适用于种植业农产品产地;畜禽养殖业、渔业产地禁产区划分可参照本标准执行。

本标准不适用于海洋渔业、海洋养殖业禁产区的划分。

2 规范性引用文件

下列文件对于本文件的应用是必不可少的。凡是注日期的引用文件,仅注日期的版本适用于本文件。凡是不注日期的引用文件,其最新版本(包括所有的修改单)适用于本文件。

GB 2762 食品中污染物限量

GB 3095 环境空气质量标准

GB 5084 农田灌溉水质标准

GB 9137 保护农作物的大气污染物最高允许浓度

NY/T 395—2012 农田土壤环境质量监测技术规范

NY/T 396 农用水源环境质量监测技术规范

NY/T 397 农区环境空气质量监测技术规范

NY/T 398 农、畜、水产品污染监测技术规范

耕地土壤重金属污染评价技术规程

3 术语和定义

下列术语和定义适用于本文件。

3.1

农产品 agro-product

来源于农业的初级产品,即在农业活动中获得的植物、动物、微生物及其产品。

3.2

农产品产地 agro-product area

植物、动物、微生物及其产品生产的相关区域。

3.3

农产品产地安全 safety of agro-product area

农产品产地的土壤、水体和大气环境质量等符合农产品安全生产要求。

3.4

禁产区 non-producing area

指农产品产地环境要素中某些有毒有害物质不符合产地安全标准,并导致农产品中有毒有害物质不符合农产品质量安全标准的农产品生产区域。

4 农产品产地禁止生产区划分程序

4.1 资料收集整理及现场踏查

4.1.1 资料收集按 NY/T 395—2012 中 4.1 的规定执行。

4.1.2 在资料收集的基础上,重点列出以下 5 类区域:
——农田土壤适宜性评价指数>1 的区域;
——农田灌溉水超过 GB 5084 的区域;
——农区空气超过 GB 3095 或 GB 9137 的区域;
——农产品中污染物超过 GB 2762 的区域;
——农业环境污染事故频发区。

4.1.3 污染分析

4.1.3.1 区域污染物来源及污染历史分析,按 NY/T 395—2012 中 4.1.4 的规定执行。

4.1.3.2 分析农产品中污染物种类和含量及其与污染源、农田土壤、灌溉水、农区大气中污染物种类和含量之间的关系。

4.1.3.3 分析污染源、土壤、大气、灌溉水及农产品安全质量变化趋势。

4.1.4 现状踏查,验证所收集资料与环境实际情况的一致性。

4.2 农产品产地重点监测划分区确认

农产品产地禁止生产区在以往工作基础上进行,本着经济、节约的原则,以下区域可列为重点监测划分区:
——4.1.2 中的各类区域;
——污水灌区、重点工矿企业周边农区和大中城市郊区;
——污染原因明确,污染源与环境及农产品中污染物种类及含量之间相关关系较为明显的区域。

4.3 农产品产地重点监测划分区环境质量划分监测与评价

4.3.1 农产品产地重点监测区土壤环境质量监测划分按 NY/T 395 的规定执行。

4.3.2 农产品产地重点监测区农灌水质监测划分按 NY/T 396 的规定执行。

4.3.3 农产品产地重点监测区环境空气质量监测划分按 NY/T 397 的规定执行。

4.3.4 农产品产地重点监测区农、畜、水产品污染监测划分按 NY/T 398 的规定执行。

4.3.5 农产品产地重点监测区评价及判定按《农产品产地适宜性评价技术规范》的规定执行。

4.3.6 从事农产品产地禁止生产区监测工作的检测实验室应通过部级以上资质认定。

4.4 农产品产地禁止生产区的划分报告

4.4.1 以监测单元边界为基础划定禁产区边界。

4.4.2 禁产区边界难以确定时,应重新划分监测单元并进行加密监测。

4.4.3 禁产区的划定应通过省级农业行政主管部门组织的专家论证,提交论证会的材料应当包括:
——产地安全监测结果和农产品检测结果;
——产地安全监测评价报告,包括产地污染原因分析、产地与农产品污染的相关性分析、评价方法与结论,其中结论应包含禁产区地点、面积、禁止生产的农产品种类、主要污染物种类等;
——农业生产结构调整及相关处理措施的建议。

4.4.4 禁产区划分报告以提交的专家论证报告为基础,撰写农产品禁止生产区划分报告,并填写表 1。

表1 农产品禁止生产区划分报告表

提出划分报告的技术机构单位名称			法人代表	
禁产区位置	地点		联系方式	
			主要污染物种类	
	经度		污染原因	
	纬度		禁止生产的食用农产品种类	
	四至范围			
禁产区面积			禁产区范围图	

4.5 档案建立

禁止生产区划分相关文件、资料应建立档案,长期保存。

4.6 调整或撤消

禁止生产区安全状况改善并符合相应标准需要调整或撤消时,仍按本划分指南执行。

ICS 65.020

B 15

中华人民共和国农业行业标准

NY/T 2164—2012

马铃薯脱毒种薯繁育基地建设标准

Construction standard for virus–free seed potatoes
propagating farms

2012-06-06 发布
2012-09-01 实施

中华人民共和国农业部 发布

前　言

本标准按照 GB/T 1.1—2009 给出的规则起草。

本标准由中华人民共和国农业部发展计划司提出。

本标准由全国蔬菜标准化技术委员会(SAC/TC 467)归口。

本标准起草单位:云南省农业科学院质量标准与检测技术研究所。

本标准主要起草人:杨万林、黎其万、隋启君、梁国惠、李彦刚、杨芳、丁燕、李山云、张建华。

马铃薯脱毒种薯繁育基地建设标准

1 范围

本标准规定了马铃薯脱毒种薯繁育基地的基地规模与项目构成、选址与建设条件、生产工艺与配套设施、功能分区与规划布局、资质与管理和主要技术指标。

本标准适用于新建、改建及扩建的马铃薯脱毒种薯繁育基地。

2 规范性引用文件

下列文件对于本文件的应用是必不可少的。凡是注日期的引用文件，仅注日期的版本适用于本文件。凡是不注日期的引用文件，其最新版本（包括所有的修改单）适用于本文件。

GB 5084 农田灌溉水质标准

GB 7331 马铃薯种薯产地检疫规程

GB 15618 土壤环境质量标准

GB 18133 马铃薯脱毒种薯

JGJ 91—93 科学实验室设计规范

NY/T 1212 马铃薯脱毒种薯繁育技术规程

NY/T 1606 马铃薯种薯生产技术操作规程

SL 371—2006 农田水利示范园区建设标准

3 术语和定义

下列术语和定义适用于本文件。

3.1

脱毒种薯 virus-free seed potatoes

应用茎尖组织培养技术获得、经检测确认不带马铃薯 X 病毒（PVX）、马铃薯 Y 病毒（PVY）、马铃薯 A 病毒（PVA）、马铃薯卷叶病毒（PLRV）、马铃薯 M 病毒（PVM）、马铃薯 S 病毒（PVS）等病毒和马铃薯纺锤块茎类病毒（PSTVd）的再生组培苗，经脱毒种薯生产体系逐代扩繁生产的各级种薯。

3.2

繁育基地 propagating farms

具备完善的马铃薯脱毒种薯标准化生产体系和质量监控体系，生产合格的马铃薯脱毒组培苗和各级脱毒种薯的基地。

3.3

组培苗基地 virus-free in-vito plantlets propagating farms

具备严格的无菌操作室内培养条件和设施设备，用不带病毒和类病毒的再生试管苗专门大量扩繁组培苗或诱导试管薯的生产基地。

3.4

原原种基地 pre-elite propagating farms

具备网室、温室等隔离防病虫的环境条件，用组培苗或试管薯专门生产符合质量要求原原种的生产基地。

3.5

原种基地　elite propagating farms

具备良好隔离防病虫环境条件,用原原种作种薯专门生产符合质量要求原种的生产基地。

3.6

大田用种基地　certified seed

具备一定的隔离防病虫环境条件,用原种作种薯繁殖一至两代,专门生产符合大田用种质量要求种薯的生产基地。

4 基地规模与项目构成

4.1 建设原则

基地类型和建设规模应按照"规范生产、引导市场"的原则,并根据区域规划、当地及周边区域市场对种薯需求量、生态和生物环境条件、社会经济发展状况,以及技术与经济合理性和管理水平等因素综合确定。

4.2 基地类别

分为组培苗基地、原原种基地、原种基地和大田用种基地。各类基地对环境条件的要求不同,生产方式有差异,可根据需要和环境条件选择独立建设或集中建设。

4.3 建设规模

4.3.1 基地的建设规模分别以组培苗生产株数、原原种生产粒数、原种生产面积和生产用种生产面积表示。各类别基地的建设规模应参考表1的规定。

表 1　各类马铃薯脱毒种薯繁育基地建设规模

组培苗基地,万株	100	200	400	1 000
原原种基地,万粒	500	1 000	2 000	5 000
原种基地,亩	500	1 000	2 000	5 000
大田用种基地,亩	2 000	5 000	10 000	20 000

4.3.2 组培苗基地、原原种基地的生产能力为年最低生产能力;原种基地和大田用种基地面积为每年用于生产种薯的面积,实际建设面积应根据当地轮作周期进行调整。计算方法为:实际建设面积 ＝年马铃薯繁育面积×轮作周期。

4.3.3 两类以上基地集中建设时,上一级种薯(苗)的最低生产能力应满足下一级种薯基地的用种需求。可按每株组培苗生产2粒原原种、每亩需种薯5 000粒原原种、原种1:10的繁殖系数,或技术水平所能达到的实际生产能力来计算确定各类基地需配套建设的最低规模。

4.4 项目构成

各类基地建设的项目构成参照表2。

表 2　各类基地建设项目构成

基地类别	组培苗基地	原原种基地	原种基地	大田用种基地
建设内容	接种室、培养室、清洗室、培养基配置及灭菌室、检测及称量室、设施设备配套、办公用房	温(网)室、病害检测室及配套、原原种贮藏库及配套、办公及生活用房	种薯贮藏库(窖)、晾晒棚(场)、田间道路、水利设施、防疫设施、农机设备、办公及生活用房	种薯贮藏库(窖)、晾晒棚(场)、田间道路、水利设施、防疫设施、农机设备、办公及生活用房

5 选址与建设条件

5.1 符合国家农业行政主管部门制订的良种繁育体系规划和《全国马铃薯优势区域布局规划》的内容。

5.2 符合当地土地利用发展规划和村镇建设发展规划的要求。

5.3 基地水源充足(干旱地区的水源要好于周边区域),水质符合 GB 5084 的规定;原种基地和大田用种基地的土壤质量应符合 GB 15618 要求,土质疏松、排水性好、偏酸性(pH 在 5.0~6.0 之间最佳)。

5.4 组培苗基地、原原种基地建设应选择在具备较好的生产设施、生产技术和管理水平的最佳区域,原种基地和大田用种基地建设应选择在马铃薯主要产区县域、种薯生产水平高、或种薯产业较发达的地区。

5.5 根据组培苗和各级种薯生产特点和对环境的要求,各类基地建设的选址应符合表3的要求。

表3 各类基地选址的基本要求

基地类别	选 址 要 求
组培苗基地	安静、洁净、无污染源、水源和电源充足、交通便利的地方
原原种基地	四周无高大建筑物,水源、电源充足、通风透光、交通便利;100m 内无可能成为马铃薯病虫害侵染源和蚜虫寄主的植物
原种基地	选择在无检疫性有害生物发生的地区,并且:具备良好的隔离条件,800 m 内无其他茄科、十字花科植物、桃树和商品薯生产;或具备防虫网棚等隔离条件;最佳生产期的气温在 8℃~29℃之间
大田用种基地	选择在无检疫性有害生物发生的地区,并且:具备一定的隔离条件,500 m 内无其他茄科、十字花科植物、桃树和商品薯生产;最佳生产期的气温在 8℃~29℃之间

5.6 原种基地和大田用种基地的建设区域应地势平缓、土地集中连片(部分山区相对集中连片,至少应达到百亩连片),水资源条件较好,远离洪涝、滑坡等自然灾害威胁,避开盐碱土地;东北、华北区域耕地坡度不超过 10°,西北、西南及其他区域山区耕地坡度不超过 15°;基地位置应靠近交通主干道,便于运输。

6 生产工艺与配套设施

6.1 种薯生产的工艺流程
组培苗扩繁→原原种生产→原种生产→大田用种生产。

6.2 组培苗基地配套设施设备要求

6.2.1 组培苗基地建筑应满足 JGJ 91—93 中 4.3.3 生物培养室的设计建设要求。

6.2.2 接种室
接种室是组培生产的最核心和关键部分,是进行无菌操作的场所。配备能满足基地生产能力的超净工作台(表4)和相关用具。同时,要有缓冲间,以便进入无菌室前在此洗手、换衣、换鞋、预处理材料等;地板和四周墙壁要光洁,不易积染灰尘,易于采取各种清洁和消毒措施;室内要吊装紫外灭菌灯,用于经常照射灭菌;要安装空调机,保持室温在 23℃~25℃;门窗闭合性好,保持与外界相对隔绝。接种室的环境要求较高,设计上坚持宜小不宜大的原则。

表4 组培苗基地主要设备配置要求

项目名称	基地规模,万株			
	100	200	400	1 000
超净工作台,个	5	10	20	50
培养架,个	50	100	200	500
灭菌设备容量,L	300	600	1 200	3 000
组培瓶,个	25 000	50 000	100 000	250 000

6.2.3 培养室
培养室要求光亮、保温、隔热,室内温度保持在 22℃~26℃,光照时间和光照强度可调控。地面选用浅色建材,四壁和顶部选用浅色涂料进行防霉处理;室内各处都应增强反光,以提高室内的光亮度和易于清扫;在侧壁、顶部设计有通风排气窗,以利于定期或需要时加强通风散热。为了减少能源消耗,培养室应尽量利用自然光照,最大限度地增加采光面积。配备可自动控时控光的培养架(表4)和控制温度的空调机。

6.2.4 清洗室

配备洗瓶机器、洗涤刷等,并设计建设具有耐酸碱的水池和排水口。排水口设计上要便于清洗检查,并安装过滤网,防止植物材料碎片、琼脂等东西流入下水道,减少微生物滋生源和避免排水系统堵塞。

6.2.5 培养基配制及灭菌室

配备培养基配制和灭菌所需的相关设备、容器、药剂等,如灭菌锅、干燥箱、药品放置柜等。为提高生产效率,可根据生产规模配置不同规格的灭菌设备,灭菌容量需达到表4要求。

6.2.6 检测及称量室

配备光照培养箱、冰箱、电子天平、pH酸度计、电导率仪、解剖镜等仪器设备;年生产规模在400万株以上的基地还需配备用于真菌和细菌性病原菌、主要病毒检测的PCR仪、酶标仪等仪器。

6.3 原原种基地配套设施要求

6.3.1 应以镀锌钢管、铝合金或新型环保材料为支撑,设计并建设标准化的温室和网室用于原原种生产,隔离的网纱孔径要达到45目以上。每栋温、网室的出入口应设计有工作人员更衣、消毒的缓冲间。

6.3.2 根据基地气候条件,按照有利生产、经济合理的原则确定温室和网室的比例。

6.3.3 以珍珠岩、蛭石、消毒的细沙或土壤作为栽培基质,也可用两种或几种基质混合配制。

6.3.4 应配备喷灌、植保等生产设施设备,病害检测、原原种分级机械、种薯储藏和生理调控等的附属设施设备条件。

6.3.5 储藏库(窖)应具备较好的通风、避光的能力,并能满足种薯储藏期间控温(温度2℃~4℃)、控湿(相对湿度70%~90%)的要求。

6.4 原种基地和大田用种基地设施要求

6.4.1 农田排灌设施

基地配套水利设施可参照SL 371—2006的要求,因地制宜地采取工程、农艺、管理等节水和排涝措施,科学规划灌溉系统和防洪排涝系统,达到旱能灌、涝能排。灌溉条件较差的旱作农业区,应采取农艺、工程等节水措施提高天然降水的利用率,根据地势合理设计沟、涵、闸等建筑物配套,确保排水出路通畅,防止水土流失。

6.4.2 田间道路

田间道路建设要科学设计,突出节约土地,提高利用效率。基地内田间道路以沙石、水泥路面为主,便于农机进出田间作业和农产品运输。适宜机耕的基地田间道路建设要满足农机通行要求,并配套农机下田(地)设施;不适宜机耕的基地田间道路建设要满足畜力车通行要求。

6.4.3 农机设备

根据基地规模、地形、耕作条件等因素综合考虑选择配套使用不同形式、不同规格的耕作机械、农用车和其他农机设备。适宜机耕的基地根据生产需求配备一体化的耕作机械和配套设备;地形较差、不完全集中连片、达不到机械化生产条件的基地,应因地制宜的选择配备部分小型机械进行半机械化生产。

6.4.4 防疫设施

四周应有天然隔离带或人工的农田防护林网与周边农田隔离。基地内需配套建设主要病虫害检测室和药剂喷施设备,有蚜虫的区域需配套建设蚜虫迁移监测系统,东北、西南及其他晚疫病重发区需配套建设晚疫病预测预报系统,使基地环境达到GB 7331规定的产地检疫的要求。

6.4.5 种薯包装及储藏设施

应配备与基地生产规模相匹配的种薯分级和包装机械,并配套建设晾晒棚(场)用于收获、中转时的种薯晾晒,配套建设的种薯最低仓储能力不低于种薯总产量的1/4。储藏库(窖)应具备较好的通风、避光的能力,并达到种薯储藏期间控温(温度2℃~4℃)、控湿(相对湿度70%~90%)的要求。原种基地种薯储藏能力需达到表5的要求,大田用种基地种薯储藏能力需达到表6的要求。

表5 原种基地种薯储藏能力要求

项目名称	基地规模,亩			
	500	1 000	2 000	5 000
种薯储藏能力,t	250~1 000	500~2 000	1 000~4 000	2 500~10 000

表6 大田用种基地种薯储藏能力要求

项目名称	基地规模,亩			
	2 000	5 000	10 000	20 000
种薯储藏能力,t	1 000~4 000	2 500~10 000	5 000~20 000	10 000~40 000

7 功能分区与规划布局

7.1 组培苗基地应设具有管理、清洗、检测与称量、培养基配制、灭菌、无菌接种和组培(诱导)等功能分区,各功能区按6.2.1~6.2.5要求设置,布局上要相对集中和独立。组培生产各功能区应与管理区隔离,之间应设置用于洗手、消毒、更衣的缓冲间。

7.2 原原种基地设管理区、消毒隔离区、网室生产区、温室生产区、包装储存区、种薯(苗)病虫害检测室等,布局上相对集中,功能区之间有明显的界限或间隔,消毒隔离区应设置在管理区与其他各功能区之间。

7.3 原种基地和大田用种基地应设管理区、消毒隔离区、生产区、种薯周转区、包装储存区、种薯(苗)病虫害检测室。

7.3.1 管理区内包括工作人员的生活设施、基地办公设施、与外界接触密切的生产辅助设施(车库等)。

7.3.2 生产区根据种薯级别分别设置,包括相应的水利设施、田间道路等。

7.3.3 各功能区及建筑物之间应界限分明,协调合理,依地势和环境选择最佳布局,包装储藏区应建在地势较低、靠近道路的位置。

7.3.4 对于集中连片建设的基地,应在所有入口设立消毒区,对进入基地的人员、车辆、机械进行消毒。相对集中连片建设的基地,应在主要入口设立消毒区,对进入基地区域的人员、车辆、机械进行消毒。

7.4 各类基地集中建设的,应在组培苗快繁区、原原种生产区入口设隔离区,作为工作人员更换工作服、消毒的操作间。

8 资质与管理

基地应具备农业行政部门颁发的种薯(苗)生产许可证,并根据生产规模配备专门的生产技术人员,建立完善的标准化生产及质量控制体系,并达到表7规定的要求。

表7 基地的资质、技术和质量控制要求

项目名称	组培苗基地	原原种基地	原种基地	大田用种基地
生产资质	生产许可证	生产许可证	生产许可证	生产许可证
技术人员配备	1人/20万株	1人/100万粒	1人/500亩	1人/2 000亩
质量控制及服务	1. 质量管理制度;2. 质量管理手册;3. 规范的质量技术规程;4. 售后技术服务;5. 售后质量追溯机制			

9 主要技术经济指标

9.1 根据建设规模、生产方式,组培苗基地各类设施建设面积应达到表8的规定,其建设总投资和分项工程建设投资应符合表 9 的规定。

表 8 组培苗基地占地面积控制及建筑面积指标

项目名称	基地规模,万株			
	100	200	400	1 000
基地占地面积≤,m²	600	1 020	1 560	3 900
总建筑面积,m²	200	340	520	1 300
培养室建筑面积,m²	60	110	200	500
接种等配套建筑面积,m²	90	150	200	500
其他附属建筑面积,m²	50	80	120	300

表 9 组培苗基地建设投资额度表

项目名称	基地规模,万株			
	100	200	400	1 000
总投资指标,万元	47	88.6	166.4	416
实验室建设及基础配套,万元	20	40	80	200
实验室仪器设备及配套,万元	27	48.6	86.4	216

9.2 根据基地的建设规模,原原种基地各类设施建设面积应达到表 10 的规定,其建设总投资和分项工程建设投资应符合表 11 的规定。

表 10 原原种基地占地面积及建筑面积指标

项目名称	基地规模,万粒			
	500	1 000	2 000	5 000
基地占地面积≤,m²	31 800	63 600	126 900	316 500
总建筑面积,m²	10 600	21 200	42 300	105 500
温(网)室建筑面积,m²	10 000	20 000	40 000	100 000
病害检测室建筑面积,m²	100	200	300	400
原原种储藏库建筑面积,m²	250	500	1 000	2 500
附属设施建筑面积,m²	250	500	1 000	2 500

表 11 原原种基地建设投资额度表

项目名称	基地规模,万粒			
	500	1 000	2 000	5 000
总投资指标,万元	150～1 290	300～2 580	585～5 145	1 425～12 825
温(网)室建设,万元	60～1 200	120～2 400	240～4 800	600～12 000
附属设施建设,万元	90	180	345	825

9.3 根据基地的建设规模,原种基地各类设施建设面积应达到表 12 的规定,其建设总投资和分项工程建设投资应符合表 13 的规定。

表 12 原种基地建筑占地面积及建筑面积指标

项目名称	基地规模,亩			
	500	1 000	2 000	5 000
建筑占地面积≤,m²	12 500～16 250	25 000～32 500	50 000～65 000	125 000～162 500
总建筑面积,m²	1 250～1 625	2 500～3 250	5 000～6 500	12 500～16 250
种薯储藏库(窖)建筑面积,m²	125～500	250～1 000	500～2 000	1 250～5 000
晾晒棚建筑面积,m²	1 000	2 000	4 000	10 000
附属设施建筑面积,m²	125	250	500	1 250

表 13　原种基地建设投资额度表

项目名称	基地规模,亩			
	500	1 000	2 000	5 000
总投资指标,万元	76.25～113.75	152.5～227.5	305～455	762.5～1 137.5
储藏库(窖)建设,万元	12.5～50	25～100	50～200	125～500
晾晒棚建设,万元	15	30	60	150
耕地改造及设施配套建设,万元	15	30	60.0	150
生产设备购置,万元	15	30	60	150
附属设施建设,万元	18.75	37.5	75	187.5

9.4　根据基地的建设规模,大田用种基地各类设施建设面积应达到表 14 的规定,其建设总投资和分项工程建设投资应符合表 15 的规定。

表 14　大田用种基地建筑占地面积及建筑面积指标

项目名称	基地规模,亩			
	2 000	5 000	10 000	20 000
建筑占地面积≤,m²	50 000～65 000	125 000～162 500	250 000～325 000	500 000～650 000
总建筑面积,m²	5 000～6 500	12 500～16 250	25 000～32 500	50 000～65 000
种薯储藏库(窖)建筑面积,m²	500～2 000	1 250～5 000	2 500～10 000	5 000～20 000
晾晒棚建筑面积,m²	4 000	10 000	20 000	40 000
附属设施建筑面积,m²	500	1 250	2 500	5 000

表 15　大田用种基地建设投资额度表

项目名称	基地规模,亩			
	2 000	5 000	10 000	20 000
总投资指标,万元	305～455	762.5～1 137.5	1 525～2 275	3 050～4 550
储藏库(窖)建设,万元	50～200	125～500	250～1 000	500～2 000
晾晒棚建设,万元	60	150	300	600
耕地改造及设施配套建设,万元	60	150	300	600
生产设备购置,万元	60	150	300	600
附属设施建设,万元	75	187.5	375	750

ICS 65.040.01
P 35

中华人民共和国农业行业标准

NY/T 2165—2012

鱼、虾遗传育种中心建设标准

Construction for fish and shrimp genetic breeding center

2012-06-06 发布

2012-09-01 实施

中华人民共和国农业部 发布

目 次

前言
1　范围
2　规范性引用文件
3　术语和定义
4　选址与建设条件
5　建设规模与项目构成
6　工艺与设备
7　建设用地与规划布局
8　建筑工程及配套设施
9　防疫防病
10　环境保护
11　人员要求
12　主要技术经济指标
附录 A（资料性附录）　鱼、虾遗传育种中心仪器最低配备标准

前　言

本标准按照 GB/T 1.1—2009 给出的规则起草。

本标准由中华人民共和国农业部渔业局提出。

本标准由中华人民共和国农业部发展计划司归口。

本标准起草单位：全国水产技术推广总站。

本标准主要起草人：胡红浪、孔杰、王新鸣、李天、倪伟锋、鲍华伟、朱健祥。

鱼、虾遗传育种中心建设标准

1 范围

本标准规定了鱼、虾遗传育种中心建设项目的选址与建设条件、建设规模与项目构成、工艺与设备、建设用地与规划布局、建筑工程及配套设施、防疫防病、环境保护、人员要求和主要技术经济指标。

本标准适用于鱼、虾遗传育种中心建设项目建设的编制、评估和审批;也适用于审查工程项目初步设计和监督、检查项目建设过程。

2 规范性引用文件

下列文件对于本文件的应用是必不可少的。凡是注日期的引用文件,仅注日期的版本适用于本文件。凡是不注日期的引用文件,其最新版本(包括所有的修改单)适用于本文件。

GB 5749—85 生活饮用水标准

GB 11607 渔业水质标准

GB 50011 建筑抗震设计规范

GB 50052—2009 供配电系统设计规范

GB 50352—2005 民用建筑设计通则

SC/T 9101 淡水池塘养殖水排放要求

SC/T 9103 海水养殖水排放要求

3 术语和定义

下列术语和定义适用于本文件。

3.1

鱼、虾遗传育种中心 fish and shrimp genetic breeding center

收集、整理、保存目标物种种质资源,研究、开发和应用遗传育种技术,培育水产新品种的场所。

3.2

孵化车间 incubation facility

从受精卵到孵化出鱼苗或幼体的场所。

3.3

育苗车间 hatchery facility

从受精卵培育到苗种的场所。

3.4

中间培育池 nursery pond

从鱼苗或虾苗培育到幼鱼或幼虾的场所。

3.5

后备亲本培育池 grow-out pond

从幼鱼或幼虾(种苗)培育到成体的场所。

3.6

亲本培育车间(池) maturation facility

从成体培育到性成熟达到繁育期的亲本培育场所。

3.7

交配与产卵池 spawning pond

亲本自然交配或定向交配及产卵的场所。

3.8

备份基地 back-up center

用于备份保存、培育目标物种传代群体的场所。

4 选址与建设条件

4.1 鱼、虾遗传育种中心建设地点的选择应充分进行调研、论证,符合相关法律法规、水产原良种体系建设规划以及当地城乡经济发展规划等要求。

4.2 建设地点应选择在隔离、无疫病侵扰的场所。

4.3 建设地点应有满足目标物种生长、繁殖条件的水源,水质应符合 GB 11607 的规定。

4.4 建设地点选择应充分考虑当地地质、水文、气候等自然条件。

4.5 建设地点不应在矿区、化工厂、制革厂等附近的环境污染区域。

5 建设规模与项目构成

5.1 鱼、虾遗传育种中心的建设,应根据全国和区域渔业发展规划和生产需求,结合自然条件、技术与经济等因素,确定合理的建设规模。如采用家系育种技术,需设置一定数量的家系或群组繁育单元。

5.2 鱼、虾遗传育种中心建设规模应达到表1的要求。

表 1 鱼、虾遗传育种中心建设规模要求

种类名称	核心种群规模	年提供亲本/后备亲本数量
中国对虾	>500 尾/年	>5 000 尾/年
罗氏沼虾	>5 000 尾/年	>50 000 尾/年
大菱鲆	>2 000 尾/年	>1 000 尾/年
斑点叉尾鮰	>500 尾/年	>1 000 尾/年

5.3 鱼、虾遗传育种中心建设项目应包括下列内容:
  a) 育种设施:
    1) 苗种培育系统:产卵池、孵化池、育苗车间、中间培育池;
    2) 亲本培育系统:亲本养殖池、亲本培育池、定向交配池;
    3) 动物、植物饵料培育车间(池)。
  b) 给排水系统:蓄水池、水处理消毒池、高位水池、给排水渠道(或管道)、循环水系统、排水的无害化处理等相关设备,水泵房;
  c) 隔离防疫设施:车辆消毒池、更衣消毒室、清洗消毒间、隔离室等,场外、场内需设置防疫间距、隔离物等;
  d) 辅助生产设施:档案资料室、标本室、化验室、性状测量室、标记实验室等,有条件的地方可设置育种生产监控室等;
  e) 配套设施:变配电室、锅炉房、仓库、维修间、通讯设施、增氧系统、场区工程、饲料加工车间等;
  f) 管理及生活服务设施:办公用房、食堂、宿舍、围墙、大门、值班室等;
  g) 备份基地:亲本、后备亲本培育池,亲本培育车间及育种车间等设施。

5.4 鱼、虾遗传育种中心建设应充分利用当地提供的社会专业化协作条件进行建设;改(扩)建项目应充分利用原有设施;生活福利工程可按所在地区规定,尽量参加城镇统筹建设。

6 工艺与设备

6.1 育种技术工艺与设施设备的选择,应适于充分发挥目标物种的遗传潜力,培育具有生长快、抗逆性强、品质好等优良经济性状的改良种;应遵循优质、高产、节能、节水、降低成本和提高效率等原则。

6.2 应建立系统的育种技术路线,制定有关育种的技术标准。通过收集目标物种的不同地理群体或养殖群体,经过检疫、养殖测试安全后,构建遗传多样性丰富的育种群体,依据生产需求,确定选育目标,培育优良品种。

6.3 育种技术工艺:根据目标物种的特点及种质资源情况,采用先进、成熟和符合实际的新技术、新工艺:

    a) 近交衰退技术:应建立育种动物系谱,严格控制近交衰退及种质退化;

    b) 性状测试技术:应在相同的养殖环境中进行比对群体的性状测试;

    c) "单行线"运行工艺流程:在水产遗传育种中心设计与建设过程中,要充分考虑内、外环境的安全、稳定,对核心育种群体培育池、亲本培育车间、育苗车间等重要育种设施的人、物流动应实行"单行线"运行工艺流程。

6.4 设备选择应与工艺要求相适应。尽量选用通用性强、高效低耗、便于操作和维修的定型产品。必要时,可引进国外某些关键设备。设备一般应配置:

    a) 增氧设备:增氧机、充气机;

    b) 控温设备:锅炉、电加热系统、制冷系统;

    c) 标记设备:个体标记和家系标记设备;

    d) 生产工具:生产运输车辆、船只、网具等;

    e) 育种核心群体应采用计算机管理,应配置相应的管理软件,建立育种群体数据库;

    f) 如果采用循环水养殖技术,应配备水处理系统。

6.5 仪器设备:鱼、虾遗传育种中心的实验仪器设备最低配置标准参见附录A。

7 建设用地与规划布局

7.1 鱼、虾遗传育种中心建设既要考虑当前需要,又要考虑今后发展。规划建设时,应考虑洪涝、台风等灾害天气的影响,同时考虑寒冷、冰雪等可能对基础设施的破坏。南方地区还要考虑夏季高温对设施、设备的影响。

7.2 建设用地的确定与固定建筑的建造应根据建设规模、育种工艺、气候条件等区别对待,遵循因地制宜、资源节约、安全可靠、便于施工的原则。应坚持科学、合理和节约的原则,尽量利用非耕地,少占用耕地,并应与当地的土地规划相协调。

7.3 鱼、虾遗传育种中心建设用地,宜达到表2所列指标。

表2 鱼、虾遗传育种中心建设用地指标

种类名称	建设用地,m²
鱼	80 000
虾	80 000

7.4 鱼、虾遗传育种中心内的道路应畅通,与场外运输道路连接的主干道宽度一般不低于6 m,通往池塘、车间、仓库等运输支干道宽度一般为3 m~4 m。

7.5 应设置水消毒处理池,自然水域取水应经过消毒、过滤后使用;高位池宜设在场区地势较高的位置,尽量做到一次提水。

7.6 取水口位置应远离排水口,进、排水分开。

8 建筑工程及配套设施

8.1 鱼、虾遗传育种中心的主要建设内容的建筑面积,宜达到表3和表4的所列指标。

表3 鱼遗传育种中心主要育种设施建筑面积

工程名称	建设内容	单位	面积
育种设施	亲鱼培育池	m²	66 700
	配种车间	m²	500
	配种池	m²	1 000
	苗种孵化池	m²	500
	苗种培育车间	m²	1 000
	标记混养池	m²	10 005
	隔离检疫室	m²	1 000
	饵料培育池	m²	2 000
隔离防疫设施	车辆消毒池、更衣消毒室、清洗消毒间、隔离室等	m²	500
辅助设施	档案室、资料室、实验室、综合管理房等	m²	600

表4 虾遗传育种中心主要育种设施建筑面积

工程名称	建设内容	单位	面积
育种设施	亲虾培育池	m²	66 700
	亲本车间	m²	1 000
	配种车间	m²	500
	配种池	只	120
	苗种孵化池	m²	500
	苗种培育车间	m²	500
	标记混养池	m²	10 005
	隔离检疫室	m²	500
	饵料培育池	m²	2 000
隔离防疫设施	车辆消毒池、更衣消毒室、清洗消毒间、隔离室等	m²	500
辅助设施	档案室、资料室、实验室、综合管理房等	m²	600

8.2 亲本培育车间、孵化车间、育苗车间建筑及结构形式为:

    a) 车间一般为单层建筑,根据建设地点的气候条件及不同物种的孵化要求,可采用采光屋顶、半采光屋顶等形式。车间建筑设计应具备控温、控光、通风和增氧设施。其结构宜采用轻型钢结构或砖混结构;

    b) 车间的电路、电灯应具备防潮功能;

    c) 车间宜安装监控系统。

8.3 其他建筑物一般采用有窗式的砖混结构。

8.4 各类建筑抗震标准按 GB 50011 的规定执行。

8.5 配套工程应满足生产需要,与主体工程相适应。配套工程应布局合理、便于管理,并尽量利用当地条件。配套工程设备应选用高效、节能、低噪声、少污染、便于维修使用、安全可靠、机械化水平高的设备。

8.6 池塘的要求为:

a) 池塘宜选择长方形,东西走向;

b) 池塘深度一般不低于1.5 m,北方越冬池塘的水深应达到2.5 m以上;池壁坡度根据地质情况计算确定;

c) 用于育种群体养殖的池塘,需建立隔离防疫、防风、防雨及防鸟等设施设备。

8.7 供电:当地不能保证二级供电要求时,应自备发电机组。

8.8 供热:热源宜利用地区集中供热系统,自建锅炉房应按工程项目所需最大热负荷确定规模。锅炉及配套设备的选型应符合当地环保部门的要求。

8.9 消防设施应符合以下要求:

a) 消防用水可采用生产、生活、消防合一的给水系统;消防用水源、水压、水量等应符合现行防火规范的要求;

b) 消防通道可利用场内道路,应确保场内道路与场外公路畅通。

8.10 通讯设施的设计水平应与当地电信网络的要求相适应。

8.11 管理系统应配备计算机育种管理系统,提高工作效率和管理水平。

9 防疫防病

9.1 建设项目应符合《中华人民共和国动物防疫法》、《动物检疫管理办法》等有关规定。

9.2 应建设的防疫设施有车辆消毒池、更衣消毒室、清洗消毒间、隔离室等,场外、场内需设置防疫间距、隔离物等。

9.3 根据目标物种的需要,建设动物或植物饵料专用培育车间(池)。防止使用未经消毒处理的来自自然水域的活体饵料。

9.4 来源于自然水域的养殖用水应配置水处理池,进行消毒处理后才能使用。

10 环境保护

10.1 建设项目应严格按照国家有关环境保护和职业安全卫生的规定,采取有效措施消除或减少污染和安全隐患,贯彻"以防为主,防治结合"的方针。

10.2 应有绿化规划,绿化覆盖率应符合国家有关规定及当地规划的要求。

10.3 化粪池、生产和生活污水处理场应设在场区边缘较低洼、常年主导风向的下风向处;在农区宜设在农田附近。

10.4 应设置养殖废水处理设施,符合SC/T 9101和SC/T 9103的要求。

10.5 自设锅炉,应选用高效、低阻、节能、消烟、除尘的配套设备,应符合国家和地方烟气排放标准。贮煤场应位于常年主导风向的下风向处。

10.6 鼓励采用太阳能、地源热泵等清洁能源用于遗传育种中心建设。

11 人员要求

11.1 主要技术负责人要求本科以上学历,具有遗传育种专业背景,具有正高级技术职称,从事水产育种工作5年以上。

11.2 技术人员中具有高级、中级技术职称的人员比例应不低于20%和40%。

11.3 技术工人应具有高中以上文化程度,经过操作技能培训并获得职业资格证书后方能上岗。

12 主要技术经济指标

12.1 工程投资估算及分项目投资比例按表5所列指标控制。

表5 鱼、虾遗传育种中心工程投资估算及分项目投资比例

种类	总投资 万元	建筑工程 %	设备及安装工程 %	其他 %	预备费 %
鱼	700～800	50～60	30～40	6～10	3～5
虾	700～800	50～60	30～40	6～10	3～5

12.2 鱼、虾遗传育种中心建设主要材料消耗量见表6。

表6 鱼、虾遗传育种中心建设主要材料消耗量表

名称	钢材,kg/m^2	水泥,kg/m^2	木材,m^3/m^2
轻钢结构	30～45	20～30	0.01
砖混结构	25～35	150～200	0.01～0.02
其他附属建筑	30～40	150～200	0.01～0.02

12.3 鱼、虾遗传育种中心建设工期指标见表7。

表7 鱼、虾遗传育种中心建设工期指标

名称	淡水鱼、虾	海水鱼、虾
建设工期,月	12～18	15～20

附 录 A
（资料性附录）
鱼、虾遗传育种中心仪器最低配备标准

显微镜（生物显微镜、荧光显微镜、倒置显微镜）
PCR 仪
电泳仪
凝胶成像仪
离心机
培养箱
超净工作台
精密电子天平
水质分析仪
水浴锅
纯水仪
烘干箱
紫外可见分光光度计
解剖镜
电冰箱（含低温）
酶标仪
照相、录像设备
灭菌锅
计算机
微芯片及其扫描仪

ICS 65.040.01
P 85

中华人民共和国农业行业标准

NY/T 2166—2012

橡胶树苗木繁育基地建设标准

Construction criterion for base of rubber tree seedling breeding

2012-06-06 发布

2012-09-01 实施

中华人民共和国农业部 发布

目　次

前言

1　范围

2　规范性引用文件

3　术语和定义

4　建设规模与项目构成

　　4.1　建设规模

　　4.2　项目构成与主要建设内容

5　选址与建设条件

　　5.1　选址依据

　　5.2　建设条件

6　农艺技术与设备

　　6.1　农艺技术

　　6.2　主要设备

7　用地分类与规划布局

　　7.1　土地类别

　　7.2　用地规模与结构

　　7.3　主要用地规划布局

8　主要工程设施

　　8.1　建筑工程及附属设施

　　8.2　田间工程

9　节能、节水与环境保护

　　9.1　节能节水

　　9.2　环境保护

10　主要技术经济指标

　　10.1　劳动定员

　　10.2　主要生产物资消耗量

　　10.3　主要建设内容及建设标准

前　言

本标准按照 GB/T 1.1—2009 给出的规则起草。

本标准由中华人民共和国农业部发展计划司提出。

本标准由中华人民共和国农业部农产品质量安全监管局归口。

本标准起草单位:海南省农垦设计院。

本标准主要起草人:潘在焜、王振清、董保健、钟银宽、范海斌、张霞、王娇娜、韩成元、何英姿。

本标准实施时,在建及已批准建设的项目,仍按原规定要求执行。

橡胶树苗木繁育基地建设标准

1 范围

本标准规定了橡胶树苗木繁育基地建设的基本要求。

本标准适用于我国县级以上橡胶树苗木繁育基地的新建、更新重建项目建设;在境外投资的橡胶树苗木繁育生产建设项目,应结合当地情况,灵活执行本标准;其他种类的橡胶树苗木繁育建设项目,可参照本标准。

本标准不适用于科研、试验性质的橡胶树育苗场地建设。

本标准可以作为编制、评估和审批橡胶树繁育基地建设项目建议书、可行性研究报告的依据。

2 规范性引用文件

下列文件对于本文件的应用是必不可少的。凡是注日期的引用文件,仅注日期的版本适用于本文件。凡是不注日期的引用文件,其最新版本(包括所有的修改单)适用于本文件。

GB/T 17822.1—2009　橡胶树种子

GB/T 17822.2—2009　橡胶树苗木

GB 50188—2007　镇规划标准

GB/SJ 50288—99　灌溉与排水工程设计规范

JGJ 26—1995　民用建筑节能设计标准

JIGB 01—2003　公路工程技术标准

NY/T 688—2003　橡胶树品种

NY/T 221—2006　橡胶树栽培技术规程

3 术语和定义

下列术语和定义适用于本文件。

3.1

橡胶树苗木繁育基地　base of rubber tree seedling breeding

得到国家县级以上人民政府有关部门投资支持或核准建设的,为满足市场对橡胶树定植材料的需要,繁育橡胶树的苗木生产区。

3.2

成品苗木　products seedling

符合橡胶树定植材料质量要求的橡胶树苗木。

3.3

苗圃地　nursery

用于直接繁育橡胶树苗木的土地。

3.4

炼苗棚　refined seedlings tent

用于橡胶组培苗移栽前或袋装苗木出圃定植前,逐步增强对自然环境适应性的过渡设施。

3.5

育苗荫棚　seedling pergola

为幼苗生长提供具有遮光、保温、保湿作用的棚室。

3.6

籽苗芽接工作室 seedling bud grafting studio

用于籽苗芽接操作的工作用房。

3.7

水肥池 water-fertilizer pool

用于存贮灌溉用水或沤制液态肥料的池子。

4 建设规模与项目构成

4.1 建设规模

4.1.1 确定建设规模的主要依据

4.1.1.1 橡胶树苗木供应区域的橡胶种植现状及发展规划。

4.1.1.2 基地的经营管理水平及技术力量。

4.1.1.3 土地等自然资源条件。

4.1.1.4 橡胶树苗木生产过程中的社会化服务程度。

4.1.2 建设规模

苗圃基地的建设规模，应按苗圃用地面积和年度供应市场需求的种植苗木数量确定。

一个基地的苗圃面积一般应在 10 hm² 以上,年生产各种橡胶树成品苗木 30 万株以上。有较强科技力量支撑及良好的交通条件时,苗圃地面积可大一些,但不宜大于 65 hm²。

4.2 项目构成与主要建设内容

4.2.1 苗圃地建设

项目建设的主要内容包括土地开垦与备耕、道路及灌排水、水肥池等农业田间工程和育苗荫棚、炼苗棚、全控式保温大棚等农业设施。

4.2.2 管理办公及配套生活设施

管理办公设施主要包括经营管理办公用房、实验检测用房、库房、门卫(值班室)、配电室、围墙及其他防护安全设施等。

配套生活设施主要有职工宿舍、食堂和文体娱乐设施等。

5 选址与建设条件

5.1 选址依据

5.1.1 省域的天然橡胶种植规划。

5.1.2 基地所在地区的土地利用总体规划。

5.1.3 橡胶树苗木统筹安排、合理布局、相对集中、规模化生产的要求。

5.1.4 充分结合利用现有工程设施。

5.2 建设条件

5.2.1 适宜建设条件

5.2.1.1 小区自然环境优良。宜选在平缓坡地,静风向阳,有适当的防护林保护系统。不宜利用迎冬季主风向的坡面。

5.2.1.2 土地条件良好。要求壤土或沙壤土;土层厚度>0.5 m,在 0 m～0.5 m 深的土层中无石砾层;排水良好。

5.2.1.3 生产用水、用电有保障。供水水源尽可能选用常年有水的自然水体以及有充分供水保障率的池塘、水库等。

5.2.1.4 交通便利。道路通畅,可以全天候通车。

5.2.2 有以下情况之一者,不适宜建设基地

5.2.2.1 地下水埋深小于 0.5 m,排水困难的低洼地。

5.2.2.2 土层厚度<0.5 m,且土层下为坚硬基岩。

5.2.2.3 坡度>25°地段。

5.2.2.4 瘠瘦、干旱的沙土地带。

5.2.2.5 风害、寒害严重,不适宜种植橡胶树的地区。

6 农艺技术与设备

6.1 农艺技术

6.1.1 育苗农艺流程图

育苗农艺流程详见图1。

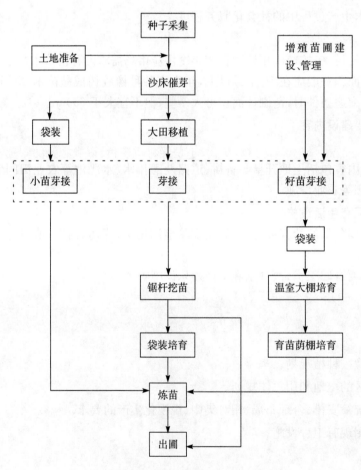

图 1 橡胶树苗木繁育农艺流程图

6.1.2 育苗工作环节

6.1.2.1 土地准备

主要包括苗圃用地的土地开发、整理、复垦以及修苗床等土地备耕,还包括灌排水、道路等各项农业田间工程建设。

6.1.2.2 橡胶树种子采集

应在经鉴定或省级主管部门认定的合格采种区或省级主管部门批准的种子园中采集优良种子。

6.1.2.3 催芽与芽接

采集到的种子经沙床催芽后再行移床育苗。

可以采用大苗芽接、小苗芽接、籽苗芽接3种芽接方式。

6.1.2.4 采种、芽接、育苗、苗木出圃、芽条增殖、芽条包装运输和贮存

各项工作内容及技术管理应符合 NY/T 221、GB 17822.1 等有关规定。

6.2 主要设备

6.2.1 设备配置的基本原则

6.2.1.1 满足农艺技术要求和各生产过程的需要。

6.2.1.2 充分利用农机具的社会化服务能力。

6.2.1.3 先进实用、安全可靠、节能高效。

6.2.1.4 优先选择国产设备。

6.2.1.5 充分利用现有设备,按需要补充新设备。

6.2.2 主要设备的配置

6.2.2.1 办公设备

按管理办公人员数量和需要配置办公桌椅。按管理部门的设置和需要配备电脑、档案柜、打印机和投影设备等。

6.2.2.2 试(实)验设备

按试(实)验任务和项目建设需要,配置试验台及仪器设备。

6.2.2.3 农机具

用于苗圃地犁耙整地的中、小型拖拉机1台,小型旋耕机1台,以及必要的犁耙等农机具。

6.2.2.4 运输工具

用于基地内部生产运输、对外销售服务的农用汽车1辆~2辆。

6.2.2.5 植保机具

宜按病害、虫害发生的特点与规律性,配置充足适用的植保机具。

7 用地分类与规划布局

7.1 土地类别

橡胶树苗木繁育基地使用的土地主要是农用地,而且主要是用于繁育橡胶树苗木的园地;其次是用于环境保护的林地及少量其他用地。

7.2 用地规模与结构

7.2.1 用地面积

基地的土地总面积,应根据土地资源特点、基地建设规模等条件确定。一般情况,不应小于15 hm²。

7.2.2 用地结构

7.2.2.1 苗圃地

苗圃地应占用地总面积的70%以上。

7.2.2.2 农业田间工程用地

包括道路、灌排水沟渠(管道)、供电线路、水肥池、机井及抽水站(房)、防护及安全设施等用地。一般控制在占用地10%左右,在满足育苗生产要求前提下尽量节省用地。

7.2.2.3 管理办公及配套生活设施用地

根据实际需要,合理安排。一般占用地 6% 以下。

7.2.2.4 其他用地

包括居民点占地以及防护林、景观生态林、节能设施、安全及环保设施等用地。应控制在用地总面积的 14% 左右。

7.3 主要用地规划布局

7.3.1 苗圃地

根据育苗生产过程特点划分用地功能区,保证工序作业流畅。

综合考虑地形特点、育苗的农艺流程、农业设施与田间设施要求以及其他用地分布等合理划分不同育苗功能小区范围,确定苗圃地块规格、育苗床的布设、棚室等农业设施的设置与用地布局。

7.3.2 管理办公及配套生活设施用地

尽可能布置在地势较高的地方或者苗圃用地的中部,靠近基地交通的主要出入口地带。

已经建有居民点的基地,管理办公、生活设施等应建设在居民点内,不另配置管理办公及配套生活设施用地。

7.3.3 道路

基地内道路分干道、生产路二级。干道为基地办公区对外交通的主要道路,生产路为苗圃地内的运输和生产管理的道路。

道路密度宜控制在 6.5 km/km² 左右。

道路建设标准应按满足车行、人行、机械作业要求而确定,可参考表 1 设计。

表 1 道路等级与规格

级别	路基宽度 m	路面宽度 m	路面材料
干道	≥7.5	3.5～6.0	水泥混凝土
生产路	4.5～6.0	≥3.0	砂石或混凝土

8 主要工程设施

8.1 建筑工程及附属设施

8.1.1 管理办公建筑

新建基地的办公管理用房建筑面积按办公人数计,控制在每人 20 m²～30 m²。宜采用砖混或框架结构,建低层房层。

8.1.2 试(实)验室

生产规模较大或常有科研任务的基地,根据试(实)验、检测任务配置高压灭菌锅、恒温干燥箱、分析天平、酸度计等相应设备,并根据试验、检测工艺和设备要求配建实验室。实验室建筑面积可在 100 m² 左右,采用砖混或框架结构,可以独立建设或与办公管理用房合并建设。

8.1.3 籽苗芽接工作室

新建基地,根据基地建设规模建设相应的籽苗芽接工作室。一般情况,建筑面积控制在 100 m² 左右,可选用砖混结构。

8.1.4 库房

包括生产资料仓库、汽车库、农机具库等。根据需要配建。宜采用砖混或轻钢结构。

8.1.5 宿舍、食堂

根据基地工作人员住宿、餐饮和文体活动需要配置。建筑物宜采用砖混或框架结构。

8.1.6 建筑防火设计

橡胶树苗木繁育基地的建设防火类别、耐火等级,应符合 GBJ 39 的规定。

火灾危险类别为丁级。

耐火等级:管理办公、配套公共建筑、生产及辅助生产建筑、各类库房、生活性建筑为三级;配电室按具体情况,可二级或三级。

8.1.7 建筑抗震设计

橡胶树苗木繁育基地的抗震设计,应符合 JGJ 161 的规定。

8.1.8 主要建筑结构设计使用年限

管理办公、试(实)验室、宿舍及食堂等框架或砖混结构建筑,设计使用年限为 50 年。

生产资料库等轻钢结构建筑使用年限为 25 年。

8.2 田间工程

8.2.1 田间工程布局与建设的基本要求

根据苗圃地的特点和生产内容要求,确定建设田间工程的类别与规模、规格。

各项工程设施应尽可能相互结合配置,统筹安排,合理布局。

8.2.2 防护林建设

有风害地区,应该营造防护林带。

在基地区、苗圃地周围设置宽度 10 m 以上的林带;苗圃区内,每隔 2 个～4 个苗圃地块,设置一条宽 6 m～8 m 的林带。

8.2.3 土地整理

8.2.3.1 划分苗圃地块

根据地形确定苗圃地块形状与规模。一般情况,地块取长方形,面积以 1.0 hm^2～1.33 hm^2 为宜。

8.2.3.2 土地平整

地形坡度 3°以下,不修梯田。3°以上,修水平梯田,相邻田面的高差宜控制在 1.0 m 以下。

8.2.3.3 苗圃地备耕

新建苗圃地的土地开垦,宜按 NY/T 221—2006 中 7.1.1～7.1.4 的规定执行。

各地类的备耕均要犁耙 2 遍～3 遍,耕深 25 cm 左右,并且清除杂草、树根等。

改良土壤。一般在修筑苗床的同时,施入优质腐熟有机肥和过磷酸钙等矿物质肥料。有条件的基地,可测土施肥。

8.2.4 棚室等农业设施

8.2.4.1 棚室用地结构

应根据组培苗、籽苗芽接苗、袋装苗等生产方向与用地规模,配建相应棚室类设施。一般情况,育苗荫棚占地面积为砧木苗圃地面积的 20%～25%。

基地的苗木繁育方针或低温寒害程度不同,各类棚室建设用地比例会有所差异。籽苗芽接繁育比重较大时,炼苗棚、全控式保温大棚的用地比例可适当大一些。

一般各类棚室的用地结构为:育苗荫棚:炼苗棚:全控式保温大棚=15:2:1。

8.2.4.2 棚室结构及配套设备设施

各类棚室均可采用钢架结构。育苗荫棚采用遮阳网覆盖,配有喷淋系统;炼苗棚采用遮阳网加防雨的塑膜覆盖,配套固定式喷灌设施;全控式保温大棚采用塑膜覆盖,并有通风采光、喷灌设施和配电系统。

8.2.5 灌排水工程

8.2.5.1 灌溉方式及保证率

棚室区圃地采用喷灌方式,露地(地播)苗圃采用淋灌或喷灌方式。灌溉保证率应达到 95% 以上。

8.2.5.2 灌水设施

引水渠一般采用明渠,人工材料防渗。

灌水管道宜用 PVC 管。

配建抽水站、水塔或高位水池、加压泵、田间喷灌设施等。

参照灌溉与排水工程设计规范有关规定设计及选用相应设备设施。

8.2.5.3 排水工程

一般采用明沟排水,沟壁衬砌。排水标准的设计重现期不小于 15 年。育苗圃地的淹水时间不超过 2 h。

8.2.6 水肥池

每 0.20 hm^2~0.33 hm^2 圃地设置一个水肥池。池的容积为 2 m^3~3 m^3。

8.2.7 供电

基地用电应以国家电网为电源,在基地内设置中低压变压器和开关站。

8.2.8 道路

8.2.8.1 道路

布设在苗圃地块边缘。一个地块至少两边有路。

干道宜按 JTG B01 中的三级或四级公路的规定修筑;生产路通常采用砂石路面。由于地质原因或综合交通功能需要,采用混凝土路面时,面层厚度为 15 cm~18 cm。

8.2.8.2 桥梁、涵洞

桥梁、涵洞的修架,参照 JTG B01 的有关规定。

9 节能、节水与环境保护

9.1 节能节水

建筑设计应严格执行国家规定的有关节能设计标准。

棚室等设施应充分利用日光、太阳能、自然通风换气;宜采用节水灌溉工程设施,节约用水。

9.2 环境保护

9.2.1 农药保管与使用

农药仓库设计应符合国家有关的化学品、危险品仓库设计规范。

严禁使用国家规定禁用的高毒、高残留农药。

9.2.2 固体废弃物处理

禁止使用不符合环境保护要求的建筑材料。

建筑垃圾应分类堆放,充分回收利用,不能利用的垃圾要运送到垃圾处理场集中处理。

生产过程中产生的遮阳网、塑膜、包装袋等废弃物,应分类收集,集中存放,按有关规定处理。

10 主要技术经济指标

10.1 劳动定员

10.1.1 人员配备的主要依据

按苗圃地面积配备生产管理人员。

单位面积配备的人员指标,应考虑到基地的基础设施配套建设程度、苗圃用地的土地条件特点、育苗工作方法、农业生产机械化程度等因素,因基地而异。

10.1.2 劳动定员

每 10 hm^2 苗圃地配备的生产管理、技术人员等,应按以下指标计:

直接生产工人:10 人~16 人;

育种技术员:2人~3人;

行政后勤人员:0.6人~1.0人;

每个生产基地营销人员1人~3人;

每个生产基地负责人:1人~3人。

综合生产条件较好的基地,生产工人、技术人员及后勤人员的配备指标量应采用上限值。生产规模较小的生产基地,营销工作可以由基地负责人兼任。

10.2 主要生产物资消耗量

按繁育出的每万株成品苗木计,生产过程中主要物资消耗量宜按下列指标控制:

用水量 1 300 m³~1 500 m³;

用电量 500 kWh~800 kWh;

育苗袋 1.5 万个;

塑料薄膜 50 kg;

遮阳网等 12 kg。

10.3 主要建设内容及建设标准

10.3.1 建设投资控制指标

按建设规模,将基地划分为4种类别。各类别基地的建设投资额度控制参照表2。

表2 橡胶树苗木繁育基地建设投资额度表

类别	建设规模 hm²	总投资指标 万元	建筑工程及附属设施 %	农业田间工程 %	农机具及主要设备 %	其他 %
小	10	377.84~485.24	25.6~29.7	55.7~58.4	9.3~10.5	5.3~5.5
较小	20	580.37~832.19	23.8~27.4	56.6~59.8	10.5~10.8	5.0~5.5
中	40	997.47~1 441.05	19.4~22.7	64.0~67.3	7.9~8.1	5.2~5.6
大	60	1 422.64~2 063.42	17.5~20.6	70.5~70.6	6.7~6.9	5.1~5.2

注1:建筑工程及附属设施主要包括管理办公室用房、检测实验室、籽苗芽接室、宿舍及食堂、生产资料与农机具库(棚)、办公区配套设施。

注2:农业田间工程主要包括土地管理、道路工程、灌排水设施、育苗棚室和防护设施。

注3:农机具及主要设备包括农用汽车、拖拉机、农机具、办公及试验设备。

注4:其他主要包括建设单位管理费、项目建设前期工作费、工程建设投标及监理费。

10.3.2 项目主要建设内容标准

项目主要建设内容、规模及标准见表3。

表3 项目主要建设内容、规模及标准

序号	建设内容	单位	建设规模	单价 元	建设标准	内容和要求
一、建筑工程						
1	管理、办公用房	m²	按管理办公人数计 20 m²/人~30 m²/人	1 400~1 700	框架或砖混结构、地砖地面,内外墙涂料,塑钢或铝合金门窗,水电常规配套,分体式空调	包括土建、装饰、给排水、消防、照明及弱电、通风及空调工程等
2	试(实)验室	m²	100左右			
3	籽苗芽接工作室	m²	100~200	1 100~1 300	砖混结构,普通地砖地面,内外墙涂料,塑钢或铝合金门窗	包括土建、装饰、通风及空调、给排水、消防、照明及弱电工程等
4	宿舍、食堂	m²	150~250	1 200~1 500		

表3（续）

序号	建设内容	单位	建设规模	单价元	建设标准	内容和要求
5	生产资料库	m²	100～200	800～1 200	砖混或轻钢结构	包括土建、装饰、通风及空调、给排水、消防、照明及弱电工程等
6	汽车库	m²	50～80	800～1 200		
7	农机具库	m²	80～120	800～1 200		
8	农具棚	m²	150～250	500～700	轻钢结构,石棉瓦屋面,无围护或围护结构高不超过1.2 m	包括土建、装饰、弱电及照明工程等
9	配电房	m²	20	2 000～2 700	砖混结构,变压器容量100 kW～400 kW	包括土建、装饰工程和变压器等配电设备购置与安装
10	大门、门卫房	套	1	60 000～100 000	铁栏杆焊接、砖混结构	含门柱、包括土建、装饰、给排水、照明工程等
二、田间工程						
1	土地整理	hm²	10～65	6 500～8 000	地形坡度>3°时修梯田,≤3°时全垦,修沟埂梯田;采用机械犁耙2遍,耕深25 cm左右	包括土地开垦、土地平整、修苗床、施有机肥和过磷配钙类矿物肥、土壤消毒、修步道等
2	道路工程					
2.1	干道	km	按规划设计	450 000～500 000	混凝土路面,宽5 m～6 m,面层厚大于22 cm	包括土方填挖、垫层、结构层、面层等修建内容,参照公路工程技术标准设计
2.2	生产路	km	按规划设计	50 000～70 000	砂石路面,宽大于3 m	
2.3	桥梁、涵洞	m²	按规划设计		混凝土结构,参照公路工程技术标准设计	参照国家有关技术要求
3	灌排设施				在机井或提水灌溉水源附近设置,站房采用砖混结构	包括机井/抽水站、水泵、动力机、输变电设备、井台等
3.1	抽水站等及配套建设	座	1	50 000～80 000		
3.2	灌水渠道	m	按规划设计	80～120	明渠,混凝土预制板或砖石衬砌,断面按需要设计	包括沟渠土方、运土、夯实、衬砌、抹灰等各项工程
3.3	灌溉管道	m	按规划设计	90～130	PVC管,输水管Φ150～250,配水主管Φ110～120,支管Φ90～110	包括首部加压系统及泵房、挖土、管道敷设、回填土、安装、过滤设备、化肥罐等
3.4	排水沟	m	按规划设计	70～100	明沟、混凝土预制板或砖石衬壁。断面按排水量设计	包括土方开挖、运土、砌衬、抹灰等各项工程
3.5	水肥池	个	30～200	1 900～2 400	砖石砌壁铺底、容积2 m³/个～3 m³/个	包括土方开挖、衬砌、外填土、夯实、池内水泥沙浆抹面
4	全控式保温大棚	m²	按8.1.5.1条计算	600～900	钢架结构,配套喷灌、通风、采光设施	土建工程、灌溉、通风、采光、遮阳、配电等各项工程
5	炼苗棚	m²	按8.1.5.1条计算	60～100	钢架结构、喷灌设施	包括平整土地、钢架、遮阳、灌溉设施等工程
6	育苗荫棚	m²	按8.1.5.1条计算	40～80	钢架结构、遮阳网	包括平整土地、钢架、遮阳网等工程
7	输配电线	m	按规划设计	200～260		包括变配电设备及安装费、电杆、低压线路敷设等

表3（续）

序号	建设内容	单位	建设规模	单价 元	建设标准	内容和要求
8	围栏（墙）	m	按规划设计	100～160	高1.5 m～2.0 m	包括基础、墙体或铁丝网栅栏等
9	围篱	m	按规划设计	10～15	密植2行～3行刺树	包括种苗、种植及土方挖掘、筑埂
10	防畜（兽）沟	m	按规划设计	25～30	沟面宽2.5 m,底宽1.0 m,深1.5 m;一侧筑埂	
三、主要仪器设备、农机具						
1	办公设备	套(台)	按规划设计	60 000～80 000		包括电脑2台、打印、投影设备、办公桌椅、档案柜、相机1台等。包括籽苗芽接工具、实验室仪器设备
2	试验仪器、芽接设备	套	1	60 000～90 000		

ICS 65.040.01
P 85

中华人民共和国农业行业标准

NY/T 2167—2012

橡胶树种植基地建设标准

Construction criterion for planting base of rubber tree

2012-06-06 发布　　　　　　　　　　　　　　2012-09-01 实施

中华人民共和国农业部 发布

目 次

前言

1 范围

2 规范性引用文件

3 术语和定义

4 建设规模与项目构成

　4.1 建设规模

　4.2 建设项目

5 选址条件

　5.1 原则与依据

　5.2 橡胶树种植的自然条件

6 农艺技术与设备

　6.1 农艺技术

　6.2 主要配套设备

7 基地规划设计与建设要求

　7.1 基本要求

　7.2 橡胶林段设计

　7.3 防护林建设

　7.4 道路建设

　7.5 橡胶园土地开垦

　7.6 橡胶树定植与抚管

　7.7 病虫害防治及风寒害树处理

　7.8 收胶站(点)建设

　7.9 居民点建设要点

　7.10 建筑工程与附属设施

8 环境保护与节能

　8.1 水土保持

　8.2 农药保管与使用

　8.3 生产污水处理

　8.4 建筑节能

9 主要技术经济指标

　9.1 劳动定员

　9.2 橡胶树开割前胶园建设主要材料消耗

　9.3 投资估算指标

附录A(资料性附录) 橡胶树农业气象灾害区划指标

附录B(规范性附录) 道路建设技术指标(部分)

附录C(资料性附录) 大田橡胶树施肥参考量

附录D(规范性附录) 橡胶树风、寒害分级标准

前　言

本标准按照 GB/T 1.1—2009 给出的规则起草。

本标准由中华人民共和国农业部发展计划司提出。

本标准由中华人民共和国农业部产品质量安全监管局归口。

本标准起草单位：海南省农垦设计院。

本标准主要起草人：潘在焜、王振清、董保健、钟银宽、范海斌、张霞、王娇娜、韩成元、何英姿。

本标准实施时，在建及已批准建设的项目，仍按原规定要求执行。

橡胶树种植基地建设标准

1 范围

本标准规定了橡胶树种植基地建设的基本要求。

本标准适用于我国县级以上橡胶树种植基地的新建、更新重建、扩建项目建设;在境外投资的橡胶树种植基地项目建设,可结合当地情况灵活执行本标准;其他类型的橡胶树种植项目建设可以参照本标准。

本标准不适用于以科研、试验为主要目的的橡胶树种植项目建设。

本标准可以作为编制、评估和审批橡胶树种植基地建设项目建议书、可行性研究报告的依据。

2 规范性引用文件

下列文件对于本文件的应用是必不可少的。凡是注日期的引用文件,仅注日期的版本适用于本文件。凡是不注日期的引用文件,其最新版本(包括所有的修改单)适用于本文件。

GB/T 17822.2—2009 橡胶树苗木

GB/50189—2005 公用建筑节能设计标准

GB 50188 镇规划标准

NY/T 221—2006 橡胶树栽培技术规程

NY/T 688—2003 橡胶树品种

JIG B01—2003 公路工程技术标准

JTG D20 公路线路设计规范

3 术语和定义

下列术语和定义适用于本文件。

3.1

橡胶树种植基地 planting base of rubber tree

得到国家县级以上人民政府投资支持或关注的,由企业投资建设,按照企业模式经营管理的橡胶树生产性种植区。

3.2

橡胶宜林地 rubber-suitable region

适合橡胶树生长和产胶的一种土地资源。

3.3

橡胶宜林地等级 grade of rubber-suitable region

依据风、寒为主要气候条件因子造成的橡胶树生长速度、产胶能力的差异,对植胶土地的生产力划分等级。目前分为甲、乙和丙 3 个等级。

3.4

拦水沟 intercepting ditch

设置在橡胶园最高一行梯田上方的排水沟。

3.5

泄水沟 discharge ditch

设在橡胶林段下方排除胶园积水的水沟。

3.6

橡胶树非生产期 non-productive period of rubber tree

指生产性种植的橡胶树,从定植起至达到规定割胶标准的生长时间。

4 建设规模与项目构成

4.1 建设规模

橡胶树种植基地建设规模,应按橡胶树种植面积计算。一个橡胶树种植基地的橡胶树种植面积不宜小于 667 hm^2(1.0 万亩)。

4.2 建设项目

4.2.1 建设用地功能分区

按照节约用地、合理布局、有利生产、方便管理的原则,橡胶树种植基地的土地可以划分为农业生产、生活管理两类功能区。农业生产区主要安排田间工程建设;生活管理区集中安排建筑工程及附属设施。

4.2.2 农业生产区主要建设项目

主要有橡胶园区规划设计、(有风害地区的)防护林建设、道路(桥涵)建设、收胶站(点)建设、橡胶园土地治理、橡胶树定植及橡胶园生产管理等项目。

4.2.3 生活管理区主要建设项目

按基地建设、管理和生活居住的需要,并依据镇村建设有关规定,安排生产经营管理中心及配套生活设施、城乡居民点等各项建设。

生产经营管理中心的主要设施有管理办公用房、生产资料仓库、配电房、道路及停车场、环境与绿化建设、门卫、围墙等安全防护设施以及公用工程、防灾等工程设施。

配套生活设施主要有员工宿舍、食堂和文体娱乐设施。

居民点内,主要是居民住宅,配套文教、医疗等公共设施。

5 选址条件

5.1 原则与依据

5.1.1 依据所在省、地区(或县)的天然橡胶发展规划。

5.1.2 符合该地区的土地利用总体规划。

5.1.3 重视土地自然特点,严格保护生态环境。

5.1.4 交通方便。

5.2 橡胶树种植的自然条件

5.2.1 适宜条件

综合概括为:日照充足,热量丰富,雨量充沛,气温不低,风力不强,地势低平,坡度不大,土壤肥沃,土层深厚,排水良好。

具体指标各省区略有差异,可参考 NY/T 221 以及附录 A 和附录 D 的规定。

5.2.2 不适宜条件

主要有:经常受台风侵袭,橡胶树风害严重的地区;历年橡胶树寒害严重的地区;瘠瘦、干旱的砂土地带等。详见 NY/T 221—2006 中 4.2 条的规定。坡度在 25°～35°地段的选择利用,应执行所在地县级以上人民政府颁布的森林法实施条例(办法、细则)规定。

5.2.3 橡胶宜林地等级划分

以风、寒害作为限制性条件，综合考虑其他自然环境条件和胶园生产力等因素，将橡胶宜林地划分为三级。具体划分详见 NY/T 221—2006 中的4.3条。

6 农艺技术与设备

6.1 农艺技术

6.1.1 基地建设工作流程图

基地建设工作流程见图1。

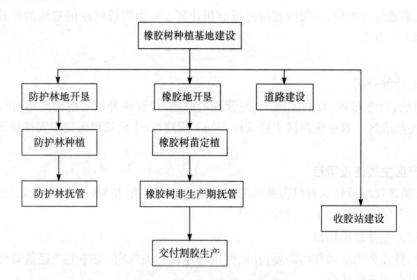

图1 基地建设工作流程图

6.1.2 建设工作环节主要内容

6.1.2.1 防护林地、橡胶地土地开垦

按防护林种植、橡胶树种植的技术规程要求，做好土地准备，包括荒地开垦或橡胶更新地及其他已利用地的整理、复垦，修筑梯田（环山行），挖种植穴等橡胶园区工程建设。

6.1.2.2 道路建设

按基地的道路规划设计，修筑干道、林间道和人行道。

6.1.2.3 防护林种植与抚管

包括苗木准备，种植，补换植、除草、松土、施肥以及病虫害防治等。

6.1.2.4 橡胶树定植与抚管

包括苗木准备，定植，橡胶树非生产期间的苗木补换植、修芽、覆盖与间作、除草与控萌、扩穴与维修梯田、压青与施肥、防寒、防旱、防火、防畜兽危害以及风寒害树处理、病虫害防治等。

橡胶树非生产期的时间，一般规定为定植后的7年～8年，丙级宜胶地也不应大于9年。

6.2 主要配套设备

6.2.1 生产、运输设备

6.2.1.1 耕作机械设备

新开垦种胶的基地，原则上不配置农业耕作机械（具），要充分利用社会化服务的农机具组织生产建设。

现有基地更新重建、扩建，应充分利用现有农机具。可根据需要适当增添新机具，提升自用程度和参与社会化服务能力。

6.2.1.2 植保机械设备

应根据当地橡胶树病虫害发生的规律及特点，配备充足、适用的植保机械设备。

6.2.1.3 运输工具

根据基地生产运输的需要配置中小型国产农用汽车。

6.2.2 办公设备

6.2.2.1 配置原则

现有的管理办公室,应继续使用现有设备设施,适当添置新设备。

新设置的管理办公室,在尽可能利用原有设备的情况下,配套充足的设备设施。

6.2.2.2 设备配置

按基地的组织机构设置及管理办公需要,配备相应的设备设施。一般情况可参考 9.3.5 条表 7。

7 基地规划设计与建设要求

7.1 基本要求

7.1.1 应编制基地区的土地利用总体规划,对山、水、园、林、路、居统筹规划设计、合理布局。

7.1.2 依据总体规划编制农业生产区、生活管理区的规划设计,因地制宜地确定各类主要建设项目的用地规模、布局要点和建设要求。

7.1.3 要充分利用土地、节约集约用地,注重生态保护和建设安全稳定的生态格局。

7.1.4 要认真按照规划设计开垦土地、种植和实施其他建设。

7.2 橡胶林段设计

7.2.1 林段规模

橡胶林段面积以 1.7 hm² ～2.8 hm² 为宜,不应大于 3.3 hm²。重风害地区宜小一些,风寒害轻、地形平缓地区可适当扩大一些。

7.2.2 林段形状

风害严重地区、地形平缓地区的林段宜采用正方形或长方形。长方形的长、短边比以 1.5～2.0∶1 为宜。林段的长边应尽量与地形横坡向一致。其他地区应随地形而定,尽可能采用四边形。

7.2.3 林段界线

橡胶林段界线可以防护林带、行车道路、长久性工程设施或溪沟等天然界线划分。

7.3 防护林建设

7.3.1 基本要求

橡胶种植基地的防护林营造原则、林带种类与设置、树种选择与结构搭配、防护林营造与更新等,应按 NY/T 221—2006 中第 5 章的规定执行。

7.3.2 防护林占地

防护林用地规模因风害程度、地形条件而异。一般情况,防护林用地占橡胶种植面积的 15%～20%。

7.3.3 防护林抚管

防护林幼树抚管期为种植后的 2 年～3 年。管理作业包括除草、松土、施肥,种植当年要及时补种缺株、换植病弱株。

成龄林带的管理作业主要是除草、风后处理,有条件的应适量施肥。严禁在林带内铲草皮。

7.4 道路建设

7.4.1 道路分级与布局

基地的道路分干道、林间道、人行道三级。

应根据主要交通流向、橡胶园生产运输、机械作业要求,结合自然条件及现状道路特点,布设各级道路,保证各橡胶林段都有道路通达。

地形坡度较大,修筑林间道的工程难度较大时,可以修筑人行道。

林间道可以结合利用防护林带或橡胶树的林缘空地布设。

干道宜穿越主要橡胶园区,避免穿过居民点内部。

7.4.2 道路建设要求

干道、林间道的路基、路面等线路设计,可参照 JTG B01 中四级公路规定,交通流量较大的干道,可以参照三级公路规定,并且尽可能使用表1的有关指标;人行道宽度 0.8 m~1.2 m,呈直线或之字形。

设置错车道时,宜参照 JTED20 的要求。

桥涵布置的基本要求是安全、适用、经济、与周围环境协调、造型美观。

表 1 道路路基、路面主要建设要求

单位为米

道路级别	路 基			路 面	
	宽度	高度	材料与要求	宽度	材料与要求
干道	一般值≥7.5 最小值≥4.5	高出设计洪水频率 1/25 计算水位0.5	稳定性好的材料分层 压实,压实度≥93%	3.5~6.0	水泥混凝土
林间道	一般值6.5 最小值≥4.5	高出地面0.3	就地取材;排水不良 地段用砾石土	≥3.5	因地制宜。砂石材 料时,压实度≥93%
人行道				0.8~1.2	素土或砼预制块

7.4.3 生产运输道路密度

基地的干道、林间道的密度因基地用地的外形、集中连片程度、地形地貌条件以及国家各级公(道)路在基地区的分布情况等不同,有一定的差异。

按基地的橡胶种植面积计,生产运输道路密度应控制在 2.5 km/km² ~4.0 km/km²。

7.5 橡胶园土地开垦

7.5.1 清岜

植胶土地开发(垦)、整理时,无法利用的树根、树枝、竹木杂草等,要清理干净,堆放到林段边缘,不得烧岜。

7.5.2 土地复垦植胶

居民点用地整理、工矿废弃地复垦方式形成的橡胶地,整理或复垦后的土层厚度、土壤质地等,要保证适宜植胶的要求。

7.5.3 修梯田、挖种植穴

7.5.4条以外的处理地表附着物以及修梯田、挖植胶穴等土地开垦项目建设内容和标准,应按照 NY/T 221—2006 中7.1条的有关规定办理。橡胶更新地整理后植胶时,尽量修复利用原有的梯田等水土保持工程。

梯田田坎的修筑应做到安全、省工、就地取材。

环山行外缘不设土坎,根据需要适当设置横隔梯田面的土埂。

7.6 橡胶树定植与抚管

橡胶树的抚育管理(简称胶园抚管)期,指橡胶树定植到开割的非生产期。按植胶区自然条件可略有差异,一般为 7 年~8 年。

橡胶树的定植与抚育管理要求,应按照 NY/T 221—2006 中第 7 章和第 8 章的规定执行。

7.7 病虫害防治及风寒害树处理

应按 NY/T 221—2006 中第 10 章的规定执行。

7.8 收胶站(点)建设

7.8.1 主要建设内容

包括验收胶乳及凝胶块(或杂胶)的收胶房(棚)、胶乳储存罐、凝杂胶存放库(室)、胶桶清洗场等。

7.8.2 收胶站收胶服务范围

收胶站的收胶服务区应与基地橡胶管理基层单位的辖管范围一致。一般 133 hm²～200 hm² 植胶面积设置一个收胶站。

7.8.3 收胶站(点)用地规模与布局

一个收胶站(点)的建设用地面积可在 200 m² 左右。

收胶站(点)用地,尽可能与收胶服务区域的工人交送胶乳方便的居民点用地结合,布局在居民点的下风向和水源的下游,与居民点保持 50 m 以上的卫生间隔;尽可能布置在与交通运输互不干扰的道路旁,用水充足的地方。

7.9 居民点建设要点

7.9.1 居民点配置与建设的基本原则

基地更新橡胶时,应继续利用现有居民点。

新开垦植胶区,尽量利用附近居民点扩建。不能利用现有居民点时,宜按新增植胶面积 200 hm²～333 hm² 配置一个居民点。

规模小、布局分散、建设水平不高的现有居民点,应主动接受相关村镇规划安排,实施撤并整合。

7.9.2 居民点建设要求

居民点建设用地规模,可参照 GB 50188,并执行当地政府的有关规定。

居民点建设内容,应符合所在县(市)的镇村建设规划的要求和安排,建成具有地方特色的新农村。

7.10 建筑工程与附属设施

7.10.1 管理办公建筑

根据基地具体情况,按需要配置管理办公建筑。

新建基地的管理办公用房建筑面积按办公人数计,控制在每人 20 m²～30 m²。宜采用砖混或框架结构,建低层房屋。

7.10.2 库房

包括各类生产资料仓库、汽车库等,根据基地具体情况,按需要配建。宜采用砖混结构。

7.10.3 收胶站用房

按收胶站服务区的胶乳生产规模配建适当建筑面积,一般每个收胶站用房面积 30 m²～60 m²。宜采用砖混结构。

7.10.4 宿舍、食堂

主要为单身员工、季节性工人等提供的生活居住类建筑。食堂的一部分建筑,可兼作文化、娱乐性活动室。宜采用砖混结构。

7.10.5 配电房、办公区大门及值班室等

建筑物宜采用砖混结构。

7.10.6 村镇居民点内的住宅、配套公共设施

执行村镇建设规划设计规定。

7.10.7 建筑防火设计

橡胶树种植基地的建筑防火设计,应符合 GBJ 39 的规定:火灾危险类别为丁级。

耐火等级,管理办公、配套公共建筑、生产及辅助生产建筑、各类库房、生活性建筑等为三级;配电房按具体情况,可二级或三级。

7.10.8 建筑抗震设计

橡胶树种植基地的建筑抗震设计,应符合 JGJ 161 的规定。

7.10.9 主要建筑结构设计使用年限

管理办公、宿舍及食堂等砖混或框架结构建筑,设计使用年限为 50 年。

库房、收胶站用房等轻钢结构的建筑,使用年限为 25 年。

8 环境保护与节能

8.1 水土保持

8.1.1 完善梯田工程建设

应按 6.2.4 条的有关要求,修筑及维修梯田(环山行)、拦(泄)水沟等水土保持工程,减轻水土流失。

8.1.2 合理安排植胶用地

在山岭上、水田边、河流水库边等开垦植胶时,应留有适当规模的空地,植树造林或保护自然植被,维护当地的自然环境。

8.2 农药保管与使用

农药仓库设计应符合国家有关化学品、危险品仓库的设计规范。

严禁使用国家规定禁用的高毒、高残留农药。

8.3 生产污水处理

严禁随意在自然水体中洗刷收胶桶、乳胶储存罐。

冲洗胶桶、乳胶储存罐、收胶站乳胶装运场地的污水应采取有效措施收集其中的乳胶;污水经净化处理后,要达到国家允许的排放标准。

8.4 建筑节能

建筑设计应严格执行国家规定的有关节能设计标准。

9 主要技术经济指标

9.1 劳动定员

9.1.1 人员配备的主要依据

生产人员:按人均抚管的橡胶地面积配备;

生产技术人员、后勤服务人员:按生产人员的一定比例配备;

管理人员:分别以基地、生产管理基层单位(生产队)为单元配备。

基地的土地条件、基础设施配套建设程度等情况不同,生产人员、后勤服务人员的配备指标可以有一定差异。

9.1.2 劳动定员指标

橡胶生产工人:橡胶园地面坡度多在 12°以下时,人/3.3 hm²~4.0 hm²;

橡胶园地面坡度多在 12°以上时,人/3.0 hm²~3.7 hm²;

橡胶生产技术人员:占生产工人总数的 3%~4%;

管理服务人员:占生产工人总数的 3%~5%;

汽车司机:部/2 人;

生产(队)基层单位负责人:每个单位 2 人;

基地负责人:2~5 人。

9.2 橡胶树开割前胶园建设主要材料消耗

从橡胶园土地开垦、橡胶树苗木定植至橡胶树开割,橡胶园建设的主要生产材料消耗应参照表 2 的控制指标。

表 2　每公顷橡胶地的主要生产消耗

材料名称	单位	消耗指标	材料名称	单位	消耗指标
柴油	kg	68～82	通用化肥	t	2.0～3.2
橡胶苗木	株	500～600	橡胶专用肥	t	4.5～5.0
			优质有机肥	t	40～70

注 1：橡胶苗木中含补换植用苗数。
注 2：化肥中尿素含纯氮、重过磷酸钙含磷、氯化钾含钾分别按 46%、46%、60%计。

9.3　投资估算指标

9.3.1　一般规定

投资估算标准应与当地建设水平相一致。

9.3.2　建设投资控制指标

按建设规模,将基地划分为小型、较小型、中型、较大型 4 种类型。各类型基地建设投资的控制额度,参照表 3。

表 3　橡胶树种植基地建设投资额度表

类别	建设规模 hm²	总投资指标 万元	项目及其投资额度比例					
			胶园土地准备 %	橡胶树定植与抚管 %	胶园配套工程 %	生产设备设施 %	公用配套设施 %	其他 %
小	667	5 341～6 661	8.2～8.5	69.0～71.7	11.6～13.8	0.6～0.7	2.9～3.5	4.7～4.8
较小	1 333	10 653～13 083	8.4～8.5	70.3～71.9	11.6～14.0	0.6～0.7	2.6～2.7	4.0～4.7
中	2 667	21 171～26 116	8.4～8.6	70.4～72.3	11.7～14.0	0.5～0.7	1.8～1.9	4.8～4.9
较大	4 000	31 609～39 033	8.4～8.6	70.7～72.7	11.8～14.1	0.4～0.5	1.6～1.7	4.7～4.8

注 1：胶园土地准备主要包括土地开垦或土地整理、修梯田(环山行)、挖植胶穴、胶园拦(泄)水沟及维护工程。
注 2：胶园配套工程包括道路、防护林建设。
注 3：生产设备设施主要包括农用汽车、植保机械、生产资料库、收胶站建设。
注 4：公用配套设施主要包括管理办公用房、配电房、办公设备以及办公区的大门、围墙、道路与停车场(位)、绿化、室外水电等。
注 5：其他主要包括建设单位管理费、项目建设前期工作费、农业保险费。

9.3.3　建筑工程建设内容及标准

建筑工程建设内容及标准,应参照表 4 的规定。

表 4　建筑工程建设内容及标准

序号	建设内容	单位	建设规模	单价,元	估算标准	估算内容和标准
1	办公、管理用房	m²	按管理办公人数计,每人 20 m²～30 m²	1 400～1 700	砖混或框架结构,普通地砖地面,外墙涂料,塑钢或铝合金门窗。水电常规配置,分体空调。	包括土建、装饰、给排水及消防、照明及弱电、通风及空调、电讯工程等
2	宿舍、食堂	m²	200～350	1 200～1 500	砖混结构,普通地砖地面,内外墙涂料,塑钢或铝合金门窗	包括土建、装饰、给排水及消防、通风、弱电工程等
3	汽车库	m²	80～150	800～1 200	砖混或轻钢结构	
4	生产资料仓库	m²	100～300	800～1 200		
5	收胶站	m²/个	30～60			
6	道路及停车场(位)	m²	按规划设计	120～150	混凝土层面,厚 18 cm～22 cm	包括土方填挖、垫层、结构层、面层、绿化等

表4（续）

序号	建设内容	单位	建设规模	单价，元	估算标准	估算内容和标准
7	配电房	m²	20～40	2 500～3 200	砖混结构	包括土建、供变压器等配电设备、室外安全防护设施
8	办公室外给排水、电力设施	项	1	250 000～300 000	镀锌钢管、PVC管、铸铁排水管、电力线	包括土方填挖、垫层、电杆、管线敷设等
9	办公区绿化	m²	占办公区总用地45%左右	50～80		包括用地整理、改土施肥、绿化材料购置、绿地种植及设施安装等
10	办公区大门及值班室	套	1	100 000～150 000	铁栏栅或钢板推拉门。值班室砖混结构	含门柱、灯具；土建、装饰、给排水、电气照明等
11	办公区围墙（围栏）	m	按规划设计	500～700	高度1.5 m～2.0 m	包括基础、墙体（或栅栏）

9.3.4 胶园（田间）工程建设内容及标准

胶园（田间）工程主要建设内容及标准应符合表5的规定。

表5 胶园工程建设内容及标准

序号	建设内容	单位	数量	单价，元	建设标准	估算内容
一、营造防护林						
1	防护林带土地开垦、植树与当年抚管	hm²	占胶园面积15%～20%	6 800～7 800	平缓地全垦，二犁二耙；丘陵地带垦或穴垦。株行距1 m×2 m；植穴规格40 cm×40 cm×30 cm。植苗后，穴内回满表土并压实，防止荒芜	包括砍岜、清岜、犁地、耕地、挖种植穴。包括挖植穴、种树、除草、施肥等用工，苗木、化肥购置费等
2	第二年抚管	hm²	占胶园面积20%左右	3 750～4 500	除草2次～3次，结合除草适当施化肥	包括除草、施肥用工和肥料费等
二、修建道路						
1	干道	km	按规划设计	500 000～550 000	路面混凝土层厚度200 mm～220 mm	包括土方填挖、垫层、结构层、面层和排水沟等
2	林间道			20 000～30 000	路面材料为素土/砂石、砂石面层厚100 mm～150 mm	
3	桥涵	m²				
三、胶园开垦						
1	地表附着物处理	hm²	占植胶地面积比：新开荒胶园为110%；更新胶园100%	开荒地：2 100～2 520 更新地：1 140～1 370	竹木杂树茬高不大于10 cm，严格按规定处理带病树根	包括砍岜、清岜、带病树根防治
2	修梯田、挖植胶穴	hm²	同植胶面积	开荒地：5 620～6 740 更新地：5 050～6 060	按6.2.4条的规定修梯田或环山行，尽可能机械作业，人工作业配合	包括挖、填、平整等土方工程；筑田埂或隔水埂等土、石方工程
3	挖拦泄水沟	m	按规划设计	20～30	明沟，沟宽、深均0.4 m～0.6 m，沟底或壁局部毛石或混凝土板衬砌	包括挖沟的土方，局部沟埂填土及夯实，毛石或混凝土板衬砌
4	围栏	m	因畜、兽害设置	100～160	高1.5 m～2.0 m	包括基础、木栅栏等

表5（续）

序号	建设内容	单位	数量	单价,元	建设标准	估算内容
5	种刺树带	m	因畜、兽害设置	8～10	密植2行～3行刺树	包括种苗、种植及管理用工
6	挖防牛（兽）沟	m	因畜、兽害设置	25～30	沟面宽2.5 m,沟底宽1.0 m,深1.5 m,一侧筑埂	土方挖掘、筑土埂
四、橡胶树定植与抚管						
1	定植及当年抚管	hm²	同植胶面积	12 600～15 400	底肥与表土均匀混合后回填穴,分层回填土并压实,淋足定根水及盖草保湿,种覆盖植物	包括定植及补换植材料费,施有机肥及化肥、回填土、淋水、盖草、抹除砧木芽、犁地及种复盖等
2	第2年～第7(或8)年的每年抚管	hm²	同植胶面积	7 500～9 000	铺死覆盖的厚度15 cm～20 cm,活覆盖种植当年要及时除草,胶树施有机肥及压青1次～2次。补换植苗木一定要同原定植品种并略大于幼树植株,及时修枝抹芽	包括补换植、施肥、铺设死覆盖、犁地与种覆盖、间种、修枝抹芽等各项用工、机耕费、苗木费、肥料费等

9.3.5 农机具配置

9.3.5.1 配置原则

主要配置社会化服务能力较弱但自用性较强的植保机械、运输工具。

9.3.5.2 配置数量

基地建设规模及其地域自然、环境条件不同,农机具需用量也不一样。一般情况可参考表6。

表6 农机具配置

序号	项目名称	单位	数量	一般要求	单价,元	说明
1	农用汽车	台	2～4	中小型车	70 000～100 000	
2	植保机械					
2-1	烟雾机	台	按60 hm²橡胶配1台计		2 500～3 500	防治炭疽病、白粉病
2-2	背负式喷粉机	台	按47 hm²橡胶配1台计		2 000～2 500	防治白粉病

9.3.6 办公管理设备设施配置

办公设备配置内容与标准,应参照表7。

表7 办公设备设施配备表

序号	项目名称	单位	数量	一般要求	单价,元	说明
1	办公桌椅	套		适用、方便	300～450	按各管理部门（单位）设定岗位配备,每岗1套
2	多媒体设备、打印设备	套	1	先进、适用、方便	30 000～40 000	电脑1台、投影设备1套、打印设备等
3	台式电脑	台			6 000～8 000	基地主要管理部门各配1台
4	数码相机	台			4 000～5 500	基地生产技术、档案管理部门配置1台
5	文件、档案柜	个		方便、安全、适用	1 500～2 500	各管理部门、基层生产单位按需要配置

附　录　A
（资料性附录）
橡胶树农业气象灾害区划指标

A.1　橡胶树风害区划指标见表A.1。

表A.1　风害区划指标

风害区	≥10级风出现机率，%
	海　南
无风害区	0
轻风害区	0.1～5.0
中风害区	5.1～10.00
重风害区	>10
注：广东可参照海南。	

A.2　橡胶树寒害区划指标见表A.2。

表A.2　寒害区划指标

寒害区	极端最低气温多年平均值，℃		极端最低气温出现机率，%				日平均气温≤10℃阴（雨）天数≥20 d出现机率，%	
			≤0℃		≤3.0℃			
	海　南	云　南	海　南	云　南	海　南	云　南	海　南	云　南
基本无寒害区	>8.0	>7.0	0	0	0		0	0
轻寒害区	5.1～8.0	4.1～7.0	0	0.1～3.0	5		0	0.1～5.0
中寒害区	3.0～5.0	2.6～4.0	3.0～10.0	3.1～10.0	30		0.1～10.0	5.1～10.0
重寒害区	<3.0	≤2.5	>10.0	3.1～10.0	～		>10.0	5.1～10.0
注：广东可参照海南。								

A.3　橡胶树栽培气候生产潜力指标

水分、气温为主要指标，风速为辅助指标。见表A.3。

表A.3　橡胶树栽培气候生产潜力指标

气候因子		潜力区			
		Ⅰ级区	Ⅱ级区	Ⅲ级区	Ⅳ级区
年降水量 mm	海南	>2 000	1 501～2 000	1 200～1 500	<1 200
	云南	>1 200		1 000～1 200	<1 000
	广东	>1 500	1 200～1 500	<1 200	
年降水日 d	海南	>150	130～150	110～129	<110
	云南				
	广东	>140	120～140	<120	
日均温≥18℃连续日数 d	海南	365	310	250	<250
	云南				
	广东	>270	>240	>210	

表 A.3（续）

气候因子		潜力区			
		Ⅰ级区	Ⅱ级区	Ⅲ级区	Ⅳ级区
年平均气温 ℃	海南	>24	23～24	21～22	<21
	云南	>21	20～21	19～20	<19
	广东	>23	22～23	<22	
年平均风速 m/s	海南	<1.0	1.1～1.9	2.0～2.9	>2.9
	云南				
	广东	<2.0	2.0～3.0	>3.0	
注1：表中各项气候因子均为多年平均值。 注2：水分、温度不属同级时，按下者定级；水分、温度在同一级，风速在另一级时，按水分、温度的级别。					

附 录 B

(规范性附录)

道路建设技术指标(部分)

B.1 道路设计速度

B.1.1 干道设计速度宜采用 40 km/h,地质等自然条件复杂路段可采用 30 km/h。

B.1.2 林间道的设计速度采用 20 km/h~30 km/h。地形、地质条件较好,交通量较大的路段,宜采用上限。

B.2 较长的干级道路,可以分路段选择不同的道路等级。同一道路等级,可以分路段选择不同的设计速度。

B.3 道路平面设计的有关指标(部分)见表 B.1 和表 B.2。

表 B.1 停、超车视距及圆、平曲线指标表

设计速度 km/h	停车视距 m	指 标					
		超车视距 m		圆曲线最小半径 m		平曲线最小长度 m	
		一般	最小值	一般	极限	一般	最小值
60	75	350	250	200	125	300	100
40	40	200	150	100	60	200	70
30	30	150	100	65	30	150	50
20	20	100	70	30	15	100	40

表 B.2 道路纵坡指标

设计速度 km/h	最大纵坡 %	最小纵坡 %
60	6	
40	7	0.3
30	8	
20	9	
注:地形较陡的山区设计速度 40 km/h 以下者,经技术论证,最大纵坡可增加 1%。		

附 录 C

（资料性附录）

大田橡胶树施肥参考量

肥料种类	施肥量,kg/（株·年）			说 明
	1龄～2龄幼树	3龄至开割前幼树	开割树	
优质有机肥	＞10	＞15	＞25	以腐烂垫栏肥计
尿素	0.23～0.55	0.46～0.68	0.68～0.91	
过磷酸钙	0.3～0.5	0.2～0.3	0.4～0.5	
氯化钾	0.05～0.1	0.05～0.1	0.2～0.3	缺钾或重寒害地区用
硫酸镁	0.08～0.16	0.1～0.15	0.15～0.2	缺镁地区用
注1:施用其他化肥时,按表列品种肥分含量折算。				
注2:最适施肥量应通过营养诊断确定。				
注3:有拮抗作用的化肥应分别使用。				

附　录　D

（规范性附录）

橡胶树风、寒害分级标准

D.1　橡胶树风害分级标准见表D.1。

表D.1　橡胶树风害分级标准

级别	类　别	
	未分枝幼树	已分枝胶树
0	不受害	不受害
1	叶子破损,断茎不到1/3	叶子破损,小枝折断条数少于1/3或树冠叶量损失<1/3
2	断茎1/3~2/3	主枝折断条数1/3~2/3或树冠叶量损失>1/3~2/3
3	断茎2/3以上,但留有接穗	主枝折断条数多于2/3或树冠叶量损失>2/3
4	接穗劈裂,无法重萌	全部主枝折断或一条主枝劈裂,或主干2m以上折断
5		主干2m以下折断
6		接穗全部断损
倾斜		主干倾斜<30°
半倒		主干倾斜超过30°~45°
倒伏		主干倾斜超过45°

注:断倒株数=4级株数+5级株数+6级株数+倒伏株数。

D.2　橡胶树寒害分级标准见表D.2。

表D.2　橡胶树寒害分级标准

级别	类　别			
	未分枝幼树	已分枝幼树	主干树皮	茎基树皮
0	不受害	不受害	不受害	不受害
1	茎干枯不到1/3	树冠干枯不到1/3	坏死宽度<5cm	坏死宽度<5cm
2	茎干枯1/3~2/3	树冠干枯1/3~2/3	坏死宽度占全树周2/6	坏死宽度占全树周2/6
3	茎干枯2/3以上,但接穗尚活	树冠干枯2/3以上	坏死宽度占全树周3/6	坏死宽度占全树周3/6
4	接穗全部枯死	树冠全部干枯,主干干枯至1m以上	坏死宽度占全树周4/6或虽超过4/6但在离地1m以上	坏死宽度占全树周4/6
5		主干干枯至1m以下	离地1m以上坏死宽度占全树周5/6	坏死宽度占全树周5/6
6		接穗全部枯死	离地1m以下坏死宽度占全树周5/6以上直至环枯	坏死宽度占全树周5/6以上直至环枯

注:茎基指芽接树结合线以上15cm,实生树地面以上30cm的茎部。芽接树砧木受害另行登记,不列入茎基树皮寒害。

ICS 65.020.01
B 90

中华人民共和国农业行业标准

NY/T 2168—2012

草原防火物资储备库建设标准

Construction criterion for grassland fire prevention materials warehouse

2012-06-06 发布

2012-09-01 实施

中华人民共和国农业部 发布

目　次

前言
1　范围
2　规范性引用文件
3　术语和定义
4　建设选址
5　建设规模与项目构成
6　规划与布局要求
7　建筑与结构
8　配套工程
9　基本装备及储备物资
10　主要技术经济指标

前　言

本标准按照 GB/T 1.1—2009 给出的规则起草。

本标准由中华人民共和国农业部发展计划司提出。

本标准由全国畜牧业标准化技术委员会(SAC/TC 274)归口。

本标准起草单位:农业部规划设计研究院、农业部草原监理中心。

本标准主要起草人:邓先德、齐飞、宋中山、陈东、刘春林、简保权、黄明亮、王立韬、李云辉、班丽萍、杨苗萌、刘春来、耿如林、张秋生、杜孝明、曹干、朱燕玲、李贵霖、朱永平、任榆田、陈曦、特日功、卢占江、王贵卿、杨惠清、景福军、曾正刚、黄维浦。

草原防火物资储备库建设标准

1 范围

本标准规定了草原防火物资储备库建设选址、建设规模与项目构成、规划布局、建筑与结构、配套工程、储备物资装备及主要技术经济指标。

本标准适用于省、市、县级草原防火物资储备库(站)新建项目,改建或扩建项目可参照。

2 规范性引用文件

下列文件对本文件的应用是必不可少的。凡是注日期的引用文件,仅注日期的版本适用于本文件。凡是不注日期的引用文件,其最新版本(包括所有的修改单)适用于本文件。

GB 50016—2006 建筑设计防火规范

GB 50034—2004 建筑照明设计标准

GB 50057—2010 建筑物防雷设计规范

GB 50068—2001 建筑结构可靠度设计统一标准

GB 50189 公共建筑节能设计标准

GB 50223—2008 建筑工程抗震设防分类标准

GB 50352—2005 民用建筑通则

3 术语和定义

下列术语和定义适用于本文件。

3.1

草原防火物资储备库 grassland fire prevention materials warehouse

指用于储存草原防火应急物资、仪器设备的库房。

3.2

晾晒场 dry field

指用于晾晒防火物资的场地。

3.3

停车场 parking lot

指用于停放货车、应急调度车和物资转运车等车辆的场地。

3.4

建筑容积率 building floor area ratio

在一定范围内,建筑面积总和与用地面积的比值。

3.5

建筑密度 building density

在一定范围内,建筑的基地面积占用地面积的百分比。

4 建设选址

4.1 具有可靠的水、电、通讯等外部协作条件。

4.2 工程、水文地质条件良好。

4.3 避免洪水、潮水和内涝威胁,场地防洪标准应不低于 50 年一遇。

4.4 远离污染源及易燃易爆场所。

4.5 应设在所辖草原适中位置,或距离项目建设所在地草原行政管理部门或监理部门住所较近,交通便利,以便于库房管理和指挥调度。

4.6 储备库位于城区的,应符合当地城市规划要求,其建筑风格宜与周边建筑相协调。

4.7 避开历史古迹区。

5 建设规模与项目构成

5.1 草原防火物资储备库分为Ⅰ类库、Ⅱ类库和Ⅲ类库。
   a) Ⅰ类库是指极高火险市草原防火物资储备库;
   b) Ⅱ类库是指高火险市草原防火物资储备库和极高火险县草原防火物资储备站;
   c) Ⅲ类库是指高火险县草原防火物资储备站。

5.2 草原防火物资储备库建设由房屋建筑和场地等构成。
   a) 房屋建筑应包括功能用房和辅助用房两部分。
      1) 功能用房是指草原防火物资和车辆储备用房;
      2) 辅助用房是指管理用房、生活用房和附属用房。管理用房包括办公室、档案室等;生活用房为值班宿舍;附属用房主要为锅炉房、修理室、门卫室以及寒冷地区防火专用车车库等。
   b) 场地主要包括停车场、场区道路、晒场和人员集散地、绿化用地等。

6 规划与布局要求

6.1 规划原则
功能分区明确,布局紧凑合理。

6.2 规划面积
草原防火物资储备库建筑面积应按表 1 控制。

表 1 各类草原防火物资储备库建筑面积控制指标

单位为平方米

库种类	功能用房		辅助用房			合计
	物资库	专用车库	管理用房	生活用房	附属用房	
Ⅰ类库	600~800	200~230	50~100	50~100	50~100	950~1 330
Ⅱ类库	400~600	140~150	20~30	20~30	20~30	600~840
Ⅲ类库	200~400	50~70	15	15	15	295~515

6.3 布局要求
   a) 交通便利,物资流向合理;
   b) 储备库大门应方便通往草原的主要道路;
   c) 储备库宜根据功能分为仓储区、办公区和生活区等。应依据防火要求,合理布局。

7 建筑与结构

7.1 储备库(站)宜采用单层建筑。合并建设时,库房须位于首层。净高不低于 4.0 m 且不超过 6.0 m,货车直接入库的库门净高不低于 4.5 m,净宽不小于 4.0 m。地坪荷载为 20 kN/m²,室内地坪应做防潮层。

7.2 储备库的结构形式宜采用砖混结构或钢筋混凝土结构。

7.3 储备库的建筑耐火等级应符合 GB 50016—2006 中 3.2 规定的二级耐火等级。

7.4 储备库主要用房的抗震设防类别应符合 GB 50223—2008 的 3.0.2 中丙类设防要求。

7.5 储备库内装修应采用防火、节能、环保型装修材料;外装修宜采用不易老化、阻燃型的装修材料。

7.6 管理和生活用房建设参照 GB 50352—2005 中第 6 章的要求。

7.7 储备库的建筑容积率不宜超过 0.6,建筑密度不宜超过 45%。

7.8 结构设计使用年限应符合 GB 50068—2001 的 1.0.5 中 3 类别 50 年。

8 配套工程

8.1 草原防火物资储备库应设置必要的给排水、消防、报警和防盗设施。

8.2 位于采暖地区的草原防火物资储备库,其管理和生活用房等应按国家有关规定设置采暖设施,宜采用城市集中供暖。管理和生活用房等节能设计应按照 GB 50189 或地方颁布的公共建筑节能设计标准执行。

8.3 储备库应具备良好的通风条件,宜采用自然通风。必要时,可增设机械通风设施。

8.4 储备库电力负荷为三级,照明光源宜采用节能灯或自然光。人工照明可参照 GB 50034—2004 中5.4 的规定。

8.5 储备库主要用房的防雷设计应符合 GB 50057—2010 中第三类防雷建筑的要求。

8.6 库区内宜设晾晒场、物资配送车辆停车场等。

8.7 停车场与道路的建设应确保物资调运畅通。

8.8 库区绿化率不宜小于 30%。

9 基本装备及储备物资

9.1 基本装备

 a) 各类储备库在建设过程中应本着节约高效的原则,依据实际需要,配备相应基本装备。

 b) 储备库的基本装备包括装卸、技术防护、信息化管理、通讯、物资维护和必要的交通工具等。

  1) 装卸设备包括手动推车、托盘、货架等;

  2) 技术防护设备包括监控设备、自动报警装置等;

  3) 物资保管维护设备包括清洗设备、消毒设备、缝补设备、维修设备等;

  4) 通讯设备包括 GIS 数据采集器、GPS、移动电话、对讲系统、海事卫星电话等;

  5) 交通工具包括应急调动车、储备物资转运车等。

9.2 储备物资

 草原防火物资储备库储备物资由灭火机具、安全防护设备、野外生存器具、通讯指挥器材和防火车辆等物资组成。各种主要物资的储备量参照表2执行。必要时,根据需要可适时、适度增加或更新机具、装备和器材。

表 2 草原防火物资储备库主要储备物资参考表

物资项目	物资名称	单位	Ⅲ类库储备量	Ⅱ类库储备量	Ⅰ类库储备量	建议储备年限
灭火机具类	风力灭火机	台	100～200	200～400	≥400	
	灭火水枪(桶式)	支	≤30	30～100	≥100	
	三号灭火工具	个	≤30	30～100	≥100	
	消防铲	把	≤100	100～200	≥200	
安全防护设备类	防火服	套	100～200	200～400	≥400	
	防火罩	套	100～200	200～400	≥400	
	三防靴	双	100～200	200～400	≥400	

表2（续）

物资项目	物资名称	单位	Ⅲ类库储备量	Ⅱ类库储备量	Ⅰ类库储备量	建议储备年限
野外生存器具类	便携帐篷	顶	30～50	50～100	≥100	
	防潮型睡袋	条	30～50	50～100	≥100	
通讯指挥器材类	手持式对讲机	部	≤4	≤6	≤8	
	卫星电话	部	≤2	≤3	≤4	
	车载电台	部	≤1	≤1	≤2	
防火车辆类	火情巡察车	辆	≤1	≤1	≤1	
	运兵车	辆	≤1	≤1	≤1	
	其他火情专用车	辆	≤1	≤1	≤1	
其他类	发电机	台	≤1	≤2	≤2	

10 主要技术经济指标

10.1 根据建设规模,其建设总投资和分项工程建设投资应符合表3的规定。

表3 草原防火物资储备库建设投资控制额度表

单位为万元

项目名称	建设类型		
	Ⅲ类库	Ⅱ类库	Ⅰ类库
功能用房	50.00～93.00	110.00～150.00	160.00～206.00
辅助用房	5.00～6.00	8.00～15.00	18.00～34.00
基本装备	65.00～70.00	110.00～115.00	95.00～100.00
配套工程	10.00～11.00	12.00～20.00	17.00～25.00
总投资指标	130.00～190.00	240.00～290.00	290.00～365.00

注:各项目投资是依据2011年工程造价、建筑材料及设备市场价格计算确定。以后,可依据工程定额及设备市场价格涨幅比例参考表中投资控制额确定。

10.2 库区场地(占地)面积及建筑面积指标应符合表4的规定。

表4 库区场地(占地)面积及建筑面积指标

单位为平方米

项目名称	建设类型		
	Ⅲ类库	Ⅱ类库	Ⅰ类库
功能用房建筑面积	250～470	540～750	800～1 030
辅助用房建筑面积	≤45	60～90	150～300
总建筑面积	295～515	600～840	950～1 330
场地(占地)面积	1 000～1 400	1 500～2 200	2 500～3 400

ICS 65.040.10
P 35

中华人民共和国农业行业标准

NY/T 2169—2012

种羊场建设标准

Construction criterion for stud farm of sheep or goat

2012-06-06 发布

2012-09-01 实施

中华人民共和国农业部 发布

NY/T 2169—2012

前　言

本标准按照 GB/T 1.1—2009 给出的规则起草。

本标准由中华人民共和国农业部计划司提出。

本标准由全国畜牧业标准化技术委员会(SAC/TC 274)归口。

本标准起草单位:农业部规划设计研究院、中国农业科学院北京畜牧兽医研究所。

本标准主要起草人:耿如林、张庆东、陈林、邹永杰、浦亚斌、韩雪松、魏晓明。

种羊场建设标准

1 范围

本标准规定了种羊场的场址选择、场区布局、建设规模和项目构成、工艺和设备、建筑和结构、配套工程、粪污无害化处理、防疫设施和主要技术经济指标。

本标准适用于农区、半农半牧区舍饲半舍饲模式下,种母羊存栏300只~3 000只的新建、改建及扩建种羊场(包括绵羊场和山羊场);牧区及其他类型羊场建设亦可参照执行。

2 规范性引用文件

下列文件对本文件的应用是必不可少的。凡是注日期的引用文件,仅注日期的版本适用于本文件。凡是不注日期的引用文件,其最新版本(包括所有的修改单)适用于本文件。

GBJ 52 工业与民用供电系统设计规范

GB 50011 建筑抗震设计规范

GB 50016 建筑设计防火规范

GB 16548 病害动物和病害动物产品生物安全处理规程

HJ/T 81 畜禽养殖业污染防治技术规范

NY/T 682 畜禽场场区设计技术规范

NY/T 1168 畜禽粪便无害化处理技术规范

NY 5027 无公害食品 畜禽饮用水水质标准

3 术语和定义

下列术语和定义适用于本文件。

3.1

种公羊 stud ram or stud buck

符合品种标准,具有种用价值并参加配种的公羊。

3.2

种母羊 breed ewe or breed doe

符合品种标准,体重已达成年母羊70%以上并能够参加配种的母羊。

3.3

后备种羊 replacement breeding sheep or goat

符合品种标准,被选留种后尚未参加配种的公羊或母羊。

4 场址选择

4.1 场址选择应符合国家相关法律法规、当地土地利用规划和村镇建设规划。

4.2 场址选择应满足建设工程需要的水文地质和工程地质条件。

4.3 场址选择应符合动物防疫条件,地势高燥、背风、向阳,交通便利。

4.4 场址距离居民点、公路、铁路等主要交通干线1 000 m以上,距离其他畜牧场、畜产品加工厂、大型工厂等3 000 m以上。

4.5 场址位置应选在最近居民点常年主导风向的下风向处或侧风向处。

4.6 场址应水源充足、排水畅通、供电可靠,具备就地消纳粪污的土地。

4.7 以下地段或地区严禁建设种羊场:

——自然保护区、水源保护区、风景旅游区;

——受洪水或山洪威胁及泥石流、滑坡等自然灾害多发地带;

——污染严重的地区。

5 场区布局

5.1 种羊场分区

5.1.1 生活管理区

一般应位于场区全年主导风向的上风向或侧风向处。

5.1.2 辅助生产区

一般与生活管理区并列或布置在生活管理区与生产区之间。

5.1.3 生产区

与其他区之间应用围墙或绿化隔离带分开,生产建筑与其他建筑间距应大于 50 m。生产区入口应设置人员消毒间和车辆消毒设施。

5.1.3.1 羊舍朝向应兼顾通风与采光,羊舍纵向轴线应与常年主导风向呈 30°～60°角。

5.1.3.2 两排羊舍前后间距宜为 12.0 m～15.0 m,左右间距应宜为 8.0 m～12.0 m,由上风向到下风向各类羊舍的顺序为种公羊舍、种母羊舍、分娩羊舍、后备羊舍、断奶羔羊舍和育成羊舍。

5.1.3.3 运动场一般设在羊舍南侧,运动场四周设排水沟。

5.1.4 隔离区

应处于场区全年主导风向的下风向处和场地地势最低处,用围墙或绿化带与生产区隔离。隔离区与生产区通过污道连接。

5.2 场区绿化选择适合当地生长、对人畜无害的花草树木,绿化覆盖率不低于25%。

5.3 种羊场与外界应有专用道路相连。场区道路应分净道和污道,两者应避免交叉与混用。

5.4 种羊场主要干道宽度宜为 4.0 m～5.0 m,一般道路宽度宜为 2.5 m～3.0 m,路面应硬化。

6 建设规模和项目构成

6.1 种羊场的建设规模以存栏种母羊只数表示,种羊场的羊群结构应参考表1的规定。

表 1 种羊场建设规模

单位为只

类 型	存栏数量			
种母羊	300～500	500～1 000	1 000～2 000	2 000～3 000
种公羊	6～10	10～20	20～40	40～60
后备母羊	60～100	100～200	200～400	400～600
后备公羊	2～3	3～5	5～10	10～15

6.2 种羊场建设项目包括生产设施、公用配套及管理设施、防疫设施和无害化处理设施等,建设内容见表2。具体工程可根据工艺设计、饲养规模及实际需要建设。

表 2 种羊场建设项目构成

建设项目	生产设施	公用配套及管理设施	防疫设施	无害化处理设施
建设内容	种公羊舍、种母羊舍、分娩羊舍、后备羊舍、断奶羔羊舍、育成羊舍、运动场、装卸台、人工授精室、兽医室、性能测定舍、剪毛间、饲料加工间、干草棚、青贮池、地磅房、挤奶间^a	围墙、大门、门卫、宿舍、办公室、食堂餐厅、锅炉房、变配电室、消防水池、水泵房、卫生间、水井、场区道路	(淋浴)消毒间、消毒池、药浴池、隔离羊舍	发酵间、污水处理设施、安全填埋井
^a 挤奶间为种奶山羊场特有。				

7 工艺和设备

7.1 种羊场宜采用人工授精技术、全混日粮饲喂技术和阶段饲养、分群饲养工艺。

7.1.1 根据种用要求,选择种用性能优秀、无亲缘关系的公母羊进行配种。种公羊饲养量需满足品种或品系的要求。

7.1.2 大种羊场宜使用固定式饲料搅拌设备,制作全混日粮。

7.1.3 种公羊宜采用单栏饲养或小群饲养工艺;每群饲养量应少于 20 只。

7.1.4 种母羊应分群饲养,每群饲养量应少于 50 只。种母羊分娩后 3 d 内宜单栏哺乳羔羊。

7.2 种羊场主要设备包括围栏、喂料、饮水、通风、降温及采暖、清洗消毒、兽医防疫、人工授精、饲料加工、清粪等设备,设备选型应技术先进、经济实用、性能可靠。

7.2.1 种公羊围栏高度 1.2 m～1.5 m;种母羊围栏高度 1.0 m～1.2 m;其他羊围栏高度 0.8 m～1.0 m。

7.2.2 种羊场应配套青贮饲料粉碎机、装载机、固定式饲料搅拌设备、精饲料粉碎机等饲料加工设备。

8 建筑和结构

8.1 北方地区羊舍建筑形式可采用半开敞式或有窗式;南方地区可采用开敞式、高床式或楼式羊舍。

8.2 羊舍可采用双列式或单列式布局,饲喂走道宜设置在羊舍中间或北侧。

8.3 羊舍檐口建筑高度宜大于 2.4 m,舍内地面标高应高于舍外运动场 0.2 m～0.5 m,并与场区道路标高相协调。种羊进出羊舍及运动场之间设门,宽度宜为 1.5 m～2.4 m。

8.4 羊舍地面应硬化,要求防滑、耐腐蚀、便于清扫,坡度控制在 2%～5%。北方地区舍内地面宜采用砖地面或三合土地面;南方地区可采用漏缝地面。

8.5 羊舍屋面可为拱形、单坡或双坡屋面;根据种羊场所在区域气候特点,羊舍屋面应相应采取保温、隔热措施。

8.6 羊舍墙体要求保温隔热,内墙面应平整光滑、便于清洗消毒。

8.7 种羊场建筑执行下列防火等级:
　　——生产建筑、公用配套及管理建筑不低于三级耐火等级;
　　——生产建筑与周边建筑的防火间距可参考 GB 50016 戊类厂房的相关规范执行。

8.8 根据现场条件,羊舍结构可采用砖混结构、轻钢结构或砖木结构。

8.9 羊舍抗震设防类别宜按丁类建设设计,其他建筑应按照 GB 50011 的规定执行。

8.10 各类羊只所需面积应符合表 3 的规定。

表3 各类羊只所需面积

单位为平方米每只

类 别		羊舍面积	运动场面积
种公羊	单栏	4.0~6.0	8.0~12.0
	群饲	1.5~2.0	5.0~8.0
基础母羊		1.0~1.5	3.5~4.5
妊娠及分娩母羊		2.0~2.5	4.0~5.0
后备公羊		1.0~1.5	2.5~3.0
后备母羊		0.8~1.0	2.0~2.5
断奶羔羊		0.5~0.8	1.0~1.5
育成羊		0.8~1.0	1.5~2.0

9 配套工程

9.1 给水和排水

9.1.1 种羊场用水水质应符合 NY 5027 的规定。

9.1.2 管理建筑的给水、排水按工业与民用建筑有关规定执行。

9.1.3 排水应采用雨污分流制;雨水采用明沟排放;污水应采用暗管排入污水处理设施。

9.2 供暖和通风

9.2.1 羊舍应因地制宜设置夏季降温和冬季供暖或保温设施。冬季分娩羊舍、断奶羔羊舍内最低温度不宜低于10℃,其他类型羊舍内最低温度不宜低于5℃。

9.2.2 羊舍宜采用自然通风,辅以机械通风。

9.3 供电

9.3.1 种羊场用电负荷等级为三级负荷。种羊场设变配电室,并根据当地供电情况设置自备电源。

9.3.2 羊舍以自然采光为主、人工照明为辅,光源应采用节能灯。供电系统设计应符合 GBJ 52 的规定。

10 粪污无害化处理

10.1 种羊场的粪污处理设施应与生产设施同步设计、同时施工、同时投产使用,其处理能力和处理效率应与生产规模相匹配。

10.2 种羊场宜采用堆肥发酵方式对粪污进行无害化处理,处理结果应符合 NY/T 1168 的要求。

11 防疫设施

11.1 种羊场四周应建围墙,并有绿化隔离带。场区大门入口处设消毒池,生产区入口处设人员消毒间及饲料接收间,场外饲料车严禁驶入生产区。

11.2 种羊场应建设安全填埋井,非传染性病死羊尸体、胎盘、死胎等的处理与处置应符合 HJ/T 81 的规定。传染性病死羊尸体及器官组织等处理按 GB 16548 的规定执行。

11.3 种羊场分期建设时,各期工程应形成独立的生产区域,各区间设置隔离沟、障及有效的防疫措施。

12 主要技术经济指标

12.1 种羊场建设总投资和分项工程建设投资应参考表4的规定。

表4 种羊场建设投资控制额度表

项目名称	种母羊存栏量,只			
	300～500	500～1 000	1 000～2 000	2 000～3 000
总投资指标,万元	225～310	310～545	545～910	910～1 400
生产设施,万元	135～200	200～370	370～660	660～1 075
公用配套及管理设施,万元	70～84	84～143	143～210	210～270
防疫设施,万元	14～18	18～22	22～25	25～35
粪污无害化处理设施,万元	6～8	8～10	10～15	15～20

12.2 种羊场占地面积及建筑面积指标应参考表5的规定。

表5 种羊场占地面积及建筑面积指标

项目名称	种母羊存栏量,只			
	300～500	500～1 000	1 000～2 000	2 000～3 000
占地面积,hm²	1.5～2.0	2.0～3.5	3.5～6.0	6.0～9.5
总建筑面积,m²	2 100～3 200	3 200～6 100	6 100～10 900	10 900～16 800
生产建筑面积,m²	1 800～2 800	2 800～5 500	5 500～10 200	10 200～15 600
其他建筑面积,m²	300～400	400～600	600～700	700～1 200

12.3 种羊场劳动定员应参考表6的规定。条件较好、管理水平较高的地区,应尽量减少劳动定额。生产人员应进行上岗培训。

表6 种羊场劳动定额

项目名称	种母羊存栏量,只			
	300～500	500～1 000	1 000～2 000	2 000～3 000
劳动定员,人	6～10	10～15	15～25	25～30
劳动生产率,只/人	50～60	60～70	70～80	80～100

12.4 种羊场生产消耗定额平均至每只种母羊,每年消耗指标应参考表7的规定。

表7 种羊场生产消耗指标

项目名称	消耗指标
用水量,m³	3～4
用电量,kW·h	50～100
精饲料用量,kg	150～200
干草用量,kg	500～600
青贮饲料用量,kg	700～850

ICS 65.040.01
P 35

中华人民共和国农业行业标准

NY/T 2170—2012

水产良种场建设标准

Construction criterion for multiplication center

2012-06-06 发布

2012-09-01 实施

中华人民共和国农业部 发布

NY/T 2170—2012

目　次

前言
1　范围
2　规范性引用文件
3　术语和定义
4　建设规模与项目构成
5　选址与建设条件
6　工艺与设备
7　建筑及建设用地
8　配套设施
9　病害防治防疫设施
10　环境保护
11　人员要求
12　主要技术经济指标

前　言

本标准按照 GB/T 1.1—2009 给出的规则起草。

本标准由中华人民共和国农业部发展计划司提出并归口。

本标准起草单位:中国水产科学研究院渔业工程研究所。

本标准主要起草人:王新鸣、胡红浪、李天、任琦、梁锦、王洋、陈晓静。

水产良种场建设标准

1 范围

本标准规定了水产良种场建设的原则、项目规划布局及工程建设内容与要求。

本标准适用于现有四大家鱼等主要淡水养殖品种国家级水产良种场资质评估及考核管理；也适用于四大家鱼等主要淡水养殖品种水产良种场建设项目评价、设施设计、设备配置、竣工验收及投产后的评估、考核管理。

2 规范性引用文件

下列文件对于本文件的应用是必不可少的。凡是注日期的引用文件，仅注日期的版本适用于本文件。凡是不注日期的版本，其最新版本（包括所有的修改单）适用于本文件。

GB 5749　生活饮用水标准

GB 11607　渔业水质标准

GB 50011　建筑抗震设计规范

NY 5071　无公害食品　渔药使用准则

SC/T 1008—94　池塘常规培育鱼苗鱼种技术规范

SC/T 9101　淡水池塘养殖水排放要求

SC/T 9103　海水养殖水排放要求

2005 年 1 月 5 日农业部第 46 号令　水产苗种管理办法

水产原良种场管理办法

中华人民共和国动物防疫法

3 术语和定义

下列术语和定义适用于本文件。

3.1

水产良种场　multiplication center

指培育并向社会提供水产良种亲本或后备亲本的单位。

3.2

孵化车间　incubation facility

指水产养殖动物受精卵孵化成为幼体的人工建造的室内场所。

3.3

育苗车间　hatchery facility

指培育水产养殖对象幼体的人工建造的室内场所。

3.4

中间培育池　nursery culture pond

指用于水产养殖对象的幼体培育成较大规格苗种的土池或水泥池。

3.5

亲本养殖池　grow-out pond

指饲养培育水产养殖对象亲本的土池或水泥池。

3.6

亲本培育车间 maturation facility

指用于水产养殖对象亲本成熟培育的人工建造的室内场所。

3.7

产卵池 spawning pond

指水产养殖动物亲本进行交配与产卵的土池或水泥池。

4 建设规模与项目构成

4.1 水产良种场的建设原则

应根据本地区渔业发展规划、资源和市场需求,结合建场条件、技术与经济等因素,确定合理的建设规模。

4.2 水产良种场建设规模

应达到表1的要求。

表1 水产良种场建设规模要求

名称	规模		
	年提供亲本数量	年提供后备亲本数量	年提供苗种数量
斑点叉尾鮰	10 000 尾	1万尾~2万尾	5 000 万尾
鲫鱼	3 000 尾	2万尾~4万尾	3 000 万尾
鲤鱼	1 000 尾	2万尾~3万尾	1 亿尾
团头鲂	10 000 尾	1万尾~3万尾	0.5 亿尾~2 亿尾
青、草、鲢、鳙	2 000 尾	1万尾~2万尾	5 000 万尾

4.3 水产良种场工程建设项目的构成

4.3.1 生产设施

4.3.1.1 苗种培育系统:产卵池、孵化车间、育苗车间和中间培育池。

4.3.1.2 亲本培育系统:亲本养殖池、亲本培育车间。

4.3.1.3 饵料系统:动物饵料培育车间、植物饵料培育车间。

4.3.1.4 给排水系统:水处理池、高位水池、给排水渠道(或管道)。

4.3.2 生产辅助设施:化验室、档案资料室、标本室、生物实验室等。

4.3.3 配套设施

变配电室、锅炉房、仓库、维修间、通讯设施、增氧系统、场区工程、饲料加工车间和交通工具等。

4.3.4 管理及生活服务设施

办公用房、食堂、浴室、宿舍、车棚、大门、门卫值班室、厕所和围墙等。

4.4 水产良种场建设应充分利用当地提供的社会专业化协作条件进行建设;改(扩)建设项目应充分利用原有设施;生活福利工程可按所在地区规定,尽量参加城镇统筹建设。

5 选址与建设条件

5.1 场址选择应充分进行方案论证,应符合当地土地利用发展规划、村镇建设发展规划和环境保护的要求。

5.2 场址应选在交通方便、水源良好、排水条件充分、电力通讯发达、无环境污染的地区。

  a) 场址周边应具备基本的对外交通条件。

  b) 场址内或周边应有满足生产需要的水源,生产用水应符合 GB 11607 的要求,生活用水需满足 GB 5749 的要求。

c) 场址周边宜具备流动性自然水域,以满足场区排水要求。

d) 场址周边1 000 m范围内不得有污染源。

5.3 场址所在地的自然气候条件应基本满足养殖对象对环境的要求。

5.4 场地的设计标高,应符合下列规定:

a) 当场址选定在靠近江河、湖泊等地段时,场地的最低设计标高应高于设计水位5 m。

    1) 投资500万元及以上的水产良种场洪水重现期应为25年;

    2) 投资500万元以下的水产良种场洪水重现期应为15年;

b) 当场址选定在海岛、沿海地段或潮汐影响明显的河口段时,场区的最低设计标高应高于计算水位1 m。在无掩护海岸,还应考虑波浪超高,计算水位应采用高潮累积频率10%的潮位。

c) 当有防止场区受淹的可靠措施且技术经济合理时,场址亦可选在低于计算水位的地段。

5.5 以下区域不得建场:水源保护区、环境污染严重地区、地质条件不宜建造池塘的地区等。

6 工艺与设备

6.1 水产良种场工艺与设备的确定,应遵循优质高效、节能、节水和节地的原则。

6.2 应有相应的隔离防疫设施,生产区入口处需设置隔离区、车辆消毒池及更衣消毒设备等。

6.3 应根据不同养殖对象的繁育要求,配备通风、控光、控温等设施。

6.4 水产良种场可设置下列主要生产设备:

a) 增氧设备:增氧机、充气机、鼓风机、空压机、气泵等。

b) 控温设备:锅炉、电加热系统、制冷系统、太阳能、气源热泵、地源热泵等。

c) 饲料加工及投喂设备:自动投饵机、饲料加工机械。

d) 生产工具:生产运输车辆、渔船、网具、水泵等。

6.5 水产良种场的实验仪器设备应按《水产原良种场生产管理规范》的要求配置。

7 建筑与建设用地

7.1 水产良种场建筑标准应根据建设规模、养殖工艺、建设地点气候条件区别对待,贯彻有利于生产、经济合理、安全可靠、因地制宜、便于施工的原则。

7.2 水产良种场内的道路应畅通。与场外运输线路连接的主干道宽度不低于6 m,通往鱼池、育苗车间、仓库等的运输支干道宽度一般为3 m～4 m。

7.3 生产区应与生活区、办公区、锅炉房等区域相互隔离。

7.4 水产良种场的各类设施建筑面积应达到表2所列指标。

表2 水产良种场生产设施建筑面积表

单位为平方米

名称	选育车间	培育车间	孵化车间	饲料车间	产卵池	选育池	后备亲本培育池	亲本保存池	高位水池	实验室
斑点叉尾鮰	400	400			1 200	16 000	50 000	10 000	120	300
鲫鱼、鲤鱼			2 000		1 000		34 500	14 000		300
团头鲂	2 000	1 000	200		200		20 010	4 500		300
青、草、鲢、鳙	1 000		40		100	33 300	66 700	66 700	80	300
注:其他品种参照类似情况选用。										

7.5 孵化车间的建筑及结构形式如下:

a) 孵化车间一般为单层建筑,根据建设地点的气候条件及不同鱼类养殖种类的孵化要求,可采用采光屋顶、半采光屋顶等形式。孵化车间的建筑设计应具备控温、控光、通风和增氧设施。其结构宜采用轻型钢结构或砖混结构。

b) 湿度较大的孵化车间,其电路、电灯应具备防潮功能。

c) 孵化车间宜安装监控系统。

7.6 水产良种场的其他建筑物一般采用有窗式的砖混结构。

7.7 水产良种场各类建筑抗震标准按 GB 50011 确定。

7.8 池塘

a) 为提高土地利用率,池塘宜选择长方形,东西走向。

b) 池塘深度一般为 1 m~2.5 m,池壁坡度根据地质情况确定。

7.9 水产良种场建设用地必须坚持科学、合理和节约用地的原则。尽量利用滩涂等非耕地,少占用耕地。

7.10 水产良种场建设用地,应达到表 3 所列指标。

表 3 水产良种场建设用地指标

单位为平方米

名　　称	建设用地
斑点叉尾鮰	110 000
鲫鱼、鲤鱼	72 000
团头鲂	48 000
青、草、鲢、鳙	190 000

8 配套设施

8.1 配套工程设置水平应满足生产需要,与主体工程相适应;配套工程应布局合理、便于管理,并尽量利用当地条件;配套工程设备应选用高效、节能、环保、便于维修使用、安全可靠、机械化水平高的设备。

8.2 水产良种场应有满足良种繁育所需的水处理设施和设备,处理工艺应满足种苗和活饵料培育、疫病预防的基本要求。

8.3 取水口位置应远离排水口及河口等,进、排水系统分开。

8.4 当地不能保证二级供电要求时,应自备发电机组。

8.5 供热热源宜利用地区集中供热系统,自建锅炉房应按工程项目所需最大热负荷确定规模。

8.6 锅炉及配套设备的选型应符合当地环保部门的要求。

8.7 消防设施应符合以下要求:

a) 消防用水可采用生产、生活、消防合一的给水系统;消防用水源、水压、水量等应符合现行防火规范的要求。

b) 消防通道可利用场内道路,应确保场内道路与场外公路畅通。

8.8 水产良种场应设置通讯设施,设计水平应与当地电信网的要求相适应。

8.9 应配置计算机管理系统,提高设备效率和管理水平。

9 病害防治防疫设施

9.1 水产良种场建设必须符合 NY 5071、《中华人民共和国动物防疫法》和农业部《水产原良种场管理办法》的规定。

9.2 水产良种场应设置化验室。

9.3 生产车间应设消毒防疫设施,配置车辆消毒池、脚踏消毒池、更衣消毒室等。

9.4 水产良种场应配备一定规模的隔离池,对病、死的养殖对象应遵循无害化原则,进行无害化处理。

10 环境保护

10.1 水产良种场建设应严格贯彻国家有关环境保护和职业安全卫生的规定,采取有效措施消除或减少污染和不安全因素。

10.2 新建项目应有绿化规划,绿化覆盖率应符合国家有关规定及当地规划的要求。

10.3 化粪池、生活污水处理场应设在场区边缘较低洼、常年主导风向的下风向处;在农区宜设在农田附近。

10.4 应设置养殖废水处理设施,处理后的废水应达到 SC/T 9101 或 SC/T 9103 的要求,做到达标排放。

11 人员要求

11.1 场长、副场长应大专以上学历,从事水产养殖管理工作 5 年以上,具有中级以上技术职称。主管技术的副场长应具有水产养殖遗传育种等相关专业知识。

11.2 中级以上和初级技术人员所占职工总数的比例分别不低于 10%、20%。

11.3 技术工人具有高中以上文化程度,经过职业技能培训并获得证书后方能上岗。技术工人占全场职工的比例不低于 40%。

12 主要技术经济指标

12.1 工程投资估算及分项目投资比例按表 4 控制。

表 4 良种场工程投资估算及分项目投资比例

名称	总投资 万元	建筑工程 %	设备及安装工程 %	其他 %	预备费 %
斑点叉尾鮰良种场	400～500	60～70	20～30	6～10	3～5
鲫鱼、鲤鱼良种场	450～550	65～75	15～25	6～10	3～5
团头鲂良种场	450～550	60～70	15～25	6～10	3～5
青、草、鲢、鳙良种场	500～600	60～70	15～25	6～10	3～5

12.2 水产良种场建设主要建筑材料消耗量按表 5 控制。

表 5 良种场建设主要材料消耗量表

名称	钢材,kg/m²	水泥,kg/m²	木材,m³/m²
轻钢结构	30～45	20～30	0.01
砖混结构	25～35	150～200	0.01～0.02
其他附属建筑	30～40	150～200	0.01～0.02

12.3 水产良种场建设工期按表 6 控制。

表 6 良种场建设工期

名称	四大家鱼	其他品种
建设工期,月	12～18	12～16

ICS 65.020
B 04

中华人民共和国农业行业标准

NY/T 2171—2012

蔬菜标准园建设规范

Rules for construction of vegetable standard gardens

2012-06-06 发布   2012-09-01 实施

中华人民共和国农业部 发布

前　言

本标准按照 GB/T 1.1—2009 给出的规则起草。

本标准由中华人民共和国农业部种植业管理司提出并归口。

本标准起草单位：全国农业技术推广服务中心。

本标准主要起草人：梁桂梅、王娟娟、李莉、冷杨。

蔬菜标准园建设规范

1 范围

本标准规定了蔬菜标准园建设的园地要求、栽培管理、采后处理、产品要求、质量管理。
本标准适用于全国蔬菜标准园建设。

2 规范性引用文件

下列文件对于本文件的应用是必不可少的。凡是注日期的引用文件,仅注日期的版本适用于本文件。凡是不注日期的引用文件,其最新版本(包括所有的修改单)适用于本文件。

GB 2762　食品中污染物限量

GB 2763　食品中农药最大残留限量

GB 4285　农药安全使用标准

GB/T 8321(所有部分)　农药合理使用准则

GB 9687　食品包装用聚乙烯成型品卫生标准

GB 9693　食品包装用聚丙烯树脂卫生标准

GB 11680　食品包装用原纸卫生标准

NY/T 496　肥料合理使用准则　通则

NY 525　有机肥料

NY/T 1655　蔬菜包装标识通用准则

NY/T 5010　无公害食品　蔬菜产地环境条件

3 园地要求

3.1 环境条件

生产环境最低应符合 NY/T 5010 的规定。

3.2 建园面积

在符合选建条件的区域,集中连片,露地蔬菜面积 66.7 hm² 以上;设施蔬菜面积(设施内)13.3 hm² 以上。

3.3 基础设施

主干道硬化,具备田间操作道和机耕道。实行灌排分离,配备相关的排灌设施,达到涝能排、旱能灌。配备用于田间操作用电的供电设备。温室、大棚设计建造符合国家、行业或标准园所在省级地方标准。

3.4 功能区设置

设置农资存放、采后处理、产品检测等场地。

4 栽培管理

4.1 品种选择

选用抗病、优质、高产、抗逆、商品性好、市场适销的品种,良种覆盖率达到 100%。

4.2 培育壮苗

采用集约化育苗,集中培育和统一供应适龄壮苗。

4.3 肥水管理

按蔬菜作物需求,测土配方施肥,合理增施经过无害化处理的有机肥,符合 NY 525 标准规定。肥料使用按照 NY/T 496 执行。采用节水灌溉,水肥一体化技术,宜采用滴暗灌、微喷、膜下暗灌等技术。

4.4 病虫防控

按照"预防为主,综合防治"原则,合理轮作、嫁接育苗、棚室及土壤消毒,应用杀虫灯、性诱剂、防虫网、黏虫色板等技术,优先使用生物农药,实行统防统治。农药的使用按照 GB 4285、GB/T 8321 标准执行。

4.5 产品采收

按照农药安全间隔期适时采收、净菜上市,达到商品菜要求。

4.6 田园清理

将植株残体、废旧农膜、农药、肥料包装瓶(袋)等废弃物和杂草清理干净,集中进行无害化处理。

5 采后处理

5.1 设施设备

配置整理、分级、包装、预冷等场地及必要设施设备。

5.2 分等分级

按照蔬菜等级标准进行分等分级。

5.3 包装与标识

产品应采用统一包装、标识,符合 NY/T 1655 标准规定。包装材料符合 GB 9693、GB 9687、GB 11680 等卫生标准要求,不能对产品及环境造成二次污染。

6 产品要求

6.1 安全质量

符合 GB 2762、GB 2763 标准要求。

6.2 产品认证

通过无公害农产品、绿色食品、有机食品、良好农业规范(GAP)认证或地理标志登记之一。

6.3 产品品牌

具有注册商标,统一销售。

7 质量管理

7.1 投入品管理

农药、肥料、种子等投入品的购买、存放、使用及包装容器回收处理,实行专人负责,建立进出库档案(格式参见附录 A)。

7.2 档案记录

蔬菜生产分生产单元进行统一编号,建立蔬菜生产全程档案。档案记录保存二年以上(格式参见附录 B)。

7.3 产品检测

配备农药残留检测仪器,建立自检制度,检测合格率应达到100%。

7.4 质量追溯

对标准园产地和产品实行统一编码管理,统一包装和标识,有条件的采用产品质量信息自动化查询。

附　录　A

（资料性附录）

投入品管理记录表

种类	入库								出库					
	名称	厂家	采购时间	数量	采购人员	审核人	备注		领取部门	领取时间	数量	领取人员	库管签字	用于地块编码
农药														
化肥														
种子														

附　录　B
（资料性附录）
生产档案记录表

生产者姓名：　　　　　　　　　　　　　　　　　　　　　　产品名称：

面积,hm²				播种日期		
定植日期				种植方式		
灌溉方式 （请在"□"处打"√"）				□暗灌　□滴灌　□微喷 □水肥一体化　□其他		
施肥情况	基　肥			追　肥		
施肥情况	名称	时　间	用量	次数	肥料名称	时　间	追肥量,kg/亩
施肥情况				1			
施肥情况				2			
施肥情况				3			
病虫害防治	次数	主要防治对象	农药名称	施药时间	施药浓度	施药量,g
病虫害防治	1					
病虫害防治	2					
病虫害防治	3					
农残检测	次数	检测时间		检测结果		检测员
农残检测	1			□合格　□超标		
农残检测	2			□合格　□超标		
采收记录	次数	采收时间		采收面积,亩		采收量,kg
采收记录	1					
采收记录	2					
采收记录	3					

填表人：　　　　　　　　　　　　　　　　　　　　　　农技人员签字：

ICS 65.020
B 04

中华人民共和国农业行业标准

NY/T 2172—2012

标准茶园建设规范

Construction criterion for standardized tea garden

2012-06-06 发布   2012-09-01 实施

中华人民共和国农业部 发布

NY/T 2172—2012

前　言

本标准按照 GB/T1.1—2009 给出的规则起草。

本标准由中华人民共和国农业部种植业管理司提出并归口。

本标准起草单位：全国农业技术推广服务中心、中国农业科学院茶叶研究所。

本标准主要起草人：梁桂梅、冷杨、阮建云、肖强、李莉、王娟娟。

标准茶园建设规范

1 范围

本标准规定了标准茶园的建设规模与内容、园地要求、栽培管理、加工要求、产品要求和管理体系等。

本标准适用于标准茶园的建设及管理。

2 规范性引用文件

下列文件对于本文件的应用是必不可少的。凡是注日期的引用文件,仅所注日期的版本适用于本文件。凡是不注日期的引用文件,其最新版本(包括所有的修改单)适用于本文件。

GB 2762 食品中污染物限量

GB 2763 食品中农药最大残留限量

GB 3095 环境空气质量标准

GB 5084 灌溉水环境质量标准

GB 5749 生活饮用水卫生标准

GB 7718 食品安全国家标准 预包装食品标签通则

GB 9687 食品包装用聚乙烯成型品卫生标准

GB 9693 食品包装用聚丙烯树脂卫生标准

GB 11680 食品包装用原纸卫生标准

GB 16798 食品机械安全卫生

GB 26130 食品中百草枯等54种农药最大残留限量

NY 5020 无公害食品 茶叶产地环境条件

NY 5244 无公害食品 茶叶

国家质量监督检验检疫总局令2005年第79号 食品生产加工企业质量安全监督管理实施细则(试行)

3 术语和定义

下列术语和定义适用于本文件。

3.1

标准茶园 standardized tea garden

按照本文件规定进行建设、改造、生产及管理,并达到本文件要求的茶园。

4 建设规模与内容

4.1 建设规模

集中连片,面积达到 66.7 hm²。

4.2 建设内容

基建工程包括:茶园基础设施、生产资料仓库、加工厂和管理用房等;配套设施设备包括:灌溉设备、修剪机、采茶机、耕作机械、植保器械、茶叶加工设备、农残检测仪等质检设备及农用车辆等。

5 园地要求

5.1 立地条件及环境要求

5.1.1 应建于平地、缓坡地,其中坡度在15°～25°的园地建成等高梯级园地,有效土层厚度应不低于80 cm。

5.1.2 远离污染源,离公路干线200 m以上,边界设立缓冲带或物理障碍区;土壤质量和空气质量符合NY 5020的规定,灌溉水水质符合GB 5084的规定。

5.1.3 将茶园划分为若干容易区分的区块,以道路、沟渠、防护林带等作为分隔。

5.2 基础设施

5.2.1 具有完备的排水、蓄水和灌溉系统。

5.2.2 主干道、支道、操作道完整,能适应机械化生产要求。主干道贯通整个茶园,可连接加工厂,主干道和支道宽度不低于3 m,操作道宽度不低于1.5 m。

6 栽培管理

6.1 品种选择与搭配

6.1.1 根据品种的适制性和适应性,选用国家或省级审(认、鉴)定的无性系品种。

6.1.2 合理配置早、中、晚生品种,不同适制性和不同抗逆性品种。

6.2 种植规格

采用单行条栽种植,行距为1.5 m～1.8 m;

或采用双行条栽种植,大行距1.5 m～1.8 m,小行距30 cm。

6.3 土壤耕作

合理安排浅耕、中耕和深耕,并与除草、施肥等作业结合。

6.4 树冠管理

运用定型修剪、轻修剪、重修剪和台刈等技术措施,培养结构合理、长势健壮的树冠,投产茶园树冠高度60 cm～80 cm,覆盖度不低于80%。

6.5 水肥管理

6.5.1 采用测土配方施肥技术,基肥与追肥配合施用,有机肥、化肥配合施用,开沟施肥,施后及时盖土。有机肥年施用量不低于1 500 kg/hm²。

6.5.2 幼龄茶园应间作绿肥。

6.5.3 需要灌溉的茶园采用节水灌溉技术。

6.6 病虫草害防治

预防为主,综合防治;开展茶树病虫测报,实施统防统治,应用无公害防治技术。

6.7 采摘

遵守农药安全间隔期,适时采摘。

7 加工要求

7.1 加工厂

初制厂与茶园的直线距离宜在5 km以内;加工厂遵守《食品生产加工企业质量安全监督管理实施细则(试行)》,并按规定程序获取食品生产许可(QS)。

7.2 环境要求

环境空气质量符合GB 3095的规定,加工用水水质符合GB 5749的规定。

7.3 工艺与机械要求

7.3.1 初制

制定满足产品特色的加工工艺标准或规程,并按标准或规程进行操作;加工过程清洁卫生。

7.3.2 精制

符合标准化、清洁化生产要求。

7.3.3 加工机械

根据加工工艺合理配置;机械卫生条件符合 GB 16798 的规定。

8 产品要求

8.1 质量

农药残留符合 GB 2763 和 GB 26130 的规定;污染物符合 GB 2762 的规定;感官品质符合相应茶类要求。

8.2 认证

通过无公害农产品、绿色食品、有机产品认证中的一项,同时提倡通过良好农业规范(GAP)认证。

8.3 包装与销售

应统一包装、标识后销售,包装材料符合 GB 9687、GB 9693、GB 11680 的规定,标签符合 GB 7718 的规定,包装或标识上应加印食品生产许可(QS)标志和编号;应使用注册商标和统一品牌进行销售。

9 管理体系

9.1 基本要求

建设单位应符合下列规定:企业有合法的土地使用权和经营证明文件;农民专业合作组织要按照《中华人民共和国农民专业合作社法》的要求注册登记。

9.2 档案记录

建立并保持记录 2 年以上,记录应清晰、完整、详细,至少包括但不限于以下内容:
- ——投入品档案,包括购买、存放、出库及包装容器回收处理的记录和投入品成分、来源、使用方法、使用量、使用日期等;
- ——农事操作管理档案,包括植保措施、土肥管理、采摘记录等;
- ——产品加工档案,包括原料和产品的出入库记录;
- ——产品检测报告,包括自检记录和由具备法定资质的检测机构出具的产品检验检测报告;
- ——认证证书和相关材料;
- ——销售档案。

9.3 追溯体系

生产、加工、贮藏、销售有连续的、可跟踪的生产批号系统,根据批号系统能查询到完整的档案记录。

9.4 产品准出

建立产品检测制度,每批产品都进行自检,每年还应至少对 2 个批次的产品进行送检,委托具备法定资质的检测机构进行检测并出具检测报告。

9.5 人力资源

至少聘请一名副高级以上职称的指导专家,负责技术指导和培训;至少配备一名植保员,负责统防统治;至少配备一名质量管理人员,负责产品检验和认证。

ICS 65.020.01
B 01

中华人民共和国农业行业标准

NY/T 2216—2012

农业野生植物原生境保护点
监测预警技术规程

Technical regulation of monitoring and pre-warning for *in situ*
conservation sites of agricultural wild plants

2012-12-07 发布

2013-03-01 实施

中华人民共和国农业部 发布

NY/T 2216—2012

前　言

本标准按照 GB/T 1.1 给出的规则起草。

本标准由农业部科技教育司提出并归口。

本标准起草单位：中国农业科学院作物科学研究所、农业部农村社会事业发展中心、中国农业科学院环境与发展研究所。

本标准主要起草人：杨庆文、王桂玲、张国良、秦文斌、于寿娜、郭青。

农业野生植物原生境保护点
监测预警技术规程

1 范围

本标准规定了对农业野生植物原生境保护点监测预警管理中监测和预警方案的设计、内容及方法、结果的管理。

本标准适用于国家农业野生植物原生境保护点资源和环境监测以及预警。

2 规范性引用文件

下列文件对于本文件的应用是必不可少的。凡是注日期的引用文件,仅注日期的版本适用于本文件。凡是不注日期的引用文件,其最新版本(包括所有的修改单)适用于本文件。

GB 3095 环境空气质量标准

GB 3838 地表水环境质量标准

GB/T 16157 固体污染源排气中颗粒物测定与气态污染物采样方式

NY/T 397 农区环境空气质量监测技术规范

NY/T 1668 农业野生植物调查技术规范

NY/T 1669 农业野生植物原生境保护点建设技术规范

3 术语和定义

NY/T 1669 和 NY/T 1668 中界定的以及下列术语和定义适用于本文件。

3.1

资源监测 resources monitoring

对农业野生植物原生境保护点内的目标物种、伴生植物进行跟踪调查和评价分析。

3.2

环境监测 environment monitoring

对农业野生植物原生境保护点内及其周边影响目标物种生长的环境因素进行跟踪调查和评价分析。

3.3

目标物种 target species

农业野生植物原生境保护点内确定被保护的农业野生植物物种。

3.4

伴生植物 associated plants

农业野生植物原生境保护点内除目标物种外的其他植物物种。

3.5

样方 quadrat

在农业野生植物原生境保护点内用于调查资源和生态环境信息的地块。

4 监测和预警方案的设计

4.1 监测点设置

4.1.1　在农业野生植物原生境保护点内,根据保护点面积,随机设置 20 个～30 个监测点。每个监测点样方大小,根据目标物种和伴生植物的种类、生长习性与分布状况,划分为圆形或正方形的样方,圆形样方半径宜为 1 m、2 m 或 5 m,正方形样方边长宜为 1 m、2 m、5 m 或 10 m。

4.1.2　在农业野生植物原生境保护点外不设置监测点,但应对其周边可能影响目标物种生长的环境因素和人为活动进行监测,如水体、林地、荒地、耕地、道路、村庄、厂(矿)企业、养殖场、污染物或污染源等。

4.2　监测时间

每年定期两次监测,选择在目标物种生长盛期和成熟期进行。遇突发事件如地震、滑坡、泥石流和火灾等或极端天气情况如旱灾、冻灾、水灾、台风和暴雨等,应每天进行监测。

4.3　基础调查跟踪监测

农业野生植物原生境保护点建成当年,对保护点内的植物资源和环境状况进行调查,获得保护点资源与环境的基础数据信息。此后,每年相同时期按照相同的方法,持续对保护点内资源和环境状况进行调查。

4.4　监测数据和信息的整理与分析

每年对调查获得的数据和信息进行整理,并与保护点建成当年获得的数据和信息进行比较,对差异明显的监测项目,重复监测,确有差异,分析造成差异的原因及预测其是否对目标物种构成威胁。

4.5　预警方案

4.5.1　预警级别划分

根据监测与评价结果,将预警划分为一般性预警和应急性预警两类。

4.5.2　一般性预警

一般性预警为针对监测发现的问题,提出应对策略和采取措施的具体建议,并逐级上报。上级主管部门应及时对上报信息进行分析,提出处理意见和措施。

4.5.3　应急性预警

应急性预警为遇突发事件,如地震、滑坡、泥石流和火灾等或极端天气情况如旱灾、冻灾、水灾、台风和暴雨等,应每天对监测数据和信息进行分析,直接上报至国家主管部门。国家主管部门应及时对上报信息进行分析,提出处理意见和应急措施,并及时指导实施应急措施。

5　监测内容及方法

5.1　资源监测

5.1.1　目标物种分布面积

利用 GPS 仪沿保护点内目标物种的分布进行环走,得到的闭合轨迹面积即为目标物种的分布面积,用 hm² 表示。

5.1.2　目标物种种类数

采用植物分类学方法,统计保护点内列入《国家重点保护野生植物名录》的科、属和种及其数量。

5.1.3　每个目标物种数量

统计每个样方各目标物种数量,计算所有样方各目标物种的平均数量,根据目标物种分布面积与样方面积的比例,获得各目标物种在保护点内的数量(株或苗)。

5.1.4　伴生植物种类数

采用植物分类学方法,统计保护点内伴生植物的科、属和种及其数量。当保护点内目标物种为一个以上时,目标物种间互为伴生植物。

5.1.5　伴生植物数量

按 5.1.3 相同的统计方法,计算每个伴生植物的数量,再根据伴生植物种数计算所有伴生植物的总数(株或苗)。

5.1.6 目标物种丰富度

根据保护点内所有目标物种与伴生植物的数量,计算每个目标物种的数量占所有植物数量的百分比,即得到目标物种丰富度。即某个目标物种丰富度＝[某个目标物种数量/(目标物种数量＋所有伴生植物的总数)]×100％。

5.1.7 目标物种生长状况

采取目测方法,对每个样地目标物种生长状况进行评价,用好、中、差描述。其中:

"好"表示75％以上的目标物种生长发育良好;

"中"表示50％～75％的目标物种生长发育良好;

"差"表示低于50％的目标物种生长发育良好。

5.2 环境监测

对保护点内及其周边的水体、林地、荒地、耕地、道路、村庄、厂(矿)企业和养殖场等进行调查,监测各项环境因素在规模和结构上是否有明显变化。如有明显变化,则评估其变化是否对保护点内的农业野生植物正常生长状况构成威胁及威胁程度。

5.3 气候监测

5.3.1 通过当地气象部门,记录保护点所在区域当年降水量、活动积温、平均温度、最高和最低温度、自然灾害发生情况等信息。

5.3.2 对每年获得的气象记录和自然灾害发生情况等信息进行比较和分析,评估其对保护点内农业野生植物正常生长状况的影响。

5.4 污染物监测

实地调查保护点内及其周边是否存在地表污染物(如废水、废气、废渣等),若存在持续性废水、废气、废渣,查清其污染源,并按照 GB 3095、GB 3838、GB/T 16157 及 NY/T 397 规定的监测方法、分析方法及采样方式进行检测,检测项目按照附录 A 执行。

5.5 人为活动监测

随时掌握保护点内人为活动状况,如出现采挖、过度放牧、砍伐、火烧等破坏农业野生植物正常生长情况时,应统计其破坏面积,分析其对该保护点农业野生植物的影响。

6 结果管理

6.1 监测数据库的建立

根据监测所获得的数据和信息,按照附录 B 填写调查监测表,建立农业野生植物原生境保护点监测数据库。

6.2 监测数据库与相关信息资料的保存

每次监测完成后,及时更新农业野生植物原生境保护点监测数据库,并将监测过程中获得的各种数据、信息、影像资料等进行整理,连同原始记录一起分别以电子版和纸质版按照国家有关保密规定进行保存。

6.3 预警

6.3.1 一般性预警

对每个农业野生植物原生境保护点的定期监测结果进行整理和分析,形成监测报告,定期向上级管理机构上报。上级主管部门根据上报的信息和数据,提出应对措施,并指导实施。

6.3.2 应急性预警

遇到紧急突发事件时,撰写预警监测报告,并上报至国家主管部门。国家主管部门根据分析结果,提出应对措施,并指导实施。

6.4 年度报告

对每个农业野生植物原生境保护点资源及环境监测状况进行现状评价和趋势分析,同时对现有保护措施及其效果进行综合评价,并提出保护点下一步的管理计划,形成农业野生植物原生境保护点年度资源环境评价报告书,定期向上级主管部门提交,具体内容及格式参照附录C。

6.5 保密措施

所有监测和预警的报告、数据、信息等均以纸质形式邮寄,上级管理机构规定必须以电子版上报的报告、数据和信息等均刻录成光盘后邮寄。农业野生植物原生境保护点监测信息由国家级管理机构统一依法对外发布,未经许可,任何单位和个人不得对外公布或者透露属于保密范围的监测数据、资料、成果等。

附　录　A
（规范性资料）
农业野生植物原生境保护点环境监测内容

表A.1给出了农业野生植物原生境保护点监测的内容（一）。

表A.1　农业野生植物原生境保护点监测表（一）

保护点名称					调查时间		年　月　日	
所在地点				调查人		联系电话		
监　测　结　果								
人为破坏	采挖 □		放牧 □	偷牧 □		砍伐 □	火烧 □	
受损面积，hm²								
其他因素	废渣 □		道路 □	厂（矿）场 □		建筑物 □	水利设施 □	
数量及描述								
参数	单位	测　定　结　果					测定方法	备注
废水监测		测站1	测站2	测站3	测站4	测站5		
悬浮物								
pH								
盐度								
总氮								
总磷								
有机氯农药								
有机磷农药								
废　气　监　测								
飘尘								
总悬浮颗粒数 Tsp	mg/m³							

附　录　B
（规范性资料）
农业野生植物原生境保护点资源监测内容

表 B.1 给出了农业野生植物原生境保护点监测的内容（二）。

表 B.1　农业野生植物原生境保护点监测表（二）

保护点名称					调查时间	年　月　日
所在地						
分布面积,hm²			调查人		联系电话	
受灾率			成灾率			
≥10℃年积温			年平均降水量,mm			
目标物种	中文学名	所属科、属名	数量（株或苗）		生长状况	备注
目标物种1						
目标物种2						
……						
伴生物种	科数	属数	种数		总株（或苗）数	
目标物种丰富度	目标物种1					
	目标物种2					
	……					
评价和建议						

附 录 C
（资料性附录）
《农业野生植物原生境保护点年度报告》格式

C.1 文本规格

外形尺寸为 210 mm×297 mm。

C.2 封面内容

C.2.1 保护点名称：按照农业部下达的保护点建设项目名称的全称书写，不能用简称。

C.2.2 编号：按年度编号，包含年号和序列号。

C.2.3 单位名称：报告单位的全称，且与加盖单位业务专用章一致，不能用简称。

C.2.4 编制人及联系方式：联系方式包括通知地址（含邮政编码）、电子邮件地址、座机号、手机号、传真号等。

C.2.5 报告日期。

C.3 报告内容

C.3.1 前言
C.3.1.1 保护点概况
C.3.1.1.1 地理位置
C.3.1.1.2 目标物种
C.3.1.1.3 主要影响因素
C.3.1.2 监测措施
C.3.1.3 评价方法
C.3.2 结果与评价

C.3.2.1 资源监测结果。

C.3.2.1.1 目标物种分布面积。

C.3.2.1.2 目标物种种类数及其数量。

C.3.2.1.3 伴生物种种类数及数量。

C.3.2.1.4 生长状况。

C.3.2.2 生态环境监测结果。

C.3.2.2.1 植被类型及覆盖率。

C.3.2.2.2 污染物和污染源。

C.3.2.2.3 人为破坏影响。

C.3.2.2.4 外来入侵物种情况。

C.3.2.2.5 自然灾害。

注：叙述各要素监测结果时要求阐明测定数值、现状评价、趋势分析等内容。

C.3.3 保护措施及建议

C.3.3.1　现有保护措施及其效果评价。

C.3.3.1.1　保护效果。

C.3.3.1.2　宣传工作。

C.3.3.1.3　公众参与。

C.3.3.2　规划及措施。

C.3.3.2.1　管理计划。

C.3.3.2.2　下一步保护措施。

ICS 65.020.01
B 01

中华人民共和国农业行业标准

NY/T 2217.1—2012

农业野生植物异位保存技术规程
第1部分：总则

Technical regulation of *ex situ* conservation for agricultural wild plants—
Part 1：General principles

2012-12-07 发布

2013-03-01 实施

中华人民共和国农业部 发布

前　言

NY/T 2217 《农业野生植物异位保存技术规程》分为以下几部分：
——第 1 部分：总则；
——第 2 部分：种质库保存技术规程；
——第 3 部分：种质圃保存技术规程；
——第 4 部分：试管苗保存技术规程；
——第 5 部分：超低温保存技术规程。

本部分为 NY/T 2217 的第 1 部分。

本部分按照 GB/T 1.1 给出的规则起草。

本部分由农业部科技教育司提出并归口。

本部分起草单位：中国农业科学院作物科学研究所。

本部分主要起草人：杨庆文、秦文斌、于寿娜、郭青。

农业野生植物异位保存技术规程
第1部分：总则

1 范围

本部分规定了农业野生植物异位保存的原则、工作程序、资源监测与管理、资源与信息共享。

本部分适用于国家农业野生植物的异位保存。

2 规范性引用文件

下列文件对于本文件的应用是必不可少的。凡是注日期的引用文件，仅注日期的版本适用于本文件。凡是不注日期的引用文件，其最新版本（包括所有的修改单）适用于本文件。

NY/T 1668　农业野生植物调查技术规范

NY/T 1669　农业野生植物原生境保护点建设技术规范

NY/T 2217.2　农业野生植物异位保存技术规程　第2部分：种质库保存技术规程

NY/T 2217.3　农业野生植物异位保存技术规程　第3部分：种质圃保存技术规程

NY/T 2217.4　农业野生植物异位保存技术规程　第4部分：试管苗保存技术规程

NY/T 2217.5　农业野生植物异位保存技术规程　第5部分：超低温保存技术规程

3 术语和定义

NY/T 1669和NY/T 1668中界定的以及下列术语和定义适用于本文件。

3.1

农业野生植物遗传资源 genetic resources of agricultural wild plants

农业野生植物中可以将遗传物质从亲代传给子代的任何组成部分，包括植株、种子、根、茎、叶、芽、胚、花粉、细胞、DNA等。

3.2

异位保存 *ex situ* conservation

也称异地保存、迁地保存或非原生境保存，是指将农业野生植物遗传资源迁出原生地进行保存。

3.3

种质资源库 genebank

以种子形式保存农业野生植物遗传资源的设施设备，通常情况下指低温低湿或恒温恒湿的种子库。

3.4

种质资源圃 field genebank

通过植株方式保存无性繁殖或多年生农业野生植物遗传资源的田间保护设施。

3.5

离体保存 *in vitro* conservation

离开农业野生植物母体保存其幼胚、花粉、根、茎、芽等繁殖材料的方式。离体保存一般有试管苗保存和超低温保存两种方式。

3.6

试管苗保存 test-tube plantlet conservation

采用组织培养技术，在试管（或其他玻璃器皿）中保存无性繁殖的农业野生植物遗传资源的方式。

3.7

超低温保存 cryopreservation

在液氮液相(－196℃)或液氮雾相(－150℃)中对农业野生植物遗传资源进行长期保存的方式。

4 异位保存的原则

4.1 可用性

具有直接、间接或潜在利用价值的农业野生植物遗传资源。

4.2 优先性

珍贵、稀有、中国特有或濒临灭绝的农业野生植物遗传资源。

4.3 针对性

根据其生长发育特点或繁殖方式采取相应的保存方式。

5 工作程序

5.1 资源调查方法

按照 NY/T 1669 的规定执行。

5.2 样本采集申请

按附录 A 的规定执行。

5.3 样本采集方法

按照 NY/T 1669 的规定执行。

5.4 保存方式的确定

5.4.1 种质资源库保存

通过种子繁殖能够保持其遗传特性且其种子属于耐低温和耐干燥类型的农业野生植物遗传资源。

5.4.2 种质资源圃保存

通过无性繁殖的农业野生植物遗传资源;通过种子繁殖但不能保持其遗传特性的多年生农业野生植物遗传资源。

5.4.3 试管苗保存

无性繁殖的块根、块茎类农业野生植物遗传资源。

5.4.4 超低温保存

种子不耐低温、不耐干燥的农业野生植物遗传资源;能够以腋芽、茎尖等分生组织进行超低温保存的农业野生植物遗传资源;农业野生植物的花粉、DNA 等。

5.5 信息采集和管理

5.5.1 信息采集

农业野生植物异位保存信息由基本信息和管理信息组成,其中基本信息的采集参见附录 B;管理信息的采集依据保存方式分别按 NY/T 2217.2、NY/T 2217.3、NY/T 2217.4 和 NY/T 2217.5 的有关规定执行。

5.5.2 信息管理

将所有异位保存农业野生植物资源的基本信息和管理信息录入计算机,建立"农业野生植物异位保存数据库"。将保存过程中相关原始纸质记载表,按统一编号顺序装订成册,建立原始记录纸质档案。根据国家保密法规定,确定"农业野生植物异位保存数据库"的密级,并按密级对"农业野生植物异位保存数据库"的电子存储设备和纸质档案实行严格管理。

6 资源监测与管理

异位保存的农业野生植物遗传资源的监测和管理根据保存方式分别按 NY/T 2217.2、NY/T 2217.3、NY/T 2217.4 和 NY/T 2217.5 的有关规定执行。

7 资源与信息共享

国家鼓励按照有关申请和审批程序共享异位保存的农业野生植物遗传资源及其信息,并及时反馈利用信息。

7.1 资源与信息的获取

申请获取异位保存的农业野生植物遗传资源应按附录C的规定申请。

7.2 利用信息的反馈

资源与信息的获取者应每年向提供其农业野生植物遗传资源与信息的异位保存单位反馈利用信息,异位保存单位对反馈的信息经整理后统一归档保存。利用信息的反馈应按附录D的规定填写。

附 录 A
（规范性附录）
农业野生植物遗传资源采集申请的内容

表 A.1 规定了农业野生植物遗传资源采集申请的内容。

表 A.1 农业野生植物遗传资源采集申请表

申请单位（章）		法定代表人	
地址		电子邮箱	
邮政编码		电话号码	
经办人			
申请采集的农业野生植物遗传资源清单			
科名	属名	种名	重量(g)或株数
省级主管部门意见： 年 月 日(盖章)		经办人： 年 月 日(盖章)	
国家主管部门意见： 年 月 日(盖章)		经办人： 年 月 日(盖章)	
注：详细清单以附件形式递交。			

附　录　B
（资料性附录）
农业野生植物遗传资源保存信息采集的内容

表B.1规定了农业野生植物遗传资源保存信息采集的内容。

表B.1　农业野生植物遗传资源保存信息采集表

接收日期[1]		提供者[2]	
采集号[3]		引种号[4]	
全国统一编号[5]		科名[6]	
属名[7]		种名[8]	
原产国[9]		原产省[10]	
原产地[11]		来源地[12]	
原保存单位[13]		原保存单位编号[14]	
资源类型[15]		图像[16]	
经度[17]		纬度[18]	
海拔[19]		土壤类型[20]	

注1. 接收日期:异位保存单位接收农业野生植物遗传资源的日期。以"年 月 日"表示,格式"YYYYMMDD"。

注2. 提供者:提供农业野生植物遗传资源的单位名称或个人姓名。

注3. 采集号:在野外采集时赋予的编号。

注4. 引种号:从国外引入时赋予的标号。

注5. 全国统一编号:按照异位保存规范要求,对拟进行异位保存的农业野生植物资源每份给予一个唯一标识号。

注6. 科名:农业野生植物在分类学上的科名,以中文名加括号内的拉丁名组成。

注7. 属名:农业野生植物在分类学上的属名,以中文名加括号内的拉丁名组成。

注8. 种名:农业野生植物在分类学上的物种名,以中文名加括号内的拉丁名组成。

注9. 原产国:农业野生植物原产国家名称、地区名称或国际组织名称。

注10. 原产省:农业野生植物在国内原产的省份名称;如从国外引进则指原产国家一级行政区的名称。

注11. 原产地:农业野生植物在国内的原产县、乡、村名称;如从国外引进则指原产国家一级行政区的名称。

注12. 来源地:国外引进作物种质的来源国家名称、地区名称或国际组织名称;国内作物种质的来源省、县名称。

注13. 原保存单位:提供种质保存的原保存单位名称。

注14. 原保存单位编号:种质在原保存单位赋予的种质编号。

注15. 资源类型:果实、种子、植株、接穗、枝条、块根、块茎、吸芽、胚(胚轴)、休眠冬芽和其他。

注16. 图像:农业野生植物资源主要特征特性的图像文件名,图像格式为 .jpg。

注17. 经度:农业野生植物资源原产地的经度。单位为(°)和(′)。格式为DDFF,其中DD为度,FF为分。

注18. 纬度:农业野生植物资源原产地的纬度。单位为(°)和(′)。格式为DDFF,其中DD为度,FF为分。

注19. 海拔:农业野生植物资源原产地的海拔高度,单位为m。

注20. 土壤类型:土壤类型分为:红壤、黄壤、棕壤、褐土、黑土、黑钙土、栗钙土、盐碱土、漠土、沼泽土等。

附 录 C

（规范性附录）

农业野生植物遗传资源获取的申请内容

表 C.1 规定了农业野生植物遗传资源获取的申请内容。

表 C.1 农业野生植物遗传资源获取申请表

申请日期　　年　月　日

申请单位（章）		法定代表人	
		联系人	
地　址		邮政编码	
电子邮箱		电话号码	
利用目的			

申请获取的农业野生植物遗传资源清单						
科名	属名	种名	统一编号	类别	数量,克/株/粒	备注

异位保存单位意见 负责人 经办人 年　　月　　日(章)	异位保存单位主管部门意见 审批人 经办人 年　　月　　日(审批专用章)
	国家主管部门意见 审批人 经办人 年　　月　　日(审批专用章)

附　录　D
（规范性附录）
农业野生植物遗传资源利用信息反馈的内容

表 D.1 规定了农业野生植物遗传资源利用信息反馈的内容。

表 D.1　农业野生植物遗传资源利用信息反馈表

填表日期　　年　月　日

利用单位（章）		法定代表人	
		联系人	
地　　址		邮政编码	
电子邮箱		电话号码	
资源统一编号		科名	
属名		种名	
利用情况简介			

农业野生植物遗传资源利用信息统计

1. 申请专利

序号	专利名称	专利号	专利授予单位	是否披露资源来源	备注

2. 品种审定

序号	品种名称	审定年份	审定单位	是否披露资源来源	备注

3. 新品种保护

序号	品种名称	品种权号	授予单位	是否披露资源来源	备注

4. 发表论文

序号	论文名称	刊物名称	影响因子	是否披露资源来源	备注

ICS 65.040
P 35

中华人民共和国农业行业标准

NY/T 2240—2012

国家农作物品种试验站建设标准

Building standard of station for regional test of crop variety

2012-12-07 发布

2013-03-01 实施

中华人民共和国农业部 发布

目　次

前言

1　范围

2　规范性引用文件

3　术语和定义

4　选址条件

5　建设规模

　　5.1　承试能力

　　5.2　建设规模

6　工艺技术与配套设备

　　6.1　工艺技术

　　6.2　配套设施及设备

7　总体布局与建设内容

　　7.1　总体布局

　　7.2　建设内容及规模

8　节能环保

9　投资估算指标

　　9.1　一般规定

　　9.2　管理区投资估算指标

　　9.3　试验区投资估算指标

　　9.4　仪器设备配置投资估算指标

10　运行管理

前　言

本标准按照 GB/T 1.1 给出的规则起草。

本标准由农业部发展计划司提出并归口。

本标准起草单位：农业部工程建设服务中心、全国农业技术推广服务中心。

本标准主要起草人：廖琴、黄洁、陈应志、环小丰、邱军、谷铁城、孙世贤、刘存辉、赵青春、陈伟雄、洪俊君。

国家农作物品种试验站建设标准

1 范围

本标准规定了国家农作物品种试验站建设的基本要求。

本标准适用于国家级农作物品种试验站的新建、改建、扩建;不适用于国家级农作物品种抗性、品质等特性鉴定的专用性农作物品种试验站建设;省级农作物品种试验站建设可参照本标准执行。

本标准可作为编制农作物品种试验站建设项目建议书、可行性研究报告和初步设计的依据。

2 规范性引用文件

下列文件对本文件的应用是必不可少的。凡是注日期的引用文件,仅注日期的版本适用于本文件。凡是不注日期的引用文件,其最新版本(包括所有的修改单)适用于本文件。

NY/T 1209　农作物品种试验技术规程　玉米

NY/T 1299　农作物品种区域试验技术规程　大豆

NY/T 1300　农作物品种区域试验技术规程　水稻

NY/T 1301　农作物品种区域试验技术规程　小麦

NY/T 1302　农作物品种试验技术规程　棉花

NY/T 1489　农作物品种试验技术规程　马铃薯

3 术语和定义

下列术语和定义适用于本文件。

3.1

国家农作物品种试验　national test of crop variety

由国家农业行政主管部门指定单位组织的、为品种审(认、鉴)定和推广提供依据而进行的新品种比较试验和各项鉴定检测。

国家农作物品种试验包括品种(品系、组合,下同)预备试验、区域试验、生产试验、抗性鉴定、品质检测及新品种展示等内容。

3.2

品种预备试验　preparatory test of crop variety

当申请参加区域试验品种较多,难以全部安排区域试验时,在同一生态类型区内统一安排的多个品种多点小区试验,初步鉴定参试品种的丰产性、适应性和抗性等性状,为区域试验筛选推荐品种。

3.3

品种区域试验　regional test of crop variety

在一定生态区域内和生产条件下按照统一的试验方案和技术规程安排的连续多年多点品种比较试验,鉴定品种的丰产性、稳产性、适应性、抗性、品质及其他重要性状,客观评价参加试验品种的生产利用价值及适宜种植区域。

3.4

品种生产试验　production test of crop variety

在品种区域试验的基础上,在接近大田生产的条件下,对品种的各项主要性状进一步验证,同时总结配套栽培技术的试验。

3.5

新品种展示 variety show

对已经通过审(认、鉴)定的品种,在同等条件下集中种植,直观地比较不同品种的特征特性,为种子生产者、经营者、使用者选择品种提供官方信息和技术指导;是品种区域试验、生产试验的补充和延伸。

3.6

农作物品种试验站 station for regional test of crop variety

由国家认定的,承担农作物品种预备试验、区域试验、生产试验和展示任务,为品种审(认、鉴)定和推广提供依据的试验站。

4 选址条件

4.1 应符合区域或行业发展规划、当地土地利用中长期规划、建设规划的要求。

4.2 应在试验作物生产区域,能代表某一生态区域的典型生态类型(包括土壤类型、气候特点等)、耕作制度和生产水平。

4.3 应满足试验及展示需要的水、电、通讯等条件,交通便利,排灌方便。

4.4 应不受林木及高大建筑物遮挡,无污染源,极端自然灾害少,且地势平坦、地力均匀、形状规整、土壤肥力中上等水平。

5 建设规模

5.1 承试能力

每年能同时承担 300 个以上农作物品种的预备试验、区域试验、生产试验及展示任务。

5.2 建设规模

根据不同作物品种的预备试验、区域试验、生产试验及品种展示数量确定,一般不少于 8 hm²,其中建设用地不少于 0.3 hm²(含晒场)。超过 300 个农作物品种试验时,建设规模根据试验品种及田间试验设计要求予以增加,但应控制在 20 hm² 以内。

6 工艺技术与配套设备

6.1 工艺技术

6.1.1 工作流程

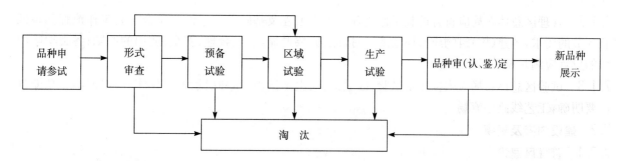

6.1.2 品种试验流程

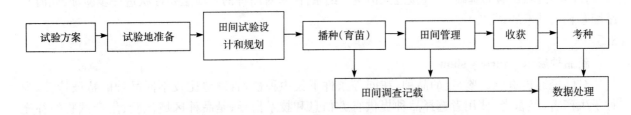

6.1.2.1 试验方案:试验组织单位统一制定并下达给试验承担单位的各作物年度试验安排。

6.1.2.2 试验地准备:了解试验地土壤肥力均匀程度、耕耙、平整、施基肥、起垄、开沟、覆膜。

6.1.2.3 播种(育苗):室内发芽试验→确定播种量→种子处理(浸种、催芽)→播种(→育苗→移植)。

6.1.2.4 田间管理:灌排、中耕、施肥、病虫草害防治,并防止鼠、鸟、禽、畜危害。

6.1.2.5 田间调查:取样、调查、记载和测量。

6.1.2.6 收获:取样、收割(采收、脱粒、轧花)、运输、晾晒(烘干、清选)、称重和储藏。

6.1.2.7 考种:挂藏晾干、性状调查(植株特征、穗粒形状、品质特性等)和数据整理。

6.1.2.8 数据处理:按照数理统计原理,对各点试验数据进行汇总分析。

6.1.3 试验设计

6.1.3.1 根据拟参加试验的品种数量和特性,制订预备试验、区域试验、生产试验的设置方案。预备试验、区域试验根据不同作物特点和参试品种数量,采用完全随机区组、间比法或拉丁方排列,生产试验采用大区随机排列;各类试验重复次数根据品种确定。区组排列遵循"区组内试验条件差异最小,区组间试验条件差异最大"的原则。

6.1.3.2 小麦、玉米、水稻、大豆、棉花、马铃薯等农作物品种试验小区面积、小区排列、区组方位、小区(大区)形状与方位以及保护行、操作道设置等要求,应分别按 NY/T 1301、NY/T 1209、NY/T 1300、NY/T 1299、NY/T 1302 和 NY/T 1489 的规定执行。

6.2 配套设施及设备

根据拟承担的试验任务,本着"实际需要、经济实用"的原则,围绕品种试验流程,确定各类功能用房,配置相关的试验、检测仪器设备和农机具等。

7 总体布局与建设内容

7.1 总体布局

7.1.1 按照"节约用地、功能分区、合理布局、便于管理"的原则,将试验站划分为管理、试验两大功能区。土建工程集中布置在管理区,试验区主要进行田间基础设施建设。原则上,管理区和试验区应相邻。

7.1.2 管理区总体布局应符合试验工作流程。土建工程及基础设施建设应符合试验工作流程和各试验环节的要求,各建(构)筑物应布局紧凑、衔接流畅,要遵循经济、合理、安全、适用的原则;各类功能用房的设置应满足相关工作要求。

7.1.3 试验区总体布局应根据预备试验、区域试验、生产试验、品种展示等工作流程合理规划,功能分区要明确,工艺线路要流畅。

7.2 建设内容及规模

7.2.1 管理区建设

7.2.1.1 管理区建设应根据实验、检测工艺和设备要求确定。包括实验室、展示室、考种室、挂藏室、种子仓库、生产资料库、农机具库、农机具棚、凉棚等主要建筑,以及配电室、门卫房、锅炉房、食堂、晒场、道路、机井及配套、室外给排水、电气工程及附属设施等。

7.2.1.2 实验用房包括天平室、发芽室、数据处理室、水分测定室、分样室等功能用房,建筑面积宜控制在 300 m² 以内。

7.2.1.3 展示、挂藏、考种、贮存、农机具等用房设置要与试验品种数量相适应。展示室、挂藏室建筑面积不超过 180 m²,考种室建筑面积不超过 120 m²,库房建筑面积不超过 250 m²,农机具库(棚)建筑面积不超过 230 m²。

7.2.1.4 场区水、电等配套设施应满足各主体工程供电、供排水等的要求。

管理区建设内容和标准详见表1。

表 1 管理区建设内容及标准参考表

序号	内容名称	单位	规模	建设标准	备注
1	实验、展示、考种及挂藏用房	m²	≤600	采用框架或砌体结构,地砖地面,内外墙涂料,外墙门窗保温。抗震设防类别为丙类,建筑耐火等级不低于二级,结构设计使用年限50年	各功能用房可根据不同作物品种特点进行调整
2	各类库房	m²	≤480	砌体或轻钢结构,抗震设防类别为丙类	包括种子仓库、生产资料库、农机具库棚等
3	机井及配套	眼	1	含井房、水泵、压力罐、电气设施	
4	配电室	m²	20	含供配电设备	
5	晒场	m²	≤1 200	混凝土面层	
6	凉棚	m²	≤200	轻钢结构	
7	门卫房及大门	座	1	砌体结构、钢门	门卫房不大于15 m²
8	道路	m²	200～250		
9	室外给排水、电力设施	项	1		
10	锅炉房、食堂	m²	50	砌体结构,含锅炉	

7.2.2 试验区建设

7.2.2.1 试验区应根据承担的试验类别、作物种类、品种数量,确定试验地建设规模。主要包括土地平整、田间道路、田埂、排灌设施、围墙(围栏)等;根据不同作物试验的实际需要和区域特点,建设温室、大棚、网室、防鸟网和防鼠墙等。

7.2.2.2 试验地块设计对于区组排列的方向应与试验地实际或可能存在的肥力梯度方向一致。

7.2.2.3 区域试验站内道路、田间作业路等设置,应满足人工操作及机械化作业的要求。

7.2.2.4 水源应满足各作物品种试验灌溉用水要求。

7.2.2.5 灌溉保证率应达到95％以上,井灌区为100％;排水标准重现期不小于15年。

7.2.2.6 小麦、玉米、水稻、棉花、大豆、马铃薯等农作物的区域试验小区、生产试验大区、保护行(带)、操作道等设置要求同 6.1.3.2。

试验区建设内容和标准详见表2。

表 2 试验区建设内容及标准参考表(8 hm²～20 hm²)

序号	项目名称	单位	规模	建设标准	备注
1	土地平整	hm²	8～20		合理选择项目用地,尽量减少土地平整费用,减少对土壤肥力的影响
2	田间道路	m	1 800～4 500	混凝土或沙石路面,宽 2.5 m～4 m	
3	田埂	m	2 100	适用于水田。混凝土埂,宽 0.4 m,高 0.6 m	

表2（续）

序号	项目名称	单位	规模	建设标准	备注
4	排灌设施				
4.1	机井(抽水站)与配套	眼/座	1～2	北方宜采用机井,南方可采用抽水站,设计供水能力不小于100 m³/h。在降雨量少的北方地区,井房或抽水站采用砖混结构	
4.2	灌水渠	m	1 200～2 800	一般为明渠,混凝土衬砌或砌体衬砌,断面根据灌溉制度和过水能力确定	
4.3	排水沟	m	1 200～2 800	一般为明沟,混凝土衬砌或砌体衬砌	根据排水标准确定各级排水断面
4.4	灌溉管道(主管)	m	600～1 400	PVC管Φ110～150	
4.5	灌溉管道(支管)	m	2 000～3 500	PVC管Φ90～110	
5	日光温室	m²	≤1 200	砖和钢架结构,配套灌溉设施	根据需要建设,主要用于园艺作物
6	大棚	m²	≤2 000	轻钢结构,配套灌溉设施	
7	网室	m²	400	轻钢结构,尼龙网40目	仅用于马铃薯区试繁种点
8	围墙(围栏)	m	1 200～2 000	高度2 m～2.5 m	
9	防鸟网	m²	14 000～21 000	简易支架,面拉铁丝,上盖塑料网	含支架和网
10	防鼠墙	m²	1 500～2 200	砖石砌体	鼠害严重地区采用,主要用于水稻区试
11	高压线	m	300～400		架空
12	低压线	m	300～400		架空

7.2.3 仪器设备配置

主要包括农机具、种子处理及考种设备、试验数据处理设备等。

7.2.3.1 农机具

按表3配置相关农机具。

表3 农机具配置选用表

序号	建设项目	单位	数量	备注
1	拖拉机	台	2	中小型各1台
2	中耕施肥机	台	2	
3	小型旋耕机	台	1	
4	运输车	辆	1	
5	机动喷药机	台	1	
6	覆膜机	台	1	仅在旱地试验区配置
7	小区播种机	台	1	
8	小区收获机	台	1	
9	小型轧花机	台	1	仅在棉区配置
10	插秧机	台	1	仅在南方稻区配置
11	小型脱粒机	台	3	
注:配置选用表中的仪器设备,可针对不同作物特性和地域进行选用或补充。				

7.2.3.2 种子处理及考种设备

按表4配置相关种子处理及考种设备。

表4 种子处理及考种设备配置选用表

序号	建设项目	单位	数量	备注
1	低温箱	台	2	室温至0℃,±1℃
2	电子干燥箱	台	2	0℃～300℃,±1℃
3	智能光照培养箱	台	3	5℃～45℃,±1℃
4	电子天平	台	3	0.01 g～0.001 g
5	电子秤	台	1	
6	红外线水分测定仪	台	2	
7	分样器	套	2	
8	数粒器	个	2	
9	容重测定仪	台	1	
10	土壤养分速测仪	台	1	
11	土壤水分测定仪	台	1	
注:配置选用表中的仪器设备,可针对不同作物特性和地域进行选用或补充。				

7.2.3.3 试验数据处理设备

按表5配置相关试验数据处理设备。

表5 试验数据处理设备配置选用表

序号	建设项目	单位	数量	备注
1	数码相机	台	1	
2	数码摄像机	台	1	
3	台式电脑及外设	台	2	
4	笔记本电脑	台	1	
5	实验台	m	50	
6	档案、样品柜	个	10	
注:配置选用表中的仪器设备,可针对不同作物特性和地域进行选用或补充。				

8 节能环保

8.1 建筑设计应严格执行国家规定的有关节能设计标准。

8.2 不应使用不符合环保要求的建筑材料;试验过程不应使用高毒、高残留农药。

9 投资估算指标

9.1 一般规定

9.1.1 投资估算应与当地的建设水平、市场行情相一致。

9.1.2 实验室、展室等在非采暖区的投资估算指标应减少采暖的费用。

9.2 管理区投资估算指标

管理区投资估算指标见表6。

表6 管理区投资估算指标参考表

序号	建设内容	单位	规模	单价元	合计万元	估算标准	估算内容和标准
1	实验、考种及挂藏用房	m²	600	1 000～1 500	60～90	采用砌体结构,普通地砖地面,内外墙涂料,塑钢或铝合金保温节能门窗。水电为常规配置,实验用房采用分体式空调	估算内容包括土建工程、装饰工程、给排水及消防工程、采暖工程、照明及弱电工程、通风及空调工程等单位工程

表 6（续）

序号	建设内容	单位	规模	单价元	合计万元	估算标准	估算内容和标准
2	各类库房	m²	330	800～1 000	26.4～33	砌体或轻钢结构	估算内容包括土建工程、装饰工程、给排水及消防工程、照明等单位工程
3	农机具棚	m²	150	300～500	4.5～7.5	轻钢结构、彩钢板屋面，无围护结构或围护结构高度不超过1.2 m	估算内容包括土建、装修、电气等单位工程
4	机井及配套	眼	1	80 000～120 000	8～12	井深50 m～100 m	估算内容包括机井、水泵、动力机、输变电设备、井台、井房等
5	配电室	m²	20	2 500～3 500	5～7	砖混结构，变压器容量50 kW～100 kW	估算内容含供变压器等配电设备
6	晒场	m²	1 200	80～120	9.6～14.4	混凝土结构，面层厚度0.2 m	估算内容包括场地平整、土方、结构层和面层
7	凉棚	m²	200	200～350	4～7	轻钢结构、彩钢板屋面，无维护结构或维护结构高度不超过1.2 m	估算内容包括土建、装修等单位工程
8	门卫房及大门	m²	15	2 000	3	砌体结构，钢大门1座	估算内容包括土建工程、装饰工程、给排水、采暖工程、电气照明等单位工程
9	道路	m²	200～250	100～150	2～3.75	混凝土路面，面层厚度0.15 m～0.2 m	估算内容包括土方挖填、垫层、结构层、面层等所有工作内容
10	锅炉房、食堂	m²	50	3 000	15.00	砖混结构	估算内容包括土建工程、装饰工程、给排水及消防工程、照明工程、锅炉设备等单位工程
11	室外给排水、采暖、电气设施等	项	1	200 000～280 000	20～28	铸铁排水管、PVC管、PPR管、镀锌钢管等	估算内容包括土方挖填、垫层、管线敷设等所有工作内容
12	大小区展示牌	套	1	12 000～15 000	1.2～1.5	15个左右	估算内容包括制作安装

9.3 试验区投资估算指标

试验区投资估算指标见表7。

表 7 试验区投资估算指标参考表（8 hm²～20 hm²）

序号	项目名称	单位	规模	单价元	合计万元	建设标准	估算内容
1	土地平整	hm²	8～20	2 250～3 000	1.8～6	较平坦的耕地进行平整，平整厚度在30 cm以内，采用机械平整方式	估算内容包括破土开挖、推土、平整等土方工程，施有机肥、换土、掺砂或石灰等分部分项工程内容
2	田间道路	m	1 800～4 500	200～350	27～108	混凝土路面，宽2.5 m～4 m（如为沙石路面，单价指标为90元/米～150元/米）	估算内容包括土方挖填、垫层、面层等全部工作内容

表7（续）

序号	项目名称	单位	规模	单价元	合计万元	建设标准	估算内容
3	田埂	m	1 800~2 500	50~70	9~17.5	适用于水田。混凝土田埂，宽0.4 m，高0.6 m。田埂高出耕地面0.2 m	估算内容包括土方挖填、垫层、结构层、面层等全部工作内容
4	排灌设施						
4.1	机井（抽水站）与配套	眼/座	1~2	80 000~120 000	8~24	北方宜采用机井，南方可采用抽水站，设计供水能力不小于100 m³/h。在降雨量少的北方地区，井房或抽水站采用砖混结构	估算内容包括机井/抽水站、水泵、动力机、输变电设备、井台、井房等全部工程内容
4.2	灌水渠	m	1 200~2 800	70~100	8.4~28	一般明渠，混凝土衬砌或砌体衬砌，断面根据灌溉定额确定	估算内容包括沟渠的土人工或机械开挖、运土、夯实、砌砖（石）或混凝土等
4.3	排水沟	m	1 200~2 800	70~110	8.4~30.8	一般为明沟，混凝土衬砌或砌体衬砌，断面根据当地强度设计	衬砌、抹灰等分部分项工程
4.4	灌溉管道（主管）	m	600~1 400	50~70	3~9.8	PVC管Φ110~150	估算内容包括首部加压系统及泵房、挖土、管道敷设、回填土、喷头安装、设备配置等分部分项工程
4.5	灌溉管道（支管）	m	2 000~3 500	30~45	6~15.75	PVC管Φ90~110	估算内容包括挖土、管道敷设、回填土、喷头安装、设备配置等分部分项工程
5	日光温室	m²	1 200	300~600	36~72	砖混和钢架结构，配套滴灌设施	估算内容包括温室本体、降温、供暖、通风、灌溉、遮阴等分部分项工程
6	大棚	m²	2 000	150~200	30~40	采用钢架结构	估算内容包括场地平整、骨架、灌溉设施等分部分项工程
7	网室	m²	400	150~250	3.2~6	采用钢架结构，尼龙网40目	估算内容包括场地平整、土方、基础、钢骨架、防虫网、灌溉系统等分部分项工程
8	围墙（围栏）	m	1 200~2 000	150~200	18~40	高度2 m~2.5 m	估算内容包括基础、墙体（或栅栏）等分部分项工程，大门不包括门房
9	防鸟网	m²	14 000~21 000	6~8	8.4~16.8	简易支架	估算内容包括防护网、支撑架等全部工程内容
10	防鼠墙	m²	1 500~2 200	60~80	9~17.6	高1.0 m~1.2 m，单砖（12 cm）墙，内、外批水泥面或贴瓷片	估算内容包括基础、墙体等分部分项工程内容
11	高压线	m	300~400	150~200	4.5~8		估算内容包括电杆、线路敷设等全部工程内容
12	低压线	m	300~400	70~100	2.1~4		估算内容包括电杆、供电线路敷设等全部工程内容

391

9.4 仪器设备配置投资估算指标

仪器设备配置投资估算指标见表8。

表8 仪器设备配置投资估算参考表

序号	建设项目	单位	数量	单价 万元	合计 万元	备 注
一	农机具					
1	中型拖拉机	台	1	6～9	6～9	
2	小型拖拉机	台	1	2～3	2～3	
3	中耕施肥机	台	2	0.5～1.0	1～2	
4	小型旋耕机	台	1	0.8～1.1	0.8～1.1	
5	运输车	辆	1			
6	机动喷药机	台	1	0.3～0.5	0.3～0.5	
7	覆膜机	台	1	0.5～0.8	0.5～0.8	仅在旱地试验区配置
8	小区播种机	台	1			仅在旱地试验区配置
9	小区收获机	台	1			
10	小型轧花机	台	1	1	1	仅在棉区配置
11	插秧机	台	1	2～4	2～4	仅在稻区配置
12	小型脱粒机	台	3	0.4～0.8	1.2～2.4	
二	种子处理及考种设备					
1	低温箱	台	2	1	2	0℃～1℃
2	电子干燥箱	台	2	0.3～1.5	0.6～3.0	0℃～300℃,1℃
3	智能光照培养箱	台	3	0.8	2.4	5℃～45℃,1℃
4	电子天平	台	3	0.5	1.5	1/100～1/1 000
5	电子秤	台	1	0.4	0.4	
6	红外线水分测定仪	台	2	0.35～0.8	0.7～1.6	
7	分样器	套	2	0.05～0.5	0.1～1.0	
8	数粒器	个	2	0.3～2	0.6～4	
9	容重测定仪	台	1	2	2	
10	土壤养分速测仪	台	1	0.6	0.6	
11	土壤水分测定仪	台	1	0.3～0.5	0.3～0.5	
三	试验数据处理设备					
1	数码相机	台	1	0.5	0.5	
2	数码摄像机	台	1	1.2	1.2	
3	台式电脑及外设	台	2	0.7	1.4	
4	笔记本电脑	台	1	0.8	0.8	
5	实验台	米	50	0.1	5	
6	档案、样品柜	个	10	0.3	3	

10 运行管理

10.1 应严格按照农作物品种区域试验技术相关规程和管理规定运行。

10.2 从事大田作物品种试验管理,一般总人数不低于5人。每一种作物预备试验、区域试验、生产试验,至少配备1名农学类本科以上学历或高级农艺师以上专业技术人员。

10.3 从事园艺作物品种试验管理,至少有1人为园艺作物本科以上学历或高级农艺师以上专业技术人员。

ICS 65.040
P 35

中华人民共和国农业行业标准

NY/T 2241—2012

种猪性能测定中心建设标准

Construction criterion for performance test station of breeding pig

2012-12-07 发布

2013-03-01 实施

中华人民共和国农业部 发布

前　言

本标准按照 GB/T 1.1 给出的规则起草。

本标准由农业部发展计划司提出并归口。

本标准起草单位:农业部工程建设服务中心、中国农业科学院北京畜牧兽医研究所。

本标准主要起草人:刘克刚、王立贤、刘望宏、刘继军、肖炜、龚建军、张小川、孔贵生、陈东、郭艳青、陈宇、王蕾、王艳霞、洪俊君。

种猪性能测定中心建设标准

1 范围

本标准规定了种猪性能测定中心的建设规模与项目构成、场址与建设条件、工艺与设备、建设用地与场区布局、建筑工程与附属设施、防疫设施、环境保护和主要技术经济指标等。

本标准适用于每批次同时测定种猪 200 头以上的种猪性能测定中心建设;测定能力在 200 头种猪以下的种猪测定站可参照执行。

2 规范性引用文件

下列文件对于本文件的应用是必不可少的。凡是注日期的引用文件,仅注日期的版本适用于本文件。凡是不注日期的引用文件,其最新版本(包括所有的修改单)适用于本文件。

GB 7959 粪便无害化卫生标准

GB/T 17824.1 规模猪场建设

GB 10152 B 型超声诊断设备

GB/T 17824.3 规模猪场环境参数及环境管理

GB 18596 畜禽养殖业污染物排放标准

GB 50039 农村防火规范

GB 50189—2005 公共建筑节能设计标准

NY 5027 无公害食品 畜禽饮用水水质标准

3 术语和定义

下列术语和定义适用于本文件。

3.1

种猪性能测定 performance test of breeding pig

按测定方案将种猪置于相对一致的环境条件下,对种猪生产性能进行测量的全过程。

3.2

全进全出 all-in, all-out

同一猪舍单元饲养同一批次的猪,同批进、同批出的管理制度。

3.3

隔离猪舍 isolation house

用于隔离观察待测定猪的饲养场所。

3.4

测定猪舍 performance test house

用于测定猪生产性能的场所。

3.5

销售展示猪舍 pig exhibition room for sales

用于展示和销售结测种猪的场所。

3.6

净道 non-pollution road

场区内用于人员通行以及健康猪群、饲料等清洁物品转运的专用道路。

3.7

污道 pollution road

场区内用于垃圾、粪便等废弃物、病死猪出场的专用道路。

4 建设规模与项目构成

4.1 种猪性能测定中心建设规模,应根据国家制订的畜禽良种工程建设规划以及周边地区种猪生产情况和社会经济发展需求等合理确定。

4.2 建设规模要求每批次同时测定种猪 200 头以上。

4.3 项目构成包括生产设施、辅助生产设施、配套设施、管理及生活设施等。

    a) 生产设施:隔离猪舍、测定猪舍和销售展示猪舍等;

    b) 辅助生产设施:更衣消毒室、车辆消毒池、兽医室、化验室、技术资料室、饲料储备间(或料塔)、仓库、维修间、上猪台、病死猪处理及粪便污水处理设施等;

    c) 配套设施:场区道路、绿化、给排水、供电、供热和通信工程设施等;

    d) 管理及生活设施:管理用房、生活用房、围墙、大门、值班室和场区厕所等。

5 选址与建设条件

应符合 GB/T 17824.1 的要求。

6 工艺与设备

6.1 种猪性能测定中心应采用"隔离—性能测定—待售"三阶段工艺,每批猪实行小单元"全进全出",实行计料自动化。

6.2 种猪性能测定中心设备配置基本原则:

    a) 满足种猪性能测定需要;

    b) 先进适用、性能可靠、安全卫生,自动化程度高;

    c) 有利于舍内环境控制和猪群健康。

6.3 种猪性能测定中心设备配置:

    a) 性能测定设备:背膘厚度及眼肌面积或眼肌厚度测定应选用 B 超,体重计量应选用磅秤或电子笼秤,测定采食量(饲料转化率)应选用自动计料饲喂系统;

    b) 饲养设备:隔离猪舍宜选用自动料槽,测定舍应选用自动计料饲喂系统,销售展示猪舍宜选用单体限位栏等设备,各猪舍应配套自动饮水系统、转猪车、手推饲料车或机械供料系统等;

    c) 其他设施设备:舍内环境调控设备主要包括降温和采暖通风设备、消毒防疫设备、兽医设备、清粪设备、动物尸体无害化处理设施、供电和供水设备等。

6.4 主要设备配置与技术参数:

    a) 自动计料饲喂系统包括:

    ——可同时运行 20 台以上单机;

    ——每台单机同时可以测定 25 kg~150 kg 的种猪 12 头~15 头;

    ——每台单机带 RFID 耳标阅读器,识别率为 100%;

    ——单机自带电子料槽,计量误差为±2 g;

    ——单机每次只允许 1 头猪只自由采食;

    ——单机有独立存贮器,能连续存贮猪只 72 h 内的动态采食情况;

——中央计算机独立访问各单机,可实现数据交换与自动化管理。

　　b)　B 型超声波测定仪:选用便携式 B 型超声波测定仪。其技术参数应符合 GB 10152 的相关要求,能准确测定种猪目标体重阶段的活体背膘厚度和活体眼肌面积或眼肌厚度。

　　c)　电子笼秤:计量误差±200 g,称量范围 0 kg～300 kg。要方便移动和保定猪只或另配测定猪只保定笼,使猪保持平稳安静的站立状态。

　　d)　其他设备配置与技术参数应符合 GB/T 17824.3 的要求。

7　建设用地与场区布局

7.1　建设用地应符合国家有关的管理规定。

7.2　按使用功能要求,场区划分为生产区(包括隔离猪舍、测定猪舍、销售展示猪舍)、辅助区(包括兽医室、防疫消毒设施、饲料储备间或料塔等)、生活管理区(包括管理用房、生活用房、值班室等)和废弃物处理区(包括病死猪处理、粪污处理设施等)。

7.3　场区布局应符合以下要求:

　　a)　生活管理区和辅助区应选择在生产区常年主导风向的上风向或侧风向及地势较高处;废弃物处理区应布置在生产区常年主导风向的下风向或侧风向及全场地势最低处;

　　b)　隔离猪舍与测定猪舍、销售展示猪舍间隔不低于 50 m,且位于下风向;

　　c)　废弃物处理区内的粪污处理设施应布置在下风向距生产区最远处;

　　d)　四周设围墙,大门设值班室、更衣消毒室和车辆消毒池;生产人员进入生产区设专用通道,通道由更衣间、淋浴间和消毒间组成;

　　e)　场内道路为混凝土路面,净道与污道分开,净道宽度 3 m～4 m,污道宽度 2 m～3 m;

　　f)　猪舍朝向和间距须满足日照、通风、防火和排污的要求,猪舍纵向轴线与常年主导风向夹角小于 30°;相邻两猪舍纵墙间距 9 m～12 m,端墙间距 10 m～15 m;

　　g)　场区布局应充分考虑今后发展和改造的可能性。

7.4　猪舍总建筑面积按每饲养 1 头测定猪需 5.0 m²～6.5 m² 计算。

7.5　猪场的其他辅助建筑总面积按每饲养 1 头测定猪需 1.5 m²～2.0 m² 计算。

7.6　猪场的场区占地总面积按每饲养 1 头测定猪需 30 m²～40 m² 计算。

7.7　场区绿化覆盖率应不低于 30%。

8　建筑工程及附属设施

8.1　建筑与结构

8.1.1　200 头种猪性能测定中心主要建筑物面积指标见表 1。

表 1　种猪性能测定中心主要建筑物面积指标

名　称	建筑面积,m²	备　注
隔离猪舍	300～400	24 单元～26 单元式,每单元 8 头～10 头
测定猪舍	600～750	20 栏(18 个饲喂站,2 栏备用),12 头/栏～15 头/栏
销售展示猪舍	100～150	
辅助建筑	300～400	兽医室、饲料储备间、消毒更衣室、管理用房、生活用房和值班室等

8.1.2　根据建设地点的气候条件,可采用开敞式、半开敞式或有窗猪舍。

8.1.3　猪舍宜设计为矩形平面、单层、单跨、双坡屋顶,猪舍檐高宜为 2.6 m～2.8 m,猪舍长度应依据种猪饲养头数和猪栏布置方式确定。

8.1.4　采用自然通风的有窗式猪舍,跨度不宜大于 9 m。

8.1.5 辅助建筑宜采用单层、平屋顶或坡屋顶建筑,室内净高宜为2.8 m～3.3 m。

8.1.6 外围护结构的传热系数应符合 GB 50189 或地方公共建筑节能设计标准的规定。

8.1.7 建筑物耐火等级应符合 GB 50039 的规定。

8.1.8 各类猪舍可根据建场条件选用轻钢结构或砖混结构,辅助建筑宜选用砖混结构。

8.1.9 各类猪舍和辅助建筑的结构设计使用年限宜为50年。

8.1.10 抗震设防烈度为6度及以上地区,各类猪舍及辅助建筑宜按标准设防类(丙类)进行抗震设计。

8.1.11 设置避雷、防雷设施。

8.2 配套工程与设施

8.2.1 场区各功能分区之间设实体围墙隔离,墙高2 m以上;生产和生活污水采用暗沟或管道排至污水处理池,自然降水采用明沟排放。

8.2.2 供水可采用压力罐恒压供水或水塔、蓄水池供水,饮水为处理达到饮用标准的自来水或地下水,应符合 NY 5027 的规定。

8.2.3 电力负荷等级为二级。当地不能保证二级供电时,应设置自备电源。

8.2.4 场区应配置信息交流、通讯联络设备。

8.2.5 根据建设地点选用供暖方式;夏季较热的地区猪舍需安装降温设施。

8.2.6 消防应符合 GB 50039 的规定,场区内设计环形道路,保证场内消防通道与场外道路相通,场内水源、水压、水量应符合现行消防给水要求。

8.2.7 污水处理排放应符合 GB 18596 的要求。

8.2.8 种猪测定中心猪舍的配套设施主要包括猪栏、舍内地板、饲喂设备和饮水设备等。

9 防疫设施

9.1 种猪性能测定中心应加强整体防疫体系,各项防疫措施应完整、配套、简洁和实用。

9.2 种猪性能测定中心四周应建围墙,并有绿化隔离带,入口处应设车辆消毒设施。

9.3 生产区、生活管理区和隔离区应保持一定间距,并设围墙严格隔离。在生产区入口处应设更衣淋浴消毒室,在猪舍入口处应设鞋靴消毒池或消毒盆。

9.4 入场上猪台应与隔离猪舍的入口端相通,出场上猪台应与销售展示猪舍的出口端相通,隔离猪舍、测定猪舍与销售展示猪舍间由转猪通道相连接。

9.5 饲料储备间应具有向生产区外卸料的门和向生产区内取料的门,严禁场外饲料车进入生产区内卸料。

9.6 污水粪便处理区及病死猪无害化处理设施应设在隔离区内,并在生产区夏季主导风向的下风向或侧风向处,设围墙或林带与生产区隔离。

9.7 配置专用防疫消毒设备。

10 环境保护

10.1 新建种猪性能测定中心应进行环境评估。选择场址时,应由环境保护部门对拟建场址的水源、水质进行检测并作出评价,确保猪场与周围环境互不污染。猪场各区均应做好绿化。

10.2 污水处理应符合环保要求,鼓励资源化重复利用,排放时达到 GB 18596 的要求。

10.3 粪便宜采用生物发酵方式或其他方式处理,符合 GB 7959 的要求。

10.4 空气环境、水质、土壤等环境参数应定期进行监测,并根据检测结果作出环境评价,提出改善措施。

10.5 噪声大的设备应采用隔音、消音或吸音等相应控制措施,使猪舍的生产噪声或外界传入的噪声不得超过 80 dB。

10.6 场区绿化应结合当地气候和土质条件选种能净化空气的花草树木,并根据需要布置防风林、行道树、隔离带。

11 主要技术及经济指标

11.1 种猪性能测定中心建设主要材料消耗量指标不宜超过表 2 所列指标。

表 2 种猪性能测定中心建设主要材料消耗指标

材料	轻钢结构猪舍	砖混结构猪舍
钢材,kg/m²	20~30	15~25
木材,m³/m²	0.01~0.02	0.02~0.04
水泥,kg/m²	80~100	120~180

11.2 种猪测定中心运行生产用水、电及饲料消耗量宜按表 3 所列指标控制。

表 3 种猪性能测定中心每个测定周期水、电、饲料消耗定额指标

项目	单位	消耗指标
水	m³/头	3.2
电	kW·h/头	5.0
配合饲料	t/头	0.25
注:测定周期为 120 d,包括种猪隔离期、测定期和消毒空栏期。		

11.3 主要仪器设备 包括饲养设备、检测设备、卫生防疫设备、管理设备、环境控制设备、粪污处理设备等,见表 4。

表 4 200 头测定规模种猪性能测定中心主要仪器设备配置

序号	设备名称	规格/要求	数量,台/套	备 注
1	饲养设备			
1.1	料槽		45	隔离猪舍和销售展示猪舍
1.2	喂料车		4	各猪舍,可选自动供料系统
2	检测设备			
2.1	自动饲喂站	±2 g	20	测定猪舍
2.2	超声波测定仪	B 型	1	
2.3	电子笼秤	±200 g	1	
3	卫生防疫设备			
3.1	兽医器具		1	
3.2	消毒防疫器械		1	
3.3	冰箱等	−18℃	1	
4	管理设备			
4.1	监测控制器		1	可选
4.2	电脑		1	
4.3	打印机		1	
4.4	档案柜		1	
5	环境控制设备		1	
5.1	防暑降温系统		3	
5.2	保温系统		3	可选
6	粪污处理设备		1	
6.1	粪尿清理手推车		3	

表 4（续）

序号	设备名称	规格/要求	数量,台/套	备　注
6.2	高压冲洗机		2	
6.3	粪污处理设施		1	
7	其他小型设备			

11.4　项目建设工期、劳动定员及其他个性化指标：

a) 种猪性能测定中心在保证工程质量的前提下，应力求缩短工期，一次建成投产。200 头测定规模种猪性能测定中心建设总工期不应超过 1 年；

b) 种猪性能测定中心主任、管理部门负责人及畜牧兽医技术人员（包括测试化验员）应具有中级以上技术职称或具有中等专业以上相关学历；直接从事种猪饲养的工人应经过专业技术培训，取得技术岗位证书后持证上岗；

c) 种猪性能测定中心劳动定额可按表 5 所列指标控制。

表 5　种猪性能测定中心劳动定额指标

项目	管理人员	技术人员	生产工人	合计定员
定额指标	3	2	2	7

ICS 65.040
P 35

中华人民共和国农业行业标准

NY/T 2242—2012

农业部农产品质量安全监督检验检测中心建设标准

Construction standard of supervision and testing center for quality and safety of agri-products of ministry of agriculture

2012-12-07 发布

2013-03-01 实施

中华人民共和国农业部 发布

目 次

前言

1 范围

2 规范性引用文件

3 术语和定义

4 分类

5 建设规模与项目构成

5.1 建设规模

5.2 建设原则

5.3 任务和功能

5.4 能力要求

5.5 项目构成

6 项目选址与总平面设计

6.1 项目选址

6.2 总平面设计

7 工艺流程

7.1 基本原则

7.2 工艺流程

8 仪器设备

8.1 配备原则

8.2 配备要求

9 建设用地及规划布局

9.1 功能分区及面积

9.2 建筑及装修工程

9.3 建筑结构工程

9.4 建筑设备安装工程

9.5 附属设施

10 节能节水与环境保护

11 主要技术及经济指标

11.1 项目建设投资

11.2 建设工期

11.3 劳动定员

附录A(资料性附录) 检测工艺流程图

前　言

本标准按照 GB/T 1.1 给出的规则起草。

本标准由中华人民共和国农业部提出并归口。

本标准起草单位:农业部农产品质量标准研究中心、农业部工程建设服务中心、中国农业科学院农业质量标准与检测技术研究所。

本标准主要起草人:钱永忠、毛雪飞、朱智伟、俞宏军、吕军。

农业部农产品质量安全监督检验检测中心建设标准

1 范围

本标准规定了农业部农产品质量安全监督检验检测中心（简称部级质检中心）建设的基本要求。

本标准适用于部级质检中心的新建工程以及改建和扩建工程。

本标准可作为编制部级质检中心建设项目建议书、可行性研究报告和初步设计的依据。

2 规范性引用文件

下列文件对于本文件的应用是必不可少的。凡是注日期的引用文件，仅注日期的版本适用于本文件。凡是不注日期的引用文件，其最新版本（包括所有的修改单）适用于本文件。

GB 4789.1 食品安全国家标准 食品微生物学检验 总则

GB/T 13868 感官分析 建立感官分析实验室的一般导则

GB 50011 建筑抗震设计规范

GB 50016 建筑设计防火规范

GB 50189 公共建筑节能设计标准

GB 50352 民用建筑设计通则

JGJ 91 科学实验室建筑设计规范

NY/T 2.1 农业建设项目通用术语

建标[1991]708号 科研建筑工程规划面积指标

3 术语和定义

NY/T 2.1界定的以及下列术语和定义适用于本文件。

3.1

农产品质量安全 quality and safety of agri-products

农产品指来源于农业的初级产品，即在农业活动中获得的植物、动物、微生物及其产品，一般包括种植业产品、畜产品和水产品。农产品质量安全是指农产品质量符合保障人的健康、安全的要求。

3.2

农业环境 agricultural environment

影响农业生物生存和发展的各种天然的和经过人工改造的自然因素的总体，包括农业用地、用水、大气和生物等，是人类赖以生存的自然环境中的一个重要组成部分。

3.3

农业投入品 agricultural inputs

在农产品生产过程中使用或添加的种子种苗、肥料、农药、兽药、饲料及饲料添加剂等农用生产资料产品和农膜、农机、农业工程设施设备等农用工程物资产品的统称。

4 分类

按照农产品质量安全相关专业领域类型分为种植业产品、畜产品、水产品、种子种苗、农（兽）药、肥料、饲料及饲料添加剂和农业环境等部级质检中心。

5 建设规模与项目构成

5.1 建设规模

应根据农业部农产品质量安全监测、评估的工作量和能力要求确定其建设规模,根据种植业产品、畜产品、水产品、种子种苗、农(兽)药、肥料、饲料及饲料添加剂、农业环境等专业领域所涉及的质量安全因素确定检测内容。

5.2 建设原则

5.2.1 项目建设应遵守国家有关工程建设的标准和规范,执行国家节约土地、节约用水、节约能源、保护环境、消防安全等要求,符合农产品质量安全监管部门颁布的有关规定。

5.2.2 项目建设应统筹规划,与城乡发展规划以及农产品生产、加工和流通相协调,做到远近期结合。

5.2.3 项目建设水平应根据我国农业和科技发展的现状,因地制宜,做到安全可靠、技术先进、经济合理、使用方便和管理规范。

5.2.4 项目建设应与其他农业检测机构建设相协调、资源共享。

5.3 任务和功能

5.3.1 承担全国农产品质量安全风险监测、普查、例行监测、监督抽查等任务。

5.3.2 开展国内外农产品质量安全风险评估工作。

5.3.3 开展农产品检验检测技术的研发和标准的制修订工作。

5.3.4 参与国内外农产品质量安全对比分析研究和国内外交流与合作。

5.3.5 参与重大质量安全事故和纠纷的调查、鉴定及评价;为突发事件的应急响应提供技术支持。

5.3.6 接受产品合格评定、质量安全仲裁检验和其他委托检验任务。

5.3.7 为各级检测机构等提供农产品质量安全方面的技术咨询、技术支持和人员培训服务。

5.4 能力要求

5.4.1 主要具备本领域检测技术的研发能力、全过程质量安全监测能力、突发事件的应急响应能力、国际争端的调研能力以及质量安全风险隐患的排查能力。

5.4.2 检测参数能满足所在领域相应国家标准、行业标准和地方标准以及主要贸易国标准检验检测的需要,检测能力达到每年2万份样品。

5.4.3 检出限能满足所在领域相应参数的国家、主要贸易国和国际食品法典委员会限量标准或有关规定的要求。

5.5 项目构成

5.5.1 主要建设内容:新建项目包括实验室建筑安装工程、仪器设备和场区工程等;已有实验用房的改造项目主要包括实验室装修改造和仪器设备购置等。

5.5.2 实验室建筑安装工程 包括实验室建筑结构及装修工程、建筑设备安装工程等。实验室建筑结构及装修工程是指新建或改造实验室;建筑设备安装工程包括实验室的建筑给排水工程、采暖工程、通风和空调工程、电气工程、消防工程等以及实验室净化工程、气路系统、信息网络系统、保安监控系统等。

5.5.3 仪器设备 包括样品前处理及实验室常规设备、大型通用分析仪器、专用仪器设备、其他仪器以及相应交通工具等。各部级质检中心应设置实验室信息化管理系统。

5.5.4 场区工程 包括道路、停车场、围墙、绿化和场区综合管网等以及实验室配套的气瓶库、危险物品储存库等附属设施。

6 项目选址与总平面设计

6.1 项目选址

6.1.1 项目选址应符合当地城市规划、土地利用规划和环境保护的要求,应节约用地。

6.1.2 用地规模应按《科研建筑工程规划面积指标》的规定执行。

6.1.3 项目选址应符合科学实验工作的要求,不宜建设在居民密集区、农化生产企业周边、环境敏感区内。

6.1.4 实验室建设地点应满足交通便利、通讯畅通、供水供电有保障、工程地质结构稳定的要求。

6.2 总平面设计

6.2.1 实验室宜独立布局,不宜临近主干道和其他震动源。

6.2.2 合理利用建设场地的地形地貌,利用现有公用设施等。

6.2.3 合理布置场区综合管网,场区实行雨污分流。实验室污水应单独处理,达到排放标准。

6.2.4 危险生化品须独立处理,气瓶应合理布置,易燃易爆危险物品储存库宜设置于楼外。

6.2.5 整个场区应单独设置围墙,并设置明显的位置标识。

7 工艺流程

7.1 基本原则

项目工艺应符合实验室质量管理体系的要求,达到信息自动化管理、检测能力高通量和高精度以及未知物排查的技术水平,并符合节约用水、节约能源等环保要求及安全防护要求。

7.2 工艺流程

检测工艺流程主要包括任务的接收、样品的采集和管理、样品的检测、检测质量的控制、检验报告的签发等。详细检测工艺流程图参见附录A。

8 仪器设备

8.1 配备原则

应具备与其功能定位和能力要求相适应的检测仪器设备,并考虑配备仪器设备的先进性、可靠性、适应性和科学性。在同等性能情况下,优先选择国产仪器设备。

8.2 配备要求

8.2.1 仪器设备基础配置见表1,其他未列出的检测仪器设备、辅助设备等根据有关规定和实际情况确定。

表 1 仪器设备基础配置

序号	仪器设备类别	仪器设备名称	仪器设备数量台(套)						
			种植业产品	畜产品、水产品	种子种苗	农(兽)药	肥料	饲料及饲料添加剂	农业环境
1	实验室管理系统	实验室信息化管理系统	1	1	1	1	1	1	1
2	样品前处理及实验室常规设备	冷藏冷冻设备[a]	15	15	12	12	12	12	12
3		天平[b]	15	15	10	10	10	12	12
4		干燥设备[c]	10	10	6	6	8	8	8
5		前处理设备[d]	32	32	18[e]	24[f]	22[g]	28	28
6		制水设备[h]	2~4	2~4	1~2	1~2	2~3	2~4	2~4
7		其他设备[i]	12	12	10	10	10	10	10

表1（续）

序号	仪器设备类别	仪器设备名称	仪器设备数量台(套)						
			种植业产品	畜产品、水产品	种子种苗	农(兽)药	肥料	饲料及饲料添加剂	农业环境
8	大型通用分析仪器	元素价态分析仪	1	1	—	—	—	1	1
9		元素分析仪	1	1	—	—	1	1	1
10		原子吸收分光光度计ʲ	2	2	—	—	2	2	2
11		原子荧光光度计	1	1	—	—	1	1	1
12		离子色谱仪	2	2	—	1	2	1	2
13		电感耦合等离子体质谱联用仪	1	1	—	—	1	—	1
14		气相色谱仪	4	4	1	3	—	3	3
15		液相色谱仪	3~4	4~6	2	3~4	2	3~4	3~4
16		气相色谱—质谱联用仪	2	2	—	2	—	1	1
17		液相色谱—质谱联用仪	3~4	4	1	2	—	1	1
18		高分辨质谱仪	1	1	—	—	—	1	1
19	专用仪器设备	显微镜	2	4	3	—	2	2	2
20		全自动菌落计数仪	1	2	—	—	1	1	1
21		种子数粒仪	1	—	4	—	—	—	—
22		基因扩增仪	2	2	4	—	—	1	—
23		电泳仪	2	2	2	—	—	1	—
24		毛细管电泳仪	—	—	2	—	—	—	—
25		凝胶图像分析系统	1	1	2	—	—	1	—
26		总有机碳/总氮分析仪	1	1	—	—	—	—	2
27		火焰光度计	—	—	—	—	2	—	1
28		定氮仪	3	3	2	—	4	3	4
29		土壤水分测定仪	1	—	2	—	3	—	3
30		电导率仪	1	1	—	—	1	—	2
31		气体检测仪	1	1	—	—	—	—	3
32		浊度计	1	1	—	—	—	—	2
33		生物需氧量测定仪/化学需氧量测定仪	2	2	—	—	—	—	4
34		溶解氧测定仪	1	1	—	—	—	—	2
35		测油仪	1	1	—	—	—	—	2
36		粗蛋白测定仪	—	1	—	—	—	2	—
37		脂肪测定仪	1	1	—	—	—	2	—
38		纤维素测定仪	1	—	—	—	—	2	—
39		氨基酸分析仪	1	1	—	—	1	2	—
40		卡尔费休水分测定仪	1	1	1	1	1	1	2
41		酶标仪	2	2	2	3	—	2	2
42	其他仪器设备	紫外可见分光光度计	2	2	2	2	2	2	2
43		旋光分析仪	1	1	—	1	—	1	—
44		流动分析仪	1	1	1	1	1	1	1
45		pH计	6	6	4	4	6	6	6
46		自动电位滴定仪	2	2	1	1	4	2	3
47		光照培养箱、培养箱	6	6	10	—	4	6	4
48		高压灭菌锅	3	3	3	1	2	3	2
49		超净工作台	3	3	3	—	2	3	2

NY/T 2242—2012

表1（续）

序号	仪器设备类别	仪器设备名称	仪器设备数量台(套)						
			种植业产品	畜产品、水产品	种子种苗	农(兽)药	肥料	饲料及饲料添加剂	农业环境
50	交通工具	采样车	1～2	1～2	1	1	1	1～2	1～2

a 包括冷藏箱、冰箱和超低温冰箱等。
b 包括百分之一天平、千分之一天平、万分之一天平和十万分之一天平等。
c 包括真空干燥箱、烘箱和马弗炉等。
d 包括分样器、样品粉碎及研磨设备、微波消解器、离心机、氮吹仪、旋转蒸发仪、固相萃取仪和快速溶剂萃取仪等。
e 不包括微波消解器、固相萃取仪和快速溶剂萃取仪等。
f 不包括微波消解器等。
g 不包括固相萃取仪等。
h 包括纯水器和超纯水器等。
i 包括超声波清洗器、微量移液器、紧急喷淋装置和冲眼器等。
j 种植业产品、畜产品、水产品、肥料、饲料及饲料添加剂和农业环境质检中心至少配备1台石墨炉原子吸收分光光度计。

8.2.2 实验室的实验台柜、档案柜、陈列柜等根据需要购置。

8.2.3 实验人员工作用办公设备、培训用设施设备等根据需要合理配置。

9 建设用地及规划布局

9.1 功能分区及面积

9.1.1 部级质检中心由检测实验用房、辅助用房和公用设施用房等组成。各类用房应合理安排,功能分区明确,联系方便,互不干扰。

9.1.2 实验及辅助用房由业务管理区、物品存放区、实验区和实验室保障区等组成,宜采用标准单元组合设计。

9.1.3 不同类型部级质检中心实验及辅助用房面积基本要求见表2。类型不同、建筑结构形式不同,总建筑面积也不同。

表2 实验及辅助用房功能分区及面积基本要求

功能区	功能室	用途及基本条件	面积,m²					
			种植业、畜(水)产品	种子种苗	农(兽)药	肥料	饲料及饲料添加剂	农业环境
业务管理区	人员工作室	专用于中心工作人员办公,按人均8 m²计,人员总数见11.3.6的要求	400	350	350	350	350	350
	业务接待室	用于业务和人员的接待、洽谈,配备必要的办公家具、设备等						
	接样室	用于样品接收、核对、登记,配备必要的天平、分样器等						
	档案室	用于保存检测的文件、原始记录等资料,配备必要的家具、设备、专用消防器材等						
	培训室	用于内部和外部人员培训,配备可以同时满足20人以上培训所必要的会议设备、家具及信息化设备等						

408

表 2（续）

功能区	功能室	用途及基本条件	面积，m²					
			种植业、畜(水)产品	种子种苗	农(兽)药	肥料	饲料及饲料添加剂	农业环境
物品存放区	更衣室	用于内部和外部人员进出实验室时的更衣、清洁、消毒等,配备必要的更衣、清洗、消毒设施和设备	150	150	150	150	150	150
	样品室	用于样品保存,配备必要的贮存设施、低温或恒温设备等						
	标准物质室	用于标准物质保存,标准溶液的配制、标定,室温能控制在 20℃ 左右,配备必要的贮存设施、低温或恒温设备等						
	试剂储存室	用于储存备用化学试剂,配备通风设施、防爆灯、消防砂和灭火器等						
	冷库	用于大批量样品或物品的低温贮存,配备制冷和保温成套设备、消防设备和缓冲区等,可另选址就近建设						
实验区	样品前处理室	用于实验样品前处理,配备样品粉碎及研磨设备、微波消解器、离心机、氮吹仪、旋转蒸发仪、固相萃取仪、快速溶剂萃取仪等;安装 8 套以上通风橱及其他必要的通风设施	220	150	180	180	200	200
	天平室	用于集中放置和使用天平,宜设置缓冲间和减震设施,并配备必要的恒温、恒湿设备等	40	30	30	30	30	30
	高温设备室	用于放置烘箱、马弗炉等,配备必要的耐热试验台、通风设备等	50	30	30	40	40	40
	感官评价室	用于农产品感官品质鉴定	50	—	—	—	—	—
	生物学检测室	用于农产品分子生物学检测和微生物污染及疫病检验等	150	—	—	80	120	80
	转基因检测室	用于检测转基因成分,应符合负压实验室要求	—	120	—	—	—	—
	理化分析及小型仪器室	主要用于理化分析及其他小型仪器设备的放置和使用,如总有机碳/总氮分析仪、定氮仪、流动分析仪、pH 计、自动电位滴定仪、电导率仪、粗蛋白测定仪、脂肪测定仪、纤维素测定仪、氨基酸分析仪、卡尔费休水分测定仪、土壤水分测量仪、浊度计、气体检测仪、生物需氧量测定仪、溶解氧测定仪、测油仪等	150	60	60	100	100	140
	光谱分析室	主要用于元素分析,配备原子吸收分光光度计、原子荧光光度计、元素价态分析仪、火焰光度计等	120	—	—	100	120	120
	电感耦合等离子体质谱联用仪室	主要用于元素分析,放置电感耦合等离子体质谱联用仪,要求洁净度达千级	20	—	—	20	—	20
	色谱分析室	主要用于农(兽)药残留等的测定,配备气相色谱、液相色谱或色谱—质谱联用仪等,配备必要的通风设施	300	80	200	100	180	200

表 2（续）

功能区	功能室	用途及基本条件	面积，m²					
			种植业、畜(水)产品	种子种苗	农(兽)药	肥料	饲料及饲料添加剂	农业环境
实验室保障区	制水室	用于制备实验用水	100	100	100	100	100	100
	供气室	用于集中供气系统或气瓶的放置，提供实验用氮气、氩气、氢气、乙炔等气体						
	网络机房	用于放置实验室信息化管理系统的服务器、交换机、不间断电源等设备						
	清洗室	用于实验器皿、设备等物品的清洗，配备必要的清洗设备、用具、用品						
总计		使用面积	1 750	1 070	1 100	1 250	1 390	1 430
		建筑面积	2 300	1 400	1 400	1 600	1 800	1 900

注 1：实验室各功能室的建设可按需求予以适当合并、拆分或命名。
注 2：建筑面积按照使用面积的约 1.3 倍进行估算。

9.2 建筑及装修工程

9.2.1 实验室建筑设计及装修工程应满足 JGJ 91 有关科学实验室建筑设计的一般规范要求。

9.2.2 业务管理区与物品存放区、实验区和实验室保障区应有效隔离。互有影响会干扰检测结果的实验室之间应有效隔离，防止交叉污染。

9.2.3 涉及到低、微危害性微生物检测的部级质检中心应达到生物安全 2 级实验室的有关要求，设置必要的安全防护措施。

9.2.4 实验及辅助用房走道的地面及楼梯面层应坚实耐磨、防水、防滑、不起尘、不积尘，墙面应光洁、无眩光、防潮、不起尘、不积尘，顶棚应光洁、无眩光、不起尘、不积尘。

9.2.5 实验室层高按照通风、空调、净化等设施设备的需要确定，设置空调净化实验室的净高不宜小于 2.4m。特殊实验室根据需要集中设置技术夹层。

9.2.6 微生物实验室应符合 GB 4789.1 的要求。

9.2.7 感官评价室应符合 GB/T 13868 的要求。

9.2.8 电感耦合等离子体质谱联用仪等特殊实验室装修按照相关要求执行。

9.2.9 实验楼宜设置电梯。

9.3 建筑结构工程

9.3.1 实验室建筑宜采用现浇钢筋混凝土结构。

9.3.2 建筑抗震设防类别应为 GB 50011 的丙类。

9.3.3 按照 GB 50352 的规定，结构设计使用年限 50 年。

9.4 建筑设备安装工程

9.4.1 实验室的采暖、通风、空调系统的设计应满足相应实验室的仪器设备运行和检测方法的温度、湿度及其他环境条件的要求。

9.4.2 实验室供电负荷等级不低于 GB 50189 的Ⅲ级，专用设备应根据其要求设置稳压器或不间断电源。

9.4.3 实验室的水电气线路及管道、通风系统布局合理，符合检测流程和安全要求。

9.4.4 使用强酸、强碱的实验室地面应具有耐酸、碱和腐蚀的性能，用水较多的实验室地面应设地漏。

9.4.5 按 GB 50016 的规定,建筑防火类别为戊类,建筑耐火等级不低于二级。大型精密贵重仪器设备所在实验室应采用气体灭火装置。

9.5 附属设施

气瓶库、危险物品储存库等附属设施的设计按照有关规定执行,符合安全、防护、疏散和环境保护的要求。

10 节能节水与环境保护

10.1 建筑节能设计应按照 GB 50189 及其他有关节能设计标准执行。

10.2 仪器设备应考虑节能、节水要求。

10.3 实验废液、废渣、废气的排放应符合有关规定,合理处置。

11 主要技术及经济指标

11.1 项目建设投资

11.1.1 投资构成

包括建筑工程投资、仪器设备购置费、工程建设其他费和预备费等。各部级质检中心总投资估算指标见表3。

表3 建设项目总投资估算表

序号	项目名称	项目主要内容	投资估算	备注
1	建筑工程投资	包括实验室建筑安装工程和场区工程投资	2 500 元/m²～3 500 元/m²	详见表4
2	仪器设备购置	见5.5.3	970 万元～4 120 万元	详见表5
3	工程建设其他费	前期调研、可行性研究报告编制咨询费、勘察设计费、建设单位管理费、监理费、招投标代理费以及各地方的规费等	360 元/m²～600 元/m²	
4	预备费	用于预备建设工程中不可预见的投资	490 元/m²～1 090 元/m²	按前三项投资的5%估算

注:估算指标以新建实验室建筑面积为基数。

11.1.2 建筑工程投资

建筑工程内容和投资估算指标见表4。具体估算方法按照当地的工程造价定额和指标执行。

表4 建筑工程投资经济指标估算表

序号	项目名称	项目主要内容	投资估算 元/m²	备注
1	建筑安装工程费	见5.5.2	2 200～3 000	实验室净化要求高、面积大,投资额度应相应提高
2	场区工程费	见5.5.4	300～500	
	合 计		2 500～3 500	

注:估算指标以新建实验室建筑面积为基数。

11.1.3 仪器设备购置费

仪器设备购置经济指标见表5。

表5 仪器设备购置基本经济指标估算表

单位为万元

序号	仪器设备类别	购置费						
		种植业产品	畜产品、水产品	种子种苗	农(兽)药	肥料	饲料及饲料添加剂	农业环境
1	实验室管理系统	40～60						
2	样品前处理及实验室常规设备	300～420	300～420	110～170	230～310	240～330	280～380	270～380
3	大型通用分析仪器	1 900～2 780	2 140～2 880	310～410	900～1 250	660～850	1 350～1 770	1 350～1 770
4	专用仪器设备	390～480	430～540	390～500	40～60	260～330	460～570	280～380
5	其他仪器设备	100～140	100～140	90～140	70～90	110～140	100～140	100～130
6	交通工具	20～50	20～50	20～25	20～25	20～25	20～50	20～50
	总 计	2 750～3 930	3 030～4 090	960～1 305	1 300～1 795	1 330～1 735	2 250～2 970	2 060～2 770

注：表中所列经济指标仅为标准制定时的市场平均参考价格，具体价格以招标采购时实际中标价格为准，其中进口仪器设备购置费为不含税价格。

11.2 建设工期

项目建设工期按照建筑工程的工期、进口或国产仪器设备的购置安装工期确定，通常为15个月～18个月。

11.3 劳动定员

11.3.1 从事农产品质量安全检测的技术人员应具有相关专业中专以上学历，并经省级以上人民政府农业行政主管部门考核合格。

11.3.2 技术负责人和质量负责人应具备高级专业技术职称或同等能力，并从事农产品质量安全相关工作8年以上。

11.3.3 综合管理部门负责人应具备中级及以上专业技术职称或同等能力，熟悉检测业务，具有一定组织协调能力。

11.3.4 检测部门负责人应具备中级及以上专业技术职称或同等能力，5年以上检测工作经历，熟悉本专业检测业务，具有一定管理能力。

11.3.5 从事计量检定和种子、动植物检疫等法律法规另有规定的检验人员，须有相关部门的资格证明。

11.3.6 种植业产品、畜产品、水产品等部级质检中心的技术人员和管理人员总数不宜少于25人；种子种苗、肥料、农(兽)药、饲料及饲料添加剂、农业环境等部级质检中心的技术人员和管理人员总数不宜少于15人。

附 录 A

（资料性附录）

检测工艺流程图

检测工艺流程见图 A.1。

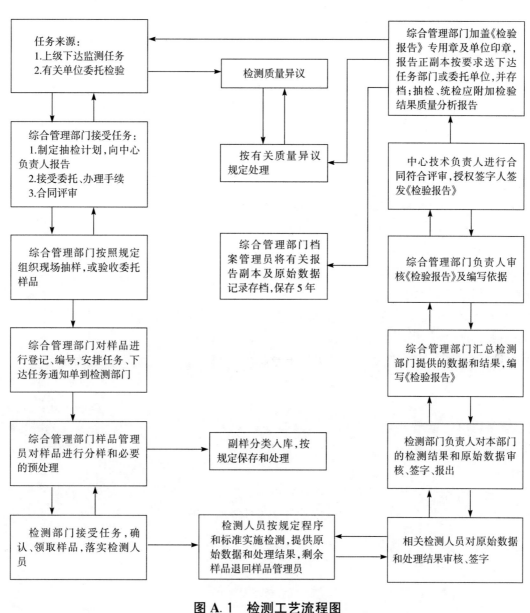

图 A.1 检测工艺流程图

ICS 65.040
P 35

中华人民共和国农业行业标准

NY/T 2243—2012

省级农产品质量安全监督检验检测中心
建设标准

Construction standard of supervision and testing center for
quality and safety of agri-products at provincial level

2012-12-07 发布

2013-03-01 实施

中华人民共和国农业部 发布

目　次

前言

1　范围

2　规范性引用文件

3　术语和定义

4　建设规模与项目构成

　　4.1　建设规模

　　4.2　建设原则

　　4.3　任务和功能

　　4.4　能力要求

　　4.5　项目构成

5　项目选址与总平面设计

　　5.1　项目选址

　　5.2　总平面设计

6　工艺流程

　　6.1　基本原则

　　6.2　工艺流程

7　仪器设备

　　7.1　配备原则

　　7.2　配备要求

8　建设用地及规划布局

　　8.1　功能分区及面积

　　8.2　建筑及装修工程

　　8.3　建筑结构工程

　　8.4　建筑设备安装工程

　　8.5　附属设施

9　节能节水与环境保护

10　主要技术及经济指标

　　10.1　项目建设投资

　　10.2　建设工期

　　10.3　劳动定员

附录 A(资料性附录)　检测工艺流程图

前　言

本标准按照 GB/T 1.1 给出的规则起草。

本标准由中华人民共和国农业部提出并归口。

本标准起草单位:农业部农产品质量标准研究中心、农业部工程建设服务中心、中国农业科学院农业质量标准与检测技术研究所。

本标准主要起草人:钱永忠、毛雪飞、俞宏军、朱智伟、吕军。

省级农产品质量安全监督检验检测中心建设标准

1 范围

本标准规定了省级农产品质量安全监督检验检测中心(简称省级质检中心)建设的基本要求。

本标准适用于省级质检中心的新建工程以及改建和扩建工程。

本标准可作为编制省级质检中心建设项目建议书、可行性研究报告和初步设计的依据。

2 规范性引用文件

下列文件对于本文件的应用是必不可少的。凡是注日期的引用文件,仅注日期的版本适用于本文件。凡是不注日期的引用文件,其最新版本(包括所有的修改单)适用于本文件。

GB 4789.1 食品安全国家标准 食品微生物学检验 总则

GB/T 13868 感官分析 建立感官分析实验室的一般导则

GB 50011 建筑抗震设计规范

GB 50016 建筑设计防火规范

GB 50189 公共建筑节能设计标准

GB 50352 民用建筑设计通则

JGJ 91 科学实验室建筑设计规范

NY/T 2.1 农业建设项目通用术语

建标[1991]708号 科研建筑工程规划面积指标

3 术语和定义

NY/T 2.1界定的以及下列术语和定义适用于本文件。

3.1

农产品质量安全 quality and safety of agri-products

农产品指来源于农业的初级产品,即在农业活动中获得的植物、动物、微生物及其产品,一般包括种植业产品、畜产品和水产品。农产品质量安全是指农产品质量符合保障人的健康、安全的要求。

3.2

农业环境 agricultural environment

影响农业生物生存和发展的各种天然的和经过人工改造的自然因素的总体,包括农业用地、用水、大气和生物等,是人类赖以生存的自然环境中的一个重要组成部分。

3.3

农业投入品 agricultural inputs

在农产品生产过程中使用或添加的种子、种苗、肥料、农药、兽药、饲料及饲料添加剂等农用生产资料产品和农膜、农机、农业工程设施设备等农用工程物资产品的统称。

4 建设规模与项目构成

4.1 建设规模

应根据本省(自治区、直辖市)及计划单列市行政区域内(简称本区域)实施农产品质量安全监测、评价等工作量和能力确定其建设规模,根据种植业产品、畜产品、水产品、农业环境、种子种苗、农（兽）药、肥料、饲料及饲料添加剂等领域所涉及的质量安全因素确定检测内容。

4.2 建设原则

4.2.1 项目建设应遵守国家有关工程建设的标准和规范，执行国家节约土地、节约用水、节约能源、保护环境、消防安全等要求，符合农产品质量安全监管部门颁布的有关规定。

4.2.2 项目建设应统筹规划，与城乡发展规划以及农产品生产、加工和流通相协调，做到远近期结合。

4.2.3 项目建设水平应根据本区域农业和科技发展的现状，因地制宜，做到安全可靠、技术先进、经济合理、使用方便和管理规范。

4.2.4 项目建设应与其他农业检测机构建设相协调、资源共享。

4.3 任务和功能

4.3.1 负责本区域农产品质量安全例行监测和监督抽查检测等工作。

4.3.2 承担上级行业行政主管部门委托的农产品质量安全监测工作。

4.3.3 承担产地认定检验、评价鉴定检验和其他委托检验。

4.3.4 开展农产品质量安全标准的制修订和标准验证等工作。

4.3.5 负责本区域农产品质量安全检测机构的技术指导和培训工作。

4.3.6 负责本区域农产品质量安全方面的技术咨询、技术服务等工作。

4.3.7 负责本区域农产品质量安全风险监测和预警分析工作。

4.4 能力要求

4.4.1 以定量检测为主，检出限能满足国家和国际食品法典委员会相应参数的限量标准要求。

4.4.2 检测规模能力达到每年 20 万项次～30 万项次。

4.4.3 农药多残留检测水平达到一次进样检测 150 种成分以上。

4.5 项目构成

4.5.1 主要建设内容：新建项目包括实验室建筑安装工程、仪器设备和场区工程等。已有实验用房的改造项目主要包括实验室装修改造和仪器设备购置等。

4.5.2 实验室建筑安装工程：包括实验室建筑结构及装修工程、建筑设备安装工程等。实验室建筑结构及装修工程是指新建或改造实验室；建筑设备安装工程包括实验室的建筑给排水工程、采暖工程、通风和空调工程、电气工程、消防工程等以及实验室净化工程、气路系统、信息网络系统、保安监控系统等。

4.5.3 仪器设备：包括样品前处理及实验室常规设备、大型通用分析仪器、农业环境分析仪器设备、种子和微生物常用仪器设备、品质分析及其他仪器设备以及相应的交通工具等。省级质检中心应设置实验室信息化管理系统。

4.5.4 场区工程：包括道路、停车场、围墙、绿化和场区综合管网等，以及实验室配套的气瓶库、危险物品储存库等附属设施。

5 项目选址与总平面设计

5.1 项目选址

5.1.1 项目选址应符合当地城市规划、土地利用规划和环境保护的要求，应节约用地。

5.1.2 用地规模应按《科研建筑工程规划面积指标》的规定执行。

5.1.3 项目选址应符合科学实验工作的要求，不宜建设在居民密集区、农化生产企业周边、环境敏感区内。

5.1.4 实验室建设地点应满足交通便利、通讯畅通、供水供电有保障、工程地质结构稳定的要求。

5.2 总平面设计

5.2.1 实验室应独立布局,不宜临近主干道和其他震动源。

5.2.2 合理利用建设场地的地形地貌,利用现有公用设施等。

5.2.3 合理布置场区综合管网,场区实行雨污分流。实验室污水应单独处理,达到排放标准。

5.2.4 危险生化品须独立处理,气瓶应合理布置,易燃易爆危险物品储存库宜设置于楼外。

5.2.5 整个场区宜单独设置围墙,并应设置明显的位置标识。

6 工艺流程

6.1 基本原则

项目工艺应符合实验室质量管理体系的要求,达到信息自动化管理、检测能力高通量和高精度的技术水平,并符合节约用水、节约能源等环保要求及安全防护要求。

6.2 工艺流程

检测工艺流程主要包括任务的接收、样品的采集和管理、样品的检测、检测质量的控制、检验报告的签发等。详细检测工艺流程图参见附录 A。

7 仪器设备

7.1 配备原则

应具备与其功能定位和能力要求相适应的检测仪器设备,并考虑配备仪器设备的先进性、可靠性、适应性和科学性。在同等性能情况下,优先选择国产仪器设备。

7.2 配备要求

7.2.1 仪器设备基础配置见表1,其他未列出的检测仪器设备、辅助设备等根据有关规定和实际情况确定。

表 1 仪器设备基础配置

序号	仪器设备类别	仪器设备名称	仪器设备数量 台(套)
1	实验室管理系统	实验室信息化管理系统	1
2	样品前处理及 实验室常规设备	冷藏冷冻设备[a]	10～20
3		天平[b]	15
4		干燥设备[c]	10
5		前处理设备[d]	32
6		制水设备[e]	3～4
7		其他设备[f]	15
8	大型通用分析仪器	元素价态分析仪	1
9		原子吸收分光光度计[g]	2
10		原子荧光光度计	1
11		离子色谱仪	2
12		电感耦合等离子体发射光谱仪	1
13		电感耦合等离子体质谱联用仪	1
14		气相色谱仪	4～6
15		液相色谱仪	6～8
16		气相色谱—质谱联用仪	2～3
17		液相色谱—质谱联用仪	3～4

表 1（续）

序号	仪器设备类别	仪器设备名称	仪器设备数量 台（套）
18	农业环境 分析仪器设备	定氮仪[h]	3
19		火焰光度计	1
20		总有机碳/总氮分析仪	1
21		生物需氧量测定仪/化学需氧量测定仪	3
22		气体检测仪、溶解氧测定仪、浊度计、测油仪、土壤水分测定仪等	10
23	种子、微生物 常用仪器设备	显微镜	2
24		全自动菌落计数仪	1
25		基因扩增仪	2
26		电泳仪	2
27		凝胶图像分析系统	1
28		种子数粒仪、种子水分测定仪	5
29		光照培养箱、高压灭菌锅、培养箱、超净工作台、生物安全柜等	15
30	品质分析及 其他仪器设备	粗蛋白测定仪	1
31		脂肪测定仪	1
32		纤维素测定仪	1
33		氨基酸分析仪	1
34		元素分析仪	1
35		紫外可见分光光度计	4
36		旋光分析仪	2
37		流动分析仪	1
38		自动电位滴定仪	2
39		卡尔费休水分测定仪	1
40		pH计、电导率仪、酶标仪等	8
41	交通工具	采样车	3

[a] 包括冷藏箱、冰箱和超低温冰箱等。

[b] 包括百分之一天平、千分之一天平、万分之一天平和十万分之一天平等。

[c] 包括真空干燥箱、烘箱和马弗炉等。

[d] 包括分样器、样品粉碎及研磨设备、微波消解器、离心机、氮吹仪、旋转蒸发仪、固相萃取仪、快速溶剂萃取仪和凝胶渗透色谱净化系统等。

[e] 包括纯水器、超纯水器等。

[f] 包括超声波清洗器、微量移液器、紧急喷淋装置和冲眼器等。

[g] 至少配备1台石墨炉原子吸收分光光度计。

[h] 可用于农业环境、农产品、饲料等含氮量的测定。

7.2.2 实验室的实验台柜、档案柜、陈列柜等根据需要购置。

7.2.3 实验人员工作用办公设备、培训用设施设备等根据需要合理配置。

8 建设用地及规划布局

8.1 功能分区及面积

8.1.1 省级质检中心由检测实验用房、辅助用房和公用设施用房等组成。各类用房应合理安排，功能分区明确，联系方便，互不干扰。

8.1.2 实验及辅助用房由业务管理区、物品存放区、实验区和实验室保障区等组成，宜采用标准单元组合设计。

8.1.3 省级质检中心实验及辅助用房面积基本要求见表2。功能布局不同、建筑结构形式不同，总建筑面积也不同。

表 2 实验及辅助用房功能分区及面积基本要求

功能区	功能室	用途及基本条件	面积 m²
业务管理区	人员工作室	专用于中心工作人员办公,按人均 8m² 计,人员总数见 10.3.6	600
	业务接待室	用于业务和人员的接待、洽谈,配备必要的办公家具、设备等	
	接样室	用于样品接收、核对、登记,配备必要的天平、分样器等	
	档案室	用于保存检测的文件、原始记录等资料,配备必要的家具、设备、专用消防器材等	
	培训室	用于内部和外部人员培训,配备可以同时满足 20 人以上培训所必要的会议设备、家具及信息化设备等	
物品存放区	更衣室	用于内部和外部人员进出实验室时的更衣、清洁、消毒等,配备必要的更衣、清洗、消毒设施和设备	200
	样品室	用于样品保存,配备必要的贮存设施、低温或恒温设备等	
	标准物质室	用于标准物质保存,标准溶液的配制、标定,室温能控制在 20℃左右,配备必要的贮存设施、低温或恒温设备等	
	试剂储存室	用于储存备用化学试剂,配备通风设施、防爆灯、消防砂、灭火器等	
	冷库	用于大批量样品或物品的低温贮存,配备制冷和保温成套设备、消防设备和缓冲区等,可另选址就近建设	
实验区	样品前处理室	用于实验样品前处理,配备样品粉碎及研磨设备、微波消解器、离心机、氮吹仪、旋转蒸发仪、固相萃取仪、快速溶剂萃取仪、凝胶渗透色谱净化系统等;安装 8 套以上通风橱及其他必要的通风设施	250
	天平室	用于集中存放和使用天平,宜设置缓冲间和减震设施,并配备必要的恒温、恒湿设备等	40
	高温设备室	用于放置烘箱、马弗炉等,配备必要耐热试验台、通风设备等	40
	感官评价室	用于农产品感官品质评价	50
	微生物检测室	用于农产品微生物污染以及疫病检验等	120
	环境检测室	用于常见农业环境污染物的检测,配备总有机碳/总氮分析仪、生物需氧量测定仪/化学需氧量测定仪、气体检测仪、溶解氧测定仪、浊度计、测油仪等现场监测和常规环境检测仪器设备	100
	种子检测室	用于种子质量检测,配备种子净度、水分、活力、纯度、真实性等检测仪器设备	100
	土肥检测室	用于土壤肥力、肥料质量的检测,配备定氮仪、火焰光度计、土壤水分测定仪等	100
	饲料检测室	用于饲料质量检测,配备粗蛋白测定仪、脂肪仪、纤维素分析仪、氨基酸分析仪等	100
	农(兽)药实验室	专用于农(兽)药前处理、理化指标测定等,配备气相色谱、液相色谱等,配备必要的通风设施	150
	光谱分析室	主要用于元素及价态分析,配备原子吸收分光光度计、原子荧光光度计、元素价态分析仪、电感耦合等离子体发射光谱仪等,配备必要的通风设施	120
	电感耦合等离子体质谱联用仪室	专用于放置电感耦合等离子体质谱联用仪,配备必要的通风、净化设施设备,要求洁净度达千级	20
	色谱分析室	主要用于农(兽)药残留等的测定,配备气相色谱、液相色谱或色谱-质谱联用仪等,配备必要的通风设施	260
实验室保障区	制水室	用于制备实验用水	100
	供气室	用于集中供气系统或气瓶的放置,提供实验用氮气、氩气、氢气、乙炔等气体	
	网络机房	用于放置实验室信息化管理系统的服务器、交换机、不间断电源等设备	
	洗涤室	用于实验器皿、设备等物品的清洗,配备必要的清洗设备、用具、用品	

表 2（续）

功能区	功能室	用途及基本条件	面积 m²
总计		使用面积	2 350
		建筑面积	3 000
注1:实验室各功能室的建设可按需求予以适当合并、拆分或命名。 注2:建筑面积按照使用面积的约1.3倍进行估算。			

8.2 建筑及装修工程

8.2.1 实验室建筑设计及装修工程应满足JGJ 91有关科学实验室建筑设计的一般规范要求。

8.2.2 业务管理区与物品存放区、实验区和实验室保障区应有效隔离。互有影响会干扰检测结果的实验室之间应有效隔离,防止交叉污染。

8.2.3 涉及到低、微危害性微生物检测的省级质检中心应达到生物安全2级实验室的有关要求,应设置安全防护措施。

8.2.4 实验及辅助用房走道的地面及楼梯面层应坚实耐磨、防水、防滑、不起尘、不积尘,墙面应光洁、无眩光、防潮、不起尘、不积尘,顶棚应光洁、无眩光、不起尘、不积尘。

8.2.5 实验室层高按照通风、空调、净化等设施设备的需要确定,设置空调的实验室净高不宜小于2.4 m。特殊实验室根据需要集中设置技术夹层。

8.2.6 微生物检测室应符合GB 4789.1的要求。

8.2.7 感官评价室应符合GB/T 13868的要求。

8.2.8 电感耦合等离子体质谱联用仪等特殊实验室装修按照相关要求执行。

8.2.9 实验楼宜设置电梯。

8.3 建筑结构工程

8.3.1 实验室建筑宜采用现浇钢筋混凝土结构。

8.3.2 建筑抗震设防类别应为GB 50011的丙类。

8.3.3 按照GB 50352的规定,结构设计使用年限50年。

8.4 建筑设备安装工程

8.4.1 实验室的采暖、通风、空调系统的设计应满足相应实验室的仪器设备运行和检测方法的温度、湿度及其他环境条件的要求。

8.4.2 实验室供电负荷等级不低于GB 50189的Ⅲ级,专用设备应根据其要求设置稳压器或不间断电源。

8.4.3 实验室的水电气线路及管道、通风系统布局合理,符合检测流程和安全要求。

8.4.4 使用强酸、强碱的实验室地面应具有耐酸、碱和腐蚀的性能,用水较多的实验室地面应设地漏。

8.4.5 按GB 50016的规定,建筑防火类别为戊类,建筑耐火等级不低于二级。大型精密贵重仪器设备所在实验室应采用气体灭火装置。

8.5 附属设施

气瓶库、危险物品储存库等附属设施的设计按照有关规定执行,符合安全、防护、疏散和环境保护的要求。

9 节能节水与环境保护

9.1 建筑节能设计应按照GB 50189及其他有关节能设计标准的规定执行。

9.2 仪器设备应考虑节能、节水要求。

9.3 实验废液、废渣、废气的排放应符合有关规定,合理处置。

10 主要技术及经济指标

10.1 项目建设投资

10.1.1 投资构成

包括建筑工程投资、仪器设备购置费、工程建设其他费和预备费等。省级质检中心总投资估算指标见表3。

表3 建设项目总投资估算表

序号	项目名称	项目主要内容	投资估算	备注
1	建筑工程投资	包括实验室建筑安装工程和场区工程投资	2 500 元/m²~3 500 元/m²	详见表4
2	仪器设备购置	见 4.5.3	2 690 万元~4 165 万元	详见表5
3	工程建设其他费	前期调研、可行性研究报告编制咨询费、勘察设计费、建设单位管理费、监理费、招投标代理费,以及各地方的规费等	360 元/m²~600 元/m²	
4	预备费	用于预备建设工程中不可预见的投资	590 元/m²~900 元/m²	按前三项投资的5%估算
注:估算指标以新建实验室建筑面积为基数。				

10.1.2 建筑工程投资

建筑工程内容和投资估算指标见表4。具体估算方法按照当地的工程造价定额和指标执行。

表4 建筑工程投资经济指标估算表

序号	项目名称	项目主要内容	投资估算元/m²	备注
1	建筑安装工程费	见 4.5.2	2 200~3 000	实验室净化要求高、面积大,投资额度应相应提高
2	场区工程费	见 4.5.4	300~500	
总计			2 500~3 500	
注:估算指标以新建实验室建筑面积为基数。				

10.1.3 仪器设备购置费

仪器设备购置经济指标见表5。

表5 仪器设备购置基本经济指标估算表

序号	仪器设备类别	数量台(套)	购置费万元
1	实验室管理系统	1	40~60
2	样品前处理及实验室常规设备	85~96	340~490
3	大型通用分析仪器	23~29	1 640~2 750
4	农业环境分析仪器设备	18	160~220
5	种子、微生物常用仪器设备	28	180~230
6	品质分析及其他仪器设备	23	270~340
7	交通工具	3	60~75
总计		181~198	2 690~4 165
注:表中所列经济指标仅为标准制定时的市场平均参考价格,具体价格以招标采购时实际中标价格为准,其中进口仪器设备购置费为不含税价格。			

10.2 建设工期

项目建设工期按照建筑工程的工期、进口或国产仪器设备的购置安装工期确定,通常为15个月~18个月。

10.3 劳动定员

10.3.1 从事农产品质量安全检测的技术人员应具有相关专业中专以上学历,并经省级以上人民政府农业行政主管部门考核合格。

10.3.2 技术负责人和质量负责人应具备高级专业技术职称或同等能力,并从事农产品质量安全相关工作5年以上。

10.3.3 综合管理部门负责人应具备中级及以上专业技术职称或同等能力,熟悉检测业务,具有一定组织协调能力。

10.3.4 检测部门负责人应具备中级及以上专业技术职称或同等能力,5年以上检测工作经历,熟悉本专业检测业务,具有一定管理能力。

10.3.5 从事计量检定和种子、动植物检疫等法律法规另有规定的检验人员,须有相关部门的资格证明。

10.3.6 技术人员和管理人员总数不宜少于50人。

附　录　A

（资料性附录）

检测工艺流程图

检测工艺流程见图 A.1。

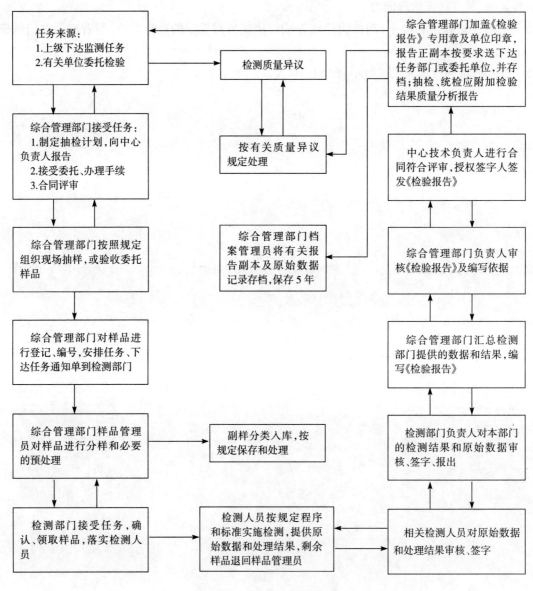

图 A.1　检测工艺流程图

ICS 65.040
P 35

中华人民共和国农业行业标准

NY/T 2244—2012

地市级农产品质量安全监督检验检测机构建设标准

Construction standard of supervision and testing center for quality and
safety of agri–products at municipal level

2012-12-07 发布   2013-03-01 实施

中华人民共和国农业部 发布

目　次

前言

1　范围

2　规范性引用文件

3　术语和定义

4　建设规模与项目构成

　　4.1　建设规模

　　4.2　建设原则

　　4.3　任务和功能

　　4.4　能力要求

　　4.5　项目构成

5　项目选址与总平面设计

　　5.1　项目选址

　　5.2　总平面设计

6　工艺流程

　　6.1　基本原则

　　6.2　工艺流程

7　仪器设备

　　7.1　配备原则

　　7.2　配备要求

8　建设用地及规划布局

　　8.1　功能分区及面积

　　8.2　建筑及装修工程

　　8.3　建筑结构工程

　　8.4　建筑设备安装工程

　　8.5　附属设施

9　节能节水与环境保护

10　主要技术及经济指标

　　10.1　项目建设投资

　　10.2　建设工期

　　10.3　劳动定员

附录 A(资料性附录)　检测工艺流程图

前　言

本标准按照 GB/T 1.1 给出的规则起草。

本标准由中华人民共和国农业部提出并归口。

本标准起草单位:农业部农产品质量标准研究中心、农业部工程建设服务中心、中国农业科学院农业质量标准与检测技术研究所。

本标准主要起草人:钱永忠、毛雪飞、俞宏军、朱智伟、吕军。

地市级农产品质量安全监督检验检测机构建设标准

1 范围

本标准规定了地市级农产品质量安全监督检验检测机构(简称地市级质检机构)建设的基本要求。

本标准适用于地市级质检机构的新建工程以及改建和扩建工程。

本标准可作为编制地市级质检机构建设项目建议书、可行性研究报告和初步设计的依据。

2 规范性引用文件

下列文件对于本文件的应用是必不可少的。凡是注日期的引用文件,仅注日期的版本适用于本文件。凡是不注日期的引用文件,其最新版本(包括所有的修改单)适用于本文件。

GB 4789.1　食品安全国家标准　食品微生物学检验　总则

GB/T 13868　感官分析　建立感官分析实验室的一般导则

GB 50011　建筑抗震设计规范

GB 50016　建筑设计防火规范

GB 50189　公共建筑节能设计标准

GB 50352　民用建筑设计通则

JGJ 91　科学实验室建筑设计规范

NY/T 2.1　农业建设项目通用术语

建标[1991]708 号　科研建筑工程规划面积指标

3 术语和定义

NY/T 2.1 界定的以及下列术语和定义适用于本文件。

3.1

农产品质量安全　quality and safety of agri-products

农产品指来源于农业的初级产品,即在农业活动中获得的植物、动物、微生物及其产品,一般包括种植业产品、畜产品和水产品。农产品质量安全是指农产品质量符合保障人的健康、安全的要求。

3.2

农业环境　agricultural environment

影响农业生物生存和发展的各种天然的和经过人工改造的自然因素的总体,包括农业用地、用水、大气和生物等,是人类赖以生存的自然环境中的一个重要组成部分。

3.3

农业投入品　agricultural inputs

在农产品生产过程中使用或添加的种子种苗、肥料、农药、兽药、饲料及饲料添加剂等农用生产资料产品和农膜、农机、农业工程设施设备等农用工程物资产品的统称。

4 建设规模与项目构成

4.1 建设规模

应根据本地区、自治州、盟或地级市、区行政区域内(简称本区域)农产品质量安全抽检、监督抽查检测、复检等工作量确定其建设规模,根据种植业产品、畜产品、水产品、农业环境、种子种苗、农(兽)药、肥料、饲料及饲料添加剂等领域所涉及的质量安全因素确定检测内容。

省会城市农产品质量安全监督检验检测机构参照地市级质检机构,建设规模可适当增加。

4.2 建设原则

4.2.1 项目建设应遵守国家有关工程建设的标准和规范,执行国家节约土地、节约用水、节约能源、保护环境、消防安全等要求,符合农产品质量安全监管部门制定颁布的有关规定。

4.2.2 项目建设应统筹规划,与城乡发展规划以及农产品生产、加工和流通相协调,做到远近期结合。

4.2.3 项目建设水平应根据当地农业和科技发展的现状,因地制宜,做到安全可靠、技术先进、经济合理、使用方便和管理规范。

4.2.4 项目建设应与其他农业检测机构建设相协调、资源共享。

4.3 任务和功能

4.3.1 负责本区域农产品质量安全抽检、监督抽查检测、复检等工作。

4.3.2 承担上级行业行政主管部门委托的农产品质量安全监测工作。

4.3.3 承担本区域农业生产组织、农产品流通组织(含批发市场和配送中心)的检测技术支持以及各类委托检验任务。

4.3.4 负责县级及以下检测机构的技术指导。

4.3.5 承担本区域农产品质量安全方面的标准宣贯、技术咨询等服务工作。

4.4 能力要求

4.4.1 以定量检测为主,重点配置高灵敏、高精度检测仪器设备;兼备现场快速检测能力。

4.4.2 能够满足本区域主导农产品、农业投入品及农业环境的质量安全监管相关检测需要。

4.4.3 检出限能满足国家相应参数的限量标准要求。

4.4.4 检测能力达到每年8万项次～10万项次。

4.5 项目构成

4.5.1 主要建设内容:新建项目包括实验室建筑安装工程、仪器设备和场区工程等。已有实验用房的改造项目主要包括实验室装修改造和仪器设备购置等。

4.5.2 实验室建筑安装工程:包括实验室建筑结构及装修工程、建筑设备安装工程等。实验室建筑结构及装修工程是指新建或改造实验室;建筑设备安装工程包括实验室的建筑给排水工程、采暖工程、通风和空调工程、电气工程、消防工程等以及实验室净化系统、信息网络系统、保安监控系统等。

4.5.3 仪器设备:包括样品前处理及实验室常规设备、大型通用分析仪器、专用检测仪器设备、快速检测仪器设备、其他仪器设备以及相应的交通工具等。

4.5.4 场区工程:包括道路、停车场、围墙、绿化和场区综合管网等,宜独立设置实验室配套的气瓶库、危险物品储存库等附属设施。

5 项目选址与总平面设计

5.1 项目选址

5.1.1 项目选址应符合当地城市规划、土地利用规划和环境保护的要求,应节约用地。

5.1.2 用地规模参照《科研建筑工程规划面积指标》的规定执行。

5.1.3 项目选址应符合科学实验工作的要求,不宜建设在居民密集区、农化生产企业周边、环境敏感区内。

5.1.4 实验室建设地点应满足交通便利、通讯畅通、供水供电有保障、工程地质结构稳定的要求。

5.2 总平面设计

5.2.1 实验室宜独立布局。

5.2.2 合理利用建设场地的地形地貌,利用现有公用设施等。

5.2.3 合理布置场区综合管网,场区实行雨污分流。实验室污水应单独处理,达到排放标准。

5.2.4 危险生化品、气瓶以及有关易燃易爆危险物品设专柜储存,防盗、防爆、防泄漏。

5.2.5 整个场区应单独设置围墙,并设置明显的位置标识。

6 工艺流程

6.1 基本原则

项目工艺应符合实验室质量管理体系的要求,达到检测能力高通量和高精度的技术水平,并符合节约用水、节约能源等环保要求及安全防护要求。

6.2 工艺流程

检测工艺流程主要包括任务的接收、样品的采集和管理、样品的检测、检测质量的控制、检验报告的签发等。详细检测工艺流程图参见附录A。

7 仪器设备

7.1 配备原则

应具备与其功能定位和能力要求相适应的检测仪器设备,并考虑配备仪器设备的先进性、可靠性、适应性和科学性。在同等性能情况下,优先选择国产仪器设备。

7.2 配备要求

7.2.1 仪器设备基础配置见表1,其他未列出的检测仪器设备、辅助设备等根据有关规定和实际情况确定。

表 1 仪器设备基础配置

序号	仪器设备类别	仪器设备名称	仪器设备数量台(套)
1	样品前处理及 实验室常规设备	冷藏冷冻设备[a]	10
2		天平[b]	12
3		干燥设备[c]	8
4		前处理设备[d]	25
5		制水设备[e]	4
6		其他设备[f]	10
7	大型通用分析仪器	元素价态分析仪	1
8		原子吸收分光光度计[g]	2
9		原子荧光光度计	1
10		离子色谱仪	1
11		气相色谱仪	2~3
12		液相色谱仪	3~4
13		气相色谱-质谱联用仪	2
14		液相色谱-质谱联用仪	2
15	专用检测仪器设备	定氮仪[h]	2
16		总有机碳/总氮分析仪	1
17		电导率仪	1
18		土壤水分测定仪	2
19		生物需氧量测定仪	1
20		溶解氧测定仪	1

表 1（续）

序号	仪器设备类别	仪器设备名称	仪器设备数量台(套)
21	专用检测仪器设备	浊度计	1
22		测油仪	1
23		显微镜	2
24		全自动菌落分析仪	1
25		酶标仪	2
26		粗蛋白测定仪	1
27		脂肪测定仪	1
28		纤维素测定仪	1
29	快速检测仪器设备	农药残毒速测仪	4～6
30		兽药残留检测仪	4～6
31		生物毒素速测仪	2
32		乳成分测定仪	3
33		其他快速检测仪器设备	4～6
34	其他仪器设备	紫外分光光度计、旋光分析仪	2～3
35		自动电位滴定仪	2
36		pH计	4
37		培养箱	2
38		高压灭菌锅	2
39		超净工作台、生物安全柜	4
40	交通工具	采样车	1

a 包括冷藏箱、冰箱和超低温冰箱等。

b 包括百分之一天平、千分之一天平、万分之一天平和十万分之一天平等。

c 包括真空干燥箱、烘箱和马弗炉等。

d 包括分样器、样品粉碎及研磨设备、微波消解器、全自动样品消解工作站、离心机、氮吹仪、旋转蒸发仪、固相萃取仪和快速溶剂萃取仪等。

e 包括纯水器、超纯水器等。

f 包括超声波清洗器、微量移液器、紧急喷淋装置和冲眼器等。

g 至少配备1台石墨炉原子吸收分光光度计。

h 可用于农业环境、农产品和饲料等含氮量的测定。

7.2.2 实验室的实验台柜、档案柜、陈列柜等根据需要购置。

7.2.3 实验人员工作用办公设备、培训用设施设备等根据需要合理配置。

8 建设用地及规划布局

8.1 功能分区及面积

8.1.1 地市级质检机构由检测实验用房、辅助用房和公用设施用房等组成。各类用房应合理安排、功能分区明确、联系方便、互不干扰。

8.1.2 实验及辅助用房由业务管理区、物品存放区、实验区和实验室保障区等组成,宜采用标准单元组合设计。

8.1.3 地市级质检机构实验及辅助用房面积基本要求见表2。功能布局不同、建筑结构形式不同,总建筑面积也不同。

表 2 实验及辅助用房功能分区和面积基本要求

功能区	功能室	用途及基本条件	面积 m²
业务管理区	人员工作室	专用于质检机构工作人员办公,按人均 6 m² 计,人员总数见 10.3.6	300
	业务接待室	用于业务和人员的接待、洽谈,配备必要的办公家具、设备等	
	接样室	用于样品接收、核对、登记,配备必要的天平、分样器等	
	档案室	用于保存检测的文件、原始记录等资料,配备必要的家具、设备、专用消防器材等	
	培训室	用于内部和外部人员培训,配备可以同时满足 20 人以上培训所必要的会议设备、家具及信息化设备等	
物品存放区	更衣室	用于内部和外部人员进出实验室时的更衣、清洁、消毒等,配备必要的更衣、清洗、消毒设施和设备	90
	样品室	用于样品保存,配备必要的贮存设施、低温或恒温设备等	
	标准物质室	用于标准物质保存,标准溶液的配制、标定,室温能控制在 20℃ 左右,配备必要的贮存设施、低温或恒温设备等	
	试剂储存室	用于储存备用化学试剂,配备通风设施、防爆灯、消防砂和灭火器等	
实验区	样品前处理室	用于实验样品前处理,配备样品粉碎及研磨设备、微波消解器、全自动样品消解工作站、离心机、氮吹仪、旋转蒸发仪、固相萃取仪、快速溶剂萃取仪等;安装 6 套以上通风橱及其他必要的通风设施	150
	天平室	用于集中存放和使用天平,宜设置缓冲间和减震设施,并配备必要的恒温、恒湿设备等	30
	高温设备室	用于放置烘箱、马弗炉等,配备必要耐热试验台、通风设备等	30
	感官评价室	用于农产品感官品质评价	30
	快速检测室	用于农产品质量安全快速检测,配备农药残毒、兽药残留、生物毒素等快速检测仪器设备	60
	微生物检测室	用于农产品微生物污染及疫病检验等	60
	环境检测室	用于常见农业环境污染物的检测,配备总有机碳/总氮分析仪、生物需氧量测定仪、溶解氧测定仪、浊度计、测油仪等现场监测和常规环境检测仪器设备	60
	种子检测室	用于种子质量检测,配备种子净度、水分、活力、纯度、真实性等检测仪器设备	60
	土肥检测室	用于土壤肥力、肥料质量的检测,配备定氮仪和土壤水分测定仪等	60
	饲料检测室	用于饲料质量检测,配备粗蛋白测定仪、脂肪仪、纤维素分析仪、氨基酸分析仪等	60
	光谱分析室	主要用于元素及价态分析,配备原子吸收分光光度计、原子荧光光度计、元素价态分析仪等,配备必要的通风设施	90
	色谱分析室	主要用于农(兽)药残留等的测定,配备气相色谱、液相色谱或色谱一质谱联用仪等,配备必要的通风设施	150
实验室保障区	制水室	用于制备实验用水	60
	供气室	用于集中供气系统或气瓶的放置,提供实验用氮气、氩气、氢气、乙炔等气体	
	洗涤室	用于实验器皿、设备等物品的清洗,配备必要的清洗设备、用具、用品	
总计		使用面积	1 290
		建筑面积	1 700

注 1:实验室各功能室的建设可按需求予以适当合并、拆分或命名。
注 2:建筑面积按照使用面积的约 1.3 倍进行估算。

8.2 建筑及装修工程

8.2.1 实验室建筑设计及装修工程应满足 JGJ 91 有关科学实验室建筑设计的一般规范要求。

8.2.2 业务管理区与物品存放区、实验区和实验室保障区应有效隔离。互有影响会干扰检测结果的实验室之间应有效隔离,防止交叉污染。

8.2.3 涉及到低、微危害性微生物检测的地市级质检机构应达到生物安全2级实验室的有关要求,应设置安全防护措施。

8.2.4 实验及辅助用房走道的地面及楼梯面层应坚实耐磨、防水、防滑、不起尘、不积尘,墙面应光洁、无眩光、防潮、不起尘、不积尘,顶棚应光洁、无眩光、不起尘、不积尘。

8.2.5 实验室层高按照通风、空调、净化等设施设备的需要确定,设置空调的实验室净高不宜小于2.4 m,但不超过3.0 m。

8.2.6 微生物检测室应符合 GB 4789.1 的要求。

8.2.7 感官评价室应符合 GB/T 13868 的要求。

8.2.8 电感耦合等离子体质谱联用仪等特殊实验室装修按照相关要求执行。

8.2.9 实验楼宜设置电梯。

8.3 建筑结构工程

8.3.1 实验室建筑宜采用现浇钢筋混凝土结构。

8.3.2 建筑抗震设防类别应为 GB 50011 的丙类。

8.3.3 按照 GB 50352 的规定,结构设计使用年限50年。

8.4 建筑设备安装工程

8.4.1 实验室的采暖、通风、空调系统的设计应满足相应实验室的仪器设备运行和检测方法的温度、湿度及其他环境条件的要求。

8.4.2 实验室供电负荷等级不低于 GB 50189 的Ⅲ级,专用设备应根据其要求设置稳压器或不间断电源。

8.4.3 实验室的水电气线路及管道、通风系统布局合理,符合检测流程和安全要求。

8.4.4 使用强酸、强碱的实验室地面应具有耐酸、碱和腐蚀的性能,用水较多的实验室地面应设地漏。

8.4.5 按 GB 50016 的规定,建筑防火类别为戊类,建筑耐火等级不低于二级。大型精密贵重仪器设备所在实验室应采用气体灭火装置。

8.5 附属设施

设置独立气瓶库、危险物品储存库等附属设施的应按照有关规定进行设计、建造和维护,符合安全、防护、疏散和环境保护的要求。

9 节能节水与环境保护

9.1 建筑节能设计应按照 GB 50189 及其他有关节能设计标准执行。

9.2 仪器设备应考虑节能、节水要求。

9.3 实验废液、废渣、废气的排放应符合有关规定,合理处置。

10 主要技术及经济指标

10.1 项目建设投资

10.1.1 投资构成:包括建筑工程投资、仪器设备购置费、工程建设其他费和预备费等。地市级质检机构总投资估算指标见表3。

表3 建设项目总投资估算表

序号	项目名称	项目主要内容	投资估算	备注
1	建筑工程投资	包括实验室建筑安装工程和场区工程投资	2 300 元/m² ～3 300 元/m²	详见表4
2	仪器设备购置	见 4.5.3	1 480 万元～2 005 万元	详见表5

表 3（续）

序号	项目名称	项目主要内容	投资估算	备注
3	工程建设其他费	前期调研、可行性研究报告编制咨询费、勘察设计费、建设单位管理费、监理费、招投标代理费以及各地方的规费等	360 元/m² ～ 600 元/m²	
4	预备费	用于预备建设工程中不可预见的投资	570 元/m² ～ 780 元/m²	按前三项投资的 5%估算

注:估算指标以新建实验室建筑面积为基数。

10.1.2 建筑工程投资:建筑工程内容和投资估算指标见表 4。具体估算方法按照当地的工程造价定额和指标执行。

表 4 建筑工程投资经济指标估算表

序号	项目名称	项目主要内容	投资估算 元/m²	备 注
1	建筑安装工程费	见 4.5.2	2 000～2 800	实验室净化要求高、面积大,投资额度应相应提高
2	场区工程费	见 4.5.4	300～500	
	总 计		2 300～3 300	

注:估算指标以新建实验室建筑面积为基数。

10.1.3 仪器设备购置费:仪器设备购置经济指标见表 5。

表 5 仪器设备购置基本经济指标估算表

序号	仪器设备类别	数量 台(套)	购置费 万元
1	样品前处理及实验室常规设备	69	260～340
2	大型通用分析仪器	14～16	860～1 110
3	专用检测仪器设备	18	210～260
4	快速检测仪器设备	17～23	70～160
5	其他仪器设备	16～17	60～110
6	交通工具	1	20～25
	总计	135～144	1 480～2 005

注:表中所列经济指标仅为标准制定时的市场平均参考价格,具体价格以招标采购时实际中标价格为准,其中进口仪器设备购置费为不含税价格。

10.2 建设工期

项目建设工期按照建筑工程的工期、进口或国产仪器设备的购置安装工期确定,通常为 15 个月～18 个月。

10.3 劳动定员

10.3.1 从事农产品质量安全检测的技术人员应具有相关专业中专以上学历,并经省级以上人民政府农业行政主管部门考核合格。

10.3.2 技术负责人和质量负责人应具备高级专业技术职称或同等能力,并从事农产品质量安全相关工作 5 年以上。

10.3.3 综合管理部门负责人应具备中级及以上专业技术职称或同等能力,熟悉检测业务,具有一定组织协调能力。

10.3.4 检测部门负责人应具备中级及以上专业技术职称或同等能力,5 年以上检测工作经历,熟悉本专业检测业务,具有一定管理能力。

10.3.5 从事计量检定和种子、动植物检疫等法律法规另有规定的检验人员,须有相关部门的资格证明。

10.3.6 技术人员和管理人员总数 15 人～25 人。

附 录 A
（资料性附录）
检测工艺流程图

检测工艺流程见图 A.1。

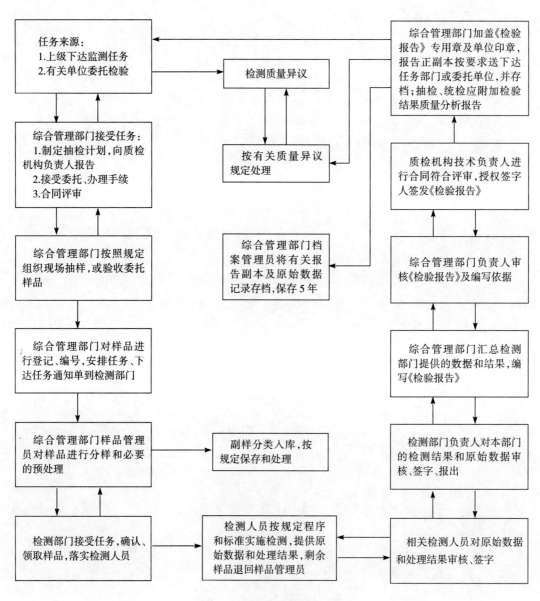

图 A.1 检测工艺流程图

ICS 65.040
P 35

中华人民共和国农业行业标准

NY/T 2245—2012

县级农产品质量安全监督检测机构
建设标准

Construction standard of supervision and testing station for
quality and safety of agri-products at county level

2012-12-07 发布　　　　　　　　　　　　　　2013-03-01 实施

中华人民共和国农业部 发布

NY/T 2245—2012

目　次

前言

1　范围

2　规范性引用文件

3　术语和定义

4　建设规模与项目构成

　　4.1　建设规模

　　4.2　建设原则

　　4.3　任务和功能

　　4.4　能力要求

　　4.5　项目构成

5　项目选址与总平面设计

　　5.1　项目选址

　　5.2　总平面设计

6　工艺流程

　　6.1　基本原则

　　6.2　工艺流程

7　仪器设备

　　7.1　配备原则

　　7.2　配备要求

8　建设用地及规划布局

　　8.1　功能分区及面积

　　8.2　建筑及装修工程

　　8.3　建筑结构工程

　　8.4　建筑设备安装工程

　　8.5　附属设施

9　节能节水与环境保护

10　主要技术及经济指标

　　10.1　项目建设投资

　　10.2　建设工期

　　10.3　劳动定员

附录 A(资料性附录)　检测工艺流程图

前　言

本标准按照GB/T 1.1给出的规则起草。

本标准由中华人民共和国农业部提出并归口。

本标准起草单位：农业部农产品质量标准研究中心、农业部工程建设服务中心、中国农业科学院农业质量标准与检测技术研究所。

本标准主要起草人：毛雪飞、钱永忠、朱智伟、俞宏军、吕军、黄亚涛、李朋颖。

县级农产品质量安全监督检测机构建设标准

1 范围

本标准规定了县级农产品质量安全监督检测机构(县级质检机构)建设的基本要求。

本标准适用于县级质检机构的新建工程以及改建和扩建工程。

本标准可作为编制县级质检机构建设项目建议书、可行性研究报告和初步设计的依据。

2 规范性引用文件

下列文件对于本文件的应用是必不可少的。凡是注日期的引用文件,仅注日期的版本适用于本文件。凡是不注日期的引用文件,其最新版本(包括所有的修改单)适用于本文件。

GB 50011　建筑抗震设计规范

GB 50016　建筑设计防火规范

GB 50189　公共建筑节能设计标准

GB 50352　民用建筑设计通则

JGJ 91　科学实验室建筑设计规范

NY/T 2.1　农业建设项目通用术语

建标〔1991〕708 号　科研建筑工程规划面积指标

3 术语和定义

NY/T 2.1界定的以及下列术语和定义适用于本文件。

3.1

农产品质量安全　quality and safety of agri-products

农产品指来源于农业的初级产品,即在农业活动中获得的植物、动物、微生物及其产品,一般包括种植业产品、畜产品和水产品。农产品质量安全是指农产品质量符合保障人的健康、安全的要求。

3.2

农业环境　agricultural environment

影响农业生物生存和发展的各种天然的和经过人工改造的自然因素的总体,包括农业用地、用水、大气和生物等,是人类赖以生存的自然环境中的一个重要组成部分。

3.3

农业投入品　agricultural inputs

在农产品生产过程中使用或添加的种子、种苗、肥料、农药、兽药、饲料及饲料添加剂等农用生产资料产品和农膜、农机、农业工程设施设备等农用工程物资产品的统称。

4 建设规模与项目构成

4.1 建设规模

应根据本县、自治县、旗或自治旗及县级市、区、镇、街道等行政区域内(简称本区域)农产品质量安全日常性检测等工作量确定其建设规模,检测内容包括种植业产品、畜产品、水产品、农业环境和农业投入品等。

4.2 建设原则

4.2.1 项目建设应遵守国家有关工程建设的标准和规范,执行国家节约土地、节约用水、节约能源、保护环境、消防安全等要求,符合农产品质量安全监管部门制定颁布的有关规定。

4.2.2 项目建设应统筹规划,与城乡发展规划、农产品生产、加工、流通相协调,做到远近期结合。

4.2.3 项目建设水平应根据当地农业和科技发展的现状,因地制宜,做到安全可靠、技术先进、经济合理、使用方便和管理规范。

4.2.4 项目建设应与其他农业检测机构建设相协调、资源共享。

4.3 任务和功能

4.3.1 负责本区域农产品质量安全的日常性检测工作。

4.3.2 负责本区域乡镇农产品质量安全监管站、农产品生产基地、农贸市场等的技术指导工作。

4.3.3 协助承担上级农业行政主管部门开展农产品质量安全监测工作。

4.3.4 承担本区域广大农民和农产品生产者在质量安全方面的标准宣贯和技术培训、技术咨询等服务工作。

4.4 能力要求

4.4.1 以现场快速检测和环境、土壤监测为主,兼顾农产品中主要污染物和重要禁、限用农(兽)药残留的定量检测。

4.4.2 具备在本区域进行流动检测的能力。

4.4.3 年检测样品量应能满足本区域主导农产品、农业投入品及农业环境的质量安全监管基本需要,检测能力达到每年1万项次~3万项次;检出限能满足相应参数国家限量标准要求。

4.5 项目构成

4.5.1 主要建设内容:新建项目包括实验室建筑安装工程、仪器设备和场区工程等。已有实验用房的改造项目主要包括实验室装修改造和仪器设备购置等。

4.5.2 实验室建筑安装工程:包括实验室建筑结构及装修工程、建筑设备安装工程等。实验室建筑结构及装修工程是指新建或改造实验室;建筑设备安装工程包括实验室的建筑给排水工程、采暖工程、通风和空调工程、电气工程、消防工程等,宜设置信息网络系统、保安监控系统等。

4.5.3 仪器设备:包括样品前处理及实验室常规设备、大型通用分析仪器、现场快速检测仪器设备、其他仪器设备以及相应的交通工具等。

4.5.4 场区工程:包括道路、停车场、围墙、绿化和场区综合管网等,宜独立设置实验室配套的气瓶库、危险物品储存库等附属设施。

5 项目选址与总平面设计

5.1 项目选址

5.1.1 项目选址应符合当地城市规划、土地利用规划和环境保护的要求,应节约用地。

5.1.2 用地规模参照《科研建筑工程规划面积指标》的规定执行。

5.1.3 项目选址应符合科学实验工作的要求,不宜建设在居民密集区、农化生产企业周边、环境敏感区内。

5.1.4 实验室建设地点应满足交通便利、通讯畅通、供水供电有保障、工程地质结构稳定的要求。

5.2 总平面设计

5.2.1 实验室宜独立布局。

5.2.2 合理利用建设场地的地形地貌,利用现有公用设施等。

5.2.3 合理布置场区综合管网,场区实行雨污分流。实验室污水应单独处理,达到排放标准。

5.2.4 危险生化品、气瓶以及有关易燃易爆危险物品设专柜储存,防盗、防爆、防泄漏。

5.2.5 整个场区应单独设置围墙,并设置明显的位置标识。

6 工艺流程

6.1 基本原则

项目工艺应符合实验室质量管理体系的要求,达到快速和常规检测技术能力水平,并符合节约用水、节约能源等环保要求及安全防护要求。

6.2 工艺流程

检测工艺流程主要包括任务的接收、样品的采集和管理、样品的检测、检测质量的控制、检验报告的签发等。详细检测工艺流程图参见附录 A。

7 仪器设备

7.1 配备原则

7.1.1 应具备与其功能定位和能力要求相适应的检测仪器设备,并考虑配备仪器设备的先进性、可靠性、适应性和科学性。在同等性能情况下,优先选择国产仪器设备。

7.1.2 一类县主要以开展现场快速检测、指导地方农业生产为目的,宜配备农产品安全检测、农业生产和农业生态环境监测所需的基本设备,以样品前处理、快速检测仪器设备和移动检测设备为主。

7.1.3 二类县以做好优势农产品监管为目的,在一类县的基础上,宜进一步配备定量检测和确证性检测设备。

7.2 配备要求

7.2.1 仪器设备基础配置见表1,其他未列出的检测仪器设备、辅助设备等根据有关规定和实际情况确定。

表 1 仪器设备基础配置

序号	仪器设备类别	仪器设备名称	数量 台(套)
1	样品前处理及实验室常规设备	冷藏冷冻设备[a]	6
2		天平[b]	6
3		干燥设备[c]	6
4		前处理设备[d]	20
5		制水设备[e]	1~2
6		其他设备[f]	8
7	大型通用分析仪器	石墨炉原子吸收分光光度计	1
8		原子荧光光度计	1
9		气相色谱仪	1~2
10		液相色谱仪	1~2
11	现场快速检测仪器设备	农药残毒速测仪	3
12		兽药残留检测仪	2~5
13		生物毒素速测仪	3
14		土壤测试仪	2
15		农业环境现场监测仪器设备	2
16		乳成分测定仪	3
17		其他快速检测仪器设备	3
18		流动检测车[g]	1

表 1（续）

序号	仪器设备类别	仪器设备名称	数量 台(套)
19	其他仪器设备	紫外可见分光光度计	1
20		pH计、电位滴定仪	4
21		酶标仪	1
22		其他常规及小型仪器设备	3
23	交通工具	采样车	1

　　ᵃ　包括冷藏箱和冰箱等。
　　ᵇ　包括百分之一天平、千分之一天平和万分之一天平等。
　　ᶜ　包括真空干燥箱、烘箱和马弗炉等。
　　ᵈ　包括分样器、样品粉碎及研磨设备、消解装置、离心机、氮吹仪、旋转蒸发仪和固相萃取装置等。
　　ᵉ　包括纯水器和超纯水器等。
　　ᶠ　包括超声波清洗器、微量移液器、紧急喷淋装置和冲眼器等。
　　ᵍ　配备必要的现场快速检测仪器设备。

7.2.2　实验室的实验台柜、档案柜、陈列柜等根据需要购置。

7.2.3　实验人员工作用办公设备、培训用设施设备等根据需要合理配置。

8　建设用地及规划布局

8.1　功能分区及面积

8.1.1　县级质检机构由检测实验用房、辅助用房和公用设施用房等组成。各类用房应合理安排、功能分区明确、联系方便、互不干扰。

8.1.2　实验及辅助用房由业务管理区、物品存放区、实验区、实验室保障区等组成,宜采用标准单元组合设计。

8.1.3　县级质检机构实验及辅助用房面积基本要求见表2。功能布局不同、建筑结构形式不同,总建筑面积不同。

表 2　实验及辅助用房功能分区和面积基本要求

功能区	功能室	用途及基本条件	面积 m²
业务 管理区	人员工作室	专用于质检机构工作人员办公,按人均6 m²计,人员总数见10.3.4	130
	业务室	用于业务和人员的接待、洽谈,样品的接收、核对、登记,配备必要的办公家具、天平、分样器等	
	档案室	用于保存检测的文件、原始记录等资料,配备必要的家具、设备、专用消防器材等	
	培训室	用于内部和外部人员培训,配备可以同时满足10人以上培训所必要的会议设备、家具及信息化设备等	
物品 存放区	样品室	用于样品保存,配备必要的贮存设施、低温或恒温设备等	40
	标准物质室	用于标准物质保存,标准溶液的配制、标定,室温能控制在20℃左右,配备必要的贮存设施、低温或恒温设备等	
	试剂储存室	用于储存备用化学试剂,配备通风设施、防爆灯、消防砂和灭火器等	
实验区	样品前处理室	用于实验样品前处理,配备样品粉碎及研磨设备、消解装置、离心机、氮吹仪、旋转蒸发仪和固相萃取装置等;安装3套以上通风橱及其他必要的通风设施	80
	天平室	用于集中存放和使用天平,可设置缓冲间和减震设施,并配备必要的恒温、恒湿设备等	15

表 2（续）

功能区	功能室	用途及基本条件	面积 m²
实验区	高温设备室	用于放置烘箱、马弗炉等，配备必要耐热试验台、通风设备等	20
	速测室	配备检测农(兽)药残留的快速检测仪，另配备流动检测车	30
	环境检测室	主要用于农业环境的快速检测，配备测土配方设备、环境现场监测设备等	30
	重金属检测室	主要用于检测砷、汞、铅、镉等常见重金属，配备石墨炉原子吸收分光光度计、原子荧光光度计等，配备必要的通风设施	35
	色谱分析室	主要用于农(兽)药残留等的确证性检测，配备气相色谱、液相色谱等，配备必要的通风设施	50
实验室保障区	制水室	用于制备实验用水	40
	供气室	用于集中供气系统或气瓶的放置，提供实验用氮气、氩气、氢气、乙炔等气体	
	洗涤室	用于实验器皿、设备等物品的清洗，配备必要的清洗设备、用具、用品	
总计		使用面积	470
		建筑面积	600
注 1：实验室各功能室的建设可按需求予以适当合并、拆分或命名。			
注 2：建筑面积按照使用面积的约 1.3 倍进行估算。			

8.2 建筑及装修工程

8.2.1 实验室建筑设计及装修工程应满足 JGJ 91 有关科学实验室建筑设计的一般规范要求。

8.2.2 业务管理区与物品存放区、实验区和实验室保障区应有效隔离。互有影响会干扰检测结果的实验室之间应有效隔离，防止交叉污染。

8.2.3 实验及辅助用房走道的地面及楼梯面层应坚实耐磨、防水、防滑、不起尘、不积尘，墙面应光洁、无眩光、防潮、不起尘、不积尘，顶棚应光洁、无眩光、不起尘、不积尘。

8.2.4 实验室层高按照通风、空调等设施设备需要确定，设置空调的实验室净高不宜小于 2.4 m，但不超过 3.0 m。

8.3 建筑结构工程

8.3.1 实验室建筑宜采用现浇钢筋混凝土结构。

8.3.2 建筑抗震设防类别应为 GB 50011 的丙类。

8.3.3 按照 GB 50352 的规定，结构设计使用年限 50 年。

8.4 建筑设备安装工程

8.4.1 实验室的采暖、通风、空调系统的设计应满足相应实验室的仪器设备运行和检测方法的温度、湿度及其他环境条件的要求。

8.4.2 实验室供电负荷等级不低于 GB 50189 的Ⅲ级，专用设备应根据其要求设置稳压器或不间断电源。

8.4.3 实验室的水电线路及通风布局应符合检测流程和安全要求。

8.4.4 使用强酸、强碱的实验室地面应具有耐酸、碱和腐蚀的性能，用水较多的实验室地面应设地漏。

8.4.5 按 GB 50016 的规定，建筑防火类别为戊类，建筑耐火等级不低于二级。

8.5 附属设施

设置独立气瓶室、危险物品储存库等附属设施的应按照有关规定进行设计、建造和维护，符合安全、防护、疏散和环境保护的要求。

9 节能节水与环境保护

9.1 建筑节能设计应按照 GB 50189 及其他有关节能设计标准执行。

9.2 仪器设备应考虑节能、节水要求。

9.3 实验废液、废渣、废气的排放应符合有关规定。

10 主要技术及经济指标

10.1 项目建设投资

10.1.1 投资构成:包括建筑工程投资、仪器设备购置费、工程建设其他费和预备费等。县级质检机构总投资估算指标见表3。

表3 建设项目总投资估算表

序号	项目名称	项目主要内容	投资估算指标	备注
1	建筑工程投资	包括实验室建筑安装工程和场区工程投资	2 300 元/m²～3 000 元/m²	详见表4
2	仪器设备购置	见 4.5.3	260 万元～410 万元	详见表5
3	工程建设其他费	前期调研、可行性研究报告编制咨询费、勘察设计费、建设单位管理费、监理费、招投标代理费,以及各地方的规费等	360 元/m²～600 元/m²	
4	预备费	用于预备建设工程中不可预见的投资	350 元/m²～540 元/m²	按前三项投资的5%估算
注:估算指标以新建实验室建筑面积为基数。				

10.1.2 建筑工程投资:建筑工程内容和投资估算指标见表4。具体估算方法按照当地的工程造价定额和指标执行。

表4 建筑工程投资经济指标估算表

序号	项目名称	项目主要内容	投资估算 元/m²	备注
1	建筑安装工程费	见 4.5.2	2 000～2 500	
2	场区工程费	见 4.5.4	300～500	
总　计			2 300～3 000	
注:估算指标以新建实验室建筑面积为基数。				

10.1.3 仪器设备购置费:仪器设备购置经济指标见表5。

表5 仪器设备购置基本经济指标估算表

序号	仪器设备类别	数量 台(套)	购置费 万元
1	样品前处理及实验室常规设备	46～47	60～85
2	大型通用分析仪器	4～6	75～140
3	现场快速检测仪器设备	18～21	80～125
4	其他仪器设备	9	30～40
5	交通工具	1	15～20
总　计		78～84	260～410
注:表中所列经济指标仅为标准制定时的市场平均参考价格,具体价格以招标采购时实际中标价格为准,其中进口仪器设备购置费为不含税价格。			

10.2 建设工期

项目建设工期按照建筑工程的工期、进口或国产仪器设备的购置安装工期确定,通常为 15 个月～18 个月。

10.3 劳动定员

10.3.1 从事农产品质量安全检测的技术人员应具有相关专业中专以上学历,并经省级以上人民政府农业行政主管部门考核合格。

10.3.2 技术负责人和质量负责人应具有中级及以上专业技术职称或同等能力,并从事农产品质量安全相关工作 5 年以上。

10.3.3 从事计量检定和种子、动植物检疫等法律法规另有规定的检验人员,须有相关部门的资格证明。

10.3.4 技术人员和管理人员总数 10 人～15 人。

附 录 A
（资料性附录）
检测工艺流程图

检测工艺流程见图 A.1。

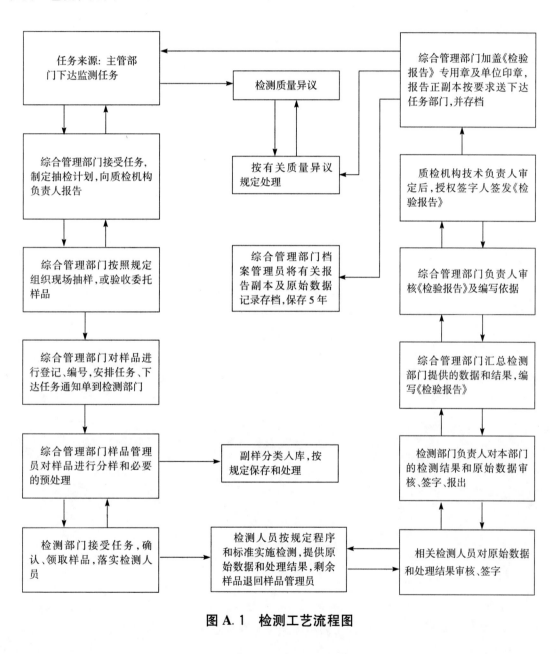

图 A.1 检测工艺流程图

ICS 65.040
P 35

中华人民共和国农业行业标准

NY/T 2246—2012

农作物生产基地建设标准　油菜

Construction critertion of crops production base—Rape

2012-12-07 发布
2013-03-01 实施

中华人民共和国农业部 发布

NY/T 2246—2012

目　次

前言
1　范围
2　规范性引用文件
3　术语和定义
4　建设规模
5　选址条件
6　工艺设备
7　建设用地与规划布局
8　建筑工程及附属设施
9　田间工程
10　节能节水与环境保护
11　主要技术经济指标
12　典型农作物生产基地示意图

前　言

本标准按照 GB/T 1.1 给出的规则起草。

本标准由农业部发展计划司提出。

本标准由全国蔬菜标准化技术委员会(SCA/TC 467)归口。

本标准起草单位:农业部规划设计研究院。

本标准主要起草人:郭爱东、刘贵华、蒋锐、蒋淑芝、丛玲玲、胡林、郭芳倩。

农作物生产基地建设标准　油菜

1　范围

本标准规定了国家农作物——油菜生产基地的建设标准。

本标准适用于新建、改建、扩建国家农作物生产基地建设（油菜）。本标准可作为编制农作物生产建设基地（油菜）规划方案、项目建议书、可行性研究报告、初步设计的依据。

2　规范性引用文件

下列文件对于本文件的应用是必不可少的。凡是注日期的引用文件，仅注日期的版本适用于本文件。凡是不注日期的引用文件，其最新版本（包括所有的修改单）适用于本文件。

GB 5084　农田灌溉水质标准

GB 15618　土壤环境质量标准

GB/SJ 50288　灌溉与排水工程设计规范

NYJ/T 06　连栋温室建设标准

NY/T 790　双低油菜生产技术规程

NY/T 1924　油菜移栽机质量评价技术规范

SL 371　农田水利示范园区建设标准

3　术语和定义

下列术语和定义适用于本文件。

3.1

油菜生产基地　rape planting base

在全国或地区农产品经济中占有较重地位并能长期稳定的和向市场提供大量油菜产品种子的集中生产地区。

3.2

油菜　rape

十字花科芸薹属一年生或二年生草本植物。

注：英文名：baby bokcho。中国是原产地之一。中国主要的油料作物及蜜源作物。茎圆柱形，多分枝。叶互生。总状花序，花淡黄色。长角果。种子球形，含油量33%～50%。中国栽培的油菜有白菜型油菜（*Brassica chinensis*）、甘蓝型油菜（*Brassica napus*）和芥菜型油菜（*Brassica juncea*）3个种。

3.3

油料作物　oil crops

以榨取油脂为主要用途的一类作物。这类作物主要有油菜、大豆、花生、芝麻、向日葵、棉籽、蓖麻、苏子、油用亚麻和大麻等。

3.4

冬油菜　winter rape

秋季或初冬播种，次年春末夏初收获的越年生油菜。分布于冬季较温暖、油菜能安全越冬的地方。在中国主要种植于南方以及北方的部分冬暖地区。

3.5

春油菜　spring rape

春季播种、秋季收获的一年生油菜。

注:在春寒地区,需要迟至5月才能播种,早熟品种可在7月收获。主要分布于油菜不能安全越冬的高寒地区,或前作物收获过迟冬前来不及种植油菜的地方。中国青海、内蒙古等地以及欧洲北部等高纬度或高海拔低温地带,均以种植春油菜为主。

3.6

灌溉渠 irrigation canal

从灌溉水源输送灌溉用水到需灌溉地点的渠道,一般情况下分为五级:干渠、支渠、斗渠、农渠和毛渠。

3.7

机耕路 tractor road

农机具(拖拉机、收割机等)出入田间地头进行耕、收、植等农田作业的田间道路。

4 建设规模

4.1 应按照"市场需求、生产实际"的原则合理确定生产建设基地规模。

4.2 生产基地建设规模按种植面积划分为小、中、大三类。各类别基地的种植面积应符合表1的规定。

表 1 各级别生产基地种植面积(S)

所在区域		小型基地 hm²	中型基地 hm²	大型基地 hm²
冬油菜	长江流域 (湖北、四川)	$50 < S < 100$	$100 \leqslant S < 600$	$S \geqslant 600$
春油菜	西北地区 内蒙古自治区	$150 < S < 500$	$500 \leqslant S < 3\,000$	$S \geqslant 3\,000$

5 选址条件

5.1 基地选址应符合当地土地利用总体规划和城乡规划。应因地制宜、合理布局、提高土地利用率,并进行方案论证。

5.2 基地建设宜选择交通便利、基础设施和农技服务体系比较完善的地区。

5.3 基地建设应选择日照充足,降水适中,地势平缓,土壤肥力中等以上,地力均匀,排灌条件好,能集中连片,形成一定规模的区域。其中,土壤应符合 GB 15618 的规定。

5.4 基地建设宜远离污染和自然灾害频发区。

6 工艺设备

6.1 工艺流程

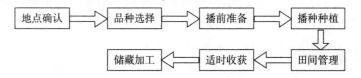

6.2 冬油菜生产要求

精细整地,种子处理,播种壮苗,适时移栽(或适时直播),合理密植,科学施肥,科学排灌,适时收获。

油菜移栽应符合 NY/T 1924 的规定。

6.3 春油菜生产要求

精细整地,种子处理,适时播种,科学施肥,适时收获。

春油菜具体要求见 NY/T 790。

6.4 各级别生产基地农机配备表

详见表2和表3。

表 2 冬油菜地区农机配备表

序号	名称	单位	数量			备注
			小型基地	中型基地	大型基地	
1	拖拉机	台	2	3~4	4~5	50 hp
2	中耕施肥机	台	2	3~4	4~5	
3	小型旋耕机	台	2	3~4	4~5	
4	运输机	台	2	2	2~4	
5	电动喷药机	台	2	2	2~4	
6	播种机	台	2	2	2	
7	收割机	台	2	2	2	

表 3 春油菜地区农机配备表

序号	名称	单位	数量			备注
			小型基地	中型基地	大型基地	
1	拖拉机	台	5	5~15	15~20	80 hp
2	中耕施肥机	台	5	5~15	15~20	
3	小型旋耕机	台	5	5~15	15~20	
4	运输机	台	2	2	2~4	
5	电动喷药机	台	5	2	2~4	
6	播种机	台	5	5~15	15~20	
7	收割机	台	5	5~15	15~20	

7 建设用地与规划布局

7.1 油菜生产基地应由管理区、种植区和轮作区组成。种植区面积和轮作区比例宜为1+2(或1+3),以便于每2年~3年进行轮换种植。

7.2 油菜基地应按功能分区原则和生产工艺流程排列布局,田块划分应根据基地规模和耕作方式合理划分,可以 20 hm² ~40 hm² 为单位布置机耕路,其间每 2 hm² ~4 hm² 以田间路分隔。

7.3 油菜基地的建设用地应坚持科学合理、节约用地的原则。基地内建筑用地应集中布置,尽量利用非耕地,不占或少占良田。

8 建筑工程及附属设施

8.1 油菜生产基地辅助生产建筑应满足贮藏、方便生产的要求,做到安全适用、经济合理。根据油菜生产特点分为管理区、生产区和田间工程。管理区又分为生活管理区和仓储区。

8.2 管理区建设规模、建筑要求和建设用地,应根据基地规模合理配置。管理区主要分为生活管理区和仓储区。生活管理区主要建筑物宜设办公用房、宿舍和食堂;生产仓储区主要包括种子库、挂藏室、温室、农机库和晒场等。其建设标准应根据建筑物用途和建设地区条件等合理确定。温室建设应符合 NYJ/T 06 的规定。

8.3 管理区应选在地势较高、排水良好、通风向阳、水源清洁的场地。

8.4 生产区建设应符合油菜生产特点,用地选择应符合村镇规划标准。

8.5 各级别生产基地管理区、生产区主要建筑物详见表4。

表4 管理区、生产区建筑一览表

序号	建设内容	单位	建设规模			建设标准	备注
			小型基地	中型基地	大型基地		
1	办公用房	m²	100	150～300	300	砖混结构	
2	职工宿舍	m²	60	60～100	200	砖混结构	
3	食堂	m²	100	100～200	300	框架结构	
4	锅炉房	m²	50	50～100	180	框架结构	
5	机井房	座	1	2～3	3～5	砖混结构	
6	配电室	座	1	1	1	砖混结构	可设箱式变电站
7	门卫	m²	20	20	20	砖混结构	
8	种子库	m²	600	800～1 200	1 200～1 800	轻钢结构	
9	挂藏室	m²	500	600～1 200	1 200～1 800	轻钢结构	
10	农机库	m²	500	700～1 500	1 500～3 000	轻钢结构	
11	温室	m²		300～1 200	1 200～2 000	轻钢结构	用于春油菜
12	晒场	m²	4 000	4 000～6 000	6 000～8 000	混凝土	

9 田间工程

9.1 场区道路布置

9.1.1 田间道路应根据油菜种植生产特点划分机耕路(主路)和作业路(田埂)。

9.1.2 机耕路(主路)应包括边沟、排水明沟、边坡。

9.1.3 机耕路(主路)应保持稳定、密实、排水性能良好。

9.1.4 田间道路应符合农机具操作宽度。

9.1.5 排水的纵坡坡度应大于0.5%,平原地区排水困难地段不宜小于0.2%。

9.2 灌排

9.2.1 合理灌排是保证油菜高产稳产的重要措施。北方地区冬季干旱,常使冻害加重,造成死苗。南部地区后期雨水偏多,造成渍害或涝害。因此,应根据油菜的需水特点,因地制宜,及时灌排。

9.2.2 油菜耗水量的大小与产量水平、种植方式、品种类型及各地不同的气候等有关。一般随单位面积产量的提高,油菜需水量也相应增加。油菜全生育期需水量一般折合 3 000 m³/hm²～4 500 m³/hm²。

9.2.3 灌排渠按照道路两侧布置,一侧灌水渠,一侧排水渠。灌溉渠渠道断面根据各地不同的油菜需水量确定。排水渠根据各地不同的降雨量确认。

9.2.4 灌排工程应符合 SL 371 及 GB/SJ 50288 的要求。灌溉用水应符合 GB 5084 的要求。

9.3 田间工程应符合油菜生产特点,各级别生产基地田间工程主要构筑物详见表5。

表5 田间工程构筑物一览表

序号	建设内容	单位	建设规模			建设标准	备注
			小型基地	中型基地	大型基地		
1	田间道路	m	3 000~5 000	5 000~12 000	12 000~17 000	混凝土或碎石路面，150 mm~180 mm厚	机耕路（主路）
2	田埂	m	3 000~6 000	8 000~20 000	20 000~30 000	混凝土或砂石路，高0.6 m	适用于水田
3	机井房（抽水站）	眼	2~3	3~5	5~6	北方地区宜采用机井，南方地区可采用抽水站	机井数量根据当地出水量确认
4	灌水渠	m	2 000~3 000	3 000~10 000	10 000~15 000	明沟，砖砌或混凝土沟壁	沟断面根据灌溉定额确认
5	排水渠	m	2 000~3 000	3 000~10 000	10 000~15 000	明沟，砖砌或混凝土沟壁	沟断面根据当地降雨强度确认
6	高压线路	m	100~200	200~300	300~600	冻土层以下地埋	根据当地实际情况确定
7	低压线路	m	1 000~2 000	2 000~10 000	10 000~15 000	冻土层以下地埋	

10 节能节水与环境保护

10.1 节能节水

建筑设计应严格执行国家规定的有关节能设计标准。

10.2 环境保护

环保要求应严格执行国家规定的有关环保设计标准。

11 主要技术经济指标

11.1 一般规定包括：

a) 估算依据建设地点现行造价定额及造价文件；

b) 投资估算应与当地的建设水平相一致。

11.2 油菜生产基地辅助生产建筑的建设内容和规模应与种植规模想匹配,其建设投资参照相关标准确定,纳入总投资中。

11.3 油菜生产基地的建设投资包括建筑安装工程费用、工器具购置费用、工程建设其他费用和基本预备费四部分。

11.4 油菜生产基地各区域建筑规模及投资估算指标见表6和表7。

表6 管理区建设内容及标准

序号	建设内容	单位造价元/m²	建设标准	备注
1	办公用房	1 500~2 000	砖混结构	
2	职工宿舍	1 000~1 500	砖混结构	
3	餐厅	2 000~3 000	框架结构	
4	锅炉房	2 000~2 500	框架结构	
5	机井房	3 000~3 500	砖混结构	
6	配电室	2 500~3 000	砖混结构	
7	门卫	1 000~1 500	砖混结构	

表7 生产区建设内容及标准

序号	建设内容	单位造价 元/m²	估算标准	备注
1	种子库	1 000~1 500	轻钢结构	
2	挂藏室	600~1 000	轻钢结构	
3	农机库	800~1 200	轻钢结构	
4	温室	600~1 500	轻钢结构,风机湿帘,内外遮阳,开窗,照明	
5	晒场	200~300	150 mm厚混凝土带排水沟	

表8 田间工程构筑物内容及标准

序号	建设内容	单位	单位造价 元/m	估算标准	备注
1	田间道路	m	300~500	混凝土道路150 mm~180 mm厚或200 mm厚碎石灌浆	机耕路,宽度3 m
2	田埂	m	80~120	混凝土埂或砂石路	宽度1 m
3	机井	眼	2万~10万		
4	灌水渠	m	90~300	混凝土	
5	排水渠	m	50~200	混凝土	
6	高压线路	m	300~700	电缆	
7	低压线路	m	150~180		

11.5 油菜生产基地项目工程建设其他费用包括:

a) 项目前期(项目建议书、可行性研究报告)咨询费;
b) 勘察设计费;
c) 招标代理服务费;
d) 工程监理费;
e) 建设单位管理费;
f) 环境影响咨询服务费。

上述费用的取费标准以当地规定为准。上述费用中不包括供电配电贴费、三通一平费、培训费和水资源费,这些项目视各类项目的具体情况而定。此外,引种费、征地租地费也视各类项目具体情况单列。

11.6 油菜生产基地项目基本预备费为建筑安装工程费用、工器具购置费用、工程建设其他费用三项之和的5%~10%。

12 典型农作物生产基地示意图

见图1。

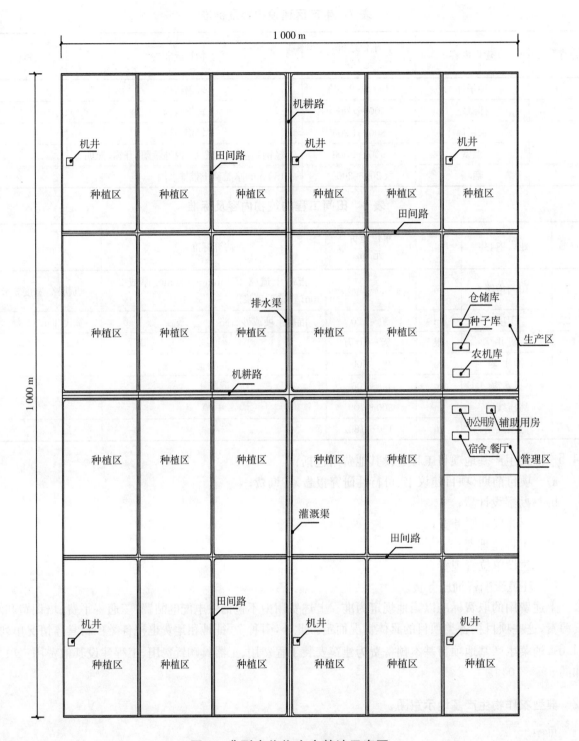

图 1　典型农作物生产基地示意图

ICS 65.020.01
B 00

中华人民共和国农业行业标准

NY/T 2247—2012

农田建设规划编制规程

Farmland construction plan preparation procedure

2012-12-07 发布

2013-03-01 实施

中华人民共和国农业部 发布

NY/T 2247—2012

目 次

前言

1 范围

2 规范性引用文件

3 术语和定义

4 准备工作

  4.1 组织及技术准备

  4.2 资料收集

  4.3 现场踏勘

5 编制规定

  5.1 报告编制主要内容

  5.2 图件规定内容

  5.3 规划附件

6 规划评审与修改

  6.1 规划的评审和批准实施

  6.2 规划的修改

附录 A（资料性附录） 收集基础资料分类

前　言

本标准按照 GB/T 1.1 给出的规则起草。

本标准由农业部发展计划司提出并归口。

本标准主要起草单位：新疆生产建设兵团勘测规划设计研究院。

本标准主要起草人：张黎明、王健、朱蓉、张新评、陶学倡、阳辉、高翔、刘兴中、李东川、杨文泽、许自恒。

农田建设规划编制规程

1 范围

本标准规定了农田建设规划编制的要求、内容、编制准备工作、成果的提交和规划报批。

本标准适用于全国地、市、县、乡各级行政单位的农田建设规划的编制。

2 规范性引用文件

下列文件对于本文件的应用是必不可少的。凡是注日期的引用文件,仅注日期的版本适用于本文件。凡是不注日期的引用文件,其最新版本(包括所有的修改单)适用于本文件。

GB 3838 地面水环境质量标准

GB 5084 农田灌溉水质标准

3 术语和定义

下列术语和定义适用于本文件。

3.1

农田建设规划 farmland construction planning

为提高土地生产能力和农业服务功能,最大限度地发挥土地的经济效益、社会效益和环境效益,对规划区域农田进行合理布局,划分功能区域,通过对田块整治、土壤改良、工程建设、生产与生活服务设施等进行系统规划,制订科学实施方案的过程。

3.2

农业田间工程 farmland work

为保障农业生产或服务而在农用土地上修建的工程设施,包括土地平整、土壤改良、田块整理、沟渠(主要指斗、农渠和排沟)、田间道路(包括田埂)、林网、水源(井、塘、池)、农田电网以及其他构筑物等建设内容。水产养殖需要建设的塘、池、田也视作田间工程。

3.3

田块整治 farmland consolidation and improvement

为了便于灌排、机耕和防止水土流失,对坡度<5°的地面不平的农田进行土地平整,坡度为5°~25°的坡地进行坡田改梯田的工程及措施的总称。

3.4

土壤改良 amelioration of soil

改善土壤物理、化学性状,恢复和提高土壤肥力的技术措施。

3.5

土地平整 land levelling

为使灌水均匀并满足机耕等要求而进行的田面整平工作。

3.6

平整精度 level off degree

平整后耕作田块内部田面的平整程度,一般以平整后耕作田块田面绝对高差范围表示。

3.7

坡改梯 changing slope fields into terrace

通过对坡地实施修筑土(石)埂、增厚土层、土地平整、整治坡面水系等工程措施,变坡地为水平梯田或缓坡梯地,达到土壤保水、保肥、保土、高产稳产的目的活动总称。

3.8

耕作田块 farming plots

一般指条田,是末级固定田间工程设施(如渠、沟、林带等)所围成的地块,是田间作业、轮作和工程建设的基本田块,是田间灌溉和排水的基本单元。

3.9

农田节水灌溉 farmland water-saving irrigation

根据作物需水规律和当地供水条件,高效利用降水和灌溉水,以取得农业最佳经济效益、社会效益和生态环境效益的综合措施。

3.10

田间道 field road

主要为货物运输、作业机械向田间转移等生产过程服务的道路。其路面宽度一般在3 m以上。

3.11

生产路 production road

为人工或农业机械田间作业和收获农产品服务的道路。其路面宽度一般在3 m以下。

3.12

温室 greenhouse

以采光覆盖材料作为全部或部分围护结构材料,有保温(或加温)设施、可在冬季或其他不适宜露地植物生长的季节供栽培植物的建筑。

3.13

基础设施 infrastructure

居民点生存和发展所必须具备的工程型基础设施和社会性基础设施的总称。

4 准备工作

4.1 组织及技术准备

4.1.1 组建编制领导小组。各地区可根据本地农田建设区域的范围大小、协调难度大小和工程难易程度等,视需要组建规划编制领导小组或者指定专门的领导和协调部门,以有利于规划编制工作的开展。

4.1.2 组建规划编制组。应委托有相应农田工程规划设计资质的单位进行规划编制,由设计单位的相关行政领导、专业技术领导和农业、水利、土地、电力、道路及其他有资质的技术人员,组建规划编制组,负责规划的具体编制工作。

4.1.3 制订编制工作大纲,包括项目区概况、规划指导思想、依据、规划主要内容、人员配备、工作进度、技术路线、成果要求与经费安排等。

4.2 资料收集

4.2.1 根据农田建设规划需要解决的问题和规划任务、目标,有针对性地调查收集规划区内的自然概况资料和社会经济资料等。

4.2.2 自然概况资料包括行政区划、区位条件、自然概况、资源概况和生态环境等方面的资料。

4.2.3 社会经济资料包括人口状况,社会经济发展情况,农业生产情况,农田工程建设的详细情况,农业、水利、林业、道路、电力等相关的规划资料,各种基建材料及产品价格信息,目前的经验及存在的问题等方面的资料。

4.2.4 各类工程建设需要的基本资料。地形图比例尺应当根据规划级别(全国性、地市级、县级、乡级的农田建设规划)不同而确定,工程地质和水文地质勘察资料、土壤调查或详查资料。应重点收集土地利用现状和规划资料。

4.2.5 征求当地政府及农民对农田建设的规划设想和建议,增加公众参与性。

4.2.6 详细资料收集可参见附录 A。

4.3 现场踏勘

4.3.1 现场踏勘主要任务为实地查看规划相关内容,主要为踏勘规划区农田自然环境状况、农田生产情况、已建工程设施和存在的问题等。

4.3.2 农田自然环境状况踏勘主要包括气象、地形地貌、水资源、土壤、自然植被和生态环境等情况。

4.3.3 农田生产情况踏勘主要包括规划区的土地利用、作物种植、生产经营和生产效益等情况。

4.3.4 已建工程设施情况主要包括项目区已有的水利、交通、电力和林网等设施现状,即项目区及附近灌排工程分布、灌排设施完好程度、机电井分布及完好率;道路级别、路面状况以及与现有主要道路衔接情况;电力线及电源;各类林带类型、防护效果和林带规划。以上工程包括正在建设或拟建的水利、交通、电力和林网等设施的情况。

4.3.5 存在问题的踏勘主要是对影响农田生产能力的主要障碍因子的重点调查,对已经采取或拟采取的应对工程措施进行查看,了解实施效果。

4.3.6 现场踏勘工作还应包括对当地各个部门的意见以及农民的建设意愿和经济承受能力的调查。

5 编制规定

5.1 报告编制主要内容

5.1.1 规划依据、指导思想及原则

5.1.1.1 规划中应阐述农田建设工程的依据、规划指导思想和原则。

5.1.1.2 规划依据包括编制规划所依据的法律、法规、政策依据、标准以及主要技术文件资料等。

5.1.1.3 指导思想应体现国家对农田建设规划方面的最新要求,同时对农田的综合整治、土地利用率、农业生产条件、生态环境建设等方面提出规划的方向性意见,提出应达到的总体目标。达到加强农田水利建设、田块整治、中低产田改造,提高耕地质量、农业综合生产能力和防灾减灾能力的目的。

5.1.1.4 规划应提出符合国家法律法规、全面规划、综合治理和利用、因地制宜、突出重点、注重实效、可持续发展、经济合理等方面的原则。

5.1.2 规划目标及水平年

5.1.2.1 提出规划应达到的总体目标,即提出通过工程建设,使得农田的灌排设施配套、农田平整、田间道路畅通、农田林网健全、生产方式先进、产出效益较大幅度提高的具体指标要求。

5.1.2.2 农田建设规划的目标,应根据考虑各方面条件,结合农田建设任务的轻重缓急,经分析论证拟定。

5.1.2.3 规划应规定规划期、基准年和规划水平年,规划水平年宜与国家建设计划及长远规划的年份一致。

5.1.3 总体布局

5.1.3.1 总体布局应在分析总结经验教训和存在问题的基础上,研究确定农田建设的原则、标准和任务,提出农田建设的目标和总体规划方案。

5.1.3.2 农田建设规划的建设标准和任务,应紧密结合当地的实际,考虑当地农民的建设意愿和经济承受力,从有利于提高农业综合生产能力、促进农业结构调整、提升农业效益的角度出发,经研究确定。

5.1.3.3 农田建设规划应突出重点,不要求涉及工程建设所有方面。规划重点在于农田的田间工程,包括必需的配套取(引)水工程、输配电工程等。

5.1.3.4 农田建设规划总体方案,应研究影响当地农田生产能力的重要因素和主要工程,对农田建设有重要影响的灌排工程、道路、电力、林网等重点工程的布局,应通过方案比较分析选定。选定的方案应尽可能满足各部门、各地区的农业生产基本要求,并具有较大的经济、社会与环境的综合效益。

5.1.3.5 如果当地自然资源、经济发展水平、农田水利工程现状、农艺技术需要等存在显著差异,可以进行分区规划,提出分区建设重点。

5.1.4 耕作田块规划

5.1.4.1 应在充分了解现状,同时与区域农业生产的特点、种植布局和发展要求相协调的基础上,进行耕作田块规划。主要包括田块总体布局和田块单元规划两大部分。

5.1.4.2 按照因地制宜、综合治理的原则,确定规划区田块布局的范围、位置、用地规模,合理划定各类农用地的用地区域,拟定田块总体布局方案。

5.1.4.3 田块单元规划应规划到田块(条田),必须结合当地的地形条件,考虑农田灌排、机械作业效率、土地平整、防风、生产组织等要求,拟定田块单元适宜的规模、方向、形状和长宽。

5.1.4.4 耕作田块规划要考虑"山、水、田、林、路"综合协调,最大限度地提升土地生产力,方便生产,保护土地资源与环境。有利于建设以农田为核心、结构合理、"经济、社会、生态效益"统一的农田生态系统。

5.1.4.5 要求规划后耕作田块内的坡向、土壤、平整度尽可能一致。

5.1.4.6 耕作田块规划应与综合农业区划、区域开发及相关规划等密切结合和相协调。

5.1.4.7 在平原干旱地区,一般以渠路为骨架进行田块规划;滨海滩涂区耕作田块规划应注意降低地下水位,洗盐排涝,改良土壤,改善生态环境;在地形复杂地区,应注意防止水土流失,减少地表径流,根据地形特点和等高线方向确定合理的耕作方向。

5.1.5 田块整治及土壤改良规划

5.1.5.1 田块整治及土壤改良规划一般包括土地平整、坡改梯和土壤改良三大部分。

5.1.5.2 为提高土地的生产效率和农业生产能力,一般都应进行土地平整。该工程应与土地利用的其他工程相协调。

5.1.5.3 各地应根据当地的地形、土壤、机耕要求等实际条件进行土地平整规划,规划应确定土地平整的范围、土地平整单元的大小。

5.1.5.4 考虑规划区不同区域的情况,选择有代表性的、面积不少于占平整区域5%的地块,进行典型田块土地平整设计(规划)。在土地平整设计中,要确定平整田块的设计标高、田面坡度、平整精度,并据此提出土地平整土方量和土方平衡计算成果。根据典型区设计成果提出规划区平整土方量和土方平衡方案。

5.1.5.5 在丘陵、高原等地形起伏、坡度较大、已为坡耕地的区域,在经济允许的条件下,应尽量改造为梯田,进行坡改梯规划。

5.1.5.6 在土壤侵蚀原因调查的基础上进行坡改梯规划。规划应确定坡改梯的范围、地点、规模,根据不同的地形坡度布置梯田位置、形状、大小、方向以及规划改造后梯田的田面宽度和长度。

5.1.5.7 考虑规划区不同区域的情况,选择有代表性、面积不少于占坡改梯面积5%的地块,进行典型田块坡改梯设计(规划)。在设计中,要确定田块的设计标高、田面坡度、田面宽度、田块长度、挡土墙的型式、纵横断面设计、材料、运距等,并据此提出坡改梯的土石方量。根据典型区设计成果提出规划区坡改梯土石方量。

5.1.5.8 坡改梯也应相应采取其他措施,如耕作培肥措施、植物措施等。

5.1.5.9 土壤改良规划应根据当地土壤的不良性状、障碍因素,结合当地的自然条件、经济条件,因地制宜地制定切实可行的规划,并进行分步实施,以达到有效改善土壤生产性状和环境条件,最终达到农业增产增收、农民和职工致富及生态环境改善的目标。

5.1.5.10 在查清低产土壤障碍因素、总结以前低产土壤改良做法的前提下,提出土壤改良的目标和任务,制定针对性的土壤改良措施,包括水利、农业、生物和化学等措施。如有拉沙改土、石灰石改土等措施,应提出具体的材料量、来源和运距等。

5.1.5.11 为保护耕作层的地力,应明确表土剥离与回填等要求。

5.1.6 农田灌排工程规划

5.1.6.1 农田灌排规划应根据各地实际情况选择。在降水量不满足作物生长需要的地区,应重视灌溉工程规划;在干旱、滨海滩涂等有盐碱、洪涝危害的地区应制订完善、通畅的排水规划。

5.1.6.2 农田灌排规划应在调整规划区内的灌溉现状和农业生产对灌溉要求的基础上,结合水源条件,拟定灌溉范围及灌溉方式,确定灌溉保证率、设计标准、灌溉制度、引(配)水布置及规模、田间灌排渠系布局方案,同时确定规划区排水系统的布局、排水的容泄区,最后进行典型区田间灌排工程设计(规划)。

5.1.6.3 需要灌溉区域的规划应结合综合农业区划,在水土资源平衡分析的基础上,研究不同水源配合运用的合理方式,提出适合当地的规划原则和措施,并据以拟定可能的灌溉总面积和灌溉系统布置方案。

5.1.6.4 灌溉设计标准应根据水源条件、农业生产要求与相应作物组成和经济发展水平等因素,合理选定。

5.1.6.5 灌溉制度应根据当地农田的水源、土壤、地形和降雨等条件,以及种植作物、农业技术措施和节水灌溉技术等因素,参照当地高产、节水的灌溉经验及有关试验资料,分析确定。

5.1.6.6 农田灌排规划应因地制宜,选择引水地点、取水方式、引水规模以及必要的蓄引提等主要工程措施。原则上以农田的田间灌排工程为主,但涉及为农田服务的骨干引、排水工程也应纳入本农田灌排规划中。

5.1.6.7 农田建设一般应有灌有排,防止土壤盐碱化、沼泽化。灌排渠系应根据地形、地质、水系、承泄区等条件,尽量照顾到行政区划合理布置。在条件允许的情况下,灌溉渠系设置应力求扩大自流灌溉面积。排水沟布置应因地制宜采取排、截、滞、抽等方式。具有多水源或兼有其他开发利用任务的灌区,应研究多种可行的方案,经技术经济论证选择最优开发方案。

5.1.6.8 规划的井灌区应分析预测长期开采后的地下水动态变比,研究提出实施地表水、地下水联合调度运用的方案。防止过量开采地下水可能对生态和环境造成的不利影响。

5.1.6.9 对已建成农田的改造,应根据当地社会经济发展的新要求,提倡实施节水灌溉,因地制宜提出灌排渠系和建筑物改建方案。必要时,可对供水水源进行适当调整。

5.1.6.10 选择的灌溉水源的水质要符合灌溉水标准,不能直接引用未经处理、不符合灌溉水标准的城市工业污水,防止污染土壤和地下水。地面水、地下水或处理后的城市污水与工业废水,只要符合 GB 3838 和 GB 5084 的要求,即可作为灌溉水源。

5.1.6.11 农田节水灌溉规划应与当地水资源开发利用、农村水利及农业发展规划、土地整理规划相协调。应确立农田节水灌溉规划的建设标准和目标。目标应符合本地区当前节水灌溉发展的总体要求,并与当地水、土资源开发利用和农业发展规划相协调。

5.1.6.12 农田节水灌溉规划应实现优化配置、合理利用、节约保护水资源、发挥灌溉水资源的最大效益。规划应根据本地区现状节水灌溉建设、运行情况,结合资源、经济条件,分析农田节水灌溉发展方向和潜力。

5.1.6.13 应根据地形地貌、气象、水资源、土壤、农业种植结构等自然和社会经济条件,通过经济、技术、运行、管理、维护、节能、环境影响等多个方面的比选,因地制宜地确定最优的节水灌溉方案。方案应符合相应的国家技术标准和本省(区、市)相关技术规范要求。

5.1.6.14 根据节水灌溉方案,结合灌区水土资源平衡分析,确定节水灌溉工程面积并进行工程总体布置,提出主要建设内容。自然条件有较大差异的灌区,应分区进行工程总体布置。

5.1.6.15 考虑灌排工程规划的情况,根据确定的规划方案,选择具有代表性灌溉与排水工程、节水灌溉典型区域进行典型设计。在典型设计中,应对骨干灌排提工程、田间典型灌排渠道、管网工程、机井及涉及建筑物进行设计,包括渠系的纵横断面设计图,管网设计图,提灌(排)站、建筑物(机井)的平面图和剖视图,表示出构筑物的长、宽、高等具体尺寸及材料名称等,并据此提出材料工程量。根据典型区设计成果提出规划区灌排工程及节水工程所需各类材料工程量。

5.1.6.16 规划应提出灌排管理要求,包括工程管理、用水管理、生产管理和组织管理四方面内容。

5.1.7 田间道路规划

5.1.7.1 田间道路规划应从方便农业生产与生活、有利机械化耕作、少占耕地等方面综合考虑。一般包括田间道和生产路的布置。

5.1.7.2 应根据以上要求,明确规划区田间道路的分级,合理确定各级田间道路走向、长度和宽度。

5.1.7.3 根据项目区实际分级情况,选取典型的各级道路进行典型设计,包括道路的纵横断面设计。其中,横断面主要确定路面宽度和路面结构,并对配套桥、涵等道路建筑物设计。根据典型设计估算总体道路工程的工程量。

5.1.7.4 各地道路规划应因地制宜,同时与沟、渠、林、田块和村庄结合布置。

5.1.7.5 道路线路布局尽可能平直,线长最短,联系便捷,避开低洼沼泽地段。

5.1.7.6 改建道路布局,应充分利用现有道路、桥梁、涵洞和堤坝等工程建筑物,并考虑远景发展的需要。

5.1.8 农田防护林规划

5.1.8.1 农田防护林规划必须坚持为农业生产服务的方向,必须贯彻"因地制宜,因害设防,全面规划,统筹安排"的原则,对沟、河、渠、田、林、路统一规划,对风、沙、旱、涝综合治理。

5.1.8.2 农田防护林紧密结合固沙、水土保持、渠路保护、护岸建设等的需要,统一规划,发挥多种林种的作用,形成可持续经营的综合生态防护林体系。

5.1.8.3 应确定农田防护林的布局形式、种植比例和面积,主副林带的朝向、宽度、林带结构,林带间距、株行距和拟种植树种等。根据当地种苗市场条件和经济条件,进行种苗规划。区别对待新开发区、现耕地的农田防护林规划。

5.1.8.4 在风沙前沿地区宜建立防风固沙林和用材林基地。丘陵区宜重点发展水土保持经济兼用林;平原区建成以农田林网为主的防护用材林基地,并对过熟农田防护林进行更新改造。

5.1.8.5 防风固沙林可根据实际情况选择设置。需要时,设置在农田林网外围的沙丘前沿地带及流沙边缘与农田绿洲相交处。规划应按照不同的防风固沙目的选择不同类型。

5.1.8.6 一般应根据丘陵、山地、沟壑的水土流失情况设置相应的水土保持林。规划需确定水土保持林的具体位置、面积、树种和株行距。

5.1.8.7 护岸林布置在河流两岸及水库岸坡,防止塌岸和冲刷岸坡的林地。可考虑与防风固沙林、水源涵养林相结合设置。根据当地具体情况确定林带宽度、林带结构、树种及株行距。

5.1.9 田间电力规划

5.1.9.1 田间电力规划应在所接电网有足够的供电能力、能满足供电区域内各类用户负荷增长需要的情况下进行,一般不包括电源规划。

5.1.9.2 合理确定电网的电压等级、接线方式和点线配置方案,使其电网结构优化合理。

5.1.9.3 田间电力规划主要包括预测用电负荷,确定供电电源来源、功率、容量、电压等级、供电线路和供电设施。

5.1.9.4 电力工程规划一般要求输电、变电配电容量协调,无功电源配置适当,功率因数达到合理水平(>0.9),供电可靠率不断提高。

5.1.9.5 应符合环境保护的要求,节约土地,少占农田,并优先采用新技术和性能完备、运行可靠、技术先进的新设备。

5.1.9.6 高低压输电线路路径和杆位的选择布置应以不防碍机耕作业为原则,导线及绝缘子、电杆的技术要求配电线路所采用的导线,应符合国家电线产品技术标准。

5.1.9.7 变电配电设施应设在负荷中心或重要负荷附近以及便于更换和检修设备的地方,其容量应考虑负荷的发展和运行的经济性等。

5.1.10 设施农业规划

5.1.10.1 设施农业建设地点应选择通电、通水、通路条件较好的地区。

5.1.10.2 按照因地制宜、全面规划、分步实施、突出重点、三产联动、滚动发展的原则确定设施农业的建设目标和总体布局等,布局包括设施农业建设区域、位置和规模等。

5.1.10.3 规划应结合主导产业发展规划、农机化发展规划,尽量避免与粮争地,拓展设施农业发展空间。

5.1.10.4 围绕提高效益开展规划,优先选择先进适用、易于操作、成本较低的设施种类,特别要在设施建设规划上坚持经济适用。统一规划水、电、路等基础条件,降低投入成本。

5.1.10.5 设施农业一般指温室和大棚。规划应包括温室和大棚建设中的用地规模、道路布局、建筑结构、灌排系统、电力、通风、降温和采暖等设施的规划。

5.1.10.6 在分析设施农业规划区的地形地势、地质土壤以及水、电、路等条件,是否满足发展设施农业的相关标准要求的基础上,进行道路工程规划,确定设施农业区的路网密度、道路等级划分、各级道路建设规模。

5.1.10.7 温室或大棚的建筑规划应包括建筑结构类型、单栋建筑间距、朝向以及尺寸的规划,各项规划指标均应满足项目所选择的温室结构对采暖、通风、日照、运输以及防火的要求。

5.1.10.8 设施农业的灌排工程规划应确定设施农业区灌溉方式、灌水量、灌排工程的布置、建设标准、设计流量和规模等。

5.1.10.9 电力工程规划主要包括设施农业区的用电负荷预测,确定供电电源、电压等级、供电线路和供电设施。

5.1.10.10 对温室环境控制与调节系统的规划应提出控制性的要求,包括通风系统、空调系统、采暖系统、电气和自动控制系统、遮阳和降温系统等。

5.1.10.11 应选择在设施农业规划区具有代表性的类型进行典型设计,包括建筑、灌排水、电力、道路、自动控制系统的典型设计。根据典型设计的工程量估算总工程量。

5.1.11 投资及效益分析

5.1.11.1 农田建设规划项目涵盖田块规划、田块整治、农田灌排建设、高新节水灌溉、防护林建设、道路、电力、设施农业建设等专项工程,对规划中的主要工程项目如田块整治、灌排建设和高新节水等工程,可统一采用相应的工程投资概(估)算办法编制及类似编制依据进行测算,对道路、电力、设施农业建设等专业工程项目的固定资产投资可按典型工程概算或扩大指标估算,然后与上述专业建设投资汇总处理。

5.1.11.2 专项工程建设投资估算内容应包括:投资估算编制的依据、方法及采用的价格水平年,主要材料预算价格,主要设备原价,运输方式,水、电、沙及石料单价、人工费等。

5.1.11.3 投资估算应附总估算表,分部工程估算表,独立费用计算表,分年度(或分阶段)投资表,单价汇总表,主要材料预算价格汇总表,施工机械台时费汇总表,主要材料量汇总表,设备、仪器及工具购置表等。

5.1.11.4 资金筹措应提出项目投资组成(建安工程、田间工程、仪器设备购置、其他投资)、投资承诺意见书复印件及资金筹措方式(中央财政资金、地方配套资金、自筹资金)。

5.1.11.5 根据施工进度安排,说明分年投资计划。

5.1.11.6 效益分析应包括社会效益分析、生态效益分析和经济效益分析。

5.1.11.7 社会效益分析应阐述农田建设规划项目建设期的社会影响、项目完成后维持社会稳定和发展项目区经济方面的作用。社会效益评价指标包括人均耕地增减数量、农业增产量、人均收入水平、新增劳动就业人数、耕地质量与综合生产能力等。

5.1.11.8 生态效益分析应阐述项目的生态效果,预测项目建设产生的生态影响、水环境的影响和土壤环境的影响,并提出防治措施。

5.1.11.9 农田建设规划项目的经济效益应重点分析建设前和建设后农作物产量发生变化后带来的增产效益,计算投入产出比。对项目区耕地质量与综合生产能力提高的评价。

5.1.11.10 农田建设项目属于公益性或准公益性项目,只进行国民经济评价。国民经济评价指标应包括经济内部回收率、经济净现值、经济效益费用比和投资回收期等,并进行敏感性分析;对公益性或准公益性项目,进行财务评价时可只计算年运行费用和总成本费用。

5.2 图件规定内容

5.2.1 一般要求

5.2.1.1 图纸应有目录。

5.2.1.2 应符合国家颁布的相关专业制图标准。

5.2.1.3 图纸应清晰表达规划意图、美观、大方。

5.2.1.4 图纸应有图题、图框、指北针、图例和图签。

5.2.1.5 图纸的图饰风格应保持一致。

5.2.2 区域位置图

5.2.2.1 区域位置土一般绘制在行政区划图上,出图比例与规划文本相协调。图纸反映项目区所处区域的自然地貌、地理特征、村镇分布情况。

5.2.2.2 主要包括以下内容:行政区域界线;区域地形、地貌;区域主要居民点分布;项目区位置、范围。

5.2.3 现状图

5.2.3.1 根据项目区规划用地大小,可选择适宜比例尺,根据规划级别(全国性、地市级、县级、乡级的农田建设规划)不同而确定。

5.2.3.2 现状图应包含现状内容,包括项目区界限及四邻关系;项目区界限内的现有与规划工程相关的各种地形、地物,区域主要工程设施状况;区域农用地分布情况;如已有的居民点、水利、电力、道路和耕地等。

5.2.3.3 应有现有相关工程的工程量统计表。

5.2.4 总平面规划图

5.2.4.1 总平面规划图应包含规划的各项专项工程,即:灌溉排水工程,包括取水构筑物、输(配)水渠(管)、排水沟(管)、水工建筑物、节水灌溉骨干管网等;田间供电工程;耕作田块工程;田间道路工程;防护林工程;设施农业工程。

5.2.4.2 规划的专项工程应在图中标识出工程的位置、总体规模和工程的具体数量等。

5.2.4.3 应有各项工程的工程量统计表。

5.2.4.4 图框应有经纬度。

5.2.5 典型工程规划设计图

5.2.5.1 田块整治工程应绘制典型区的平整土方设计图,标注出挖填高程和土方量。山丘区应绘制典型的梯田和护坡(挡土墙)纵横断面,标注出挡土墙各部位的尺寸、材料和名称等。

5.2.5.2 灌溉、排水工程应绘制典型的纵横断面图和建筑设计图。图中应标示出灌排工程的水力要素和剖面结构。典型设计的各种构筑物,应绘制平面图和剖视图,表示出构筑物的长、宽、高等具体尺寸及材料名称。

5.2.5.3 节水灌溉工程应绘制典型节水灌溉工程的平面布置图、管网节点连接图、轮灌顺序图、节点压力图和首部设计图等。平面布置图中应标注出首部、各级管道的名称、规格和长度及附属建筑物(如阀门井、镇墩等)的位置;管网节点连接图应表示出各级管网、管件、配套设施(如阀门、量测、监测设备等)之间的连接关系;轮灌顺序图应表示出设计工况下的灌水小区开启顺序;节点压力图应表示出最不利设计工况下各节点和灌水小区的工作压力;首部设计图应表示出各种设备的名称和连接关系。

5.2.5.4 防护林工程应绘制典型横断面图,标注出防护林结构组成和株行距。

5.2.5.5 田间道路工程应绘制典型道路的纵横断面图、建筑物的设计图。纵断面图中标注出道路沿线高程、坡度、坡长、转弯半径等设计要素和交叉情况;横断面图中标注出道路的结构尺寸。

5.2.5.6 田间电力工程应绘制典型供电线路的线路、变压器、各种杆型的组装图。

5.2.5.7 设施农业工程应绘制典型设施农业类型的设计图,表示出设施农业中的建筑、灌溉、排水、供电、采暖、通风等各种工程的结构型式、纵横断面、主要设施设备等。

5.3 规划附件

应包括与农田建设规划编制相关的专题研究报告、专题工作报告、必要的基础资料及其他相关资料附件等。

6 规划评审与修改

6.1 规划的评审和批准实施

为保证规划成果质量,由上级农业主管部门组织规划评审专家组对规划成果进行评审,规划评审应符合下列要求:

  a) 规划提出要解决的农田建设任务符合实际,规划目标切实可行;

  b) 土地用途应符合当地农业发展规划及土地利用总体规划确定的用途;

  c) 规划较好地做到了社会效益、经济效益和生态效益的统一;

  d) 农田建设规划的重点建设区域划分科学、工程布局合理、措施得当,有利于大幅度提高农业生产能力;

  e) 规划与其他部门的规划协调性较好;

  f) 规划采取的基础资料详尽、真实、可靠;

  g) 规划报告内容符合要求、论述清晰、结论可靠;

  h) 规划图件内容全面,编绘方法正规,图面整洁清晰。

规划成果评审专家组对被评审的规划成果应作出结论,符合评审要求应评为合格,可报送有批准权的机关批准公布实施;对规划成果不合格或部分内容不合格的,评审小组应提出修改或补充的具体意见。

6.2 规划的修改

经批准的农田建设规划,在实施过程中因情况变化需要进行较大修改的,必须报原批准机关批准。

附 录 A
（资料性附录）
收集基础资料分类

收集基础资料分类见表 A.1。

表 A.1 收集基础资料分类表

基础资料分类	主要内容
行政区划与区位条件	规划区行政建制与区划、村庄数量分布、毗邻地区等情况；区位优势、所处地域优势和产业优势情况
自然条件与资源	气候气象、地貌、土壤、植被、水文、地质、自然灾害（如洪涝、地震、地质灾害）等情况；水资源、森林资源、矿产资源、生物资源、海洋资源等情况
人口情况	(1)历年总人口、总户数、人口密度、人口自然增长、人口机械增长等情况 (2)户籍人口、常住人口、暂住人口、劳动力就业构成、剩余劳动力流向、外来劳动力从业等情况
经济社会生态环境	(1)农村经济社会综合发展状况、历年国内生产总值、财政收入、固定资产投资、人均产值、人均收入、农民纯收入、贫困人口脱贫等情况 (2)产业结构、主导产业状况及发展趋势，村镇居民点建设状况 (3)城乡建设及基础设施，能源、采矿业发展，对外交通等情况 (4)生态环境状况（土地退化、土地污染、水土流失等）
农田基础设施建设概况	(1)现状水利情况 (2)现状水资源情况、灌溉制度 (3)现状防护林建设情况 (4)现状农田建设情况，条田方向，规格等 (5)现状农用道路建设情况
相关规划成果	(1)涉及本规划区的城市规划（城镇体系规划）、村镇规划（村镇体系规划）、开发区规划、农业综合开发规划、江河流域综合整治规划、自然保护区规划、风景名胜保护规划、地质灾害防治规划、生态建设和环境保护规划，交通、水利、环保、旅游等相关部门涉及土地利用的规划成果等 (2)重点收集规划区内的土地利用现状和总体规划资料，包括土地利用现状资料、土地利用总体规划、土地整理专项规划资料、土地开发潜力调查资料、土地评价资料等

第三部分

转基因植物及其产品成分检测类标准

第三部分

转基因植物及其产品成分
检测先进技术

ICS 65.020.01
B 04

中华人民共和国国家标准

农业部 1861 号公告－1－2012

转基因植物及其产品成分检测
水稻内标准基因定性 PCR 方法

Detection of genetically modified plants and derived products—
Target–taxon–specific qualitative PCR method for rice

2012-11-28 发布

2013-01-01 实施

中华人民共和国农业部 发布

前　言

本标准按照 GB/T 1.1 给出的规则起草。

请注意本文件的某些内容可能涉及专利。本文件的发布机构不承担识别这些专利的责任。

本标准由中华人民共和国农业部提出。

本标准由全国农业转基因生物安全管理标准化技术委员会(SAC/TC 276)归口。

本标准起草单位:农业部科技发展中心、中国农业科学院生物技术研究所、上海交通大学、四川省农业科学院、安徽省农业科学院水稻研究所。

本标准主要起草人:金芜军、沈平、张秀杰、宛煜嵩、刘信、杨立桃、刘勇、苗朝华、汪秀峰、马卉。

转基因植物及其产品成分检测
水稻内标准基因定性 PCR 方法

1 范围

本标准规定了水稻内标准基因 *SPS*、*PEPC* 的定性 PCR 检测方法。

本标准适用于转基因植物及其制品中水稻成分的定性 PCR 检测。

2 规范性引用文件

下列文件对于本文件的应用是必不可少的。凡是注日期的引用文件,仅注日期的版本适用于本文件。凡是不注日期的引用文件,其最新版本(包括所有的修改单)适用于本文件。

GB/T 6682　分析实验室用水规格和试验方法

NY/T 672　转基因植物及其产品检测　通用要求

NY/T 673　转基因植物及其产品检测　抽样

农业部 1485 号公告—4—2010　转基因植物及其产品成分检测　DNA 提取和纯化

3 术语和定义

下列术语和定义适用于本文件。

3.1

SPS 基因　**sucrose phosphate synthase gene**

编码蔗糖磷酸合酶的基因。

3.2

PEPC 基因　**phosphoenolpyruvate carboxylase gene**

编码烯醇丙酮酸磷酸羧化酶的基因。

4 原理

根据 *SPS*、*PEPC* 基因序列设计特异性引物及探针,对试样进行 PCR 扩增。依据是否扩增获得预期的 DNA 片段或典型的荧光扩增曲线,判断样品中是否含有水稻成分。

5 试剂和材料

除非另有说明,仅使用分析纯试剂和重蒸馏水或符合 GB/T 6682 规定的一级水。

5.1　琼脂糖。

5.2　10 g/L 溴化乙锭溶液:称取 1.0 g 溴化乙锭(EB),溶解于 100 mL 水中,避光保存。

警告——溴化乙锭有致癌作用,配制和使用时应戴一次性手套操作并妥善处理废液。

5.3　10 mol/L 氢氧化钠溶液:在 160 mL 水中加入 80.0 g 氢氧化钠(NaOH),溶解后,冷却至室温,再加水定容至 200 mL。

5.4　500 mmol/L 乙二铵四乙酸二钠溶液(pH8.0):称取 18.6 g 乙二铵四乙酸二钠(EDTA - Na_2),加入 70 mL 水中,再加入适量氢氧化钠溶液(5.3),加热至完全溶解后,冷却至室温,用氢氧化钠溶液(5.3)调 pH 至 8.0,加水定容至 100 mL。在 103.4 kPa(121℃)条件下灭菌 20 min。

5.5　1 mol/L 三羟甲基氨基甲烷—盐酸溶液(pH8.0):称取 121.1 g 三羟甲基氨基甲烷(Tris)溶解于 800 mL 水中,用盐酸(HCl)调 pH 至 8.0,加水定容至 1 000 mL。在 103.4 kPa(121℃)条件下灭菌 20 min。

5.6　TE 缓冲液(pH8.0):分别量取 10 mL 三羟甲基氨基甲烷—盐酸溶液(5.5)和 2 mL 乙二铵四乙酸二钠溶液(5.4)溶液,加水定容至 1 000 mL。在 103.4 kPa(121℃)条件下灭菌 20 min。

5.7　50×TAE 缓冲液:称取 242.2 g 三羟甲基氨基甲烷(Tris),先用 500 mL 水加热搅拌溶解后,加入 100 mL 乙二铵四乙酸二钠溶液(5.4),用冰乙酸调 pH 至 8.0,然后加水定容到 1 000 mL。使用时用水稀释成 1×TAE。

5.8　加样缓冲液:称取 250.0 mg 溴酚蓝,加入 10 mL 水,在室温下溶解 12 h;称取 250.0 mg 二甲基苯腈蓝,加 10 mL 水溶解;称取 50.0 g 蔗糖,加 30 mL 水溶解。混合以上三种溶液,加水定容至 100 mL,在 4℃下保存。

5.9　DNA 分子量标准:可以清楚地区分 100 bp~1 000 bp 的 DNA 片段。

5.10　dNTPs 混合溶液:将浓度为 10 mmol/L 的 dATP、dTTP、dGTP、dCTP 四种脱氧核糖核苷酸溶液等体积混合。

5.11　Taq DNA 聚合酶、PCR 反应缓冲液及 25 mmol/L 氯化镁溶液。

5.12　石蜡油。

5.13　DNA 提取试剂盒。

5.14　定性 PCR 反应试剂盒。

5.15　实时荧光 PCR 反应试剂盒。

5.16　PCR 产物回收试剂盒。

5.17　引物和探针:见附录 A。

6　仪器和设备

6.1　分析天平:感量 0.1 g 和 0.1 mg。

6.2　PCR 扩增仪:升降温速度>1.5℃/s,孔间温度差异<1.0℃。

6.3　荧光定量 PCR 仪。

6.4　电泳槽、电泳仪等电泳装置。

6.5　紫外透射仪。

6.6　凝胶成像系统或照相系统。

6.7　重蒸馏水发生器或纯水仪。

6.8　其他相关仪器设备。

7　操作步骤

7.1　抽样

按 NY/T 672 和 NY/T 673 的规定执行。

7.2　制样

按 NY/T 672 和 NY/T 673 的规定执行。

7.3　试样预处理

按农业部 1485 号公告—4—2010 的规定执行。

7.4　DNA 模板制备

按农业部 1485 号公告—4—2010 的规定执行。

7.5　PCR 方法

7.5.1　普通 PCR 方法

7.5.1.1　PCR 反应

7.5.1.1.1　试样 PCR 反应

7.5.1.1.1.1　每个试样 PCR 反应设置 3 次重复。

7.5.1.1.1.2　在 PCR 反应管中按表 1 依次加入反应试剂,混匀,再加 25 μL 石蜡油(有热盖设备的 PCR 仪可不加)。也可采用经验证的、等效的定性 PCR 反应试剂盒配制反应体系。

表 1　PCR 检测反应体系

试剂	终浓度	体积
水		—
10×PCR 缓冲液	1×	2.5 μL
25 mmol/L 氯化镁溶液	1.5 mmol/L	1.5 μL
dNTPs 混合溶液(各 2.5 mmol/L)	各 0.2 mmol/L	2.0 μL
10 μmol/L 上游引物	0.2 μmol/L	0.5 μL
10 μmol/L 下游引物	0.2 μmol/L	0.5 μL
Taq DNA 聚合酶	0.025 U/μL	—
25 mg/L DNA 模板	2 mg/L	2.0 μL
总体积		25.0 μL

　　"—"表示体积不确定。如果 PCR 缓冲液中含有氯化镁,则不加氯化镁溶液,根据 Taq 酶的浓度确定其体积,并相应调整水的体积,使反应体系总体积达到 25.0 μL。

　　注:SPS 基因 PCR 检测反应体系中,上下游引物分别为 SPS-F 和 SPS-R;PEPC 基因 PCR 检测反应体系中,上下游引物分别为 PEPC-F 和 PEPC-R。

7.5.1.1.1.3　将 PCR 管放在离心机上,500 g～3 000 g 离心 10 s,然后取出 PCR 管,放入 PCR 仪中。

7.5.1.1.1.4　进行 PCR 反应。反应程序为:94℃变性 5 min;94℃变性 30 s,58℃退火 30 s,72℃延伸 30 s,共进行 35 次循环;72℃延伸 2 min。

7.5.1.1.1.5　反应结束后取出 PCR 管,对 PCR 反应产物进行电泳检测。

7.5.1.1.2　对照 PCR 反应

在试样 PCR 反应的同时,应设置阴性对照、阳性对照和空白对照。

以水稻基因组 DNA 质量分数为 0.1%～1.0%的植物 DNA 作为阳性对照;以不含水稻基因组 DNA 的 DNA 样品(如鲑鱼精 DNA)为阴性对照;以水作为空白对照。

各对照 PCR 反应体系中,除模板外,其余组分及 PCR 反应条件与 7.5.1.1.1 相同。

7.5.1.2　PCR 产物电泳检测

按 20 g/L 的质量浓度称量琼脂糖,加入 1×TAE 缓冲液中,加热溶解,配制成琼脂糖溶液。每 100 mL 琼脂糖溶液中加入 5 μLEB 溶液,混匀,稍适冷却后,将其倒入电泳板上,插上梳板,室温下凝固成凝胶后,放入 1×TAE 缓冲液中,垂直向上轻轻拔去梳板。取 12 μLPCR 产物与 3 μL 加样缓冲液混合后加入凝胶点样孔,同时在其中一个点样孔中加入 DNA 分子量标准,接通电源在 2 V/cm～5 V/cm 条件下电泳检测。

7.5.1.3　凝胶成像分析

电泳结束后,取出琼脂糖凝胶,置于凝胶成像仪上或紫外透射仪上成像。根据 DNA 分子量标准估计扩增条带的大小,将电泳结果形成电子文件存档或用照相系统拍照。如需通过序列分析确认 PCR 扩增片段是否为目的 DNA 片段,按照 7.5.1.4 和 7.5.1.5 的规定执行。

7.5.1.4　PCR 产物回收

按 PCR 产物回收试剂盒说明书,回收 PCR 扩增的 DNA 片段。

7.5.1.5 PCR 产物测序验证

将回收的 PCR 产物克隆测序,与水稻内标准基因的核苷酸序列(参见附录 B)进行比对,确定 PCR 扩增的 DNA 片段是否为目的 DNA 片段。

7.5.2 实时荧光 PCR 方法

7.5.2.1 试样 PCR 反应

7.5.2.1.1 每个试样 PCR 反应设置 3 次重复。

7.5.2.1.2 在 PCR 反应管中按表 2 依次加入反应试剂,混匀,再加 25 μL 石蜡油(有热盖设备的 PCR 仪可不加)。也可采用经验证的、等效的实时荧光 PCR 反应试剂盒配制反应体系。

7.5.2.1.3 将 PCR 管放在离心机上,500 g～3000 g 离心 10 s,然后取出 PCR 管,放入 PCR 仪中。

7.5.2.1.4 运行实时荧光 PCR 反应。反应程序为 95℃、5 min;95℃、5 s,60℃、30 s,循环数 40;在第二阶段的退火延伸(60℃)时段收集荧光信号。

注:不同仪器可根据仪器要求将反应参数作适当调整。

7.5.2.2 对照 PCR 反应

在试样 PCR 反应的同时,应设置阳性对照、阴性对照和空白对照。

以水稻基因组 DNA 质量分数为 0.1%～1.0% 的植物 DNA 作为阳性对照;以不含水稻基因组 DNA 的 DNA 样品(如鲑鱼精 DNA)为阴性对照;以水作为空白对照。

各对照 PCR 反应体系中,除模板外,其余组分及 PCR 反应条件与 7.5.2.1 相同。

表 2　实时荧光 PCR 反应体系

试剂	终浓度	体积
水		—
10×PCR 缓冲液	1×	2.5 μL
25 mmol/L 氯化镁溶液	2.5 mmol/L	2.5 μL
dNTPs 混合溶液(各 2.5 mmol/L)	各 0.2 mmol/L	2.0 μL
10 μmol/L 上游引物	0.4 μmol/L	1.0 μL
10 μmol/L 下游引物	0.4 μmol/L	1.0 μL
10 μmol/L 探针	0.2 μmol/L	0.5 μL
Taq DNA 聚合酶	0.04 U/μL	—
25 mg/LDNA 模板	2 mg/L	2.0 μL
总体积		25.0 μL

"—"表示体积不确定。如果 PCR 缓冲液中含有氯化镁,则不加氯化镁溶液,根据 Taq 酶的浓度确定其体积,并相应调整水的体积,使反应体系总体积达到 25.0 μL。

注:SPS 基因 PCR 检测反应体系中,上下游引物分别为 SPS-F 和 SPS-R,探针为 SPS-P;PEPC 基因 PCR 检测反应体系中,上下游引物分别为 PEPC-F 和 PEPC-R,探针为 PEPC-P。

8　结果分析与表述

8.1　普通 PCR 方法

8.1.1　对照检测结果分析

阳性对照的 PCR 反应中,内标准基因特异性序列得到扩增,且扩增片段大小与预期片段大小一致,而阴性对照及空白对照中未扩增出目的 DNA 片段,表明 PCR 反应体系正常工作,否则重新检测。

8.1.2　样品检测结果分析和表述

8.1.2.1　内标准基因特异性序列得到扩增,且扩增片段大小与预期片段大小一致,表明样品中检测出水稻成分,表述为"样品中检测出水稻成分"。

8.1.2.2 内标准基因特异性序列未得到扩增,或扩增片段大小与预期片段大小不一致,表明样品中未检测出水稻成分,表述为"样品中未检测出水稻成分"。

8.2 实时荧光 PCR 方法

8.2.1 阈值设定

实时荧光 PCR 反应结束后,以 PCR 刚好进入指数期扩增来设置荧光信号阈值,并根据仪器噪声情况进行调整。

8.2.2 对照检测结果分析

阴性对照和空白对照无典型扩增曲线,荧光信号低于设定的阈值,而阳性对照出现典型扩增曲线,且 Ct 值小于或等于 36,表明反应体系工作正常,否则重新检测。

8.2.3 样品检测结果分析和表述

8.2.3.1 内标准基因出现典型扩增曲线,且 Ct 值小于或等于 36,表明样品中检测出水稻成分,表述为"样品中检测出水稻成分"。

8.2.3.2 内标准基因无典型扩增曲线,荧光信号低于设定的阈值,表明样品中未检测出水稻成分,表述为"样品中未检测出水稻成分"。

8.2.3.3 内标准基因出现典型扩增曲线,但 Ct 值在 36~40 之间,应进行重复实验。如重复实验结果符合 8.2.3.1 或 8.2.3.2 的情况,依照 8.2.3.1 或 8.2.3.2 进行判断;如重复实验内标准基因出现典型扩增曲线,但 Ct 值仍在 36~40 之间,表明样品中检测出水稻成分,表述为"样品中检测出水稻成分"。

9 检出限

本标准方法未确定绝对检测下限,相对检测下限为 1 g/kg(含预期 DNA 片段的样品/总样品)。

附　录　A

（规范性附录）

引物和探针

A.1　普通 PCR 方法引物

A.1.1　*SPS* 基因：

SPS‐F：5′‐ATCTGTTTACTCGTCAAGTGTCATCTC‐3′

SPS‐R：5′‐GCCATGGATTACATATGGCAAGA‐3′

预期扩增片段大小为 287bp（参见附录 B）。

A.1.2　*PEPC* 基因：

PEPC‐F：5′‐TCCCTCCAGAAGGTCTTTGTGTC‐3′

PEPC‐R：5′‐GCTGGCAACTGGTTGGTAATG‐3′

预期扩增片段大小 271bp（参见附录 B）。

A.1.3　用 TE 缓冲液（pH8.0）或水分别将上述引物稀释到 10 μmol/L。

A.2　实时荧光 PCR 方法引物/探针

A.2.1　*SPS* 基因：

SPS‐F：5′‐TTGCGCCTGAACGGATAT‐3′

SPS‐R：5′‐CGGTTGATCTTTTCGGGATG‐3′

SPS‐P：5′‐TCCGAGCCGTCCGTGCGTC‐3′

预期扩增片段大小为 81bp（参见附录 B）。

A.2.2　*PEPC* 基因：

PEPC‐F：5′‐TAGGAATCACGGATACGCA‐3′

PEPC‐R：5′‐TGAACTCAGGTTGCTGGAC‐3′

PEPC‐P：5′‐AGGGAGATCCTTACTTGAGGCAGAGAC‐3′

预期扩增片段大小为 80bp（参见附录 B）。

A.2.3　探针的 5′端标记荧光报告基团（如 FAM、HEX 等），3′端标记荧光淬灭基团（如 TAMRA、BHQ1 等）。

A.2.4　用 TE 缓冲液（pH8.0）或水分别将引物和探针稀释到 10 μmol/L。

附 录 B

（资料性附录）

水稻内标准基因特异性序列

B. 1 *SPS* 基因特异性序列(Accession No. U33175)

B. 1. 1 普通 PCR 扩增产物核苷酸序列

```
  1   ATCTGTTTACTCGTCAAGTGTCATCTCCTGAAGTGGACTGGAGCTATGGGGAGCCTACTG
 61   AAATGTTAACTCCGGTTCCACTGACGGAGAGGGAAGCGGTGAGAGTGCTGGTGCGTACAT
121   TGTGCGCATTCCGTGCGGTCCAAGGGACAAGTACCTCCGTAAAGAGCCCTGTGGCCTTAC
181   CTCCAAGAGTTTGTCGACGGAGCTCTCGCGCATATCTGAACATGTCCAAGGCTCTGGGGG
241   AACAGGTTAGCAATGGGAAGCTGGTCTTGCCATATGTAATCCATGGC
```

注:画线部分为引物序列。

B. 1. 2 实时荧光 PCR 扩增产物核苷酸序列

```
  1   TTGCGCCTGAACGGATATCTTTCAGTTTGTAACCACCGGATGACGCACGGACGGCTCGGA
 61   TCATCCCGAAAAGATCAACCG
```

注:画线部分为引物序列;框内为探针序列。

B. 2 *PEPC* 基因特异性序列(Accession No. AP003409)

B. 2. 1 普通 PCR 扩增产物核苷酸序列

```
  1   TCCCTCCAGAAGGTCTTTGTGTCCAGCAACCTGAGTTCACATAGCAGTGAGTGGGCAGAT
 61   ATAGTTAAAAAAAAAGATCAGTAGTTCGGGACTAGTGATAAATATGTTTTTTAGACACTA
121   ATTTGGAGATACATTTCTGTGCAGCATTTTCTAGAAGTATCTGGAGCTTAATTATTGCCA
181   ATATATAAAAGATGCTTGATCATTTAGTCAGACAAATGCAGGATATACAGCTTGGTAAAT
241   TGAAGGAAAACATTACCAACCAGTTGCCAGC
```

注:画线部分为引物序列。

B. 2. 2 实时荧光 PCR 扩增产物核苷酸序列

```
  1   TAGGAATCACGGATACGCAGTCTCTGCCTCAAGTAAGGATCTCCCTCCAGAAGGTCTTTG
 61   TGTCCAGCAACCTGAGTTCA
```

注:画线部分为引物序列;框内为探针序列。

ICS 65.020.01
B 04

中华人民共和国国家标准

农业部1861号公告—2—2012

转基因植物及其产品成分检测 耐除草剂大豆 GTS 40-3-2 及其衍生 品种定性 PCR 方法

Detection of genetically modified plants and derived products—
Qualitative PCR method for herbicide-tolerant soybean GTS 40-3-2 and its
derivates

2012-11-28 发布

2013-01-01 实施

中华人民共和国农业部 发布

前　言

本标准按照 GB/T 1.1 给出的规则起草。

请注意本文件的某些内容可能涉及专利。本文件的发布机构不承担识别这些专利的责任。

本标准由中华人民共和国农业部提出。

本标准由全国农业转基因生物安全管理标准化技术委员会(SAC/TC 276)归口。

本标准起草单位:农业部科技发展中心、四川省农业科学院分析测试中心、黑龙江省农业科学院、中国农业科学院生物技术研究所。

本标准主要起草人:刘勇、沈平、宋君、张瑞英、雷绍荣、金芜军、赵欣、张富丽、尹全、王东、刘文娟、常丽娟、关海涛、王伟威。

转基因植物及其产品成分检测
耐除草剂大豆 GTS 40-3-2 及其衍生品种定性 PCR 方法

1 范围

本标准规定了转基因耐除草剂大豆 GTS 40-3-2 转化体特异性的定性 PCR 检测方法。

本标准适用于转基因耐除草剂大豆 GTS 40-3-2 及其衍生品种，以及制品中 GTS 40-3-2 转化体成分的定性 PCR 检测。

2 规范性引用文件

下列文件对于本文件的应用是必不可少的。凡是注日期的引用文件，仅注日期的版本适用于本文件。凡是不注日期的引用文件，其最新版本（包括所有的修改单）适用于本文件。

GB/T 6682 分析实验室用水规格和试验方法

NY/T 672 转基因植物及其产品检测 通用要求

NY/T 673 转基因植物及其产品检测 抽样

农业部 1485 号公告—4—2010 转基因植物及其产品成分检测 DNA 提取和纯化

3 术语和定义

下列术语和定义适用于本文件。

3.1

Lectin 基因 *Lectin* gene

编码大豆凝集素的基因。

3.2

GTS 40-3-2 转化体特异性序列 event-specific sequence of GTS 40-3-2

GTS 40-3-2 外源插入片段 5′端与大豆基因组的连接区序列，包括 CaMV35S 启动子部分序列和大豆基因组的部分序列。

4 原理

根据转基因耐除草剂大豆 GTS 40-3-2 转化体特异性序列设计特异性引物，对试样 DNA 进行 PCR 扩增。依据是否扩增获得预期 370 bp 的特异性 DNA 片段，判断样品中是否含有 GTS 40-3-2 转化体成分。

5 试剂和材料

除非另有说明，仅使用分析纯试剂和重蒸馏水或符合 GB/T 6682 规定的一级水。

5.1 琼脂糖。

5.2 10 g/L 溴化乙锭溶液：称取 1.0 g 溴化乙锭（EB），溶解于 100 mL 水中，避光保存。

警告——溴化乙锭有致癌作用，配制和使用时应戴一次性手套操作并妥善处理废液。

5.3 10 mol/L 氢氧化钠溶液：在 160 mL 水中加入 80.0 g 氢氧化钠（NaOH），溶解后再加水定容至 200 mL。

5.4 500 mmol/L乙二铵四乙酸二钠溶液(pH 8.0):称取 18.6 g乙二铵四乙酸二钠(EDTA-Na₂),加入 70 mL水中,再加入适量氢氧化钠溶液(5.3),加热至完全溶解后,冷却至室温,用氢氧化钠溶液(5.3)调 pH 至 8.0,加水定容至 100 mL。在 103.4 kPa(121℃)条件下灭菌20 min。

5.5 1mol/L三羟甲基氨基甲烷—盐酸溶液(pH 8.0):称取 121.1 g三羟甲基氨基甲烷(Tris)溶解于 800 mL水中,用盐酸(HCl)调 pH 至 8.0,加水定容至 1 000 mL。在 103.4 kPa(121℃)条件下灭菌 20 min。

5.6 TE 缓冲液(pH 8.0):分别量取 10 mL三羟甲基氨基甲烷—盐酸溶液(5.5)和 2 mL乙二铵四乙酸二钠溶液(5.4),加水定容至 1 000 mL。在 103.4 kPa(121℃)条件下灭菌 20 min。

5.7 50×TAE 缓冲液:称取 242.2 g三羟甲基氨基甲烷(Tris),先用 500 mL 水加热搅拌溶解后,加入 100 mL 乙二铵四乙酸二钠溶液(5.4),用冰乙酸调 pH 至 8.0,然后加水定容到 1 000 mL。使用时用水稀释成 1×TAE。

5.8 加样缓冲液:称取 250.0 mg 溴酚蓝,加入 10 mL 水,在室温下溶解 12 h;称取 250.0 mg 二甲基苯腈蓝,加 10 mL 水溶解;称取 50.0 g 蔗糖,加 30 mL 水溶解。混合以上三种溶液,加水定容至 100 mL,在 4℃下保存。

5.9 DNA 分子量标准:可以清楚地区分 100 bp~1 000 bp 的 DNA 片段。

5.10 dNTPs 混合溶液:将浓度为 10 mmol/L 的 dATP、dTTP、dGTP、dCTP 四种脱氧核糖核苷酸溶液等体积混合。

5.11 Taq DNA 聚合酶、PCR 反应缓冲液及 25 mmol/L 氯化镁溶液。

5.12 *Lectin* 基因引物:
Lectin-F:5′-GCCCTCTACTCCACCCCCATCC-3′
Lectin-R:5′-GCCCATCTGCAAGCCTTTTGTG-3′
预期扩增片段大小为 118 bp。

5.13 GTS 40-3-2 转化体特异性序列引物:
GTS 40-3-2-F:5′-TTCAAACCCTTCAATTTAACCGAT-3′
GTS 40-3-2-R:5′-AAGGATAGTGGGATTGTGCGTC-3′
预期扩增片段大小为 370 bp(参见附录 A)。

5.14 引物溶液:用 TE 缓冲液(5.6)或水分别将上述引物稀释到 10 μmol/L。

5.15 石蜡油。

5.16 DNA 提取试剂盒。

5.17 定性 PCR 反应试剂盒。

5.18 PCR 产物回收试剂盒。

6 仪器和设备

6.1 分析天平:感量 0.1 g 和 0.1 mg。

6.2 PCR 扩增仪:升降温速度>1.5℃/s,孔间温度差异<1.0℃。

6.3 电泳槽、电泳仪等电泳装置。

6.4 紫外透射仪。

6.5 凝胶成像系统或照相系统。

6.6 重蒸馏水发生器或纯水仪。

6.7 其他相关仪器设备。

7 操作步骤

7.1 抽样

按 NY/T 672 和 NY/T 673 的规定执行。

7.2 制样

按 NY/T 672 和 NY/T 673 的规定执行。

7.3 试样预处理

按农业部 1485 号公告—4—2010 的规定执行。

7.4 DNA 模板制备

按农业部 1485 号公告—4—2010 的规定执行。

7.5 PCR 反应

7.5.1 试样 PCR 反应

7.5.1.1 每个试样 PCR 反应设置 3 次重复。

7.5.1.2 在 PCR 反应管中按表 1 依次加入反应试剂,混匀,再加 25 μL 石蜡油(有热盖设备的 PCR 仪可不加)。也可采用经验证的、等效的定性 PCR 反应试剂盒配制反应体系。

表 1 PCR 检测反应体系

试剂	终浓度	体积
水		—
10×PCR 缓冲液	1×	2.5 μL
25 mmol/L 氯化镁溶液	2.0 mmol/L	2.0 μL
dNTPs 混合溶液(各 2.5 mmol/L)	各 0.2 mmol/L	2.0 μL
10 μmol/L 上游引物	0.4 μmol/L	1.0 μL
10 μmol/L 下游引物	0.4 μmol/L	1.0 μL
Taq DNA 聚合酶	0.025 U/μL	—
25 mg/L DNA 模板	1 mg/L	1.0 μL
总体积		25.0 μL

"—"表示体积不确定,如果 PCR 缓冲液中含有氯化镁,则不加氯化镁溶液,根据 Taq 酶的浓度确定其体积,并相应调整水的体积,使反应体系总体积达到 25.0 μL。

注:大豆内标准基因 PCR 检测反应体系中,上下游引物分别为 Lectin-F 和 Lectin-R;GTS 40-3-2 转化体 PCR 检测反应体系中,上下游引物分别为 GTS 40-3-2-F 和 GTS 40-3-2-R。

7.5.1.3 将 PCR 管放在离心机上,500 g~3 000 g 离心 10 s,然后取出 PCR 管,放入 PCR 仪中。

7.5.1.4 进行 PCR 反应。反应程序为:95℃变性 5 min;94℃变性 30 s,58℃退火 30 s,72℃延伸 30 s,共进行 35 次循环;72℃延伸 7 min。

7.5.1.5 反应结束后取出 PCR 管,对 PCR 反应产物进行电泳检测。

7.5.2 对照 PCR 反应

在试样 PCR 反应的同时,应设置阴性对照、阳性对照和空白对照。

以非转基因大豆基因组 DNA 作为阴性对照;以转基因大豆 GTS 40-3-2 质量分数为 0.1%~1.0% 的大豆基因组 DNA,或采用 GTS 40-3-2 转化体特异性序列与非转基因大豆基因组相比的拷贝数分数为 0.1%~1.0% 的 DNA 溶液作为阳性对照;以水作为空白对照。

各对照 PCR 反应体系中,除模板外,其余组分及 PCR 反应条件与 7.5.1 相同。

7.6 PCR 产物电泳检测

按 20 g/L 的质量浓度称取琼脂糖,加入 1×TAE 缓冲液中,加热溶解,配制成琼脂糖溶液。每 100 mL 琼脂糖溶液中加入 5 μL EB 溶液,混匀,稍适冷却后,将其倒入电泳板上,插上梳板,室温下凝固成凝胶后,放入 1×TAE 缓冲液中,垂直向上轻轻拔去梳板。取 12 μL PCR 产物与 3 μL 加样缓冲液混合后加入凝胶点样孔,同时,在其中一个点样孔中加入 DNA 分子量标准,接通电源在 2 V/cm~5 V/cm 条件下电泳检测。

7.7 凝胶成像分析

电泳结束后,取出琼脂糖凝胶,置于凝胶成像仪或紫外透射仪上成像。根据 DNA 分子量标准估计扩增条带的大小,将电泳结果形成电子文件存档或用照相系统拍照。如需通过序列分析确认 PCR 扩增片段是否为目的 DNA 片段,按照 7.8 和 7.9 的规定执行。

7.8 PCR 产物回收

按 PCR 产物回收试剂盒说明书,回收 PCR 扩增的 DNA 片段。

7.9 PCR 产物测序验证

将回收的 PCR 产物克隆测序,与耐除草剂大豆 GTS 40-3-2 转化体特异性序列(参见附录 A)进行比对,确定 PCR 扩增的 DNA 片段是否为目的 DNA 片段。

8 结果分析与表述

8.1 对照检测结果分析

阳性对照的 PCR 反应中,Lectin 内标准基因和 GTS 40-3-2 转化体特异性序列均得到扩增,且扩增片段大小与预期片段大小一致,而阴性对照中仅扩增出 Lectin 基因片段,空白对照中没有任何扩增片段,这表明 PCR 反应体系正常工作,否则重新检测。

8.2 样品检测结果分析和表述

8.2.1 Lectin 内标准基因和 GTS 40-3-2 转化体特异性序列均得到扩增,且扩增片段大小与预期片段大小一致,表明样品中检测出 GTS 40-3-2 转化体成分,表述为"样品中检测出转基因耐除草剂大豆 GTS 40-3-2 转化体成分,检测结果为阳性"。

8.2.2 Lectin 内标准基因片段得到扩增,且扩增片段大小与预期片段大小一致,而 GTS 40-3-2 转化体特异性序列未得到扩增,或扩增片段大小与预期片段大小不一致,表明样品中未检测出 GTS 40-3-2 转化体成分,表述为"样品中未检测出转基因耐除草剂大豆 GTS 40-3-2 转化体成分,检测结果为阴性"。

8.2.3 Lectin 内标准基因片段未得到扩增,或扩增片段大小与预期片段大小不一致,表明样品中未检测出大豆成分,表述为"样品中未检测出大豆成分,检测结果为阴性"。

9 检出限

本标准方法未确定绝对检测下限,相对检测下限为 1 g/kg(含预期 DNA 片段的样品/总样品)。

附 录 A
（资料性附录）
耐除草剂大豆 GTS 40‑3‑2 转化体特异性序列

1　TTCAAACCCT TCAATTTAAC CGATGCTAAT GAGTTATTTT TGCATGCTTT AATTTGTTTC
61　TATCAAATGT TTATTTTTTT TTACTAGAAA TAACTTATTG CATTTCATTC AAAATAAGAT
121　CATACATACA GGTTAAAATA AACATAGGGA ACCCAAATGG AAAAGGAAGG TGGCTCCTAC
181　AAATGCCATC ATTGCGATAA AGGAAAGGCT ATCGTTCAAG ATGCCTCTGC CGACAGTGGT
241　CCCAAAGATG GACCCCCACC CACGAGGAGC ATCGTGGAAA AAGAAGACGT TCCAACCACG
301　TCTTCAAAGC AAGTGGATTG ATGTGATATC TCCACTGACG TAAGGGATGA CGCACAATCC
361　CACTATCCTT

注1：画线部分为 GTS 40‑3‑2‑F 和 GTS 40‑3‑2‑R 引物序列。
注2：1～157 为大豆基因组序列,158～370 为转化载体序列。

ICS 65.020.01

B 04

中华人民共和国国家标准

农业部 1861 号公告一3一2012

转基因植物及其产品成分检测
玉米内标准基因定性 PCR 方法

Detection of genetically modified plants and derived products—
Target–taxon–specific qualitative PCR method for maize

2012-11-28 发布

2013-01-01 实施

中华人民共和国农业部 发布

农业部 1861 号公告—3—2012

前　言

本标准按照 GB/T 1.1 给出的规则起草。

请注意本文件的某些内容可能涉及专利。本文件的发布机构不承担识别这些专利的责任。

本标准由中华人民共和国农业部提出。

本标准由全国农业转基因生物安全管理标准化技术委员会(SAC/TC 276)归口。

本标准起草单位:农业部科技发展中心、上海交通大学、中国农业科学院生物技术研究所。

本标准主要起草人:杨立桃、刘信、张大兵、沈平、郭金超、金芜军。

转基因植物及其产品成分检测
玉米内标准基因定性 PCR 方法

1 范围

本标准规定了玉米内标准基因 *zSSIIb* 的定性 PCR 检测方法。

本标准适用于转基因植物及其制品中玉米成分的定性 PCR 检测。

2 规范性引用文件

下列文件对于本文件的应用是必不可少的。凡是注日期的引用文件，仅注日期的版本适用于本文件。凡是不注日期的引用文件，其最新版本（包括所有的修改单）适用于本文件。

GB/T 6682　分析实验室用水规格和试验方法

NY/T 672　转基因植物及其产品检测　通用要求

NY/T 673　转基因植物及其产品检测　抽样

农业部 1485 号公告—4—2010　转基因植物及其产品成分检测　DNA 提取和纯化

3 术语和定义

下列术语和定义适用于本文件。

3.1

zSSIIb 基因　zSSIIb gene

编码玉米淀粉合酶异构体 zSTSⅡ-2 的基因。

4 原理

根据 *zSSIIb* 基因序列设计特异性引物，对试样进行 PCR 扩增。依据是否扩增获得预期的 DNA 片段或典型的荧光扩增曲线，判断样品中是否含玉米成分。

5 试剂和材料

除非另有说明，仅使用分析纯试剂和符合 GB/T 6682 规定的一级水。

5.1　琼脂糖。

5.2　10 g/L 溴化乙锭溶液：称取 1.0 g 溴化乙锭（EB），溶解于 100 mL 水中，避光保存。

警告——溴化乙锭有致癌作用，配制和使用时应戴一次性手套操作并妥善处理废液。

5.3　10 mol/L 氢氧化钠溶液：在 160 mL 水中加入 80.0 g 氢氧化钠（NaOH），溶解后，冷却至室温，再加水定容至 200 mL。

5.4　500 mmol/L 乙二铵四乙酸二钠溶液（pH 8.0）：称取 18.6 g 乙二铵四乙酸二钠（EDTA-Na$_2$），加入 70 mL 水中，再加入适量氢氧化钠溶液（5.3），加热至完全溶解后，冷却至室温，用氢氧化钠溶液（5.3）调 pH 至 8.0，加水定容至 100 mL。在 103.4 kPa（121℃）条件下灭菌 20 min。

5.5　1 mol/L 三羟甲基氨基甲烷—盐酸溶液（pH 8.0）：称取 121.1 g 三羟甲基氨基甲烷（Tris）溶解于 800 mL 水中，用盐酸（HCl）调 pH 至 8.0，加水定容至 1 000 mL。在 103.4 kPa（121℃）条件下灭菌 20 min。

5.6 TE 缓冲液(pH 8.0):分别量取 10 mL 三羟甲基氨基甲烷—盐酸溶液(5.5)和 2 mL 乙二铵四乙酸二钠溶液(5.4)溶液,加水定容至 1 000 mL。在 103.4 kPa(121℃)条件下灭菌 20 min。

5.7 50×TAE 缓冲液:称取 242.2 g 三羟甲基氨基甲烷(Tris),先用 500 mL 水加热搅拌溶解后,加入 100 mL 乙二铵四乙酸二钠溶液(5.4),用冰乙酸调 pH 至 8.0,然后加水定容到 1 000 mL。使用时用水稀释成 1×TAE。

5.8 加样缓冲液:称取 250.0 mg 溴酚蓝,加入 10 mL 水,在室温下溶解 12 h;称取 250.0 mg 二甲基苯腈蓝,加 10 mL 水溶解;称取 50.0 g 蔗糖,加 30 mL 水溶解。混合以上三种溶液,加水定容至 100 mL,在 4℃下保存。

5.9 DNA 分子量标准:可以清楚地区分 100 bp~1 000 bp 的 DNA 片段。

5.10 dNTPs 混合溶液:将浓度为 10 mmol/L 的 dATP、dTTP、dGTP、dCTP 四种脱氧核糖核苷酸溶液等体积混合。

5.11 Taq DNA 聚合酶、PCR 反应缓冲液及 25 mmol/L 氯化镁溶液。

5.12 普通 PCR 引物:
zSSIIb-1F:5′-CTC CCA ATC CTT TGA CAT CTG C-3′
zSSIIb-2R:5′-TCG ATT TCT CTC TTG GTG ACA GG-3′
预期扩增片段大小 151 bp(参见附录 A)。

5.13 实时荧光 PCR 引物和探针:
zSSIIb-3F:5′-CGG TGG ATG CTA AGG CTG ATG-3′
zSSIIb-4R:5′-AAA GGG CCA GGT TCA TTA TCC TC-3′
zSSIIb-P:5′-FAM-TAA GGA GCA CTC GCC GCC GCA TCT G-BHQ1-3′
预期扩增片段大小 88 bp(参见附录 A)。

5.14 引物溶液:用 TE 缓冲液(pH 8.0)或水分别将引物稀释到 10 μmol/L。

5.15 石蜡油。

5.16 DNA 提取试剂盒。

5.17 定性 PCR 反应试剂盒。

5.18 实时荧光 PCR 反应试剂盒。

5.19 PCR 产物回收试剂盒。

6 仪器和设备

6.1 分析天平:感量 0.1 g 和 0.1 mg。

6.2 PCR 扩增仪:升降温速度>1.5℃/s,孔间温度差异<1.0℃。

6.3 荧光定量 PCR 仪。

6.4 电泳槽、电泳仪等电泳装置。

6.5 紫外透射仪。

6.6 凝胶成像系统或照相系统。

6.7 重蒸馏水发生器或纯水仪。

6.8 其他相关仪器设备。

7 操作步骤

7.1 抽样
按 NY/T 672 和 NY/T 673 的规定执行。

7.2 制样

按 NY/T 672 和 NY/T 673 的规定执行。

7.3 试样预处理

按农业部 1485 号公告—4—2010 的规定执行。

7.4 DNA 模板制备

按农业部 1485 号公告—4—2010 的规定执行。

7.5 PCR 方法

7.5.1 普通 PCR 方法

7.5.1.1 PCR 反应

7.5.1.1.1 试样 PCR 反应

7.5.1.1.1.1 每个试样 PCR 反应设置 3 次重复。

7.5.1.1.1.2 在 PCR 反应管中按表 1 依次加入反应试剂,混匀,再加 25 μL 石蜡油(有热盖设备的 PCR 仪可不加)。也可采用经验证的、等效的定性 PCR 反应试剂盒配制反应体系。

表 1 PCR 检测反应体系

试剂	终浓度	体积
水		—
10×PCR 缓冲液	1×	2.5 μL
25 mmol/L 氯化镁溶液	1.5 mmol/L	1.5 μL
dNTPs 混合溶液(各 2.5 mmol/L)	各 0.2 mmol/L	2.0 μL
10 μmol/L zSSIIb-1F	0.2 μmol/L	1.0 μL
10 μmol/L zSSIIb-2R	0.2 μmol/L	1.0 μL
Taq DNA 聚合酶	0.025 U/μL	—
25 mg/L DNA 模板	2 mg/L	2.0 μL
总体积		25.0 μL

"—"表示体积不确定。如果 PCR 缓冲液中含有氯化镁,则不加氯化镁溶液,根据 Taq 酶的浓度确定其体积,并相应调整水的体积,使反应体系总体积达到 25.0 μL。

7.5.1.1.1.3 将 PCR 管放在离心机上,500 g~3 000 g 离心 10 s,然后取出 PCR 管,放入 PCR 仪中。

7.5.1.1.1.4 进行 PCR 反应。反应程序为:94℃变性 5 min;94℃变性 30 s,58℃退火 30 s,72℃延伸 30 s,共进行 35 次循环;72℃延伸 5 min。

7.5.1.1.1.5 反应结束后取出 PCR 管,对 PCR 反应产物进行电泳检测。

7.5.1.1.2 对照 PCR 反应

在试样 PCR 反应的同时,应设置阳性对照、阴性对照和空白对照。

以玉米基因组 DNA 质量分数为 0.1%~1.0% 的植物 DNA 作为阳性对照;以不含玉米基因组 DNA 的 DNA 样品(如鲑鱼精 DNA)为阴性对照;以水作为空白对照。

各对照 PCR 反应体系中,除模板外,其余组分及 PCR 反应条件与 7.5.1.1.1 相同。

7.5.1.2 PCR 产物电泳检测

按 20 g/L 的质量浓度称量琼脂糖,加入 1×TAE 缓冲液中,加热溶解,配制成琼脂糖溶液。每 100 mL 琼脂糖溶液中加入 5 μL EB 溶液,混匀,稍适冷却后,将其倒入电泳板上,插上梳板,室温下凝固成凝胶后,放入 1×TAE 缓冲液中,垂直向上轻轻拔去梳板。取 12 μL PCR 产物与 3 μL 加样缓冲液混合后加入凝胶点样孔,同时在其中一个点样孔中加入 DNA 分子量标准,接通电源在 2 V/cm~5 V/cm 条件下电泳检测。

7.5.1.3 凝胶成像分析

电泳结束后,取出琼脂糖凝胶,置于凝胶成像仪上或紫外透射仪上成像。根据 DNA 分子量标准估计扩增条带的大小,将电泳结果形成电子文件存档或用照相系统拍照。如需通过序列分析确认 PCR 扩增片段是否为目的 DNA 片段,按照 7.5.1.4 和 7.5.1.5 的规定执行。

7.5.1.4 PCR 产物回收

按 PCR 产物回收试剂盒说明书,回收 PCR 扩增的 DNA 片段。

7.5.1.5 PCR 产物测序验证

将回收的 PCR 产物克隆测序,与玉米内标准基因 *zSSIIb* 的核苷酸序列(参见附录 A)进行比对,确定 PCR 扩增的 DNA 片段是否为目的 DNA 片段。

7.5.2 实时荧光 PCR 方法

7.5.2.1 试样 PCR 反应

7.5.2.1.1 每个试样 PCR 反应设置 3 次重复。

7.5.2.1.2 在 PCR 反应管中按表 2 依次加入反应试剂,混匀,再加 25 μL 石蜡油(有热盖设备的 PCR 仪可不加)。也可采用经验证的、等效的实时荧光 PCR 反应试剂盒配制反应体系。

7.5.2.1.3 将 PCR 管放在离心机上,500 g~3 000 g 离心 10 s,然后取出 PCR 管,放入 PCR 仪中。

7.5.2.1.4 运行实时荧光 PCR 反应。反应程序为 95℃、5 min;95℃、15 s,60℃、60 s,循环数 40;在第二阶段的退火延伸(60℃)时段收集荧光信号。

注:不同仪器可根据仪器要求将反应参数作适当调整。

7.5.2.2 对照 PCR 反应

在试样 PCR 反应的同时,应设置阳性对照、阴性对照和空白对照。

以玉米基因组 DNA 质量分数为 0.1%~1.0% 的植物 DNA 作为阳性对照;以不含玉米基因组 DNA 的 DNA 样品(如鲑鱼精 DNA)为阴性对照;以水作为空白对照。

各对照 PCR 反应体系中,除模板外,其余组分及 PCR 反应条件与 7.5.2.1 相同。

表 2 实时荧光 PCR 反应体系

试剂	终浓度	体积
水		—
10×PCR 缓冲液	1×	2.5 μL
25 mmol/L 氯化镁溶液	6 mmol/L	6.0 μL
10 mmol/L dNTPs 混合溶液	0.2 mmol/L	0.5 μL
10 μmol/L zSSIIb-P	0.16 μmol/L	0.4 μL
10 μmol/L zSSIIb-3F	0.4 μmol/L	1.0 μL
10 μmol/L zSSIIb-4R	0.4 μmol/L	1.0 μL
Taq DNA 聚合酶	0.04 U/μL	—
25 mg/L DNA 模板	2 mg/L	2.0 μL
总体积		25.0 μL

"—"表示体积不确定。如果 PCR 缓冲液中含有氯化镁,则不加氯化镁溶液,根据 Taq 酶的浓度确定其体积,并相应调整水的体积,使反应体系总体积达到 25.0 μL。

8 结果分析与表述

8.1 普通 PCR 方法

8.1.1 对照检测结果分析

阳性对照的 PCR 反应中,*zSSIIb* 基因特异性序列得到扩增,且扩增片段大小与预期片段大小一致,而阴性对照和空白对照中未扩增出目的 DNA 片段,表明 PCR 反应体系正常工作。否则,重新检测。

8.1.2 样品检测结果分析和表述

8.1.2.1 *zSSIIb* 基因特异性序列得到扩增,且扩增片段与预期片段大小一致,表明样品中检测出玉米成分,表述为"样品中检测出玉米成分"。

8.1.2.2 *zSSIIb* 基因特异性序列未得到扩增,或扩增片段大小与预期片段大小不一致,表明样品中未检测出玉米成分,表述为"样品中未检测出玉米成分"。

8.2 实时荧光 PCR 方法

8.2.1 阈值设定

实时荧光 PCR 反应结束后,以 PCR 刚好进入指数期扩增来设置荧光信号阈值,并根据仪器噪声情况进行调整。

8.2.2 对照检测结果分析

阴性对照和空白对照无典型扩增曲线,荧光信号低于设定的阈值,而阳性对照出现典型扩增曲线,且 Ct 值小于或等于 36,表明反应体系工作正常。否则重新检测。

8.2.3 样品检测结果分析和表述

8.2.3.1 *zSSIIb* 基因出现典型扩增曲线,且 Ct 值小于或等于 36,表明样品中检测出玉米成分,表述为"样品中检测出玉米成分"。

8.2.3.2 *zSSIIb* 基因无典型扩增曲线,荧光信号低于设定的阈值,表明样品中未检测出玉米成分,表述为"样品中未检测出玉米成分"。

8.2.3.3 *zSSIIb* 基因出现典型扩增曲线,但 Ct 值在 36～40 之间,应进行重复实验。如重复实验结果符合 8.2.3.1～8.2.3.2 的情形,依照 8.2.3.1～8.2.3.2 进行判断;如重复实验 *zSSIIb* 基因出现典型扩增曲线,但检测 Ct 值仍在 36～40 之间,表明样品中检测出玉米成分,表述为"样品中检测出玉米成分"。

9 检出限

本标准方法未确定绝对检测下限,相对检测下限为 1 g/kg(含预期 DNA 片段的样品/总样品)。

附 录 A

（资料性附录）
玉米内标准基因特异性序列

A.1 *zSSIIb* 基因普通 PCR 扩增产物核苷酸序列

```
  1   CTCCCAATCC TTTGACATCT GCTCCGAAGC AAAGTCAGAG CGCTGCAATG CAAAACGGAA
 61   CGAGTGGGGG CAGCAGCGCG AGCACCGCCG CGCCGGTGTC CGGACCCAAA GCTGATCATC
121   CATCAGCTCC TGTCACCAAG AGAGAAATCG A
```

注：画线部分为引物序列。

A.2 *zSSIIb* 基因实时荧光 PCR 扩增产物核苷酸序列

```
  1   CGGTGGATGC TAAGGCTGAT GCAGCTCCGG CTAC AGATGC GGCGGCGAGT GCTCCTTA TG
 61   ACAGGGAGGA TAATGAACCT GGCCCTTT
```

注：画线部分为引物序列；框内为探针序列。

ICS 65.020.01
B 04

中华人民共和国国家标准

农业部 1861 号公告－4－2012

转基因植物及其产品成分检测
抗虫玉米 MON89034 及其衍生品种
定性 PCR 方法

Detection of genetically modified plants and derived products—
Qualitative PCR method for insect−resistant maize line MON89034 and its
derivates

2012-11-28 发布

2013-01-01 实施

中华人民共和国农业部 发布

前 言

本标准按照 GB/T 1.1 给出的规则起草。

请注意本文件的某些内容可能涉及专利。本文件的发布机构不承担识别这些专利的责任。

本标准由中华人民共和国农业部提出。

本标准由全国农业转基因生物安全管理标准化技术委员会(SAC/TC 276)归口。

本标准起草单位:农业部科技发展中心、吉林省农业科学院。

本标准主要起草人:张明、沈平、李飞武、李葱葱、刘信、董立明、邵改革、邢珍娟、刘娜、夏蔚。

转基因植物及其产品成分检测
抗虫玉米 MON89034 及其衍生品种定性 PCR 方法

1 范围

本标准规定了转基因抗虫玉米 MON89034 转化体特异性的定性 PCR 检测方法。

本标准适用于转基因抗虫玉米 MON89034 及其衍生品种，以及制品中 MON89034 转化体成分的定性 PCR 检测。

2 规范性引用文件

下列文件对于本文件的应用是必不可少的。凡是注日期的引用文件，仅注日期的版本适用于本文件。凡是不注日期的引用文件，其最新版本（包括所有的修改单）适用于本文件。

GB/T 6682 分析实验室用水规格和试验方法

NY/T 672 转基因植物及其产品检测 通用要求

NY/T 673 转基因植物及其产品检测 抽样

农业部 1485 号公告—4—2010 转基因植物及其产品检测 DNA 提取和纯化

3 术语和定义

下列术语和定义适用于本文件。

3.1

抗虫玉米 MON89034 insect-resistant maize line MON89034

含有 *cry1A.105* 和 *cry2Ab2* 基因的抗虫转基因玉米，其基因组上插入了一段约 9.4 kb 的单拷贝外源 DNA 片段，该片段 5′端与玉米基因组的连接区序列依次为右边界、CaMV35S 增强型启动子，具有品种特异性。

3.2

***zSSIIb* 基因 *zSSIIb* gene**

编码玉米淀粉合酶异构体 zSTSII-2 的基因，在本标准中用作玉米内标准基因。

3.3

MON89034 转化体特异性序列 event-specific sequence of MON89034

MON89034 外源插入片段 5′端与玉米基因组的连接区序列，包括 CaMV35S 增强型启动子 5′端部分序列、插入片段右边界序列和玉米基因组的部分序列。

4 原理

根据转基因抗虫玉米 MON89034 转化体特异性序列设计特异性引物，对试样 DNA 进行 PCR 扩增。依据是否扩增获得预期 207 bp 的特异性 DNA 片段，判断样品中是否含有 MON89034 转化体成分。

5 试剂和材料

除非另有说明，仅使用分析纯试剂和重蒸馏水或符合 GB/T 6682 规定的一级水。

5.1 琼脂糖。

5.2 溴化乙锭溶液:称取 1.0 g 溴化乙锭(EB),溶解于 100 mL 水中,避光保存。

警告——溴化乙锭有致癌作用,配制和使用时应戴一次性手套操作并妥善处理废液。

5.3 10 mol/L 氢氧化钠溶液:在 160 mL 水中加入 80.0 g 氢氧化钠(NaOH),溶解后再加水定容到 200 mL。

5.4 500 mmol/L 乙二铵四乙酸二钠溶液(pH 8.0):称取 18.6 g 乙二铵四乙酸二钠(EDTA - Na₂),加入 70 mL 水中,再加入适量氢氧化钠溶液(5.3),加热至完全溶解后,冷却至室温,用氢氧化钠溶液(5.3)调 pH 至 8.0,加水定容至 100 mL。在 103.4 kPa(121℃)条件下灭菌 20 min。

5.5 1 mol/L 三羟基氨基甲烷—盐酸溶液(pH 8.0):称取 121.1 g 三羟甲基氨基甲烷(Tris)溶解于 800 mL 水中,用盐酸(HCl)调 pH 至 8.0,加水定容至 1 000 mL。在 103.4 kPa(121℃)条件下灭菌 20 min。

5.6 TE 缓冲液(pH 8.0):分别量取 10 mL 三羟甲基氨基甲烷—盐酸溶液(5.5)和 2 mL 乙二铵四乙酸二钠溶液(5.4)溶液,加水定容至 1 000 mL。在 103.4 kPa(121℃)条件下灭菌 20 min。

5.7 50×TAE 缓冲液:称取 242.2 g 三羟甲基氨基甲烷(Tris),先用 500 mL 水加热搅拌溶解后,加入 100 mL 乙二铵四乙酸二钠溶液(5.4),用冰乙酸调 pH 至 8.0,然后加水定容到 1 000 mL。使用时用水稀释成 1×TAE。

5.8 加样缓冲液:称取 250.0 mg 溴酚蓝,加入 10 mL 水,在室温下溶解 12 h;称取 250.0 mg 二甲基苯腈蓝,加 10 mL 水溶解;称取 50.0 g 蔗糖,加 30 mL 水溶解。混合以上三种溶液,加水定容至 100 mL,在 4℃下保存。

5.9 DNA 分子量标准:可以清楚地区分 100 bp~1 000 bp 的 DNA 片段。

5.10 dNTPs 混合溶液:将浓度为 10 mmol/L 的 dATP、dTTP、dGTP、dCTP 四种脱氧核糖核苷酸溶液等体积混合。

5.11 Taq DNA 聚合酶、PCR 反应缓冲液及 25 mmol/L 氯化镁溶液。

5.12 zSSIIb 基因引物:

zSSIIb - F:5′- CGGTGGATGCTAAGGCTGATG - 3′

zSSIIb - R:5′- AAAGGGCCAGGTTCATTATCCTC - 3′

预期扩增片段大小为 88 bp。

5.13 MON89034 转化体特异性序列引物:

89034 - F:5′- GCTGCTACTACTATCAAGCCAATA - 3′

89034 - R:5′- TGCTTTCGCCTATAAATACGAC - 3′

预期扩增片段大小为 207 bp(参见附录 A)。

5.14 引物溶液:用 TE 缓冲液(5.6)或水分别将上述引物稀释到 10 μmol/L。

5.15 石蜡油。

5.16 PCR 产物回收试剂盒。

5.17 DNA 提取试剂盒。

6 仪器和设备

6.1 分析天平:感量 0.1 g 和 0.1 mg。

6.2 PCR 扩增仪:升降温速度>1.5℃/s,孔间温度差异<1.0℃。

6.3 电泳槽、电泳仪等电泳装置。

6.4 紫外透射仪。

6.5 凝胶成像系统或照相系统。

6.6 重蒸馏水发生器或纯水仪。

6.7 其他相关仪器设备。

7 操作步骤

7.1 抽样

按 NY/T 672 和 NY/T 673 的规定执行。

7.2 制样

按 NY/T 672 和 NY/T 673 的规定执行。

7.3 试样预处理

按农业部 1485 号公告—4—2010 的规定执行。

7.4 DNA 模板制备

按农业部 1485 号公告—4—2010 的规定执行,或使用经验证适用于玉米 DNA 提取与纯化的 DNA 提取试剂盒。

7.5 PCR 反应

7.5.1 试样 PCR 反应

7.5.1.1 每个试样 PCR 反应设置 3 次重复。

7.5.1.2 在 PCR 反应管中按表 1 依次加入反应试剂,混匀,再加 25 μL 石蜡油(有热盖设备的 PCR 仪可不加)。

表 1 PCR 检测反应体系

试剂	终浓度	体积
水		—
10×PCR 缓冲液	1×	2.5 μL
25 mmol/L 氯化镁溶液	1.5 mmol/L	1.5 μL
dNTPs 混合溶液(各 2.5 mmol/L)	各 0.2 mmol/L	2.0 μL
10 μmol/L 上游引物	0.4 μmol/L	1.0 μL
10 μmol/L 下游引物	0.4 μmol/L	1.0 μL
Taq DNA 聚合酶	0.025 U/μL	—
25 mg/L DNA 模板	2 mg/L	2.0 μL
总体积		25.0 μL

"—"表示体积不确定。如果 PCR 缓冲液中含有氯化镁,则不加氯化镁溶液,根据 Taq 酶的浓度确定其体积,并相应调整水的体积,使反应体系总体积达到 25.0 μL。

注:玉米内标准基因 PCR 检测反应体系中,上下游引物分别为 zSSIIb - F 和 zSSIIb - R;MON89034 转化体 PCR 检测反应体系中,上下游引物分别为 89034 - F 和 89034 - R。

7.5.1.3 将 PCR 管放在离心机上,500 g～3 000 g 离心 10 s,然后取出 PCR 管,放入 PCR 仪中。

7.5.1.4 进行 PCR 反应。反应程序为:94℃变性 5 min;94℃变性 30 s,56℃退火 30 s,72℃延伸 30 s,共进行 35 次循环;72℃延伸 7 min。

7.5.1.5 反应结束后取出 PCR 管,对 PCR 反应产物进行电泳检测。

7.5.2 对照 PCR 反应

在试样 PCR 反应的同时,应设置阴性对照、阳性对照和空白对照。

以非转基因玉米基因组 DNA 作为阴性对照;以转基因玉米 MON89034 质量分数为 0.5% 的玉米基因组 DNA 或含有适量拷贝数的 MON89034 转化体特异性序列和 zSSIIb 基因的质粒 DNA 作为阳性对照;以水作为空白对照。

各对照 PCR 反应体系中,除模板外,其余组分及 PCR 反应条件与 7.5.1 相同。

7.6 PCR 产物电泳检测

按 20 g/L 的质量浓度称量琼脂糖,加入 1×TAE 缓冲液中,加热溶解,配制成琼脂糖溶液。每 100 mL 琼脂糖溶液中加入 5 μL EB 溶液,混匀,稍适冷却后,将其倒入电泳板上,插上梳板,室温下凝固成凝胶后,放入 1×TAE 缓冲液中,垂直向上轻轻拔去梳板。取 12 μL PCR 产物与 3 μL 加样缓冲液混合后加入凝胶点样孔,同时在其中一个点样孔中加入 DNA 分子量标准,接通电源在 2 V/cm~5 V/cm 条件下电泳检测。

7.7 凝胶成像分析

电泳结束后,取出琼脂糖凝胶,置于凝胶成像仪上或紫外透射仪上成像。根据 DNA 分子量标准估计扩增条带的大小,将电泳结果形成电子文件存档或用照相系统拍照。如需通过序列分析确认 PCR 扩增片段是否为目的 DNA 片段,按照 7.8 和 7.9 的规定执行。

7.8 PCR 产物回收

按 PCR 产物回收试剂盒说明书,回收 PCR 扩增的 DNA 片段。

7.9 PCR 产物测序验证

将回收的 PCR 产物克隆测序,与抗虫玉米 MON89034 转化体特异性序列(参见附录 A)进行比对,确定 PCR 扩增的 DNA 片段是否为目的 DNA 片段。

8 结果分析与表述

8.1 对照检测结果分析

阳性对照的 PCR 反应中,$zSSIIb$ 基因和 MON89034 转化体特异性序列均得到扩增,且扩增片段大小与预期片段大小一致,而阴性对照中仅扩增出 $zSSIIb$ 基因片段,空白对照没有任何扩增片段,表明 PCR 反应体系正常工作,否则重新检测。

8.2 样品检测结果分析和表述

8.2.1 $zSSIIb$ 基因和 MON89034 转化体特异性序列均得到扩增,且扩增片段大小与预期片段大小一致,表明样品中检测出转基因抗虫玉米 MON89034 转化体成分,表述为"样品中检测出转基因抗虫玉米 MON89034 转化体成分,检测结果为阳性"。

8.2.2 $zSSIIb$ 基因片段得到扩增,且扩增片段大小与预期片段大小一致,而 MON89034 转化体特异性序列未得到扩增,或扩增片段大小与预期片段大小不一致,表明样品中未检测出抗虫玉米 MON89034 转化体成分,表述为"样品中未检测出抗虫玉米 MON89034 转化体成分,检测结果为阴性"。

8.2.3 $zSSIIb$ 基因片段未得到扩增,或扩增片段大小与预期片段大小不一致,表明样品中未检测出玉米成分,表述为"样品中未检测出玉米成分,检测结果为阴性"。

附 录 A
（资料性附录）
抗虫玉米 MON89034 转化体特异性序列

1 <u>GCTGCTACTA CTATCAAGCC AATA</u>AAAGGA TGGTAATGAG TATGATGGAT
51 CAGCAATGAG TATGATGGTC AATATGGAGA AAAAGAAAGA GTAATTACCA
101 ATTTTTTTTC AATTCAAAAA TGTAGATGTC CGCAGCGTTA TTATAAAATG
151 AAAGTACATT TTGATAAAAC GACAAATTAC GATCC<u>GTCGT ATTTATAGGC</u>
201 <u>GAAAGCA</u>

注 1:画线部分为引物序列。
注 2:1～55 为玉米基因组部分序列;56～207 为外源插入片段部分序列。

ICS 65.020.01
B 04

中华人民共和国国家标准

农业部 1861 号公告—5—2012

转基因植物及其产品成分检测
CP4-epsps 基因定性 PCR 方法

Detection of genetically modified plants and derived products—
Qualitative PCR method for *CP4-epsps* gene

2012-11-28 发布

2013-01-01 实施

中华人民共和国农业部 发布

前　言

本标准按照 GB/T 1.1 给出的规则起草。

请注意本文件的某些内容可能涉及专利。本文件的发布机构不承担识别这些专利的责任。

本标准由中华人民共和国农业部提出。

本标准由全国农业转基因生物安全管理标准化技术委员会(SAC/TC 276)归口。

本标准起草单位:农业部科技发展中心、上海交通大学、四川省农业科学院。

本标准主要起草人:杨立桃、厉建萌、刘勇、张大兵、宋贵文、兰青阔、郭金超、宋君。

转基因植物及其产品成分检测
CP4 -epsps 基因定性 PCR 方法

1 范围

本标准规定了转 *CP4 -epsps* 基因植物中 *CP4 -epsps* 基因的定性 PCR 检测方法。

本标准适用于含 *CP4 -epsps* 基因序列(参见附录 A)的转基因植物及其制品中转基因成分的定性 PCR 检测。

2 规范性引用文件

下列文件对于本文件的应用是必不可少的。凡是注日期的引用文件,仅注日期的版本适用于本文件。凡是不注日期的引用文件,其最新版本(包括所有的修改单)适用于本文件。

GB/T 6682　分析实验室用水规格和试验方法

NY/T 672　转基因植物及其产品检测　通用要求

NY/T 673　转基因植物及其产品检测　抽样

农业部 1485 号公告—4—2010　转基因植物及其产品检测　DNA 提取和纯化

3 术语和定义

下列术语和定义适用于本文件。

3.1

CP4 -epsps 基因　5 - enolpyruvylshikimate - 3 - phosphate synthase gene derived from *Agrobacterium sp. CP - 4*

源于土壤农杆菌 CP4 株系,编码 5 -烯醇式丙酮酸莽草酸- 3 -磷酸合酶的基因。

4 原理

商业化生产和应用的转 *CP4 -epsps* 基因玉米、大豆、油菜、棉花和甜菜中 *CP4 -epsps* 基因序列分析比对显示,其 *CP4 -epsps* 基因序列具有较高同源性,但不完全相同。针对上述 *CP4 -epsps* 序列设计了含有兼并碱基的特异性引物,扩增相应的 *CP4 -epsps* 基因序列。依据是否扩增获得预期 333 bp 的特异性 DNA 片段,判断样品中是否含有 *CP4 -epsps* 基因成分。

5 试剂和材料

除非另有说明,仅使用分析纯试剂和重蒸馏水或符合 GB/T 6682 规定的一级水。

5.1 琼脂糖。

5.2 溴化乙锭溶液:称取 1.0 g 溴化乙锭(EB),溶于 100 mL 水中,避光保存。

警告——溴化乙锭有致癌作用,配制和使用时应戴一次性手套操作并妥善处理废液,避光保存。

5.3 10 mol/L 氢氧化钠溶液:在 160 mL 水中加入 80.0 g 氢氧化钠(NaOH),溶解后再加水定容到 200 mL。

5.4 500 mmol/L 乙二铵四乙酸二钠溶液(pH8.0):称取 18.6 g 乙二铵四乙酸二钠(EDTA - Na$_2$),加入 70 mL 水中,再加入适量氢氧化钠溶液(5.3),加热至完全溶解后,冷却至室温,用氢氧化钠溶液(5.3)调 pH 至 8.0,加水定容至 100 mL。在 103.4 kPa(121 ℃)条件下灭菌 20 min。

5.5 1 mol/L 三羟甲基氨基甲烷—盐酸溶液(pH8.0):称取 121.1 g 三羟甲基氨基甲烷(Tris)溶解于 800 mL 水中,用盐酸调 pH 至 8.0,加水定容至 1 000 mL。在 103.4 kPa(121 ℃)条件下灭菌 20 min。

5.6 TE 缓冲液(pH8.0):分别量取 10 mL 三羟甲基氨基甲烷—盐酸溶液(5.5)和 2 mL 乙二铵四乙酸二钠溶液(5.4),加水定容至 1 000 mL。在 103.4 kPa(121 ℃)条件下灭菌 20 min。

5.7 50×TAE 缓冲液:称取 242.2 g 三羟甲基氨基甲烷(Tris),先用 300 mL 水加热搅拌溶解后,加 100 mL 乙二铵四乙酸二钠溶液(5.4),用冰乙酸调 pH 至 8.0,然后加水定容到 1 000 mL。使用时用水稀释成 1×TAE。

5.8 加样缓冲液:称取 250.0 mg 溴酚蓝,加 10 mL 水,在室温下溶解 12 h;称取 250.0 mg 二甲基苯腈蓝,用 10 mL 水溶解;称取 50.0 g 蔗糖,用 30 mL 水溶解。混合以上三种溶液,加水定容至 100 mL,在 4 ℃下保存。

5.9 DNA 分子量标准:可以清楚地区分 50 bp～1 000 bp 的 DNA 片段。

5.10 dNTPs 混合溶液:将浓度为 10 mmol/L 的 dATP、dTTP、dGTP、dCTP 四种脱氧核糖核苷酸溶液等体积混合。

5.11 *Taq* DNA 聚合酶及 PCR 反应缓冲液及 25 mmol/L 氯化镁溶液。

5.12 内标准基因引物

根据样品来源选择合适的内标准基因,确定对应的检测引物。

5.13 *CP4-epsps* 基因引物

mCP4ES-F:5′- ACGGTGA**Y**CGTCTTCC**M**GTTAC-3′

mCP4ES-R:5′- GAACAAGCA**R**GGC**M**GCAACCA-3′

预期扩增片段大小为 333 bp(参见附录 A)。

注:M 表示 A 碱基或 C 碱基,Y 表示 C 碱基或 T 碱基,R 表示 A 碱基或 G 碱基。

5.14 引物溶液:用 TE 缓冲液(5.6)分别将上述引物稀释到 10 μmol/L。

5.15 石蜡油。

5.16 PCR 产物回收试剂盒。

5.17 DNA 提取试剂盒。

6 仪器和设备

6.1 分析天平:感量 0.1 g 和 0.1 mg。

6.2 PCR 扩增仪:升降温速度＞1.5 ℃/s,孔间温度差异＜1.0 ℃。

6.3 电泳槽、电泳仪等电泳装置。

6.4 紫外透射仪。

6.5 凝胶成像系统或照相系统。

6.6 重蒸馏水发生器或纯水仪。

6.7 其他相关仪器设备。

7 操作步骤

7.1 抽样

按 NY/T 672 和 NY/T 673 的规定执行。

7.2 制样

按 NY/T 672 和 NY/T 673 的规定执行。

7.3 试样预处理

按农业部 1485 号公告—4—2010 的规定执行。

7.4 DNA 模板制备

按农业部 1485 号公告—4—2010 的规定执行,或使用经验证适用于植物基因组 DNA 提取与纯化的试剂盒。

7.5 PCR 反应

7.5.1 试样 PCR 反应

7.5.1.1 内标准基因 PCR 反应

7.5.1.1.1 每个试样 PCR 反应设置 3 次重复。

7.5.1.1.2 根据选择的内标准基因及其 PCR 检测方法对试样进行 PCR 反应,具体 PCR 反应条件参考选择的内标准基因检测方法。

7.5.1.1.3 反应结束后取出 PCR 管,对 PCR 反应产物进行电泳检测。

7.5.1.2 *CP4-epsps* 基因 PCR 反应

7.5.1.2.1 每个试样 PCR 反应设置 3 次重复。

7.5.1.2.2 在 PCR 反应管中按表 1 依次加入反应试剂,混匀,再加 25 μL 石蜡油(有热盖设备的 PCR 仪可不加)。

表 1 PCR 检测反应体系

试剂	终浓度	体积
水		—
10×PCR 缓冲液	1×	2.5 μL
25 mmol/L 氯化镁溶液	2.5 mmol/L	2.5 μL
dNTPs 混合溶液(各 2.5 mmol/L)	各 0.2 mmol/L	2.0 μL
10 μmol/L 上游引物 mCP4ES-F	0.2 μmol/L	0.5 μL
10 μmol/L 下游引物 mCP4ES-R	0.2 μmol/L	0.5 μL
Taq DNA 聚合酶	0.05 U/μL	—
25 mg/L DNA 模板	2.0 mg/L	2.0 μL
总体积		25.0 μL
"—"表示体积不确定。如果 PCR 缓冲液中含有氯化镁,则不加氯化镁溶液,根据 *Taq* DNA 聚合酶的浓度确定其体积,并相应调整水的体积,使反应体系总体积达到 25.0 μL。		

7.5.1.2.3 将 PCR 管放在离心机上,500 g~3 000 g 离心 10 s,然后取出 PCR 管,放入 PCR 仪中。

7.5.1.2.4 进行 PCR 反应。反应程序为:95 ℃变性 7 min;94 ℃变性 30 s,63 ℃退火 30 s,72 ℃延伸 30 s,进行 5 次循环;94 ℃变性 30 s,60 ℃退火 30 s,72 ℃延伸 30 s,进行 32 次循环;72 ℃延伸 7 min。

7.5.1.2.5 反应结束后取出 PCR 管,对 PCR 反应产物进行电泳检测。

7.5.2 对照 PCR 反应

在试样 PCR 反应的同时,应设置阴性对照、阳性对照和空白对照。

以非转基因植物基因组 DNA 作为阴性对照;以含有 *CP4-epsps* 基因序列(参见附录 A)的转基因植物基因组 DNA(转基因含量为 0.5%)或适量拷贝数的质粒 DNA 作为阳性对照;以水作为空白对照。

各对照 PCR 反应体系中,除模板外,其余组分及 PCR 反应条件与 7.5.1 相同。

7.6 PCR 产物电泳检测

按 20 g/L 的质量浓度称取琼脂糖,加入 1×TAE 缓冲液中,加热溶解,配制成琼脂糖溶液。每 100 mL 琼脂糖溶液中加入 5 μL EB 溶液,混匀,适当冷却后,将其倒入电泳板上,插上梳板,室温下凝固成凝胶后,放入 1×TAE 缓冲液中,垂直向上轻轻拔去梳板。取 12 μL PCR 产物与 3 μL 加样缓冲液混合后加入点样孔中,同时在其中一个点样孔中加入 DNA 分子量标准,接通电源在 2 V/cm~5 V/cm 条件下电泳检测。

7.7 凝胶成像分析

电泳结束后，取出琼脂糖凝胶，置于凝胶成像仪或紫外透射仪上成像。根据 DNA 分子量标准估计扩增条带的大小，将电泳结果形成电子文件存档或用照相系统拍照。如需通过序列分析确认 PCR 扩增片段是否为目的 DNA 片段，按照 7.8 和 7.9 的规定执行。

7.8 PCR 产物回收

按 PCR 产物回收试剂盒说明书，回收 PCR 扩增的 DNA 片段。

7.9 PCR 产物测序验证

将回收的 PCR 产物克隆测序，与转基因植物中转入的 *CP4 - epsps* 基因序列（参见附录 A）进行比对，确定 PCR 扩增的 DNA 片段是否为目的 DNA 片段。

8 结果分析与表述

8.1 对照检测结果分析

阳性对照 PCR 反应中，内标准基因片段和 *CP4 - epsps* 基因特异性序列得到扩增，且扩增片段大小与预期片段大小一致，而阴性对照中仅扩增出内标准基因片段，空白对照中没有任何扩增片段，表明 PCR 反应体系正常工作，否则重新检测。

8.2 样品检测结果分析和表述

8.2.1 内标准基因和 *CP4 - epsps* 基因特异性序列得到扩增，且扩增片段大小与预期片段大小一致，表明样品中检测出含有 *CP4 - epsps* 基因的成分，表述为"样品中检测出 *CP4 - epsps* 基因，检测结果为阳性"。

8.2.2 内标准基因得到扩增，且扩增片段大小与预期片段大小一致，而 *CP4 - epsps* 基因特异性序列未得到扩增，或扩增片段大小与预期片段大小不一致，表明样品中未检测出含有 *CP4 - epsps* 基因的成分，表述为"样品中未检测出 *CP4 - epsps* 基因，检测结果为阴性"。

8.2.3 内标准基因片段未得到扩增，或扩增片段大小与预期片段大小不一致，表明样品中未检出对应植物成分，结果表述为"样品中未检出对应植物成分，检测结果为阴性"。

附 录 A

（资料性附录）

CP4 - epsps 基因特异性序列

A.1 *CP4 - epsps* 基因序列一

  1 <u>ACGGTGACCG TCTTCCCGTT AC</u>CTTGCGCG GGCCGAAGAC GCCGACGCCG ATCACCTACC

 61 GCGTGCCGAT GGCCTCCGCA CAGGTGAAGT CCGCCGTGCT GCTCGCCGGC CTCAACACGC

121 CCGGCATCAC GACGGTCATC GAGCCGATCA TGACGCGCGA TCATACGGAA AAGATGCTGC

181 AGGGCTTTGG CGCCAACCTT ACCGTCGAGA CGGATGCGGA CGGCGTGCGC ACCATCCGCC

241 TGGAAGGCCG CGGCAAGCTC ACCGGCCAAG TCATCGACGT GCCGGGCGAC CCGTCCTCGA

301 CGGCCTTCCC GC<u>TGGTTGCG GCCCTGCTTG TTC</u>

注：画线部分为引物序列。

A.2 *CP4 - epsps* 基因序列二

  1 <u>ACGGTGATCG TCTTCCAGTT AC</u>CTTGCGTG GACCAAAGAC TCCAACGCCA ATCACCTACA

 61 GGGTACCTAT GGCTTCCGCT CAAGTGAAGT CCGCTGTTCT GCTTGCTGGT CTCAACACCC

121 CAGGTATCAC CACTGTTATC GAGCCAATCA TGACTCGTGA CCACACTGAA AAGATGCTTC

181 AAGGTTTTGG TGCTAACCTT ACCGTTGAGA CTGATGCTGA CGGTGTGCGT ACCATCCGTC

241 TTGAAGGTCG TGGTAAGCTC ACCGGTCAAG TGATTGATGT CCAGGTGAT CCATCCTCTA

301 CTGCTTTCCC AT<u>TGGTTGCT GCCTTGCTTG TTC</u>

注：画线部分为引物序列。

———————————

ICS 65.020.01

B 04

中华人民共和国国家标准

农业部 1861 号公告－6－2012

转基因植物及其产品成分检测
耐除草剂棉花 GHB614 及其衍生
品种定性 PCR 方法

Detection of genetically modified plants and derived products—
Qualitative PCR method for herbicide–tolerant cotton GHB614 and its derivates

2012-11-28 发布

2013-01-01 实施

中华人民共和国农业部 发布

农业部 1861 号公告—6—2012

前　言

本标准按照 GB/T 1.1 给出的规则起草。

请注意本文件的某些内容可能涉及专利。本文件的发布机构不承担识别这些专利的责任。

本标准由中华人民共和国农业部提出。

本标准由全国农业转基因生物安全管理标准化技术委员会(SAC/TC 276)归口。

本标准起草单位:农业部科技发展中心、中国农业科学院生物技术研究所、中国农业科学院棉花研究所。

本标准主要起草人:宛煜嵩、刘信、金芜军、张秀杰、崔金杰、赵欣、李允静。

转基因植物及其产品成分检测
耐除草剂棉花 GHB614 及其衍生品种定性 PCR 方法

1 范围

本标准规定了转基因耐除草剂棉花 GHB614 转化体特异性的定性 PCR 检测方法。

本标准适用于转基因耐除草剂棉花 GHB614 及其衍生品种，以及制品中 GHB614 转化体成分的定性 PCR 检测。

2 规范性引用文件

下列文件对于本文件的应用是必不可少的。凡是注日期的引用文件，仅注日期的版本适用于本文件。凡是不注日期的引用文件，其最新版本（包括所有的修改单）适用于本文件。

GB/T 6682 分析实验室用水规格和试验方法

NY/T 672 转基因植物及其产品检测 通用要求

NY/T 673 转基因植物及其产品检测 抽样

农业部 1485 号公告—4—2010 转基因植物及其产品检测 DNA 提取和纯化

3 术语和定义

下列术语和定义适用于本文件。

3.1

耐除草剂棉花 GHB614 herbicide-tolerant cotton GHB614

含有来源于玉米的 *2mepsps* 基因的耐除草剂转基因棉花，通过农杆菌介导转化获得，外源插入基因为单拷贝，外源插入片段 5′端与棉花基因组的连接区序列具有品种特异性。

3.2

***AdhC* 基因 *AdhC* gene**

编码棉花乙醇脱氢酶（alcohol dehydrogenase）的基因，在本标准中用作棉花内标准基因。

3.3

***Sad1* 基因 *Sad1* gene**

编码棉花硬脂酰—酰基载体蛋白脱饱和酶（steroyl-acyl carrier protein desaturase）的基因，在本标准中用作内标准基因。

3.4

GHB614 转化体特异性序列 event-specific sequence of GHB614

GHB614 外源插入片段 5′端与棉花基因组的连接区序列，包括重组引入的 T-DNA 5′端部分序列和棉花基因组的部分序列。

4 原理

根据转基因耐除草剂棉花 GHB614 转化体特异性序列设计特异性引物，对试样 DNA 进行 PCR 扩增。依据是否扩增获得预期 120 bp 的特异性 DNA 片段，判断样品中是否含有 GHB614 转化体成分。

5 试剂和材料

除非另有说明,仅使用分析纯试剂和重蒸馏水或符合 GB/T 6682 规定的一级水。

5.1 琼脂糖。

5.2 10 g/L 溴化乙锭溶液:称取 1.0 g 溴化乙锭(EB),溶解于 100 mL 水中,避光保存。

警告——溴化乙锭有致癌作用,配制和使用时应戴一次性手套操作并妥善处理废液。

5.3 10 mol/L 氢氧化钠溶液:在 160 mL 水中加入 80.0 g 氢氧化钠(NaOH),溶解后再加水定容至 200 mL。

5.4 500 mmol/L 乙二铵四乙酸二钠溶液(pH 8.0):称取 18.6 g 乙二铵四乙酸二钠(EDTA-Na$_2$),加入 70 mL 水中,再加入适量氢氧化钠溶液(5.3),加热至完全溶解后,冷却至室温,用氢氧化钠溶液(5.3)调 pH 至 8.0,加水定容至 100 mL。在 103.4 kPa(121℃)条件下灭菌 20 min。

5.5 1 mol/L 三羟甲基氨基甲烷—盐酸溶液(pH 8.0):称取 121.1 g 三羟甲基氨基甲烷(Tris)溶解于 800 mL 水中,用盐酸(HCl)调 pH 至 8.0,加水定容至 1 000 mL。在 103.4 kPa(121℃)条件下灭菌 20 min。

5.6 TE 缓冲液(pH 8.0):分别量取 10 mL 三羟甲基氨基甲烷—盐酸溶液(5.5)和 2 mL 乙二铵四乙酸二钠溶液(5.4)溶液,加水定容至 1 000 mL。在 103.4 kPa(121℃)条件下灭菌 20 min。

5.7 50×TAE 缓冲液:称取 242.2 g 三羟甲基氨基甲烷(Tris),先用 500 mL 水加热搅拌溶解后,加入 100 mL 乙二铵四乙酸二钠溶液(5.4),用冰乙酸调 pH 至 8.0,然后加水定容到 1 000 mL。使用时用水稀释成 1×TAE。

5.8 加样缓冲液:称取 250.0 mg 溴酚蓝,加入 10 mL 水,在室温下溶解 12 h;称取 250.0 mg 二甲基苯腈蓝,加 10 mL 水溶解;称取 50.0 g 蔗糖,加 30 mL 水溶解。混合以上三种溶液,加水定容至 100 mL,在 4℃下保存。

5.9 DNA 分子量标准:可以清楚地区分 100 bp~1 000 bp 的 DNA 片段。

5.10 dNTPs 混合溶液:将浓度为 10 mmol/L 的 dATP、dTTP、dGTP、dCTP 四种脱氧核糖核苷酸溶液等体积混合。

5.11 Taq DNA 聚合酶、PCR 反应缓冲液及 25 mmol/L 氯化镁溶液。

5.12 *AdhC* 基因引物:

ADHC-F:5'- TTCATGACGGGCATACTAGG - 3'

ADHC-R:5'- GTCGACATTTCGCAGCTAAG - 3'

预期扩增片段大小为 166 bp。

5.13 *Sad1* 基因引物:

Sad1 - F:5'- CCAAAGGAGGTGCCTGTTCA - 3'

Sad1 - R:5'- TTGAGGTGAGTCAGAATGTTGTTC - 3'

预期扩增片段大小为 107 bp。

5.14 GHB614 转化体特异性引物:

GHB614 - F:5'- CAAATACACTTGGAACGACTTCGT - 3'

GHB614 - R:5'- GCAGGCATGCAAGCTTTTAAA - 3'

预期扩增片段大小 120 bp(参见附录 A)。

5.15 引物溶液:用 TE 缓冲液(5.6)或水分别将上述引物稀释到 10 μmol/L。

5.16 石蜡油。

5.17 PCR 产物回收试剂盒。

5.18 DNA 提取试剂盒。

6 仪器和设备

6.1 分析天平:感量 0.1 g 和 0.1 mg。

6.2 PCR 扩增仪:升降温速度>1.5℃/s,孔间温度差异<1.0℃。

6.3 电泳槽、电泳仪等电泳装置。

6.4 紫外透射仪。

6.5 凝胶成像系统或照相系统。

6.6 重蒸馏水发生器或纯水仪。

6.7 其他相关仪器设备。

7 操作步骤

7.1 抽样

按 NY/T 672 和 NY/T 673 的规定执行。

7.2 制样

按 NY/T 672 和 NY/T 673 的规定执行。

7.3 试样预处理

按农业部 1485 号公告—4—2010 的规定执行。

7.4 DNA 模板制备

按农业部 1485 号公告—4—2010 的规定执行,或使用经验证适用于棉花 DNA 提取与纯化的 DNA 提取试剂盒。

7.5 PCR 反应

7.5.1 试样 PCR 反应

7.5.1.1 每个试样 PCR 反应设置 3 次重复。

7.5.1.2 在 PCR 反应管中按表 1 依次加入反应试剂,混匀,再加 25 μL 石蜡油(有热盖设备的 PCR 仪可不加)。

表 1 PCR 检测反应体系

试剂	终浓度	体积
水		—
10×PCR 缓冲液	1×	2.5 μL
25 mmol/L 氯化镁溶液	1.5 mmol/L	1.5 μL
dNTPs 混合溶液(各 2.5 mmol/L)	各 0.2 mmol/L	2.0 μL
10 μmol/L 上游引物	0.2 μmol/L	0.5 μL
10 μmol/L 下游引物	0.2 μmol/L	0.5 μL
Taq DNA 聚合酶	0.025 U/μL	—
25 mg/L DNA 模板	2 mg/L	2.0 μL
总体积		25.0 μL

"—"表示体积不确定。如果 PCR 缓冲液中含有氯化镁,则不加氯化镁溶液,根据 Taq 酶的浓度确定其体积,并相应调整水的体积,使反应体系总体积达到 25.0 μL。

注:棉花内标准基因 PCR 检测反应体系中,上下游引物分别为 ADHC-F 和 ADHC-R 或 SAD1-F 和 SAD1-R;GHB614 转化体 PCR 检测反应体系中,上下游引物分别为 GHB614-F 和 GHB614-R。

7.5.1.3 将 PCR 管放在离心机上,500 g~3 000 g 离心 10 s,然后取出 PCR 管,放入 PCR 仪中。

7.5.1.4 进行 PCR 反应。反应程序为：94℃变性 5 min；94℃变性 30 s，60℃退火 30 s，72℃延伸 30 s，共进行 35 次循环；72℃延伸 7 min。

7.5.1.5 反应结束后取出 PCR 管，对 PCR 反应产物进行电泳检测。

7.5.2 对照 PCR 反应

在试样 PCR 反应的同时，应设置阴性对照、阳性对照和空白对照。

以非转基因棉花基因组 DNA 作为阴性对照；以转基因棉花 GHB614 质量分数为 0.5% 的棉花基因组 DNA 或含有适量拷贝数的 GHB614 转化体特异性序列和 DNA 和棉花内标准基因的质粒 DNA 序列作为阳性对照；以水作为空白对照。

各对照 PCR 反应体系中，除模板外，其余组分及 PCR 反应条件与 7.5.1 相同。

7.6 PCR 产物电泳检测

按 20 g/L 的质量浓度称量琼脂糖，加入 1×TAE 缓冲液中，加热溶解，配制成琼脂糖溶液。每 100 mL 琼脂糖溶液中加入 5 μL EB 溶液，混匀，稍适冷却后，将其倒入电泳板上，插上梳板，室温下凝固成凝胶后，放入 1×TAE 缓冲液中，垂直向上轻轻拔去梳板。取 12 μL PCR 产物与 3 μL 加样缓冲液混合后加入凝胶点样孔，同时在其中一个点样孔中加入 DNA 分子量标准，接通电源在 2 V/cm～5 V/cm 条件下电泳检测。

7.7 凝胶成像分析

电泳结束后，取出琼脂糖凝胶，置于凝胶成像仪上或紫外透射仪上成像。根据 DNA 分子量标准估计扩增条带的大小，将电泳结果形成电子文件存档或用照相系统拍照。如需通过序列分析确认 PCR 扩增片段是否为目的 DNA 片段，按照 7.8 和 7.9 的规定执行。

7.8 PCR 产物回收

按 PCR 产物回收试剂盒说明书，回收 PCR 扩增的 DNA 片段。

7.9 PCR 产物测序验证

将回收的 PCR 产物克隆测序，与转基因耐除草剂棉花 GHB614 转化体特异性序列（参见附录A）进行比对，确定 PCR 扩增的 DNA 片段是否为目的 DNA 片段。

8 结果分析与表述

8.1 对照检测结果分析

阳性对照的 PCR 反应中，*AdhC* 或 *Sad1* 基因和 GHB614 转化体特异性序列均得到扩增，且扩增片段大小与预期片段大小一致，而阴性对照中仅扩增出 *AdhC* 或 *Sad1* 基因片段，空白对照没有任何扩增片段，表明 PCR 反应体系正常工作，否则重新检测。

8.2 样品检测结果分析和表述

8.2.1 *AdhC* 或 *Sad1* 基因和 GHB614 转化体特异性序列均得到扩增，且扩增片段大小与预期片段大小一致，表明样品中检测出转基因耐除草剂棉花 GHB614 转化体成分，表述为"样品中检测出转基因耐除草剂棉花 GHB614 转化体成分，检测结果为阳性"。

8.2.2 *AdhC* 或 *Sad1* 基因片段得到扩增，且扩增片段大小与预期片段大小一致，而 GHB614 转化体特异性序列未得到扩增，或扩增片段大小与预期片段大小不一致，表明样品中未检测出耐除草剂棉花 GHB614 转化体成分，表述为"样品中未检测出耐除草剂棉花 GHB614 转化体成分，检测结果为阴性"。

8.2.3 *AdhC* 或 *Sad1* 基因片段未得到扩增，或扩增片段大小与预期片段大小不一致，表明样品中未检测出棉花成分，表述为"样品中未检测出棉花成分，检测结果为阴性"。

附 录 A
（资料性附录）
耐除草剂棉花 GHB614 转化体特异性序列

1 <u>CAAATACACT TGGAACGACT TCGT</u>TTTAGG CTCCATGGCG ATCGCTACGT ATCTAGAATT
61 CCTGCAGGTC GAGTCGCGAC GTACGTTCGA ACAATTGGT<u>T TTAAAAGCTT</u> GCATGCCTGC

注 1:画线部分为引物序列。
注 2:1～32 为棉花基因组 5′侧翼序列;33～120 为重组引入的 T-DNA 5′端部分序列。

ICS 65.020

B 04

中华人民共和国国家标准

农业部 1782 号公告－1－2012

转基因植物及其产品成分检测
耐除草剂大豆 356043 及其衍生品种
定性 PCR 方法

Detection of genetically modified plants and derived products—
Qualitative PCR method for herbicide–tolerant soybean 356043 and its derivates

2012-06-06 发布

2012-09-01 实施

中华人民共和国农业部 发布

前　言

本标准按照 GB/T 1.1—2009 给出的规则起草。

请注意本文件的某些内容可能涉及专利。本文件的发布机构不承担识别这些专利的责任。

本标准由中华人民共和国农业部提出。

本标准由全国农业转基因生物安全管理标准化技术委员会(SAC/TC 276)归口。

本标准起草单位:农业部科技发展中心、农业部环境保护科研监测所。

本标准主要起草人:杨殿林、宋贵文、修伟明、赵建宁、赵欣、李刚、张静妮、刘红梅、李飞武。

转基因植物及其产品成分检测
耐除草剂大豆 356043 及其衍生品种定性 PCR 方法

1 范围

本标准规定了转基因大豆 356043 转化体特异性的定性 PCR 检测方法。

本标准适用于转基因大豆 356043 及其衍生品种以及制品中 356043 转化体成分的定性 PCR 检测。

2 规范性引用文件

下列文件对于本文件的应用是必不可少的。凡是注日期的引用文件,仅注日期的版本适用于本文件。凡是不注日期的引用文件,其最新版本(包括所有的修改单)适用于本文件。

GB/T 6682 分析实验室用水规格和试验方法

NY/T 672 转基因植物及其产品检测 通用要求

NY/T 673 转基因植物及其产品检测 抽样

农业部 1485 号公告—4—2010 转基因植物及其产品成分检测 DNA 提取和纯化

3 术语和定义

下列术语和定义适用于本文件。

3.1

***Lectin* 基因 *Lectin* gene**

编码大豆凝集素的基因。

3.2

356043 转化体特异性序列 event-specific sequence of 356043

356043 外源插入片段 5′ 端与大豆基因组的连接区序列,包括大豆基因组的部分序列和 SCP1 启动子 5′ 端部分序列。

4 原理

根据转基因耐除草剂大豆 356043 转化体特异性序列设计特异性引物,对试样 DNA 进行 PCR 扩增。依据是否扩增获得预期 145 bp 的特异性 DNA 片段,判断样品中是否含有 356043 转化体成分。

5 试剂和材料

除非另有说明,仅使用分析纯试剂和重蒸馏水或符合 GB/T 6682 规定的一级水。

5.1 琼脂糖。

5.2 10 g/L 溴化乙锭溶液:称取 1.0 g 溴化乙锭(EB),溶解于 100 mL 水中,避光保存。

注:溴化乙锭有致癌作用,配制和使用时应戴一次性手套操作并妥善处理废液。

5.3 10 mol/L 氢氧化钠溶液:在 160 mL 水中加入 80.0 g 氢氧化钠(NaOH),溶解后再加水定容到 200 mL。

5.4 500 mmol/L 乙二铵四乙酸二钠溶液(pH 8.0):称取 18.6 g 乙二铵四乙酸二钠(EDTA-Na$_2$),加入 70 mL 水中,再加入适量氢氧化钠溶液(5.3),加热至完全溶解后,冷却至室温。用氢氧化钠溶液

(5.3)调 pH 至 8.0,加水定容至 100 mL。在 103.4 kPa(121℃)条件下灭菌20 min。

5.5　1 mol/L 三羟甲基氨基甲烷—盐酸溶液(pH 8.0):称取 121.1 g 三羟甲基氨基甲烷(Tris)溶解于 800 mL 水中,用盐酸(HCl)调 pH 至 8.0,加水定容至 1 000 mL。在 103.4 kPa(121℃)条件下灭菌 20 min。

5.6　TE 缓冲液(pH 8.0):分别量取 10 mL 三羟甲基氨基甲烷—盐酸溶液(5.5)和 2 mL 乙二铵四乙酸二钠溶液(5.4),加水定容至 1 000 mL。在 103.4 kPa(121℃)条件下灭菌 20 min。

5.7　50×TAE 缓冲液:称取 242.2 g 三羟甲基氨基甲烷(Tris),先用 500 mL 水加热搅拌溶解后,加入 100 mL 乙二铵四乙酸二钠溶液(5.4)。用冰乙酸调 pH 至 8.0,然后加水定容至 1 000 mL。使用时,用水稀释成 1×TAE。

5.8　加样缓冲液:称取 250.0 mg 溴酚蓝,加入 10 mL 水,在室温下溶解 12 h;称取 250.0 mg 二甲基苯腈蓝,加 10 mL 水溶解;称取 50.0 g 蔗糖,加 30 mL 水溶解。混合以上三种溶液,加水定容至 100 mL,在 4℃下保存。

5.9　DNA 分子量标准:可以清楚地区分 100 bp～1 000 bp 的 DNA 片段。

5.10　dNTPs 混合溶液:将浓度为 10 mmol/L 的 dATP、dTTP、dGTP、dCTP 四种脱氧核糖核苷酸溶液等体积混合。

5.11　Taq DNA 聚合酶、PCR 反应缓冲液及 25 mmol/L 氯化镁溶液。

5.12　*Lectin* 基因引物:
lectin-F:5′-GCCCTCTACTCCACCCCCATCC-3′
lectin-R:5′-GCCCATCTGCAAGCCTTTTTGTG-3′
预期扩增片段大小为 118 bp。

5.13　356043 转化体特异性序列引物:
356043-F:5′-CTTTTGCCCGAGGTCGTTAG-3′
356043-R:5′-GCCCTTTGGTCTTCTGAGACTG-3′
预期扩增片段大小为 145 bp(参见附录 A)。

5.14　引物溶液:用 TE 缓冲液(5.6)或水分别将上述引物稀释到 10 μmol/L。

5.15　石蜡油。

5.16　PCR 产物回收试剂盒。

5.17　DNA 提取试剂盒。

6　仪器

6.1　分析天平:感量 0.1 g 和 0.1 mg。

6.2　PCR 扩增仪。

6.3　电泳槽、电泳仪等电泳装置。

6.4　紫外透射仪。

6.5　凝胶成像系统或照相系统。

6.6　重蒸馏水发生器或纯水仪。

6.7　其他相关仪器和设备。

7　操作步骤

7.1　抽样

按 NY/T 672 和 NY/T 673 的规定执行。

7.2 制样

按 NY/T 672 和 NY/T 673 的规定执行。

7.3 试样预处理

按农业部 1485 号公告—4—2010 的规定执行。

7.4 DNA 模板制备

按农业部 1485 号公告—4—2010 的规定执行。

7.5 PCR 反应

7.5.1 试样 PCR 反应

7.5.1.1 每个试样 PCR 反应设置 3 次重复。

7.5.1.2 在 PCR 反应管中按表 1 依次加入反应试剂、混匀,再加 25 μL 石蜡油(有热盖设备的 PCR 仪可不加)。

表 1 PCR 检测反应体系

试 剂	终浓度	体 积
水		—
10×PCR 缓冲液	1×	2.5 μL
25 mmol/L 氯化镁溶液	1.5 mmol/L	1.5 μL
dNTPs 混合溶液(各 2.5 mmol/L)	各 0.2 mmol/L	2.0 μL
10 μmol/L 上游引物	0.4 μmol/L	1.0 μL
10 μmol/L 下游引物	0.4 μmol/L	1.0 μL
Taq 酶	0.025 U/μL	—
25 mg/L DNA 模板	2 mg/L	2.0 μL
总体积		25.0 μL

注 1:"—"表示体积不确定。如果 PCR 缓冲液中含有氯化镁,则不加氯化镁溶液。根据 Taq 酶的浓度确定其体积,并相应调整水的体积,使反应体系总体积达到 25.0 μL。

注 2:大豆内标准基因 PCR 检测反应体系中,上、下游引物分别为 lectin-F 和 lectin-R;356043 转化体 PCR 检测反应体系中,上、下游引物分别为 356043-F 和 356043-R。

7.5.1.3 将 PCR 管放在离心机上,500 g～3 000 g 离心 10 s,然后取出 PCR 管,放入 PCR 扩增仪中。

7.5.1.4 进行 PCR 反应。反应程序为:94℃变性 3 min;94℃变性 30 s,58℃退火 30 s,72℃延伸 30 s,共进行 35 次循环;72℃延伸 5 min。

7.5.1.5 反应结束后取出 PCR 管,对 PCR 反应产物进行电泳检测。

7.5.2 对照 PCR 反应

在试样 PCR 反应的同时,应设置阴性对照、阳性对照和空白对照。

以非转基因大豆基因组 DNA 作为阴性对照;以转基因大豆 356043 质量分数为 0.1%～1.0% 的大豆基因组 DNA 作为阳性对照;以水作为空白对照。

各对照 PCR 反应体系中,除模板外,其余组分及 PCR 反应条件与 7.5.1 相同。

7.6 PCR 产物电泳检测

按 20 g/L 的质量浓度称量琼脂糖,加入 1×TAE 缓冲液中,加热溶解,配制成琼脂糖溶液。每 100 mL 琼脂糖溶液中加入 5 μL EB 溶液,混匀,稍适冷却后,将其倒入电泳板上,插上梳板,室温下凝固成凝胶后,放入 1×TAE 缓冲液中,垂直向上轻轻拔去梳板。取 12 μL PCR 产物与 3 μL 加样缓冲液混合后加入凝胶点样孔,同时在其中一个点样孔中加入 DNA 分子量标准,接通电源在 2 V/cm～5 V/cm 条件下电泳检测。

7.7 凝胶成像分析

电泳结束后,取出琼脂糖凝胶,置于凝胶成像系统或紫外透射仪上成像。根据 DNA 分子量标准估计扩增条带的大小,将电泳结果形成电子文件存档或用照相系统拍照。如需通过序列分析确认 PCR 扩增片段是否为目的 DNA 片段,按照 7.8 和 7.9 的规定执行。

7.8 PCR 产物回收

按 PCR 产物回收试剂盒的说明书,回收 PCR 扩增的 DNA 片段。

7.9 PCR 产物测序验证

将回收的 PCR 产物克隆测序,与耐除草剂大豆 356043 转化体特异性序列(参见附录 A)进行比对,确定 PCR 扩增的 DNA 片段是否为目的 DNA 片段。

8 结果分析与表述

8.1 对照检测结果分析

阳性对照的 PCR 反应中,*Lectin* 内标准基因和 356043 转化体特异性序列均得到扩增,且扩增片段大小与预期片段大小一致;而阴性对照中仅扩增出 *Lectin* 基因片段;空白对照中没有任何扩增片段。这表明 PCR 反应体系正常工作,否则重新检测。

8.2 样品检测结果分析和表述

8.2.1 *Lectin* 内标准基因和 356043 转化体特异性序列均得到扩增,且扩增片段大小与预期片段大小一致。这表明样品中检测出转基因耐除草剂大豆 356043 转化体成分,表述为"样品中检测出转基因耐除草剂大豆 356043 转化体成分,检测结果为阳性"。

8.2.2 *Lectin* 内标准基因片段得到扩增,且扩增片段大小与预期片段大小一致,而 356043 转化体特异性序列未得到扩增,或扩增片段大小与预期片段大小不一致。这表明样品中未检测出耐除草剂大豆 356043 转化体成分,表述为"样品中未检测出耐除草剂大豆 356043 转化体成分,检测结果为阴性"。

8.2.3 *Lectin* 内标准基因片段未得到扩增,或扩增片段大小与预期片段大小不一致。这表明样品中未检测出大豆成分,表述为"样品中未检测出大豆成分,检测结果为阴性"。

附 录 A

（资料性附录）

耐除草剂大豆 356043 转化体特异性序列

    1 CTTTTGCCCG AGGTCGTTAG GTCGAATAGG CTAGGTTTAC GAAAAAGAGA

  51 CTAAGGCCGC TCTAGAGATC CGTCAACATG GTGGAGCACG ACACTCTCGT

101 CTACTCCAAG AATATCAAAG ATACAGTCTC AGAAGACCAA AGGGC

注 1:画线部分为引物序列。

注 2:1~54 为大豆基因组部分序列;55~145 为 SCP1 启动子部分序列。

ICS 65.020
B 04

中华人民共和国国家标准

农业部 1782 号公告—2—2012

转基因植物及其产品成分检测 标记基因 *NPTII*、*HPT* 和 *PMI* 定性 PCR 方法

Detection of genetically modified plants and derived products—
Qualitative PCR methods for the marker genes *NPTII*, *HPT* and *PMI*

2012-06-06 发布   2012-09-01 实施

中华人民共和国农业部 发布

前　言

本标准按照 GB/T 1.1—2009 给出的规则起草。

请注意本文件的某些内容可能涉及专利。本文件的发布机构不承担识别这些专利的责任。

本标准由中华人民共和国农业部提出。

本标准由全国农业转基因生物安全管理标准化技术委员会(SAC/TC 276)归口。

本标准起草单位:农业部科技发展中心、中国农业科学院油料作物研究所。

本标准主要起草人:卢长明、宋贵文、吴刚、武玉花、曹应龙、厉建萌、罗军玲。

转基因植物及其产品成分检测
标记基因 *NPTII*、*HPT* 和 *PMI* 定性 PCR 方法

1 范围

本标准规定了转基因植物中标记基因 *NPTII*、*HPT* 和 *PMI* 的定性 PCR 检测方法。

本标准适用于转基因植物及其制品中标记基因 *NPTII*、*HPT* 和 *PMI* 的定性 PCR 检测。

2 规范性引用文件

下列文件对于本文件的应用是必不可少的。凡是注日期的引用文件,仅注日期的版本适用于本文件。凡是不注日期的引用文件,其最新版本(包括所有的修改单)适用于本文件。

GB/T 6682 分析实验室用水规格和试验方法

NY/T 672 转基因植物及其产品检测 通用要求

NY/T 673 转基因植物及其产品检测 抽样

农业部 1485 号公告—4—2010 转基因植物及其产品成分检测 DNA 提取和纯化

3 术语和定义

下列术语和定义适用于本文件。

3.1

NPTII 基因 *NPTII* gene

来源于大肠杆菌(*Escherichia coli*),编码新霉素磷酸转移酶(neomycin phosphotransferase)的基因。

3.2

HPT 基因 *HPT* gene

来源于大肠杆菌或链球菌(*Streptomyceshy groscopicus*),编码潮霉素磷酸转移酶(hygromycin phosphotransferase)的基因。

3.3

PMI 基因 *PMI* gene

来源于大肠杆菌,编码 6-磷酸甘露糖异构酶(phosphomannose isomerase)的基因。

4 原理

根据国内外商业化应用的转基因植物中标记基因的应用频率,针对标记基因 *NPTII*、*HPT* 和 *PMI* 的核苷酸序列设计特异性引物,对试样 DNA 进行 PCR 扩增。依据是否扩增获得预期 DNA 片段,判断样品中是否含有 *NPTII*、*HPT* 和 *PMI* 转基因成分。

5 试剂和材料

除非另有说明,仅使用分析纯试剂和重蒸馏水或符合 GB/T 6682 规定的一级水。

5.1 琼脂糖。

5.2 10 g/L 溴化乙锭溶液:称取 1.0 g 溴化乙锭(EB),溶解于 100 mL 水中,避光保存。

注:溴化乙锭有致癌作用,配制和使用时应戴一次性手套操作并妥善处理废液。

5.3 10 mol/L 氢氧化钠溶液:在 160 mL 水中加入 80.0 g 氢氧化钠(NaOH),溶解后再加水定容到 200 mL。

5.4 500 mmol/L 乙二铵四乙酸二钠溶液(pH 8.0):称取 18.6 g 乙二铵四乙酸二钠(EDTA-Na$_2$),加入 70 mL 水中,再加入适量氢氧化钠溶液(5.3),加热至完全溶解后,冷却至室温。用氢氧化钠溶液(5.3)调 pH 至 8.0,加水定容至 100 mL。在 103.4 kPa(121℃)条件下灭菌 20 min。

5.5 1 mol/L 三羟甲基氨基甲烷—盐酸溶液(pH 8.0):称取 121.1 g 三羟甲基氨基甲烷(Tris)溶解于 800 mL 水中,用盐酸(HCl)调 pH 至 8.0,加水定容至 1 000 mL。在 103.4 kPa(121℃)条件下灭菌 20 min。

5.6 TE 缓冲液(pH 8.0):分别量取 10 mL 三羟甲基氨基甲烷—盐酸溶液(5.5)和 2 mL 乙二铵四乙酸二钠溶液(5.4),加水定容至 1 000 mL。在 103.4 kPa(121℃)条件下灭菌 20 min。

5.7 50×TAE 缓冲液:称取 242.2 g 三羟甲基氨基甲烷(Tris),先用 500 mL 水加热搅拌溶解后,加入 100 mL 乙二铵四乙酸二钠溶液(5.4)。用冰乙酸调 pH 至 8.0,然后加水定容到 1 000 mL。使用时,用水稀释成 1×TAE。

5.8 加样缓冲液:称取 250.0 mg 溴酚蓝,加入 10 mL 水,在室温下溶解 12 h;称取 250.0 mg 二甲基苯腈蓝,加 10 mL 水溶解;称取 50.0 g 蔗糖,加 30 mL 水溶解。混合以上三种溶液,加水定容至 100 mL,在 4℃下保存。

5.9 DNA 分子量标准:可以清楚地区分 100 bp～1 000 bp 的 DNA 片段。

5.10 dNTPs 混合溶液:将浓度为 10 mmol/L 的 dATP、dTTP、dGTP、dCTP 四种脱氧核糖核苷酸溶液等体积混合。

5.11 Taq DNA 聚合酶、PCR 反应缓冲液及 25 mmol/L 氯化镁溶液。

5.12 石蜡油。

5.13 PCR 产物回收试剂盒。

5.14 DNA 提取试剂盒。

5.15 定性 PCR 反应试剂盒。

5.16 实时荧光 PCR 反应试剂盒。

5.17 引物和探针:见附录 A。

6 仪器和设备

6.1 分析天平:感量 0.1 g 和 0.1 mg。

6.2 PCR 扩增仪:升降温速度＞1.5℃/s,孔间温度差异＜1.0℃。

6.3 实时荧光 PCR 扩增仪。

6.4 电泳槽、电泳仪等电泳装置。

6.5 紫外透射仪。

6.6 凝胶成像系统或照相系统。

6.7 重蒸馏水发生器或纯水仪。

6.8 其他相关仪器和设备。

7 操作步骤

7.1 抽样

按 NY/T 672 和 NY/T 673 的规定执行。

7.2 制样

按 NY/T 672 和 NY/T 673 的规定执行。

7.3 试样预处理

按农业部 1485 号公告—4—2010 的规定执行。

7.4 DNA 模板制备

按农业部 1485 号公告—4—2010 的规定执行。

7.5 PCR 方法

7.5.1 普通 PCR 方法

7.5.1.1 PCR 反应

7.5.1.1.1 试样 PCR 反应

每个试样 PCR 反应设置 3 次重复。在 PCR 反应管中按表 1 依次加入反应试剂、混匀,再加 25 μL 石蜡油(有热盖设备的 PCR 仪可不加)。也可采用经验证的、等效的定性 PCR 反应试剂盒配制反应体系。将 PCR 管放在离心机上,500 g～3 000 g 离心 10 s,然后取出 PCR 管,放入 PCR 仪中。

表 1 PCR 检测反应体系

试 剂	终 浓 度	体 积
水		—
10×PCR 缓冲液	1×	2.5 μL
25 mmol/L 氯化镁溶液	1.5 mmol/L	1.5 μL
dNTPs 混合溶液(各 2.5 mmol/L)	各 0.2 mmol/L	2.0 μL
10 μmol/L 上游引物	0.2 μmol/L	0.5 μL
10 μmol/L 下游引物	0.2 μmol/L	0.5 μL
Taq 酶	0.025 U/μL	—
25 mg/L DNA 模板	2 mg/L	2.0 μL
总体积		25.0 μL

注 1:"—"表示体积不确定。如果 PCR 缓冲液中含有氯化镁,则不加氯化镁溶液。根据 Taq 酶的浓度确定其体积,并相应调整水的体积,使反应体系总体积达到 25.0 μL。

注 2:标记基因 *NPTII* 基因 PCR 检测反应体系中,上、下游引物分别是 NptF68 和 NptR356;*HPT* 基因 PCR 检测反应体系中,上、下游引物分别是 HptF226 和 Hpt697;*PMI* 基因 PCR 检测反应体系中,上、下游引物分别是 PmiF43 和 PmiR303;内标准基因 PCR 检测反应体系中,根据选择的内标准基因,选用合适的上、下游引物。

PCR 反应程序为:94℃变性 5 min;94℃变性 30 s,60℃退火 30 s,72℃延伸 30 s,共进行 35 次循环;72℃延伸 2 min。

反应结束后,取出 PCR 管,对 PCR 反应产物进行电泳检测。

7.5.1.1.2 对照 PCR 反应

在试样 PCR 反应的同时,应设置阴性对照、阳性对照和空白对照。根据样品特性或检测目的,以所检测植物的非转基因材料基因组 DNA 作为阴性对照;以含有标记基因 *NPTII*、*HPT* 和 *PMI* 基因的质量分数为 0.1%～1.0% 的转基因植物基因组 DNA(或采用对应标记基因与非转基因植物基因组相比的拷贝数分数为 0.1%～1.0% 的 DNA 溶液)作为阳性对照;以水作为空白对照。各对照 PCR 反应体系中,除模板外,其余组分及 PCR 反应条件与 7.5.1.1.1 相同。

7.5.1.2 PCR 产物电泳检测

按 20 g/L 的质量浓度称量琼脂糖,加入 1×TAE 缓冲液中,加热溶解,配制成琼脂糖溶液。每 100 mL 琼脂糖溶液中加入 5 μL EB 溶液,混匀。稍适冷却后,将其倒入电泳板上,插上梳板。室温下凝固成凝胶后,放入 1×TAE 缓冲液中,垂直向上轻轻拔去梳板。取 12 μL PCR 产物与 3 μL 加样缓冲液混合后加入凝胶点样孔,同时在其中一个点样孔中加入 DNA 分子量标准,接通电源在 2 V/cm～5 V/cm 条件下电泳检测。

7.5.1.3 凝胶成像分析

电泳结束后,取出琼脂糖凝胶,置于凝胶成像仪上或紫外透射仪上成像。根据 DNA 分子量标准估计扩增条带的大小,将电泳结果形成电子文件存档或用照相系统拍照。如需通过序列分析确认 PCR 扩增片段是否为目的 DNA 片段,按照 7.5.1.4 和 7.5.1.5 的规定执行。

7.5.1.4 PCR 产物回收

按 PCR 产物回收试剂盒的说明书,回收 PCR 扩增的 DNA 片段。

7.5.1.5 PCR 产物测序验证

将回收的 PCR 产物克隆测序,与标记基因序列(参见附录 B)进行比对,确定 PCR 扩增的 DNA 片段是否为目的 DNA 片段。

7.5.2 实时荧光 PCR 方法

7.5.2.1 对照设置

在试样 PCR 反应的同时,应设置阴性对照、阳性对照和空白对照。

以非转基因植物基因组 DNA 作为阴性对照;以含有标记基因 NPTII、HPT 和 PMI 基因的转基因产品质量分数为 0.1%～1.0% 的基因组 DNA(或采用对应标记基因与非转基因植物基因组相比的拷贝数分数为 0.1%～1.0% 的 DNA 溶液)作为阳性对照;以水作为空白对照。

7.5.2.2 PCR 反应体系

按表 2 配制 PCR 扩增反应体系,也可采用等效的实时荧光 PCR 反应试剂盒配制反应体系,每个试样和对照设 3 次重复。

表 2　实时荧光 PCR 反应体系

试　剂	终浓度	体　积
水		—
10×PCR 缓冲液	1×	2 μL
25 mmol/L MgCl$_2$	4.5 mmol/L	3.6 μL
dNTPs 混合溶液(各 2.5 mmol/L)	0.3 mmol/L	0.6 μL
10 μmol/L 探针	0.2 μmol/L	0.4 μL
10 μmol/L 上游引物	0.4 μmol/L	0.8 μL
10 μmol/L 下游引物	0.4 μmol/L	0.8 μL
Taq 酶	0.04 U/μL	—
25 mg/L DNA 模板	2 ng/μL	2.0 μL
总体积		20 μL

注 1:"—"表示体积不确定。如果 PCR 缓冲液中含有氯化镁,则不加氯化镁溶液。根据 Taq 酶的浓度确定其体积,并相应调整水的体积,使反应体系总体积达到 20.0 μL。

注 2:标记基因 NPTII 基因 PCR 检测反应体系中,上、下游引物和探针分别是 qNptF72,qNptR172 和 qNptFP99;HPT 基因 PCR 检测反应体系中,上、下游引物和探针分别是 qHptF,Hpt 和 qHptP;PMI 基因 PCR 检测反应体系中,上、下游引物和探针分别是 qPmiF240,PmiR335 和 qPmiFP267;内标准基因 PCR 检测反应体系中,根据选择的内标准基因,选用合适的上、下游引物和探针。

7.5.2.3 PCR 反应

PCR 反应按以下程序运行:第一阶段 95℃、5 min;第二阶段 95℃、15 s,60℃、60 s,循环数 40;在第二阶段的退火延伸时段收集荧光信号。

注:不同仪器可根据仪器要求将反应参数作适当调整。

8 结果分析与表述

8.1 普通 PCR 方法结果分析与表述

8.1.1 对照检测结果分析

阳性对照的 PCR 反应中,×××内标准基因和标记基因 *NPTII*、*HPT* 和 *PMI* 特异性序列均得到扩增,且扩增片段大小与预期片段大小一致;而阴性对照中仅扩增出×××内标准基因片段;空白对照中除引物二聚体外没有任何扩增片段。这表明 PCR 反应体系正常工作,否则重新检测。

8.1.2 样品检测结果分析和表述

8.1.2.1 ×××内标准基因片段未得到扩增,或扩增片段大小与预期片段大小不一致。这表明样品中未检测出×××植物成分,需进一步明确其植物来源后再进行标记基因的检测和判断,结果表述为"样品中未检测出×××植物内标准基因"。

8.1.2.2 ×××内标准基因获得扩增,且扩增片段与预期片段大小一致;标记基因 *NPTII*、*HPT* 和 *PMI* 中的任何一个得到扩增,且扩增片段大小与预期片段大小一致。这表明样品中检测出标记基因××× ,表述为"样品中检测出标记基因×××,检测结果为阳性"。

8.1.2.3 ×××内标准基因获得扩增,且扩增片段大小与预期片段大小一致;而标记基因 *NPTII*、*HPT* 和 *PMI* 均未得到扩增,或扩增片段大小与预期片段大小不一致。这表明样品中未检测出标记基因,表述为"样品中未检测出标记基因 *NPTII*、*HPT* 和 *PMI*,检测结果为阴性"。

8.2 实时荧光 PCR 方法结果分析与表述

8.2.1 阈值设定

实时荧光 PCR 反应结束后,设置荧光信号阈值,阈值设定原则根据仪器噪声情况进行调整,阈值设置原则以刚好超过正常阴性样品扩增曲线的最高点为准。

8.2.2 对照检测结果分析

在内标准基因扩增时,空白对照无典型扩增曲线,阴性对照和阳性对照出现典型扩增曲线,且 Ct 值小于或等于 36。在标记基因 *NPTII*、*HPT* 和 *PMI* 中任何一个扩增时,空白对照和阴性对照无典型扩增曲线,阳性对照有典型扩增曲线,且 Ct 值小于或等于 36。这表明反应体系工作正常,否则重新检测。

8.2.3 样品检测结果分析和表述

8.2.3.1 ×××内标准基因无典型扩增曲线。这表明样品中未检测出×××植物成分,需进一步明确其植物来源后再进行标记基因的检测和判断,结果表述为"样品中未检测出×××植物内标准基因"。

8.2.3.2 ×××内标准基因出现典型扩增曲线,且 Ct 值小于或等于 36;同时标记基因 *NPTII*、*HPT* 和 *PMI* 中任何一个出现典型扩增曲线,且 Ct 值小于或等于 36。这表明样品中检测出标记基因×× × ,结果表述为"样品中检测出标记基因×××,检测结果为阳性"。

8.2.3.3 ×××内标准基因出现典型扩增曲线,且 Ct 值小于或等于 36;但标记基因 *NPTII*、*HPT* 和 *PMI* 均未出现典型扩增曲线。这表明样品中未检测出标记基因,结果表述为"样品中未检测出标记基因 *NPTII*、*HPT* 和 *PMI*,检测结果为阴性"。

8.2.3.4 ×××内标准基因、标记基因 *NPTII*、*HPT* 和 *PMI* 出现典型扩增曲线,但 Ct 值在 36~40 之间,应进行重复实验。如重复实验结果符合 8.2.3.1~8.2.3.3 的情形,依照 8.2.3.1~8.2.3.3 进行判断。如重复实验检测参数出现典型扩增曲线,但检测 Ct 值仍在 36~40 之间,则判定样品检出该参数,根据检出参数情况,参照 8.2.3.1~8.2.3.3 对样品进行判定。

附　录　A
（规范性附录）
引物和探针

A.1　普通 PCR 方法引物

A.1.1　*NPTII* 基因

NptF68：5′- ACTGGGCACAACAGACAATCG - 3′
NptR356：5′- GCATCAGCCATGATGGATACTTT - 3′
预期扩增片段大小为 289bp。

A.1.2　*HPT* 基因

HptF226：5′- GAAGTGCTTGACATTGGGGAGT - 3′
HptR697：5′- AGATGTTGGCGACCTCGTATT - 3′
预期扩增片段大小为 472bp。

A.1.3　*PMI* 基因

PmiF43：5′- AGCAAAACGGCGTTGACTGA - 3′
PmiR303：5′- GTTTGGATGAACCTGAATGGAGA - 3′
预期扩增片段大小为 261bp。

A.1.4　内标准基因

根据样品特性或检测目的选择合适的内标准基因，应优先采用标准化方法中规定的引物。

A.1.5　用 TE 缓冲液（pH 8.0）或双蒸水分别将下列引物稀释到 10 μmol/L。

A.2　实时荧光 PCR 方法引物/探针

A.2.1　*NPTII* 基因

qNptF63：5′- CTATGACTGGGCACAACAGACA - 3′
qNptR163：5′- CGGACAGGTCGGTCTTGACA - 3′
qNptFP90：5′- CTGCTCTGATGCCGCCGTGTTCCG - 3′
预期扩增片段大小为 101 bp。

A.2.2　*HPT* 基因

qHptF286：5′- CAGGGTGTCACGTTGCAAGA - 3′
qHptR395：5′- CCGCTCGTCTGGCTAAGATC - 3′
qHptFP308：5′- TGCCTGAAACCGAACTGCCCGCTG - 3′
预期扩增片段大小为 110 bp。

A.2.3　*PMI* 基因

qPmiF240：5′- ACTGCCTTTCCTGTTCAAAGTATTAT - 3′
qPmiR335：5′- TCTTTGGCAAAACCGATTTCAGAA - 3′
qPmiFP267：5′- CGCAGCACAGCCACTCTCCATTCAGG - 3′
预期扩增片段大小为 96 bp。

A.2.4　内标准基因引物和探针

根据样品特性或检测目的选择合适的内标准基因,应优先采用标准化方法中规定的引物和探针。

A.2.5 探针的 5′端标记荧光报告基团(如 FAM、HEX 等),3′端标记荧光淬灭基团(如 TAMRA、BHQ1 等)。

A.2.6 用 TE 缓冲液(pH 8.0)或双蒸水分别将下列引物/探针稀释到 10 μmol/L。

附 录 B
（资料性附录）
标记基因核苷酸序列

B.1 *NPTII* 基因核苷酸序列（Accession No. AF485783）

B.1.1 *NPTII* 基因普通 PCR 扩增产物核苷酸序列

```
  1  ACTGGGCACA ACAGACAATC GGCTGCTCTG ATGCCGCCGT GTTCCGGCTG
 51  TCAGCGCAGG GGCGCCCGGT TCTTTTTGTC AAGACCGACC TGTCCGGTGC
101  CCTGAATGAA CTGCAGGACG AGGCAGCGCG GCTATCGTGG CTGGCCACGA
151  CGGGCGTTCC TTGCGCAGCT GTGCTCGACG TTGTCACTGA AGCGGGAAGG
201  GACTGGCTGC TATTGGGCGA AGTGCCGGGG CAGGATCTCC TGTCATCTCA
251  CCTTGCTCCT GCCGAGAAAG TATCCATCAT GGCTGATGC
```
注:画线部分为普通 PCR 引物 NptF68 和 NptR356 的序列。

B.1.2 *NPTII* 基因实时荧光 PCR 扩增产物核苷酸序列

```
  1  CTATGACTGG GCACAACAGA CAATCGGCTG CTCTGATGCC GCCGTGTTCC
 51  GGCTGTCAGC GCAGGGGCGC CCGGTTCTTT TTGTCAAGAC CGACCTGTCC
101  G
```
注:画线部分为实时荧光 PCR 引物 qNptF63、qNptR163 和探针 qNptFP90 的序列。

B.2 *HPT* 基因的核苷酸序列（Accession No. AF234296）

B.2.1 *HPT* 基因普通 PCR 扩增产物核苷酸序列

```
  1  GAAGTGCTTG ACATTGGGGA GTTTAGCGAG AGCCTGACCT ATTGCATCTC
 51  CCGCCGTGCA CAGGGTGTCA CGTTGCAAGA CCTGCCTGAA ACCGAACTGC
101  CCGCTGTTCT ACAACCGGTC GCGGAGGCTA TGGATGCGAT CGCTGCGGCC
151  GATCTTAGCC AGACGAGCGG GTTCGGCCCA TTCGGACCGC AAGGAATCGG
201  TCAATACACT ACATGGCGTG ATTTCATATG CGCGATTGCT GATCCCCATG
251  TGTATCACTG GCAAACTGTG ATGGACGACA CCGTCAGTGC GTCCGTCGCG
301  CAGGCTCTCG ATGAGCTGAT GCTTTGGGCC GAGGACTGCC CCGAAGTCCG
351  GCACCTCGTG CACGCGGATT TCGGCTCCAA CAATGTCCTG ACGGACAATG
401  GCCGCATAAC AGCGGTCATT GACTGGAGCG AGGCGATGTT CGGGGATTCC
451  CAATACGAGG TCGCCAACAT CT
```
注:画线部分为普通 PCR 引物 HptF226 和 HptR697 的序列。

B.2.2 *HPT* 基因实时荧光 PCR 扩增产物核苷酸序列

```
  1  CAGGGTGTCA CGTTGCAAGA CCTGCCTGAA ACCGAACTGC CCGCTGTTCT
 51  ACAACCGGTC GCGGAGGCTA TGGATGCGAT CGCTGCGGCC GATCTTAGCC
101  AGACGAGCGG
```
注:画线部分为实时荧光 PCR 引物 qHptF286、qHptR395 和探针 qHptP308 的序列。

B.3 *PMI* 基因核苷酸序列（Accession No. DJ437710）

B.3.1 *PMI* 基因普通 PCR 扩增产物核苷酸序列

```
  1   AGCAAAACGG CGTTGACTGA ACTTTATGGT ATGGAAAATC CGTCCAGCCA
 51   GCCGATGGCC GAGCTGTGGA TGGGCGCACA TCCGAAAAGC AGTTCACGAG
101   TGCAGAATGC CGCCGGAGAT ATCGTTTCAC TGCGTGATGT GATTGAGAGT
151   GATAAATCGA CTCTGCTCGG AGAGGCCGTT GCCAAACGCT TTGGCGAACT
201   GCCTTTCCTG TTCAAAGTAT TATGCGCAGC ACAGCCACTC TCCATTCAGG
251   TTCATCCAAA C
```

注:画线部分为普通 PCR 引物 PmiF43 和 PmiR303 的序列。

B.3.2 *PMI* 基因实时荧光 PCR 扩增产物核苷酸序列

```
  1   ACTGCCTTTC CTGTTCAAAG TATTATGCGC AGCACAGCCA CTCTCCATTC
 51   AGGTTCATCC AAACAAACAC AATTCTGAAA TCGGTTTTGC CAAAGA
```

注:画线部分为实时荧光 PCR 引物 qPmiF240、qPmiR335 和探针 qPmiFP267 的序列。

ICS 65.020
B 04

中华人民共和国国家标准

农业部 1782 号公告－3－2012

转基因植物及其产品成分检测
调控元件 *CaMV* 35S 启动子、*FMV* 35S
启动子、*NOS* 启动子、*NOS* 终止子和
CaMV 35S 终止子定性 PCR 方法

Detection of genetically modified plants and derived products—
Qualitative PCR methods for the regulatory elements *CaMV* 35S promoter,
FMV 35S promoter, *NOS* promoter, *NOS* terminator and *CaMV* 35S terminator

2012-06-06 发布

2012-09-01 实施

中华人民共和国农业部 发布

前　言

本标准按照 GB/T 1.1—2009 给出的规则起草。

请注意本文件的某些内容可能涉及专利。本文件的发布机构不承担识别这些专利的责任。

本标准由中华人民共和国农业部提出。

本标准由全国农业转基因生物安全管理标准化技术委员会(SAC/TC 276)归口。

本标准起草单位:农业部科技发展中心、中国农业科学院植物保护研究所。

本标准主要起草人:谢家建、沈平、彭于发、李葱葱、宋贵文、孙爻。

转基因植物及其产品成分检测
调控元件 *CaMV* 35S 启动子、*FMV* 35S 启动子、*NOS* 启动子、*NOS* 终止子和 *CaMV* 35S 终止子定性 PCR 方法

1 范围

本标准规定了调控元件 *CaMV* 35S 启动子、*FMV* 35S 启动子、*NOS* 启动子、*NOS* 终止子和 *CaMV* 35S 终止子的定性 PCR 检测方法。

本标准适用于转基因植物及其产品中调控元件 *CaMV* 35S 启动子、*FMV* 35S 启动子、*NOS* 启动子、*NOS* 终止子和 *CaMV* 35S 终止子的定性 PCR 检测。

2 规范性引用文件

下列文件对于本文件的应用是必不可少的。凡是注日期的引用文件,仅注日期的版本适用于本文件。凡是不注日期的引用文件,其最新版本(包括所有的修改单)适用于本文件。

GB/T 6682　分析实验室用水规格和试验方法

NY/T 672　转基因植物及其产品检测　通用要求

NY/T 673　转基因植物及其产品检测　抽样

SN/T 1197—2003　油菜籽中转基因成分定性 PCR 检测方法

SN/T 1204—2003　植物及其加工产品中转基因成分实时荧光 PCR 定性检验方法

农业部 953 号公告—6—2007　转基因植物及其产品成分检测　抗虫 Bt 基因水稻定性 PCR 方法

农业部 1485 号公告—4—2010　转基因植物及其产品成分检测　DNA 提取和纯化

3 术语和定义

下列术语和定义适用于本文件。

3.1

CaMV 35S 启动子　35S promoter from cauliflower mosaic virus(*CaMV*)

来自花椰菜花叶病毒的 35S 启动子。

3.2

FMV 35S 启动子　35S promoter from figwort mosaic virus(*FMV*)

来自玄参花叶病毒的 35S 启动子。

3.3

NOS 启动子　promoter of nopaline synthase(*NOS*) gene

来自胭脂碱合成酶基因 NOS 的启动子。

3.4

NOS 终止子　terminator of nopaline synthase(*NOS*)gene

来自胭脂碱合成酶基因 NOS 的终止子。

3.5

CaMV 35S 终止子　35S terminator from the cauliflower mosaic virus(*CaMV*)

来自花椰菜花叶病毒的 35S 终止子。

4 原理

根据国内外商业化转基因作物中普遍使用的调控元件情况,针对调控元件 *CaMV* 35S 启动子、*FMV* 35S 启动子、*NOS* 启动子、*NOS* 终止子和 *CaMV* 35S 终止子设计特异性引物,对试样进行 PCR 扩增。依据是否扩增获得预期的 DNA 片段,判断样品中是否含有调控元件 *CaMV* 35S 启动子、*FMV* 35S 启动子、*NOS* 启动子、*NOS* 终止子和 *CaMV* 35S 终止子等外源调控元件成分。

5 试剂和材料

除非另有说明,仅使用分析纯试剂和重蒸馏水或符合 GB/T 6682 规定的一级水。

5.1 琼脂糖。

5.2 10 g/L 溴化乙锭溶液:称取 1.0 g 溴化乙锭(EB),溶于 100 mL 水中,避光保存。

注:溴化乙锭有致癌作用,配制和使用时应戴一次性手套操作并妥善处理废液。

5.3 10 mol/L 氢氧化钠溶液:在 160 mL 水中加入 80.0 g 氢氧化钠(NaOH),溶解后再加水定容至 200 mL。

5.4 500 mmol/L 乙二铵四乙酸二钠溶液(pH 8.0):称取 18.6 g 乙二铵四乙酸二钠(EDTA-Na$_2$),加入 70 mL 水中,再加入适量氢氧化钠溶液(5.3),加热至完全溶解后,冷却至室温。用氢氧化钠溶液(5.3)调 pH 至 8.0,加水定容至 100 mL。在 103.4 kPa(121℃)条件下灭菌 20 min。

5.5 1 mol/L 三羟甲基氨基甲烷—盐酸溶液(pH 8.0):称取 121.1 g 三羟甲基氨基甲烷(Tris)溶解于 800 mL 水中,用盐酸调 pH 至 8.0,加水定容至 1 000 mL。在 103.4 kPa(121℃)条件下灭菌 20 min。

5.6 TE 缓冲液(pH 8.0):分别量取 10 mL 三羟甲基氨基甲烷—盐酸溶液(5.5)和 2 mL 乙二铵四乙酸二钠溶液(5.4),加水定容至 1 000 mL。在 103.4 kPa(121℃)条件下灭菌 20 min。

5.7 50×TAE 缓冲液:称取 242.2 g 三羟甲基氨基甲烷(Tris),先用 300 mL 水加热搅拌溶解后,加 100 mL 乙二铵四乙酸二钠溶液(5.4)。用冰乙酸调 pH 至 8.0,然后加水定容至 1 000 mL。使用时,用水稀释成 1×TAE。

5.8 加样缓冲液:称取 250.0 mg 溴酚蓝,加 10 mL 水,在室温下溶解 12 h;称取 250.0 mg 二甲基苯腈蓝,用 10 mL 水溶解;称取 50.0 g 蔗糖,用 30 mL 水溶解;混合以上三种溶液,加水定容至 100 mL,在 4℃ 下保存。

5.9 DNA 分子量标准:可以清楚地区分 50 bp～1 000 bp 的 DNA 片段。

5.10 dNTPs 混合溶液:将浓度为 10 mmol/L 的 dATP、dTTP、dGTP、dCTP 四种脱氧核糖核苷酸溶液等体积混合。

5.11 Taq DNA 聚合酶、PCR 反应缓冲液及 25 mmol/L 氯化镁溶液。

5.12 石蜡油。

5.13 PCR 产物回收试剂盒。

5.14 DNA 提取试剂盒。

5.15 定性 PCR 反应试剂盒

5.16 实时荧光 PCR 反应试剂盒

5.17 引物和探针:见附录 A。

6 仪器

6.1 分析天平:感量 0.1 g 和 0.1 mg。

6.2 PCR 扩增仪:升降温速度>1.5℃/s,孔间温度差异<1.0℃。

6.3 荧光定量 PCR 仪。

6.4 电泳槽、电泳仪等电泳装置。

6.5 紫外透射仪。

6.6 凝胶成像系统或照相系统。

6.7 重蒸馏水发生器或纯水仪。

6.8 其他相关仪器和设备。

7 操作步骤

7.1 抽样

按 NY/T 672 和 NY/T 673 的规定执行。

7.2 制样

按 NY/T 672 和 NY/T 673 的规定执行。

7.3 试样预处理

按农业部 1485 号公告—4—2010 的规定执行。

7.4 DNA 模板制备

按农业部 1485 号公告—4—2010 的规定执行。

7.5 PCR 方法

7.5.1 普通 PCR 方法

7.5.1.1 PCR 反应

7.5.1.1.1 试样 PCR 反应

每个试样 PCR 反应设置 3 次重复。在 PCR 反应管中按表 1 依次加入反应试剂、混匀，再加 25 μL 石蜡油(有热盖设备的 PCR 仪可不加)。也可采用经验证的、等效的定性 PCR 反应试剂盒配制反应体系。将 PCR 管放在离心机上，500 g～3 000 g 离心 10 s；然后取出 PCR 管，放入 PCR 仪中，进行 PCR 反应。

反应程序为：94℃变性 5 min；94℃变性 30 s，60℃退火 30 s，72℃延伸 30 s，共进行 35 次循环；72℃延伸 7 min。

反应结束后取出 PCR 管，对 PCR 反应产物进行电泳检测。

表 1 PCR 检测反应体系

试 剂	终浓度	体 积
水		—
10×PCR 缓冲液	1×	2.5 μL
25 mmol/L 氯化镁溶液	1.5 mmol/L	1.5 μL
dNTPs 混合溶液(各 2.5 mmol/L)	各 0.2 mmol/L	2.0 μL
10 μmol/L 正向引物	0.4 μmol/L	1.0 μL
10 μmol/L 反向引物	0.4 μmol/L	1.0 μL
Taq 酶	0.025 U/μL	—
25 mg/L DNA 模板	2 mg/L	2.0 μL
总体积		25.0 μL

注 1："—"表示体积不确定。如果 PCR 缓冲液中含有氯化镁，则不加氯化镁溶液。根据 Taq 酶的浓度确定其体积，并相应调整水的体积，使反应体系总体积达到 25.0 μL。

注 2：调控元件 CaMV 35S 启动子 PCR 检测反应体系中，正向引物和反向引物分别是 35S-F1 和 35S-R1；FMV 35S 启动子 PCR 检测反应体系中，正向引物和反向引物分别是 FMV 35S-F1 和 FMV 35S-R1；NOS 启动子 PCR 检测反应体系中，正向引物和反向引物分别是 PNOS-F1 和 PNOS-R1；NOS 终止子 PCR 检测反应体系中，正向引物和反向引物分别是 NOS-F1 和 NOS-R1；CaMV 35S 终止子 PCR 检测反应体系中，正向引物和反向引物分别是 T35S-F1 和 T35S-R1；内标准基因 PCR 检测反应体系中，根据选择的内标准基因，选用合适的正向引物和反向引物。

7.5.1.1.2 对照PCR反应

在试样 PCR 反应的同时,应设置阴性对照、阳性对照和空白对照。根据样品特性或检测目的,以所检测植物的非转基因材料基因组 DNA 作为阴性对照;以含有对应调控元件的质量分数为 0.1% ~ 1.0% 的转基因植物基因组 DNA(或采用对应调控元件与非转基因植物基因组相比的拷贝数分数为 0.1% ~ 1.0% 的 DNA 溶液)作为阳性对照;以水作为空白对照。各对照 PCR 反应体系中,除模板外,其余组分及 PCR 反应条件与 7.5.1.1.1 相同。

7.5.1.2 PCR产物电泳检测

按 20 g/L 的质量浓度称量琼脂糖,加入 1×TAE 缓冲液中,加热溶解,配制成琼脂糖溶液。每 100 mL 琼脂糖溶液中加入 5 μL EB 溶液,混匀。稍适冷却后,将其倒入电泳板上,插上梳板。室温下凝固成凝胶后,放入 1×TAE 缓冲液中,垂直向上轻轻拔去梳板。取 12 μL PCR 产物与 3 μL 加样缓冲液混合后加入凝胶点样孔,同时在其中一个点样孔中加入 DNA 分子量标准,接通电源在 2 V/cm ~ 5 V/cm 条件下电泳检测。

7.5.1.3 凝胶成像分析

电泳结束后,取出琼脂糖凝胶,置于凝胶成像仪上或紫外透射仪上成像。根据 DNA 分子量标准估计扩增条带的大小,将电泳结果形成电子文件存档或用照相系统拍照。如需通过序列分析确认 PCR 扩增片段是否为目的 DNA 片段,按照 7.5.1.4 和 7.5.1.5 的规定执行。

7.5.1.4 PCR产物回收

按 PCR 产物回收试剂盒说明书,回收 PCR 扩增的 DNA 片段。

7.5.1.5 PCR产物测序验证

将回收的 PCR 产物克隆测序,与对应调控元件的序列(参见附录 B)进行比对,确定 PCR 扩增的 DNA 片段是否为目的 DNA 片段。

7.5.2 实时荧光PCR方法

7.5.2.1 对照设置

在试样 PCR 反应的同时,应设置阴性对照、阳性对照和空白对照。根据样品特性或检测目的,以所检测植物的非转基因材料基因组 DNA 作为阴性对照;以含有对应调控元件的质量分数为 0.1% ~ 1.0% 的转基因植物基因组 DNA(或采用对应调控元件与非转基因植物基因组相比的拷贝数分数为 0.1% ~ 1.0% 的 DNA 溶液)作为阳性对照;以水作为空白对照。

7.5.2.2 PCR反应体系

按表 2 配制 PCR 扩增反应体系,也可采用等效的实时荧光 PCR 反应试剂盒配制反应体系,每个试样和对照设 3 次重复。

表2 实时荧光PCR反应体系

试 剂	终浓度	单样品体积
水		—
10×PCR 缓冲液	1×	5.0 μL
25 mmol/L MgCl₂	2.5 mmol/L	5.0 μL
dNTPs	0.2 mmol/L	4.0 μL
10 μmol/L 探针	0.2 μmol/L	1.0 μL
10 μmol/L 正向引物	0.4 μmol/L	2.0 μL
10 μmol/L 反向引物	0.4 μmol/L	2.0 μL
5 U/μL Taq 酶	0.04 U/μL	—
25 mg/L DNA 模板	2 mg/L	4.0 μL

表 2（续）

试　剂	终浓度	单样品体积
总体积		50.0 μL

注 1："—"表示体积不确定。如果 PCR 缓冲液中含有氯化镁,则不加氯化镁溶液。根据 Taq 酶的浓度确定其体积,并相应调整水的体积,使反应体系总体积达到 50.0 μL。

注 2：调控元件 *CaMV* 35S 启动子 PCR 检测反应体系中,正向引物、反向引物和探针分别是 35S - QF、35S - QR 和 35S - QP；*FMV* 35S 启动子 PCR 检测反应体系中,正向引物、反向引物和探针分别是 *FMV* 35S - QF、*FMV* 35S - QR 和 *FMV* 35S - QP；*NOS* 启动子 PCR 检测反应体系中,正向引物、反向引物和探针分别是 PNOS - QF、PNOS - QR 和 PNOS - QP；*NOS* 终止子 PCR 检测反应体系中,正向引物、反向引物和探针分别是 NOS - QF、NOS - QR 和 NOS - QP；*CaMV* 35S 终止子 PCR 检测反应体系中,正向引物、反向引物和探针分别是 T35S - QF、T35S - QR 和 T35S - QP；内标准基因 PCR 检测反应体系中,根据选择的内标准基因,选用合适的正向引物、反向引物和探针。

7.5.2.3　PCR 反应程序

PCR 反应按以下程序运行：第一阶段 95℃,5 min；第二阶段 95℃,5 s；60℃,30 s,循环数 40；在第二阶段的 60℃时段收集荧光信号。

注：不同仪器可根据仪器要求将反应参数作适当调整。

8　结果分析与表述

8.1　普通 PCR 方法

8.1.1　对照检测结果分析

阳性对照的 PCR 反应中,内标准基因和对应调控元件均得到扩增,且扩增片段大小与预期片段大小一致；而阴性对照中仅扩增出内标准基因片段；空白对照中除引物二聚体外没有任何扩增片段。这表明 PCR 反应体系正常工作,否则重新检测。

8.1.2　样品检测结果分析和表述

8.1.2.1　×××内标准基因片段未得到扩增,或扩增片段大小与预期片段大小不一致。这表明样品中未检测出×××植物成分,需进一步明确其植物来源后再进行调控元件的检测和判断,结果表述为"样品中未检测出×××植物内标准基因"。

8.1.2.2　内标准基因获得扩增,且扩增片段与预期片段大小一致；调控元件 *CaMV* 35S 启动子、*FMV* 35S 启动子、*NOS* 启动子、*NOS* 终止子和 *CaMV* 35S 终止子中任何一个得到扩增,且扩增片段大小与预期片段大小一致。这表明样品中检测出调控元件,结果表述为"样品中检测出×××(如调控元件 *CaMV* 35S 启动子、*FMV* 35S 启动子、*NOS* 启动子、*NOS* 终止子和 *CaMV* 35S 终止子),检测结果为阳性"。

8.1.2.3　内标准基因获得扩增,且扩增片段与预期片段大小一致；但调控元件 *CaMV* 35S 启动子、*FMV* 35S 启动子、*NOS* 启动子、*NOS* 终止子和 *CaMV* 35S 终止子均未得到扩增,或扩增片段大小与预期片段大小不一致。这表明样品中未检测出调控元件,结果表述为"样品中未检测出×××(如调控元件 *CaMV* 35S 启动子、*FMV* 35S 启动子、*NOS* 启动子、*NOS* 终止子和 *CaMV* 35S 终止子),检测结果为阴性"。

8.2　实时荧光 PCR 方法

8.2.1　阈值设定

实时荧光 PCR 反应结束后,设置荧光信号阈值。阈值设定原则根据仪器噪声情况进行调整,阈值设置原则以刚好超过正常阴性样品扩增曲线的最高点为准。

8.2.2　对照检测结果分析

在内标准基因扩增时,空白对照无典型扩增曲线,阴性对照和阳性对照出现典型扩增曲线,且 Ct 值小于或等于 36。在调控元件 *CaMV* 35S 启动子、*FMV* 35S 启动子、*NOS* 启动子、*NOS* 终止子和 *CaMV* 35S 终止子中任何一个扩增时,空白对照和阴性对照无典型扩增曲线,阳性对照有典型扩增曲线,且 Ct 值小于或等于 36。这表明反应体系工作正常,否则重新检测。

8.2.3 样品检测结果分析和表述

8.2.3.1 ×××内标准基因无典型扩增曲线。这表明样品中未检出×××植物成分,需进一步明确其植物来源后再进行调控元件的检测和判断,结果表述为"样品中未检测出×××植物成分"。

8.2.3.2 内标准基因出现典型扩增曲线,且 Ct 值小于或等于 36;同时,调控元件 *CaMV* 35S 启动子、*FMV* 35S 启动子、*NOS* 启动子、*NOS* 终止子和 *CaMV* 35S 终止子中任何一个出现典型扩增曲线,且 Ct 值小于或等于 36。这表明样品中检测出调控元件,结果表述为"样品中检测出×××(如调控元件 *CaMV* 35S 启动子、*FMV* 35S 启动子、*NOS* 启动子、*NOS* 终止子和 *CaMV* 35S 终止子),检测结果为阳性"。

8.2.3.3 内标准基因出现典型扩增曲线,且 Ct 值小于或等于 36;但调控元件 *CaMV* 35S 启动子、*FMV* 35S 启动子、*NOS* 启动子、*NOS* 终止子和 *CaMV* 35S 终止子均未出现典型扩增曲线。这表明样品中未检测出调控元件,结果表述为"样品中未检测出×××(如调控元件 *CaMV* 35S 启动子、*FMV* 35S 启动子、*NOS* 启动子、*NOS* 终止子和 *CaMV* 35S 终止子),检测结果为阴性"。

8.2.3.4 内标准基因、调控元件 *CaMV* 35S 启动子、*FMV* 35S 启动子、*NOS* 启动子、*NOS* 终止子和 *CaMV* 35S 终止子等参数出现典型扩增曲线,但 Ct 值在 36~40 之间,进行重复实验。如重复实验结果符合 8.2.3.1~8.2.3.3 的情形,依照 8.2.3.1~8.2.3.3 进行判断。如重复实验检测参数出现典型扩增曲线,但检测 Ct 值仍在 36~40 之间,则判定样品检出该参数,根据检出参数情况,参照 8.2.3.1~8.2.3.3 对样品进行判定。

附 录 A

（规范性附录）

引物和探针

A.1 普通 PCR 方法引物

A.1.1 *CaMV* 35S 启动子

正向引物 35S-F1：5′-GCTCCTACAAATGCCATCATTGC-3′

反向引物 35S-R1：5′-GATAGTGGGATTGTGCGTCATCCC-3′

预期扩增片段大小为 195 bp。

A.1.2 *FMV* 35S 启动子

正向引物 FMV35S-F1：5′-AAGACATCCACCGAAGACTTA-3′

反向引物 FMV35S-R1：5′-AGGACAGCTCTTTTCCACGTT-3′

预期扩增片段大小为 210 bp。

A.1.3 *NOS* 启动子

正向引物 PNOS-F1：5′-GCCGTTTTACGTTTGGAACTG-3′

反向引物 PNOS-R1：5′-TTATGGAACGTCAGTGGAGC-3′

预期扩增片段大小为 183 bp。

A.1.4 *NOS* 终止子

正向引物 NOS-F1：5′-GAATCCTGTTGCCGGTCTTG-3′

反向引物 NOS-R1：5′-TTATCCTAGTTTGCGCGCTA-3′

预期扩增片段大小为 180 bp。

A.1.5 *CaMV* 35S 终止子

正向引物 T35S-F1：5′-GTTTCGCTCATGTGTTGAGC-3′

反向引物 T35S-R1：5′-GGGGATCTGGATTTTAGTACTG-3′

预期扩增片段大小为 121 bp。

A.1.6 内标准基因

根据样品特性或检测目的选择合适的内标准基因，应优先采用标准化方法中规定的引物。

A.1.7 用 TE 缓冲液（pH8.0）或双蒸水分别将引物稀释到 10 μmol/L。

A.2 实时荧光 PCR 方法引物/探针

A.2.1 *CaMV* 35S 启动子

正向引物 35S-QF：5′-CGACAGTGGTCCCAAAGA-3′

反向引物 35S-QR：5′-AAGACGTGGTTGGAACGTCTTC-3′

探　　针 35S-QP：5′-TGGACCCCCACCCACGAGGAGCATC-3′

预期扩增片段大小为 74 bp。

A.2.2 *FMV* 35S 启动子

正向引物 FMV35S-QF：5′-AAGACATCCACCGAAGACTTA-3′

反向引物 FMV35S-QR：5′-AGGACAGCTCTTTTCCACGTT-3′

探　　针 FMV35S-QP:5′-TGGTCCCCACAAGCCAGCTGCTCGA-3′

预期扩增片段大小为 210 bp。

A.2.3　NOS 启动子

正向引物 PNOS-QF:5′-GACAGAACCGCAACGTTGAA-3′

反向引物 PNOS-QR:5′-TTCTGACGTATGTGCTTAGCTCATT-3′

探　　针 PNOS-QP:5′-AGCCACTCAGCCGCGGGTTTC-3′

预期扩增片段大小为 66 bp。

A.2.4　NOS 终止子

正向引物 NOS-QF:5′-ATCGTTCAAACATTTGGCA-3′

反向引物 NOS-QR:5′-ATTGCGGGACTCTAATCATA-3′

探　　针 NOS-QP:5′-CATCGCAAGACCGGCAACAGG-3′

预期扩增片段大小为 165 bp。

A.2.5　CaMV 35S 终止子

正向引物 T35S-QF:5′-GTTTCGCTCATGTGTTGAGC-3′

反向引物 T35S-QR:5′-GGGGATCTGGATTTTAGTACTG-3′

探　　针 T35S-QP:5′-GAAACCCTTAGTATGTATTTGTATTTG-3′

预期扩增片段大小为 121 bp。

A.2.6　内标准基因引物和探针

根据样品特性或检测目的选择合适的内标准基因,应优先采用标准化方法中规定的引物和探针。

A.2.7　探针的 5′端标记荧光报告基团(如 FAM、HEX 等),3′端标记荧光淬灭基团(如 TAMRA、BHQ1 等)。

A.2.8　用 TE 缓冲液(pH8.0)或双蒸水分别将引物和探针稀释到 10 μmol/L。

附 录 B
（资料性附录）
调控元件核苷酸序列

B.1 *CaMV* 35S 启动子扩增序列

```
  1 GCTCCTACAA ATGCCATCAT TGCGATAAAG GAAAGGCTAT CATTCAAGAT GCCTCTGCCG
 61 ACAGTGGTCC CAAAGATGGA CCCCCACCCA CGAGGAGCAT CGTGGAAAAA GAAGACGTTC
121 CAACCACGTC TTCAAAGCAA GTGGATTGAT GTGATACTTC CACTGACGTA AGGGATGACG
181 CACAATCCCA CTATC
```

B.2 *FMV* 35S 启动子扩增序列

```
  1 AAGACATCCA CCGAAGACTT AAAGTTAGTG GGCATCTTTG AAAGTAATCT TGTCAACATC
 61 GAGCAGCTGG CTTGTGGGGA CCAGACAAAA AAGGAATGGT GCAGAATTGT TAGGCGCACC
121 TACCAAAAGC ATCTTTGCAT TTATTGCAAA GATAAAGCAG ATTCCTCTAG TACAAGTGGG
181 GAACAAAATA ACGTGGAAAA GAGCTGTCCT
```

B.3 *NOS* 启动子扩增序列

```
  1 GCCGTTTTAC GTTTGGAACT GACAGAACCG CAACGTTGAA GGAGCCACTC AGCCGCGGGT
 61 TTCTGGAGTT TAATGAGCTA AGCACATACG TCAGAAACCA TTATTGCGCG TTCAAAAGTC
121 GCCTAAGGTC ACTATCAGCT AGCAAATATT TCTTGTCAAA AATGCTCCAC TGACGTTCCA
181 TAA
```

B.4 *NOS* 终止子扩增序列

```
  1 ATCGTTCAAA CATTTGGCAA TAAAGTTTCT TAAGATTGAA TCCTGTTGCC GGTCTTGCGA
 61 TGATTATCAT ATAATTTCTG TTGAATTACG TTAAGCATGT AATAATTAAC ATGTAATGCA
121 TGACGTTATT TATGAGATGG GTTTTTATGA TTAGAGTCCC GCAATTATAC ATTTAATACG
181 CGATAGAAAA CAAAATATAG CGCGCAAACT AGGATAA
```

B.5 *CaMV* 35S 终止子扩增序列

```
  1 GTTTCGCTCA TGTGTTGAGC GTATAAGAAA CCCTTAGTAT GTATTTGTAT TTGTAAAATA
 61 CTTCTATCAA TAAAATTTCT AATTCCTAAA ACCAAAATCC AGTACTAAAA TCCAGATCCC
121 C
```

ICS 65.020
B 04

中华人民共和国国家标准

农业部 1782 号公告－4－2012

转基因植物及其产品成分检测
高油酸大豆305423及其衍生品种定性
PCR方法

Detection of genetically modified plants and derived products—
Qualitative PCR method for high oleic acid soybean 305423 and its derivates

2012-06-06 发布

2012-09-01 实施

中华人民共和国农业部 发布

前　言

本标准按照 GB/T 1.1—2009 给出的规则起草。

请注意本文件的某些内容可能涉及专利。本文件的发布机构不承担识别这些专利的责任。

本标准由中华人民共和国农业部提出。

本标准由全国农业转基因生物安全管理标准化技术委员会(SAC/TC 276)归口。

本标准起草单位:农业部科技发展中心、中国农业科学院棉花研究所。

本标准主要起草人:张帅、宋贵文、崔金杰、雒珺瑜、赵欣、王春义、吕丽敏、李飞武。

转基因植物及其产品成分检测
高油酸大豆 305423 及其衍生品种定性 PCR 方法

1 范围

本标准规定了转基因高油酸大豆 305423 转化体特异性的定性 PCR 检测方法。

本标准适用于转基因高油酸大豆 305423 及其衍生品种以及制品中 305423 转化体成分的定性 PCR 检测。

2 规范性引用文件

下列文件对于本文件的应用是必不可少的。凡是注日期的引用文件，仅注日期的版本适用于本文件。凡是不注日期的引用文件，其最新版本（包括所有的修改单）适用于本文件。

GB/T 6682 分析实验室用水规格和试验方法

NY/T 672 转基因植物及其产品检测 通用要求

NY/T 673 转基因植物及其产品检测 抽样

农业部 1485 号公告—4—2010 转基因植物及其产品成分检测 DNA 提取和纯化

3 术语和定义

下列术语和定义适用于本文件。

3.1

Lectin 基因 *Lectin* **gene**

编码大豆凝集素的基因。

3.2

305423 转化体特异性序列 **event-specific sequence of 305423**

305423 外源插入片段 3′端与大豆基因组的连接区序列，包括外源插入的大豆 KTi3（Kunitz 胰蛋白酶抑制剂 3 基因，Kunitz proteins inhibitor gene 3）启动子的部分序列和大豆基因组的部分序列。

4 原理

根据转基因高油酸大豆 305423 转化体特异性序列设计特异性引物，对试样 DNA 进行 PCR 扩增。依据是否扩增获得预期 235 bp 的特异性 DNA 片段，判断样品中是否含有 305423 转化体成分。

5 试剂和材料

除非另有说明，仅使用分析纯试剂和重蒸馏水或符合 GB/T 6682 规定的一级水。

5.1 琼脂糖。

5.2 10 g/L 溴化乙锭溶液：称取 1.0 g 溴化乙锭（EB），溶解于 100 mL 水中，避光保存。

注：溴化乙锭有致癌作用，配制和使用时应戴一次性手套操作并妥善处理废液。

5.3 10 mol/L 氢氧化钠溶液：在 160 mL 水中加入 80.0 g 氢氧化钠（NaOH），溶解后再加水定容至 200 mL。

5.4 500 mmol/L 乙二铵四乙酸二钠溶液（pH 8.0）：称取 18.6 g 乙二铵四乙酸二钠（EDTA‐Na₂），加

入 70 mL 水中,再加入适量氢氧化钠溶液(5.3),加热至完全溶解后,冷却至室温。用氢氧化钠溶液
(5.3)调 pH 至 8.0,加水定容至 100 mL。在 103.4 kPa(121℃)条件下灭菌 20 min。

5.5 1 mol/L 三羟甲基氨基甲烷—盐酸溶液(pH 8.0):称取 121.1 g 三羟甲基氨基甲烷(Tris)溶解于
800 mL 水中,用盐酸(HCl)调 pH 至 8.0,加水定容至 1 000 mL。在 103.4 kPa(121℃)条件下灭菌
20 min。

5.6 TE 缓冲液(pH 8.0):分别量取 10 mL 三羟甲基氨基甲烷—盐酸溶液(5.5)和 2 mL 乙二铵四乙酸
二钠溶液(5.4)溶液,加水定容至 1 000 mL。在 103.4 kPa(121℃)条件下灭菌 20 min。

5.7 50×TAE 缓冲液:称取 242.2 g 三羟甲基氨基甲烷(Tris),先用 500 mL 水加热搅拌溶解后,加入
100 mL 乙二铵四乙酸二钠溶液(5.4)。用冰乙酸调 pH 至 8.0,然后加水定容至 1 000 mL。使用时,用
水稀释成 1×TAE。

5.8 加样缓冲液:称取 250.0 mg 溴酚蓝,加入 10 mL 水,在室温下溶解 12 h;称取 250.0 mg 二甲基苯
腈蓝,加 10 mL 水溶解;称取 50.0 g 蔗糖,加 30 mL 水溶解。混合以上三种溶液,加水定容至 100 mL,
在 4℃下保存。

5.9 DNA 分子量标准:可以清楚地区分 100 bp~1 000 bp 的 DNA 片段。

5.10 dNTPs 混合溶液:将浓度为 10 mmol/L 的 dATP、dTTP、dGTP、dCTP 四种脱氧核糖核苷酸溶
液等体积混合。

5.11 Taq DNA 聚合酶、PCR 反应缓冲液及 25 mmol/L 氯化镁溶液。

5.12 *Lectin* 基因引物:
Lectin - F:5′- GCCCTCTACTCCACCCCCATCC - 3′
Lectin - R:5′- GCCCATCTGCAAGCCTTTTTGTG - 3′
预期扩增片段大小为 118 bp。

5.13 305423 转化体特异性序列引物:
305423 - F:5′- CGTCAGGAATAAAGGAAGTACAGTA - 3′
305423 - R:5′- GCCCTAAAGGATGCGTATAGAGT - 3′
预期扩增片段大小为 235 bp(见附录 A)。

5.14 引物溶液:用 TE 缓冲液(5.6)或水分别将上述引物稀释到 10 μmol/L。

5.15 石蜡油。

5.16 PCR 产物回收试剂盒。

5.17 DNA 提取试剂盒。

6 仪器

6.1 分析天平:感量 0.1 g 和 0.1 mg。

6.2 PCR 扩增仪:升降温速度>1.5 ℃/s,孔间温度差异<1.0 ℃。

6.3 电泳槽、电泳仪等电泳装置。

6.4 紫外透射仪。

6.5 凝胶成像系统或照相系统。

6.6 重蒸馏水发生器或纯水仪。

6.7 其他相关仪器和设备。

7 操作步骤

7.1 抽样

按 NY/T 672 和 NY/T 673 的规定执行。

7.2 制样

按 NY/T 672 和 NY/T 673 的规定执行。

7.3 试样预处理

按农业部 1485 号公告—4—2010 的规定执行。

7.4 DNA 模板制备

按农业部 1485 号公告—4—2010 的规定执行。

7.5 PCR 反应

7.5.1 试样 PCR 反应

7.5.1.1 每个试样 PCR 反应设置 3 次重复。

7.5.1.2 在 PCR 反应管中按表 1 依次加入反应试剂,混匀,再加 25 μL 石蜡油(有热盖设备的 PCR 仪可不加)。

表 1 PCR 检测反应体系

试 剂	终浓度	体 积
水		—
10×PCR 缓冲液	1×	2.5 μL
25 mmol/L 氯化镁溶液	1.5 mmol/L	1.5 μL
dNTPs 混合溶液(各 2.5 mmol/L)	各 0.2 mmol/L	2.0 μL
10 μmol/L 上游引物	0.4 μmol/L	1.0 μL
10 μmol/L 下游引物	0.4 μmol/L	1.0 μL
Taq 酶	0.025 U/μL	—
25 mg/L DNA 模板	2 mg/L	2.0 μL
总体积		25.0 μL

注 1:"—"表示体系不确定。如果 PCR 缓冲液中含有氯化镁,则不加氯化镁溶液。根据 Taq 酶的浓度确定其体积,并相应调整水的体积,使反应体系总体积达到 25.0 μL。

注 2:大豆内标准基因 PCR 检测反应体系中,上、下游引物分别为 Lectin-F 和 Lectin-R;305423 转化体 PCR 检测反应体系中,上、下游引物分别为 305423-F 和 305423-R。

7.5.1.3 将 PCR 管放在离心机上,500 g~3 000 g 离心 10 s,然后取出 PCR 管,放入 PCR 仪中。

7.5.1.4 进行 PCR 反应。反应程序为:94℃变性 5 min;94℃变性 30 s,58℃退火 30 s,72℃延伸 30 s,共进行 35 次循环;72℃延伸 7 min。

7.5.1.5 反应结束后取出 PCR 管,对 PCR 反应产物进行电泳检测。

7.5.2 对照 PCR 反应

在试样 PCR 反应的同时,应设置阴性对照、阳性对照和空白对照。

以非转基因大豆基因组 DNA 作为阴性对照;以转基因大豆 305423 质量分数为 0.1%~1.0%的大豆基因组 DNA 作为阳性对照;以水作为空白对照。

各对照 PCR 反应体系中,除模板外,其余组分及 PCR 反应条件与 7.5.1 相同。

7.6 PCR 产物电泳检测

按 20 g/L 的质量浓度称量琼脂糖,加入 1×TAE 缓冲液中,加热溶解,配制成琼脂糖溶液。每 100 mL 琼脂糖溶液中加入 5 μL EB 溶液,混匀。稍适冷却后,将其倒入电泳板上,插上梳板。室温下凝固成凝胶后,放入 1×TAE 缓冲液中,垂直向上轻轻拔去梳板。取 12 μL PCR 产物与 3 μL 加样缓冲液混合后加入凝胶点样孔。同时,在其中一个点样孔中加入 DNA 分子量标准,接通电源在 2 V/cm~

5 V/cm条件下电泳检测。

7.7 凝胶成像分析

电泳结束后,取出琼脂糖凝胶,置于凝胶成像仪上或紫外透射仪上成像。根据DNA分子量标准估计扩增条带的大小,将电泳结果形成电子文件存档或用照相系统拍照。如需通过序列分析确认PCR扩增片段是否为目的DNA片段,按照7.8和7.9的规定执行。

7.8 PCR 产物回收

按PCR产物回收试剂盒说明书,回收PCR扩增的DNA片段。

7.9 PCR 产物测序验证

将回收的PCR产物克隆测序,与高油酸大豆305423转化体特异性序列(参见附录A)进行比对,确定PCR扩增的DNA片段是否为目的DNA片段。

8 结果分析与表述

8.1 对照检测结果分析

阳性对照的PCR反应中,*Lectin*内标准基因和305423转化体特异性序列均得到扩增,且扩增片段大小与预期片段大小一致;而阴性对照中仅扩增出*Lectin*基因片段;空白对照中没有任何扩增片段。这表明PCR反应体系正常工作,否则重新检测。

8.2 样品检测结果分析和表述

8.2.1 *Lectin*内标准基因和305423转化体特异性序列均得到扩增,且扩增片段大小与预期片段大小一致。这表明样品中检测出转基因高油酸大豆305423转化体成分,表述为"样品中检测出转基因高油酸大豆305423转化体成分,检测结果为阳性"。

8.2.2 *Lectin*内标准基因片段得到扩增,且扩增片段大小与预期片段大小一致,而305423转化体特异性序列未得到扩增,或扩增片段大小与预期片段大小不一致。这表明样品中未检测出转基因高油酸大豆305423转化体成分,表述为"样品中未检测出转基因高油酸大豆305423转化体成分,检测结果为阴性"。

8.2.3 *Lectin*内标准基因片段未得到扩增,或扩增片段大小与预期片段大小不一致。这表明样品中未检测出大豆成分,表述为"样品中未检测出大豆成分,检测结果为阴性"。

附 录 A

（资料性附录）

高油酸大豆 305423 转化体特异性序列

```
  1  CGTCAGGAAT AAAGGAAGTA CAGTAGAATT TAAAGGTACT CTTTTTATAT
 51  ATACCCGTGT TCTCTTTTTG GCTAGCTAGT GTTTTTTTCT CGACTTTGT
101  ATGAAAATCA TTTGTGTCAA TAGTTTGTGT TATGTATTCA TTGGTCACAT
151  AAATCAACTT CCAAATTTCA ATATTAACTA TAGCAGCCAG GTTAGAAATT
201  CAGAATCATG TTACTCTATA CGCATCCTTT AGGGC
```

注 1:画线部分为引物序列。
注 2:1～81 为 KTi3 启动子部分序列;82～235 为大豆基因组序列。

ICS 65.020
B 04

中华人民共和国国家标准

农业部 1782 号公告—5—2012

转基因植物及其产品成分检测
耐除草剂大豆 CV127 及其衍生品种定性
PCR 方法

Detection of genetically modified plants and derived products—
Qualitative PCR method for herbicide-resistant soybean CV127 and its derivates

2012-06-06 发布

2012-09-01 实施

中华人民共和国农业部 发布

前 言

本标准按照 GB/T 1.1—2009 给出的规则起草。

请注意本文件的某些内容可能涉及专利。本文件的发布机构不承担识别这些专利的责任。

本标准由中华人民共和国农业部提出。

本标准由全国农业转基因生物安全管理标准化技术委员会(SAC/TC 276)归口。

本标准起草单位:农业部科技发展中心、天津市农业科学院中心实验室。

本标准主要起草人:王永、沈平、兰青阔、赵新、刘信、朱珠、郭永泽、程奕。

转基因植物及其产品成分检测
耐除草剂大豆 CV127 及其衍生品种定性 PCR 方法

1 范围

本标准规定了转基因耐除草剂大豆 CV127 转化体特异性的定性 PCR 检测方法。

本标准适用于转基因耐除草剂大豆 CV127 及其衍生品种以及制品中 CV127 转化体成分的定性 PCR 检测。

2 规范性引用文件

下列文件对于本文件的应用是必不可少的。凡是注日期的引用文件,仅注日期的版本适用于本文件。凡是不注日期的引用文件,其最新版本(包括所有的修改单)适用于本文件。

GB/T 6682 分析实验室用水规格和试验方法

NY/T 672 转基因植物及其产品检测 通用要求

NY/T 673 转基因植物及其产品检测 抽样

农业部 1485 号公告—4—2010 转基因植物及其产品成分检测 DNA 提取和纯化

3 术语和定义

下列术语和定义适用于本文件。

3.1

Lectin 基因 *Lectin* gene

编码大豆凝集素的基因。

3.2

CV127 转化体特异性序列 event-specific sequence of CV127

CV127 外源插入片段 5′端与大豆基因组的连接区序列,包括来源于拟南芥基因组的部分序列和大豆基因组的部分序列。

4 原理

根据转基因耐除草剂大豆 CV127 转化体特异性序列设计特异性引物,对试样 DNA 进行 PCR 扩增。依据是否扩增获得预期 238 bp 的特异性 DNA 片段,判断样品中是否含有 CV127 转化体成分。

5 试剂和材料

除非另有说明,仅使用分析纯试剂和重蒸馏水或符合 GB/T 6682 规定的一级水。

5.1 琼脂糖。

5.2 10 g/L 溴化乙锭溶液:称取 1.0 g 溴化乙锭(EB),溶解于 100 mL 水中,避光保存。

注:溴化乙锭有致癌作用,配制和使用时应戴一次性手套操作并妥善处理废液。

5.3 10 mol/L 氢氧化钠溶液:在 160 mL 水中加入 80.0 g 氢氧化钠(NaOH),溶解后再加水定容至 200 mL。

5.4 500 mmol/L 乙二铵四乙酸二钠溶液(pH 8.0):称取 18.6 g 乙二铵四乙酸二钠(EDTA‑Na₂),加

入 70 mL 水中,再加入适量氢氧化钠溶液(5.3),加热至完全溶解后,冷却至室温。用氢氧化钠溶液(5.3)调 pH 至 8.0,加水定容至 100 mL。在 103.4 kPa(121℃)条件下灭菌 20 min。

5.5　1 mol/L 三羟甲基氨基甲烷—盐酸溶液(pH 8.0):称取 121.1 g 三羟甲基氨基甲烷(Tris)溶解于 800 mL 水中,用盐酸(HCl)调 pH 至 8.0,加水定容至 1 000 mL。在 103.4 kPa(121℃)条件下灭菌 20 min。

5.6　TE 缓冲液(pH 8.0):分别量取 10 mL 三羟甲基氨基甲烷—盐酸溶液(5.5)和 2 mL 乙二铵四乙酸二钠溶液(5.4)溶液,加水定容至 1 000 mL。在 103.4 kPa(121℃)条件下灭菌 20 min。

5.7　50×TAE 缓冲液:称取 242.2 g 三羟甲基氨基甲烷(Tris),先用 500 mL 水加热搅拌溶解后,加入 100 mL 乙二铵四乙酸二钠溶液(5.4)。用冰乙酸调 pH 至 8.0,然后加水定容至 1 000 mL。使用时,用水稀释成 1×TAE。

5.8　加样缓冲液:称取 250.0 mg 溴酚蓝,加入 10 mL 水,在室温下溶解 12 h;称取 250.0 mg 二甲基苯腈蓝,加 10 mL 水溶解;称取 50.0 g 蔗糖,加 30 mL 水溶解;混合以上三种溶液,加水定容至 100 mL,在 4℃下保存。

5.9　DNA 分子量标准:可以清楚地区分 100 bp～1 000 bp 的 DNA 片段。

5.10　dNTPs 混合溶液:将浓度为 10 mmol/L 的 dATP、dTTP、dGTP、dCTP 四种脱氧核糖核苷酸溶液等体积混合。

5.11　Taq DNA 聚合酶、PCR 反应缓冲液及 25 mmol/L 氯化镁溶液。

5.12　*Lectin* 基因引物:
　　　Lectin - F:5′- GCCCTCTACTCCACCCCCATCC - 3′
　　　Lectin - R:5′- GCCCATCTGCAAGCCTTTTTGTG - 3′
　　　预期扩增片段大小为 118 bp。

5.13　CV127 转化体特异性序列引物:
　　　127 - F:5′- CCTTCGCCGTTTAGTGTATAGG - 3′
　　　127 - R:5′- AGCAGGTTCGTTTAAGGATGAA - 3′
　　　预期扩增片段大小为 238 bp。

5.14　引物溶液:用 TE 缓冲液(5.6)或水分别将上述引物稀释到 10 μmol/L。

5.15　石蜡油。

5.16　PCR 产物回收试剂盒。

5.17　DNA 提取试剂盒。

6　仪器和设备

6.1　分析天平:感量 0.1 g 和 0.1 mg。

6.2　PCR 扩增仪:升降温速度>1.5℃/s,孔间温度差异<1.0℃。

6.3　电泳槽、电泳仪等电泳装置。

6.4　紫外透射仪。

6.5　凝胶成像系统或照相系统。

6.6　重蒸馏水发生器或纯水仪。

6.7　其他相关仪器和设备。

7　操作步骤

7.1　抽样

按 NY/T 672 和 NY/T 673 的规定执行。

7.2 制样

按 NY/T 672 和 NY/T 673 的规定执行。

7.3 试样预处理

按农业部 1485 号公告—4—2010 的规定执行。

7.4 DNA 模板制备

按农业部 1485 号公告—4—2010 的规定执行。

7.5 PCR 反应

7.5.1 试样 PCR 反应

7.5.1.1 每个试样 PCR 反应设置 3 次重复。

7.5.1.2 在 PCR 反应管中按表 1 依次加入反应试剂,混匀,再加 25 μL 石蜡油(有热盖设备的 PCR 仪可不加)。

表 1 PCR 检测反应体系

试 剂	终浓度	体 积
水		—
10×PCR 缓冲液	1×	2.5 μL
25 mmol/L 氯化镁溶液	1.5 mmol/L	1.5 μL
dNTPs 混合溶液(各 2.5 mmol/L)	各 0.2 mmol/L	2.0 μL
10 μmol/L 上游引物	0.4 μmol/L	1.0 μL
10 μmol/L 下游引物	0.4 μmol/L	1.0 μL
Taq 酶	0.025 U/μL	—
25 mg/L DNA 模板	2 mg/L	2.0 μL
总体积		25.0 μL

注 1:"—"表示体积不确定。如果 PCR 缓冲液中含有氯化镁,则不加氯化镁溶液。根据 Taq 酶的浓度确定其体积,并相应调整水的体积,使反应体系总体积达到 25.0 μL。

注 2:大豆内标准基因 PCR 检测反应体系中,上、下游引物分别为 Lectin-F 和 Lectin-R;CV127 转化体 PCR 检测反应体系中,上、下游引物分别为 127-F 和 127-R。

7.5.1.3 将 PCR 管放在离心机上,500 g～3 000 g 离心 10 s,然后取出 PCR 管,放入 PCR 仪中。

7.5.1.4 进行 PCR 反应。反应程序为:94℃变性 5 min;94℃变性 30 s,58℃退火 30 s,72℃延伸 30 s,共进行 35 次循环;72℃延伸 7 min。

7.5.1.5 反应结束后取出 PCR 管,对 PCR 反应产物进行电泳检测。

7.5.2 对照 PCR 反应

在试样 PCR 反应的同时,应设置阴性对照、阳性对照和空白对照。

以非转基因大豆基因组 DNA 作为阴性对照;以转基因大豆 CV127 质量分数为 0.1%～1.0% 的大豆基因组 DNA 作为阳性对照;以水作为空白对照。

各对照 PCR 反应体系中,除模板外,其余组分及 PCR 反应条件与 7.5.1 相同。

7.6 PCR 产物电泳检测

按 20 g/L 的质量浓度称量琼脂糖,加入 1×TAE 缓冲液中,加热溶解,配制成琼脂糖溶液。每 100 mL 琼脂糖溶液中加入 5 μL EB 溶液,混匀。稍适冷却后,将其倒入电泳板上,插上梳板。室温下凝固成凝胶后,放入 1×TAE 缓冲液中,垂直向上轻轻拔去梳板。取 12 μL PCR 产物与 3 μL 加样缓冲液混合后加入凝胶点样孔。同时,在其中一个点样孔中加入 DNA 分子量标准,接通电源在 2 V/cm～

5 V/cm条件下电泳检测。

7.7 凝胶成像分析

电泳结束后,取出琼脂糖凝胶,置于凝胶成像仪上或紫外透射仪上成像。根据 DNA 分子量标准估计扩增条带的大小,将电泳结果形成电子文件存档或用照相系统拍照。如需通过序列分析确认 PCR 扩增片段是否为目的 DNA 片段,按照 7.8 和 7.9 的规定执行。

7.8 PCR 产物回收

按 PCR 产物回收试剂盒说明书,回收 PCR 扩增的 DNA 片段。

7.9 PCR 产物测序验证

将回收的 PCR 产物克隆测序,与耐除草剂大豆 CV127 转化体特异性序列(参见附录 A)进行比对,确定 PCR 扩增的 DNA 片段是否为目的 DNA 片段。

8 结果分析与表述

8.1 对照检测结果分析

阳性对照的 PCR 反应中,*Lectin* 内标准基因和 CV127 转化体特异性序列均得到扩增,且扩增片段大小与预期片段大小一致;而阴性对照中仅扩增出 *Lectin* 基因片段;空白对照中没有任何扩增片段。这表明 PCR 反应体系正常工作,否则重新检测。

8.2 样品检测结果分析和表述

8.2.1 *Lectin* 内标准基因和 CV127 转化体特异性序列均得到扩增,且扩增片段大小与预期片段大小一致。这表明样品中检测出转基因耐除草剂大豆 CV127 转化体成分,表述为"样品中检测出转基因耐除草剂大豆 CV127 转化体成分,检测结果为阳性"。

8.2.2 *Lectin* 内标准基因片段得到扩增,且扩增片段大小与预期片段大小一致,而 CV127 转化体特异性序列未得到扩增,或扩增片段大小与预期片段大小不一致。这表明样品中未检测出转基因耐除草剂大豆 CV127 转化体成分,表述为"样品中未检测出转基因耐除草剂大豆 CV127 转化体成分,检测结果为阴性"。

8.2.3 *Lectin* 内标准基因片段未得到扩增,或扩增片段大小与预期片段大小不一致。这表明样品中未检测出大豆成分,表述为"样品中未检测出大豆成分,检测结果为阴性"。

附 录 A
（资料性附录）
耐除草剂大豆 CV127 转化体特异性序列

  1   CCTTCGCCGT TTAGTGTATA GGAAAGCGCA AACTGATGTT TGGAAGCTTG

 51   AAACGGCAAT AAAATATCAA AATCTTTATA TTAAAGCTGA ACAAAAGGGG

101   CCCTCCTTAT TTATCCCCTT AGTTTTTATT TTCATTTCTT TCTAATAAAG

151   GGGCAAACTA GTCTCGTAAT ATATTAGAGG TTAATTAAAT TTATATTCCT

201   CAAATAAAAC CCAATTTTCA TCCTTAAACG AACCTGCT

注 1：画线部分为引物序列。

注 2：1～201 为大豆基因组部分序列，202～238 为来源于拟南芥基因组的部分序列。

ICS 65.020

B 04

中华人民共和国国家标准

农业部 1782 号公告－6－2012

转基因植物及其产品成分检测
bar 或 *pat* 基因定性 PCR 方法

Detection of genetically modified plants and derived products—
Qualitative PCR method of *bar* or *pat* gene

2012-06-06 发布

2012-09-01 实施

中华人民共和国农业部 发布

农业部 1782 号公告—6—2012

前　言

本标准按照 GB/T 1.1—2009 给出的规则起草。

本标准由中华人民共和国农业部提出。

本标准由全国农业转基因生物安全管理标准化技术委员会(SAC/TC 276)归口。

本标准起草单位:农业部科技发展中心、山东省农业科学院、上海交通大学。

本标准主要起草人:路兴波、宋贵文、李凡、沈平、杨立桃、孙红炜、武海斌、王敏、王鹏。

转基因植物及其产品成分检测
bar 或 *pat* 基因定性 PCR 方法

1 范围

本标准规定了转基因植物中 *bar* 或 *pat* 基因定性 PCR 检测方法。

本标准适用于含有 *bar* 或 *pat* 基因的转基因植物及其制品中 *bar* 或 *pat* 基因成分的定性 PCR 检测。

2 规范性引用文件

下列文件对于本文件的应用是必不可少的。凡是注日期的引用文件,仅注日期的版本适用于本文件。凡是不注日期的引用文件,其最新版本(包括所有的修改单)适用于本文件。

GB/T 6682 分析实验室用水规格和试验方法

NY/T 672 转基因植物及其产品检测 通用要求

NY/T 673 转基因植物及其产品检测 抽样

农业部 1485 号公告—4—2010 转基因植物及其产品成分检测 DNA 提取和纯化

3 术语和定义

下列术语和定义适用于本文件。

3.1

***bar* 基因** **bialaphos resistance gene**

来源于土壤吸水链霉菌(*Streptomyces hygroscopicus*),编码膦丝菌素乙酰转移酶(phosphinthricin acetyltransferase,PAT)。该酶具有对除草剂草丁膦(glufosinate)的耐受性。

3.2

***pat* 基因** **phosphinothricin acetyltransferase gene**

来源于绿产色链霉菌(*Streptomyces viridochromogenes*),*pat* 基因的 Bg/11—Ss Ⅱ 片段编码膦丝菌素乙酰转移酶(phosphinthricin acetyltransferase,PAT)。该酶具有对除草剂草丁膦(glufosinate)的耐受性。

4 原理

bar 基因和 *pat* 基因表达产物均为 PAT,两种 PAT 具有相似的催化能力。商业化生产和应用的转 *bar* 或 *pat* 基因玉米、大豆、油菜、棉花中的 *bar* 和 *pat* 基因序列分析比对显示,*bar* 和 *pat* 基因序列具有较高同源性,但不完全相同。针对上述 *bar* 和 *pat* 基因序列设计了复合引物,对试样进行 PCR 扩增。依据是否扩增获得预期 262 bp 的特异性 DNA 片段,判断样品中是否含有 *bar* 或 *pat* 基因成分。

5 试剂和材料

除非另有说明,仅使用分析纯试剂和重蒸馏水或符合 GB/T 6682 规定的一级水。

5.1 琼脂糖。

5.2 10 g/L 溴化乙锭溶液:称取 1.0 g 溴化乙锭(EB),溶于 100 mL 水中,避光保存。

注:溴化乙锭有致癌作用,配制和使用时应戴一次性手套操作并妥善处理废液。

5.3 10 mol/L 氢氧化钠溶液:在 160 mL 水中加入 80.0 g 氢氧化钠(NaOH),溶解后,冷却至室温,再加水定容至 200 mL。

5.4 500 mmol/L 乙二铵四乙酸二钠溶液(pH 8.0):称取 18.6 g 乙二铵四乙酸二钠(EDTA-Na$_2$),加入 70 mL 水中,再加入适量氢氧化钠溶液(5.3),加热至完全溶解后,冷却至室温。用氢氧化钠溶液(5.3)调 pH 至 8.0,加水定容至 100 mL。在 103.4 kPa(121℃)条件下灭菌 20 min。

5.5 1 mol/L 三羟甲基氨基甲烷—盐酸溶液(pH 8.0):称取 121.1 g 三羟甲基氨基甲烷(Tris)溶解于 800 mL 水中,用盐酸调 pH 至 8.0,加水定容至 1 000 mL。在 103.4 kPa(121℃)条件下灭菌 20 min。

5.6 TE 缓冲液(pH 8.0):分别量取 10 mL 三羟甲基氨基甲烷—盐酸溶液(5.5)和 2 mL 乙二铵四乙酸二钠溶液(5.4),加水定容至 1 000 mL。在 103.4 kPa(121℃)条件下灭菌 20 min。

5.7 50×TAE 缓冲液:称取 242.2 g 三羟甲基氨基甲烷(Tris),先用 300 mL 水加热搅拌溶解后,加 100 mL 乙二铵四乙酸二钠溶液(5.4),用冰乙酸调 pH 至 8.0,然后加水定容到 1 000 mL。使用时,用水稀释成 1×TAE。

5.8 加样缓冲液:称取 250.0 mg 溴酚蓝,加 10 mL 水,在室温下溶解 12 h;称取 250.0 mg 二甲基苯腈蓝,用 10 mL 水溶解;称取 50.0 g 蔗糖,用 30 mL 水溶解。混合以上三种溶液,加水定容至 100 mL,在 4℃下保存。

5.9 DNA 分子量标准:可以清楚地区分 50 bp~1 000 bp 的 DNA 片段。

5.10 dNTPs 混合溶液:将浓度为 10 mmol/L 的 dATP、dTTP、dGTP、dCTP 四种脱氧核糖核苷酸溶液等体积混合。

5.11 Taq DNA 聚合酶、PCR 反应缓冲液及 25 mmol/L 氯化镁溶液。

5.12 *bar* 基因引物:

　　bar-F:5′-GAAGGCACGCAACGCCTACGA-3′

　　bar-R:5′-CCAGAAACCCACGTCATGCCA-3′

　　预期扩增片段大小为 262 bp。

5.13 *pat* 基因引物:

　　pat-F:5′-GAAGGCTAGGAACGCTTACGA-3′

　　pat-R:5′-CCAAA AACCAACATCATGCCA-3′

　　预期扩增片段大小为 262 bp。

注:*bar* 基因引物和 *pat* 基因引物联合应用进行复合 PCR 检测。

5.14 内标准基因引物

　　根据样品种类选择合适的内标准基因,确定对应的检测引物。

5.15 引物溶液:用 TE 缓冲液(5.6)分别将上述引物稀释到 10 μmol/L。

5.16 石蜡油。

5.17 PCR 产物回收试剂盒。

5.18 DNA 提取试剂盒。

6 仪器

6.1 分析天平:感量 0.1 g 和 0.1 mg。

6.2 PCR 扩增仪:升降温速度>1.5℃/s,孔间温度差异<1.0℃。

6.3 电泳槽、电泳仪等电泳装置。

6.4 紫外透射仪。

6.5 凝胶成像系统或照相系统。

6.6 重蒸馏水发生器或纯水仪。

6.7 其他相关仪器和设备。

7 操作步骤

7.1 抽样

按 NY/T 672 和 NY/T 673 的规定执行。

7.2 制样

按 NY/T 672 和 NY/T 673 的规定执行。

7.3 试样预处理

按农业部 1485 号公告—4—2010 的规定执行。

7.4 DNA 模板制备

按农业部 1485 号公告—4—2010 的规定执行。

7.5 PCR 反应

7.5.1 试样 PCR 反应

7.5.1.1 内标准基因 PCR 反应

7.5.1.1.1 每个试样 PCR 反应设置 3 次重复。

7.5.1.1.2 根据选择的内标准基因及其 PCR 检测方法对试样进行 PCR 反应,具体 PCR 反应条件参考选择的内标准基因检测方法。

7.5.1.1.3 反应结束后取出 PCR 管,对 PCR 反应产物进行电泳检测。

7.5.1.2 *bar* 或 *pat* 基因 PCR 反应

7.5.1.2.1 每个试样 PCR 反应设置 3 次重复。

7.5.1.2.2 在 PCR 反应管中按表 1 依次加入反应试剂,混匀,再加 25 μL 石蜡油(有热盖设备的 PCR 仪可不加)。

表 1 复合 PCR 检测反应体系

试 剂	终浓度	体 积
水		—
10×PCR 缓冲液	1×	2.5 μL
25 mmol/L 氯化镁溶液	2.5 mmol/L	2.5 μL
dNTPs 混合溶液(各 2.5 mmol/L)	各 0.2 mmol/L	2.0 μL
10 μmol/L bar-F	0.1 μmol/L	0.25 μL
10 μmol/L bar-R	0.1 μmol/L	0.25 μL
10 μmol/L pat-F	0.1 μmol/L	0.25 μL
10 μmol/L pat-R	0.1 μmol/L	0.25 μL
Taq DNA 聚合酶	0.05 U/μL	—
25 mg/L DNA 模板	2 mg/L	2.0 μL
总体积		25.0 μL

注:根据 Taq DNA 聚合酶的浓度确定其体积,并相应调整水的体积,使反应体系总体积达到 25.0 μL。如果 PCR 缓冲液中含有氯化镁,则不加氯化镁溶液,加等体积水。

7.5.1.2.3 将 PCR 管放在离心机上,500 g~3 000 g 离心 10 s,然后取出 PCR 管,放入 PCR 仪中。

7.5.1.2.4 进行 PCR 反应。复合 PCR 反应程序为:94℃预变性 5 min;94℃变性 30 s,63℃退火 30 s,72℃延伸 30 s,进行 35 次循环;72℃延伸 7 min。

7.5.1.2.5 反应结束后取出 PCR 管,对 PCR 反应产物进行电泳检测。

7.5.2 对照 PCR 反应

在试样 PCR 反应的同时,应设置阴性对照、阳性对照和空白对照。

以与试样相同种类的非转基因植物基因组 DNA 作为阴性对照;以含有 *bar* 或 *pat* 基因的转基因植物基因组 DNA(转基因质量分数为 0.5%)作为阳性对照;以水作为空白对照。

各对照 PCR 反应体系中,除模板外,其余组分及 PCR 反应条件与 7.5.1 相同。

7.6 PCR 产物电泳检测

按 20 g/L 的质量浓度称取琼脂糖,加入 1×TAE 缓冲液中,加热溶解,配制成琼脂糖溶液。每 100 mL 琼脂糖溶液中加入 5 μL EB 溶液,混匀。适当冷却后,将其倒入电泳板上,插上梳板。室温下凝固成凝胶后,放入 1×TAE 缓冲液中,垂直向上轻轻拔去梳板。取 12 μL PCR 产物与 3 μL 加样缓冲液混合后加入点样孔中,同时在其中一个点样孔中加入 DNA 分子量标准,接通电源在 2 V/cm~5 V/cm 条件下电泳检测。

7.7 凝胶成像分析

电泳结束后,取出琼脂糖凝胶,置于凝胶成像仪或紫外透射仪上成像。根据 DNA 分子量标准估计扩增条带的大小,将电泳结果形成电子文件存档或用照相系统拍照。如需通过序列分析确认 PCR 扩增片段是否为目的 DNA 片段,按照 7.8 和 7.9 的规定执行。

7.8 PCR 产物回收

按 PCR 产物回收试剂盒说明书,回收 PCR 扩增的 DNA 片段。

7.9 PCR 产物测序验证

将回收的 PCR 产物克隆测序,与转基因植物中转入的 *bar* 或 *pat* 基因序列(参见附录 A)进行比对,确定 PCR 扩增的 DNA 片段是否为目的 DNA 片段。

8 结果分析与表述

8.1 对照检测结果分析

阳性对照 PCR 反应中,内标准基因片段和 *bar* 或 *pat* 基因特异性序列得到扩增,且扩增片段大小与预期片段大小一致;而阴性对照中仅扩增出内标准基因片段;空白对照中没有任何扩增片段。这表明 PCR 反应体系正常工作,否则重新检测。

8.2 样品检测结果分析和表述

8.2.1 内标准基因和 *bar* 或 *pat* 基因特异性序列得到扩增,且扩增片段大小与预期片段大小一致。这表明样品中检测出 *bar* 或 *pat* 基因成分,表述为"样品中检测出 *bar* 或 *pat* 基因成分,检测结果为阳性"。

8.2.2 内标准基因得到扩增,且扩增片段大小与预期片段大小一致,而 *bar* 或 *pat* 基因特异性序列未得到扩增,或扩增片段大小与预期片段大小不一致。这表明样品中未检测出 *bar* 或 *pat* 基因成分,表述为"样品中未检测出 *bar* 或 *pat* 基因成分,检测结果为阴性"。

8.2.3 内标准基因片段未得到扩增,或扩增片段大小与预期片段大小不一致。这表明样品中未检出对应植物成分,结果表述为"样品中未检出对应植物成分,检测结果为阴性"。

附 录 A

（资料性附录）

bar 和 *pat* 基因特异性序列

A.1 *bar* 基因特异性序列

```
  1 GAAGGCACGC AACGCCTACG ACTGGACGGC CGAGTCGACC GTGTACGTCT CCCCCCGCCA
 61 CCAGCGGACG GGACTGGGCT CCACGCTCTA CACCCACCTG CTGAAGTCCC TGGAGGCACA
121 GGGCTTCAAG AGCGTGGTCG CTGTCATCGG GCTGCCCAAC GACCCGAGCG TGCGCATGCA
181 CGAGGCGCTC GGATATGCCC CCCGCGGCAT GCTGCGGGCG GCCGGCTTCA AGCACGGGAA
241 CTGGCATGAC GTGGGTTTCT GG
```

注：画线部分为引物序列。

A.2 *pat* 基因特异性序列

```
  1 GAAGGCTAGG AACGCTTACG ATTGGACAGT TGAGAGTACT GTTTACGTGT CACATAGGCA
 61 TCAAAGGTTG GGCCTAGGAT CCACATTGTA CACACATTTG CTTAAGTCTA TGGAGGCGCA
121 AGGTTTTAAG TCTGTGGTTG CTGTTATAGG CCTTCCAAAC GATCCATCTG TTAGGTTGCA
181 TGAGGCTTTG GGATACACAG CCCGGGGGTAC ATTGCGCGCA GCTGGATACA AGCATGGTGG
241 ATGGCATGAT GTTGGTTTTT GG
```

注：画线部分为引物序列。

ICS 65.020
B 04

中华人民共和国国家标准

农业部 1782 号公告—7—2012

转基因植物及其产品成分检测
CpTI 基因定性 PCR 方法

Detection of genetically modified plants and derived products—
Qualitative PCR method for *CpTI* gene

2012-06-06 发布   2012-09-01 实施

中华人民共和国农业部 发布

前　言

本标准按照 GB/T 1.1—2009 给出的规则起草。

本标准由中华人民共和国农业部提出。

本标准由全国农业转基因生物安全管理标准化技术委员会(SAC/TC 276)归口。

本标准起草单位:农业部科技发展中心、天津市农业科学院中心实验室、吉林省农业科学院。

本标准主要起草人:王永、宋贵文、兰青阔、赵欣、朱珠、李飞武、赵新、崔金杰、郭永泽、程奕。

转基因植物及其产品成分检测
CpTI 基因定性 PCR 方法

1 范围

本标准规定了转基因植物中 *CpTI* 基因的定性 PCR 检测方法。

本标准适用于含有 *CpTI* 基因的非豆科转基因植物及其制品中 *CpTI* 基因成分的定性 PCR 检测。

2 规范性引用文件

下列文件对于本文件的应用是必不可少的。凡是注日期的引用文件,仅注日期的版本适用于本文件。凡是不注日期的引用文件,其最新版本(包括所有的修改单)适用于本文件。

GB/T 6682 分析实验室用水规格和试验方法

NY/T 672 转基因植物及其产品检测 通用要求

NY/T 673 转基因植物及其产品检测 抽样

农业部 1485 号公告—4—2010 转基因植物及其产品成分检测 DNA 提取和纯化

3 术语和定义

下列术语和定义适用于本文件。

3.1

CpTI 基因 CpTI gene

编码豇豆胰蛋白酶抑制剂(Cowpea Trypsin Inhibitor)的基因。

3.2

CpTI 基因序列 sequence of CpTI gene

编码豇豆胰蛋白酶抑制剂(Cowpea Trypsin Inhibitor)的基因序列。

4 原理

根据 *CpTI* 基因序列设计特异性引物,对试样进行 PCR 扩增。依据是否扩增获得预期 243 bp 的 DNA 片段,判断样品中是否含有 *CpTI* 基因成分。

5 试剂和材料

除非另有说明,仅使用分析纯试剂和重蒸馏水或符合 GB/T 6682 规定的一级水。

5.1 琼脂糖。

5.2 10 g/L 溴化乙锭溶液:称取 1.0 g 溴化乙锭(EB),溶解于 100 mL 水中,避光保存。

注:溴化乙锭有致癌作用,配制和使用时应戴一次性手套操作并妥善处理废液。

5.3 10 mol/L 氢氧化钠溶液:在 160 mL 水中加入 80.0 g 氢氧化钠(NaOH),溶解后,冷却至室温,再加水定容至 200 mL。

5.4 500 mmol/L 乙二铵四乙酸二钠溶液(pH 8.0):称取 18.6 g 乙二铵四乙酸二钠(EDTA - Na₂),加入 70 mL 水中,再加入适量氢氧化钠溶液(5.3),加热至完全溶解后,冷却至室温。用氢氧化钠溶液(5.3)调 pH 至 8.0,加水定容至 100 mL。在 103.4 kPa(121℃)条件下灭菌 20 min。

5.5 1 mol/L 三羟甲基氨基甲烷—盐酸溶液(pH 8.0):称取 121.1 g 三羟甲基氨基甲烷(Tris)溶解于 800 mL 水中,用盐酸(HCl)调 pH 至 8.0,加水定容至 1 000 mL。在 103.4 kPa(121℃)条件下灭菌 20 min。

5.6 TE 缓冲液(pH 8.0):分别量取 10 mL 三羟甲基氨基甲烷—盐酸溶液(5.5)和 2 mL 乙二铵四乙酸二钠溶液(5.4)溶液,加水定容至 1 000 mL。在 103.4 kPa(121℃)条件下灭菌 20 min。

5.7 50×TAE 缓冲液:称取 242.2 g 三羟甲基氨基甲烷(Tris),先用 500 mL 水加热搅拌溶解后,加入 100 mL 乙二铵四乙酸二钠溶液(5.4)。用冰乙酸调 pH 至 8.0,然后加水定容到 1 000 mL。使用时,用水稀释成 1×TAE。

5.8 加样缓冲液:称取 250.0 mg 溴酚蓝,加入 10 mL 水,在室温下溶解 12 h;称取 250.0 mg 二甲基苯腈蓝,加 10 mL 水溶解;称取 50.0 g 蔗糖,加 30 mL 水溶解。混合以上三种溶液,加水定容至 100 mL,在 4℃下保存。

5.9 DNA 分子量标准:可以清楚地区分 100 bp～1 000 bp 的 DNA 片段。

5.10 dNTPs 混合溶液:将浓度为 10 mmol/L 的 dATP、dTTP、dGTP、dCTP 四种脱氧核糖核苷酸溶液等体积混合。

5.11 Taq DNA 聚合酶、PCR 反应缓冲液及 25 mmol/L 氯化镁溶液。

5.12 内标准基因引物:根据样品来源选择合适的内标准基因,确定对应的检测引物。

5.13 *CpTI* 基因引物:

  CpTI-F:5'-GATCTGAACCACCTCGGAAG-3'

  CpTI-R:5'-CCTGGACTTGCAAGGTTTGT-3'

  预期扩增片段大小为 243 bp(参见附录 A)。

5.14 引物溶液:用 TE 缓冲液(5.6)或水分别将上述引物稀释到 10 μmol/L。

5.15 石蜡油。

5.16 PCR 产物回收试剂盒。

5.17 DNA 提取试剂盒。

6 仪器

6.1 分析天平:感量 0.1 g 和 0.1 mg。

6.2 PCR 扩增仪:升降温速度>1.5℃/s,孔间温度差异<1.0℃。

6.3 电泳槽、电泳仪等电泳装置。

6.4 紫外透射仪。

6.5 凝胶成像系统或照相系统。

6.6 重蒸馏水发生器或纯水仪。

6.7 其他相关仪器和设备。

7 操作步骤

7.1 抽样

  按 NY/T 672 和 NY/T 673 的规定执行。

7.2 制样

  按 NY/T 672 和 NY/T 673 的规定执行。

7.3 试样预处理

  按农业部 1485 号公告—4—2010 的规定执行。

7.4 DNA 模板制备

按农业部 1485 号公告—4—2010 的规定执行。

7.5 PCR 反应

7.5.1 试样 PCR 反应

7.5.1.1 内标准基因 PCR 反应

7.5.1.1.1 每个试样 PCR 反应设置 3 次重复。

7.5.1.1.2 根据选择的内标准基因及其 PCR 检测方法对试样进行 PCR 反应,具体 PCR 反应条件参考选择的内标准基因检测方法。

7.5.1.1.3 反应结束后取出 PCR 管,对 PCR 反应产物进行电泳检测。

7.5.1.2 *CpTI* 基因 PCR 反应

7.5.1.2.1 每个试样 PCR 反应设置 3 次重复。

7.5.1.2.2 在 PCR 反应管中按表 1 依次加入反应试剂,混匀,再加 25 μL 石蜡油(有热盖设备的 PCR 仪可不加)。

表 1　PCR 检测反应体系

试　剂	终浓度	体　积
水		—
10×PCR 缓冲液	1×	2.5 μL
25 mmol/L 氯化镁溶液	1.5 mmol/L	1.5 μL
dNTPs 混合溶液(各 2.5 mmol/L)	各 0.2 mmol/L	2.0 μL
10 μmol/L CpTI-F	0.4 μmol/L	1.0 μL
10 μmol/L CpTI-R	0.4 μmol/L	1.0 μL
Taq 酶	0.025 U/μL	—
25 mg/L DNA 模板	2 mg/L	2.0 μL
总体积		25.0 μL
注:根据 Taq 酶的浓度确定其体积,并相应调整水的体积,使反应体系总体积达到 25.0 μL。如果 PCR 缓冲液中含有氯化镁,则不加氯化镁溶液,加等体积水。		

7.5.1.2.3 将 PCR 管放在离心机上,500 g～3 000 g 离心 10 s,然后取出 PCR 管,放入 PCR 仪中。

7.5.1.2.4 进行 PCR 反应。反应程序为:94℃ 变性 5 min;94℃ 变性 30 s,58℃ 退火 30 s,72℃ 延伸 30 s,共进行 35 次循环;72℃ 延伸 7 min。

7.5.1.2.5 反应结束后取出 PCR 管,对 PCR 反应产物进行电泳检测。

7.5.2 对照 PCR 反应

在试样 PCR 反应的同时,应设置阴性对照、阳性对照和空白对照。

以非转基因植物基因组 DNA 作为阴性对照;以含有 *CpTI* 基因的转基因植物基因组 DNA(转基因含量为 0.5%)作为阳性对照;以水作为空白对照。

各对照 PCR 反应体系中,除模板外,其余组分及 PCR 反应条件与 7.5.1 相同。

7.6 PCR 产物电泳检测

按 20 g/L 的质量浓度称量琼脂糖,加入 1×TAE 缓冲液中,加热溶解,配制成琼脂糖溶液。每 100 mL 琼脂糖溶液中加入 5 μL EB 溶液(5.2),混匀。稍适冷却后,将其倒入电泳板上,插上梳板。室温下凝固成凝胶后,放入 1×TAE 缓冲液中,垂直向上轻轻拔去梳板。取 12 μL PCR 产物与 3 μL 加样缓冲液混合后加入凝胶点样孔,同时在其中一个点样孔中加入 DNA 分子量标准,接通电源在 2 V/cm～5 V/cm 条件下电泳检测。

7.7 凝胶成像分析

电泳结束后,取出琼脂糖凝胶,置于凝胶成像仪上或紫外透射仪上成像。根据 DNA 分子量标准估计扩增条带的大小,将电泳结果形成电子文件存档或用照相系统拍照。如需通过序列分析确认 PCR 扩增片段是否为目的 DNA 片段,按照 7.8 和 7.9 的规定执行。

7.8 PCR 产物回收

按 PCR 产物回收试剂盒说明书,回收 PCR 扩增的 DNA 片段。

7.9 PCR 产物测序验证

将回收的 PCR 产物克隆测序,与转基因植物中转入的 $CpTI$ 基因序列(参见附录 A)进行比对,确定 PCR 扩增的 DNA 片段是否为目的 DNA 片段。

8 结果分析与表述

8.1 对照检测结果分析

阳性对照 PCR 反应中,内标准基因和 $CpTI$ 基因特异性序列得到扩增,且扩增片段大小与预期片段大小一致;而阴性对照中仅扩增出内标准基因片段;空白对照中没有任何扩增片段。这表明 PCR 反应体系正常工作,否则重新检测。

8.2 样品检测结果分析和表述

8.2.1 内标准基因和 $CpTI$ 基因特异性序列得到扩增,且扩增片段大小与预期片段大小一致。这表明样品中检测出 $CpTI$ 基因成分,表述为"样品中检测出 $CpTI$ 基因成分,检测结果为阳性"。

8.2.2 内标准基因得到扩增,且扩增片段大小与预期片段大小一致,而 $CpTI$ 基因特异性序列未得到扩增,或扩增片段大小与预期片段大小不一致。这表明样品中未检测出 $CpTI$ 基因成分,表述为"样品中未检测出 $CpTI$ 基因成分,检测结果为阴性"。

8.2.3 内标准基因片段未得到扩增,或扩增片段大小与预期片段大小不一致。这表明样品中未检出对应植物成分,结果表述为"样品中未检出对应植物成分,检测结果为阴性"。

附　录　A
（资料性附录）
CpTI 基因特异性序列

1　GATCTGAACC ACCTCGGAAG TAATCATCAT GATGACTCAA GCGATGAACC

51　TTCTGAGTCT TCAGAACCAT GCTGCGATTC ATGCATCTGC ACTAAATCAA

101　TACCTCCTCA ATGCCATTGT ACAGATATCA GGTTGAATTC GTGTCACTCG

151　GCTTGCAAAT CCTGCATGTG TACACGATCA ATGCCAGGCA AGTGTCGTTG

201　CCTTGACATT GCTGATTTCT GTTACAAACC TTGCAAGTCC AGG

注:画线部分为引物序列。

ICS 65.020
B 04

中华人民共和国国家标准

农业部 1782 号公告—8—2012

转基因植物及其产品成分检测
基体标准物质制备技术规范

Detection of genetically modified plants and derived products—
Technical specification for manufacture of matrix reference material

2012-06-06 发布

2012-09-01 实施

中华人民共和国农业部 发布

农业部 1782 号公告—8—2012

前　言

本标准按照 GB/T 1.1—2009 给出的规则起草。

本标准由中华人民共和国农业部提出。

本标准由全国农业转基因生物安全管理标准化技术委员会(SAC/TC 276)归口。

本标准起草单位:农业部科技发展中心、中国农业科学院油料作物研究所、上海交通大学、中国计量科学研究院、上海生命科学院植物生理生态研究所。

本标准主要起草人:周云龙、卢长明、刘信、曹应龙、宋贵文、沈平、吴刚、杨立桃、王晶、王江、李允静、李飞武、赵欣。

转基因植物及其产品成分检测
基体标准物质制备技术规范

1 范围

本标准规定了利用水稻、玉米和大豆籽粒制备转基因植物产品检测基体标准物质的操作流程和技术要求。

本标准适用于利用水稻、玉米和大豆籽粒制备转基因植物产品检测基体标准物质。

2 规范性引用文件

下列文件对于本文件的应用是必不可少的。凡是注日期的引用文件，仅注日期的版本适用于本文件。凡是不注日期的引用文件，其最新版本（包括所有的修改单）适用于本文件。

GB/T 3543.6 农作物种子检验规程 水分测定

GB/T 6682 分析实验室用水规格和试验方法

CNAS-CL04 标准物质/标准样品生产者能力认可准则

JJF 1186 标准物质认定证书和标签内容编写规则

JJG 1006 一级标准物质技术规范

农业部 1485 号公告—19—2010 转基因植物及其产品成分检测 基体标准物质候选物鉴定方法

3 术语和定义

下列术语和定义适用于本文件。

3.1

短期稳定性 short-term stability

在规定运输条件下标准物质特性在运输过程中的稳定性。

3.2

长期稳定性 long-term stability

在标准物质生产者规定贮存条件下标准物质特性的稳定性。

3.3

转基因成分含量 GMO content

转化体特异性序列拷贝数占单倍体基因组拷贝数的比值。

4 要求

4.1 基体标准物质加工时应单独制备转基因材料和非转基因材料基体标准物质候选物。

4.2 基体标准物质制备单位应达到 CNAS-CL04 规定的生产者能力的通用要求，具备标准物质制备所需的仪器设备和环境设施。

4.3 基体标准物质制备人员应具备转基因植物产品检测和标准物质研制等相关业务知识，在开展基体标准物质制备工作前，接受相关技术和业务知识培训。

5 制备流程

5.1 候选物鉴定

按照农业部 1485 号公告—19—2010 的规定执行。

5.2 候选物加工

5.2.1 预处理

用灭菌重蒸馏水或 GB/T 6682 规定的一级水清洗候选物表面,利用冷冻真空干燥仪进行干燥,使含水量不高于 10%。

5.2.2 研磨

用液氮浸泡冷冻研磨仪研磨杯,对候选物进行研磨,至 90% 以上粉末小于 180 μm 粗样。

5.2.3 水分测定

将研磨的粉末冷冻真空干燥,温度不高于 -10℃。按 GB/T 3543.6 的方法,对标准物质候选物粉末的水分含量进行测定,使最终水分含量不高于 10%。

5.2.4 混合

按式(1)和式(2)分别计算待混合的转基因样品粉末质量(m_1)和非转基因样品粉末质量(m_2)。

$$m_1 = \frac{c_1 \times m \times (1-c_2)}{(1-c_1) \times (1-c_3) + c_1 \times (1-c_2)} \quad \cdots\cdots (1)$$

式中:

m_1——待混合的转基因样品粉末质量,单位为克(g);

c_1——拟制备的标准物质转基因成分的含量,单位为百分率(%);

m——标准物质的总质量,单位为克(g);

c_2——非转基因样品粉末含水量,单位为百分率(%);

c_3——转基因样品粉末含水量,单位为百分率(%)。

$$m_2 = m - m_1 \quad \cdots\cdots (2)$$

式中:

m_2——待混合的非转基因样品粉末质量,单位为克(g);

m——标准物质的总质量,单位为克(g);

m_1——待混合的转基因样品粉末质量,单位为克(g)。

分别称取转基因样品粉末和非转基因样品粉末,在温度不超过 30℃、相对湿度不超过 40% 环境下利用固体粉末混合仪充分混合均匀。混合完成的样品进行均匀性初检,初检均匀的样品进行标记后置于干燥的密闭容器内,待分装。

5.3 分装

5.3.1 在环境温度不超过 30℃、相对湿度不超过 40% 的封闭环境内进行。

5.3.2 将混匀的基体标准物质粉末分装到合适容器中,充入惰性气体,封口,贴标准物质初级标签(申请完成后会有标准物质号),4℃保存。

6 均匀性检验

6.1 基本要求

凡成批制备或分装成最小包装单元的标准物质,都需进行均匀性检验,以保证每一最小包装单元的特性量值在规定的不确定度范围内。

6.2 抽样方式和抽样数目

按照 JJG 1006 的规定从分装成最小包装单元的样品中随机抽样。从一批单元中抽取一个子集,对具有代表性的 10 个~30 个单元进行均匀性研究,一般不应少于 10 个。或者当总体单元小于 500 个时,抽样数目不少于 15 个;总体单元大于 500 个时,抽样数目不小于 25 个,或等于 3$\sqrt[3]{N}$(N 为总体单元数)。

6.3 检验方法

采用不低于定值方法精密度且有足够灵敏度的测量方法进行均匀性检验。均匀性检验应在重复性条件下(同一操作者,同一台仪器,同一测量方法,在短期内)完成。每一最小包装单元内称取不少于 3 份试样进行测定,测量次序应随机化,避免测量系统在不同时间的变差干扰对样品均匀性的评价。

6.4 最小取样量

以 100 mg 作为最小取样量。

6.5 检验结果的处理和评价

6.5.1 按以下步骤对均匀性检验中的试验结果进行 F 检验,计算单元内方差和单元间方差。

假定均匀性检验抽取 m 个包装单元,每个包装单元进行 n 次重复测定。

按式(3)和式(4)分别计算单元内方差和单元间方差:

$$s_e^2 = \frac{\sum_{i=1}^{m}\sum_{j=1}^{n}(X_{ij}-\overline{X}_i)^2}{m(n-1)} \quad \cdots\cdots\cdots\cdots\cdots\cdots\cdots\cdots (3)$$

式中:

s_e^2 ——均匀性检验中所得的单元内方差;

n ——每一单元内重复测定的次数;

m ——均匀性检验抽取的单元数;

X_{ij} ——第 i 个单元内的第 j 个测定值;

$\overline{X}_i$ ——第 i 个单元内的测定平均值。

$$s_m^2 = \frac{n\sum_{i=1}^{m}(\overline{X}_i-\overline{\overline{X}})^2}{m-1} \quad \cdots\cdots\cdots\cdots\cdots\cdots\cdots\cdots (4)$$

式中:

s_m^2 ——均匀性检验中所得的单元间方差;

n ——每一单元内重复测定的次数;

$\overline{X}_i$ ——第 i 个单元内的测定平均值;

$\overline{\overline{X}}$ ——m 个单元测量结果的总平均值;

m ——均匀性检验抽取的单元数。

按式(5)计算统计量 F。

$$F = \frac{s_m^2}{s_e^2} \quad \cdots\cdots\cdots\cdots\cdots\cdots\cdots\cdots (5)$$

式中:

s_m^2 ——均匀性检验中所得的单元间方差;

s_e^2 ——均匀性检验中所得的单元内方差。

查 F 分布表,得临界值 $F_{0.05,(m-1),m(n-1)}$。

均匀性检验结果的评价依据如下:

——若 $F \leqslant F_{0.05,(m-1),m(n-1)}$,单元间方差与单元内方差无显著性差异,样品均匀;

——若 $F > F_{0.05,(m-1),m(n-1)}$,单元间方差与单元内方差有显著性差异,样品不均匀。

6.5.2 对不均匀的样品查找原因并解决问题后进行再处理,分装成最小包装单元,按上述要求和方法再次进行均匀性检验。

6.6 不均匀性引起的标准不确定度

6.6.1 根据均匀性检验中的单元间方差和单元内方差,计算样品不均匀性引起的标准不确定度 u_{bb}。

6.6.2 若 $F \geqslant 1$,按式(6)计算标准不确定度 u_{bb}。

$$u_{bb} = \sqrt{\frac{1}{n}(s_m^2 - s_e^2)} \quad \cdots\cdots\cdots\cdots\cdots\cdots\cdots\cdots\cdots\cdots\cdots\cdots\cdots\cdots \quad (6)$$

式中：

u_{bb}——均匀性标准不确定度；

s_m^2——均匀性检验中所得的单元间方差；

s_e^2——均匀性检验中所得的单元内方差；

n——每一单元内重复测定的次数。

6.6.3 若 $F < 1$，按式(7)计算标准不确定度 u_{bb}。

$$u_{bb} = \sqrt{\frac{s_e^2}{n}} \sqrt[4]{\frac{2}{m(n-1)}} \quad \cdots\cdots\cdots\cdots\cdots\cdots\cdots\cdots\cdots\cdots\cdots \quad (7)$$

式中：

u_{bb}——均匀性标准不确定度；

s_e^2——均匀性检验中所得的单元内方差；

n——每一单元内重复测定的次数；

m——均匀性检验抽取的单元数。

7 稳定性检验

7.1 基本要求

转基因植物基体标准物质的稳定性应在 6 个月以上。标准物质应在规定的保存或使用条件下，定期进行特性量值的稳定性检验，采用定量 PCR 方法进行测定。稳定性检验应在均匀性检验证明样品充分均匀后进行。

7.2 温度及时间间隔

7.2.1 短期稳定性测定温度为 25℃和 37℃，测定时间点为 0 周、1 周、2 周、4 周。

7.2.2 长期稳定性测定温度为 −20℃和 4℃，测定时间点为 0 月、1 月、2 月、4 月、6 月、12 月……

7.3 样品的抽取

稳定性检验的样品应从最小包装单元中随机抽取。每次每种基体标准物质随机抽取不少于 3 个最小包装单元。

7.4 检验结果的处理和评价

稳定性研究是通过在不同时间测定标准物质的特性量值，以时间为 X 轴，以特性量值为 Y 轴，描绘出特性量值与时间的关系。

按式(8)计算斜率：

$$b = \frac{\sum_{i=1}^{n}(X_i - \overline{X})(Y_i - \overline{Y})}{\sum_{i=1}^{n}(X_i - \overline{X})^2} \quad \cdots\cdots\cdots\cdots\cdots\cdots\cdots\cdots\cdots\cdots \quad (8)$$

式中：

b——用时间和特性量值拟合直线的斜率；

n——稳定性检验的重复测量次数；

X_i——i 时间点；

Y_i——i 时间点的特性量值；

$\overline{X}$——某一时间间隔时间平均值；

$\overline{Y}$——某一时间间隔后的稳定性检验测量结果的平均值。

按式(9)计算截距：

$$b_0 = \overline{Y} - b\overline{X} \quad\cdots\cdots\cdots\cdots\cdots\cdots\cdots\cdots\cdots\cdots\cdots\cdots\cdots\cdots\cdots\cdots \quad (9)$$

式中：

b_0——用时间和特性量值拟合直线的截距；

$\overline{Y}$——某一时间间隔后的稳定性检验测量结果的平均值；

b——用时间和特性量值拟合直线的斜率；

$\overline{X}$——某一时间间隔时间平均值。

拟合直线的标准偏差见式(10)：

$$S^2 = \frac{\sum\limits_{i=1}^{n}(Y_i - b_0 - bX_i)^2}{n-2} \quad\cdots\cdots\cdots\cdots\cdots\cdots\cdots\cdots\cdots\cdots \quad (10)$$

式中：

S——拟合直线的标准偏差；

n——拟合直线的点数；

Y_i——i 时间点的特性量值；

b_0——用时间和特性量值拟合直线的截距；

b——用时间和特性量值拟合直线的斜率；

X_i——i 时间点。

斜率的标准偏差见式(11)：

$$S_b = \frac{S}{\sqrt{\sum\limits_{i=1}^{n}(X_i - \overline{X})^2}} \quad\cdots\cdots\cdots\cdots\cdots\cdots\cdots\cdots\cdots\cdots\cdots\cdots \quad (11)$$

式中：

S_b——斜率的标准偏差；

S——拟合直线的标准偏差；

n——拟合直线的点数；

X_i——i 时间点；

$\overline{X}$——某一时间间隔时间平均值。

查 t 分布表,得临界值 $t_{0.95,n-2}$。若 $|b| < t_{0.95,n-2} \times S_b$,表明斜率是不显著的,未观测到不稳定性。

7.5 有效期限的确定

当稳定性检验结果表明待定特性量值没有显著性变化,或其变化值在标准值的不确定范围内波动时,以被比较的时间段为标准物质的有效期限。

标准物质试用期间应不断积累稳定性检验数据,以便确认延长有效期限的可能性。

7.6 稳定性引起的标准不确定度

按式(12)计算稳定性的标准不确定度 u_{lts}：

$$u_{lts} = S_b \times t \quad\cdots\cdots\cdots\cdots\cdots\cdots\cdots\cdots\cdots\cdots\cdots\cdots\cdots\cdots\cdots \quad (12)$$

式中：

u_{lts}——稳定性标准不确定度；

S_b——斜率的标准偏差；

t——稳定性检验时间。

8 定值

8.1 基本要求

8.1.1 采用多家实验室联合定值的方式对基体标准物质进行定值。

8.1.2 参加定值的实验室数量应满足 JJG 1006 的要求,并具备转基因产品定量 PCR 技术能力或相关资质。

8.1.3 组织定值的实验室应制定详细的定值方案,根据方案发放定值样品和试剂,明确实验方法和实验条件,规定实验重复次数和结果报告方式,按照统一要求汇总定值数据。

8.2 定值数据的统计处理和标准值的确定

8.2.1 实验结果汇总

收集各实验室的单次测定结果,按独立测定组数汇总。审查各独立测定组的数据,如有疑问,通知有关实验室查找原因后重测。

8.2.2 数据的正态性检验

采用夏皮罗—威尔克法(Shapiro-Wilk)或达格斯提诺(D'Agostino)法检验数据的正态性。

8.2.3 数据组的等精度检验

用科克伦(Cochran)法检验各独立数据组是否等精度。删除在 99% 置信概率($\alpha=0.01$)下检出的方差异常大的一组数据。

8.2.4 数据组的平均值检验

将每组数据的平均值视作单次测量值,构成一组新的数据。用格拉布斯(Grubbs)或狄克逊法(Dixon)检验可疑值。剔除 99% 置信概率($\alpha=0.01$)下检出的异常值。对于在 95% 置信概率($\alpha=0.05$)和 99% 置信概率之间检出的异常值,如无明确原因,应予保留。

当数据离散度较大或异常值多于 2 个时,应检测各定值实验室的分析方法、试验条件、仪器设备及操作过程等,查明原因,解决问题后重新试验。

8.2.5 标准值及标准偏差的确定

8.2.5.1 当单次测量值服从正态分布或近似正态分布时,计算以保留数据的总算术平均值作为标准值,标准偏差 u_r 作为标准不确定度,按式(13)计算。

$$u_r = \sqrt{\frac{\sum_{i=1}^{m}(\overline{X}_i - \overline{\overline{X}})^2}{m(m-1)}} \quad\quad\quad (13)$$

式中:

u_r ——定值标准不确定度;

$\overline{X}_i$ ——第 i 组数据的平均值;

$\overline{\overline{X}}$ ——所有数据的总平均值;

m ——定值实验室组数。

8.2.5.2 当单次测量值不服从正态分布时,可在剔除异常值后再进行一次正态性检验。若为正态分布,按上述方法确定标准值;若仍为非正态分布,应检查测量方法和试验条件,找出各实验室可能存在的系统误差,解决问题后重新定值。

8.3 总不确定度的计算

8.3.1 按式(14)计算合成标准不确定度。

$$u = \sqrt{u_r^2 + u_{bb}^2 + u_{lts}^2} \quad\quad\quad (14)$$

式中:

u ——合成标准不确定度;

u_r ——定值标准不确定度;

u_{bb} ——均匀性标准不确定度;

u_{lts} ——稳定性标准不确定度。

8.3.2 按式(15)计算总不确定度。

$$U = k \times u \quad \cdots\cdots\cdots\cdots\cdots\cdots\cdots\cdots\cdots\cdots\cdots\cdots\cdots\cdots \quad (15)$$

式中：

U——标准值的总不确定度（指定概率下的扩展不确定度）；

k——指定概率下的扩展因子。

8.4 定值结果的表示

8.4.1 定值结果由标准值和总不确定度组成，即"标准值±总不确定度"，表示"真值"在一定置信概率下所处的量值范围，其中"标准值"为基体标准物质的转基因成分含量。

8.4.2 总不确定度的有效数字一般不超过两位数，通常采用只进不舍的原则。标准值的有效数字位数根据其最后一位数与总不确定度相应的位数对齐决定。

9 包装与贮存

基体标准物质的包装应满足该标准物质特有的用途。按 JJF 1186 的要求，在标准物质的最小包装单元上粘贴标签。贮存于 4℃、干燥、阴凉、洁净的环境中。

ICS 65.020
B 04

中华人民共和国国家标准

农业部 1782 号公告－9－2012

转基因植物及其产品成分检测
标准物质试用评价技术规范

Detection of genetically modified plants and derived products—
Technical specification for evaluation on reference material by ring trial

2012-06-06 发布

2012-09-01 实施

中华人民共和国农业部 发布

农业部 1782 号公告—9—2012

前　言

本标准按照 GB/T 1.1—2009 给出的规则起草。

本标准由中华人民共和国农业部提出。

本标准由全国农业转基因生物安全管理标准化技术委员会(SAC/TC 276)归口。

本标准起草单位:农业部科技发展中心、中国农业科学院生物技术研究所、中国农业科学院油料作物研究所、上海交通大学、上海生命科学院、中国计量科学研究院。

本标准主要起草人:周云龙、金芜军、刘信、张秀杰、宋贵文、李允静、李飞武、曹应龙、杨立桃、赵欣、王江、王晶。

转基因植物及其产品成分检测
标准物质试用评价技术规范

1 范围

本标准规定了用于转基因植物产品检测标准物质试用评价的方法和程序。

本标准适用于转基因植物产品检测标准物质的试用评价。

2 规范性引用文件

下列文件对于本文件的应用是必不可少的。凡是注日期的引用文件,仅注日期的版本适用于本文件。凡是不注日期的引用文件,其最新版本(包括所有的修改单)适用于本文件。

NY/T 672 转基因植物及其产品检测 通用要求

NY/T 673 转基因植物及其产品检测 抽样

农业部 1485 号公告—4—2010 转基因植物及其产品成分检测 DNA 提取和纯化

3 术语和定义

下列术语和定义适用于本文件。

3.1

转基因植物产品检测标准物质 reference material for genetically modified plants detection

具有一种或多种足够均匀和很好地确定了的特性,在转基因植物产品检测中用以校准测量装置、评价测量方法或给材料赋值的一种材料或物质。

3.2

转基因植物产品检测基体标准物质 matrix reference material for genetically modified plants detection

利用植物器官制备形成的用于其转基因产品检测的标准物质。

3.3

转基因植物产品检测质粒标准物质 plasmid reference material for genetically modified plants detection

利用含有转基因检测特异性目的片段的重组质粒分子制备形成的标准物质。

4 要求

4.1 标准物质试用评价机构数量不少于 7 家,且具备转基因植物产品检测标准物质试用评价所需的仪器设备和环境设施。

4.2 标准物质试用评价人员具备转基因植物产品检测的理论知识、实际操作经验以及标准物质应用与管理等相关业务知识。

4.3 标准物质试用评价使用的试剂耗材由具有充分质量保障能力的供应商提供,并经验收满足标准物质试用评价实验要求。

4.4 标准物质试用评价使用的方法优先选择国家标准、行业标准、国内技术规范和国际标准,若缺少上述标准方法,可选用经同行验证并认可的方法或按相关程序选用其他非标方法。

5 试用评价内容

5.1 用于核酸检测的试用评价

5.1.1 试用评价材料

5.1.1.1 试用标准物质

由标准物质研制单位提供的标准物质（基体或质粒标准物质）。

5.1.1.2 测试样品

特性量值已知的样品。

5.1.2 试用评价方法

5.1.2.1 制样

按 NY/T 672 和 NY/T 673 的规定执行。

5.1.2.2 试样预处理

按农业部 1485 号公告—4—2010 的规定执行。

5.1.2.3 DNA 模板制备

按农业部 1485 号公告—4—2010 的规定执行。

5.1.2.4 基于定性 PCR 方法的试用

以转基因成分质量分数为 0% 的试用标准物质或相对应的非转基因材料作为阴性对照，以试用基体标准物质（转基因成分质量分数不小于 0.5%）或质粒标准物质（每 25 μL PCR 反应体系中加入 10^3 拷贝质粒分子）作为阳性对照，以水作为空白对照，对测试样品进行检测。每种标准物质的试用，设置 3 个平行、3 次重复。

5.1.2.5 基于定量 PCR 方法的试用

5.1.2.5.1 标准样品制备

根据实际需要，将试用标准物质 DNA 用 0.1×TE 或水进行梯度稀释，获得 5 个浓度梯度的标准样品。

5.1.2.5.2 定量 PCR 测试

以 5 个浓度梯度的标准样品及测试样品 DNA 为模板进行定量 PCR，同时以转基因成分质量分数为 0% 的试用标准物质或相对应的非转基因材料作为阴性对照，以水作为空白对照。每个样品设置 3 个平行、3 次重复。

5.1.2.5.3 标准曲线绘制

以标准样品扩增的 Ct 值为 Y 轴，DNA 拷贝数的对数为 X 轴，根据标准样品的 Ct 值和 DNA 拷贝数的对数绘制标准曲线，分别得到一条内标准基因扩增标准曲线和一条外源基因扩增标准曲线。计算标准曲线的线性斜率 K 值和相关系数 R^2 值，得到其对应的一元一次方程，见式（1）。

$$Ct=K\times\lg c+D \quad\cdots\cdots (1)$$

式中：

Ct——荧光信号到达设定的域值时所经历的循环数；

K——标准曲线的线性斜率；

c——标准梯度样品中 DNA 的拷贝数；

D——标准曲线的截距。

5.1.2.5.4 扩增效率（PCR Efficiency）计算

按式（2）计算定量 PCR 扩增效率。

$$E=10^{-1/K}-1\quad\cdots\cdots (2)$$

式中：

E——定量 PCR 扩增效率;

K——标准曲线的线性斜率。

5.1.2.5.5 测试样品转基因成分含量计算

按式(1)计算测试样品中外源基因及单倍体基因组的拷贝数。按式(3)计算测试样品中的转基因成分含量。

$$C=\frac{a}{b}\times100\%$$ ·······(3)

式中:

C——测试样品中的转基因成分含量;

a——测试样品中外源基因的拷贝数;

b——测试样品中单倍体基因组的拷贝数。

5.1.2.5.6 质量控制

在空白对照和阴性对照扩增中,Ct 值应大于 40 或没有扩增信号。

扩增反应效率应在 90%～105%区间内,绘制的定量标准曲线斜率应在-3.6～-3.2 范围内,相关系数 R^2 的平均值应不小于 0.98。

阈值的设置应尽可能接近指数增长期的底部,每次实验应按照相同的方式来设置阈值。

5.1.3 结果分析与评价

5.1.3.1 基于定性 PCR 方法的分析与评价

当试用结果符合以下两项要求时,认为此试用标准物质可以作为该转基因产品定性 PCR 检测的标准物质:

——空白对照和阴性对照 PCR 反应体系的各次平行和重复中均无目的扩增条带,假阳性率为 0;

——阳性对照 PCR 反应体系的各次平行和重复中均有相对应的特异性扩增条带,假阴性率为 0。

5.1.3.2 基于定量 PCR 方法的分析与评价

当试用结果符合以下两项要求时,认为此试用标准物质可以作为该转基因产品定量 PCR 检测的标准物质:

——在每次定量测试中,外源及内标准基因的扩增反应效率都在 90%～105%区间内,相关系数 R^2 的平均值均不小于 0.98;

——在 3 次重复测试中,测试样品的单倍体基因组拷贝数、外源基因拷贝数以及外源基因拷贝数与单倍体基因组拷贝数比值的相对标准偏差(RSD)不大于 25%。

5.2 其他方面的试用评价

除上述试用评价内容外,还应开展以下方面的试用评价:

——结合本实验室的实际情况,评价标准物质是否便于使用和保存,并对其包装材料、包装规格、外标签、最小取样量以及说明书中提供的信息等是否便于操作者使用作出综合评价;

——结合实验室日常检测工作对标准物质的量值需求,评价标准物质设置的量值梯度,是否可以满足日常检测工作需要;

——结合标准物质在本实验室试用的具体应用领域及应用效果,评价其对实验室产生的社会效益与经济效益;

——其他意见或建议。

6 试用评价报告

各试用评价机构通过标准物质的试用,对所试用标准物质进行综合评价,形成标准物质试用评价报告。试用评价报告应至少包括以下内容:

——研制单位;

——试用标准物质；

——生产日期；

——有效期；

——测试材料与方法：材料来源、使用方法、使用功能；

——结果分析；

——综合评价；

——评价单位名称及公章；

——试用日期；

——操作人员、技术负责人签字。

7 试用评价报告的汇总与分析

标准物质研制单位对各试用评价机构提交的报告进行汇总，并根据 5.1.3 和 5.2 的结果，对试用标准物质进行综合分析，评价标准物质是否满足转基因植物及其产品成分检测的要求。

ICS 65.020
B 04

中华人民共和国国家标准

农业部1782号公告—10—2012

转基因植物及其产品成分检测
转植酸酶基因玉米 BVLA430101
构建特异性定性 PCR 方法

Detection of genetically modified plants and derived products—
Construct–specific qualitative PCR method for phytase transgenic maize
BVLA430101

2012-06-06 发布　　　　　　　　　　　　　2012-09-01 实施

中华人民共和国农业部 发布

农业部 1782 号公告—10—2012

前 言

本标准按照 GB/T 1.1—2009 给出的规则起草。

本标准由中华人民共和国农业部提出。

本标准由全国农业转基因生物安全管理标准化技术委员会(SAC/TC 276)归口。

本标准起草单位:农业部科技发展中心、中国农业科学院植物保护研究所。

本标准主要起草人:谢家建、沈平、彭于发、宋贵文、张永军、孙爻。

转基因植物及其产品成分检测
转植酸酶基因玉米 BVLA430101 构建特异性定性 PCR 方法

1 范围

本标准规定了转植酸酶基因玉米 BVLA430101 的信号肽/植酸酶基因构建特异性定性 PCR 检测方法。

本标准适用于转植酸酶基因玉米 BVLA430101、含有与转植酸酶基因玉米 BVLA430101 相同信号肽/植酸酶基因载体构建特征的转基因植物，以及制品中转植酸酶基因玉米 BVLA430101 的信号肽/植酸酶基因构建特异性序列的定性 PCR 检测。

2 规范性引用文件

下列文件对于本文件的应用是必不可少的。凡是注日期的引用文件，仅注日期的版本适用于本文件。凡是不注日期的引用文件，其最新版本（包括所有的修改单）适用于本文件。

GB/T 6682　分析实验室用水规格和试验方法

NY/T 672　转基因植物及其产品检测　通用要求

NY/T 673　转基因植物及其产品检测　抽样

农业部 1485 号公告—4—2010　转基因植物及其产品成分检测　DNA 提取和纯化

3 术语和定义

下列术语和定义适用于本文件。

3.1

转植酸酶玉米 BVLA430101 构建特异性序列　construct-specific sequence of phytase transgenic maize BVLA430101

转植酸酶玉米外源插入片段中信号肽与植酸酶基因的连接区序列，包括信号肽区域部分序列和植酸酶基因的部分序列。

4 原理

根据转植酸酶基因玉米 BVLA430101 信号肽/植酸酶基因构建特异性序列设计特异性引物，对试样进行 PCR 扩增。依据是否扩增获得预期的 DNA 片段，判断样品中是否含有与转植酸酶基因玉米 BVLA430101 相同的信号肽/植酸酶基因构建成分。

5 试剂和材料

除非另有说明，仅使用分析纯试剂和重蒸馏水或符合 GB/T 6682 规定的一级水。

5.1　琼脂糖

5.2　10 g/L 溴化乙锭溶液：称取 1.0 g 溴化乙锭（EB），溶于 100 mL 水中，避光保存。

　　注：溴化乙锭有致癌作用，配制和使用时应戴一次性手套操作并妥善处理废液。

5.3　10 mol/L 氢氧化钠溶液：在 160 mL 水中加入 80.0 g 氢氧化钠（NaOH），溶解后再加水定容至 200 mL。

5.4　500 mmol/L 乙二铵四乙酸二钠溶液（pH 8.0）：称取 18.6 g 乙二铵四乙酸二钠（EDTA - Na₂），加

入 70 mL 水中,再加入适量氢氧化钠溶液(5.3),加热至完全溶解后,冷却至室温。用氢氧化钠溶液(5.3)调 pH 至 8.0,加水定容至 100 mL。在 103.4 kPa(121℃)条件下灭菌 20 min。

5.5　1 mol/L 三羟甲基氨基甲烷—盐酸溶液(pH 8.0):称取 121.1 g 三羟甲基氨基甲烷(Tris)溶解于 800 mL 水中,用盐酸调 pH 至 8.0,加水定容至 1 000 mL。在 103.4 kPa(121℃)条件下灭菌 20 min。

5.6　TE 缓冲液(pH 8.0):分别量取 10 mL 三羟甲基氨基甲烷—盐酸溶液(5.5)和 2 mL 乙二铵四乙酸二钠溶液(5.4),加水定容至 1 000 mL。在 103.4 kPa(121℃)条件下灭菌 20 min。

5.7　50×TAE 缓冲液:称取 242.2 g 三羟甲基氨基甲烷(Tris),先用 300 mL 水加热搅拌溶解后,加 100 mL 乙二铵四乙酸二钠溶液(5.4)。用冰乙酸调 pH 至 8.0,然后加水定容到 1 000 mL。使用时,用水稀释成 1×TAE。

5.8　加样缓冲液:称取 250.0 mg 溴酚蓝,加 10 mL 水,在室温下溶解 12 h;称取 250.0 mg 二甲基苯腈蓝,用 10 mL 水溶解;称取 50.0 g 蔗糖,用 30 mL 水溶解。混合以上三种溶液,加水定容至 100 mL,在 4℃下保存。

5.9　DNA 分子量标准:可以清楚地区分 50 bp～1 000 bp 的 DNA 片段。

5.10　dNTPs 混合溶液:将浓度为 10 mmol/L 的 dATP、dTTP、dGTP、dCTP 四种脱氧核糖核苷酸溶液等体积混合。

5.11　Taq DNA 聚合酶、PCR 反应缓冲液及 25 mmol/L 氯化镁溶液。

5.12　石蜡油。

5.13　PCR 产物回收试剂盒。

5.14　DNA 提取试剂盒。

5.15　引物和探针:见附录 A 和附录 B。

6　仪器

6.1　分析天平:感量 0.1 g 和 0.1 mg。

6.2　PCR 扩增仪:升降温速度>1.5℃/s,孔间温度差异<1.0℃。

6.3　荧光定量 PCR 仪。

6.4　电泳槽、电泳仪等电泳装置。

6.5　紫外透射仪。

6.6　凝胶成像系统或照相系统。

6.7　重蒸馏水发生器或纯水仪。

6.8　其他相关仪器和设备。

7　操作步骤

7.1　抽样

按 NY/T 672 和 NY/T 673 的规定执行。

7.2　制样

按 NY/T 672 和 NY/T 673 的规定执行。

7.3　试样预处理

按农业部 1485 号公告—4—2010 的规定执行。

7.4　DNA 模板制备

按农业部 1485 号公告—4—2010 的规定执行。

7.5　PCR 反应

7.5.1 方法一

见附录 A。

7.5.2 方法二

见附录 B。

8 结果分析与表述

8.1 方法一

见附录 A。

8.2 方法二

见附录 B。

附 录 A

（规范性附录）

普通 PCR 方法

A.1 引物

A.1.1 信号肽/植酸酶基因构建特异性序列引物：

phy - CF：5′- TTCGCGGACTCGAACCCGAT - 3′

phy - CR：5′- CTGATCGACCGTATCGCAAG - 3′

预期扩增片段大小为 117 bp。

A.1.2 内标准基因引物：

根据样品来源选择合适的内标准基因，确定对应的检测引物。

A.1.3 用 TE 缓冲液(pH8.0)或水分别将引物稀释到 10 μmol/L。

A.2 PCR 反应

A.2.1 试样 PCR 反应

A.2.1.1 每个试样 PCR 反应设置 3 次重复。

A.2.1.2 在 PCR 反应管中按表 A.1 依次加入反应试剂，混匀，再加 25 μL 石蜡油(有热盖设备的 PCR 仪可不加)。

表 A.1 PCR 检测反应体系

试 剂	终浓度	体 积
水		—
10×PCR 缓冲液	1×	2.5 μL
25 mmol/L 氯化镁溶液	1.5 mmol/L	1.5 μL
dNTPs 混合溶液(各 2.5 mmol/L)	各 0.2 mmol/L	2.0 μL
10 μmol/L phy-CF	0.4 μmol/L	1.0 μL
10 μmol/L phy-CR	0.4 μmol/L	1.0 μL
Taq 酶	0.025 U/μL	—
25 mg/L DNA 模板	2 mg/L	2.0 μL
总体积		25.0 μL
根据 Taq 酶的浓度确定其体积，并相应调整水的体积，使反应体系总体积达到 25.0 μL。如果 PCR 缓冲液中含有氯化镁，则不加氯化镁溶液，加等体积水。		

A.2.1.3 将 PCR 管放在离心机上，500 g~3 000 g 离心 10 s，然后取出 PCR 管，放入 PCR 仪中。

A.2.1.4 进行 PCR 反应。反应程序为：94℃变性 5 min；94℃变性 30 s，60℃退火 30 s，72℃延伸 30 s，共进行 35 次循环；72℃延伸 7 min。

A.2.1.5 反应结束后取出 PCR 管，对 PCR 反应产物进行电泳检测。

A.2.2 对照 PCR 反应

A.2.2.1 在试样 PCR 反应的同时，应设置阴性对照、阳性对照和空白对照。

A.2.2.2 以所检测植物的非转基因材料基因组 DNA 作为阴性对照；以转植酸酶基因玉米 BVLA430101质量分数为 0.5％的基因组 DNA 作为阳性对照；以水作为空白对照。

A.2.2.3 各对照 PCR 反应体系中，除模板外，其余组分及 PCR 反应条件与 A.2.1 相同。

A.3 PCR 产物电泳检测

按 20 g/L 的质量浓度称量琼脂糖，加入 1×TAE 缓冲液中，加热溶解，配制成琼脂糖溶液。每 100 mL 琼脂糖溶液中加入 5 μL EB 溶液，混匀。稍适冷却后，将其倒入电泳板上，插上梳板。室温下凝固成凝胶后，放入 1×TAE 缓冲液中，垂直向上轻轻拔去梳板。取 12 μL PCR 产物与 3 μL 加样缓冲液混合后加入凝胶点样孔，同时在其中一个点样孔中加入 DNA 分子量标准，接通电源在 2 V/cm～5 V/cm条件下电泳检测。

A.4 凝胶成像分析

电泳结束后，取出琼脂糖凝胶，置于凝胶成像仪上或紫外透射仪上成像。根据 DNA 分子量标准估计扩增条带的大小，将电泳结果形成电子文件存档或用照相系统拍照。如需通过序列分析确认 PCR 扩增片段是否为目的 DNA 片段，按照 A.5 和 A.6 的规定执行。

A.5 PCR 产物回收

按 PCR 产物回收试剂盒说明书，回收 PCR 扩增的 DNA 片段。

A.6 PCR 产物测序验证

将回收的 PCR 产物克隆测序，与转植酸酶基因玉米 BVLA430101 的信号肽/植酸酶基因构建特异性序列(参见附录 C)进行比对，确定 PCR 扩增的 DNA 片段是否为目的 DNA 片段。

A.7 结果分析与表述

A.7.1 对照检测结果分析

阳性对照的 PCR 反应中，内标准基因和 BVLA430101 信号肽/植酸酶基因构建特异性序列均得到扩增，且扩增片段大小与预期片段大小一致；而阴性对照中仅扩增出内标准基因片段；空白对照中除引物二聚体外没有任何扩增片段。这表明 PCR 反应体系正常工作，否则重新检测。

A.7.2 样品检测结果分析和表述

A.7.2.1 内标准基因和 BVLA430101 信号肽/植酸酶基因构建特异性序列均得到扩增，且扩增片段大小与预期片段大小一致。这表明样品中检测出 BVLA430101 信号肽/植酸酶基因构建相同的特异性序列，结果表述为"样品中检测出转植酸酶基因玉米 BVLA430101 信号肽/植酸酶基因构建相同的转基因成分，检测结果为阳性"。

A.7.2.2 内标准基因片段得到扩增，且扩增片段大小与预期片段大小一致，而 BVLA430101 信号肽/植酸酶基因构建特异性序列均未得到扩增，或扩增片段大小与预期片段大小不一致。这表明样品中未检测出 BVLA430101 信号肽/植酸酶基因构建相同的特异性序列，结果表述为"样品中未检测出转植酸酶基因玉米 BVLA430101 信号肽/植酸酶基因构建相同的转基因成分，检测结果为阴性"。

A.7.2.3 内标准基因片段未得到扩增，或扩增片段大小与预期片段大小不一致。这表明样品中未检出对应植物成分，结果表述为"样品中未检出对应植物成分，检测结果为阴性"。

附 录 B

（规范性附录）

实时荧光 PCR 方法

B.1 引物/探针

B.1.1 信号肽/植酸酶基因构建特异性序列引物/探针：

正向引物 phy-CF：5′- TTCGCGGACTCGAACCCGAT - 3′

反向引物 phy-CR：5′- CTGATCGACCGTATCGCAAG - 3′

探 针 phy-CP：5′- CTGGCAGTCCCCGCCTCGAG - 3′

预期扩增片段大小为 117 bp。

注：探针的 5′端标记荧光报告基团（如 FAM、HEX 等），3′端标记荧光淬灭基团（如 TAMRA、BHQ1 等）。

B.1.2 内标准基因引物/探针：

根据样品来源选择合适的内标准基因，确定对应的检测引物和探针。

B.1.3 用 TE 缓冲液（pH8.0）或水分别将引物稀释到 $10\ \mu mol/L$。

B.2 PCR 反应

B.2.1 对照设置

在试样 PCR 反应的同时，应设置阴性对照、阳性对照和空白对照。

以所检测植物的非转基因材料基因组 DNA 作为阴性对照；以转植酸酶基因玉米 BVLA430101 质量分数为 0.5% 的基因组 DNA 作为阳性对照；以水作为空白对照。

B.2.2 PCR 反应体系

按表 B.1 配制 PCR 扩增反应体系，也可采用等效的实时荧光 PCR 反应试剂盒配制反应体系，每个试样和对照设 3 次重复。

表 B.1 实时荧光 PCR 反应体系

试 剂	终浓度	单样品体积
水		$26.6\ \mu L$
10×PCR 缓冲液	1×	$5.0\ \mu L$
25 mmol/L MgCl$_2$	2.5 mmol/L	$5.0\ \mu L$
dNTPs	0.2 mmol/L	$4.0\ \mu L$
10 μmol/L phy-CP	0.2 μmol/L	$1.0\ \mu L$
10 μmol/L phy-CF	0.4 μmol/L	$2.0\ \mu L$
10 μmol/L phy-CR	0.4μmol/L	$2.0\ \mu L$
5 U/μL Taq 酶	0.04 U/μL	$0.4\ \mu L$
25 ng/μL DNA 模板	2 mg/L	$4.0\ \mu L$
总体积		$50.0\ \mu L$
根据 Taq 酶的浓度确定其体积，并相应调整水的体积，使反应体系总体积达到 50.0 μL。如果 PCR 缓冲液中含有氯化镁，则不加氯化镁溶液，加等体积水。		

B.2.3 PCR 反应程序

PCR 反应按以下程序运行:第一阶段 95℃,5 min;第二阶段 95℃、5 s,60℃、30 s,循环数 40;在第二阶段的 60℃时段收集荧光信号。

注:不同仪器可根据仪器要求将反应参数作适当调整。

B.3 结果分析与表述

B.3.1 阈值设定

实时荧光 PCR 反应结束后,设置荧光信号阈值。阈值设定原则根据仪器噪声情况进行调整,阈值设置原则以刚好超过正常阴性样品扩增曲线的最高点为准。

B.3.2 对照检测结果分析

在内标准基因扩增时,空白对照荧光曲线平直,阴性对照和阳性对照出现典型的扩增曲线,或空白对照的 Ct 值大于或等于 40;在 BVLA430101 信号肽/植酸酶基因构建特异性序列扩增时,空白对照和阴性对照的荧光曲线平直,阳性对照出现典型的扩增曲线,或空白对照和阴性对照的 Ct 值大于或等于 40。这表明反应体系工作正常。否则,表明 PCR 反应体系不正常,需要查找原因重新检测。

B.3.3 样品检测结果分析和表述

B.3.3.1 内标准基因和 BVLA430101 信号肽/植酸酶基因构建特异性序列出现典型的扩增曲线,且检测 Ct 值小于或等于阳性对照的 Ct 值。这表明样品中检测出 BVLA430101 信号肽/植酸酶基因构建相同的特异性序列。结果表述为"样品中检测出转植酸酶基因玉米 BVLA430101 信号肽/植酸酶基因构建相同的转基因成分,检测结果为阳性"。

B.3.3.2 内标准基因出现典型的扩增曲线,且检测 Ct 值小于或等于阳性对照的 Ct 值,BVLA430101 信号肽/植酸酶基因构建特异性序列未出现典型的扩增曲线,或检测 Ct 值大于或等于 40。这表明样品中未检测出 BVLA430101 信号肽/植酸酶基因构建相同的特异性序列,结果表述为"样品中未检测出转植酸酶基因玉米 BVLA430101 信号肽/植酸酶基因构建相同的转基因成分,检测结果为阴性"。

B.3.3.3 内标准基因未出现典型的扩增曲线,或检测 Ct 值大于或等于 40。这表明样品中未检测出对应植物成分,表述为"样品中未检测出对应植物成分,检测结果为阴性"。

B.3.3.4 内标准基因和/或 BVLA430101 信号肽/植酸酶基因构建特异性序列出现典型的扩增曲线,检测 Ct 值大于阳性对照的 Ct 值但小于 40,可调整模板浓度,进行重复实验。如重复实验仍出现典型的扩增曲线,且检测 Ct 值小于 40,则判定样品检出内标准基因和/或 BVLA430101 信号肽/植酸酶基因构建相同的特异性序列。如重复检测 Ct 值大于或等于 40,则判定样品未检出内标准基因和/或 BVLA430101 信号肽/植酸酶基因构建相同的特异性序列,参照 B.3.3.1~B.3.3.3 对样品进行判定。

附 录 C

（资料性附录）

转植酸酶基因玉米 BVLA430101 信号肽／植酸酶基因构建特异性序列

1 <u>TTCGCGGACT CGAACCCGAT</u> CCGCCCCGTC ACCGACCGCG CGGCCTCCGC GCTCGAGGGA

61 TCAATGCTGG CAGTCCCCGC CTCGAGAAAT CAGTCCACTT <u>GCGATACGGT CGATCAG</u>

注 1：画线部分为引物序列。

注 2：1～63 位为信号肽序列，64～117 位为植酸酶基因序列。

ICS 65.020
B 04

中 华 人 民 共 和 国 国 家 标 准

农业部 1782 号公告—11—2012

转基因植物及其产品成分检测
转植酸酶基因玉米 BVLA430101 及其
衍生品种定性 PCR 方法

Detection of genetically modified plants and derived products—
Qualitative PCR method for phytase transgenic maize BVLA430101 and its
derivates

2012-06-06 发布

2012-09-01 实施

中华人民共和国农业部 发布

农业部 1782 号公告—11—2012

前　言

本标准按照 GB/T 1.1—2009 给出的规则起草。

本标准由中华人民共和国农业部提出。

本标准由全国农业转基因生物安全管理标准化技术委员会(SAC/TC 276)归口。

本标准起草单位:农业部科技发展中心、山东省农业科学院、中国农业科学院植物保护研究所。

本标准主要起草人:孙红炜、沈平、谢家建、彭于发、宋贵文、路兴波、孙爻、兰青阔。

转基因植物及其产品成分检测
转植酸酶基因玉米 BVLA430101 及其衍生品种定性 PCR 方法

1 范围

本标准规定了转植酸酶基因玉米 BVLA430101 的转化体特异性定性 PCR 检测方法。

本标准适用于转植酸酶基因玉米 BVLA430101 及其衍生品种以及制品中 BVLA430101 转化体成分的定性 PCR 检测。

2 规范性引用文件

下列文件对于本文件的应用是必不可少的。凡是注日期的引用文件,仅注日期的版本适用于本文件。凡是不注日期的引用文件,其最新版本(包括所有的修改单)适用于本文件。

GB/T 6682　分析实验室用水规格和试验方法

NY/T 672　转基因植物及其产品检测　通用要求

NY/T 673　转基因植物及其产品检测　抽样

农业部 1485 号公告—4—2010　转基因植物及其产品成分检测　DNA 提取和纯化

3 术语和定义

下列术语和定义适用于本文件。

3.1
zSSIIb 基因　zSSIIb gene
编码玉米淀粉合酶异构体 zSTSII‐2 的基因。

3.2
BVLA430101 转化体特异性序列　event-specific sequence of BVLA430101
外源插入片段与玉米基因组的连接区序列,包括 LEG 终止子区域部分序列和玉米基因组的部分序列。

4 原理

根据转植酸酶基因玉米 BVLA430101 转化体特异性序列设计特异性引物,对试样进行 PCR 扩增。依据是否扩增获得预期的 DNA 片段,判断样品中是否含有 BVLA430101 转化体成分。

5 试剂和材料

除非另有说明,仅使用分析纯试剂和重蒸馏水或符合 GB/T 6682 规定的一级水。

5.1　琼脂糖。

5.2　10 g/L 溴化乙锭溶液:称取 1.0 g 溴化乙锭(EB),溶于 100 mL 水中,避光保存。

　　注:溴化乙锭有致癌作用,配制和使用时应戴一次性手套操作并妥善处理废液。

5.3　10 mol/L 氢氧化钠溶液:在 160 mL 水中加入 80.0 g 氢氧化钠(NaOH),溶解后,冷却至室温,再加水定容至 200 mL。

5.4　500 mmol/L 乙二铵四乙酸二钠溶液(pH 8.0):称取 18.6 g 乙二铵四乙酸二钠(EDTA‐Na$_2$),加

入 70 mL 水中,再加入适量氢氧化钠溶液(5.3),加热至完全溶解后,冷却至室温。用氢氧化钠溶液 (5.3)调 pH 至 8.0,加水定容至 100 mL。在 103.4 kPa(121℃)条件下灭菌 20 min。

5.5　1 mol/L 三羟甲基氨基甲烷—盐酸溶液(pH 8.0):称取 121.1 g 三羟甲基氨基甲烷(Tris)溶解于 800 mL 水中,用盐酸调 pH 至 8.0,加水定容至 1 000 mL。在 103.4 kPa(121℃)条件下灭菌 20 min。

5.6　TE 缓冲液(pH 8.0):分别量取 10 mL 三羟甲基氨基甲烷—盐酸溶液(5.5)和 2 mL 乙二铵四乙酸 二钠溶液(5.4),加水定容至 1 000 mL。在 103.4 kPa(121℃)条件下灭菌 20 min。

5.7　50×TAE 缓冲液:称取 242.2 g 三羟甲基氨基甲烷(Tris),先用 300 mL 水加热搅拌溶解后,加 100 mL 乙二铵四乙酸二钠溶液(5.4)。用冰乙酸调 pH 至 8.0,然后加水定容到 1 000 mL。使用时,用 水稀释成 1×TAE。

5.8　加样缓冲液:称取 250.0 mg 溴酚蓝,加 10 mL 水,在室温下溶解 12 h;称取 250.0 mg 二甲基苯腈 蓝,用 10 mL 水溶解;称取 50.0 g 蔗糖,用 30 mL 水溶解。混合以上三种溶液,加水定容至 100 mL,在 4℃下保存。

5.9　DNA 分子量标准:可以清楚地区分 50 bp～1 000 bp 的 DNA 片段。

5.10　dNTPs 混合溶液:将浓度为 10 mmol/L 的 dATP、dTTP、dGTP、dCTP 四种脱氧核糖核苷酸溶 液等体积混合。

5.11　Taq DNA 聚合酶、PCR 反应缓冲液及 25 mmol/L 氯化镁溶液。

5.12　石蜡油。

5.13　PCR 产物回收试剂盒。

5.14　DNA 提取试剂盒。

5.15　引物和探针:见附录 A 和附录 B。

6　仪器

6.1　分析天平:感量 0.1 g 和 0.1 mg。

6.2　PCR 扩增仪:升降温速度>1.5℃/s,孔间温度差异<1.0℃。

6.3　定量 PCR 仪。

6.4　电泳槽、电泳仪等电泳装置。

6.5　紫外透射仪。

6.6　凝胶成像系统或照相系统。

6.7　重蒸馏水发生器或纯水仪。

6.8　其他相关仪器和设备。

7　操作步骤

7.1　抽样

按 NY/T 672 和 NY/T 673 的规定执行。

7.2　制样

按 NY/T 672 和 NY/T 673 的规定执行。

7.3　试样预处理

按农业部 1485 号公告—4—2010 的规定执行。

7.4　DNA 模板制备

按农业部 1485 号公告—4—2010 的规定执行。

7.5　PCR 反应

7.5.1　方法一

见附录 A。

7.5.2　方法二

见附录 B。

8　结果分析与表述

8.1　方法一

见附录 A。

8.2　方法二

见附录 B。

附 录 A

（规范性附录）

普通 PCR 方法

A.1 引物

A.1.1 内标准基因引物：

zSSIIb - F:5′- CGGTGGATGCTAAGGCTGATG - 3′

zSSIIb - R:5′- AAAGGGCCAGGTTCATTATCCTC - 3′

预期扩增片段大小为 88 bp。

A.1.2 转化体特异性序列引物：

101 - F:5′- AATTGCGTTGCGCTCACT - 3′

101 - R:5′- GCAACACATGGGCACATACC - 3′

预期扩增片段大小为 152 bp。

A.1.3 用 TE 缓冲液(pH 8.0)或水分别将引物稀释到 10 μmol/L。

A.2 PCR 反应

A.2.1 试样 PCR 反应

A.2.1.1 每个试样 PCR 反应设置 3 次重复。

A.2.1.2 在 PCR 反应管中按表 A.1 依次加入反应试剂、混匀,再加 25 μL 石蜡油(有热盖设备的 PCR 仪可不加)。

表 A.1 PCR 检测反应体系

试 剂	终 浓 度	体 积
水		—
10×PCR 缓冲液	1×	2.5 μL
25 mmol/L 氯化镁溶液	1.5 mmol/L	1.5 μL
dNTPs 混合溶液(各 2.5 mmol/L)	各 0.2 mmol/L	2.0 μL
10 μmol/L 上游引物	0.4 μmol/L	1.0 μL
10 μmol/L 下游引物	0.4 μmol/L	1.0 μL
Taq 酶	0.025 U/μL	—
25 mg/L DNA 模板	2 mg/L	2.0 μL
总体积		25.0 μL

注 1:根据 Taq 酶的浓度确定其体积,并相应调整水的体积,使反应体系总体积达到 25.0 μL。如果 PCR 缓冲液中含有氯化镁,则不加氯化镁溶液,加等体积水。

注 2:玉米内标准基因 PCR 检测反应体系中,上、下游引物分别为 zSSIIb - F 和 zSSIIb - R;转化体特异性序列 PCR 检测反应体系中,上、下游引物分别为 101 - F 和 101 - R。

A.2.1.3 将 PCR 管放在离心机上,500 g～3 000 g 离心 10 s,然后取出 PCR 管,放入 PCR 仪中。

A.2.1.4 进行 PCR 反应。反应程序为:94℃变性 5 min;94℃变性 30 s,60℃退火 30 s,72℃延伸 30 s,共进行 35 次循环;72℃延伸 7 min。

A.2.1.5 反应结束后取出 PCR 管,对 PCR 反应产物进行电泳检测。

A.2.2 对照 PCR 反应

A.2.2.1 在试样 PCR 反应的同时,应设置阴性对照、阳性对照和空白对照。

A.2.2.2 以非转基因玉米基因组 DNA 作为阴性对照;以转植酸酶基因玉米 BVLA430101 质量分数为 0.5% 的基因组 DNA 作为阳性对照;以水作为空白对照。

A.2.2.3 各对照 PCR 反应体系中,除模板外,其余组分及 PCR 反应条件同 A.2.1。

A.3 PCR 产物电泳检测

按 20 g/L 的质量浓度称量琼脂糖,加入 1×TAE 缓冲液中,加热溶解,配制成琼脂糖溶液。每 100 mL 琼脂糖溶液中加入 5 μL EB 溶液,混匀。稍适冷却后,将其倒入电泳板上,插上梳板。室温下凝固成凝胶后,放入 1×TAE 缓冲液中,垂直向上轻轻拔去梳板。取 12 μL PCR 产物与 3 μL 加样缓冲液混合后加入凝胶点样孔,同时在其中一个点样孔中加入 DNA 分子量标准,接通电源在 2 V/cm～5 V/cm 条件下电泳检测。

A.4 凝胶成像分析

电泳结束后,取出琼脂糖凝胶,置于凝胶成像仪上或紫外透射仪上成像。根据 DNA 分子量标准估计扩增条带的大小,将电泳结果形成电子文件存档或用照相系统拍照。如需通过序列分析确认 PCR 扩增片段是否为目的 DNA 片段,按照 A.5 和 A.6 的规定执行。

A.5 PCR 产物回收

按 PCR 产物回收试剂盒说明书,回收 PCR 扩增的 DNA 片段。

A.6 PCR 产物测序验证

将回收的 PCR 产物克隆测序,与转植酸酶基因玉米 BVLA430101 的转化体特异性序列(参见附录 C)进行比对,确定 PCR 扩增的 DNA 片段是否为目的 DNA 片段。

A.7 结果分析与表述

A.7.1 对照检测结果分析

阳性对照的 PCR 反应中,$zSSIIb$ 内标准基因和 BVLA430101 转化体特异性序列均得到扩增,且扩增片段大小与预期片段大小一致;而阴性对照中仅扩增出 $zSSIIb$ 内标准基因片段;空白对照中没有任何扩增片段。这表明 PCR 反应体系正常工作,否则重新检测。

A.7.2 样品检测结果分析和表述

A.7.2.1 $zSSIIb$ 内标准基因和 BVLA430101 转化体特异性序列均得到扩增,且扩增片段大小与预期片段大小一致。这表明样品中检测出转植酸酶基因玉米 BVLA430101 转化体成分,结果表述为"样品中检测出转植酸酶基因玉米 BVLA430101 转化体成分,检测结果为阳性"。

A.7.2.2 $zSSIIb$ 内标准基因片段得到扩增,且扩增片段大小与预期片段大小一致,而 BVLA430101 转化体特异性序列未得到扩增,或扩增片段大小与预期片段大小不一致。这表明样品中未检测出转植酸酶基因玉米 BVLA430101 转化体成分,结果表述为"样品中未检测出转植酸酶基因玉米 BVLA430101 转化体成分,检测结果为阴性"。

A.7.2.3 $zSSIIb$ 内标准基因片段未得到扩增,或扩增片段大小与预期片段大小不一致。这表明样品中未检测出玉米成分,表述为"样品中未检测出玉米成分,检测结果为阴性"。

附　录　B
（规范性附录）
实时荧光 PCR 方法

B.1　引物/探针

B.1.1　内标准基因引物：

zSSIIb - F：5′- CGGTGGATGCTAAGGCTGATG - 3′

zSSIIb - R：5′- AAAGGGCCAGGTTCATTATCCTC - 3′

zSSIIb - P：5′- TAAGGAGCACTCGCCGCCGCATCTG - 3′

预期扩增片段大小为 88 bp。

注：探针的 5′端标记荧光报告基团（如 FAM、HEX 等），3′端标记荧光淬灭基团（如 TAMRA、BHQ1 等）。

B.1.2　转化体特异性序列引物：

101 - F：5′- AATTGCGTTGCGCTCACT - 3′

101 - R：5′- GCAACACATGGGCACATACC - 3′

101 - P：5′- CCAGTCGGGAAACCTGTCGTGCC - 3′

预期扩增片段大小为 152 bp。

注：探针的 5′端标记荧光报告基团（如 FAM、HEX 等），3′端标记荧光淬灭基团（如 TAMRA、BHQ1 等）。

B.1.3　用 TE 缓冲液（pH 8.0）或水分别将引物稀释到 10 μmol/L。

B.2　PCR 反应

B.2.1　对照设置

B.2.1.1　在试样 PCR 反应的同时，应设置阴性对照、阳性对照和空白对照。

B.2.1.2　以非转基因玉米基因组 DNA 作为阴性对照；以转植酸酶基因玉米 BVLA430101 质量分数为 0.5% 的基因组 DNA 作为阳性对照；以水作为空白对照。

B.2.2　PCR 反应体系

按表 B.1 配制 PCR 扩增反应体系，也可采用等效的实时荧光 PCR 反应试剂盒配制反应体系，每个试样和对照设 3 次重复。

表 B.1　实时荧光 PCR 反应体系

试　剂	终浓度	单样品体积
水	—	—
10×PCR 缓冲液	1×	5.0 μL
25 mmol/L MgCl$_2$	2.5 mmol/L	5.0 μL
dNTPs	0.2 mmol/L	4.0 μL
10 μmol/L 探针	0.2 μmol/L	1.0 μL
10 μmol/L 上游引物	0.4 μmol/L	2.0 μL
10 μmol/L 下游引物	0.4 μmol/L	2.0 μL
Taq 酶	0.04 U/μL	—
25 ng/μL DNA 模板	2 mg/L	4.0 μL

表 B.1（续）

试 剂	终浓度	单样品体积
总体积		50.0 μL

注1：根据 Taq 酶的浓度确定其体积，并相应调整水的体积，使反应体系总体积达到 50.0 μL。如果 PCR 缓冲液中含有氯化镁，则不加氯化镁溶液，加等体积水。

注2：玉米内标准基因 PCR 检测反应体系中，上、下游引物和探针分别为 zSSIIb-F、zSSIIb-R 和 zSSIIb-P；BVLA430101 转化体 PCR 检测反应体系中，上下游引物和探针分别为 101-F、101-R 和 101-P。

B.2.3 PCR 反应程序

PCR 反应按以下程序运行：第一阶段 95℃，5 min；第二阶段 95℃、5 s，60℃、30 s，循环数 40；在第二阶段的 60℃ 时段收集荧光信号。

注：不同仪器可根据仪器要求将反应参数作适当调整。

B.3 结果分析与表述

B.3.1 阈值设定

实时荧光 PCR 反应结束后，设置荧光信号阈值。阈值设定原则根据仪器噪声情况进行调整，阈值设置原则以刚好超过正常阴性样品扩增曲线的最高点为准。

B.3.2 对照检测结果分析

在 zSSIIb 内标准基因扩增时，空白对照荧光曲线平直，阴性对照和阳性对照出现典型的扩增曲线，或空白对照的 Ct 值大于或等于 40；在转化体特异性序列扩增时，空白对照和阴性对照的荧光曲线平直，阳性对照出现典型的扩增曲线，或空白对照和阴性对照的 Ct 值大于或等于 40。这表明反应体系工作正常。否则，表明 PCR 反应体系不正常，需要查找原因重新检测。

B.3.3 样品检测结果分析和表述

B.3.3.1 zSSIIb 内标准基因和 BVLA430101 转化体特异性序列出现典型的扩增曲线，且检测 Ct 值小于或等于阳性对照的 Ct 值。这表明样品中检测出转植酸酶基因玉米 BVLA430101 转化体成分，结果表述为"样品中检测出转植酸酶基因玉米 BVLA430101 转化体成分，检测结果为阳性"。

B.3.3.2 zSSIIb 内标准基因出现典型的扩增曲线，且检测 Ct 值小于或等于阳性对照的 Ct 值，BVLA430101 转化体特异性序列未出现典型的扩增曲线，或检测 Ct 值大于或等于 40。这表明样品中未检测出转植酸酶基因玉米 BVLA430101 转化体成分，结果表述为"样品中未检测出转植酸酶基因玉米 BVLA430101 转化体成分，检测结果为阴性"。

B.3.3.3 zSSIIb 内标准基因未出现典型的扩增曲线，或检测 Ct 值大于或等于 40。这表明样品中未检测出玉米成分，表述为"样品中未检测出玉米成分，检测结果为阴性"。

B.3.3.4 zSSIIb 内标准基因和/或 BVLA430101 转化体特异性序列出现典型的扩增曲线，检测 Ct 值大于阳性对照的 Ct 值但小于 40，可调整模板浓度，进行重复实验。如重复实验仍出现典型的扩增曲线，且检测 Ct 值小于 40，则判定样品检出 zSSIIb 内标准基因和/或 BVLA430101 转化体特异性序列；如重复检测 Ct 值大于或等于 40，则判定样品未检出 zSSIIb 内标准基因和/或 BVLA430101 转化体特异性序列，参照 B.3.3.1～B.3.3.3 对样品进行判定。

附 录 C
（资料性附录）
转转植酸酶基因玉米 BVLA430101 转化体特异性序列

1 <u>AATTGCGTTG CGCTCACTGC C</u>CGCTTTCCA GTCGGGAAAC CTGTCGTGCC AGTCACTCAA

61 ATGTCTACCC TTCTTATTAG TTACTACATC ATATAGTCAT ACACTCATAC ATGCAGAGTT

121 ATACAGTCAC TA<u>GGTATGTG CCCATGTGTT GC</u>

注 1:画线部分为引物序列。

注 2:1~61 位为载体序列,62~152 位为玉米基因组序列。

ICS 65.020

B 04

中华人民共和国国家标准

农业部 1782 号公告－12－2012

转基因生物及其产品食用安全检测 蛋白质氨基酸序列飞行时间质谱分析方法

Food safety detection of genetically modified organisms and derived products—Methods for analysis of amino acid sequence of protein by MALDI–TOF–MS

2012-06-06 发布

2012-09-01 实施

中华人民共和国农业部 发布

前　言

本标准按照 GB/T 1.1—2009 给出的规则起草。

请注意本文件的某些内容可能涉及专利。本文件的发布机构不承担识别这些专利的责任。

本标准由中华人民共和国农业部提出。

本标准由全国农业转基因生物安全管理标准化技术委员会(SAC/TC 276)归口。

本标准起草单位:农业部科技发展中心、中国农业大学。

本标准主要起草人:黄昆仑、厉建萌、许文涛、贺晓云、宋贵文、张雅楠、王云鹏、罗云波。

转基因生物及其产品食用安全检测
蛋白质氨基酸序列飞行时间质谱分析方法

1 范围

本标准规定了转基因生物中表达的蛋白质氨基酸序列分析方法。

本标准适用于转基因生物表达蛋白质与目的蛋白质氨基酸序列的相似性分析。

2 规范性引用文件

下列文件对于本文件的应用是必不可少的。凡是注日期的引用文件,仅注日期的版本适用于本文件。凡是不注日期的引用文件,其最新版本(包括所有的修改单)适用于本文件。

GB/T 6682 分析实验室用水规格和试验方法

3 术语和定义

下列术语和定义适用于本文件。

3.1

飞行时间质谱 time of flight mass spectrometer,TOF-MS

由离子源产生的离子加速后进入无场漂移管,并以恒定速度飞向离子接收器。离子质量越大,到达接收器所用时间越长;离子质量越小,到达接收器所用时间越短。根据这一原理,把不同质量的离子按荷质比(m/z)大小进行分离的方法。

3.2

蛋白质一级结构 protein primary structure

蛋白质的氨基酸序列。

3.3

肽质量指纹图谱 peptide mass fingerprinting,PMF

蛋白质被识别特异酶切位点的蛋白酶或化学试剂裂解后得到的肽片段的质量图谱,具有特征性。

3.4

胰蛋白酶 trypsin

一种内肽酶,主要作用于精氨酸或赖氨酸羧基端的肽键。

3.5

溴化氰 cyanogen bromide

化学裂解剂,切断甲硫氨酸后的多肽。

3.6

内肽酶 ASP-N

一种内肽酶,专一性的切断天冬氨酸残基前的肽键。

4 原理

通过基质辅助激光解吸电离飞行时间质谱仪(matrix-assisted laser desorption ionization-time of flight mass spectrometer,MALDI-TOF-MS)检测蛋白质裂解后的肽段,得到肽质量指纹图谱。对转基

因生物表达的蛋白质的肽质量指纹图谱与该蛋白质的理论氨基酸序列进行比对,分析其序列覆盖率与匹配肽段,推断重组表达的蛋白质与目的蛋白质序列的相似性。

5 试剂和材料

除非另有说明,仅使用分析纯试剂和符合 GB/T 6682 规定的一级水。

5.1 十二烷基硫酸钠—聚丙烯酰胺凝胶电泳(SDS-PAGE)

5.1.1 蛋白质分子量标准:根据待测蛋白大小选择合适范围的已知相对分子质量的蛋白标准。

5.1.2 300 g/L 丙烯酰胺单体储液(Acr/Bis):称取 29.1 g 丙烯酰胺(Acr),0.9 g N,N′-甲叉双丙烯酰胺(Bis),溶于 80 mL 水中,搅拌至完全溶解,加水定容至 100 mL,滤纸过滤。4℃下避光保存,30 d 内使用。

5.1.3 3 mol/L 盐酸溶液:量取 26 mL 市售盐酸(质量分数为 36%),加水定容至 100 mL。

5.1.4 浓缩胶缓冲液(1 mol/L Tris, pH 6.8):称取 6.06 g 三羟甲基氨基甲烷(Tris)加入 40 mL 水中,搅拌至完全溶解。用 3 mol/L 盐酸溶液调 pH 至 6.8,再加水定容至 50 mL。4℃下贮存备用。

5.1.5 分离胶缓冲液(1.5 mol/L Tris, pH 8.8):称取 9.08 g 三羟甲基氨基甲烷(Tris),加 40 mL 水,搅拌至完全溶解。用 3 mol/L 盐酸溶液调 pH 至 8.8,再加水定容至 50 mL。4℃下贮存备用。

5.1.6 100 g/L 十二烷基硫酸钠:称取 5 g 十二烷基硫酸钠(SDS)溶于 40 mL 水中,加热搅拌至完全溶解,加水定容至 50 mL。

5.1.7 100 g/L 过硫酸铵:称取 0.1 g 过硫酸铵(AP),溶于 1 mL 水中。4℃中保存,在 7 d 内使用。

5.1.8 N,N,N′,N′-四甲基二乙胺(TEMED):量取 1 mL 的 N,N,N′,N′-四甲基二乙胺(TEMED)于 1.5 mL 离心管中,4℃避光贮存备用。

5.1.9 2×样品缓冲液(pH 6.8):量取 1.6 mL 浓缩胶缓冲液(pH 6.8),加入 4 mL 100 g/L 十二烷基硫酸钠(SDS),加入 0.3 g 二硫苏糖醇(或 1 mL β-巯基乙醇),2.5 mL 87% 甘油,定容至 20 mL,再加入 0.1 mg 溴酚蓝,混匀。4℃下贮存备用。

5.1.10 电泳缓冲液(pH 8.3):称取 3.03 g 三羟甲基氨基甲烷(Tris),14.4 g 甘氨酸,1.0 g 十二烷基硫酸钠(SDS),溶于 800 mL 水中,用 3 mol/L 盐酸溶液调 pH 至 8.3,加水定容至 1 000 mL。

5.1.11 50 g/L 三氯乙酸(TCA):称取 5.0 g 三氯乙酸,溶于 100 mL 水中。现用现配。

5.1.12 十二烷基硫酸钠(SDS)洗脱液:在 455 mL 甲醇中加入 90 mL 乙酸,加水定容至 1 000 mL。

5.1.13 考马斯亮蓝 G-250 染色液:量取 150 mL 甲醇,100 mL 乙酸,加水定容至 1 000 mL,再加入 1.0 g 考马斯亮蓝 G-250,混匀,滤纸过滤后使用。

5.1.14 脱色液:在 250 mL 甲醇中加入 75 mL 乙酸,加水定容至 1 000 mL。

5.1.15 10% 分离胶:按表 1 依次吸取各种组分于 50 mL 锥形瓶中,摇动混匀。

表 1 10% 分离胶的配制

各种溶液组分名称	终浓度	体 积
水	—	4.012 mL
300 g/L 丙烯酰胺储液(Acr/Bis)	100 g/L	3.334 mL
分离胶缓冲液(1.5 mol/L Tris)	0.375 mol/L	2.500 mL
100 g/L 十二烷基硫酸钠(SDS)	1 g/L	100.0 μL
100 g/L 过硫酸铵(AP)	0.5 g/L	50.0 μL
N,N,N′,N′-四甲基二乙胺(TEMED)	0.4 g/L	4.0 μL
总体积	—	10 mL

5.1.16 5% 浓缩胶:按表 2 依次吸取各种组分于 50 mL 锥形瓶中,摇动混匀。

表 2 5% 浓缩胶的配制

各种溶液组分名称	终浓度	体 积
水	—	3.456 mL
300 g/L 丙烯酰胺储液(Acr/Bis)	50 g/L	0.834 mL
浓缩胶缓冲液(1 mol/L Tris)	0.126 mol/L	0.630 mL
100 g/L 十二烷基硫酸钠(SDS)	1 g/L	50.0 μL
100 g/L 过硫酸铵(AP)	0.5 g/L	25.0 μL
N,N,N',N'-四甲基二乙胺(TEMED)	1 g/L	5.0 μL
总体积	—	5 mL

5.2 质谱鉴定

5.2.1 胰蛋白酶(测序级)。

5.2.2 ASP - N 内切酶(测序级)。

5.2.3 20 mmol/L 碳酸氢铵溶液:称取 1.581 g 碳酸氢铵溶于 800 mL 水中,定容至 1 000 mL。

5.2.4 50 mmol/L 碳酸氢铵溶液:称取 3.953 g 碳酸氢铵溶于 800 mL 水中,定容至 1 000 mL。

5.2.5 10 mmol/L 二硫苏糖醇(DTT)溶液:称取 0.0015 g 二硫苏糖醇溶于 1 mL 20 mmol/L 碳酸氢铵溶液(5.2.3)中,使用前配制。

5.2.6 55 mmol/L 碘代乙酰胺溶液:称取 0.010 g 碘乙酰胺溶于 1 mL 50 mmol/L 碳酸氢铵溶液(5.2.4)中。

5.2.7 16 mg/mL 溴化氰溶液:量取 7 mL 甲酸,加入 3 mL 水,混匀。称取 0.160 g 溴化氰(CNBr)加入甲酸溶液中,混匀。

5.2.8 乙腈—碳酸氢铵混合液:量取 5 mL 无水乙腈与 5 mL 50 mmol/L 碳酸氢铵溶液(5.2.4)混合均匀。

5.2.9 5% 甲酸溶液:量取 0.5 mL 甲酸,加入 9.5 mL 水,混匀。

5.2.10 50% 乙腈水溶液:量取 5 mL 乙腈,加入 5 mL 水,混匀。

5.2.11 基质溶液:量取 50 mL 乙腈(ACN)与 0.1 mL 三氟乙酸(TFA)混合,称取 1.000 g α-氰基-4-羟基肉桂酸(CHCA),加水定容至 100 mL。

6 仪器

6.1 电泳槽、电泳仪等蛋白电泳装置。

6.2 凝胶成像系统。

6.3 基质辅助激光解析离子化飞行时间质谱仪(MALDI - TOF - MS)。

6.4 电子天平:感量分别为 0.1 g 和 0.000 1 g。

6.5 恒温水浴。

6.6 真空离心浓缩仪。

6.7 其他相关仪器和设备。

7 操作步骤

7.1 十二烷基硫酸钠—聚丙烯酰胺凝胶电泳

7.1.1 样品制备

固体样品,称取 1 mg 固体粉末,加入 1 mL～5 mL 水,混匀;液体样品,量取 1 mL 蛋白质溶液。目的蛋白质的终浓度应为 0.1 mg/mL～1.0 mg/mL。

加入等体积的样品缓冲液,置于 100 ℃沸水浴中加热 5 min。冷却至室温备用。

7.1.2 聚丙烯酰胺凝胶电泳

7.1.2.1 取出两块玻璃板,用自来水洗净后,蒸馏水冲洗一次,置 37℃烘干或晾干。样品槽模板用自来水洗净,晾干。将长玻璃板和凹玻璃板按照说明安置在灌胶支架上。

7.1.2.2 分离胶的制备:在 50 mL 锥形瓶中依次加入表 1 中的溶液,轻轻摇动混匀溶液,避免气泡产生。加入 AP 和 TEMED 后,迅速将分离胶溶液从玻璃夹板的中间位置注入玻璃夹板中,在液面距凹板上平面 2 cm～3 cm 处停止注入,再用移液器沿玻璃板内壁缓缓注入一层水做水封,高度约 1 cm。室温静置 30 min～60 min,使凝胶液聚合。

7.1.2.3 浓缩胶的制备:待分离胶完全聚合(胶面与上面的水相有明显的界面),倾出分离胶上的覆盖水层,用滤纸条吸干残留水分。在 50 mL 锥形瓶中依次加入表 2 中的溶液,轻轻摇动混匀溶液,避免气泡产生。加入 AP 和 TEMED 后,迅速将浓缩胶溶液从玻璃夹板的中间位置注入玻璃夹板中,直到凹形玻璃板顶端,立即小心插入样品槽模板。室温放置 30 min～60 min,使凝胶液聚合。

7.1.2.4 待浓缩胶完全聚合后,取下夹子和环绕在玻璃板周围的乳胶条,不要改变玻璃板的相对位置。将玻璃板安装于电泳支架上,如果只有一块凝胶,则另一边用有机玻璃代替,形成内、外两个电极槽。在电泳槽两侧的电极槽中注入电泳缓冲液,缓冲液与凝胶上、下两端之间避免产生气泡。小心取下梳子。

7.1.2.5 加样:按照预定顺序用微量注射器吸取 10 μL～20 μL 的样品溶液,小心地将样品加在每个样品槽底部。每加完一个样品用水洗涤注射器 2 次～3 次。最后在所有不用的样品槽中加上等体积的样品缓冲液。

7.1.2.6 接好电泳槽正负极,打开电源开关,调节电压至 80 V,以恒电压方式电泳。当指示剂全部进入分离胶后,电压提高到 100 V～120 V,继续电泳,直至溴酚蓝前沿迁移至距凝胶下端约 0.5 cm 时,关闭电源,停止电泳。

7.1.2.7 从电泳装置上卸下双层玻璃夹板,撬开玻璃板,在凝胶点样孔上部切除一角标注凝胶的方位。

7.1.2.8 固定与洗脱 SDS:将凝胶在 50 g/L 三氯乙酸(TCA)溶液中轻轻振荡 5 min,取出后在十二烷基硫酸钠(SDS)洗脱液中振荡 1 h～2 h。

7.1.2.9 取出后在考马斯亮蓝染色液中浸泡染色 10 min 以上,然后用脱色液脱色直至条带清晰。

7.1.2.10 取出凝胶,置于凝胶成像仪上,使用凝胶图像分析系统照相。

7.2 蛋白质酶解或裂解

至少选用以下 3 种裂解方式中的一种进行分析,其中,优先选用胰蛋白酶酶解方法。

7.2.1 胰蛋白酶酶解

7.2.1.1 按照 7.1.1 配制样品,按照 7.1.2.1～7.1.2.9 进行电泳与凝胶染色脱色。

7.2.1.2 切胶:戴手套在层流通风橱中,用解剖刀从染色的聚丙烯酰胺凝胶中切下目的蛋白条带,切碎,置于离心管中。

7.2.1.3 洗涤:加入 200 μL 超纯水浸没凝胶颗粒,漩涡振荡 10 min,使用凝胶上样移液器吸弃溶液。重复 2 次,吸干。加入 200 μL 乙腈—碳酸氢铵混合液,37℃脱色 20 min,吸干;重复洗涤,直至蓝色退去。

7.2.1.4 还原与烷基化:加入足量 10 mmol/L DTT 溶液,覆盖凝胶颗粒,将离心管在 56℃水浴中浸泡 45 min,冷却至室温。吸弃溶液,加入相同体积的 55 mmol/L 碘代乙酰胺溶液,室温下于暗处温育 30 min,使蛋白质烷基化。

7.2.1.5 真空干燥:用真空离心浓缩仪将胶颗粒彻底抽干。

7.2.1.6 酶解:加入胰蛋白酶,酶与底物质量比约为 1∶40,4℃放置 45 min,使胶颗粒充分溶胀。加入少量 20 mmol/L 碳酸氢铵溶液,使其刚好没过胶颗粒,37℃水浴锅中温育 12 h～16 h。

7.2.1.7 提取:用凝胶上样移液器将酶溶液吸出。向含胶颗粒的离心管中加入 5%甲酸,使 pH<4.0,震荡混匀,室温放置 1 h～2 h,离心,取上清,待测。

7.2.2 ASP－N 酶酶解

7.2.2.1 按照 7.1.1 配制样品,按照 7.1.2.1～7.1.2.9 进行电泳与凝胶染色脱色。

7.2.2.2 切胶:同 7.2.1.2。

7.2.2.3 洗涤:同 7.2.1.3。

7.2.2.4 还原与烷基化:同 7.2.1.4。

7.2.2.5 真空干燥:同 7.2.1.5。

7.2.2.6 酶解:加入 ASP－N 酶,酶与底物质量分数比为 1∶50,4℃放置 45 min,使胶颗粒充分溶胀。加入少量 20 mmol/L 碳酸氢铵溶液,使其刚好没过胶颗粒,37℃水浴锅中温育 4 h～6 h。

7.2.2.7 提取:用凝胶上样移液器将酶溶液吸出。向含胶颗粒的离心管中加入 5%甲酸,使 pH<4.0,震荡混匀,室温放置 1 h～2 h,离心,取上清,待测。

7.2.3 溴化氰裂解

7.2.3.1 按照 7.1.1 配制样品,按照 7.1.2.1～7.1.2.9 进行电泳与凝胶染色脱色。

7.2.3.2 切胶:同 7.2.1.2。

7.2.3.3 洗涤:同 7.2.1.3。

7.2.3.4 裂解:150 μL 50%乙腈水溶液洗 2 次,每次 10 min,胶条室温下真空干燥,分别加入 30 μL 16 mg/mL 溴化氰溶液,洗涤 2 次,期间间隔 3 min。再加入 120 μL 16 mg/mL 溴化氰溶液,黑暗中放置 48 h。

7.2.3.5 真空干燥:150 μL 水洗 2 次,用真空离心浓缩仪将胶颗粒彻底抽干。

7.2.3.6 提取:向含胶颗粒的离心管中加入 5%甲酸,使 pH<4.0,震荡混匀,室温放置 1 h～2 h,离心,取上清,待测。

7.3 质谱鉴定与比对

7.3.1 质谱鉴定

7.3.1.1 取 0.5 μL 肽混合液样品在质谱仪分析盘与 0.5 μL 基质溶液共结晶。

7.3.1.2 在 700 Da～3 500 Da 的范围内分析,激光强度设置在 85～100,发射 10 次。如峰值不明显,继续发射,直至峰值清晰。

7.3.1.3 得到蛋白质的肽质量指纹图谱。

7.3.2 肽段比对

利用质谱分析软件,分析肽质量指纹图谱的肽段序列。质谱获得的肽段与目的蛋白质理论裂解肽段分子质量相同,为匹配肽段;所有匹配肽段的氨基酸总数与蛋白质全部氨基酸总数的比值为覆盖率。

8 结果表述

结果表述为"待测蛋白质肽质量指纹图谱匹配肽段有×个,覆盖率为××%"。

附录

中华人民共和国农业部公告
第 1723 号

《农产品等级规格标准编写通则》等 38 项标准业经专家审定通过,我部审查批准,现发布为中华人民共和国农业行业标准,自 2012 年 5 月 1 日起实施。

特此公告。

二〇一二年二月二十一日

序号	标准号	标准名称	代替标准号
1	NY/T 2113—2012	农产品等级规格标准编写通则	
2	NY/T 2114—2012	大豆疫霉病菌检疫检测与鉴定方法	
3	NY/T 2115—2012	大豆疫霉病监测技术规范	
4	NY/T 2116—2012	虫草制品中虫草素和腺苷的测定　高效液相色谱法	
5	NY/T 2117—2012	双孢蘑菇冷藏及冷链运输技术规范	
6	NY/T 2118—2012	蔬菜育苗基质	
7	NY/T 2119—2012	蔬菜穴盘育苗　通则	
8	NY/T 2120—2012	香蕉无病毒种苗生产技术规范	
9	NY/T 2121—2012	东北地区硬红春小麦	
10	NY/T 1464.42—2012	农药田间药效试验准则　第42部分:杀虫剂防治马铃薯二十八星瓢虫	
11	NY/T 1464.43—2012	农药田间药效试验准则　第43部分:杀虫剂防治蔬菜烟粉虱	
12	NY/T 1464.44—2012	农药田间药效试验准则　第44部分:杀菌剂防治烟草野火病	
13	NY/T 1464.45—2012	农药田间药效试验准则　第45部分:杀菌剂防治三七圆斑病	
14	NY/T 1464.46—2012	农药田间药效试验准则　第46部分:杀菌剂防治草坪草叶斑病	
15	NY/T 1464.47—2012	农药田间药效试验准则　第47部分:除草剂防治林业防火道杂草	
16	NY/T 1464.48—2012	农药田间药效试验准则　第48部分:植物生长调节剂调控月季生长	
17	NY/T 2062.2—2012	天敌防治靶标生物田间药效试验准则　第2部分:平腹小蜂防治荔枝、龙眼树荔枝蝽	
18	NY/T 2063.2—2012	天敌昆虫室内饲养方法准则　第2部分:平腹小蜂室内饲养方法	
19	NY/T 2122—2012	肉鸭饲养标准	
20	NY/T 2123—2012	蛋鸡生产性能测定技术规范	
21	NY/T 2124—2012	文昌鸡	
22	NY/T 2125—2012	清远麻鸡	
23	NY/T 2126—2012	草种质资源保存技术规程	
24	NY/T 2127—2012	牧草种质资源田间评价技术规程	
25	NY/T 2128—2012	草块	
26	NY/T 2129—2012	饲草产品抽样技术规程	
27	NY/T 2130—2012	饲料中烟酰胺的测定　高效液相色谱法	
28	NY/T 2131—2012	饲料添加剂　枯草芽孢杆菌	
29	NY/T 2132—2012	温室灌溉系统设计规范	
30	NY/T 2133—2012	温室湿帘—风机降温系统设计规范	
31	NY/T 2134—2012	日光温室主体结构施工与安装验收规程	
32	NY/T 2135—2012	蔬菜清洗机洗净度测试方法	
33	NY/T 2136—2012	标准果园建设规范　苹果	
34	NY/T 2137—2012	农产品市场信息分类与计算机编码	
35	NY/T 2138—2012	农产品全息市场信息采集规范	
36	NY/T 2139—2012	沼肥加工设备	
37	NY/T 2140—2012	绿色食品　代用茶	
38	NY/T 288—2012	绿色食品　茶叶	NY/T 288—2002

中华人民共和国农业部公告
第 1729 号

　　《秸秆沼气工程施工操作规程》等 20 项标准，业经专家审定通过，现批准发布为中华人民共和国农业行业标准。《高标准农田建设标准》自发布之日起实施，其他标准自 2012 年 6 月 1 日起实施。

　　特此公告。

二〇一二年三月一日

序号	标准号	标准名称	代替标准号
1	NY/T 2141—2012	秸秆沼气工程施工操作规程	
2	NY/T 2142—2012	秸秆沼气工程工艺设计规范	
3	NY/T 2143—2012	宠物美容师	
4	NY/T 2144—2012	农机轮胎修理工	
5	NY/T 2145—2012	设施农业装备操作工	
6	NY/T 2146—2012	兽医化学药品检验员	
7	NY/T 2147—2012	兽用中药制剂工	
8	NY/T 2148—2012	高标准农田建设标准	
9	NY 525—2012	有机肥料	NY 525—2011
10	SC/T 1111—2012	河蟹养殖质量安全管理技术规程	
11	SC/T 1112—2012	斑点叉尾鮰 亲鱼和苗种	
12	SC/T 1115—2012	剑尾鱼 RR—B系	
13	SC/T 1116—2012	水产新品种审定技术规范	
14	SC/T 2003—2012	刺参 亲参和苗种	
15	SC/T 2009—2012	半滑舌鳎 亲鱼和苗种	
16	SC/T 2025—2012	眼斑拟石首鱼 亲鱼和苗种	
17	SC/T 2016—2012	拟穴青蟹 亲蟹和苗种	
18	SC/T 2042—2012	斑节对虾 亲虾和苗种	
19	SC/T 2054—2012	鮸状黄姑鱼	
20	SC/T 1008—2012	淡水鱼苗种池塘常规培育技术规范	SC/T 1008—1994

中华人民共和国农业部公告
第 1730 号

根据《中华人民共和国兽药管理条例》和《中华人民共和国饲料和饲料添加剂管理条例》规定,《饲料中 8 种苯并咪唑类药物的测定　液相色谱—串联质谱法和液相色谱法》标准,业经专家审定通过,现批准发布为中华人民共和国国家标准,自发布之日起实施。

特此公告。

二〇一二年三月一日

序号	标准名称	标准代号
1	饲料中 8 种苯并咪唑类药物的测定　液相色谱—串联质谱法和液相色谱法	农业部 1730 号公告—1—2012

中华人民共和国农业部公告
第 1782 号

　　根据《中华人民共和国农业转基因生物安全管理条例》规定,《转基因植物及其产品成分检测　耐除草剂大豆 356043 及其衍生品种定性 PCR 方法》等 13 项标准业经专家审定通过,我部审查批准,现发布为中华人民共和国国家标准。自 2012 年 9 月 1 日起实施。

　　特此公告。

二〇一二年六月六日

序号	标准名称	标准代号
1	转基因植物及其产品成分检测　耐除草剂大豆 356043 及其衍生品种定性 PCR 方法	农业部 1782 号公告—1—2012
2	转基因植物及其产品成分检测　标记基因 NPTII、HPT 和 PMI 定性 PCR 方法	农业部 1782 号公告—2—2012
3	转基因植物及其产品成分检测　调控元件 CaMV 35S 启动子、FMV 35S 启动子、NOS 启动子、NOS 终止子和 CaMV 35S 终止子定性 PCR 方法	农业部 1782 号公告—3—2012
4	转基因植物及其产品成分检测　高油酸大豆 305423 及其衍生品种定性 PCR 方法	农业部 1782 号公告—4—2012
5	转基因植物及其产品成分检测　耐除草剂大豆 CV127 及其衍生品种定性 PCR 方法	农业部 1782 号公告—5—2012
6	转基因植物及其产品成分检测　bar 或 pat 基因定性 PCR 方法	农业部 1782 号公告—6—2012
7	转基因植物及其产品成分检测　CpTI 基因定性 PCR 方法	农业部 1782 号公告—7—2012
8	转基因植物及其产品成分检测　基体标准物质制备技术规范	农业部 1782 号公告—8—2012
9	转基因植物及其产品成分检测　标准物质试用评价技术规范	农业部 1782 号公告—9—2012
10	转基因植物及其产品成分检测　转植酸酶基因玉米 BVLA430101 构建特异性定性 PCR 方法	农业部 1782 号公告—10—2012
11	转基因植物及其产品成分检测　转植酸酶基因玉米 BVLA430101 及其衍生品种定性 PCR 方法	农业部 1782 号公告—11—2012
12	转基因生物及其产品食用安全检测　蛋白质氨基酸序列飞行时间质谱分析方法	农业部 1782 号公告—12—2012
13	转基因生物及其产品食用安全检测　挪威棕色大鼠致敏性试验方法	农业部 1782 号公告—13—2012

中华人民共和国农业部公告
第 1783 号

《农产品产地安全质量适宜性评价技术规范》等 61 项标准业经专家审定通过,我部审查批准,现发布为中华人民共和国农业行业标准,自 2012 年 9 月 1 日起实施。

特此公告。

二〇一二年六月六日

序号	标准号	标准名称	代替标准号
1	NY/T 2149—2012	农产品产地安全质量适宜性评价技术规范	
2	NY/T 2150—2012	农产品产地禁止生产区划分技术指南	
3	NY/T 2151—2012	薇甘菊综合防治技术规程	
4	NY/T 2152—2012	福寿螺综合防治技术规程	
5	NY/T 2153—2012	空心莲子草综合防治技术规程	
6	NY/T 2154—2012	紫茎泽兰综合防治技术规程	
7	NY/T 2155—2012	外来入侵杂草根除指南	
8	NY/T 2156—2012	水稻主要病害防治技术规程	
9	NY/T 2157—2012	梨主要病虫害防治技术规程	
10	NY/T 2158—2012	美洲斑潜蝇防治技术规程	
11	NY/T 2159—2012	大豆主要病害防治技术规程	
12	NY/T 2160—2012	香蕉象甲监测技术规程	
13	NY/T 2161—2012	椰子主要病虫害防治技术规程	
14	NY/T 2162—2012	棉花抗棉铃虫性鉴定方法	
15	NY/T 2163—2012	棉盲蝽测报技术规范	
16	NY/T 2164—2012	马铃薯脱毒种薯繁育基地建设标准	
17	NY/T 2165—2012	鱼、虾遗传育种中心建设标准	
18	NY/T 2166—2012	橡胶树苗木繁育基地建设标准	
19	NY/T 2167—2012	橡胶树种植基地建设标准	
20	NY/T 2168—2012	草原防火物资储备库建设标准	
21	NY/T 2169—2012	种羊场建设标准	
22	NY/T 2170—2012	水产良种场建设标准	
23	NY/T 2171—2012	蔬菜标准园创建规范	
24	NY/T 2172—2012	标准茶园建设规范	
25	NY/T 2173—2012	耕地质量预警规范	
26	NY/T 2174—2012	主要热带作物品种 AFLP 分子鉴定技术规程	
27	NY/T 2175—2012	农作物优异种质资源评价规范　野生稻	
28	NY/T 2176—2012	农作物优异种质资源评价规范　甘薯	
29	NY/T 2177—2012	农作物优异种质资源评价规范　豆科牧草	
30	NY/T 2178—2012	农作物优异种质资源评价规范　苎麻	
31	NY/T 2179—2012	农作物优异种质资源评价规范　马铃薯	
32	NY/T 2180—2012	农作物优异种质资源评价规范　甘蔗	
33	NY/T 2181—2012	农作物优异种质资源评价规范　桑树	
34	NY/T 2182—2012	农作物优异种质资源评价规范　莲藕	
35	NY/T 2183—2012	农作物优异种质资源评价规范　茭白	
36	NY/T 2184—2012	农作物优异种质资源评价规范　橡胶树	
37	NY/T 2185—2012	天然生胶　胶清橡胶加工技术规程	
38	NY/T 1121.24—2012	土壤检测　第 24 部分:土壤全氮的测定　自动定氮仪法	
39	NY/T 1121.25—2012	土壤检测　第 25 部分:土壤有效磷的测定　连续流动分析仪法	
40	NY/T 2186.1—2012	微生物农药毒理学试验准则　第 1 部分:急性经口毒性/致病性试验	
41	NY/T 2186.2—2012	微生物农药毒理学试验准则　第 2 部分:急性经呼吸道毒性/致病性试验	
42	NY/T 2186.3—2012	微生物农药毒理学试验准则　第 3 部分:急性注射毒性/致病性试验	
43	NY/T 2186.4—2012	微生物农药毒理学试验准则　第 4 部分:细胞培养试验	
44	NY/T 2186.5—2012	微生物农药毒理学试验准则　第 5 部分:亚慢性毒性/致病性试验	
45	NY/T 2186.6—2012	微生物农药毒理学试验准则　第 6 部分:繁殖/生育影响试验	

附　录

（续）

序号	标准号	标准名称	代替标准号
46	NY/T 1859.2—2012	农药抗性风险评估　第2部分:卵菌对杀菌剂抗药性风险评估	
47	NY/T 1859.3—2012	农药抗性风险评估　第3部分:蚜虫对拟除虫菊酯类杀虫剂抗药性风险评估	
48	NY/T 1859.4—2012	农药抗性风险评估　第4部分:乙酰乳酸合成酶抑制剂类除草剂抗性风险评估	
49	NY/T 228—2012	天然橡胶初加工机械　打包机	NY 228—1994
50	NY/T 381—2012	天然橡胶初加工机械　压薄机	NY/T 381—1999
51	NY/T 261—2012	剑麻加工机械　纤维压水机	NY/T 261—1994
52	NY/T 341—2012	剑麻加工机械　制绳机	NY/T 341—1998
53	NY/T 353—2012	椰子　种果和种苗	NY/T 353—1999
54	NY/T 395—2012	农田土壤环境质量监测技术规范	NY/T 395—2000
55	NY/T 590—2012	芒果　嫁接苗	NY 590—2002
56	NY/T 735—2012	天然生胶　子午线轮胎橡胶加工技术规程	NY/T 735—2003
57	NY/T 875—2012	食用木薯淀粉	NY/T 875—2004
58	NY 884—2012	生物有机肥	NY 884—2004
59	NY/T 924—2012	浓缩天然胶乳　氨保存离心胶乳加工技术规程	NY/T 924—2004
60	NY/T 1119—2012	耕地质量监测技术规程	NY/T 1119—2006
61	SC/T 2043—2012	斑节对虾　亲虾和苗种	

中华人民共和国农业部公告
第 1861 号

根据《中华人民共和国农业转基因生物安全管理条例》规定，《转基因植物及其产品成分检测　水稻内标准基因定性 PCR 方法》等 6 项标准业经专家审定通过和我部审查批准，现发布为中华人民共和国国家标准。自 2013 年 1 月 1 日起实施。

特此公告

2012 年 11 月 28 日

附　录

序号	标准名称	标准代号
1	转基因植物及其产品成分检测　水稻内标准基因定性 PCR 方法	农业部 1861 号公告—1—2012
2	转基因植物及其产品成分检测　耐除草剂大豆 GTS 40—3—2 及其衍生品种定性 PCR 方法	农业部 1861 号公告—2—2012
3	转基因植物及其产品成分检测　玉米内标准基因定性 PCR 方法	农业部 1861 号公告—3—2012
4	转基因植物及其产品成分检测　抗虫玉米 MON89034 及其衍生品种定性 PCR 方法	农业部 1861 号公告—4—2012
5	转基因植物及其产品成分检测　CP4‐epsps 基因定性 PCR 方法	农业部 1861 号公告—5—2012
6	转基因植物及其产品成分检测　耐除草剂棉花 GHB614 及其衍生品种定性 PCR 方法	农业部 1861 号公告—6—2012

中华人民共和国农业部公告
第 1862 号

    根据《中华人民共和国兽药管理条例》和《中华人民共和国饲料和饲料添加剂管理条例》规定,《饲料中巴氯芬的测定　液相色谱—串联质谱法》等 6 项标准业经专家审定通过和我部审查批准,现发布为中华人民共和国国家标准,自发布之日起实施。

    特此公告

2012 年 12 月 3 日

附　录

序号	标准名称	标准代号
1	饲料中巴氯芬的测定　液相色谱—串联质谱法	农业部 1862 号公告—1—2012
2	饲料中唑吡旦的测定　高效液相色谱法/液相色谱—串联质谱法	农业部 1862 号公告—2—2012
3	饲料中万古霉素的测定　液相色谱—串联质谱法	农业部 1862 号公告—3—2012
4	饲料中 5 种聚醚类药物的测定　液相色谱—串联质谱法	农业部 1862 号公告—4—2012
5	饲料中地克珠利的测定　液相色谱—串联质谱法	农业部 1862 号公告—5—2012
6	饲料中噁喹酸的测定　高效液相色谱法	农业部 1862 号公告—6—2012

中华人民共和国农业部公告
第 1869 号

《拖拉机号牌座设置技术要求》等 141 项标准业经专家审定通过,现批准发布为中华人民共和国农业行业标准,自 2013 年 3 月 1 日起实施。

特此公告。

2012 年 12 月 7 日

附 录

序号	标准号	标准名称	代替标准号
1	NY 2187—2012	拖拉机号牌座设置技术要求	
2	NY 2188—2012	联合收割机号牌座设置技术要求	
3	NY 2189—2012	微耕机 安全技术要求	
4	NY/T 2190—2012	机械化保护性耕作 名词术语	
5	NY/T 2191—2012	水稻插秧机适用性评价方法	
6	NY/T 2192—2012	水稻机插秧作业技术规范	
7	NY/T 2193—2012	常温烟雾机安全施药技术规范	
8	NY/T 2194—2012	农业机械田间行走道路技术规范	
9	NY/T 2195—2012	饲料加工成套设备能耗限值	
10	NY/T 2196—2012	手扶拖拉机 修理质量	
11	NY/T 2197—2012	农用柴油发动机 修理质量	
12	NY/T 2198—2012	微耕机 修理质量	
13	NY/T 2199—2012	油菜联合收割机 作业质量	
14	NY/T 2200—2012	活塞式挤奶机 质量评价技术规范	
15	NY/T 2201—2012	棉花收获机 质量评价技术规范	
16	NY/T 2202—2012	碾米成套设备 质量评价技术规范	
17	NY/T 2203—2012	全混合日粮制备机 质量评价技术规范	
18	NY/T 2204—2012	花生收获机械 质量评价技术规范	
19	NY/T 2205—2012	大棚卷帘机 质量评价技术规范	
20	NY/T 2206—2012	液压榨油机 质量评价技术规范	
21	NY/T 2207—2012	轮式拖拉机能效等级评价	
22	NY/T 2208—2012	油菜全程机械化生产技术规范	
23	NY/T 2209—2012	食品电子束辐照通用技术规范	
24	NY/T 2210—2012	马铃薯辐照抑制发芽技术规范	
25	NY/T 2211—2012	含纤维素辐照食品鉴定 电子自旋共振法	
26	NY/T 2212—2012	含脂辐照食品鉴定 气相色谱分析碳氢化合物法	
27	NY/T 2213—2012	辐照食用菌鉴定 热释光法	
28	NY/T 2214—2012	辐照食品鉴定 光释光法	
29	NY/T 2215 2012	含脂辐照食品鉴定 气相色谱质谱分析2-烷基环丁酮法	
30	NY/T 2216—2012	农业野生植物原生境保护点 监测预警技术规程	
31	NY/T 2217.1—2012	农业野生植物异位保存技术规程 第1部分:总则	
32	NY/T 2218—2012	饲料原料 发酵豆粕	
33	NY/T 2219—2012	超细羊毛	
34	NY/T 2220—2012	山羊绒分级整理技术规范	
35	NY/T 2221—2012	地毯用羊毛分级整理技术规范	
36	NY/T 2222—2012	动物纤维直径及成分检测 显微图像分析仪法	
37	NY/T 2223—2012	植物新品种特异性、一致性和稳定性测试指南 不结球白菜	
38	NY/T 2224—2012	植物新品种特异性、一致性和稳定性测试指南 大麦	
39	NY/T 2225—2012	植物新品种特异性、一致性和稳定性测试指南 芍药	
40	NY/T 2226—2012	植物新品种特异性、一致性和稳定性测试指南 郁金香属	
41	NY/T 2227—2012	植物新品种特异性、一致性和稳定性测试指南 石竹属	
42	NY/T 2228—2012	植物新品种特异性、一致性和稳定性测试指南 菊花	
43	NY/T 2229—2012	植物新品种特异性、一致性和稳定性测试指南 百合	
44	NY/T 2230—2012	植物新品种特异性、一致性和稳定性测试指南 蝴蝶兰	
45	NY/T 2231—2012	植物新品种特异性、一致性和稳定性测试指南 梨	
46	NY/T 2232—2012	植物新品种特异性、一致性和稳定性测试指南 玉米	
47	NY/T 2233—2012	植物新品种特异性、一致性和稳定性测试指南 高粱	
48	NY/T 2234—2012	植物新品种特异性、一致性和稳定性测试指南 辣椒	
49	NY/T 2235—2012	植物新品种特异性、一致性和稳定性测试指南 黄瓜	
50	NY/T 2236—2012	植物新品种特异性、一致性和稳定性测试指南 番茄	

（续）

序号	标准号	标准名称	代替标准号
51	NY/T 2237—2012	植物新品种特异性、一致性和稳定性测试指南　花生	
52	NY/T 2238—2012	植物新品种特异性、一致性和稳定性测试指南　棉花	
53	NY/T 2239—2012	植物新品种特异性、一致性和稳定性测试指南　甘蓝型油菜	
54	NY/T 2240—2012	国家农作物品种试验站建设标准	
55	NY/T 2241—2012	种猪性能测定中心建设标准	
56	NY/T 2242—2012	农业部农产品质量安全监督检验检测中心建设标准	
57	NY/T 2243—2012	省级农产品质量安全监督检验检测中心建设标准	
58	NY/T 2244—2012	地市级农产品质量安全监督检验检测机构建设标准	
59	NY/T 2245—2012	县级农产品质量安全监督检测机构建设标准	
60	NY/T 2246—2012	农作物生产基地建设标准　油菜	
61	NY/T 2247—2012	农田建设规划编制规程	
62	NY/T 2248—2012	热带作物品种资源抗病虫性鉴定技术规程　香蕉叶斑病、香蕉枯萎病和香蕉根结线虫病	
63	NY/T 2249—2012	菠萝凋萎病病原分子检测技术规范	
64	NY/T 2250—2012	橡胶树棒孢霉落叶病监测技术规程	
65	NY/T 2251—2012	香蕉花叶心腐病和束顶病病原分子检测技术规范	
66	NY/T 2252—2012	槟榔黄化病病原物分子检测技术规范	
67	NY/T 2253—2012	菠萝组培苗生产技术规程	
68	NY/T 2254—2012	甘蔗生产良好农业规范	
69	NY/T 2255—2012	香蕉穿孔线虫香蕉小种和柑橘小种检测技术规程	
70	NY/T 2256—2012	热带水果非疫区及非疫生产点建设规范	
71	NY/T 2257—2012	芒果细菌性黑斑病病原菌分子检测技术规范	
72	NY/T 2258—2012	香蕉黑条叶斑病原菌分子检测技术规范	
73	NY/T 2259—2012	橡胶树主要病虫害防治技术规范	
74	NY/T 2260—2012	龙眼等级规格	
75	NY/T 2261—2012	木薯淀粉初加工机械　碎解机　质量评价技术规范	
76	NY/T 2262—2012	螺旋粉虱防治技术规范	
77	NY/T 2263—2012	橡胶树栽培学　术语	
78	NY/T 2264—2012	木薯淀粉初加工机械　离心筛质量评价技术规范	
79	NY/T 2265—2012	香蕉纤维清洁脱胶技术规范	
80	NY/T 2062.3—2012	天敌防治靶标生物田间药效试验准则　第3部分:丽蚜小蜂防治烟粉虱和温室粉虱	
81	NY/T 338—2012	天然橡胶初加工机械　五合一压片机	NY/T 338—1998
82	NY/T 342—2012	剑麻加工机械　纺纱机	NY/T 342—1998
83	NY/T 864—2012	苦丁茶	NY/T 864—2004
84	NY/T 273—2012	绿色食品　啤酒	NY/T 273—2002
85	NY/T 285—2012	绿色食品　豆类	NY/T 285—2003
86	NY/T 289—2012	绿色食品　咖啡	NY/T 289—1995
87	NY/T 421—2012	绿色食品　小麦及小麦粉	NY/T 421—2000
88	NY/T 426—2012	绿色食品　柑橘类水果	NY/T 426—2000
89	NY/T 435—2012	绿色食品　水果、蔬菜脆片	NY/T 435—2000
90	NY/T 437—2012	绿色食品　酱腌菜	NY/T 437—2000
91	NY/T 654—2012	绿色食品　白菜类蔬菜	NY/T 654—2002
92	NY/T 655—2012	绿色食品　茄果类蔬菜	NY/T 655—2002
93	NY/T 657—2012	绿色食品　乳制品	NY/T 657—2007
94	NY/T 743—2012	绿色食品　绿叶类蔬菜	NY/T 743—2003
95	NY/T 744—2012	绿色食品　葱蒜类蔬菜	NY/T 744—2003
96	NY/T 745—2012	绿色食品　根菜类蔬菜	NY/T 745—2003
97	NY/T 746—2012	绿色食品　甘蓝类蔬菜	NY/T 746—2003

附　录

（续）

序号	标准号	标准名称	代替标准号
98	NY/T 747—2012	绿色食品　瓜类蔬菜	NY/T 747—2003
99	NY/T 748—2012	绿色食品　豆类蔬菜	NY/T 748—2003
100	NY/T 749—2012	绿色食品　食用菌	NY/T 749—2003
101	NY/T 752—2012	绿色食品　蜂产品	NY/T 752—2003
102	NY/T 753—2012	绿色食品　禽肉	NY/T 753—2003
103	NY/T 840—2012	绿色食品　虾	NY/T 840—2004
104	NY/T 841—2012	绿色食品　蟹	NY/T 841—2004
105	NY/T 842—2012	绿色食品　鱼	NY/T 842—2004
106	NY/T 1040—2012	绿色食品　食用盐	NY/T 1040—2006
107	NY/T 1048—2012	绿色食品　笋及笋制品	NY/T 1048—2006
108	SC/T 3120—2012	冻熟对虾	
109	SC/T 3121—2012	冻牡蛎肉	
110	SC/T 3217—2012	干石花菜	
111	SC/T 3306—2012	即食裙带菜	
112	SC/T 5051—2012	观赏渔业通用名词术语	
113	SC/T 5052—2012	热带观赏鱼命名规则	
114	SC/T 5101—2012	观赏鱼养殖场条件　锦鲤	
115	SC/T 5102—2012	观赏鱼养殖场条件　金鱼	
116	SC/T 6053—2012	渔业船用调频无线电话机(27.5MHz—39.5MHz)试验方法	
117	SC/T 6054—2012	渔业仪器名词术语	
118	SC/T 7016.1—2012	鱼类细胞系　第1部分:胖头鲅肌肉细胞系(FHM)	
119	SC/T 7016.2—2012	鱼类细胞系　第2部分:草鱼肾细胞系(CIK)	
120	SC/T 7016.3—2012	鱼类细胞系　第3部分:草鱼卵巢细胞系(CO)	
121	SC/T 7016.4—2012	鱼类细胞系　第4部分:虹鳟性腺细胞系(RTG—2)	
122	SC/T 7016.5—2012	鱼类细胞系　第5部分:鲤上皮瘤细胞系(EPC)	
123	SC/T 7016.6—2012	鱼类细胞系　第6部分:大鳞大麻哈鱼胚胎细胞系(CHSE)	
124	SC/T 7016.7—2012	鱼类细胞系　第7部分:棕鮰细胞系(BB)	
125	SC/T 7016.8—2012	鱼类细胞系　第8部分:斑点叉尾鮰卵巢细胞系(CCO)	
126	SC/T 7016.9—2012	鱼类细胞系　第9部分:蓝腮太阳鱼细胞系(BF—2)	
127	SC/T 7016.10—2012	鱼类细胞系　第10部分:狗鱼性腺细胞系(PG)	
128	SC/T 7016.11—2012	鱼类细胞系　第11部分:虹鳟肝细胞系(R1)	
129	SC/T 7016.12—2012	鱼类细胞系　第12部分:鲤白血球细胞系(CLC)	
130	SC/T 7017—2012	水生动物疫病风险评估通则	
131	SC/T 7018.1—2012	水生动物疫病流行病学调查规范　第1部分:鲤春病毒血症(SVC)	
132	SC/T 7216—2012	鱼类病毒性神经坏死病(VNN)诊断技术规程	
133	SC/T 9403—2012	海洋渔业资源调查规范	
134	SC/T 9404—2012	水下爆破作业对水生生物资源及生态环境损害评估方法	
135	SC/T 9405—2012	岛礁水域生物资源调查评估技术规范	
136	SC/T 9406—2012	盐碱地水产养殖用水水质	
137	SC/T 9407—2012	河流漂流性鱼卵、仔鱼采样技术规范	
138	SC/T 9408—2012	水生生物自然保护区评价技术规范	
139	SC/T 3202—2012	干海带	SC/T 3202—1996
140	SC/T 3204—2012	虾米	SC/T 3204—2000
141	SC/T 3209—2012	淡菜	SC/T 3209—2001

中华人民共和国农业部公告
第 1878 号

　　《中量元素水溶肥料》等 50 项标准业经专家审定通过,现批准发布为中华人民共和国农业行业标准。其中,《中量元素水溶肥料》和《缓释肥料　登记要求》两项标准自 2013 年 6 月 1 日起实施;《农业用改性硝酸铵》、《农业用硝酸铵钙》、《肥料　三聚氰胺含量的测定》、《土壤调理剂　效果试验和评价要求》、《土壤调理剂　钙、镁、硅含量的测定》、《土壤调理剂　磷、钾含量的测定》、《缓释肥料　效果试验和评价要求》和《液体肥料　包装技术要求》等 8 项标准自 2013 年 1 月 1 日起实施;其他标准自 2013 年 3 月 1 日起实施。

　　特此公告。

　　附件:《中量元素水溶肥料》等 50 项农业行业标准目录

农业部

2012 年 12 月 24 日

附　录

附件:《中量元素水溶肥料》等50项农业行业标准目录

序号	项目编号	标准名称	替代
1	NY 2266—2012	中量元素水溶肥料	
2	NY 2267—2012	缓释肥料　登记要求	
3	NY 2268—2012	农业用改性硝酸铵	
4	NY 2269—2012	农业用硝酸铵钙	
5	NY/T 2270—2012	肥料　三聚氰胺含量的测定	
6	NY/T 2271—2012	土壤调理剂　效果试验和评价要求	
7	NY/T 2272—2012	土壤调理剂　钙、镁、硅含量的测定	
8	NY/T 2273—2012	土壤调理剂　磷、钾含量的测定	
9	NY/T 2274—2012	缓释肥料　效果试验和评价要求	
10	NY/T 2275—2012	草原田鼠防治技术规程	
11	NY/T 2276—2012	制汁甜橙	
12	NY/T 2277—2012	水果蔬菜中有机酸和阴离子的测定　离子色谱法	
13	NY/T 2278—2012	灵芝产品中灵芝酸含量的测定　高效液相色谱法	
14	NY/T 2279—2012	食用菌中岩藻糖、阿糖醇、海藻糖、甘露醇、甘露糖、葡萄糖、半乳糖、核糖的测定　离子色谱法	
15	NY/T 2280—2012	双孢蘑菇中蘑菇氨酸的测定　高效液相色谱法	
16	NY/T 2281—2012	苹果病毒检测技术规范	
17	NY/T 2282—2012	梨无病毒母本树和苗木	
18	NY/T 2283—2012	冬小麦灾害田间调查及分级技术规范	
19	NY/T 2284—2012	玉米灾害田间调查及分级技术规范	
20	NY/T 2285—2012	水稻冷害田间调查及分级技术规范	
21	NY/T 2286—2012	番茄溃疡病菌检疫检测与鉴定方法	
22	NY/T 2287—2012	水稻细菌性条斑病菌检疫检测与鉴定方法	
23	NY/T 2288—2012	黄瓜绿斑驳花叶病毒检疫检测与鉴定方法	
24	NY/T 2289—2012	小麦矮腥黑穗病菌检疫检测与鉴定方法	
25	NY/T 2290—2012	橡胶南美叶疫病监测技术规范	
26	NY/T 2291—2012	玉米细菌性枯萎病监测技术规范	
27	NY/T 2292—2012	亚洲梨火疫病监测技术规范	
28	NY/T 1151.4—2012	农药登记卫生用杀虫剂室内药效试验及评价　第4部分:驱蚊帐	
29	NY/T 2061.3—2012	农药室内生物测定试验准则　植物生长调节剂　第3部分:促进/抑制生长试验　黄瓜子叶扩张法	
30	NY/T 2061.4—2012	农药室内生物测定试验准则　植物生长调节剂　第4部分:促进/抑制生根试验　黄瓜子叶生根法	
31	NY/T 2293.1—2012	细菌微生物农药　枯草芽孢杆菌　第1部分:枯草芽孢杆菌母药	
32	NY/T 2293.2—2012	细菌微生物农药　枯草芽孢杆菌　第2部分:枯草芽孢杆菌可湿性粉剂	
33	NY/T 2294.1—2012	细菌微生物农药　蜡质芽孢杆菌　第1部分:蜡质芽孢杆菌母药	
34	NY/T 2294.2—2012	细菌微生物农药　蜡质芽孢杆菌　第2部分:蜡质芽孢杆菌可湿性粉剂	
35	NY/T 2295.1—2012	真菌微生物农药　球孢白僵菌　第1部分:球孢白僵菌母药	
36	NY/T 2295.2—2012	真菌微生物农药　球孢白僵菌　第2部分:球孢白僵菌可湿性粉剂	
37	NY/T 2296.1—2012	细菌微生物农药　荧光假单胞杆菌　第1部分:荧光假单胞杆菌母药	
38	NY/T 2296.2—2012	细菌微生物农药　荧光假单胞杆菌　第2部分:荧光假单胞杆菌可湿性粉剂	

（续）

序号	项目编号	标准名称	替代
39	NY/T 2297—2012	饲料中苯甲酸和山梨酸的测定　高效液相色谱法	
40	NY/T 1108—2012	液体肥料　包装技术要求	NY/T 1108—2006
41	NY/T 1121.9—2012	土壤检测　第9部分：土壤有效钼的测定	NY/T 1121.9—2006
42	NY/T 1756—2012	饲料中孔雀石绿的测定	NY/T 1756—2009
43	SC/T 3402—2012	褐藻酸钠印染助剂	
44	SC/T 3404—2012	岩藻多糖	
45	SC/T 6072—2012	渔船动态监管信息系统建设技术要求	
46	SC/T 6073—2012	水生哺乳动物饲养设施要求	
47	SC/T 6074—2012	水族馆术语	
48	SC/T 9409—2012	水生哺乳动物谱系记录规范	
49	SC/T 9410—2012	水族馆水生哺乳动物驯养技术等级划分要求	
50	SC/T 9411—2012	水族馆水生哺乳动物饲养水质	

中华人民共和国农业部公告
第 1879 号

  根据《中华人民共和国兽药管理条例》和《中华人民共和国饲料和饲料添加剂管理条例》规定,《动物尿液中苯乙醇胺 A 的测定　液相色谱—串联质谱法》等 2 项标准业经专家审定通过,现批准发布为中华人民共和国国家标准,自发布之日起实施。

  特此公告

  附件:《动物尿液中苯乙醇胺 A 的测定　液相色谱—串联质谱法》等 2 项标准目录

农业部

2012 年 12 月 24 日

附件:《动物尿液中苯乙醇胺 A 的测定　液相色谱—串联质谱法》等 2 项标准目录

序号	标准名称	标准代号
1	动物尿液中苯乙醇胺 A 的测定　液相色谱—串联质谱法	农业部 1879 号公告—1—2012
2	饲料中磺胺氯吡嗪钠的测定　高效液相色谱法	农业部 1879 号公告—2—2012

附　录

中华人民共和国卫生部
中华人民共和国农业部　公告
2012 年　　第 22 号

根据《食品安全法》规定,经食品安全国家标准审评委员会审查通过,现发布食品安全国家标准《食品中农药最大残留限量》(GB 2763—2012),自 2013 年 3 月 1 日起实施。

下列标准自 2013 年 3 月 1 日起废止:

《食品中农药最大残留限量》(GB 2763—2005);

《食品中农药最大残留限量》(GB 2763—2005)第 1 号修改单;

《粮食卫生标准》(GB 2715—2005)中的 4.3.3 农药最大残留限量;

《食品中百菌清等 12 种农药最大残留限量》(GB 25193—2010);

《食品中百草枯等 54 种农药最大残留限量》(GB 26130—2010);

《食品中阿维菌素等 85 种农药最大残留限量》(GB 28260—2011)。

特此公告。

中华人民共和国卫生部

中华人民共和国农业部

2012 年 11 月 16 日

图书在版编目（CIP）数据

最新中国农业行业标准．第 9 辑．综合分册／农业标
准编辑部编．—北京：中国农业出版社，2013.12
　（中国农业标准经典收藏系列）
　ISBN 978 - 7 - 109 - 18718 - 4

　Ⅰ．①最…　Ⅱ．①农…　Ⅲ．①农业－行业标准－汇编
－中国　Ⅳ．①S - 65

中国版本图书馆 CIP 数据核字（2013）第 301557 号

中国农业出版社出版
（北京市朝阳区农展馆北路 2 号）
（邮政编码 100125）
责任编辑　刘　伟　冀　刚　李文宾

中国农业出版社印刷厂印刷　　新华书店北京发行所发行
2014 年 1 月第 1 版　　2014 年 1 月北京第 1 次印刷

开本：880mm×1230mm 1/16　　印张：41.75
字数：1332 千字
定价：332.00 元
（凡本版图书出现印刷、装订错误，请向出版社发行部调换）